项目运筹与管理

——着重谈国际金融组织贷款造林项目管理经验

慕德宇　董　智　慕宗昭　李红丽　著

中国林業出版社

·北　京·

图书在版编目(CIP)数据

项目运筹与管理：着重谈国际金融组织贷款造林项目管理经验 / 慕德宇等著. —北京：中国林业出版社，2023.4

ISBN 978-7-5219-1703-1

Ⅰ.①项… Ⅱ.①慕… Ⅲ.①世界银行贷款-造林-项目-项目管理-研究-中国 Ⅳ.①F326.2

中国版本图书馆 CIP 数据核字(2022)第 095089 号

责任编辑：于晓文

出版发行 中国林业出版社(100009，北京市西城区刘海胡同 7 号，电话 83143549)
电子邮箱 cfphzbs@163.com
网　　址 www.forestry.gov.cn/lycb.html
印　　刷 河北京平诚乾印刷有限公司
版　　次 2023 年 4 月第 1 版
印　　次 2023 年 4 月第 1 次印刷
开　　本 787mm×1092mm 1/16
印　　张 33.5
字　　数 800 千字
定　　价 198.00 元

序　一

作为世界银行林业贷款项目的管理者和高级林业专家，我见证了中国与世界银行在林业发展和生态保护领域开展的长期的卓有成效的合作。

山东省是中国最早与世界银行开展林业发展项目合作的省份之一。20世纪80年代中期，山东省首次参加了世界银行贷款“林业发展项目”，随后又相继利用世界银行贷款成功地实施了“国家造林项目”“森林资源发展和保护项目”“林业持续发展项目”以及“山东生态造林项目”，累计完成投资151088万元人民币，其中利用世界银行贷款资金额度9268万美元(折合人民币62551万元)，在山东省的13个地市52个县(市、区)营造用材林、经济林和生态林(多功能防护林)23.2万hm^2，并开展了林业科学研究、新技术推广和机构能力建设等活动。实践证明，利用世界银行贷款资金建设绿色山东，已成为山东林业对外开放和现代化建设的重要平台。

山东省在利用世界银行贷款资金建设“美丽山东，绿色山东”的过程中，拓展了融资渠道，吸收了先进理念，引进了先进技术，借鉴了先进的项目管理经验和创新了管理模式。项目的实施对帮助增加山东省森林植被，改善生态环境、自然资源的持续管理，减缓气候变化的影响和生物多样性的保护等方面取得了很好的成效。例如近期结束的“山东生态造林项目”利用最新的科技成果，借鉴国际上的最佳实际，探索和示范了在退化山地和盐碱地有效的造林模式，以及营造多树种混交林的成功经验，实现了盐碱滩地变绿色海洋，荒山秃岭变绿水青山；改变了单一树种造林的传统习俗，通过采用大量的当地阔叶树种，保留和促进原有乔木、灌木和草本植被的恢复和生长，丰富了森林生态系统的生物多样性，提高了森林生态系统的涵养水源、防止土壤流失、减少风沙危害等生态功能和对自然灾害的抵抗能力。鉴于创新的项目技术和管理、有效的实施和良好的环境以及社会效益，该项目被世界银行评价为“非常满意”项目。

世界银行贷款林业项目采用了创新的项目工程管理体系、科研推广模式、生态系统的综合治理和恢复规划、造林经营模型、社区磋商和参与决策机制、监测评价系统等，确保了项目实施的科学性、有效性、系统性和示范性。特别是在注重科学研究，引入新概念和推广新技术，实现了“产、学、研、用”四位一体的高效结合，提高项目科技贡献率和技术创新能力的同时，探索形成了包括组织协调、综合规划、财务管理、质量监督、物资管理、科研推广、环境监测、信息系统、技术培训等十大项目运行管理支持保障体系，实现了项目的规范化和高效管理，促进了项目的可持续发展。

我很高兴看到当地政府和造林实体、社区已广泛接受了世界银行贷款项目创新的技术和管理理念，并将项目科研成果、造林和生态恢复技术以及管理模式进行了广泛的推广和运用，包括推广到全国其他省份和世界其他国家和地区。

《项目运筹与管理——着重谈国际金融组织贷款造林项目管理经验》一书，以世界银行贷款项目的国内和国外运作程序为切入点，以国际金融组织贷款造林项目的前期运行、投资建设、竣工验收全过程的项目管理为脉络，以项目工程十大管理支撑保障体系为主线，全面系统地阐述了项目管理方面的经验和做法，内容丰富，资料翔实，案例典型，论证充分，分析透彻。该书特色鲜明，既融合了国内外通用的运筹与管理方法，又创新了诸多独具特色的管理方式，具有很强的理论性、实践性和指导性。这部新书的问世，是对世界银行林业贷款项目管理经验和方法的创新性总结，对中国乃至世界其他国家利用国际金融组织林业贷款项目的运行与有效管理具有很高的借鉴和参考价值。

最后，我向辛勤付出的该书作者表示由衷的感谢，期待该书早日出版发行，使广大读者和项目管理者从中受益。

世界银行项目经理、高级林业专家 刘瑾

2022 年 6 月

序　二

随着世界人口的增长、经济的发展和生活水平的提高，温室气体排放总量也随之增加，各种极端天气和自然灾害频发，多个国家政府制定了雄心勃勃的长远目标以应对气候变化，而林业无疑是应对气候变化的最为有效的手段。中国改革开放以来，世界银行、欧洲投资银行等国际金融组织贷款(IFIS)对中国的林业项目的贷款也越来越多。但从目前来看，在林业外资项目的运筹、实施、管理和监测等方面的专业著述还凤毛麟角，尤其是来自林业项目管理第一线，把项目管理理论与第一手的实践和心得紧密结合的专著则更少。欣闻《项目运筹与管理——着重谈国际金融组织贷款造林项目管理经验》即将出版，能为这部专业性的著作写序，是我莫大的荣幸。

近十年来，我被欧洲投资银行聘请为高级专家，负责该行在华近二十个省(自治区、直辖市)的营造林项目的评估、技术支持、监测以及竣工验收等工作。几年前，我在山东省沿海防护林工程项目的评估和监测过程中，对山东省沿海防护林建设项目的运行管理印象深刻。

国际金融组织林业贷款的一个最大特点是讲求合规性，也就是说，项目的规划设计、营造林模型、立地类型、树种选择、实施主体等方面不仅要充分满足国际金融组织的贷款条件和要求，还要符合它们在技术、环境和社会等方面最先进的林业发展理念和最佳实践。通过植树造林，实现森林的可持续经营和发展，从而达到固碳、生物多样性和水土保持等多重目标，同时也为农民创造就业机会和增加收入，有效巩固脱贫攻坚成果，推进项目区乡村振兴。在项目评估和监测过程中，我受欧洲投资银行委托，数次到山东造林现场检查项目，并分别与省、市、县(市、区)、乡(镇)、林场、村或社区的项目设计者、管理者、施工者以及实施主体座谈交流项目实施的经验和做法。山东在实施欧洲投资银行贷款“山东沿海防护林工程项目”的过程中，始终坚持“高起点、高标准、高质量”的要求，这是我和我的同事在对项目进行评估和监测时的共同感受。从项目的运筹、设计、实施、管理、监测和验收的全过程来看，山东在项目森林管理信息系统的建立和运行、环境与社会管理计划、利益相关者计划的制定与实施、生物多样性保护、混交林营造、生态位预留、森林认证、物资采购、提款报账、科研推广等方方面面，仅是长达近500页的项目管理经验和有待改善方面的项目竣工报告，这是在多个省份所不多见的。这一切都给我们留下了深刻的印象，这也是我所见到的欧洲投资银行在中国实施最为成功的林业贷款项目之一。为此，在欧洲投资银行举办的项目监测培训班上，我特地邀请慕先生到京，向国家林业和草原局世界银行贷款项目管理中心和各省(自治区、直辖市)项目办分享他们的一整套经验和做法。此后，我建议他总结一下数十年的外资项目运筹、管理和实践经验，与全国林业同行分享，以促进利用外资项目更好更健康地运行。

显然，慕先生将此事放在心上，在他的认真筹划、大力督促和支持下，历经数年，他的团队分工合作，把他们几十年的外资项目管理实践和心得提炼升华，共同促成这部力作，奉献给大家，这是一件很了不起的大好事。这对中国更有效地利用国际金融组织贷款，实现原国家副主席荣毅仁老先生在40多年前提出的改革开放不光要引资、更要引智，还要引进国外的管理理念和经验的愿望具有非常重要的意义。因此，我很荣幸地有机会向广大读者，特别是向各省(自治区、直辖市)林业项目管理部门，推荐这部力作，以期提高我国林业外资项目的整体管理水平。

这本书是由山东建筑大学林木遗传学博士和植物生理学博士慕德宇先生、山东农业大学董智教授和李红丽教授、山东省林业外资与工程项目管理站二级研究员慕宗昭先生共同主笔完成的新作。该书全面系统地介绍了利用国际金融组织贷款营造林项目的前期运作、投资建设以及竣工验收全过程项目运筹与管理方面的经验与做法，内容丰富，案例突出，数据可靠，论证充分，分析透彻。书中很多案例、例证、经验等旁证材料来自欧洲投资银行贷款"山东沿海防护林工程项目"管理方面的应用实例，是一部难得的理论与实践紧密结合的力作，也是科研部门、大专院校学生了解世界林业管理与最佳实践的一个重要窗口。

这部新书的问世，是对欧洲投资银行在中国实施应对气候变化、生物多样性林业贷款项目的运筹、实施、管理、监测以及项目的创新与合规性的凝练和总结，是将世界先进的林业管理理念、最佳实践与中国国情相结合的经典示范，这将对高质量、集约化地发展中国林业、增强中国应对气候变化的能力、提高外资项目管理水平起到重要的示范作用，同时也填补了中国利用国际金融组织贷款和外资贷款开展林业项目在运筹与管理、监测等方面的空白，将对中国乃至世界各国利用国际金融组织林业贷款项目的运筹与管理起到强有力的助推作用。

最后，我想借此机会，向本书的作者们表示祝贺。他们在林业贷款项目的运筹与管理方面不仅采纳了国际成功的理念和经验，同时还结合中国国情创造性地应用到项目的实际中去，为项目的成功实施与管理作出了重要的贡献，成效令人欣慰。

英得弗亚太有限公司中国区总理、高级森林资源顾问 律宗寶

2022 年 6 月

前　言

随着改革开放的全面展开，“项目管理”一词已渗透到各行各业及各个领域，被人们广泛接受，并把工作的重点转移到研究项目的运筹和管理方面。

截至目前，林业利用国际金融组织贷款造林项目已在全国23个省(自治区、直辖市)全面启动实施，其涉及的项目选定、项目认定、立项评估、可研论证、协议签订、启动实施、竣工验收等全过程管理也随着项目的开展而备受林业项目管理者的关注，开始探讨和研究提高林业贷款项目运行与管理效率问题。鉴于此，为满足林业项目运行与管理的需要，根据山东实施国际金融组织贷款造林项目的经验，并结合自身专业知识和经验积累，编写了《项目运筹与管理——着重谈国际金融组织贷款造林项目管理经验》一书。

全书共分三个部分，第一部分为项目的前期运作，主要包括绪论、项目的国内前期运作程序、国外前期运作程序、社区评估、可行性研究、环境影响评价、总体设计以及运行管理机制的建立，共8章内容；第二部分为项目的投资建设，主要包括项目的组织管理、计划管理、财务管理、物资管理、种苗供应、科研推广、信息管理、质量监督、环境监测以及技术培训，共10章内容；第三部分为项目的竣工验收，主要包括外业调查及材料的整理、竣工报告编写的格式和内容以及项目案例分析，共3章内容。

本书以通俗易懂、面向广大读者为编写前提，参阅了自20世纪80年代以来的相关文献，汇集了自90年代以来山东实施国际金融组织贷款项目的典型案例和同行实施项目的经验，引进了国外先进理念，借鉴了国内外先进的技术和方法。因此，该书是集体智慧的结晶。

本书在编写过程中得到了山东农业大学杨吉华教授的大力支持，对该书的内容进行了审阅，提出了宝贵的修改意见；山东省林业科学研究院梁玉研究员、范小莉高级工程师以及山东省林业外资与工程项目管理站王强高级工程师帮助查阅了文献资料。正是由于上述单位和同志的大力帮助，使得本书得以顺利完成，在此致以衷心的感谢！

我国幅员辽阔，国际金融组织贷款项目涉及地域广，项目治理的模式各异，工程建设的条件千差万别，希望读者根据林业贷款项目的实施目标有所选择的采用本书中的相关技术或方法。由于编者水平所限，书中难免有遗漏和错误，敬请同行专家和读者批评斧正。

著 者

2022 年 6 月

目　录

第一部分

项目前期运作

项目的前期运作，是项目建设必不可少的一个关键环节。没有前期运作，就不会有后面的项目实施，而没有充分和完善的前期运作，则不会有成功和顺利的项目开展。如绪论中所述，一个世界银行贷款项目，要经历一个完整的项目周期。这里所说的项目前期运作，实际上涵盖了项目周期中的前三个阶段，即从项目的认定直至谈判之前的项目评估，都是一个项目的前期运作过程。世界银行贷款项目前期运作过程中有很多的具体工作要做，也有很多的政策与工作上的要求，主要包括：①选定合适的备选项目，提出贷款申请和项目建议书，按规定程序申报立项；②进行项目可行性研究，编制详细的可行性研究报告；③编制利用外资贷款方案和项目采购清单；④进行环境影响评价，编制和提交环评报告；⑤制订移民安置计划(如果有移民安置需制定计划)；⑥进行社会影响评价；⑦制订项目实施计划和项目采购计划；⑧项目管理机构的建立；⑨编制造林总体设计；⑩项目运行管理机制和专项计划的建立等。

项目的前期准备工作，是国际金融组织投资项目中的基本固定运作程序，但其不是一成不变的，也在不断改进。例如，世界银行在总结以往项目前期准备的经验和教训中，将过去项目活动所产生的环境影响和社会影响，要求项目单位分别提报相关报告，而现在可以将项目活动中所产生的社会和环境影响合并提交一份社会与环境影响框架报告材料就能满足要求。

总之，随着项目的不断实施，项目前期运作程序也在不断地改进和完善。上述这十项前期准备工作内容，我们均将在以下各章节中有所侧重地予以论述。

第一章 绪 论

林业项目是大农业项目的一个分支，其项目的管理又是管理科学和管理实务中的一个分支部分。为了更好地讨论和理解林业工程项目的运筹与管理的各个环节，有必要先对林业项目及其管理的概念、相关的基本知识加以讨论。因此，绪论将重点阐述诸如：项目、管理的概念以及林业项目的特点、标准、项目周期等问题，以期为深入理解和探讨林业工程项目的运筹与管理奠定初步的理论基础。

第一节 项目与管理概念

一、什么是项目

近年来，人们把所有工作都说成是项目，“项目”一词有被用得太滥的倾向，例如修建一座水电站、苗圃地的管理、购置一辆卡车、一种新产品的引进、地区经济开发等。然而“项目”一词究竟如何理解或解释呢？在不同的历史时期和不同书籍中引用了很多注释。

世界银行前副行长沃伦·C·鲍姆是全面负责世界银行项目管理工作的官员，他与他的同行在总结了世界银行几十年来进行开发项目的经验和教训后，把“项目”一词注释为“项目是作为包括投资、政策措施、机构以及其他为在规定期限内达到某项或某系列发展目标所设计的活动在内的独立整体”。这个独立整体，可以是一个国家范围的结构调整发展计划，也可以是某个地方或某个单一部门的调整计划；投资可以是数百亿元的规划宏大，资本密集的大型项目如三峡水电工程项目，也可以是某一部门如林业天然林资源保护项目；可以是加强国家的林业教育，科技推广服务的项目，也可以是某项生产帮助贫困地区农民脱贫致富的项目。《质量管理——项目管理质量指南(IS010006)》定义项目为“由一组有启止时间的、相互协调的受控活动所组成的特定过程，该过程要达到符合规定要求的目标，包括时间、成本和资源的约束条件”。总之，这种独立整体的具体活动内容是多种多样的。因此，不论采用什么“项目”定义，也不论其具体的活动内容是什么，作为项目进行的独立整体应具有如下特征：

(1)具有精心设计的技术方案。任何项目都要按照项目特定的目标进行精心的设计和准备，并按设计方案的要求，严格施工。

(2)具有预算投资的经济行为。所有的项目活动都需要大量的资金投入，并且资金的投放也是相对集中，以便形成新的生产能力，促进经济的发展。

(3)具有一套独立的组织管理机构。承担全部经济责任，确保项目的进行是一个独立的整体，保证项目的有效建成。

(4)具有时限性的实施目标。每一个项目都有明确的时间起点和终点，都是有始有终的，是不能被重现的；起点是项目开始的时间，终点是项目的目标实现的时间点，即在规定的时间内达到预期的目标，并具有为达到项目目标而实施所有内容的计划。

(5)具有全程监督的机制及措施。项目建设内容、进度、质量、资金使用的全过程都有一套行之有效的监督审计措施，确保项目既定目标的实现。

(6)具有多个单体组成的系统性。项目的系统性指项目由多个单体组成，要求由多个单位共同协作，由多个在时间和空间上相互影响和制约的活动构成。

二、什么是管理

众所周知，人类的生产活动是最基本的社会实践活动，管理是随着社会生产的不断发展而形成，并随着生产的发展而不断完善提高的。20 世纪 50 年代以来，世界经济飞速发展，管理理论也进入发展阶段，形成了管理程序学派、人际行为学派、经验学派、社会系统学派、决策论学派、数学学派等各种管理流派。所有这些管理理论流派，都从不同侧面提出了管理的重要内容和方法，对管理实际生产起着重要的指导作用。在管理实务中，当然并不像理论流派那样各自泾渭分明，而是所有管理程序、方法、手段、制度运用的综合体。

管理是人们为了达到一定的目标而运用各种方法、制度、程序和手段，对相关的人和事进行组织、计划、指挥、协调、控制和监督的一系列活动的总称。这一活动的范围和内容弹性很大，广义上包括政治、经济、科技、文化等方面的管理；狭义上则专指经济意义上的管理，即有效地指导人们从事社会生产、交换、分配、消费等过程的一切管理活动。

三、衡量林业项目的标准

项目管理在林业建设中推广应用时间较农业项目更晚，究竟什么是林业项目，至今没有形成人们普遍公许的经典性定义。

有些学者们认为：林业项目一般是指林业基本建设项目，它不同于林业的简单再生产，而是指林业行业中，为扩大林业长久性的生产规模，提高其生产能力和生产水平，能形成新的固定资产的经济活动。然而，在经济实践活动中，林业项目在范围和内容方面都在不断发展，远远突破上述定义的范围和内容。例如：一个目的在于提高林农科技文化水平的人员培训项目，它虽然不形成任何有形的固定资产，但它对提高林业再生能力，获得较大的利润有很大作用，这也是林业项目中的重要内容。由此我们可以把林业项目解释为“林业项目是通过增加人力、物力、财力、科技投入，从事改善生产条件，扩大林业资源，提高生产能力，获得预期收益的复杂经济活动”。

随着林业项目建设的发展，其定义在实践中会不断得到完善。在生产实践中，究竟如何去鉴定一个林业项目。一般说来，作为一个林业项目要符合以下六个标准：

第一，作为一个林业项目，它不是作为维持简单生产而发生支出的经济行为，而应是林业扩大再生产的经济行为；

第二，一个林业项目在预定的时限内应有明确的经济目标，可取得预期的增长效益；

第三，作为一个林业项目，它是林业发展总体规划中在经济上、技术上、管理上能够实行独立设计、独立计划、独立筹资、独立核算、独立执行的独立业务单位；

第四，一个林业项目应有明确的投资、生产、获益的时间顺序，有特定的地理位置和明确的地区范围；

第五，任何一个林业项目，必须有确定的参与并在项目中受益的一定数量的客户；

第六，作为一个林业项目，应有确定的组织管理机构和明确的项目负责人。

第二节　项目管理特点

如前所述，项目是在规定的时间、空间范围内，利用资源，达到特定目标的经济活动单位。项目管理则是对这种活动单位进行的行之有效的管理。美国项目管理专家Harold Kerzher认为，项目管理是为限期实现一次性特定目标，对有限资源进行计划、组织、指导、控制的系统管理方法。因此，项目管理是在建设项目生命周期内所进行的有效的规划、组织、协调、控制等系统的管理活动。不同的项目有不同的管理方法，我们应针对项目的具体情况进行管理。综合项目的性质，可以把项目管理归纳为以下特点：

第一，项目人员和资源组织的临时性，使得项目管理带有浓厚的临时性色彩；

第二，项目建设内容的不可重复性，要求项目管理应针对不同项目的特点而采用相应的管理手段；

第三，影响项目成败的因素繁多且具有不稳定性，要求项目管理人员应具有高度的应变能力；

第四，项目建设部门界线的非限定性，要求项目管理应进行多部门通力协作；

第五，项目建设的时间、资源、资金的严格限制性，要求项目管理要加强计划管理，避免随意性；

第六，项目目标的明确性，即在限定的时间、限定的资源、限定的资金和规定的质量标准范围内，高效率地实现项目规定的目标，这就要求项目管理的一切活动都要围绕目标展开。

第三节 项目运筹与管理

一、 项目运筹与管理程序

项目周期是指一个项目由筹划立项开始，直到项目竣工投产，收回投资，达到预期投资目标的整个过程。林业项目也不例外，其运行具有严格的时限性和项目周期，即在一定的期限内，项目要运行完成，实现其项目的预期目标。

林业项目周期可概括为三个时期，即项目的前期运作期、项目的投资建设(或称投资运行)期、项目的竣工验收(或称终期评价)期(图 1-1)。

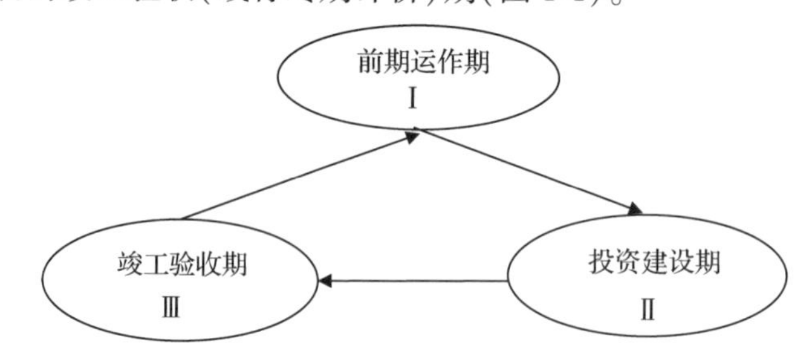

图 1-1 林业项目运筹与管理流程模式

第 I 时期，即项目前期运作期。包括项目的选定(提出项目建议书)、项目的社区评估、项目的环境评估、项目的可行性研究(包括项目专项计划、办法、机制、规程、方案等制定)、项目的评估、项目利用外资申请、项目的总体设计等方面的工作程序。通过这一时期的准备，使项目的开展建立在科学民主决策的基础上，从而促进项目的顺利开展。

第 II 时期，项目投资建设期，又称项目的投资运行期。该时期严格按照项目贷款协议、项目评估文件、可行性研究报告、总体设计及项目管理机制的要求执行项目。为确保项目实施的高效益，达到既定目标，在整个项目实施运作过程中，通过多年的探索，目前已经建立起了组织协调、计划管理、财务管理、质量监督、物资管理、种苗供应、信息系统、环境监测、科研推广、技术培训等十大支持保障体系，这十大支持保障体系的协调有序的运作，确保了项目的顺利实施。

第 III 时期，竣工验收期，又称终期评价期。该时期应按项目评估文件(PAD)、项目可研报告提出的目标检查验收项目完成的内容、数量、质量及效果，总结项目实施过程的经验教训，制订项目后续运营计划，并颁发项目竣工验收证书。

二、项目管理要素

项目管理要素有计划、控制和人员，而计划和控制要靠人去制定和执行，因此人员是构成项目管理的最基本要素之一。三者之间的关系可用图 1-2 表示。

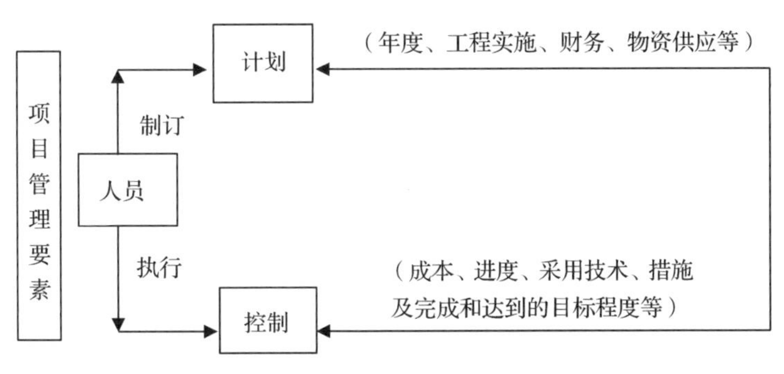

图 1-2　项目管理基本要素运作

（一）计划要素

项目管理自始至终贯穿计划管理。项目评估是决策前期的周密计划；项目立项之后，全部执行过程都要按可研报告的要求作出周密的年度计划、工程实施计划、财务计划、物资采购计划等。科学而周密的计划是保证项目管理成功的关键。

（二）控制要素

依据项目计划及项目执行监测反馈的信息，采取各种措施控制项目执行过程中的成本、进度采用的技术措施以及完成和达到的目标程度等，保证项目建设严格按设计目标进行，只有这样，才能确保项目的成功。控制贯穿与项目执行管理的全过程，是确保项目成功的必要手段。

（三）人员要素

项目整个建设过程都离不开人的主动性、积极性和创造性。因此，管理工作能否协调方方面面人员的关系，充分调动各方面人员的积极性，是项目管理成功与否的基础。

总之，计划、控制、人员三要素缺一不可，控制、计划贯穿于项目管理的始终。计划要由人来制定，控制要由人来执行。人员的构成、素质及其管理水平影响和决定着计划和控制的方式和质量，计划影响和决定着控制的方式；计划和控制的方式又影响着人员的管理方式。三者相互依赖、相互制约，一环扣一环，是不可分割的。

第四节　林业项目投资特点

林业项目投资的特点是与林业生产本身的特点密切相关的，概括起来主要有以下八点：

第一，林业项目投资较工业项目综合性强；

第二，林业项目投资受资源的限制性强；

第三，林业项目面广量大且受自然力影响，增加了项目管理的难度和复杂性；

第四，林业项目投资的内容广泛，项目取得收益的快慢与大小差异较大；

第五，林业项目投资受投入和产出物的价格变动的影响较大；

第六，林业项目的经营单位往往是分散而独立的千家万户；

第七，许多林业项目的最终受益者是分散的广大农民；

第八，林业项目提供的产品往往是公共产品（如固碳释氧、水土保持、生物多样性等），具有公共属性。

第二章　项目国内前期运作工作

本章只对项目的国内前期运作准备工作与要求作一个提示性的概述，以便读者有一个较为全面的概念。项目前期运作准备工作的内容很多，下面所列举的只是我们认为相对来说更加重要的内容。对于某些项目而言，在其进入项目实施之前，实际上还有很多准备工作要做，如进行项目的初步设计、技术设计、施工图纸设计等，这些工作也都是国内基建程序中所规定的内容，在此就不一一赘述。总之，一个项目将来的成败，至少有一半取决于其前期准备工作的充分与否。

第一节　运作准备工作程序

本节中，将对国际金融组织贷款项目的贷款规划确定、立项与审批、可行性论证、可行性报告的审批、利用外资申请的报批、贷款的转贷与管理等六个方面的项目国内准备程序进行具体阐述和分析。

一、项目贷款规划的确定

按照我国现行惯例，国家发展和改革委员会(简称国家发改委)和财政部于每年年初，都要依据国家的中长期发展规划和相关地区及部门所提出的项目建议，制订出我国未来三年利用世界银行贷款的初步计划，并与世界银行就该计划进行磋商，然后根据同世界银行磋商的结果，将该计划报国务院审批并执行批准后的正式计划。由于该计划是安排未来三年的贷款项目，并且是每年都对计划进行滚动更新，所以通常称之为“三年滚动规划”。凡是拟利用世界银行贷款的项目，就必须首先列入国家利用外资三年滚动规划，只有列入国家三年滚动规划的项目才有可能最终使用世界银行贷款，并着手开展使用贷款项目的相关准备，包括项目的立项审批和可行性研究等工作。

各地方和各有关部门向国家发改委和财政部报送的使用贷款的申请，是国家制订三年滚动规划的基本依据。因此，地方政府或国务院行业主管部门，应根据本地区或本部门经济发展的战略和优先重点，及时提出其地区或部门使用世界银行贷款(或亚洲开发银行贷款)的计划和申请，并分别报送给国家发改委和财政部。

一个项目能否被及时列入国家的贷款规划非常重要，而能否在规划中排在前列更重要。一个项目在三年滚动规划中排列的先后顺序受很多因素的影响，这些因素主要包括：

(1)项目早期运作准备进度。一般来说，项目早期准备的越充分，进度越快，在贷款规划中的位置就可能越靠前。

(2)国家有关产业和地区发展的政策。如果一个项目同其他候选项目相比，能更好地与国家产业政策及地方发展规划相吻合，则该项目会被优先列入规划。

(3)世界银行每个财政年度向我国提供贷款的规模。

世界银行每个财年提供贷款的金额大小直接影响到可安排的贷款项目数。尽管20世纪90年代初期我国每年从世界银行得到的贷款承诺数高达30亿美元左右，但该金额毕竟有限，再加上世界银行对一个国家的贷款余额有上限限制，因而目前年贷款额度已下降至15亿~20亿美元，因此在作贷款规划时，只能将不同的项目安排在不同的年度，这样就肯定会有先有后。

(4)世界银行有关贷款的政策和方向。如果是世界银行鼓励优先发展并重点投资的领域，或者一个项目能较好地符合世界银行的贷款政策，则此项目就被安排到优先贷款的行列。

三年滚动规划既有稳定性，又有一定的灵活性。稳定性表现在一旦一些项目被列入世界银行某一财政年度贷款计划，国内和世界银行方面就会按照这个计划去准备项目，如没有特殊情况，政府和世界银行方面一般均不会对该计划作大的调整。而灵活性则表现在三年滚动规划只是对未来三年贷款作出规划，随着时间的推移，一些项目的准备进度可能滞后于规划，而另外一些项目的准备则可能会超前，再加上不断出现的新情况，世界银行和政府就会对原定的贷款方案作出适当的调整。事实上，世界银行和政府所采取滚动式计划的方法，其中一个重要目的就是借此创立一种机制，确保贷款规划具有一定的灵活性，以适应新的形势。三年滚动规划中，一般前两年的计划安排比较稳定，尤其是第一年的年度计划，而第三年的计划及备选项目的安排则随规划的滚动会不断进行更新。

二、项目立项与审批

所谓立项与审批，也就是一个部门或地区为进行某一项目建设，向有关主管部门提出项目建议书并报请批准的过程。为便于国家加强对单个拟建项目可行性的审查，并从总体上对投资规模、投资方向、产业布局以及外债规模等进行宏观调控。按我国现行的项目投资管理体制，所有建设项目(包括计划利用世界银行、亚洲开发银行、欧洲投资银行等国际金融组织贷款的项目)都必须经历一个立项与审批的管理过程。由此可见，各地区、各部门如要利用国际金融组织贷款进行项目建设，就必须要通过国内有关部门的立项审查关，否则提出的项目就不能成立，而不能成立的项目也就自然不可能获得世界银行、亚洲开发银行等国际金融组织的贷款。

由于立项审批是国内基本建设项目和技术改造项目程序中必须经过的第一道程序，因此对于拟利用世界银行贷款的项目而言，该程序有可能在该项目列入三年滚动规划之前完成，也有可能在之后完成，因为有的项目最初的立项计划可能是利用国内资金建设而后由于资金安排问题改为外资的，有的项目则可能是在一开始就是瞄准国际金融组织贷款资金来的。后一类项目往往是先列入规划后办理立项审批。

根据国务院“三定”方案的职责分工，国家发改委负责我国项目的立项审批。由于地方财政部门是地方政府使用世界银行贷款债务的代表人，因此世界银行贷款项目的归口管理部门是财政部，鉴于此，在立项审批的过程中与国内其他一般基本建设项目审批程序稍有不同的是有财政部门的参与。

具体的项目立项审批程序：①一般由项目单位负责编制与提出贷款项目的项目建议书；②限额(500 万美元)以上的项目，经地方发改部门会同同级财政部门初审或经国务院行业主管部门初审后报国家发改委审批(特大型重点项目由国家发改委报国务院审批)，抄报财政部；③限额(500 万美元)以下的项目，则由地方发改部门会同同级财政部门审批或由国务院行业主管部门审批，报国家发改委和财政部备案。

三、项目的可行性论证

项目的可行性论证是国内项目前期准备至关重要工作之一，也是国内准备工作程序中的一个重要环节。项目可行性论证的过程，是对一个建设项目进行环境影响、社会影响、投资决策、经济分析、技术评价等全面调查论证的过程，是衡量一个项目充分与否的重要标准，是发改、财政、环境部门据以判断该项目能否立项实施的重要依据。

在国内，主管项目审批部门委托其他独立的第三方负责对一个项目进行可行性论证，而且发改、财政、环境部门对项目的可行性论证都有明确的分工，不同的主管部门负责论证的内容不同。

1. 项目环境影响论证——由生态环境部门负责

国家生态环境部对国内建设项目有严格的环境影响评价要求，其主要包括：对项目环境质量的影响，建设规模、性质、选址是否符合环保要求，所采取的环境保护缓解措施在技术上是否可行，经济上是否合理等。

项目建设单位一般需要委托具有国家建设项目环境影响评价相应资质的环评师进行项目的环境影响评价，并签订委托合同书，独立完成“建设项目的环境影响评价报告书(表)”。报告书(表)中要给出本项目的清洁生产、达标排放和总量控制的分析结论，确定污染防治措施的有效性，说明本项目对环境造成的影响，同时提出减少环境影响的建议。报告书(表)成稿后，由负责审批该项目的生态环境行政主管部门组织专家进行论证，形成审批意见，报生态环境行政主管部门进行批复。

2. 项目评审意见书——由财政部门负责

为进一步强化国际金融组织贷款项目前期准备工作的管理，切实做好贷款项目的申报、审查、转贷关系的确定、还贷责任落实，不断规范举借外债行为，防范和化解外债风险。财政部发布了财政部38号令和财际〔2009〕19号文件，明确了贷款规划的制定原则、项目单位提出贷款申请审查规定等，并要求各所辖省(自治区、直辖市)财政厅(局)在上报利用外资申请时要出具项目评审意见书，凡没有项目评审意见书的建设项目，财政部一律不予受理。

项目的评审意见书由所辖省(自治区、直辖市)财政厅(局)项目投资评审中心聘请相关专家深入项目区，对项目单位的实施条件、实施能力、配套资金落实能力、偿贷能力、项目经济环境及社会效益等方面进行全面评估与论证，最终形成项目评审意见。

财政部门项目投资评审中心形成的贷款项目评审意见书主要包括以下五个方面的内容：

(1)项目概况。主要叙述项目名称、项目简介、项目目的、资金额度等内容。描述项目由某省(自治区、直辖市)的多少个地市承贷，项目区涉及多少县(市、区)及具体的县(市、区)的名称；说明项目实施的具体单位名称、项目建设的主要内容以及项目建设的目的等。

叙述项目申报总投资，并对其中各分项投资进行具体描述，同时对贷款条件进行逐一具体描述。

(2)项目执行机构。主要阐述项目执行机构安排及落实情况。

(3)偿债安排情况。主要包括转贷安排、债务偿还安排及责任、配套资金安排、贷款偿还计划等。

(4)债务风险审核情况。其主要内容为省(自治区、直辖市)级政府的债务负担和财政承受能力；贷款项目的财务效益、经济效益和社会效益；地方财政、项目单位和主管部门配套资金的筹措能力；项目单位的财务状况和配套资金的落实情况；筹资方案的可行性，偿还债务的保证措施、偿债资金来源分析，还本付息计划及预测等。

(5)结论性审核意见。评审专家在深入考察和全面评估与论证后，对项目给出结论性审核意见，审核性意见一般分为三类：

第一类，按照财政部关于利用国际金融组织贷款的要求，某省(自治区、直辖市)在本项目的前期工作中，做了充分的准备和安排。经过对各相关环节的认真审核评价，认为该项目评审合格，前期准备基本就绪，已具备谈判和实施条件。

第二类，经过对各相关环节的审核评价，认为该项目前期准备尚未就绪，建议暂缓对外谈判。

第三类，经过对各相关环节认真审核评价，认为该项目在债务风险、实施能力等方面存在重大问题，评审不合格，建议不予对外谈判。

3. 项目评估报告——由发改部门委托咨询公司负责

国家发改委或地方发改部门收到可研报告后，首先要委托由其确定的有资质的工程咨询单位(有独立法人的国家事业单位或公司)对该项目进行评估论证并提出评估意见，然后再根据评估意见对可研报告进行批复。

受委托的工程咨询单位组织财务、工程管理、项目管理、设备采购、经济分析、注册咨询、林业生态、林业经济、林业工程、森林培育等方面的专家组成项目专家评估委员会，对项目的可行性研究报告进行讨论和论证，最终形成项目评估意见报告书。

专家评估委员会主要对项目以下方面进行评估论证：①项目概况及建设的必要性；②项目建设地点及建设条件；③项目建设方案；④节能与环境保护；⑤项目组织管理；⑥项目招标方案；⑦项目投资估算与资金筹措；⑧项目经济效益分析及贷款偿还方案；⑨项目风险及社会和生态影响分析；⑩结论。项目可行性研究报告编制单位还要根据专家评估意见对可研报告进行修改完善。

四、可行性报告的审批

项目可行性研究报告的审批同项目的立项审批一样也是世界银行、亚洲开发银行等国际金融组织贷款项目前期准备过程中必不可少的审批环节之一。

项目可行性研究报告的审批权限，是按照限额进行的，限额以上由国家发改委审批，限额以下由地方发改部门审批，其具体程序如下：

(1)项目主管部门提交的项目建议书获得批准之后，项目主管部门或项目建设单位向规划设计或咨询单位进行书面委托，确定负责进行项目可行性研究报告的编制单位，签订委托合同书。该编制单位一般应具有相应资质，并对其工作成果的准确性和可靠性承担责任。

(2)委托单位按要求完成项目可行性研究报告的编制后，项目主管单位向发改部门提交项目可行性研究报告。

(3)限额以下项目，由项目单位将可行性研究报告直接报主管部门或地方发改部门审批，抄报国家发改委备案。

(4)限额以上项目，由项目单位将可行性研究报告送项目主管部门或地方发改部门预审，然后由项目主管部门或地方发改部门报国家发改委审批。

(5)国家发改委收到限额以上项目的可研报告后，应先委托由其确定的咨询公司对该项目进行评审并提出评审意见，然后再依据评审意见对项目可研报告进行批复。

(6)对重大项目和特殊项目，项目可研报告要由国家发改委预审后报国务院审批。

五、利用外资申请的报批

按照国内的有关规定和程序，每一个利用国际金融组织贷款的项目，都应编制详细的利用外资方案。对于工程项目而言，一般情况下，利用外资方案应包括在可行性研究报告中对于可行性研究深度达不到利用外资方案要求的项目，或者是对一些不需要提交可行性研究报告的非工程项目，一般都要单独编制利用外资方案。

此外，作为项目前期准备工作尤其是可行性研究阶段的一项重要工作，项目单位应在可行性研究报告或利用外资方案中提出详细的项目采购清单。采购清单是日后项目执行中进行招标采购活动的基本依据。

按照我国现行的做法，利用外资申请报告一般由项目主管部门编写和提出，并按规定程序，由地方发改部门初审后报国家发改委审批(特大型重点项目由国家发改委报国务院审批）。

一般情况下，林业贷款造林项目外资申请报告的内容应包括：项目概况、国外贷款来源及条件、项目前期工作进展情况、贷款使用方案与类别安排、设备和材料采购安排、经济分析与财务评价结论、贷款偿还及担保责任、还贷资金来源及还款计划、附件部分。

六、贷款的转贷与管理

目前，我国的世界银行、欧洲投资银行和亚洲开发银行等国际金融机构贷款统一由财政部管理，项目贷款的转贷管理工作也由财政部统一负责。

根据世界银行、亚洲开发银行等国际金融组织对我国项目贷款的规定，世界银行只向借款国政府提供贷款，由此看出我国的世界银行贷款管理体制是由财政部代表中国政府借入世界银行贷款，再由财政部转贷给地方政府或项目单位，用于项目建设，贷款债务则由项目单位或地方政府偿还给财政部后，由财政部统一对外偿还。

我国世界银行贷款转贷管理体制经历了一个由摸索经验到成熟完善的过程。在20世纪80年代中前期，开始使用世界银行贷款时，借入的世界银行贷款一般都由财政部转贷给项目所属的中央行业主管部门或直接项目单位，但这样不便于形成责、权、利统一的管理体制，更不便于贷款债务的管理工作。因此进入20世纪80年代后期，财政部开始强调地方财政部门的作用和参与，由此逐渐形成了以地方财政为主体，资金和债务管理为主线的贷款转贷管理体制。进入20世纪90年代以来，大部分项目贷款都由财政部转贷给地方政府，地方财政部门作为政府的债权、债务代表负责贷款的统一管理和债务偿还，少部分不便于转贷给地方政府的项目，如电力项目、铁路项目等，则由财政部直接转贷给项目单位或主管部门。

根据国务院批准的改革方案，财政部确立了新的转贷管理体制。新的转贷管理将贷款项目按所属行业分成三种不同的类型，不同的类型采取不同的转贷渠道和模式。

（1）公益性项目。主要包括教育、卫生、扶贫、水利、环保、市政设施等，其贷款由财政部转贷给地方政府，地方财政部门作为地方政府的代表承担管理与还贷责任。

（2）基础性项目。主要包括交通、通信、能源、农业、林业等，其贷款主要由财政部转贷给国家开发银行，再由国家开发银行转贷给项目单位；但属于非经营性质的基础性项目贷款（主要是农林类项目），其转贷管理按公益性项目进行。就目前山东而言，林业部门利用的世界银行或欧洲投资银行贷款项目主要用于生态林的营造，其转贷管理统一由财政部门逐级转贷到县（市、区），其债务由县级财政部门统贷统还。

（3）竞争性项目。主要包括工业项目，其贷款是由财政部转贷给国有商业银行或非银行金融机构，再由国有商业银行或非银行金融机构转贷给具体的项目单位。

第二节　需要准备和提交的资料

在项目的国内前期准备工作中，有六个方面的准备程序，与之相对应的也有六个方面需要准备和提交的资料，其主要包括：编写项目建议书、编写项目可行性报告、编写环境影响报告(表)、编写项目利用外资申请报告、项目造林总体设计、项目运行管理规划及机制。本节中，只对上述六个方面做简单介绍，在以后的相关章节中均会对其进行详细阐述。

一、编写项目建议书

项目建议书(又称立项申请)是拟准备利用外资的项目主管单位向所在地方发改委项目管理部门申报的项目申请。

项目建议书是项目建设筹建单位或项目法人，根据国民经济的发展、国家和地方中长期规划、产业政策、生产力布局、国内外市场、所在地的内外部条件，提出的某一具体项目的建议文件，是对拟建项目提出的框架性的总体设想。对于大中型项目，有的工艺技术复杂，涉及面广，协调量大的项目，还要编制项目预可行性研究报告，作为项目建议书的主要附件之一。项目建议书是项目发展周期的初始阶段，是国家选择项目的依据，也是可行性研究的依据，涉及利用外资的项目，在项目建议书批准后，方可开展对外工作。

林业造林项目的建议书所包括的内容应有以下九个方面组成：

(1)项目简介。主要包括：①项目名称；②项目承办单位；③项目投资规模；④项目建设目标；⑤项目建设范围；⑥项目建设规模；⑦项目进度安排；⑧项目效益。

(2)项目建设的背景和必要性。主要包括：①项目建设的背景；②项目建设的必要性；③项目建设必需的条件。

(3)项目建设的目标及指导思想和原则。主要包括：①项目建设目标；②项目建设的指导思想；③项目建设的原则。

(4)建设内容、规模及规划设计。主要包括：①建设内容；②建设规模与布局；③树种林种及造林模式以及治理模式等。

(5)投资概算及资金来源。主要包括：①估算依据；②投资概算；③资金来源。

(6)效益预测分析。主要包括：①生态效益；②社会效益；③经济效益。

(7)项目建设进度安排。主要包括项目建设年度、年度投资规模和造林规模安排。

(8)风险分析。主要包括：①有利因素分析；②不利因素分析。

(9)结论。主要包括经济、社会、环境、技术、资金、管理等方面的可行性。

二、编写环境影响报告书(表)

项目的环境影响评价是国内前期准备工作的重要一环，也是规划项目和建设项目必须要做的工作，否则项目的可行性研究报告就无法得到批复。在林业造林工程建设项目的环境影响评价的要求和规定上，国内与世界银行存在着较大的差别。应该说，世界银行的规定与要求要比国内的有关规定和要求更加严格，当然我国在环评工作上也有一些自己的特点。因此，在开展建设项目环境影响评价工作时，既要充分了解和熟悉世界银行的有关规定，又要掌握国内的有关规定与要求。

1. 环境保护分类与审批管理

国家根据建设项目对环境的影响程度，制定建设项目环境保护分类管理名录，并按照下列规定对建设项目实行环境保护分类管理：

(1)应当编制环境影响报告书的建设项目。对环境可能造成重大影响的建设项目，应当编制环境影响报告书，对建设项目产生的污染和对环境的影响进行全面、详细的评价。

(2)应当编制环境影响报告表的建设项目。对环境可能造成轻度影响的建设项目，应当编制环境影响报告表，对建设项目产生的污染和对环境的影响进行分析或者专项评价。

(3)应当填报环境影响登记表的建设项目。对环境影响很小的建设项目，不需要进行环境影响评价的，应当填报环境影响登记表。

未列入环境保护分类管理名录的建设项目，由省级生态环境行政主管部门根据上述原则，确定其环境保护管理类别，并且报国家生态环境部备案。

分类管理名录中对林业建设项目也作了明确的规定：凡是工程造林项目都采用环境影响报告表(如：所有的防沙治沙工程和敏感区的植树造林项目)的方式或者采用环境影响报告登记表(如：非敏感区的植树造林项目)的方式进行建设项目的环境影响评价。

国家生态环境部建设项目的环境影响评价分级审批也作了明确规定，由国家生态环境部审批的农林水利建设项目包括：①国际河流和跨省(自治区、直辖市)河流上的水库项目；②需中央政府协调的国际河流、涉及跨省(自治区、直辖市)水资源配置调整的项目；③跨流域调水工程；库容1000万m^3及以上水库项目；④总投资10亿元及以上的其他水利工程；⑤在山区、丘陵区、风沙区实施的总投资5亿元及以上的造林、林业综合开发项目。限额以下的建设项目，由所辖省(自治区、直辖市)生态环境行政主管部门审批。

为了做好实施建设项目的环境影响评价分类管理工作，国家生态环境部公布了2021年版的建设项目环境影响评价分类管理名录。其环境敏感区是指依法设立的各级各类保护区域和对建设项目产生的环境影响特别敏感的区域，主要包括下列区域：一是国家公园、自然保护区、风景名胜区、世界文化和自然遗产地、海洋特别保护区、饮用水水源保护区；二是生态保护红线管控范围，永久基本农田、基本草原、自然公园(森林公园、地质公园、海洋公园等)、重要湿地、天然林，重点保护野生动物栖息地，重点保护野生植物生长繁殖地，重要水生生物的自然产卵场、索饵场、越冬场和洄游通道，天然渔场，水土流失重点预防区和重点治理区、沙化土地封禁保护区、封闭及半封闭海域；三是以居住、医疗卫生、文化教育、科研、行政办公为主要功能的区域及文物保护单位。

总之，在项目环评审批管理过程中，要重点审查其环境影响报告书、环境影响报告表是否就建设项目对环境敏感区的影响做了重点分析和论述，提出的缓解措施是否可行、有效。

2. 承担环境影响评价工作的第三方

2017 年以前，项目的环境影响评价由项目单位委托经国家环保部门批准的具有乙级以上评价资质的单位来进行；2017 年之后，我国取消单位资质的要求，改由环评师(具有环评资格证书的人员)从事相关领域的环境影响评价工作。总体来说，国内的环境影响评价工作不是由项目单位来承担，而是由第三方来承担，这与世界银行的要求是基本一致的。

环评师的好坏，直接关系到环评报告的编写质量。由于世界银行贷款项目的环评在满足国内程序和要求的同时，还要满足世界银行的规定与要求，因此，项目单位在委托环评方进行项目环境影响评价时，一定要选择既懂得行业、项目性质及国家有关环境政策与要求，又了解世界银行的环评规定与要求，同时还要具有环评资格证书的第三方(环评师)开展环评工作。

3. 环评报告(表)的编写内容和要求

国内建设项目的环境影响评价分为环境影响评价报告书、环境影响评价报告表和环境影响评价登记表 3 类。需要编制环境影响评价报告书的建设项目一定是对环境造成重大影响的；凡是要编制环境影响评价报告表的建设项目，一定是对环境造成轻度影响的；环境影响评价登记表只需建设单位简单填报建设项目的基本情况(其内容包括：项目内容及规模、原辅材料、水及能源消耗、废水排放量及排放去向、周围环境简况、生产工艺流程简述、拟采取的防止污染措施)以及登记表的审批意见。

根据相关规定和林业造林工程项目的特点，国内林业建设项目的环境影响评价报告(表)，一般由以下内容组成：①建设项目基本情况；②建设项目所在地自然环境、社会环境简况及环境质量状况；③评价适用标准；④建设项目工程分析及项目主要污染物产生及预计排放情况；⑤环境影响分析；⑥建设项目的防治措施及预期治理效果；⑦结论与建议以及预审意见、下一级生态环境行政主管部门审查意见和审批意见。同时，报告表应附的附件包括："立项批准文件"及"其他与环评有关的行政管理文件"；附图包括：项目地理位置图(应反映行政区划、水系、标明纳污口位置和地形地貌等)。如果报告表不能说明项目产生的污染及对环境造成的影响，应进行专项评价。根据项目特点和环境特征，应选择 1~2 项进行专项评价。

三、编写项目可行性报告

项目可行性研究是指对某一拟建的工程项目在做出是否投资决策之前，首先对该项目有关的技术、经济、社会、环境等所有方面进行调研，然后比对项目各种可能的拟建设方案在技术、经济、社会及环境上论证是否充分，再次是研究拟建项目在技术上的先进性，在经济上的合理性以及在建设上的可操作性和可能性，最后还要对项目建成投产后的经济、社会、环境等效益进行科学客观的预测和评价。据此编制的可行性研究报告，可有效地为项目投资者提供决策依据。可行性研究进行得充分与否，是衡量一个项目准备是否充分的重要标准，也是投资决策部门据此批复该项目是否实施的重要依据。

总体来说，世界银行关于项目可行性研究方面的要求与国内对可行性研究工作的有关要求基本上是一致的（详细的要求与格式将在第五章进行阐述），但在一些侧重点和程序内容上也存在着一些差别。应该说，世界银行的规定与要求要比国内的有关规定和要求更加严格，而我国在项目可行性研究工作上也有一些自己的特点。因此，作为世界银行贷款项目的项目单位，在进行可行性研究工作的时候，既要充分了解和掌握世界银行的有关规定，也要熟悉国内的有关规定与程序，这样才能将可行性研究工作真正做好。

林业项目的可行性研究编制工作，是由林业建设部门或林业建设单位委托有国家林业调查设计资质的单位或工程咨询公司承担。

四、编写项目利用外资申请报告

项目利用外资申请报告，是在国际金融组织贷款项目通过立项评估之后实施之前，由项目主管单位向所在发改部门提报的项目准备材料之一，其行文均有特定的规范和要求，下面将对其进行阐述。

（一）编写要求

世界银行、欧洲投资银行贷款项目利用外资方案（申请）是我国利用国际金融组织贷款项目计划管理的组成部分。为此，1992 年，国家计委下发了《关于加强利用国际金融组织贷款项目计划管理的通知》。在项目单位配合国际金融组织代表团完成了项目评估后，具备了贷款谈判的条件，应编制项目的利用外资方案以作为贷款谈判和项目实施的依据。利用外资方案的报批程序是通过项目所在省发改部门拟文上报国家发改委，由国家发改委审批。对于原先利用国内资金建设的项目可行性研究报告，转为利用国外资金项目后，利用外资方案就是对工程可行性研究报告的补充。

（二）内容构成

项目通过正式评估后，世界银行等国际金融组织贷款项目利用外资方案涉及的内容实际就是项目单位与贷款方就贷款使用的一系列问题达成的一致意见的归纳。

为确保项目贷款的合理使用和顺利偿还，“利用外资申请方案”应按要求上报到国家发改委审批，并抄送对外窗口部门和行业归口部门。“申请方案”的内容主要是国际金融组织贷款的使用计划和偿还安排，项目的具体工程技术和经济问题，应以已批准的项目可行性研究报告为准。

林业贷款造林项目利用外资申请方案的主要内容和格式为：

（1）项目概况。项目概况包括项目建设规模与内容、项目总投资、项目资本金、国外贷款及其他资金、项目实施主体、项目执行机构、项目建设期等。

（2）贷款来源及条件。贷款来源及条件主要包括国外机构、贷款国别（或组织）、地方配套资金、还款期、宽限期、贷款利率、承诺费等。

（3）项目前期工作进展情况。项目前期工作开展情况主要阐述为推进项目而做的工作，如成立领导组织、相关部门联席会议、培训会议、调查规划、初步设计、配套资金落实、各级政府或财政部门贷款承诺等等进展情况。

(4)贷款使用方案与类别安排。这部分内容主要阐述贷款的分年使用计划以及贷款使用范围及类别，包括造林工程建设费(林地清理、整地、栽植、施肥、浇水、松土、除草、修枝、病虫害管理等)、技术服务与项目管理(科研推广、监测评价、苗圃改进、技术培训、能力建设、管理费等)、不可预见费(也可单独分列在以上各类后)等分类。

(5)设备和材料采购安排。这部分内容包括采购的原则、采购招标方式的选择、采购日程安排、采购计划，贷款的使用安排(可按土建、设备、材料、支付当地费用包含劳务)、主要设备的规格数量及单价、主要材料的规格数量及单价等。

(6)经济分析及财务评价结论。经济分析结论方面主要阐述项目建设具有的直接或间接的经济效益，可通过估算获得；财务评价结论方面主要阐述项目计算期内经济内部收益率及其净现值；同时还要对项目的生态效益和社会效益做出评价。

(7)贷款偿还与担保责任以及还贷资金来源与还贷计划。这部分内容要分别对贷款偿还、担保责任、还贷资金来源、还贷计划四个方面进行阐述，提供切实可行的实施方案。

(8)外资申请方案的附件部分。利用外资申请方案还必须把有关数据用表格形成附于方案主要内容的后面。其附件部分主要提供：①项目批准文件；②项目评估文件(报告)；③国内配套资金落实文件；④地方政府贷款担保及地方政府贷款偿还责任；⑤项目投资估算表；⑥项目资金筹措表；⑦项目贷款项目清单；⑧项目贷款使用计划表；⑨项目贷款设备材料采购清单；⑩项目技术援助计划表；⑪项目贷款还本付息表；⑫项目管理组织机构框图等。第5项至第12项的内容是申请方案的重要组成部分，是主体部分的补充和进一步的说明，也可以将此内容放在文本正文中的相应位置上。

五、项目造林总体设计

项目造林总体设计，确切的应该称为县(市、区)级项目造林总体设计书。所谓项目造林总体设计，就是以县级为单位，把用于项目造林的易林荒山、荒滩、采伐迹地以及火烧迹地按照适地适树的原则，并运用科学的方法，同时遵循经营者的思路和意愿，将造林小班逐一规划落实到山头地块上。项目造林总体设计是项目可行性研究报告造林部分规划设计的延伸，是科学造林和营林的进一步细化和提升，是项目年度施工作业设计的重要依据。因此，项目造林总体设计是项目前期准备工作的组成部分之一，其设计文本材料必须在项目启动实施之前完成。

项目造林总体设计的编制内容主要包括：①项目区基本情况；②项目建设条件分析；③规划设计；④环境保护；⑤项目组织与经营管理；⑥项目实施进度；⑦投资概算与资金筹措；⑧项目评价；⑨附表与附图。

上述是编写项目造林总体设计文本的框架结构，具体的编写方法，请参照该部分第七章县级项目造林总体设计。

六、项目运行管理机制和专项计划

为使项目单位和造林实体有章可循，确保项目启动实施期间顺利有序地推进，以世界银行为代表的国际金融组织，要求项目单位在项目前期准备阶段，必须制定与项目相适应的运行管理机制和相配套的项目实施专项计划。

1. 项目运行管理机制

林业贷款造林项目的运行管理机制主要包括：项目管理办法、项目财务管理办法、物资管理办法、环境保护管理规程、项目造林检查验收办法、项目年度施工作业设计管理办法等。

2. 项目实施专项计划(或方案)

与造林项目相配套的实施计划主要包括：项目科研与推广计划、项目种质材料开发与苗圃升级改造计划、项目培训计划、项目监测评估方案、项目林病虫害防治管理计划等。

上述11个方面材料的起草，由项目主管单位组织相关领域的专家进行编写，其定稿需要征得项目贷款方的认可，其中项目实施专项计划(或方案)还要提交贷款方备案。这部分内容将分别在该部分的第八章和第二部分相关章节中论述。

第三章　项目国外前期运作工作

世界银行、亚洲开发银行等国际金融组织贷款项目不同于国内的贷款项目，其不仅要符合国内贷款程序，同时又要满足国际金融组织对项目的规定。国际金融组织对其贷款项目的前期运作准备都有明确的管理规定和程序要求。以世界银行贷款项目为例，其项目的前期准备有一系列的准备程序，包括项目鉴定、项目准备、项目评估、项目谈判、项目执董会批准、项目协议签订等程序，这些程序和要求与项目前期准备工作环节的具体活动紧密地联系在一起。

第一节　运作工作程序

国际金融组织贷款项目的国外运作工作程序包括：项目的选定（鉴定）、项目准备、项目评估、项目谈判、项目执董会批准、项目协议签订六个阶段。各阶段之间相互联系、相互依存，前一阶段的工作是后一阶段的基础，后一阶段的工作是前一阶段工作的继续和深入，只有各阶段周密部署到位，并认真而细致的工作，才能确保项目准备工作顺利完成。下面将分别对其进行阐述和分析。

一、项目的选定

项目选定又称项目鉴定，是世界银行贷款项目周期中的开始阶段。项目周期的开始阶段，就是确定那些需要优先考虑，既符合世界银行投资政策，又是世界银行、政府和项目单位三方都感兴趣的项目。

1. 项目符合选定的条件

在项目的选定阶段，世界银行就制定恰当的投资策略，与项目借款国的相关部门进行对话，以便选定一些既符合并能保持双方前后一贯支持的发展策略，又适合部门目标，同时借款国政府和世界银行都认为适合的项目。由此可以看出，项目的选定应具备以下条件：

(1)项目符合世界银行的投资政策和支持的投资领域；

(2)项目符合国家、部门或地方优选发展目标；

(3)项目同时符合国家优选发展战略目标和世界银行贷款政策；

(4)地方政府有实施项目的积极性；

(5)项目经营者有实施项目的积极意愿。

要选定一个适合上述要求的项目，并不是容易的事。政府和其他借款方也许并不会同意世界银行所持有的那种关于优先开发目标或优选部门或优选行业的观点，要对项目范围作出双方均认为合适的选择也许还有困难。因此，为达到项目的目标，双方需要协商改变在政策或机构问题上的分歧。只有把这些问题解决了，才能进入项目的准备阶段。

2. 项目选定优选考虑的内容

在项目选定时，世界银行有其优选考虑和感兴趣的项目内容，概括起来主要包括以下八个方面：

(1)项目在其部门中的地位和优选性；

(2)项目在行业、地方、国民经济中的重要性；

(3)项目与地方和国家发展规划及发展目标的一致性；

(4)项目拟建地点的合理性；

(5)项目拟建的环境、社会、技术方案的可行性；

(6)项目投资的有效性；

(7)项目实施进度安排的可操作性；

(8)项目经济社会生态效益的显著性。

3. 项目选定需要收集提供的资料

在项目的选定过程中，世界银行需要从技术层面、经济层面、社会层面、环境层面进行综合的论证与分析，在认真比对的基础上，形成详细而具体的项目文件。因此，系统收集完善而准确的信息资料是此阶段的重要内容，也是借款方必须协助做好的工作。

(1)提供国家或地方或部门的发展政策，主要包括国民经济发展规划以及行业商品价格、行业商品税费、行业补贴等政策；

(2)提供国家或地方或部门的社会经济信息资料，主要包括国民收入、交通情况、人口情况、劳动力情况、生产情况、市场情况等；

(3)提供行业信息数据资料，主要包括林业发展规划、发展重点、森林面积和蓄积量、森林覆盖率、主要植被、种苗建设、宜林荒山荒地情况等。

二、项目的准备

项目被选定后，就编入了贷款规划，项目进入了准备通道，即项目的第二个阶段。进入第二个阶段，标志着世界银行和项目单位之间紧密合作的时期就开始了，其时间一般为1~2年。当然，准备时间并不是固定的，其长短主要取决于项目主管单位及其组成人员的执行力和经验丰富程度。

1. 目的要求

项目准备阶段最基本的目的是，通过项目单位的具体而细致的综合分析与研究，并在世界银行的帮助下，将初始的项目概念或思路，经整理、归纳、深化和提升，转化为一个完整具体的项目目标，从而使借款方确定确有必要且能够实现这一目标，同时贷款方也确认确有必要展开这一项目的详细评估工作。

围绕项目准备阶段的目标任务，在项目准备过程中，世界银行也对其提出了严格的要求，概括归纳如下：

(1)项目的准备工作，主要由借款方负责完成；

(2)要对项目的技术、经济、财务、组织机构、社会影响、环境影响等方面进行具体而详细的可行性研究；

(3)项目可行性研究要由具备相应资质的单位承担；

(4)项目可行性研究报告是准备阶段的决策依据；

(5)项目的可行性研究报告要达到规定的准确性，即项目投资估算及其与初步设计概算两者的出入不大于10%，否则必须对该项目进行重新决策。

2. 主要工作

项目准备阶段，就是围绕实现项目目标与任务而展开的经济、社会、环境、技术、组织、财务、投资等方面可供选择的多方案进行比对与分析，从中找出较优的设计方案，然后再对其实地进行考察与详细的调研，直到优选出最佳的设计方案。由此可以看出，该阶段的主要工作：

(1)编制项目可行性研究报告；

(2)编制项目环境影响评价报告；

(3)编制项目移民计划安排；

(4)编制项目社会影响评价报告；

(5)编制项目实施计划，其编制依据是项目可行性研究报告，当然它也是项目进入评估阶段，世界银行参考的重要文件依据。

3. 扮演的角色

在项目准备阶段，借贷双方在其中所扮演的角色有主次之分。借款方即项目单位是主角，其全面负责项目的准备阶段的工作；贷款方即世界银行是配角，一般不直接参与项目的准备工作。其主要原因是，世界银行的直接参与，可能会影响项目评估的客观性。然而，实践证明，世界银行在保证及时且持续地帮助项目单位很好的准备项目上起积极的作用，这对项目的准备工作是非常有益和重要的。这种促进作用表现在多方面：

(1)在项目准备期间，务必使有能力且有资金可以自己准备的项目借款单位了解和掌握世界银行的要求和标准，这有利于项目准备工作的有的放矢；

(2)在项目准备期间，世界银行可以帮助项目单位为项目准备工作寻找资金或技术上的援助；

(3)在项目准备期间，世界银行可以弥补准备不充分或不完全的项目中存在的差距。在例外的情况下，世界银行本身也可以做项目的准备工作。例如，在东非和西非建立了世界银行代表团，主要目的就是为了应对该地区的政府在确定和准备项目方面，给予其有限能力的补充。

4. 准备充分的标准

该阶段工作结束后，世界银行项目经理将会向其上级提报一份“项目简报”，详细阐述借款方项目的准备工作情况，世界银行依据“项目简报”，综合判断分析项目准备的充分程度，是否符合要求，决定何时开展下一阶段的项目评估工作。

通过多期世界银行贷款项目实施的体会，认为确定项目准备充分程度的标准，概括起来主要有以下五点：

(1)项目单位确认，项目准备工作系统细致，圆满完成各项项目准备任务；

(2)项目可行性研究报告已获得批准，并及时提交世界银行；

(3)项目单位及时提供了世界银行要求的材料和数据；

(4)项目实施计划已提交到世界银行；

(5)相关的国内准备工作程序已经完成。

三、项目的评估

在准备阶段，一切工作完成后，项目准备已成型，可行性研究已完成，项目进入了第三阶段，即项目评估阶段。众所周知，评估阶段将对项目进行审核和评估，为以后项目的实施和完工后的成效评价提供依据。

项目评估工作由世界银行官员或其工作人员独立负责，如果任务比较急工作量又大也可聘请独立咨询专家协助。该阶段的评估时间是有限制的，一般不超过 4 周。如果准备工作开展得好，项目评估会相对顺利；否则，世界银行有可能派遣一个或几个考察工作团亲自前往项目区进行评估。

在林业贷款造林项目方面，评估的焦点主要集中在七个方面，即：技术、制度、经济、财务、社会、环境和生态方面的评估。

1. 技术评估

世界银行开展的技术方面的评估，主要是确保项目的设计合理，技术科学，方法得当，符合林业公允的技术标准和规范。世界银行评估小组，将对拟采用的备选技术方案、可能出现的问题、拟采取解决的办法以及预期目标实现的效果等方面逐一展开评审。

具体来讲，林业贷款造林项目的技术评估主要包括规模、布局、位置、设计等内容。规模是指项目的新造林、林分改建、幼林抚育的面积及其投资。评估时主要考虑，用现有的技术手段和方法，在限定的时间内完成项目规模(面积和投资)的可能性。布局是指项目分布归属的大区范围。评估时主要从技术的角度，论证分析项目划分的治理区或栽培区及其主要治理目标是否科学合理。例如，在世界银行贷款“山东生态造林项目”中，项目准备阶段将项目的布局，按照生态治理区划分为退化山地植被恢复区和滨海盐碱地改良区，两大区的治理重点各不相同，采用的种质材料和配置模式也不同，是否能达到既定的目标，评估时要进行科学的论证分析。位置是指项目造林小班的位置。主要评估该造林小班是否避开敏感区域的位置。设计是指项目的选地标准、林地清理、整地方式、造林方法、造林模型、立地类型、种质材料、抚育管理等方面的总体设计是否科学到位，年度施工作业设计是否同时具有科学性、实用性和可操作性。再如，世界银行贷款"山东生态造林项目"的造林模型设计中，在严格遵循适地适树原则的前提下，按照两大生态治理区的实施目标、地形地貌、立地类型、土层厚度以及地下水位等，分别在退化山地植被恢复区设计了8个造林模型(石灰岩山地和花岗岩山地各4个)和滨海盐碱地改良区设计了5个造林模型；评估的重点是立地类型划分是否准确、13个造林模型设计是否合理、混交方式和种间搭配设计是否科学、52种乔灌藤草种质材料是否适用等方面展开论证与分析。

2. 组织制度评估

这里所称的项目"组织制度"是指项目单位本身的但不限于此的机构、群团、管理、人员、机制、政策、程序的运行及其赖以运转的政府政策氛围。项目的实践证明，创立一种健全而有用的"组织制度"比资金投入或物质设施本身要更重要。鉴于此，"组织制度"建设就必定成为以世界银行为代表的国际金融组织贷款项目中最重要的一环。

通过历次山东利用国际金融组织贷款林业项目的实践证明，世界银行、欧洲投资银行林业贷款项目在其评估文件中，都把项目实施的国家、地方、部门或行业对项目的支持政策，放在评估的首要位置，评估文件中占有很大篇幅，足以看出政策层面在项目评估的重要程度。

机构建设是项目评估不可缺少的内容。在项目评估期间，以世界银行为代表的评估团，会让项目主管单位提供省级、市级、县(市、区)级，甚至是乡镇级的项目机构名单、人员组成、职位设置等，尤其还要专门列出财务、专业技术人员名单，供评估用。项目实施主体或称项目经营者，也是考察评估的内容之一。例如，世界银行贷款"山东生态造林项目"中共有6类项目实施主体，包括国有林场、村集体林场、合作生态林场、专业合作社、造林公司、个体农户。评估时都要实地考察论证，评价其组织形式的优劣，并提出意见和建议。

项目的管理机制也是考察评估的内容。评估时，除了查阅国家、行业或地方的林业标准和规定外，还要调阅针对项目编制的项目管理办法、物资设备采购办法、财务管理办法、造林检查验收办法、年度施工作业设计办法、环境保护管理规程等与项目相关的规程、办法和规定等。其主要目的是看项目的运行管理制度或机制是否健全、是否能保障项目正常运行。其评估的意见和建议会在评估团备忘录中提及。

3. 经济评估

所谓项目经济评估，是指通过比选和论证项目备选的几套设计方案中的成本收益、以确保从项目中选出最能促进国家发展的设计方案。通常，项目的成本收益分析会在准备期间进行，评估阶段是对其做出最终的审定和评价结论。

世界银行在开展项目的经济评估时，一般是分行业进行的。林业行业是国家民生行业，兼有经济效益和公益性效益，符合国家产业政策。但林业行业有其特殊性，周期长、见效慢，尤其是生态造林项目更是如此，简单的采用成本和收益来比对或优选设计方案，可能会出现偏颇或不符合实际。鉴于此，项目单位可建议项目评估团对生态林项目采用时效性分析，对商品林项目采用成本收益分析。世界银行在项目评估过程中，有时会采用“影子”价格或敏感性或风险性分析的方法，对林业项目进行分析评估。

在项目评估时，项目单位要积极配合工作，提供诸如土地使用制度、地租合约、土地租金、劳动力成本、林产品价格、林业税费、造林补贴以及地租补贴政策等。这些超前的工作，对项目的顺利评估更有利。

4. 财务评估

所谓项目的财务分析是指在项目备选设计方案中，比对遴选项目资金来源明确、资金有保障、投资回收率高的设计方案。也就是说，项目的财务评估具有多个目的，其一是确保项目建设能筹集到足够的资金。我国利用国际金融组织贷款造林项目，一般外资只提供不会超过总投资的60%贷款资金，其余40%的资金需要国内筹集。项目财务评估团，就要对国内筹资部分进行评估，设计方案中筹资的来源是否清楚明确、是否已落实，这是评估的重点。例如，欧洲投资银行贷款“山东沿海防护林工程项目”，其中40%的资金筹措来源和落实情况是，省级财政占10%，市级和县(市、区)级财政占15%，县以下和造林实体自筹和劳务折抵占15%。由于各级财政部门和造林实体都有承诺或合同，评估团认为资金筹措来源清楚明确，并已落实，符合要求。

财务评估的另一个目的是从项目的直接受益人回收投资、营业成本以及按时偿还债务。以林业贷款项目中经营商品林(包括速生丰产用材林、经济林等)为目标的盈利性项目为例，世界银行一般希望林农能在增加生产支付的前提下，通过营林成本的逐年提高，至少有相当部分的资本积累，而这种资本的积累要远超过投入成本(包括利息)的增加。商品林贷款项目的成本回收应该有很多方式，如林下间作农作物、蘑菇、中草药的收入，林下养殖业的家禽、山羊等的收入，到采伐期或产果期，木材、种子和果品有收入等。在做好回收设计方案的同时还要提供项目经营实体的资产负债表、收益表及现金收支的预测备选方案，以便让评估团能正确判断直接从项目受益人回收投资和营业成本的途径以及债务偿还的方式方法，这对评估工作很重要。

财务评估还有一个目的就是价格的公正性和合理性问题。在项目设计备选方案中，虽然有几套价格变动优选方案，但随着时间的推移，劳动力成本(施工作业用工、采收用工)会增加，林产品价格会波动，土地租金会上涨，所有这些都会影响受益者资金的回收。世界银行在作评估时，期望涉及生产成本的波动和林产品的价格水平和价格结构，维持在一个合理的水平，并且受益者从政府获得的补贴，包括受益者在生态造林项目中的政府的无偿配套或经营的经济型防护林的均衡情况是否合理等，都是世界银行评估要考虑的因素。

5. 社会评估

所谓社会评估是指项目的实施可能对社会的就业机会、人们意愿、生产技能、妇女权益、民生状况以及地区间发展平衡等方面影响的评估。

在项目社会评估中，以世界银行为代表的国际金融组织尤其重视社区评估工作。世界银行方面会根据项目单位准备进展情况，适时派遣一个有关社会评估方面专家组成的技术团指导相关工作的开展。同时还要求项目单位要适时开展社区的参与式措施工作，如果有必要还要制定项目的移民计划，保证社区人们的知情权、参与权，保障其合法权益。例如，世界银行贷款“山东生态造林项目”，省项目主管单位聘请了中国农业大学农业经济发展中心的专家、教授对各级项目管理人员进行培训，并组织以教授带队、研究生为骨干的调研访谈队伍，深入社区开展项目的参与式磋商工作，对因项目受影响的放牧者、贫困户、妇女群体、弱势群体，制定相应的规定，保障他们的权益不受侵害；社区参与式磋商结束后，撰写项目社会影响报告提交给世界银行。在正式评估时，项目单位最好先把世界银行需要提交的材料，按要求及时提供，这样会推进评估工作的顺利开展。

6. 环境评估

所谓环境评估是指项目的实施可能对项目区或其周边地区产生的大气污染、地下水污染、地表水污染，外来物种入侵，文化名胜遗迹遭到破坏等方面影响的评估。

通常世界银行会把林业贷款造林项目列为较高风险类(B类)环评项目(需提供生态环境部门审批通过的项目环境影响评价报告)；国内对此类项目的环评要求相对要宽松些，一般要求在提交项目可行性研究报告时提交具有环评资质的环境影响评估报告表，就满足要求。因此，在项目准备期间，世界银行会根据项目单位环境影响评价开展情况和需要，派遣一个环评技术考察团，帮助或指导项目单位进行环境影响评价工作。根据以往的经验，世界银行对项目的环境评估主要集中在农药使用的种类、采购、运输、储藏、防护、剩余或包装处理是否符合世界卫生组织的规定，项目施工作业是否有利于防止水土流失、防止外来物种的入侵，项目是否制定诸如环境保护规程、病虫害防治管理计划等规定或措施，项目是否规定了严格的造林地选择流程。上述这些工作，是项目准备阶段要完成的工作，在项目进入正式评估时，如果都满足世界银行的要求，项目评估团会给出满意的结论。

7. 生态评估

所谓生态评估是指对以生态治理为目标的项目而言，其评估的内容主要是项目的实施可能对项目区或周边地区的防护效果、水土保持、土壤改良、碳汇储备、生物多样性等方面影响的评估。

在项目评估时，设计的造林树种或品种是否能达到预期的生长指标，碳储备指标能否实现；在水土保持、土壤改良、防护效果设计的指标是否是基于行业标准或以往经验；造林模型中的树种搭配后能否形成马赛克状的森林景观；生物多样性尤其是植物多样性设计指标是否能实现以及如何监测等，这些都是评估团所关注的重点。例如，在世界银行贷款“山东生态造林项目”的评估文件(PAD)中，整篇阐述和规定了项目生态改善指标的监测方法和技术路线。上述这些工作，如果事先完成并形成文本提交给世界银行，则正式评估时，评估团会给出满意的评估结论。

评估团在项目评估结束时将起草一份报告，阐明与项目有关的评估情况，同时为项目贷款提出条件。谈判之前，借贷双方需要反复对这份项目评估报告进行联络沟通、详细修改和仔细审核，因为世界银行方面亲自参与认定和准备的评估报告，一般不会被拒绝，但是报告中的缺陷或问题必须得到及时修改或更正。项目评估报告在得到世界银行管理层面的同意后，项目就进入下一个阶段即项目的谈判。

四、项目的谈判和提交执董会审批及协议签订

项目的评估工作完成之后，还有三个程序要走：一是项目谈判，其地点由借款方(项目主管单位)自主选择，例如我国利用世界银行贷款项目可以选择在美国华盛顿的总部，也可选择在世界银行驻北京代表处；二是借贷双方达成协议后，交由世界银行执董会审批；三是项目贷款协议或贷款协定的签订。

1. 项目谈判

所谓项目的谈判是指借贷双方为确保项目的成功，力求就所采取的必要措施而达成协议的过程。经过谈判双方达成的协议，将变成彼此的法律义务，列入贷款文件中。项目谈判的内容主要包括：贷款条件、一般性的法律条文、技术性或业务性事项等。项目谈判是双方彼此折中妥协的过程。就项目本身来说，严格遵循将一般政策适应于具体的项目层面、部门层面以及国家层面所能接受的合理程度；而借款方，必须认识到贷款方的意见和建议是根据其专业知识并结合世界范围内的经验作出的，同时贷款方要求把其本身的资金合理使用是符合项目的最大利益化的。因此，在许可的范围内尽可能采纳贷款方的意见和建议，当然原则问题是不能退让的。在谈判过程中，借贷双方不可避免的产生意见分歧，这很正常，只要有理有据总能弥合分歧，顺利达成协议。

谈判结束时，借贷双方一要形成具有法律义务的贷款协定谈判稿并予以公开；二要形成经双方签字的谈判纪要文本；这是世界银行通用的做法。当然，不同国际金融组织的贷款机构要求也不相同。

2. 提交执董会审批及协议签订

谈判结束以后，借款国政府需要对谈判的项目贷款文件进行书面确认，以表示接受谈判达成的事项。同时，贷款方把经过修正用以反映达成的协议的评估报告，连同行长的报告和贷款文件，一并提交该银行执行董事会。如果执行董事会审批通过，贷款协定就在简单的仪式中签订，这标志着项目周期中一个过程的结束而另一个过程的开始。

第二节　需要准备和提交的资料

林业利用国际金融组织贷款项目的国外前期准备过程中，根据项目的工作程序和要求，也要准备和提交相应的材料，主要包括项目社会影响评估报告、项目环境影响

评价报告书和环境管理行动计划、项目可行性研究报告、项目实施计划和项目采购计划、项目移民安置计划、项目管理机构建制和人员名单。下面将分别进行阐述。

一、项目社会影响评估报告

近年来，由于国际政治经济形势的变化，以世界银行为代表的国际金融组织越来越重视项目所带来的社会经济影响方面的评价。社会影响评估工作就像环评与移民安置工作一样，已经成为利用国际金融组织贷款项目前期准备期间的一项必不可少的工作内容。

世界银行对社会影响评价的规定和要求比较严格，对不同类型的贷款项目有着不同的评估标准和要求，尤其是对涉及非自愿移民的贷款项目、少数民族地区的贷款项目、因为性别和年龄或其他社会特征而将其排除在项目受益范围之外的贷款项目以及被列为高风险类(A类)环评的贷款项目等，世界银行特别强调此类贷款项目必须进行社会影响评价，同时社会影响评价与项目可行性研究、项目环境影响评价以及项目移民计划是不可分割的整体。

世界银行对社会影响评价的定义是，把社会信息及利益方参与结合到世界银行贷款项目的设计与执行活动中的方法。世界银行认为，像诸如性别、年龄、语言、社会经济状况等社会因素都可能会因世界银行项目及开发过程的成功或失败而受到很大的影响，因此在项目的计划、执行以及监测中必须考虑诸如此类的社会因素。而进行社会影响评价的目的，就是为了掌握贷款项目的开发活动对人类与社会可能产生的影响，或者是人类与社会的开发活动反过来对贷款项目所产生的可能的影响。

根据世界银行的规定，贷款项目的社会影响评估工作主要由借款方即项目单位负责组织完成，并提供项目社会影响评估报告；而世界银行方面的主要职责是，组织社评专家协助制定具体的社评工作大纲，为项目单位提供社评方面的技术咨询和指导意见，并在社评的设计、执行以及将评估结果结合进项目、政策或规划设计等方面提供技术支持和帮助。在通常情况下，一个贷款项目的社会评估工作，从工作大纲的制订到最终报告的形成，需要4~6个月的时间。社会影响评估方面的内容，将在该部分的第四章中详细阐述。

二、项目环境影响评价报告书和环境管理行动计划

环境影响评价工作已成为世界银行、欧洲投资银行等国际金融组织贷款项目前期准备期间非常重要的工作内容，贷款项目环境影响评价工作的质量直接关系到项目的评估和谈判时间的确定，只有贷款项目的环境影响评价工作做好，才能有效地缩短贷款项目的准备时间。因此，我们一定要严格按照贷款方对项目环评工作的相关要求，精心组织和准备，在规定的时限内提交令其满意的，且经过国内生态环境部门批准的环境影响评价报告(表)和环境管理行动计划。

世界银行对不同类型的项目有着不同的环境影响评价规定和要求，并且其要求比国内的要求则更加严格，其标准一般都要比国内规定的高。在项目的准备和评估过程

中，世界银行根据项目准备进程，除了派出环保专家协助和指导项目单位及环评报告书编制单位的工作外，对技术比较复杂、环保要求比较高的贷款项目，世界银行一般都会要求项目单位和环境影响评价报告书编制单位聘请咨询专家来帮助进行环评工作的开展。

在贷款项目的环境影响评价编制程序、编制内容和编制格式上，世界银行的规定和要求与国内有很大的差别。在环评工作的开展过程中，世界银行首先会要求项目单位根据贷款项目所确定的环评等级(世界银行将贷款项目环评等级划分为4类：即高风险类、较高风险类、中风险类和低风险类)编写环评大纲，并提交给世界银行。被世界银行确认的项目环评大纲，是项目单位和环评编写承担方编写贷款项目环境影响评价报告的依据。

世界银行环境影响评价专家会定期或不定期地对项目单位提报的环境影响评价报告书提出修改意见，直至完全符合世界银行的要求。在贷款项目环境影响评价报告书(表)编写的不同阶段，世界银行会要求项目单位将环境影响评价报告书(表)及其附件以适当的方式在项目区内予以公示，并收集项目社区的意见和建议，确保项目社区参与人员对项目的知情权和参与权。

贷款项目的环境影响评价包括编制环境影响评估报告书(表)和环境管理行动计划，其中环境管理行动计划要包括项目的环保规程和项目主要环保影响因素的管理计划(如造林贷款项目中的人工防护林病虫害防控管理计划等)，环境影响评价报告书(表)和环境管理行动计划是贷款项目中环评的主要法律文件，是项目的组成部分之一。关于贷款项目的环境影响评价报告书(表)、环境管理行动计划(项目环境保护规程)的编写内容和格式可参照该部分的第六章和第八章的第四节内容，在此就不详细阐述。

三、项目可行性研究报告

项目可行性研究是项目前期准备期间最重要的工作之一，是所有建设项目必不可少的环节。可行性研究的过程，是对一个建设项目进行全面调查论证的过程，据此编制的可行性研究报告，是对项目进行投资决策的主要依据。可行性研究的充分与否，是衡量一个项目准备充分与否的重要标准，也是国际金融组织判断能否开展评估工作的重要依据。

可行性研究的主要任务是评估论证拟建工程项目在技术上是否先进、适用和可靠，在投资上是否可行，在经济上是否合理，在财务上是否盈利，在环境影响上是否可控且减缓到最低，在社会影响上是否是正向的。对工程项目的可行性研究，一般要回答以下几个问题：为什么要建设这个项目；本项目在技术上是否可行；经济效益是否显著；需要多少人力、物力和资源；需要多长时间建设；需要多少投资；以及如何筹集资金；有项目风险和缓解措施；预计成功的把握多大等。对这些问题，都要在可行性研究中进行充分的调查研究和综合论证，并做出明确的结论。

项目的可行性研究工作分为投资机会研究、可行性预研究、可行性研究三个阶段。各个研究阶段的目的、任务、要求、所需费用以及编制时间各不相同，其研究的深度和可靠程度也不同。总的来说，不同性质和不同行业类型的项目，其可行性研究的内容可能各有侧重，但在总体框架和要求上基本都一样，其编写格式和要求，可参阅本书第一部分的第五章“项目的可行性研究”中的内容。根据借贷双方的规定和要求，林业项目的可行性研究编制工作，由林业建设部门或林业建设单位委托有国家林业调查设计资质的单位或工程咨询公司承担。

四、项目实施方案

在国际金融组织贷款项目中项目实施方案又称项目实施计划，不是要求必须提供的材料，这主要看贷款机构的规定。例如，欧洲投资银行贷款项目就不要求提供，而世界银行则提出在项目准备过程中项目单位必须按要求提供项目实施方案。因为准备系统而完善项目实施方案，有助于世界银行对项目的评估和文件的编写。

项目的实施方案是以项目的可行性研究报告为蓝本，并在项目经理的精心指导下，严格按照世界银行的规定和要求编制而成的，其内容精炼、具体、针对性极强，是世界银行项目评估文件的主要参照依据。因此，在项目准备期间，项目单位必须在高质量完成项目可研报告的基础上，并按照世界银行规定的内容和格式，完成项目实施方案的编写。

项目采购计划(参见第二部分第十二章的内容)不仅是项目准备期间的一项重要工作，也是项目实施方案的重要内容之一。因此，项目单位还要制订较为完善和详细的24个月项目采购计划。项目采购计划中应详细说明项目采购的清单、分包方案、招标采购方式、计划的采购进度安排等。在进行项目评估时，项目的采购计划需经世界银行评估团予以讨论和确认，并编入世界银行的最终项目评估文件(PAD)中，作为项目实施期间的依据。

项目实施方案的编写主要由借款方完成，其编写的深度应达到实用性和可操作性的程度。项目实施方案应明确项目的具体实施目标、进度安排、组织管理以及实施效果的指标监测等。虽然项目的实施方案不属于贷款的法律文件范围，但借款方在项目的执行过程仍受其约束或限制。

总之，因项目的性质不同，项目实施方案的内容也各不相同。由于世界银行对项目实施方案的编写没有统一的标准和格式要求，因此在编写的过程中，项目单位要与项目经理沟通，争取编制完成一份较为满意的项目实施方案。一般来说，世界银行林业贷款造林项目的实施方案主要应包括下列内容：

1. 项目简介

描述项目名称、主办单位、承办单位及负责人、总体目标、项目建设内容和规模及布局、项目实施年度计划、项目投资估算和资金筹措等。

2. 项目的经济论证

主要包括计算依据、计算方法、投资、盈利能力分析、敏感性分析、结论等。如果经营目标是商品林营造则可保留此内容；否则可删除。

3. 项目组织管理

主要描述：第一，组织机构及其职责，包括省级、市级、县级的项目领导小组、项目办公室、项目科技支持组的职责及运作；第二，工程管理，主要包括建设程序、计划管理、质量管理、物资管理、信息管理、技术培训、档案管理等；第三，经营管理模式，包括种类、各类型的面积及分布等。

4. 项目受益人

主要描述项目县、乡镇、农户的选择标准、选择程序、选择结果等。

5. 移民安置计划

主要包括拆迁安置的目标、政策要求与原则，项目的影响、组织机构与职责、拆迁安置的方案、计划与费用，公众参与和咨询、投诉处理的程序、监测与评估等。由于一般项目有自己独立的移民安置行动计划，因此也只需将该计划的摘要列入项目实施方案中即可。在大多数项目贷款中不涉及移民搬迁，因此该部分内容根据需要可以省略。

6. 项目设计

主要描述：第一，营造林子项目的设计程序；第二，营造林子项目的设计内容，包括造林树种选择、造林地选择、造林模型的建立、不同区域造林模型的选择、造林地边界的勾绘和调查、造林技术措施设计、森林保护措施设计、营林基础设施设计等；第三，苗圃升级改造，包括升级改造原则、升级改造的设计及审批等；第四，项目进度安排，包括营造林子项目、技术服务与项目管理子项目的进度安排等；第五，项目投资计划，可用表格展现。

7. 项目财务管理

主要描述：第一，目标和主要任务；第二，机构设置、工作职责及人员培训；第三，贷款资金的管理包括账户管理、转账安排、发放和回收安排、报账提款、结算程序等；第四，配套资金管理；第五，财务监督和审计。

8. 资金安排

包括：配套资金安排、转贷协议、财务管理、审计等。

9. 项目采购管理

主要描述：采购的依据、机构设置、人员设置和培训、采购内容、采购的方式及采购程序、采购管理以及结算与支付等。

10. 项目监测和评价

这部分内容主要包括：项目监测的目的意义、监测的主要内容、监测方法、监测指标、监测与评价的运作方式以及组织管理等。

11. 项目环境与社会保障措施

主要是调查分析项目的社会和环境状况、预期出现的社会和环境的问题，并针对相应的问题制定出切实可行的保障措施等。一般情况下，可将项目独立的社评报告和环评报告的摘要作为该部分内容即可。

12. 附件

因贷款项目不同，其需要的附件也不相同。山东生态造林项目涉及的附件内容比较多，主要包括：苗圃升级改造与种质材料开发、科研与推广计划、培训计划、监测与评估方案、环境保护计划、参与式磋商与规划手册、财务管理计划、货物采购与工程招标管理办法、前 24 个月物资采购计划、造林模型等。

项目的实施方案涉及项目的方方面面，应统筹编排，既符合世界银行的要求，同时又结合我国的贷款项目实施的实际，以确保项目的顺利推进为目标。

五、制订移民安置计划

国际金融组织在诸如水库、大坝、道路等贷款项目中，会因涉及征地拆迁和移民安置问题而出现的，移民属于非自愿移民。贷款方对涉及移民安置问题的项目非常重视，有其严格的政策规定。例如，世界银行《非自愿移民业务指南》(OD 4.30)对非自愿移民的安置拆迁政策、工作程序以及借款方在非自愿移民的拆迁安置实施过程中必须遵循的原则等均做了具体的规定，对各类因受项目建设影响的人员能够确保得到其全部的损失补偿和合理的安置及良好的恢复，使受影响的群体能够分享到项目的效益，其经济收入、生活水平、企业生产、获利能力等方面得到提高或至少维持原有的水平。

项目移民安置行动计划必须在项目评估期间编制完成，并在谈判时进行最终确认。在世界银行贷款项目的准备阶段，世界银行的有关专家将会对移民安置行动计划的编制给予及时的指导和帮助。

项目移民安置行动计划的编制，通常以设计单位为主，项目单位和地方政府协助完成。项目移民安置行动计划的内容和深度因项目而变化，但通常应包括对目标、原则、政策、法律法规、重建、安置等方面的说明。项目的移民安置行动计划编制大纲一般应涉及以下十五个方面的内容：

1. 项目概况

主要包括项目区的自然、地理、经济、社会、交通等情况和引起项目征地拆迁以及移民安置的工程概况。

2. 项目的目标及原则

主要阐述并说明避免和减少受工程影响的人以及为了达到此目的而开展工程设计方案的修改。

3. 有关政策及法律依据

主要阐述在进行移民安置行动中，所依据的与国家、地方相关的政策或法律法规。

4. 社会经济调查

主要包括社会、经济、交通等方面调查的原则、方法和结果。

5. 损失估价及补偿

主要阐述实物调查与登记(包括土地、个人和集体财产、地下文物等)以及补偿标准和计算办法(应详细说明单价及补偿倍数)。

6. 重建

重建部分描述的内容主要包括：生产性土地、房屋和居民点、基础和公共服务设施、工厂和企业以及公益事业单位、个体店铺和小作坊。

7. 安置

按照世界银行的要求，这部分的内容主要包括：就业安置(包括农业安置、农转非、自谋生路、退休等）、培训、优惠政策、环境保护等。

8. 对受影响人的收入水平预测

主要阐述因移民搬迁受影响的群体，其近期、中期生活水平及家庭经济收入影响程度。

9. 与安置区居民的融合

主要阐述因项目移民搬迁新组建的社区，新老居民融合出现的问题以及解决的备选方案。

10. 搬迁

主要包括：搬迁安排（过渡房、补助、医疗等）、对脆弱群体的特殊照顾、受影响人的参与活动（包括动员会、民意测验等）、诉讼渠道。

11. 预算

包括总预算（征地、安置、搬迁、管理、监测、不可预见费等费用）、资金筹措方案、资金分配和管理、报告及审计。

12. 实施进度

主要阐述与工程进度衔接的实施计划以及年度安排与资金。

13. 组织机构

主要描述安置移民行动计划的负责机构及其职责以及监测评价单位的工作大纲等。

14. 其他

如经济分析、风险分析、环境容量分析等。

15. 附表附图附件

附表部分主要包括：社会经济情况调查表、行动计划实施表等。

附图部分主要包括：受工程影响的人员分布图、安置区示意图、收入影响分析图、组织机构图等。

附件部分主要包括：地方法律法规、各种报告（调查报告、专题报告、分析报告等）、反映公众参与的座谈会纪要和民意测验等。

上述移民安置行动计划编制大纲，是针对那些因项目的实施而引起征地拆迁的非自愿移民的贷款项目。根据世界银行的规定，涉及此类项目都必须编写移民安置行动计划。但是就目前而言，造林贷款项目，涉及此类问题比较少。所以此部分内容，应根据项目的实际情况进行取舍。

六、项目管理机构建制和人员名单

在国际金融组织贷款项目中，建立精干、合理、稳定、高效的组织管理机构，是确保其目标顺利实现的关键所在。在项目评估时，世界银行把项目管理机构的执行能力（包括人员配置、工作范围和协调作用等）作为评估的一项重要内容，要求借款方提供项目管理机构建制和管理人员名单。因此，为确保项目的准备和实施期间项目工作任务顺利推进，借款方必须在项目准备阶段建立具有设置合理、协调顺畅、工作高效的项目管理机构，同时配足配齐责任心强、执行效率高的项目管理和技术人员（参见第二部分第九章的内容)。

(一)项目管理人员

项目管理人员,是确保项目顺利有序推进,圆满完成项目建设任务最基本、最关键的因素。在项目人员的管理和使用上,要注意以下四个方面的问题:

1. 人员配置要合理

首先应根据项目建设规模和内容的要求,配备足够、合适的人员,他们既懂技术,又懂经济和商务、管理、外语等,只有这样才能适应项目实施的需要。这里特别强调的是国际金融组织贷款项目管理工作涉及掌握的政策法律法规知识多、上下左右部门间协调广的性质,而且还具有要求专业技术水平强、协调管理能力高、事业心和责任心大的特点。因此,项目人员的基本素质和业务水平必须与其相匹配。具体要求:

(1)英语水平。能够使用英语阅读有关材料,适应工作上的需要。

(2)专业知识。项目人员除应有林业专业技术外,还要具备管理、经济、计划、财务、审计、法律等方面的知识。

(3)协调组织能力。具有较强的组织和协调能力,并能发现问题,提出解决方案。

(4)写作与文字处理能力。有较高的写作水平,并能熟练使用现代化设备处理业务管理工作。

(5)项目设计规划能力。在熟悉国家有关国际金融组织贷款方面的方针、政策、法规和制度的基础上,具备较高的林业项目规划设计能力。

2. 人员素质要提升

国际金融组织贷款项目管理的最大特点是周期性很强的一项工作,每个项目的实施目标、任务、难点、问题各不同,其管理的方法和途径也不完全一样。因此,项目人员必须通过自学、考察、调研、观摩、培训等方式加强学习,不断地提升自身的管理水平,以适应全新的项目管理工作。

3. 项目经理素质要高

在项目的立项、评估、实施、竣工过程中,项目经理(也称项目办主任)是项目运行管理的把控人,对项目的整体管控至关重要。其素质的高低,决定着项目运作与实施质量。因此,项目经理应在以下方面把控好:

(1)精心挑选业务能力强、素质高的人员组建项目管理团队。

(2)强化和处理好内部和外部的关系,为项目实施提供一个良好宽松的内外环境条件。

(3)运用管理艺术,全方位地调动每位项目人员的积极性和创造性。

(4)为每位项目人员的成长做好服务。

4. 技术人员要固定

贷款项目是一项持续性和连续性极强的工作,中间接手的人员一时很难适应节奏快、任务重、事物繁琐、技术要求严的业务工作。因此,只有项目技术人员相对稳定,才能保证具有连续性、经验积累性的项目管理工作,减少甚至避免失误,也才能使项目管理工作取得成效。

（二）项目管理组织机构

如果说项目管理人员是鸟的一翼的话，那么项目管理组织机构就是鸟的另一个翅膀，其相互依赖、相互依存，缺一不可。因此，也足以看出以世界银行为代表的国际金融组织为什么对项目管理机构建制和人员如此重视，并将之作为项目评估的重要内容。山东利用国际金融组织贷款项目组织机构的设置有自己的特点，省(市、县)都成立项目领导小组，其下设办公室，工程管理林业部门负责，资金管理财政部门负责，计划管理发改部门负责。当然，不同的贷款项目，项目办公室的设置也不尽相同，没有统一的模式，但都应符合以下四条原则：

1. 设置要合理

所谓机构设置要合理是指根据项目有序运行的需要，设置有利于项目协调和管理的紧密型或松散型的组织体。

组织管理机构的设置，要从项目实施管理的各个环节的经营管理活动入手，全面考虑其岗位职责设置相应的部门。因此，林业贷款项目组织机构可设置计划管理、财务管理、工程管理、科技支撑、监测评估、综合管理等职能部门。同时，各项管理部门都要接受检查与监督。

2. 职责要明确

林业贷款项目涉及的地域广、行政区多、跨区域作战，工作任务重、时效性强、要求高，必须分工合作，责任明确，才能确保项目管理工作的顺利开展。这种项目管理的分工，既包括项目管理组织机构内各业务处室间的分工，也包括组织机构外的其他部门的分工合作。例如，世界银行贷款“山东生态造林项目”的监测与评估工作，交由第三方——山东农业大学和山东省林业科学研究院负责，刚开始由于分工不明确，各自为政，相互推诿，省项目办及时明确了两个单位的任务分工，项目监测与评估工作顺利开展，圆满完成了各自任务。因此，在项目的实施过程中，有关部门和单位要坚持“统一领导、责任明确、各司其职”的原则推进项目的建设。

3. 上下要对口

项目组织管理机构不仅要分工明确，更要上下对口，最好省(市、县)项目办公室的归口管理一条性，这样便于管理、指导和协调，规章制度也便于落实，任务分解和上报的效率也高，能保证项目持续有效的推进。

4. 运转要有序

林业贷款项目与其他工业贷款项目有一个明显不同的特点是多部门管理。林业部门管工程，财政部门管资金，发改部门管计划，是一项综合性很强的工作，加之有很多管理工作交叉性极强，管理难度大。因此，一家独办是不行的，必须多部门互相配合，密切协作，防止互相扯皮、推诿责任等内耗现象的出现。只有这样，才能使项目运转有序，确保顺利完成项目建设任务。

第三节 项目前期运作准备过程中应注意的问题

项目的前期运作准备过程非常重要和关键。因为项目的鉴定、项目的评估、项目的谈判、项目的协议签订等环节，尤其是国际金融组织贷款项目评估文件(PAD)的编制，都是基于前期准备充分而完善的基础上才有的结果。因此，必须高度关注项目的前期准备工作，了解或掌握国际金融组织贷款项目前期准备的有关政策、法律、技术、标准的规定和要求，组织力量有的放矢地做好工作。通过以往实施世界银行、亚洲开发银行、欧洲投资银行贷款项目的经验，认为要搞好贷款项目前期准备工作，应注意以下十一个方面的问题。

一、高度重视组织机构建设和人员配备

国际金融组织贷款项目的管理，是一项政策性强、专业性要求高、涉及面广、要求严、协调量大的工作，需要有一支业务精、作风硬、政策性强，适应项目特点和要求，贯穿整个项目准备、实施过程的项目班子和管理队伍，这是项目前期准备工作顺利推进的基础。

二、重视项目的前期准备工作

国际金融组织贷款项目一般都是一些大型复杂的项目，前期准备时间一般比较长，且项目实施的原则一般都要在项目准备阶段确定，因此，一定要重视前期准备工作，打有准备之仗，力争主动，为项目的顺利实施创造有利条件。

三、搞好国内程序和国外程序的衔接

贷款项目既要按照国际金融组织的贷款程序进行准备和评估，又要按照国内的基本建设程序进行报批和可行性研究，为避免造成重复劳动，延误项目进程，必须在两者之间寻找到合适的结合点，使工作既符合国内程序，又满足国际金融组织的规定，缩短项目前期准备时间，降低项目前期准备费用。

四、熟悉国际金融组织的有关规定

项目的准备阶段将对项目的实施进行规划和设计，故应熟悉国际金融组织的有关规定，如物资设备(或设施)的招标采购指南、咨询服务选择指南、支付手册的规定等，以便结合有关政策规定，提出适合项目实际情况的实施方案。严格按有关规定程序及时展开工作，以免妨碍后续工作的顺利推进。

五、做好项目谈判的充分准备

以世界银行为代表的国际金融组织项目贷款正式谈判前，都事先将贷款的法律文

件-贷款协定和项目协议的草本提交给借款方，谈判时借贷双方要对其内容进行确认。同时，还对技术方面的内容、数据的最终确认及评估时遗留问题的澄清与确定，就保证项目顺利实施所应采取的措施如技术援助计划、组织机构的协调及职责、实施计划的制定及要求、拆迁安置计划、项目所附带的政策条件以及要求等进行详细磋商与谈判，这些内容带有很强的技术操作性且与项目紧密相关，应提前作充分细致的准备。

六、利用好国际金融组织的技术援助

国际金融组织项目贷款不仅只为项目提供建设资金，它同时帮助借款方引进先进理念、先进技术、培训人员、帮助改善项目和机构管理。没有技术援助，贷款项目的前期准备往往不容易达到国际金融组织规定的质量标准，也难以决定贷款。所以，利用国际金融组织贷款的技术援助，不但能提高项目管理水平，而且对顺利得到贷款和启动实施项目也将有非常重要的作用。

七、不轻易作出有关体制或政策改革的承诺

由于国际金融组织的人员来自不同国家，生活在不同环境，故项目前期准备阶段，他们也会提出一些涉及面广，不易解决的如体制改革、政策改革方面的要求，这些要求虽有积极的一面，但往往不是项目单位在短时间内所能解决的，我们一定要有清醒的头脑，不轻易作出不能兑现的承诺，不要落入圈套。

八、认识项目周期和国际金融组织程序的时间要求

国际金融组织特别是世界银行的程序一经确定，就不能轻易改变，工作准备过程要充分估计到这一点，踩准节拍。特别是国际招标，总招标公告、专项招标公告等均有严格的时间要求和限制，这些工作一定要提前，甚至在贷款协定签订前就完成招标有关准备工作，待贷款协议签订后即可签署有关合同，为项目实施赢得宝贵时间。

九、咨询服务的选择

国际金融组织高度重视咨询服务选择的审查工作，包括施工监理的选择。鉴于我国的实际情况，施工监理招标应争取国内招标，以免不适应国外的管理而造成项目实施的困难。因此，在项目前期准备期间，就要与世界银行等贷款方沟通协商。同时，在项目准备阶段尽量与贷款方协商，就如何选择国际咨询公司服务的方式和方法达成一致，充分发挥好咨询服务的作用。

十、加强管理机制建设

为适应国际金融组织贷款项目前期准备的管理规定和要求，要认真解读国际金融组织相关政策和规定，加强我国贷款项目的机制和制度建设，实行规范化管理；注意资料的积累，能及时提供项目所需的信息，及时与国际金融组织进行沟通，取得他们的信任；不断加强学习，掌握国际金融组织和国家有关的最新政策和规定，引进新技

术、新方法，提高项目的前期准备和建设质量。

十一、国内专家库的利用

我国林业利用国际金融组织贷款业务已开展了30多年，锻炼并培养了一批国际金融组织贷款项目的专家队伍，这是国家的宝贵财富，项目单位应高度重视这一财富，让他们为项目前期准备管理出谋划策，这样将会收到事半功倍的效果。

第四章　林业项目社会影响评估

在项目的运作准备阶段，开展项目对社区居民的生产生活正负方面的影响评估，尤其是对社区的妇女、儿童、贫困及弱势群体的影响评估，是国际金融组织贷款项目通用的做法。2000年以来，虽然我国强调项目也要进行社会影响评估，并在项目可行性研究报告中也增加了这方面的内容，但远没有像世界银行、亚洲开发银行等国际金融组织贷款项目要求的那样，凡是使用其贷款资金实施项目，必须单独有项目社会影响评估报告，没有按时提交符合要求的社会影响评估报告的借款方，则项目不能通过。鉴于此，本章将中国农业大学国际农村发展中心刘永功教授历次在山东林业贷款项目培训班上的讲授内容，并结合李怒云主编的《林业投资项目社会评价》书中相关的概念，进行了整理，以期能够阐明林业贷款项目的社会影响评估工作程序和做法。

第一节　林业项目社会影响评估概述

为了能使大家了解和掌握项目社会影响评估的有关知识点，本节在介绍林业项目社会影响评估有关概念的基础上，将重点阐述和讨论项目社会影响评估理论的发展与沿革以及社会影响评估在项目管理中的地位及作用，以便为准确把握林业贷款项目的社会影响评估工作做铺垫。

一、林业项目社会影响评估的有关概念

在开展林业贷款项目社会影响评估时，经常会遇到一些从事林业专业的技术人员一时难以理解或比较难以掌握的基本概念。为顺利推进贷款项目的社会影响评估工作，很有必要在此介绍有关贷款项目社会评估的基本理论和概念。因此，该部分将主要对“社区”“社区林业”“一手资料”“二手资料”等方面的定义进行详细的阐述。

1. 社区的基本概念

“社区”一词不是源自汉语词汇，而是伴随西方现代社会学的引入由英文“community”翻译而来，而“community”一词，作为学术概念，最早译自德文“gemeinschaft”。不论是“gemeinschaft”或是“community”，作为社会研究的基本概念，它的出现和研究发展有着特定的社会背景，同时随着研究的不断深入，其词义的内涵本身也在不断地发生变化。

林业投资项目所涉及的“社区”概念是指由居住在某一地方的人们结成多种社会关系和社会群体，从事多种社会活动所构成的社会地域生活共同体。社区的基本属性包括区位的地域性、组织的系统性、管理的自治性、管辖的区域性、参与的安全性、主体的认同性、功能的综合性和机制的协调性，其核心是民主自治。社区的主要特征是指一个社会实体，社区具有多重功能，社区是人们参与社会生活的基本场所，社区是以聚落作为自己的依托或物质载体的，社区是发展变化的。

2. 社区林业

社区林业(或乡村林业)的概念产生于1968年，最初是由印度林学家提出来的。其思想和观点经过系统总结，在世界各国得到了广泛传播和应用，特别是联合国粮食及农业组织的支持和重视，更加推动了世界社区林业的发展。根据联合国粮食及农业组织的定义，社区林业指的是以人们的广泛参与为基础的一系列地区综合发展活动，旨在公平地改善乡村人民的生活，合理地管理和保护自然资源。区别于传统的自上而下集权管理模式，社区林业是一种自下而上的强调自主和参与性的分散管理模式。

社区林业又称社会林业，是以社区农民为主体，指特定的社区森林使用者通过与政府的某种合作形式来保护和经营国有林的过程。综合联合国粮食及农业组织的定义及林业项目的特性，我们认为社区林业是指在社区农村发展中，以林业为对象，以农民为主体，通过吸引社区村民广泛参加与林业生产和森林经营有关的管理活动，旨在获得自身生存与发展所必需的森林产品，改善农村生态环境，促进农村社会的综合、协调与可持续发展，它是一种森林资源的社会组织形式与管理方式。

3. 林业项目

一般认为，项目是一个在有限资源和时空约束条件下，为完成某既定目标所做的一次性任务的整体。项目具有明确的目标。项目实施的本质就是在一定的约束条件下达到预定目标，并最终按时提交成果。

林业项目是最为常见的项目类型，它属于投资项目中最重要的一类，是一种林业投资行为和林业建设行为相结合的林业投资项目；是为达到预期的林业建设目标，投入一定量的资本，在一定的约束条件下，经过决策与实施的必要程序的一次性事业(活动)。

一般来讲，投资与建设是分不开的，投资是林业项目建设的起点，没有投资就不可能进行林业建设；反过来，没有建设行为，林业投资的目的就不可能实现。建设过程实质上是投资的决策和实施过程，是林业投资目的的实现过程，是把投入的货币转换为林业资产(或产业)的经济活动过程。

中国在进入21世纪后启动了六大林业生态工程项目，包括：天然林资源保护工程、退耕还林工程、京津风沙源治理工程、三北及长江中下游地区等重点防护林工程、野生动植物保护和自然保护区建设工程、重点地区速生丰产用材林基地建设工程，这些项目的主要目标是在21世纪中叶完成人工恢复和重建森林生态系统的大型林业建设项目。这些项目不仅具备一般项目的全部特征外，而且带有浓厚的国情特色和行业特征。

4. 社会影响评估

社会影响评估的过程，是项目涉及的社区各利益相关方参与的过程，特别是利益相关各方中经常会被忽视的群体，如少数民族、妇女、贫困户等参与项目设计以及决策的过程。主要利益相关方信息的收集，是通过强化运用参与式的工具来收集数据，并侧重运用综合的方法进行科学的分析，以弥补专家知识的不足。

林业项目的社会影响评估主要回答以下几个问题：一是项目涉及社区的哪些群体；二是项目可能对社区相关利益方产生什么样的影响；三是相关利益方对项目的感受是什么；四是相关利益方的希望和诉求是什么；五是相关利益方对项目所产生的影响。总之，社会影响评估就是要在项目的方案设计和实施中考虑这些相关群体的期望，也就是采取一系列的方法和手段保证各相关群体在项目中的参与。

林业项目的社会影响评估主要从贫困、社会、风险三个维度进行分析。其中，贫困分析侧重于本项目对地区、群体、个人的减贫作用以及贫困群体在项目中受益或受损；社会分析是侧重于利益相关方、项目的正负影响、社会性别、协商与参与等；风险分析包括非自愿移民、少数民族群体，以及其他脆弱性风险（如劳动力雇佣、支付能力、大型基础设施项目的艾滋病传播风险以及贩卖人口风险等）。

一个好的林业项目社区影响评估，是保证各相关群体参与到项目中，达到提升项目效益，确保项目目标实现的过程。通过社区影响评估，一是确保项目投资者与实施者能够识别潜在的社会风险并有效地规避，保障项目的成功实施；二是在倾听各利益群体的声音和期望的基础上，制定一套完整并符合当地社区实际的参与机制，让相关利益方参与到项目的设计和实施中来，增加项目对当地的适应性，促使项目能够被当地的社会环境、人文条件所接纳，获得当地政府、社区居民对项目的支持。

5. 公众参与、参与式磋商以及参与式农村评估

（1）公众参与。公众参与是社会组织或公众个人通过直接与政府或其他公共机构以互动的方式对公共事务表达意见，并且对公共事务的决策和治理产生影响的行为。

（2）参与式磋商。参与式磋商是通过参与者在坦率、真诚的气氛下交换意见，讨论问题，最终达成共识的过程。磋商不是简单的谈判，也不是相互间的妥协。

（3）参与式农村评估。参与式农村评估是20世纪80年代在总结发展合作领域逐渐发展起来的一套收集项目参与主体相关信息，理解目标区的社会、经济和生态状况，了解目标群体发展意愿的系统方法和工具。

参与式农村评估的主要创始人之一，英国的知名学者Robert Chambers给参与式农村评估下了如下定义：参与式农村评估是一套激发当地人口分享，提高和分析他们的生活、生存经验和生活条件，进而对改善现状做出规划和行动的过程。

规划的过程采用参与式农村评估方法可以激发社区内不同的社会群体和个体的参

与，同时也为设计发展项目的外来技术人员和专家提供了一套收集项目有关数据和信息的手段。参与式农村评估已经在社区林业、社会林业项目和资源管理项目中得到了广泛的应用。参与式农村评估的方法和工具可以灵活应用到发展项目的整个生命周期中。

采用参与式农村评估方法而发展起来的不同的工具箱包括：参与式基线调查；参与式社会经济评估；参与式发展规划；参与式土地利用规划；参与式目标群体分析；参与式监测评价；参与式性别分析。

目前，世界银行、亚洲开发银行、联合国开发计划署（UNDP）、国际农业发展基金会（IFAD）、世界粮食计划署（WFP）和诸多的双边发展合作机构，如德国的 GTZ、英国的 DFID、澳大利亚的 AUSAID、加拿大的 CIDA 等机构在其项目的整个生命周期中均采纳参与式农村评估作为收集信息、项目规划、项目监测的主要工具。

6. 二手数据

社会影响评估中，收集数据的方法分为两类：一手数据和二手数据。为了判断某个地区社会发展状况，政策实施情况，分析某个对象和社会群体整体状况，一般通过收集二手数据来实现。二手数据是指现有的，经过他人收集整理，不是由调查者通过亲自调查直接获得的数据。社会评估中，了解一个特定区域的总体情况，某一个社会发展指标的连续和动态变化情况，通常采用二手数据。二手数据的来源一般是官方统计数据、统计年鉴、统计部门的抽样调查数据、政策文献、他人收集并经过分析处理的数据。

二手数据的特点：已经由他人收集并整理分析，因此二手数据容易获得，不需调查者亲自收集，可以节省调查的人力和成本；一般二手数据是大样本调查或统计获得的，对判断一个区域或一个特定的大群体的整体状况有比较大的参考价值；统计类的二手数据一般是跨年度的、连续的，做年度、季度等跨时间对比，判断走势和趋势有较高的参考价值；由于是他人收集和统计分析的，引用者不能判断二手数据的误差；不能反映一个局部地区的特定情况。

7. 一手数据

所谓一手数据是指调查人从调查对象处直接获得的数据和信息。一手数据又可以分为定量数据和定性数据两种类型。所谓的定量数据是指用一系列的连续的数据，从统计学的角度反映所研究区域或对象的社会经济发展现状和发展趋势。定性数据则是指通过访谈、观察、实地踏查等调查手段获得的，不是通过数据表达的，而是用特点、特性等文字表述的信息，定性数据也可以作为判断调查区域或对象的现状的信息依据。

二、项目社会影响评估理论的发展与沿革

根据国内外参考文献的描述，国内外项目社会影响评估的理论发展与沿革可简单概述如下方面：

1. 国外项目社会影响评估理论的发展阶段

随着经济与社会科学的发展，项目社会影响评估的理论在不断地发展，其方法也

在不断完善。迄今为止，国外关于项目社会影响评估方法的研究发展过程，大体上可以分为以下 4 个阶段：

(1)财务分析阶段。在 20 世纪 50 年代以前，西方各国强调经济自由竞争，当时的古典经济学理论均侧重于微观经济理论，在进行项目投资分析时，只注重于财务方面的影响评价，很少侧重宏观经济的社会效益影响评估。这就是说，当时的企业决策者们，只注重追求项目利润最大化，其判断项目的优劣和确定项目的取舍，只从项目投资的实际财务角度出发，分析项目的盈利能力和偿债能力，而对于项目社会影响方面很少涉足。

(2)经济分析阶段。在 20 世纪 50 年代至 60 年代，世界正处在第二次世界大战后的恢复时期，国家或社会投资、经济恢复形成社会的主流。此时，项目的国民经济评估也成为一种项目评估与选择方法的主流。当时，在凯恩斯经济理论的指导下，为缓解国内矛盾，资本主义国家开始大量增加公共开支，实行福利政策，以推动公共设施的建设。正是由于社会福利项目与社会公共设施工程均以宏观经济效益与社会效益为主，原有的项目财务评估理论和方法，已难以满足对于公共项目的评估需求，再加之当时发展中国家工业规划日益发展，也迫切需要从国家层面出发推出新的评价方法，在此背景下新的项目国民经济评估方法，即费用效益分析方法就应运而生，并开始得到了快速发展。效益分析方法不仅计算了项目的直接经济效益，同时还考虑了项目的间接经济效益，引入影子价格、影子工资、影子汇率去修正市场价格、市场工资、官方汇率等，以此体现从国家宏观经济的角度分析项目的投资行为。

(3)狭义的社会评估阶段。进入 20 世纪 70 年代，随着福利经济学的产生，项目的评估摒弃了只考虑经济效率与效益而忽略国民经济分配效果的方法，形成并推出了以新福利经济学(即效率目标与公平目标)为基础的项目现代费用效益的分析方法，至此就形成了狭义的项目社会影响评估方法。这种方法的特点是既评估项目对社会经济增长的影响，同时又评估项目对收入分配的影响。例如，法国学者于 1978 年发表了关于项目经济评估影响方法。其从三个方面分析阐述了项目对于宏观经济的影响：一是项目建设投入，对国民经济相关部门产生的影响；二是项目的产出后，其新增价值的分配对国内各部门收入分配的影响；三是国内不同部门收入的变化，所引起的消费变化，进一步带动新社会需求的再变化。这种方法实质上相当于计算了有项目与无项目两种情况下国内的工资、利润、租金和政府等收入分配的变化。这种项目社会影响评估的方法，在当时的法语国家得到了较广泛的应用。该种项目经济增长分析与收入分配分析的方法，一般称为狭义的项目社会影响评估。

(4)社会评估分析阶段。20 世纪 80 年代以来，世界银行在发展中国家推行自己的项目社会影响评估方法即称之为社会评估分析。在开展贷款项目社会影响评估方面，世界银行既用于对开发项目的可行性研究与评估，又用于重要投资项目的后评估。实践证明，世界银行从项目后评估中获得的对于项目社会影响评估结果的验证，有助于进一步协调和处理贷款项目社会影响评估政策与方法，能使未来的贷款项目产生更好的经济与社会效益。此种方法被称为广义的项目社会影响评估方法，虽然其理论方法尚不十分成熟，但正在趋向于发展成为项目社会影响评估的主要方法。

随着经济科学与社会科学的发展，基于项目的社会影响评估也在不断地发展。项目国民经济评估与狭义的社会影响评估理论经过四五十年的发展，在就项目对自然环境的影响评估过程中人们观察到许多项目对社会环境、人们生活与社会生活环境产生极大影响。特别是随着西方社会学与人类学等社会科学的发展，人们从注重经济发展转为注重经济与社会的协调发展，广义的项目社会影响评估在发达国家出现和得到了应用。至此，广义的项目社会影响评理论与方法已基本形成了自己的体系，且有了相对完整的评估理论和评估方法。

2. 我国项目社会影响评估理论的发展现状

虽然我国对项目社会影响评估系统性的研究并不多见，但我国政府对项目的公平目标一直非常重视，强调社会应公平竞争，均衡发展，尽快缩小城乡居民的差距。近几年在开展项目国民经济评估的实际工作中，借鉴国际金融组织贷款项目社会评估方法，已开展了一些项目的社会公平评估，而且在有些项目国民经济评估方法中也规定了有关项目社会影响评估的内容。当然，我国在项目社会影响评估的理论和方法的研究方面还有待于进一步提高。

三、社会影响评估在项目管理中的地位与作用

我国正面临着地区间、城乡间发展不均衡、不充分的社会经济转型期，尤其是农民增收困难、城乡差距扩大已经成为阻碍我国经济社会快速发展的主要因素，如果处理不当，将会对社会的改革、稳定和发展产生不利影响。在这种社会背景下，项目的社会影响评价在项目建设的投资中显得尤为重要。缺乏社会影响评价，将会给项目的建设和实施留下很多社会隐患，激化社会矛盾和风险，并影响经济发展的进程。因此，要使项目取得预期的经济和财务目标，就要在项目的前期准备及执行过程中引入社会影响评价，以规避社会风险的出现，顺利实现项目的经济效益。在林业利用国际金融组织贷款项目前期、中期和后期开展社会影响评价，其必要性主要体现在以下四个方面：

1. 有助于经济与社会的协调发展

实践证明，投资项目经济目标的实现以项目区社会环境为保障基础。例如，曾有报道，世界银行对其资助的57个项目进行了检查，结果发现，其中30个项目与社会协调，其项目的平均收益率达到18.3%，而其余27个项目与社会不协调，其平均收益率只有8.6%，差距高达一倍以上。这个案例说明，投资项目的经济效益和社会效益两者必须兼顾，才能相得益彰。也就是说，一个投资项目因其所处的特定社会背景和社会环境的不同，项目的财务目标、经济目标或环境目标实现的结果也不相同。因此，项目所处的社会环境与投资目标的导向密切相关，即投资的项目建设与社会环境是否协调，不仅关系到项目经营业主未来的生存，还决定其未来发展提升空间。鉴于此，投资项目不仅应进行财务与经济评价，同时还必须以国家、地方的社会发展目标来衡量项目的利弊得失，遴选一个社会影响可行、可调的项目，以确保项目的经济效益、社

会效益显著提升。以往在项目的投资过程中，由于忽视了社会环境可行、可调关系问题的评审，项目建设中往往与当地社区发生种种矛盾且不能及时解决，对项目投资的经济效益影响很大。由此可见，开展项目的社会影响评价，将有助于经济与社会的协调发展。

2. 有助于项目的决策民主化

根据世界银行社会保障政策条款(OP4.12)的要求，为避免或减少贷款项目造林活动可能引起的社会冲突和资源利用的风险，在项目的规划设计和实施阶段，必须制定项目的建设造成农户资源使用限制和影响的措施。其措施的制定，是以项目设计和实施阶段开展参与式社区和农户磋商所获得的结果为依据。

例如，世界银行贷款“山东生态造林项目”参与式磋商和参与式林业发展规划的主要目的：一是保证项目社区中与项目相关的权益人自愿参加生态造林项目；二是通过与农户磋商，设计项目方案，包括合适树种选择、造林模型设计、造林后林地和后续管护方案等。这就改变了以往县级政府决策、乡镇政府主导、业务部门发动、农户被动参与的模式，农户成为贷款项目的决策者和主导者。再如，欧洲投资银行贷款“山东沿海防护林工程项目”在参与式林业规划设计阶段，就项目设计的50多个经济型、用材型或生态防护型的造林树种，采取召开村民代表大会或深入项目造林农户进行小组访谈或发放表格等形式，广泛征求农民的意愿，就是否参加项目和造什么样的林，都由农民自主确定，农户由过去被动参与转变成为主动参与。贷款项目的参与式林业发展规划，调动了土地拥有者和使用者的积极性，促进了人与自然的和谐，达到了合理利用有限的自然资源，保护自然与生态环境，促进社会的全面持续发展的目的。因此说，国际金融组织贷款项目的社会影响评估，调动了方方面面的积极性和能动性，有助于项目决策的民主化。

3. 有助于规避矛盾缓解社会风险

林业贷款造林项目的建设和后续运营不仅能获得一定的经济效益，而且还能获得较显著的社会效益和生态效益。国际金融组织贷款项目的实践表明，社会影响评价已成为项目评价方法体系中不可缺少的重要组成部分，它既可以消除项目可能导致的各种不利影响，趋利避害，降低社会风险和成本，又可以增加项目投资的经济效益和社会效益。在利用世界银行贷款造林项目的社会影响评估工作中，我们也有非常深刻的教训。由于各地项目团队的执行力度不同，项目社会影响评估宣讲工作开展的深度和广度也不一样，导致村镇重视程度不同，其贷款项目的幼林抚育有不同的结果。例如，世界银行贷款“山东生态造林项目”社区的部分农民有散养牛或羊的习惯，为保护项目新造林的成活和后期幼林的正常生长，项目村庄结合项目的实施明确了禁牧圈养的规定，同时在项目的社会评估过程中，还特意设计了缓解放牧者与项目林经营者的利害冲突的办法，划定了专门草场，专门供放牧的农民割草喂养牲畜，这种办法，既兼顾了放牧群体利益，又保护了项目经营者的权利，缓解了社会矛盾，是两全其美的事。在项目实施过程中，定期进行的检查验收发现，绝大部分项目幼林抚育措施得当，生长旺盛；但个别村庄的造林小班，特别是临近项目区外的造林小班幼树被羊或牛啃食，影响幼林的正常生长。出现这种现象的原因是，个别项目团队在项目评估过程中工作不到位，只对项目涉及的村庄召开了动员会议，征求了意见，宣讲了社会评价的方法，尤其是如何缓解放牧者损失的方法，而忽视了邻村放牧者的利益诉求。这个案例告诉我们，因为社会评价工作不到位，在项目的建设和实施中会导致社会问题的出现，使得投资建设的项目目标难以实现。可见，对投资项目只作经济评价，不做社会效益评价，会留下缺憾。重视贷款项目的社会影响评价工作，不仅能避免或缓解社会的负面影响，还对项目的实施起到积极的促进作用，能显著提高项目的经济效益。因此说，项目的社会影响评估工作有助于规避矛盾缓解社会风险，是十分有必要的。

4. 有助于保障弱势群体和妇女权利

林业利用国际金融组织贷款项目，一般布局区域是跨十几个县级行政区，甚至是几十个县级行政区，治理区域广，涉及千家万户，多为边远山区或盐碱涝洼地，立地条件差，交通不便；项目区的主要劳动力多外出打工，村里的一些富裕户要么外出打工，要么经商，只剩下老幼儿童或妇女，是典型的社会弱势群体，这就是项目社区的现状。

为了保护弱势群体和妇女的合法权利，改善他(她)们的社会地位，在世界银行贷款“山东生态造林项目”的社会影响评估过程中，确定召开的村民代表大会中必须保证所有贫困户和妇女、中等户代表、富裕户代表参加会议，广泛征求和听取他们的意见、建议和意愿，确保弱势群体和妇女对项目的知情权、参与权和决策权。这一做法得到了项目社区农民的广泛认可，体现了在项目的参与上的公开性和公正性。因此，贷款项目的社会影响评价，充分发挥了社评在项目中的作用，有力地保障了弱势群体和妇女的权利。

第二节　林业项目社会影响评估

本节是第四章中的核心部分，主要阐述项目社会评估的基本思路、实施步骤、基层社会影响评估的调查方法、预期产出以及社会影响评估资料的调查与结果汇总等方面的内容。

一、项目社会评估的基本思路

根据国际金融组织对贷款项目社会影响评估的规定和要求，在组织林业贷款项目社会影响评估中，应遵循以下基本思路：

1. 突出整体与项目社区发展相结合的思路

林业贷款项目的参与者是由众多的村、镇、场社区组成，数以千计的造林实体参与项目，是社会整体的一部分。社会是在各种矛盾中不断前行而发展壮大的。因此，任何一个林业贷款项目的社会影响评价工作，都要全面贯彻缓解或化解社会矛盾，努力为实现社会和谐发展目标服务的宗旨。也就是说，在开展林业贷款项目的社会影响评估过程中，要严格遵守国家和地方相关的法律、法规和社会发展方针的前提下，突出整体与项目社区发展相结合的基本思路。

2. 突出近期和远期目标相结合的思路

我国利用国际金融组织贷款生态造林项目的建设期一般为6年，运营期(或称贷款期限)也超不过25年，但其经营采伐(更新)期长达100年，甚至更长。也就是说，造林项目对社会、环境的影响更为长远。鉴于此，生态造林项目的社会影响评估不仅要突出社会发展的近期目标，同时还要兼顾其远期目标，而且还要考虑造林项目与当地社会环境的相互关系，力求这一评估能全面而准确地反映该项目所引起的各项(包括正负方面)社会影响。

3. 突出可靠性与实用性相结合的思路

社会发展目标涉及的范围广泛、内容多，如经济增长情况、公平分配情况、人民生活水平情况、资源可利用和可开发情况、自然环境状况、安全稳定等方面。鉴于此，在开展林业贷款项目的社会影响评估时，要采用科学适用的评估指标体系和方法，深入调查研究，搞准基础资料，坚持实事求是，尊重客观规律，突出可靠性与实用性相结合的思路，使林业贷款项目的社会影响评估工作建立在可靠且实用的基础上。

4. 突出定性分析与定量分析相结合的思路

在开展林业贷款项目社会影响评估时，由于其社会评估所涉及的范围和内容非常广泛，在既有的条件下，一些社会的、经济的、环境的、技术的因子难以量化。此时，虽然国家或地方标准是其主要衡量尺度，但因其不适宜或尺度难以把握，也不再是唯一的尺度。因此，在进行林业贷款项目社会影响评估时，如果定量分析无法开展时，定性分析必将成为项目分析的重要手段之一。鉴于此，在开展项目社会影响评估时，就要突出定性分析与定量分析相结合的思路。

5. 突出统一性与灵活性相结合的思路

林业贷款项目的社会影响评估，不仅涉及的评价指标体系面广、量大，而且十分复杂，即使像欧美等西方发达国家对不同项目的社会评估指标参数，也没有相对固定的理论值作为统一的参考标准，并且不可能面面俱到，考虑得十分严谨和周全。因此，在进行林业贷款项目的社会影响评估时，不仅要结合项目建设目标和项目区的社会、经济条件，还要结合当地人们的传统习惯，确定项目的社会影响评价指标体系，同时还要跳出已有的研究框架，根据贷款项目的实施特点和变化规律，顺势而为，灵活地采用定性的或定量的或两者相结合的方法，开展项目的社会影响评价，这样有利于我国社会评价理论方法的不断完善，适合林业贷款项目的特点。

二、林业项目社会影响评估实施步骤

林业贷款项目社会影响评估实施步骤主要包括：社会评估准备、社会评估试点抽样、组建县级社会评估工作小组培训社评人员、实施基层社会评估以及撰写社会评估报告五个方面。

1. 社会评估准备

项目社会评估前期准备工作的好坏，直接关系到项目社会评估工作的成败。因此，必须结合林业本身的特点和项目的实施目标，制定切实可行的项目社会评估准备方案。归纳起来，要从以下5个方面做好准备：

(1)组建社会评估调查团队。

(2)制定社会评估整体工作计划。

(3)设计社会评估的相关提纲、问卷和表格。

(4)收集和项目相关的技术文件和政策文件。

(5)编写《项目社会评价方法培训手册》。

2. 社会评估试点抽样

所谓社会评估试点抽样，就是在项目布局的县(市、区)中，按照分层(县、乡镇、村、场)抽样的方法，选取有代表性的县、乡(镇)、林场、村作为社会评估试点的县、乡(镇)、林场、村。

(1)根据项目布局区域，收集与项目区域相关的二手数据。

(2)根据项目的建设内容和目标，确定选择样本县、乡、村的标准。

(3)根据样本的选择标准，与省级项目办共同选择调查样本点。

3. 组建县级社会评估工作小组培训社评人员

项目社会影响评估工作最为关键的环节是如何组建一个高效、精干、执行力强的团队，这是保证工作顺利开展的基础和前提。为此，应该按照以下方法进行队伍组建和人员培训：

(1)组建县级社会评估工作小组，每县由4~6个队员组成。

(2)县级社会评估人员组成，包括省级或市级项目办协助调研人员，受委托的社评专家团队负责组织指导的人员，县级社评人员。

(3)培训对象，包括省级、市级和试点县社评人员。

(4)培训对象人员分配，包括省级项目办人员、市级项目办、社评试点县县级人员。

(5)培训时间安排，两天为室内方法培训，一天在项目县选一个村做方法实地练习，共3天。

4. 实施基层社会评估

由各社评试点项目县参加社评方法培训人员负责实施。受委托的社评专家团队将在各县实施社评过程中提供方法指导。实地社评的主要任务包括：

(1)收集项目县级机构的社会、经济方面的统计数据，并准备县级社会经济数据表，作为社评报告的附件。

(2)收集项目乡(镇)级机构的社会、经济方面的统计数据，并准备乡镇级社会经济数据表，作为社评报告的附件。

(3)收集社会经济数据时，要了解村级基本情况、林业和造林情况，收集村级社会、经济方面的数据，作为社评报告的附件。

(4)在进行小组焦点访谈时，要关注推荐的项目活动对农户和社区的生计产生的可能影响和农户对项目的预期；关于农户对不同类型项目活动的态度等要做互动式、参与式分析。选择的小组要有代表性，既要有村干部、富裕户、中等户，还要有贫困户；选择的小组必须包括有一个妇女小组，同时还要保证有贫困农户参加小组的访谈。

(5)实施村土地资源踏查并绘制村土地资源利用现状图，判断现有农作物和林业生产体制，确定项目造林的地块安排。

5. 调查数据分析

在调查结束后，对各县级项目单位的二手数据和调查得到的一手数据进行系统的分析，提出县级项目单位准备实施的不同项目内容对项目试点社区，农户，特别是妇女和贫困人口的潜在影响作出判断，形成结论。如果调查中发现有涉及移民搬迁的项目建设内容，要提出搬迁补偿和相应补救对策或措施。

6. 撰写社会评估报告

依据达成共识的项目社会影响评估报告提纲和试点县调查数据分析的结果，在保证项目区农户、社区的广泛参与及吸纳受益群体意见建议的前提下，评估专家组负责编写项目社会影响评估报告。

三、社会影响评估基层调查方法

关于社会影响评估基层调查方法有很多种，这里只简要介绍社会影响评估数据收集方法和参与式农村评估调查方法，其他的项目社会影响评估方法可查阅相关资料。

1. 社会影响评估数据收集方法

社会影响评估数据的收集，可分为两个方面，即一手数据的采集和二手数据的收集。

一手数据是调查人从调查对象哪里直接获得的数据和信息，其收集方法又可以分为定量数据的收集和定性数据的收集。其中，定量数据的收集是用一系列的连续的数据，从统计学的角度反映所研究区域或对象的社会经济发展现状和发展趋势；定性数据的采集则是通过访谈、观察、实地踏查等参与式方法的调查手段获得的，可以作为判断调查区域或对象的现状的信息依据。

二手数据是通过统计他人的研究报告、政策文献的数据，经筛选整理获得的。根据社评任务书的要求，一般将在以下四个层次进行二手数据的收集：国家层次的统计数据和相关文件、省级数据和有关规划文件和政策文件、县级统计数据、乡镇级统计数据。二手数据的来源和收集渠道包括：访问政府林业和其他相关机构和部门、国家和地方社会经济统计年鉴、与林业发展(林地承包、林业资源管理)相关政策文件、省级、县级林业产业发展规划文件、其他研究报告和出版物、互联网。

在数据收集和数据分析整理阶段，一手数据也需要和二手数据进行比较核实，一手数据中的定量数据和定性数据也必须做比较和核实。具体的社会评估数据收集方法，如图 4-1。

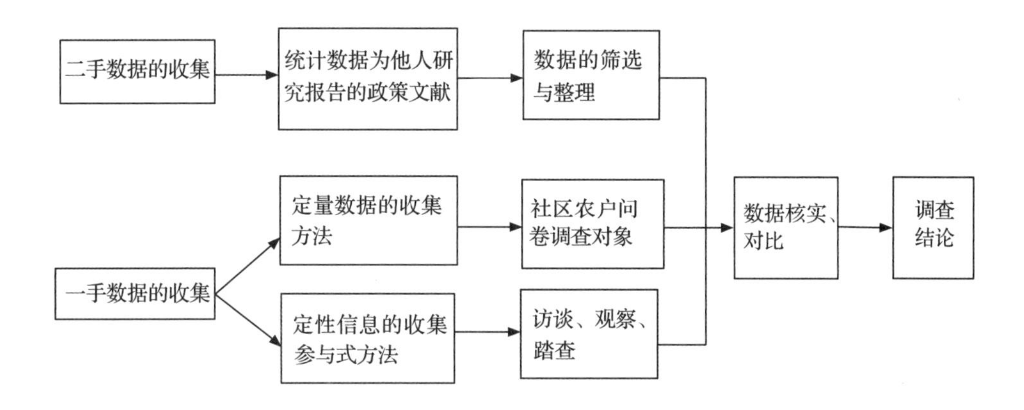

图 4-1　社会评估数据收集方法

2. 参与式农村评估调查方法

参与式农村评估（participatory rural appraisal，PRA）调查方法，其主要的工具箱包括：①参与式基线调查；②参与式社会经济评估；③参与式发展规划；④参与式土地利用规划；⑤参与式目标群体分析；⑥参与式监测评价；⑦参与式性别分析等。

与常规的项目规划方法相比，参与式农村评估方法具有以下特点：

（1）过程的参与性和互动性。整个过程始终强调农户的参与，体现民主参与、民主规划、民主决策的主导思想。

（2）操作方法的直观性和可视性以及透明性。参与式规划方法和工具简单实用，便于规划人员使用、操作，便于不同类型农牧民的参与。

（3）操作步骤的系统性和动态性。在项目准备、社评、项目设计、规划的不同阶段，前一阶段的产出是后一阶段的基础，循序渐进。在后一阶段操作中如发现前一阶段的薄弱环节，可以随时返回到前一步加以补充。

（4）不同类型方法得出的产出和结果的交叉印证。由于参与式方法强调个案调查的系统性，采集的样本量较小，所以小样本系统调查的结果，结论需要采用其他方法加以验证。如农户访谈和关键人物访谈的结果在小组访谈或座谈会上加以验证。机构调查的结果与社区调查和农民个体访谈结构进行交叉印证，以便得出反映社区现实状况的真实结论。

（5）操作途径。参与式林业规划采用“自下而上”的操作途径，而不是常规的“自上而下”的方法。

（6）扶持对象的瞄准和需求导向。参与式林业规划自始至终在找准、瞄准林业社区、贫困人口、社区中的脆弱群体（妇女、特困户、特困社区，对少数民族地区和人口发展需求的关注）。

（7）主客体的换位。农户、农民和社区干部为规划的主体，外来的规划人员为辅，双方保持平等伙伴关系。

四、基层社会影响评估预期产出

在进行基层项目社会影响评估时，根据林业项目社会影响评估任务书的要求，借款方、贷款方以及受委托的评估方共同确定了项目社会评估的时间节点、主要目标、采取方式和主要产出，见表 4-1。

由于林业项目建设内容涉及方方面面，很难用统一的格式反映基层社会影响评估的主要层次、目标任务、采取方法以及预期产出。因此，表 4-1 是世界银行贷款“山东生态造林项目”(SEAP) 基层社会评估的预期产出的样例，供参考。

表 4-1　SEAP 基层社会评估方法步骤及产出

时间节点	主要任务	采取方法	主要产出
选点	拟定选择社评试点标准和要求 社评试点选择； 试点县选择； 试点乡镇选择； 试点村选择	根据选点标准，与省项目办共同选择	试点县、乡镇、村名单
县级调查 (1 天)	县林业局小组座谈 了解试点县生态防护林发展现状和林业生态系统面临的主要问题和原因； 林业政策，林权改革实施情况； 推荐的造林项目内容； 造林项目参与者分析，识别项目实施对不同利益群体所产生的社会影响和风险； 收集社会经济二手数据	开放式个体访谈： 小组访谈，方法包括：参与者分析、问题分析、打分排序、SWOT 分析	(1) 小组访谈结果 ①县级林业发展现状，面临的问题和挑战； ②不同的参与者对造林项目的预期； ③推荐项目内容对不同参与者和利益相关方的潜在影响。 (2) 县级社会经济统计资料
村干部访谈 (0.5 天)	村干部座谈 村级基本情况； 林业和资源保护情况； 生态造林项目对社区和农户的潜在正面和负面的影响； 收集村级社会经济数据	半结构访谈： 小组访谈：问题分析、打分排序、项目影响矩阵分析、SWOT 分析	村级社会经济基本情况数据表，村级的社会经济特征； 林地承包情况，林业生产情况； 生态造林项目社区和农户的潜在影响分析矩阵表
农户小组访谈 (分成 2~3 个小组) 共 1 天	农户小组访谈 生态造林项目对农户的潜在影响，农户对项目的预期； 农户参与项目面临的制约因素； 农户对生态造林项目活动的态度； 妇女在项目中的参与和受益	小组访谈： 座谈会：参与者分析、问题分析、项目内容的打分排序、SWOT 分析、绘图、研讨过程的主持和协调	生态造林项目对农户的影响分析矩阵表；保证贫困农户，妇女参与并从项目中受益的具体措施； 农户对项目活动认可程度的基线数据
村级土地资源的踏查 0.5 天	了解村级资源和土地利用现状，如集体林地、荒山、沙滩地等，现有资源利用模式面临的问题；确定生态造林项目的地块	与 2~3 名村干部或村民对全村的土地利用现状进行实地踏查； 小组座谈分析存在的问题，造林和生态建设的开发潜力	村的资源禀赋和保护，开发潜力的描述；描述生态造林项目对土地资源保护所产生的正面和可能的负面影响；对现有的林地承包制度下的生态林的社区共管提出建议

五、社会影响评估资料的调查与结果汇总

2010—2016 年，山东省成功地实施了世界银行贷款“山东生态造林项目”。项目总投资 10.2 亿元，其中世界银行贷款 6000 万美元；布局于退化山地植被恢复区和滨海盐碱地改良区，涉及 9 个市 28 个县(市、区)，造林面积 6.6 万 hm^2。项目的社会影响评估由中国农业大学(受委托的第三方)组织专家团队负责。

为更好地阐述项目的社会影响评估资料调查及其结果的汇总，现以世界银行贷款“山东生态造林项目”为例，介绍该项目的社评资料调查与结果汇总方法，供参考。

(一)社评试点的选择

世界银行贷款“山东生态造林项目”涉及的县级单位较多，为节省时间，培训社评技术骨干，迅速在全部项目地区推广社会评估方法，全力推动项目年度参与式磋商林业规划的开展，省项目办确定先选择部分县(市、区)开展社评试点工作，其样点数量见表 4-2 所示。

表 4-2　社评试点抽样

项目建设区类型	市级数量(个)	试点县(市、区)级数量(个)	试点乡级数量(个)	试点村级数(个)
退化山地植被恢复区	7	8	26	80
滨海盐碱地改良区	2	4	12	36
合计	9	12	38	116

1. 选点标准

根据项目的实施目标和建设规模，试点县的选择标准主要有以下两个方面：

(1)试点县的选择标准。包括：①应代表所在地区(流域)的生态特征；②林地资源面临较大的生态压力；③推荐的生态造林项目内容在区域内具有代表性。

(2)试点乡镇和试点村选择标准。根据生态造林项目的布局区域和项目的造林立地条件，试点乡镇及试点村的选择，应具备以下 4 个方面的标准：①在所在的小流域内具有典型的代表性；②面临水土流失、林地退化、盐碱化、沙化等生态压力；③村内有可供生态造林的集体林地、土地或有封育的林地；④两个试点村中应考虑有集体林地的村和承包林地的村。

2. 县乡村的选点原则

(1)项目县的选择。由山东省林业厅项目办和受委托的第三方(中国农业大学专家)，根据以上选择标准选择社评的试点县。原则上是每个项目市，选择不少于 1 个项目县；如果项目县较多，按照不少于 30%的比例进行选择，作为试点县。

(2)项目乡镇和村的选择。根据以上选择标准选择，由试点县的县林业局项目办和受委托的第三方(中国农业大学专家)共同确定试点社评的乡和村。总的原则是每个项目县选择不少于 3 个项目乡镇，每个项目乡镇选择不少于 3 个项目村；如果项目乡镇或村太少，则应全选。

(二)县级调查

县级试点是指被省级和市级项目办以及中国农业大学共同确定为开展项目社会评估的县级(包括县级市和县级区)试点单位。其调查的机构、对象、内容、方法以及结果的汇总如下：

1. 调查机构和调查对象

调查的机构是县(市、区)林业局；调查的对象包括局长、副局长、林业局下属主要科室和事业单位人员。

2. 调查内容

在县(市、区)林业局召开座谈时，调查内容包括：①本县(市、区)林业发展和生态林管理现状，面临的主要问题，制约因素和发展机遇；②根据本县(市、区)的林业资源和自然生态系统现状，推荐哪些生态造林项目内容；③对社区、农户的潜在影响预测(表4-3)；④本县(市、区)林权改革现状、具体措施、面临的主要问题和障碍，有哪些措施，可克服这些障碍(用问题或SWOT分析)；⑤生态造林项目的主要参与者和相关利益方，各利益方对项目的预期和项目对他们产生的可能影响(表4-4)；⑥现有优势条件、现有劣势和制约条件及潜力、预期的有利条件、未来可能的风险(表4-5)；⑦收集社会经济二手数据(表4-6至表4-8)。

3. 调查方法

调查方法包括：①开放式座谈；②参与者分析；③问题分析；④打分排序；⑤SWOT分析；⑥工具包括展示板、大白纸、记号笔、胶条等。

4. 县级调查结果汇总

在试点县(市、区)林业局开展的项目社会影响评估上，依据调查座谈的内容和调查方法，获取了项目相关的数据和有关信息，将县(市、区)调查座谈结果，汇总于表4-3至表4-5。

表4-3　县级推荐项目内容及社区农户参与潜在受益预测矩阵

项目内容	对所在社区的影响	农户的参与和潜在影响预测
(1)生态林的营造		
(2)生态林的管理、管护		
(3)苗木和品种培育		
(4)对农户的技术服务		
(5)机构的林业资源管理能力建设		
(6)林权改革及其影响 ——国有林地 ——集体林地 ——个体承包林地		

表 4-4　山东生态造林项目参与者分析

机构、参与者	在项目实施中的作用	对项目的预期、期望	项目可能的影响
1. 社区层面 ——村干部 ——妇女 ——贫困户 ——中等户 ——富裕户			
2. 乡镇 ——镇长、书记 ——林业站 ——林业技术员			
3. 县级机构 ——林业局 ——林业站 ——苗圃 ——财政局 ——发改局			

表 4-5　推荐项目内容的 SWOT 分析(县级)

推荐内容	现有优势条件(S)	现有劣势和制约条件(W)	潜力，预期的有利条件(O)	未来可能的风险(T)
国有林地的生态林的营造				
集体林地的生态林的营造				
个体承包林地的生态林的营造				
生态林的社区共管				

表 4-6　县(市、区)级社会经济数据表

省：　　　　市：　　　　编号：

编号	项目	单位	数据	说明
1	人口	人		
1.1	全县总人口 男性人口 女性人口	人 人 人		
1.2	全县农村劳动力总数	人		

（续）

编号	项目	单位	数据	说明
1.2	男性劳动力	人		
	女性劳动力	人		
1.3	少数民族人口	人		
	少数民族人口占总人口的比重	%		
1.4	人口文化程度			
	大专以上	人		
	高中	人		
	初中	人		
	小学	人		
	文盲	人		
2	行政区划			
	地市	个		
	乡镇数	个		
	行政村数	个		
	自然村、村组	个		
	全县农户数	户		
3	国土资源、土地			
	县国土面积	km^2		
	山地面积	km^2		
	平原	km^2		
	水面	hm^2		
	耕地面积	hm^2		
	水浇地面积	hm^2		
	林地面积	hm^2		
	其中：国有林地面积	hm^2		
	集体林地面积	hm^2		
	退化林地面积	hm^2		
	宜林地面积	hm^2		
	水产养殖面积	hm^2		
4	产值			
4.1	GDP	亿元		
	GDP 年均增长	%		
	GDP 产值构成			
	第一产业	%		

（续）

编号	项目	单位	数据	说明
4.1	第二产业	%		
	第三产业	%		
4.2	农业总产值	亿元		
	种植业	万元		
	养殖业	万元		
	林业	万元		
	水产养殖	万元		
	副业(非农)	万元		
4.3	林业产值构成			
	用材林产值	万元		
	经济林	万元		
	林产品	万元		
	林副产品	万元		
	其他	万元		
5	农民人均收入			
	农民人均纯收入	元/人		
	低于2006年国定绝对贫困线的人口数量	人		
	低于贫困线的人口数量	人		
6	农民组织发展状况			
	农民专业合作组织数量	个		
	其中：林产品合作组织数量	个		
7	教育文化和公共服务			
7.1	教育			
	小学数量	所		
	小学在校生	人		
	中学数量	所		
	中学在校生数量	人		
	义务教育阶段的入学率	%		
7.2	医疗卫生			
	县级医院	个		
	乡镇医院	个		
	村级诊所	个		
	新型合作医疗参保率	%		
8	市场发育			
	区域批发市场	个		

（续）

编号	项目	单位	数据	说明
8	县级批发市场	个		
	乡镇集市	个		
9	社会服务			
	乡镇信用社	个		
	县级林业技术推广站	个		
	县级苗圃	个		
	乡镇林业服务站	个		
	全县林业技术员	人		
	县级技术员	人		
	乡镇级技术员	人		

表 4-7　乡镇级社会经济数据

所在县(市、区)：　　　　编号：　　　　日期：

编号	项目	单位	数据	说明
1	人口	人		
	全乡总人口	人		
	男性人口	人		
	女性人口	人		
	男性劳动力	人		
	女性劳动力	人		
	人口文化程度			
	大专以上	人		
	高中	人		
	初中	人		
	小学	人		
	文盲	人		
2	乡镇行政区划			
	行政村数	个		
	自然村、村组	个		
	农户数	户		
3	资源			
	总土地面积	km^2		
	山地面积	km^2		
	平原	km^2		

（续）

编号	项目	单位	数据	说明
3	水面	hm^2		
	耕地面积	hm^2		
	水浇地面积	hm^2		
	林地面积	hm^2		
	其中：国有林地面积	hm^2		
	集体林地面积	hm^2		
	退化林地面积	hm^2		
	宜林地面积	hm^2		
	水产养殖面积	hm^2		
4	乡镇国民经济产值			
4.1	GDP	万元		
	GDP 年均增长	%		
	GDP 产值构成			
	第一产业	%		
	第二产业	%		
	第三产业	%		
	农业总产值	亿元		
	种植业	%		
	养殖业	%		
	林业	%		
	副业	%		
	林业产值	万元		
	其中：用材林产值	%		
	果树、经济林	%		
	林产品	%		
	非木材林产品	%		
5	农民人均收入			
	农民人均纯收入	元/人		
	其中：种植业	%		
	林业	%		
	牧业	%		
	外出打工	%		
	低于绝对贫困线的人口数量	人		

（续）

编号	项目	单位	数据	说明
5	低于贫困线的人口数量	人		
6	农民组织发展状况			
	农民专业合作组织数量	个		
	其中：林产品合作组织数量	个		
	农民专业协会数量	个		
	其中：林产品专业协会数量	个		
7	教育文化和公共服务			
	小学数量	所		
	小学在校生	人		
	中学数量	所		
	中学在校生数量	人		
	义务教育阶段的入学率	%		
	医疗卫生			
	县级医院	个		
	乡镇医院	个		
	村级诊所	个		
	新型合作医疗参保率	%		
8	市场发育			
	批发市场	个		
	乡镇集市	个		
	村级集市	个		
	距最近的农产品批发市场距离	km		
9	社会服务			
	乡镇信用社	个		
	苗圃	个		
	乡镇林业服务站	个		
	果树站	个		
	乡镇林业技术员	人		
	乡镇为农户提供哪些服务			
	培训班 1	人数		
	培训班 2	人数		
	培训班 3	人数		
	培训班 4	人数		

表 4-8　村级社会经济数据

所在县(市、区)：　　　　所在乡：　　　　编号：

编号	项目	单位	数据	说明
1	人口			
	全村总人口	人		
	男性人口	人		
	女性人口	人		
	男性劳动力	人		
	女性劳动力	人		
	外出打工劳动力	人		
	文化程度			
	高中	人		
	初中	人		
	小学	人		
	文盲	人		
	自然村、村组	个		
	农户数	户		
2	自然资源			
	全村土面积	亩		
	耕地面积	亩		
	人均耕地面积	亩		
	山地面积	亩		
	林地面积	亩		
	果园面积	亩		
	农作物面积	亩		
	水产养殖面积	亩		
3	收入			
	全村总收入	万元		
	比上年增长	%		
	粮食作物收入	万元		
	林业/果业收入	万元		
	外出打工收入	万元		
	工业、第三产业收入	万元		
	其他收入	万元		
	农民人均纯收入	元/人		
	低于绝对贫困线的人口数量	人		
	低于贫困线的人口数量	人		

（续）

编号	项目	单位	数据	说明
4	村农民组织发展状况			
	是否有农民专业协会或农民合作社			
	参加农民专业协会或农民合作社户数	户		
5	教育文化和公共服务			
	小学在校生	人		
	中学在校生数量	人		
	村诊所	个		
	新型合作医疗参保率	%		
6	农产品市场			
	距最近的农产品批发市场距离	km		
	距乡镇集市距离	km		
	是否有村级集市			
7	林业、果园技术培训情况			
	培训班 1	人数		
	培训班 2	人数		
	培训班 3	人数		
	培训班 4	人数		

（三）村级调查

村级试点是指被市级和县级项目办以及中国农业大学共同确定为开展项目社会评估的行政村试点单位。其访谈的对象、内容、方法以及结果汇总如下：

1. 村干部和知情人访谈

这是村级调查的第一步，主要目的是通过村干部和知情人访谈，了解村的社会经济状况、参与生态造林项目的意愿、林业生产情况，推荐的项目内容对不同类型农户产生的影响。

（1）访谈对象。村干部和知情人访谈的对象，包括村长、村支书、自然村小组长、妇联主任，人员一般在 5~8 名。

（2）访谈内容：①村的基本情况，包括人口、劳力、土地资源、耕地、林地、水面、山地、荒地、收入和收入构成、农田林网、用材林、防护林、果园等发展状况（表 4-8）；②根据本村的自然资源情况，推荐的项目内容，并作打分（分值 1~10）排序（表 4-9）；③采用矩阵分析法，确定生态造林项目措施（造林、苗木生产、封山育林、生态林的管护对水土流失治理、防风固沙、改良土壤作用）对不同类型的农户产生的影响（表 4-10）；④林权改革和林地承包情况，面临的问题。

（3）访谈方法。根据以上的访谈内容，作开放式座谈访谈；讨论过程中由主持进行协调；访谈者对问题进行分析和打分排序，做好社会影响矩阵分析；采用工具包括展示板、大白纸、记号笔、胶条等。

(4)结果汇总。根据上述访谈内容和方法，将推荐项目内容对不同类型的农户产生的影响相关信息汇总于表4-9中，将项目内容对不同类型的农户产生的影响矩阵分析相关信息汇总于表4-10中。

表4-9 推荐项目内容对不同类型的农户产生的影响表

推荐的项目内容	富裕户	中等户	低收入户
板栗生态防护林			
杏生态防护林			
花椒生态防护林			
侧柏生态防护林			
黑松麻栎生态防护林			

注：分值1~10。

表4-10 推荐项目内容对不同类型农户产生的影响矩阵分析表

项目内容	富裕户	中等户	低收入户
国有林地生态造林			
集体林地生态造林			
个人承包地生态造林			
苗木生产			
封山育林			
生态林的管护			

注：分值1~10。

2. 农户小组专题访谈

小组专题访谈(focus group interview)采用开放式半结构访谈的方式和讨论过程的协调主持方式，就调查所关注的问题征询不同类型的一组农户的意见和推荐项目内容的看法。在社会评估中，基线调查和一手定性数据的收集是一种非常有效的方法。小组专题访谈是本次山东生态造林项目的社会评价重要步骤。

(1)访谈小组的组建。根据本次社评的目标和任务书的要求，建议组建以下几个小组：①从全村农户花名册中随机抽取20户农户组成2个男性农户访谈小组；②召集10名妇女组成一个妇女访谈小组。

(2)小组访谈的内容：①访谈对象的家庭基本情况(表4-11)；②生态造林项目内容的推荐(集思广益)；③对推荐项目内容的打分排序(对家庭收入的贡献潜力、生态保护、技术难易程度)；④推荐的项目内容对农户产生的影响，保证农户参与和受益的建议和措施；⑤林业生产男、女劳力投入情况。

表 4-11　访谈农户的基本情况

调查内容	数据	说明
姓名		
性别		
家庭人口		
家庭劳动力： 其中，外出打工劳力：		
家庭人均收入[元/(人·年)]		
耕地(亩)		
林地(亩)		
承包山地/荒地(亩)		
果园(亩)		

(3)小组访谈的方法。村民专题小组访谈的主要步骤与主要知情人访谈是相似的。只是在内容上，小组访谈更强调特定项目活动对某个特定社会经济条件的一类农户的影响和他们的选择意向。小组讨论过程的主持内容和方法，包括讨论内容的直观展示(在大白纸上)；集思广益、头脑风暴、书写卡片或口头发言；问题分析、问题树、问题排序；矩阵表、打分排序；林业生产活动男女劳动力分配图；使用的工具和材料包括展示板、大白纸、记号笔、胶条等。

(4)访谈的主持和协调。小组访谈的访谈过程需要一个比较专业的主持人，协助与会者研讨，帮助归纳问题，达成共识。

①主持人的主要任务和职责。提出讨论的问题；协助整个研讨过程；调动农民代表，特别是女性和贫困户代表以及少数民族人口参与讨论和决策过程；通过书写卡片、书写活页板、画示意图等方法展示研讨内容；整理记录研讨会达成共识的结果。

②主持人主持中应该遵循的原则。主持人的角色是研讨和决策的辅导者，而不是决策者。您如果想做主持人，必须暂时"冻结"作为规划专家的角色，保持对项目和研讨内容的中立态度；不能发表带有个人选择倾向的评价意见；不能刻意诱导，使研讨向着个人预期的结果；不能对发表意见的与会者作出损伤其参与积极性的评价，如："你怎么会提出这样的问题?"，再如："这个问题与我们讨论的主题根本不相关!"；学会倾听，不要利用主持人的权威，过多发表自己的看法和意见；敏感地调动贫困户代表和妇女代表的参与。

(5)访谈结果的整理和总结。对不同小组的访谈结果，调查小组每天晚上要进行整理、对比和综合，得到不同类型小组的定性结果。将小组访谈的结果和县、乡、村干部访谈结果以及农户访谈结果进行对比，得出结论。

(6)小组访谈的结果汇总。根据上述访谈方法和内容，将访谈农户的基本情况汇总于表 4-11 中、农户小组对项目内容的打分排序情况汇总于表 4-12 中、推荐的项目内容对农户的影响情况汇总于表 4-13 中、林业生产经营活动男女劳动力配置情况汇总于表 4-14 中、农户小组访谈的结果汇总于表 4-15 中。

表 4-12 农户小组对项目内容的打分排序

推荐内容	农户 1	农户 2	农户 3	农户 4	农户 5	农户 6	结果
国有林地生态造林							
集体林地生态造林							
家庭承包林地生态造林							
苗木生产							
承包生态防护林管护							

注："推荐内容"可根据小组中农户提出的项目建议而定。

表 4-13 推荐的项目内容对农户的影响

项目内容	正面影响	可能的负面影响	面临的问题、制约因素	保证参与和受益的措施
国有林地生态造林				
集体林地生态造林				
家庭承包林地生态造林				
苗木生产				
生态防护林管理(如封山育林、限伐等)				

注："项目内容"可根据小组中农户建议的实际内容而定。

表 4-14 林业生产经营活动男女劳动力配置

生产活动内容	男性(%)	女性(%)	结论
育苗			
造林			
管护			
病虫害防治			

表 4-15 农户小组访谈结果的汇总

访谈内容	男性农户组-1	男性农户组-2	妇女组	村干部访谈	备注
国有林地生态造林					
集体林地生态造林					
承包林地生态造林					
苗木生产					
生态防护林管护					

3. 农户调查

(1)农户调查的目的。农户调查的主要目的：了解特定类型农户的生计特征；对推荐的用材型生态型防护林、经济型生态林防护林，纯生态型防护林、林下产品开发等项目措施的态度和预期；参与山东生态造林项目对农户生计可能的影响。

(2)样本农户的抽取。从每种类型的农户中随机选2~3户作为样本户，调查小组分成2~3个小组，每个小组负责一种类型农户的调查。

(3)调查内容。农户家庭基本情况包括人口、劳动力；家庭收入情况包括总收入、主要收入来源(粮食、林木、果树、畜牧、打工)、其他收入；家庭土地包括耕地、林地、果园、宜林地、承包山地；参与山东生态造林项目的意向，包括苗木生产、用材型生态防护林、经济型生态林防护林、生态型防护林、林下产品开发、非木材林产品；参加山东生态造林项目对农户生计的可能影响，有哪些预期；林业生产中男女劳动力的配置情况。

(4)调查方法。根据调查提纲，进行开放式访谈。

(5)调查结果的整理汇总。特定类型农户的社会经济特征(表4-16)；项目对不同类型农户的影响(表4-17)；将农户访谈结果与小组访谈、村干部访谈、乡镇访谈、县级访谈结果进行比较核实。

表4-16　不同类型农户的社会经济特征

特征	富裕户	中等户	低收入户	少数民族人口
劳动力				
个体素质				
家庭收入				
土地资源				
承包土地的能力				

表4-17　项目内容对不同类型农户的社会经济影响(农户调查结果汇总)

项目内容	富裕户	中等户	低收入户	备注
国有林地生态造林				
集体林地生态造林				
承包林地生态造林				
育苗				
生态林管理				

4. 村级自然资源的踏查和土地利用现状图的绘制

(1)资源踏查的目的。作为参与式发展规划的重要工具，社区资源踏查主要在项目的设计阶段应用。目的是通过与村民的实地勘察了解社区资源利用现状，诊断社区资源利用中存在的问题和制约因素，寻找社区发展所依赖的资源潜力，确定资源的合理利用方案。踏查也可以用于行政村和自然村的基础设施现状调查。在社区资源图较详细的情况下，可以作为对规划项目执行效果监测的基线状况。

(2)资源踏查的步骤方法。

①踏查小组的组建。邀请比较知情的村民代表2~3名，调查小组成员1~2人，组成村级资源和基础设施踏查小组；选择踏查路径/断面；选择的踏查路径尽可能多地反

映不同类型的土地资源。

②资源和设施的踏查。踏查中和村民一起对不同类型土地资源进行实地观测，记录大致的面积、利用现状、植被、林地的分布、树种、土壤类型、水土流失情况，确定合理利用的因素和条件，诊断利用中存在的问题，提出改进建议。

③社区村级土地资源利用现状图和植被断面图。

——资源图的绘制：绘制轮廓，标示道路、渠道、主要基础设施；示意图标示现有土地利用类型、居住社区、自然村、学校、卫生所、村公所；标注图例、方位、绘图人、绘图日期。

——断面图的绘制：绘制土地利用和植被断面图时，不仅要注意做好断面的选择、踏查和记录，还要根据地貌特征分别对平地、坡地、山地、植被、土壤特征、土壤肥力、灌溉条件、不同类型的土地利用模式、存在的问题和改进潜力等进行描述；对于面积大、地表起伏变化多的村需要标出海拔高度，在必要时还要描述荒地的植被情况。

(3)踏查的结果汇总。以小组座谈的方式，与参加踏查和绘图的村民对踏查结果和平面图及断面图进行分析和解释，得出资源利用和基础设施现状，并将其结果绘制成图 4-2 和图 4-3。据此，作出需要林业项目改进和开发潜力的结论。

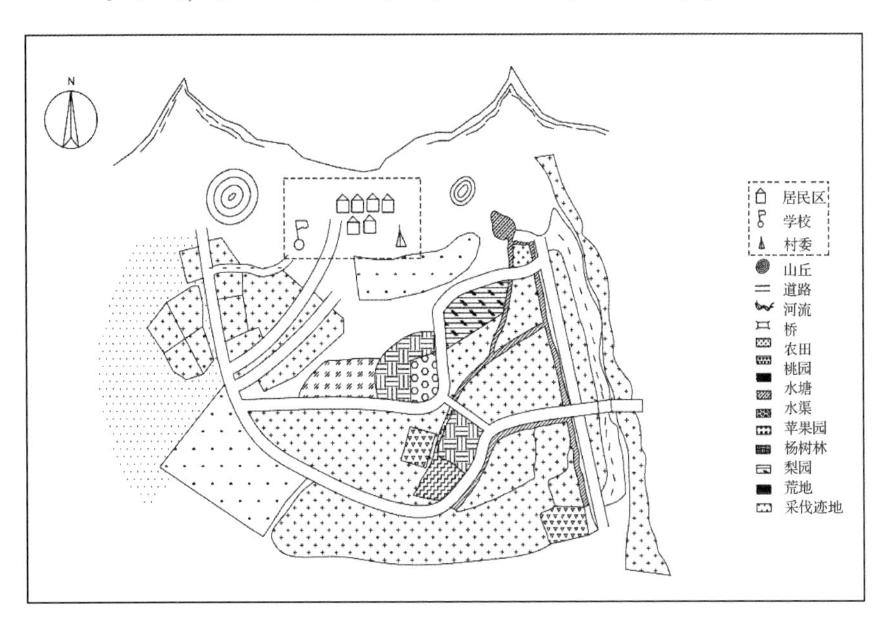

图 4-2　村资源和设施平面图

①村级土地资源利用现状图。图 4-2 是欧洲投资银行贷款“山东沿海防护林工程项目”社会影响评价的社区调查组勾绘的村级土地资源利用现状草图。图中主要描述了居民区、学校、村委、道路、桥梁、水渠等基础设施以及土地、林地、荒地、采伐迹地等方面的利用现状，其目的是为项目的规划和实施等活动提供科学的依据。

②土地利用和植被断面图。图 4-3 是世界银行贷款“山东生态造林项目”社会影响社区评价磋商调查组勾绘的村级土地利用和植被断面现状草图。图中主要描述了荒坡、

河道、道路、村庄区域、土壤(棕壤)等方面的利用现状、存在的主要问题、可供项目开发的潜力以及在项目经营活动中可采取的主要对策，其目的是为项目的经营活动提供决策，以确保消除项目的活动对社会负面影响或降低到最小。

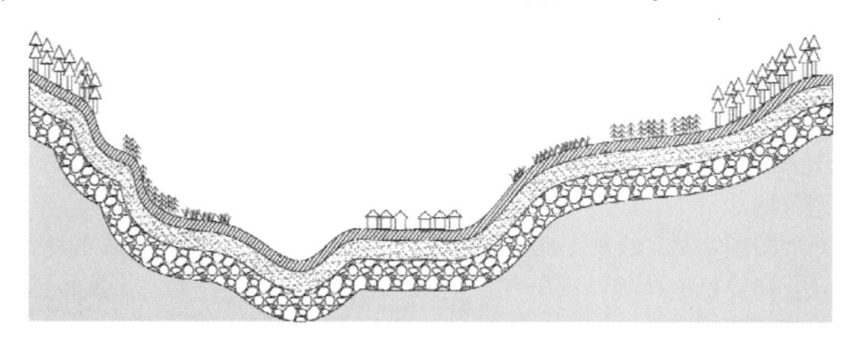

图 4-3　土地利用和植被断面图

③村土地资源利用现状和开发潜力分析。座谈时，要对资源利用现状做定性描述；现有资源利用模式中存在的问题，如水土流失、植被退化、超载放牧、盐渍化、宜林地坡地的不合理开垦、生物多样性退化等，以及导致资源退化的原因等；土地资源利用的潜力(可能的林业项目、水土保持、水源涵养林等项目内容)；资源和生态系统的保护措施(项目建议)。将上述座谈分析结果，汇总于表 4-18 中(即村级自然资源利用现状和开发潜力矩阵表)。

表 4-18　村自然资源利用现状和发展潜力分析矩阵表

资源	利用现状	存在问题	开发潜力	改善生态系统的建议
耕地				
成片林地				
田间林网				
果园				
山地				
水面				
荒地				
其他				

第三节　项目社会评估报告的编写

一般来说，利用国际金融组织贷款林业项目社会评估报告的编写没有统一固定的格式，不同的贷款组织对社会评估报告编写的要求与规范不尽相同。本节以世界银行、亚洲开发银行和欧洲投资银行关于项目社会评估报告的相关要求为案例，从报告编写的基本原则、报告的类型以及报告编写的一般格式进行分别阐述和讨论，仅供参考。

一、编写基本原则

根据林业贷款项目的建设特点及项目社会影响评估的要求，在编写项目社会影响评估时必须遵循以下几个方面的基本原则。

1. 要体现缓解社会矛盾促进发展的原则

不同的贷款机构，对林业贷款项目社会影响评估报告的编写框架和内容的要求不尽相同。例如：在项目准备阶段报告的编写中，亚洲开发银行要求给予贫困问题特别的关注；然而，世界银行就要求特别关注少数民族发展问题。

在林业造林项目融资贷款中，无论是世界银行，还是欧洲投资银行或者是亚洲开发银行，对项目准备阶段社会影响评估报告编写的总体要求是项目执行和运营期间"要有利于减贫，有利于人民生计改善，有利于缓解社会矛盾，尤其是有利于促进社会发展"为基本原则。因此，在制定项目的社会风险控制措施中，要以缓解社会矛盾，突出发展为主题。

2. 要体现反映客观现实的原则

在着手林业贷款项目社会影响评估报告形成的过程中，要运用科学且适用的评估分析方法，对所有获取的社会经济、社会环境、人民生活等方面的社会影响评估指标数据或者调查基础资料，按照"尊重客观规律，去伪存真，实事求是，反映客观现实"的原则，组织报告编写人员进行认真的分析与研究，使项目社会影响评估报告的编写建立在准确可靠的基础上。

3. 要体现项目评估重点的原则

在开展林业贷款项目的社会影响评估过程中，会收集获得涉及项目区域内的社会经济、社会公正、社会公平、社会环境等方面的社会评估内容和评价指标参数。在编写项目社会评估报告时，要对已掌握的有关信息开展删繁就简，突出以项目区的社会发展近期目标为重点，兼顾远期目标，同时还要考虑林业贷款项目与项目区当地社会环境的关系，力求编写的项目评估报告能体现项目评估的重点。

4. 要体现可操作性强的原则

在林业贷款项目社会影响评估报告的编写过程中，要特别注意对项目社会评估指标及其评估内容进行量化处理，便于理解和掌握，符合客观实际；提出的项目社会影响评估意见和建议具有较强的针对性；在涉及项目社会风险缓解措施方面，应具备很强的实用性和可操作性，有助于实现项目的既定目标。

二、项目社会评估报告的类型

在国际金融组织贷款项目社会评估报告的编写方面，世界银行、亚洲开发银行、欧洲投资银行都是运用社会评价的分析框架，结合实际调查的结果编写项目社会评估报告。如亚洲开发银行尤为典型，根据贷款项目的政策和要求，把项目分成不同阶段，每个阶段对项目社会评估报告编写的侧重面有所不同。概括起来，在项目整个阶段中，亚洲开发银行要求准备和完成的书面报告有5种类型(图4-4)。

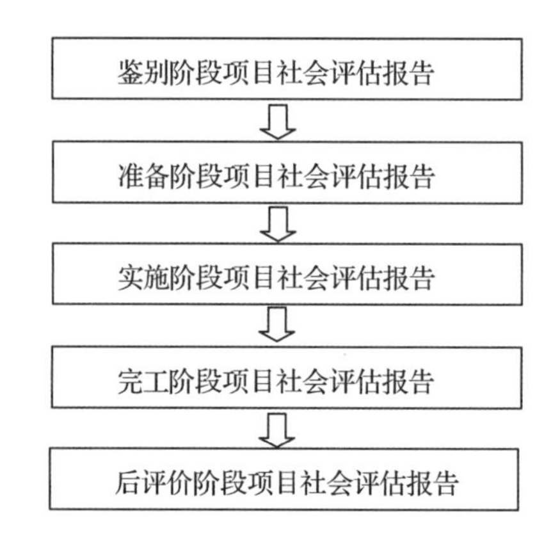

图 4-4　亚洲开发银行项目社会评估报告类型

1. 项目鉴别阶段

在项目鉴别阶段，要编写项目鉴别阶段的社会评估报告。这一阶段的社会评价通常由具有社会科学背景的亚洲开发银行的专家主持并开展工作。

这一阶段的目标任务是通过采用收集二手资料、实地考察或勘验、召开座谈会、关键信息人的访谈等方法，了解或识别相关利益方的范围，确定与实现项目目标有影响的重要因素，掌握项目对社会的正面影响，分析项目潜在的社会风险，制定项目社评需要协商和参与的初步计划方案，为项目准备阶段的社会评估工作明确要关注的主要社会事项和群体，作出比较科学和详尽地判断。

项目鉴别阶段的社会评估要形成的文本包括两项：一是初始的贫困和社会分析(IPSA)；二是工作大纲(TOR)。

2. 项目准备阶段

在进入项目准备阶段，其社会评估是依据项目鉴别阶段编写的《初始贫困和社会分析》中提出的主要社会事项进行细化的社会评价。

这一阶段社会评估的主要任务：一是通过开展社会调查、典型组座谈、关键信息人访谈，获取项目二手资料，收集社会评估所必需的相关信息；二是明确项目社会、经济、生态的发展目标或指标；三是明确项目对社会正、反两个方面定量化的影响；四是分析项目潜在的社会风险，并拟定降低风险的社会行动措施和计划；五是确定拟参与和协商的计划，并且这一计划能确保各利益相关方尤其是弱势群体在项目中的参与；六是项目社会影响及发展目标监测与评估框架的制定；七是改进和确认诸如移民安置、劳动保障、少数民族发展等措施和行动计划。

项目准备阶段的社会评价形成的文本报告为详细的贫困和社会分析(PSA)和减贫以及社会战略摘要(SPRSS)。

3. 项目实施阶段

该阶段的社会评估，主要是对项目准备阶段所确定的行动计划和措施落实效果开展内部及外部的监测与评估工作。内部监测工作，是在聘任的社会专家指导下由项目办主持开展；外部监测工作，由具备资质的社会评估机构作为第三方来开展。内部与外部监测的结果，都要按照项目实施进度提交监测与评估报告。

项目实施阶段的社会评估主要任务：①健全完善项目内部和外部监测评价管理机制；②制定项目公开的监测评价程序及指标，测量项目产生的社会影响及风险；③在收集项目二手资料的基础上，通过访谈、问卷、座谈会等方法，获取项目第一手资料，分析得出项目的社会影响和风险；④评估项目满足目标群体需求的程度以及项目行动计划的指标和目标的落实情况；⑤针对项目实施过程中出现的社会问题，提出干预或消除妨碍项目社会目标实现的调整方案，即社会行动建议；⑥提交项目监测与评估报告。

项目实施阶段的监测与评估的主要内容包括：一是社会行动计划(贫困影响、社会性别与发展、其他社会风险)方面的监测与评估；二是社会保障(移民安置计划、少数民族发展计划)方面的监测与评估。

4. 项目完工阶段

项目完工阶段的社会评估，通常是在项目完工后一段时间内完成，是所有投资项目周期中必不可少的步骤，一般采用对比(项目实施前后影响效果)分析的方法，开展项目社会评估。

这一阶段项目社会评估的主要任务：①评价在项目执行过程中，社会目标制定的是否可行、实行的程度、是否发生变化及其变化的原因以及贷款协议的执行情况等；②评价项目的社会风险及其规避风险措施以及执行机构的表现；③分析影响项目目标实施的内外部因素，并确定控制这些因素的主体是谁；④分析或掌握项目的社会影响、各利益相关方的参与程度、各方的意见、后续采取的措施等；⑤评估在与各利益相关方沟通协商的基础上确定项目的社会效益以及运营期间的项目社会监测指标；⑥总结讨论项目主要经验和教训以及对未来待建项目有哪些借鉴。

项目完工阶段的社会评估，是在项目执行机构或实施主体的配合下，由借款方的项目经理准备，将形成的项目社会评估报告提交其所在的银行董事会。

5. 项目后评价阶段

项目后评价阶段的社会评价要依据项目鉴别阶段、准备阶段、实施阶段、完工阶段的文件和相应的报告为基础，系统总结分析整个项目对社会的、经济的可持续影响。

这一阶段的社会评价关注的重点：①评价分析项目的社会经济、社会发展方面有形的和无形的效益和结果；②评价分析项目的社会适应性；③分析评价项目的可持续性；④评价项目的经验与教训，包括项目本身的、可供其他项目借鉴以及社保政策、项目决策、管理程序和启动实施中的经验教训。

项目后评价阶段的社会评估报告由亚洲开发银行独立完成，但并非每一个项目都准备独立的后评价报告。后评价报告通常每年进行抽检，如果抽中则需要准备，否则就不需要准备。

三、项目社会影响评估报告的编写格式

国际金融组织贷款项目的社会影响评估报告的编写格式与要求，因不同的贷款机

构而有所不同。如以世界银行、亚洲开发银行等为代表的国际金融组织，在项目的鉴别阶段、准备阶段、实施阶段、完工阶段、后评价阶段都要求对项目进行社会评估，但其编写格式大同小异。其编写的格式大致可以分为执行摘要、引言、社会评估的目标步骤和方法、国家与省级层面的政策框架概述、社会影响评估及利益相关者磋商的主要发现、社会影响评估调查团队的结论、对项目规划的建议以及附录，共八个部分。

为使同行能很好地体会或感受项目利益相关者磋商和社会影响评估报告的编写，现以2014年10月，委托中国农业大学国际农村发展中心编制的《欧洲投资银行贷款“山东沿海防护林工程项目”利益相关者磋商和社会影响评估》(以下简称SCSFP社会评估报告)为案例进行讨论分析，供参考。

(一)执行摘要

林业贷款造林项目社会评估报告的执行摘要部分，主要从以下六个方面进行分析和阐述：

1. 项目简要概述

主要阐述项目的目标、任务、布局、造林用地、土地租金、土地经营合同等方面情况。

2. 团队组建及评估时间安排

简要阐述社会影响评估专家团队人员的组建情况以及评估的具体起止时间安排等内容。

3. 主要发现和结论

社评报告总结的社评中主要发现和结论因项目的性质、目标不同均不相同。例如在SCSFP社会评估报告中，分析了退化山地和滨海盐碱地的植被类型、水源地状况、自然保护区、文化和自然遗产、土地利用、少数民族、农民的意愿、贫困户和妇女等弱势群体对项目参与以及土地使用带来的社会冲击或风险，由此得出结论，SCSFP弱势群体中的少数民族人口不是一个问题，不需要给予特别的关注。

4. 面临的冲突和社会风险

不同类型的土地和申请单位面临的冲突和社会风险是不一样的，这部分描述可借鉴SCSFP社会评估报告中的相关内容。其项目面临的冲突和社会风险主要有：一是当农民发现土地流转价格太低时，他们将会终止土地流转合同；二是土地征用的压力和风险，包括土地流转的数量和租金；三是经济效益不能满足农民收入预期，他们会将林地投入到更高附加值产品生产；四是经济风险将使合作社的林地用于其他产品的生产；五是调研还证实了社会风险的水平取决于哪种类型的土地将用于欧投行项目造林。荒地被认为是具有较低的社会风险和经济冲突，但如果土地目前用于作物生产，将会有另一个条件，即支付给农民的租赁价格必须高于当前作物生产，如棉花、玉米、蔬菜的净收益。如果租赁价格低于当前作物生产的平均收入，农民将来会让你支付更多的租赁价格或终止租赁合同。

5. 应对社会风险的对策

这部分内容可借鉴SCSFP社会评估报告的描述，其在项目区应对社会风险的对策应从以下方面考虑：一是引入应对土地增值率的浮动土地租赁费率机制，修改或更新现有的合同；二是将劳动就业机会优先给将土地流转给公司、县或乡镇林场的农户，这将体现在土地租赁合同中；三是通过村公告栏告知将土地流转给项目单位的农民，通过开放和参与式协商或小组访谈使土地使用权所有者参与，以达成一致；四是合作社和集体林场引入股权制度，确保租赁土地的经济回报会随着经济效益和利润的增加而增加；五是确保土地使用者和土地租用者（项目申请者）的最低经济效益：对于山区的大型项目点，建议在造林目标中保留合理比例的经济林数目，以增加整体的最低财务收益；六是从县、乡、村到个体农户建立保险机制；七是在造林过程中建立信任；八是从地方政府寻求财政支持。

6. 把关键利益相关者纳入体系的主要步骤建议

这部分内容以 SCSFP 社会评估报告为例，其是根据欧投行环境和社会手册（卷 1 标准 10），把关键利益相关者纳入体系的主要步骤建议如下：

第一，充分动员社区和农户，以确保所有利益相关者都充分了解项目的目标、各个环节，以及职责和项目参与者的预期收益。动员工作通常是农户自由申请参与到项目中的一个前提条件。

第二，通过不同林地项目点类型来识别利益相关者，相关项目点的利益相关者识别和分析后，其结果将是进行下一步利益相关者磋商的基础。

第三，在项目的参与、树种的选择、造林模型的选择以及造林的后期管护工作等方面与利益相关者进行磋商。

第四，与利益相关者和村干部现场规划和核实造林用地。

第五，安排与利益相关者参与项目的合同签订。

第六，在社区内宣传项目相关信息，在这些社区中，个体农户将土地流转给集体林场、农林企业，必须确保这些利益相关者的参与和介入权。

（二）引言

1. 项目背景概述

主要阐述项目立项背景、项目意义、造林面积、项目实施单位、项目造林实体或项目经营实体的类型和数量等内容。

2. 编制依据

简要阐述社会影响评估报告编制所依据的国内外法律法规、相关的文件、国家标准、行业标准以及地方标准等。

3. 其他需要简要概述的内容

主要包括：委托编制单位、编制团队、编制时间以及社会影响评估报告解释权等方面。

（三）社会影响评估目标、步骤和方法

该部分内容可借鉴 SCSFP 社会评估报告的相关方面内容，其主要从以下三个方面进行阐述：

1. 社会影响评估目标

SCSFP 社会影响评估和利益相关者磋商的关键目标：一是根据 SCSFP 造林活动的

利益相关者的磋商结果，识别和评估潜在的社会风险；二是发现可能产生的积极和消极影响；三是通过利益相关者的共同磋商达到缓解问题、减轻项目产生的负面影响目标；四是编制减轻利益相关者活动的负面影响的方案；五是根据实地调研编写利益相关者磋商和社会影响评估报告作为呈交给欧洲投资银行的重要可行性文件之一。

2. 社会影响评估步骤和任务

根据上面的目标和要求，SCSFP 社会影响评估调查者将采取以下几个工作步骤：

(1)利益相关者磋商和社会影响评估调查的准备。包括：①根据山东沿海防护林工程项目的社会影响评估团队的职责范围，准备一个开展利益相关者磋商和社会影响评估的详细工作计划。②中国农业大学综合农业发展中心建立了一个实施利益相关者磋商和社会影响评估的调查团队。③设计实地调研的问卷和调查清单，组织利益相关者磋商和社会影响评估的小组访谈，收集县级、乡级、村级的相关二手数据。④了解该地区的国家级、省级林业政策和森林土地的使用情况。

(2)从试点县选择社会影响评估人员进行社会影响评估培训。①设计和开发一个包括社会影响评估方法和现场实践指南的利益相关者磋商和社会影响评估手册。②提供为期一天的利益相关者磋商和社会影响评估方法培训，培训人员中包括省级林业部门人员 3~4 人、15 个县级林业局人员各 4~6 人，这些参加培训的人员将参与后期的利益相关者磋商和社会影响评估的实施过程中，并且承担主要调查工作。

(3)调查团队和项目点采取抽样形式进行社会影响评估调查。调查小组对这 15 个项目县进行调查研究。2014 年 8 月 24~31 日期间，调查团队被分为 5 个小组分别对 15 个项目县进行调查研究，调查团队的调研覆盖范围超过了项目点的 90%。

(4)开展利益相关者磋商和社会影响评估的调查。利益相关者磋商和社会影响评估由参加社会影响评估方法培训的省、县级工作人员进行，中国农业大学国际农村发展中心规定参与利益相关者磋商和社会影响评估活动的人员为 10 人，其主要活动包括：①开展县级机构调查分析利益相关者，分析林地的现有所有者和未来所有者对“山东沿海防护林工程项目”开展可能产生社会影响和土地使用权改革认识。②需要收集并记录县级社会经济统计数据在县级社会经济数据表上，并从相关政府机构获得人口统计数据和资源禀赋的相关数据。③采访项目申请人，包括国有林场、集体林场和森林公司对山东沿海防护林工程项目开展产生的主要影响和存在的潜在的社会风险的正确认识。④通过村级调查了解社区利益相关者的基本情况，山东沿海防护林工程项目开展产生的影响以及土地使用权改革情况，收集村级社会经济数据填入村级社会经济数据表中。⑤进行集体访谈主要包括告知农民造林项目、识别可能存在的社会经济影响及其从农民和村庄的角度进行激励、评估项目开展可能带来的社会风险，做出一个可以解决山东沿海防护林工程项目开展带来的负面影响的方案。⑥通过开展实地踏查来确定村里当前的土地利用格局、社区的土地或与农户签署合同的用于生态造林项目的土地状况。

(5)数据收集和归档。在完成利益相关者磋商和社会影响评估的实地调查后，省和县级工作人员整理收集的一手资料，并填进相关的 Excel 数据表中。SCSFP 社会评估报告综合农业发展中心将对这些数据和信息进行下一步研究并制定相应计划。

(6)撰写利益相关者磋商和社会影响评估报告。社会影响评估报告是由中国农业大学国际农村发展中心利益相关者磋商和社会影响评估调研小组根据收集来的数据书写完成。

3. 社会影响评估方法和工具

利益相关者磋商和社会影响评估的方法是参与式农村评估。主要方法和工具包括：

(1)小组访谈。个体农民小组访谈、林场代表小组访谈、农民合作社农民访谈等。

(2)参与式磋商。对主要受访者进行参与式半结构化访谈；对产生的影响进行排序和打分；让参与人群为开展该项目对社区和个人产生的积极的和消极的社会影响进行排序和打分。

(3)农村参与式的可视化工具。农村参与式的可视化工具包括社区资源地图等。

(4)步行式现场调查。步行式现场调查是调查团队在选定项目造林的土地区域内进行实地了解和勘察的过程。

(5)数据收集。主要是对社会经济数据的二次数据收集。

(四)国家与省级层面地权政策框架概述

1. 农地与林地权属政策

这部分主要阐述国家农地与林地权属政策，即涉及国家层面的林地政策、林地承包经营权和林木所有权改革、承包土地使用期限等。

2. 林权改革概览

主要阐述项目主管辖区内林权改革概览涉及辖区土地租赁政策、土地租赁政策的实施等方面。

(五)社会影响评估及利益相关者磋商的主要发现

这一部分主要从以下五个方面进行阐述和分析：

1. 项目区的社会经济特征

主要阐述：一是项目区的社会经济特征，包括项目县的人口、劳动力、女性和男性劳动力、林业产值及林业在农业产值中所占比重、农民人均纯收入和收入来源，尤其是来自农业、打工收入、林业及经济作物的收入等；二是少数民族人口及其分布，包括项目县(市、区)少数民族人口、占比等内容；三是项目区文化遗产和历史文物等内容。

2. 主要造林活动

主要阐述项目可行性报告中所规划设计的项目造林总面积。其中，应详细叙述新造林、低效林改培面积及其占比，各造林模型造林规模及占比等内容；同时还要简单阐述随机抽样和访谈磋商情况。

3. 识别项目申请者类型

主要阐述项目利益相关者的类型，磋商和社会影响评估过程覆盖的项目县、乡镇以及村的关键利益相关者的选择方法，磋商研讨会和小组讨论咨询和采访形式等内容。

4. 项目涉及的利益相关者类型及对其产生的影响

描述主要申请主体(单位/人)，如国有林场、集体林场、林业公司、乡镇政府、村委会、农民合作社以及造林大户的特征、土地使用类型以及项目实施中涉及的利益相关者等内容。

5. 项目区社会影响和风险的调查发现

主要是描述通过项目区社会影响评估，论证分析项目样点内项目规划的造林类型、土地权属以及土地使用权现状和问题，阐述主要调查发现项目点潜在的社会影响和社会风险。

（六）社会影响评估调查团队的结论

“社会影响评估调查团队的结论”部分，主要从以下七个方面进行阐述：

1. 项目实施可能导致的社会风险

主要分析阐述不同造林实体或经营实体，在开发利用土地资源方面可能出现或导致的社会冲突或矛盾；要特别分析和阐述小型和个人承包的造林土地所有者是否有竞争力，能否带来风险，尤其是山区的贫穷和小型农户将在承包生态经济林种植的过程中能否被边缘化等内容。

2. 弱势群体的权益

主要阐述项目区域中弱势群体的权益，特别要突出显示利益相关者参与式磋商和社会影响评估调查团队标识的弱势群体，例如小农或贫困农民、村里的女性群体以及少数民族等在项目实施中的权益保障问题。

3. 造林项目中的农民行为

主要分析阐述农民小组访谈和利益相关者参与式磋商研讨会所有被采访到的农民的意愿，特别是中、低收入家庭的农民参加项目的制约因素等内容。

4. 林地土地所有制和种植管理模式

通过阐述项目造林规模、项目布局、项目造林的土地利用情况，分析不同类型土地使用权和种植管理模式的项目申请人的意愿。

5. 文化遗产

阐述通过样村的走访，项目所有造林点是否存在有任何涉及文化和自然遗产地的可能，分析能否造成潜在的社会风险的可能性。

6. 非自愿移民

通过县级社会经济数据或项目相关资料的分析，阐述利益相关者参与式磋商和社会影响评估调查在试点县的验证，说明项目是否存在“非自愿移民”问题。若果有，则对于可能限制土地利用和影响生计的农民，将由利益相关者参与式磋商和参与式项目设计规划出社区的赔偿政策。

7. 少数民族

阐述通过收集的县级社会经济数据表或通过网络检索县级统计数据，发现所有项目点是否有少数民族人口，分析少数民族因素能否是一个弱势群体的问题。

（七）对项目规划的建议

此部分主要描述对策、社会保障、承诺等内容。

1. 对已确定的社会风险的缓解对策和社会保障

关于这部分内容可以借鉴 SCSFP 社会评估报告的相关方面的阐述，其在报告中提出的具体应对的对策与保障措施如下：

(1)在项目区域处理已确定社会风险的一些对策；

(2)通过引入流动土地租赁出租率机制来应对土地价值增长率，从而修改或更新现有合同；

(3)对于将土地流转给公司、县乡林场的农户给予劳动雇佣优先权，这将在土地租赁合同中有所体现；

(4)通过村宣传栏通知将土地流转给项目单位的农民和土地使用权持有人，采用公开方式利用参与讨论或小组访谈建立协议；

(5)对于合作社和村集体引入股权机制，确保能从租赁土地中获得经济收益，同时通过土地租赁获得经济收益和利润的方式使租赁的土地不断增加；

(6)确保土地所有人和土地持有人(项目申请人)的最大经济收益，对于山区大规模项目基地，建议在提出的绿化地区保证一定比例的经济林，以此增加整体最大财务收益利润；

(7)从县、乡、村到个体户建立保险机制；

(8)在造林过程中建立受托基金机构；

(9)从地方政府寻求金融支持。

2. 确保农户将土地使用权流转到项目单位的参与权并给予承诺

在国际金融组织贷款造林项目中，易引起项目的主要社会冲突和资源使用限制极大可能发生在集体和个人承包的土地。因此以此为切入点，阐述分析调解或避免项目干预可能带来的社会冲突的方法和措施。如，通过调研人员和林业技术人员对农户小组的访谈，来讨论和咨询造林树种、造林模型、管理模式、资源使用限制和相关补偿对策等。在设计或分类欧洲投资银行贷款“山东沿海防护林工程项目”干预过程中，省、市、县级林业官员和技术人员应当作为参与咨询工具的主要用户。

3. 利益相关者参与

阐述分析在项目实施、项目设计、项目准备、项目监控评估和项目管理过程中所有利益相关者参与透明沟通和协商的关键因素，以及在项目实施中需进一步强化的利益相关者参与的重要性。

4. 确保妇女的参与和受益

通过对比女性小组访谈和男性小组访谈的结果，阐述在项目逻辑框架和项目绩效评估框架中制定特殊的指标，确保女性在造林活动、苗木生产、技术培训和技术推广服务等的参与和受益。

5. 贫困农户的参与和受益

阐述项目设计和实施过程中将贫困农户和小型家庭边缘化可能会引发社区社会风险，分析为确保在项目的设计和实施阶段，给予社区层面贫困户的参与和赋权而产生的社会效果。

6. 减少土地使用限制影响的对策磋商

阐述和分析由于项目建设可能会影响到承包土地，或者虽然没有承包集体土地但在土地上放牧的农户对土地资源的利用，而可能产生对包括但不限于持有土地的农户、在集体土地上放牧的农户、分配转换村里大面积的用来放牧的荒山或者荒地持有者等减缓负面影响的对策。

7. 对社会影响和受益情况进行监测评估

主要从三个方面阐述：一是建立社会影响监测评估体系，包括为了保证农户、低收入家庭和妇女参与到项目中并从中受益，应当在省级、县级和镇级层面分别建立参与情况和社会影响监测评估体系。二是提出社会影响评估指标，包括参加参与式磋商和项目规划过程中的农户总数和村数、在项目实施过程中受到资源使用限制的农户、弱势群体(包括低收入户、贫困农户、少数民族、妇女等)在项目中的参与和受益情况。三是执行监测和评估，包括项目设计规划阶段监测参与程度、项目执行阶段的社会影响监测评估以及数据的采集和上报等。

(八)附录

附录涉及的内容主要有以下五个方面：

1. 社会影响评估日程安排

该部分内容主要阐述项目评估阶段划分、评估的时间安排以及评估活动的具体内容等，可用表格的形式呈现。

2. 项目社评参会式磋商座谈会参会人员名单

主要阐述项目社评参会式磋商座谈会参加人员的地点、姓名、性别、职务、职称、单位、联系方式等信息，可用表格的形式呈现。

3. 访谈提纲

首先阐述小组访谈参加人员的类型，包括村干部、农户代表(富裕户、中等户、贫困户)、女性代表、合作社等；然后收集和填写项目区基础数据信息表；最后还要阐述利益相关者磋商与社会影响评估、林场(国有、集体)访谈提纲、合作社访谈提纲、农林大户/联户访谈提纲等内容。

4. 社评小组社会影响及风险评估表格

在社评小组社会影响及风险评估表格中，要分别阐述和分析项目不同区域的造林地区土地类型、造林地区土地权属、土地权属特点、参与项目前的土地利用方式、推荐的造林树种、正面影响、可能存在的社会风险、减缓负面影响的对策等内容。

5. 项目相关数据

主要包括：申请项目单位所在市、申请项目单位所在县、申请项目单位名称、申请造林面积、主要造林树种、受益/影响人口数/男性/女性受益人口数/户数、是否有少数民族人口、是否有工程项目占用土地、选定的造林地是否有文化遗产、土地权属、土地现有利用方式以及当前人均收入等内容，可用表格的形式呈现。

第五章　项目可行性研究

项目的可行性研究是国际金融组织贷款项目国内和国外前期研究工作的一项重要内容，也是项目前期准备中最为关键的一环。任何一个林业贷款项目的成功与否，与可行性研究阶段的整体思路、规划设计概念以及项目规划方案细节上的准确性、技术上的科学性、财务投资上的可靠性、社会或环境风险缓解措施上的可操作性、经济或生态效益上的显著性等方面密切相关。因此，要提高林业贷款项目在技术、经济、财务、社会、环境等方面的成功率和实施效果，就必须有针对性地开展系统、科学、全面的分析和研究，优选出能实现项目目标的最佳设计方案。

第一节　概　述

为更好地理解和掌握林业贷款项目可行性研究方面的相关知识，本节主要从项目的可行性研究有关概念、项目可行性研究的历史沿革与现状、项目可行性研究的阶段划分以及可行性研究在林业投资项目中的地位与作用等方面进行全面的分析与论述，以期为项目可行性研究报告的编制打下坚实的基础。

一、有关可行性研究的概念

所谓项目可行性分析技术，是指对一个拟建项目(即一个准备投资方案)在作出投资决策之前，对其进行全面的、系统的有关于技术、经济、社会等方面进行的调查研究、科学预测、遴选比对和风险管控的分析论证，探讨建设项目在技术上是否能适用、在经济上是否能成功、在建设上是否行得通，据此决策决定该建设项目是否应该投资建设的一种科学分析技术。

所谓项目可行性研究(简称可研报告)，是指对某工程项目在作出投资的决策之前，先对与该项目有关的社会、经济、技术、环境、财务、管理等方面进行调查研究，对项目各种可能的拟建方案认真研究和论证，研究项目在技术上的先进适用性、在经济上的合理性、在环境风险上的可控性、在建设管理上的可操性以及在财务投资上的有效性，对项目建成投产后的经济效益、社会效益、环境效益等进行科学的预测和评价，据此提出该项目是否应该投资建设，以及选定最佳投资建设方案等结论性意见，项目投资决策部门依据此决策确定投资建设项目的一种科学论证方法称为项目可行性研究。

可行性研究广泛应用于新建、扩建和改建工程项目。不同性质和不同行业类型的项目，其可行性研究的内容可能各有侧重，但在总体框架和要求上基本上都是一样的。一个建设项目，大致可分为三个阶段，即投资前阶段、投资建设阶段、投产和使用阶段。投资的效益要在建设和投产使用过程中才能逐步显现出来，但决定投资效益的关键是建设项目的前期工作。可行性研究是建设项目前期工作的核心和主要内容。一般来说，专业的可研报告编制工程师不仅可以对拟议中的项目进行系统分析和全面论证，还能判断该项目是否值得投资、是否可行、是否能达到预期效果，同时还要进行反复比对，避免项目实施的风险，寻求最佳建设投资方案。

总之，项目可行性研究是指在投资决策之前通过详细的调查研究，对拟建项目的必要性、有利性、风险性、可实现性、可操作性以及可持续性等方面所做的全面系统的综合性分析和研究。可行性研究是在调查研究和分析论证的基础上，为项目投资决策者提供决策依据的一种分析、研究、论证行为，其目的是为了减少或防止项目投资决策的失误，从而提高投资效益，加速经济、社会和环境的可持续发展。

二、项目可行性研究的历史沿革与现状

在 20 世纪前叶，随着社会生产技术和经济管理科学的发展，投资项目的可行性研究就应运而生。同时，又因为社会的需求、经济的增长、技术的进步等方面的原因，项目可行性研究逐步得到发展和完善。

投资项目的可行性研究理论的产生、方法的推出、一直到生产上的大量应用，大致分为财务分析、费用—效益分析、技术经济社会环境综合分析 3 个阶段。

1. 财务分析阶段

在 20 世纪 50 年代前期，这一阶段的项目可行性研究主要采用财务分析的做法，即从企业立场出发，通过对项目收入与支出的比较来判断项目的优劣。法国工程师杜比特，于 1844 年针对单纯财务分析方法，发表了《公共工程效用的度量》一文，提出了“消费者剩余”的观念。英国经济学马歇尔进一步给出了“消费者剩余”的定义。这种观念及思想，后来发展成为“社会净收益”概念，成为费用—效益分析的理论基础。

2. 费用—效益分析阶段

20 世纪 50 年代初至 60 年代末期，是费用—效益分析(又称经济分析)阶段，其方法是从侧重于财务分析发展到同时从微观和宏观的角度评价项目经济效益，这种项目可行性研究方法已经推出，便被普遍推广和应用。这个时期，比较具有代表性的主张，是以荷兰计量经济学家丁伯根于 1958 年提出了在经济分析中使用影子价格。20 世纪 60 年代，美国“伟大社会”规划中，费用—效益分析方法被用于公共卫生、教育、劳动开发、社会福利等项目中，取得了超预期的效果，也促进了该方法在其他领域的推广与

应用。此后，联合国工业发展组织和世界银行先后都在其贷款项目评价中同时使用了财务分析和经济分析这两种方法。

3. 技术经济社会环境综合分析阶段

20 世纪 60 年代末期至今，是技术经济社会环境综合分析阶段。在这一阶段，可行性研究上升到了一个新的层次，产生了社会分析方法，即把增长目标和公平目标(合称为国民福利目标)结合在一起作为选择或评判项目的标准。1968 年，牛津大学的李托和穆里斯编写了《发展中国家工业项目分析手册》；1972 年联合国工业发展组织出版了《项目评价准则》；1974 年李托和穆里斯又联合发表了《发展中国家项目评价和规划》，尤其是在 1978 年、1980 年联合国工业发展组织分别出版了《工业可行性研究手册》和《工业项目评价手册》，标志着工业可行性研究向标准化的高度发展，为可行性研究的推广与应用作出了重要的贡献。

自 1979 年开始，在总结新中国成立以来经济建设的经验与教训的基础上，引进和借鉴了可行性研究，并应用于工业项目建设前期的技术经济分析。1981 年，国家计委正式下文，明确规定："把可行性研究作为建设前期工作中一个重要技术经济论证阶段，纳入基本建设程序。"1983 年，国家计委下达了《关于建设项目进行可行性研究的试行管理办法》，重申了"建设项目的决策和实施必须严格遵守国家规定的基本建设程序""可行性研究是建设前期工作的重要内容，是基本建设程序中的组成部分"。1987 年，国家计委颁发了《建设项目经济评价方法与参数》《关于建设项目经济评价工作的暂行规定》，标志着我国进入了项目投资决策科学化、民主化、制度化的新阶段。1993 年，国家计委和建设部联合发布了《建设项目经济评价方法与参数》(第二版)，为在社会主义市场经济条件下，正确实行可行性研究，科学决策项目投资，提供了指导原则。目前，项目可行性研究已成为投资决策中一个不可缺少的程序。

三、项目可行性研究的阶段划分

通常，国外的项目可行性研究工作，一般分为三个阶段：投资机会研究、初步可行性研究、可行性研究。各个研究阶段的目的、标准、任务、要求以及所需要的时间各不相同，其对项目的研究深度、广度和可靠程度也不尽相同。

一般而言，国内的项目可行性研究工作，是由项目建设单位委托设计单位或工程咨询公司承担。按其工作进展程序和内容的深浅，一般将其划分为四个阶段：一是投资机会研究阶段；二是预可行性研究阶段；三是可行性研究阶段；四是项目评价阶段。

1. 项目投资机会研究阶段

国家的中、长期发展规划或计划，是项目投资的机会研究阶段的主要依据。其分析论证的主要内容：地区情况、地方政策、社会状况、经济现状、地理环境、劳动力情况、资源条件、国内外市场状况以及项目建成后对社会、经济、环境的影响等。因此，该阶段的一些论证数据也是比较粗略的。

项目投资机会研究的主要任务是提出拟建项目投资的方向性建议，即在一个确定的地区或部门，依据对自然资源和市场需求的调查研究，对比分析国内与项目相关方面的政策，并预测和分析国内外贸易联系及未来趋势等情况，选择比对拟建项目的最佳投资机会。此阶段，重点是进行项目投资环境的分析，编制项目投资机会研究报告。其精确度允许误差在±30%以内。

2. 项目预可行性研究阶段

假如项目机会研究的结果，引起了投资者的兴趣，项目就应进入预可行性研究阶段。该阶段的研究是在机会研究的基础上展开的，是对建设项目的各个层面做更进一步的调查与研究。其主要任务是明确在机会研究阶段提出的拟建项目设想能否成立。

判断一个拟建项目是否具有生命力的标准，是项目在人力和财力的投入和产出上是否可行和可持续，重点是从宏观上分析和研究项目建设的必要性和可行性。

一般来说，项目预可行性研究的深度比项目投资机会研究深，比项目可行性研究的要浅，其投资估算精确度要求达80%以上。

3. 项目可行性研究阶段

项目可行性研究阶段重点是研究论证项目建设的可行性，必要时还需要进一步论证项目建设的必要性，这个阶段需要对拟建项目的各方面进行一个比较深入的分析。此阶段是经过综合论证分析经济上的合理性、技术上的先进性、环境上的可控性、财务上的盈利性之后，做出项目建设可行性投资的结论。因此，在项目可行性研究阶段，必须对产品市场、产业链、技术来源、工程管理、机构设置、经营主体等各种可能的选择方案，进行深入的调查研究，才能获得投入产出比值最佳的研究方案。其可能的误差一般应为±10%以内。

4. 项目评价阶段

项目评价阶段的主要任务是针对拟建项目在投资建设的“必要性”“合理性”“可靠性”“可控性”及“盈利性”等方面展开系统分析与评价工作。此阶段是项目可行性研究报告编制单位经过一系列的调查、分析、研究和论证的基础上，做出符合项目建设的可行性研究结论，是项目可行性研究报告不可或缺的一个重要组成部分，也是拟建项目可行性研究的最终结论。因此，其结论是投资部门进行投资决策最为重要的依据。

四、可行性研究在林业投资项目中的地位与作用

可行性研究是在投资决策之前，对拟建项目进行全面的技术、经济、财务分析的科学论证，它是确定林业工程建设项目的前置性工作，因此其具有决定性的意义。项目可行性研究不仅对拟建林业项目有关的自然、社会、经济、技术等进行调研、分析、比较和论证其可行性，而且还预测项目建成后的社会、经济、生态效益。在此基础上，还要综合论证项目建设上的必要性、经济上的合理性、技术上的先进性、运营上的可持续性、推广上的可复制性和应用上的普及性，从而为投资决策提供科学依据。因此，拟建项目的可行性研究既是项目建设前期工作的重要组成部分，同时又是项目进行建设投资决策的先决条件和主要依据。可行性研究在林业投资建设项目中的主要地位和作用可概括为以下几点：

1. 项目投资决策的依据

在进行项目投资决策之前，应因社会经济、科学技术、市场竞争和管理科学的变

化，而客观地对项目的投资行为作出准确无误的判断。在国家的宏观政策方面上、地方中期或近期规划层面上、建设地点实施的有利或不利的微观层面上，项目可行性研究据此采集了大量的调查数据资料，进行了方方面面的研究和分析，科学地论证并综合分析了项目的先进性、合理性、经济性、时效性以及其他方面的可行性，这是拟建项目投资的首要环节，项目建设主管部门主要是根据项目可行性研究的评价结果，并结合国家的财政经济条件和国民经济发展的需要，作出项目是否应该投资和如何进行投资的决定。因此，项目可行性研究既可以避免错误的项目投资决策行为，又可以避免项目方案的多变性，从而确保优选出最佳的项目方案。

林业贷款项目建设投资的持续稳定性、建设内容的可靠性、建设进度的可操作性是极其重要的。因为项目方案的多变无疑会造成人力、物力、财力的巨大浪费，并延误建设时间，这将大大影响建设项目的社会效益和经济效益。项目可行性研究科学地论证了影响项目实施过程中潜在的社会、经济、环境、财务等风险，并给出了化解这些风险的应对措施，使项目在建设过程中或项目竣工后，可能出现的相关因素的变化后果，作到心中有数，避免错误的项目建设投资。

2. 项目编制设计的依据

项目可行性研究所要建设的项目规划是处于宏观性的设计层面，如项目的总体规模、区域布局、造营林模型、技术培训、科研推广、监测评估、工程进度、投资概算、技术经济指标等内容的论证与描述，与实际性的林业项目建设还有明显的差别，可操作性有待进一步细化。特别是对于投入资金数额大、涉及范围广、影响因素多并且可能对全局和当地近期、远期经济生活带来深远影响的跨地区大型林业生态建设项目，其可行性研究内容应更加详细周全。因此，应根据项目可行性研究，制定出较为具体详尽的、未来的项目实施设计操作方案，例如：林业工程造林项目中的县级项目造林总体设计、小班的年度作业施工设计等，都要以项目可行性研究为依据，不得违背已经论证的项目可行性研究的基本原则。

3. 项目组织实施的依据

在项目可行性研究报告中，有一个章节专门论证项目的组织与管理问题。为确保项目的顺利运行，项目可行性研究特别提出要在各级建立项目领导小组和项目管理办公室的基础上，进一步健全项目组织管理机构，补充或配备精干的专业管理人员，制定和完善项目的有关技术标准、项目管理、资金管理等各项规定，加强对项目实施和资金使用的监督检查。对项目实施之后，给项目区带来的影响进行监测和评价，以保证项目的实施和项目的目标相一致。

根据批准的可行性研究报告，开展项目有关的科技试验，设置相应的组织机构，进行相关的技术培训，组织合理的生产等工作安排。因此，项目的可行性研究是林业项目组织实施的重要依据。

4. 项目资金筹集的依据

为确保在预定的建设期限内，项目投资额在合理的估算范围内，避免投资风险，在项目可行性研究过程中，将根据项目的建设规模、技术熟化度、实施难易、潜在风险等方面，开展充分的市场调研，劳动力资源分析，综合评价和分析其各项投资成本，概算项目投资额度，论证项目资金筹措渠道的可行性。

通过财政部门的项目评审中心组织专家审查项目可行性研究报告，论证其经济效益水平和偿还贷款能力，确认其贷款项目并不存在风险或存在风险较小时，才能同意利用项目贷款。凡是向金融部门申请贷款或申请国家财政资金补助的项目，必须向有关部门报送项目可行性研究报告，国家有关部门或相关金融贷款部门通过对项目可行性研究报告的审查，认定项目确实可行后，才同意贷款或进行资金补助。也就是说，项目可行性研究是项目筹资和融资的重要依据。

5. 项目编制和审批环评报告的依据

随着化石燃料的大量使用，温室效应的增加，环境污染的加剧，日趋严重的环境污染问题使贷款项目的申请和审查制度发生了变化。为确保项目设计者和执行者充分重视项目给环境带来的后果，慎重研究项目的选址和设计方案，并提出有效的预防或缓解环境破坏，我国政府决定，环境影响评价成为项目贷款的强制性政策。

包括林业工程造林项目在内，凡是利用国际金融组织或国内贷款立项的项目，都要进行项目的环境影响评价。由具有环境影响评价资质的环评师，根据项目可行性研究报告，编制项目环境影响评价报告书或环境评价影响报告表，并经生态环境部门审批后，方能获得项目立项的许可。

6. 项目投资评审的依据

为切实履行财政职能，强化财政支出预算管理，规范财政投资评审行为，财政部于 2001 年印发了《财政投资评审管理暂行规定》，明确了凡是政府融资安排的项目，都要进行项目的立项投资评审。

财政部门组织的利用国际金融组织贷款林业项目的投资评审中，关注点是项目所在地方政府的债务情况、偿贷能力、配套能力、资金投放效率、项目内部收益率、项目实施进度安排、项目实施的经济、社会、生态效益等方面。这些方面，都是以项目可行性研究报告为依据。

7. 项目绩效评价和竣工验收的依据

投资者往往不满足于一定的资金利润率，要求在多个可能的投资方案中优选最佳方案，力争获得投资项目的最佳经济、社会和生态效益。如果不作可行性研究，或者虽作研究而其深度不够时，则不能达到以上目的，造成建设的盲目性将带来一系列不良后果。

因此，在项目的建设阶段、竣工验收阶段以及后续运营阶段，应以可行性研究中所规划的项目实施目标、总体规模、区域布局、建设内容、投资概算、技术标准、经济效益、社会效果、生态效果等指标作为项目期中或期终绩效评价、项目中期调整、项目竣工验收以及项目运营期的验收或考核依据。

第二节　可行性研究报告编写的组织与准备

组织得当、准备充分，是项目可行性研究编写工作的基础和必要前提，也是项目可行性研究不可或缺的重要环节。本节将从可行性研究报告编写的组织、可行性研究报告资料的收集、可行性研究报告内业的整理三个方面进行分析和论证。

一、可行性研究报告编写的组织

1. 组织与管理

林业项目的可行性研究报告的编写，既要查阅国家层面涉及林业的政策、法律法规和规划，还要实地调研地方(省、市、县、乡级)层面的政策法规、经济情况、社会状况、林业规划、建设条件，特别是项目区造林实体的实际需求。因此，在编制项目可行性研究报告时，面对涉及面广、量大的情况下，只有认真地协调和组织，才能编写出较满意的项目可研报告。

(1)强化组织与领导。林业项目可研报告的编写，涉及的层面比较多，不仅有各级政府部门，而且还有各级林业部门，特别是还要与千家万户打交道，需要征求造林实体对项目的意见和建议。因此，在开展市场调研和林业外业调查时，要从上到下展开有效的组织与管理，遴选编写团队，上下形成合力，确保项目可研报告的顺利编写。

(2)成立技术支撑专家组。众所周知，项目可研报告的编写，是技术性比较强的工作。因此，在编写项目可研报告时，需要成立编写团队，遴选在行业内有比较强影响力的专家，组成项目可研报告编写技术支撑专家组，为项目可研方案的编制、论证和优化提供技术层面的支持。

(3)强化管理与协调。项目可研报告的编写过程，实际上也是沟通协调的过程。一手材料的收集和调查数据的实测，需要与方方面面打交道，有政府层面的、林业部门层面的、造林实体层面的、农村农民层面等。这就需要制定有效的沟通联络机制，强化方方面面的管理与协调，为项目可研报告的编写打下基础。

2. 工作步骤

林业工程造林项目可行性研究报告的编写，从开始着手准备、签订委托协议，一直到项目可行性研究报告定稿，需要的工作步骤大致可以归纳为以下十个方面。

(1)组建领导和工作小组。为确保项目可行性研究工作的顺利开展，应组建项目可行性研究领导小组和项目可行性研究工作小组。领导小组由项目建设、项目承建、可研报告起草编写等单位的负责人组成；其主要任务是负责项目可行性研究工作的组织、管理以及协调工作。工作小组由项目承建单位技术人员、可研报告起草编写单位业务人员、技术专家组成；其主要任务是查阅相关资料、数据实测、市场调研、技术模型建立等。

(2)与有资质单位签订委托协议。项目可研报告领导和工作小组组建后，首要任务是遴选有编写项目可研报告资质的单位。林业项目的可行性研究报告的编写资质，一般分为甲级、乙级和丙级三类。国际金融组织林业贷款项目，一般要求有甲级资质的单位编写项目可研报告。确定了编写可研报告的单位后，项目承建单位(甲方)与可研报告编写单位(乙方)要签订正式的委托协议，以文本的形式规定双方的权利和义务。

(3)确定编写人员和制定工作计划。签订委托协议后的第三步工作是确定编写人员和制定工作计划。参加项目可研报告的编写人员，应尽量涵盖财务、经济分析、市场调查、社会影响评价、环境影响评估、业务技术等人员参加，以确保编写质量。确定人员后，就要着手编写可研报告编写工作计划，包括：每项任务的程序、质量、进度、负责人等。

(4)从政策、经济、社会宏观层面调研。这方面的工作，最好确定由一个熟悉财务、社会、经济的人员负责。主要收集国家、省(自治区、直辖市)、涉及项目区域的地市级和县级以及乡镇级层面的政策法规、社会经济、林业规划、项目区建设的有利条件、造林实体的意愿以及潜在的风险等宏观层面的一手资料。

(5)从市场、技术、推广微观层面调研。这方面的工作，最好确定一个既懂市场调研和推广营销的，又懂专业技术的人员负责。主要是收集国内外林产品市场走势，确定适宜项目的造林树种、造营林模型以及项目成功经验和新技术、新理念的可复制性、可持续性等问题。

(6)综合分析比较。这方面的工作，是从政策、经济、社会宏观层面和市场、技术、推广微观层面获得的一手资料进行纵横比较分析，得出符合实际的判断和结论。

(7)形成可行性研究报告编写方案。根据获得的政策、法规、社会、经济、市场、推广(或营销)、技术等一手资料，形成初步的项目可研报告编写方案，然后经共同讨论研究，形成项目可研报告编写方案。

(8)项目可研方案论证。在形成的项目可研报告编写方案基础上，召集由社会的、经济的、财务的、环境的、技术的、推广营销的专家参加座谈会，共同讨论与论证项目可研报告编写方案可行性。

(9)确定最优方案。根据项目可研报告编写方案可行性论证意见或建议，做进一步的修改，并反复与委托单位交换意见，优化编写方案，直至符合要求为止。

(10)组织编写项目可研报告。按照优化后的编写方案，组织有关人员，着手编写项目可行性研究报告。

项目可研报告编写的组织准备以及基本工作步骤，如图 5-1 所示。

二、可行性研究报告资料的收集

1. 一手和二手资料收集的准备阶段

一手和二手资料的收集阶段主要解决调查的目的、方法、范围、规模以及调查组

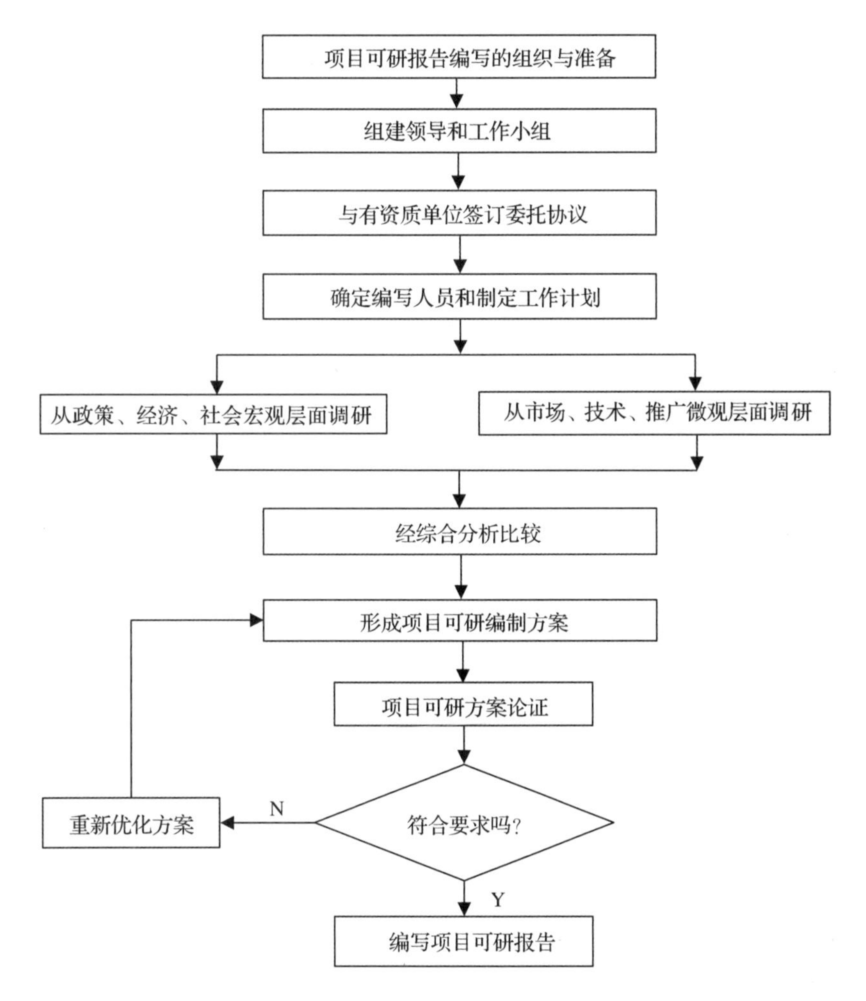

图 5-1　项目可行性研究报告编写工作基本步骤

织等问题。这个阶段的工作大体可分为以下步骤，如图 5-2 所示。

(1)确定调查目标。在进行一手和二手资料的收集时，首先要确定其调查的目标。只有明确了调查目标，才能做到有的放矢、事半功倍。调查目标包括：为什么要进行调查、要调查了解什么以及了解这些问题后有什么用处等。

(2)拟定调查项目。在开展林业贷款项目可行性研究过程中，一手和二手资料收集的调查项目主要包括两方面内容：一是调查什么样的对象；二是应该搜集哪方面的信息资料。

(3)确定收集资料的范围和方式。收集资料的范围主要包括：应收集什么样的资料？如何收集这些内容？在什么时间以及什么地方收集？收集资料的方式主要包括：是通过实地调查取得一手资料，还是通过间接收集获得二手资料？是一次性调查，还是多次调查？是普通调查，还是抽样调查？

(4)制定调查表格和抽样设计。调查表或问卷设计要符合简明扼要、突出主题、便

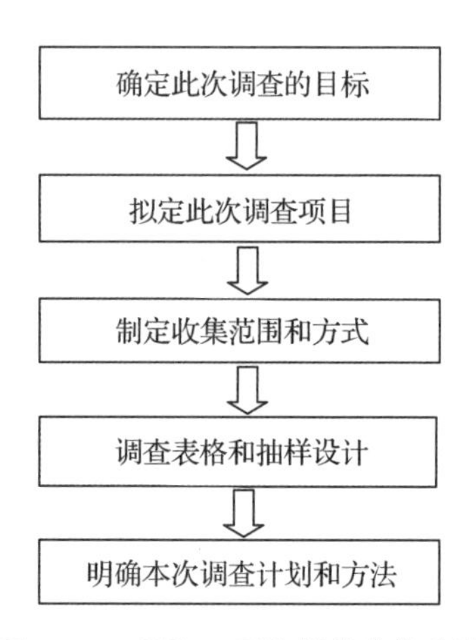

图 5-2　一手和二手资料的收集步骤

于统计分析的要求。抽样设计需要解决好抽样方式和样本量大小的选择问题。

(5)编制调查计划和方法。项目可行性研究一手和二手资料收集的调查是一项十分复杂和涉及面很广的工作，在实际调查之前，首先要制定一份周详而又可行的计划和方法。在制定调查计划和方法时，要考虑以下几个方面的问题：明确调查对象和范围，选择切实可行的调查方法，设计尽可能多的调查问题、编制详细的调查计划、培训项目调查人员、确定调查时间和进度安排等。

2. 外业调查阶段

外业调查阶段是在动员和组织调查人员的基础上，按照调查规划和方法，系统地收集资料和数据，听取调查人员的意见和建议。这一阶段主要有两个方面的任务。

(1)调查人员培训。为确保调查质量，必须对调查人员进行技术、标准、方法培训。培训内容主要包括：使所有参加培训的调查人员明确本次调查的计划，熟练掌握本次调查的技术、方法以及业务知识等。

(2)资料收集及实地调查。调查人员按照计划规定的时间、地点、方法、内容，深入到项目现场进行具体的调查，收集有关资料。实地调查质量取决于调查人员的业务素质、责任心和组织管理的科学性。

三、可行性研究报告内业整理

1. 内业资料整理原则

内业资料整理应遵循的原则是及时、准确、翔实、规范、完整。及时，即及时填写、及时整理、及时归档；准确，即内容准确无误，符合相关标准要求；翔实，即资料数据齐全、与事实相符、不弄虚作假、真实可信；规范，即填写规范、保管规范；完整，即资料填写完整、系统，符合相关要求。

2. 内业资料整理的内容

内业资料的整理是可行性研究工作的重要环节，可根据不同项目目标进行归类整理。林业贷款项目的内业资料整理内容主要包括：国家政策、林业规划、项目建设背景、项目建设条件、项目建设目标、项目建设方案、项目组织管理、项目环境与社会影响、社会经济状况、项目产品市场现状及未来趋势、林业用地、森林资源状况等方面资料。

3. 内业资料调查结果的处理

内业资料调查结果的处理工作，是项目可行性研究能否充分发挥作用的关键一环。因此，资料的整理与分析工作如果草率从事，会导致整个项目可行性研究报告编写功亏一篑，甚至前功尽弃。野外调查资料的分析主要是指对调查所得的原始资料进行分类、编校、统计、分析。通过“去伪存真、由此及彼、由表及里、科学规范”的整理分析过程，做出合乎客观事物发展规律的科学结论。

第三节　可行性研究报告的编写

一、编写可行性研究报告应遵循的一般原则

项目的可行性研究是项目前期准备中最为关键的工作，既是项目决策、审批、投融资的基础，又是项目造林总体设计和实施的重要依据。要起到上述作用，可行性研究应遵循科学性、前瞻性、客观性、可操作性、系统性、时效性等原则。

1. 可行性研究的科学性

可行性研究的科学性是指项目的一切论证和评价要论点正确，论据充分，符合现实客观实际，反映事物的本质和内在规律。

要确保项目可行性研究的依据、方法和过程应具有科学性，必须坚持实事求是的原则，重视调查研究和科学预测分析，用数据说话，据实比选，据理论证，不弄虚作假；同时还要采用科学的工作程序、理论方法和技术手段，才能让可行性研究的结论经得住时间的检验。在开展项目可行性研究过程中，采用科学的方法和认真的态度来收集、分析和鉴别原始数据和资料，不掺杂任何主观成分，每一项技术与经济指标要经过综合分析和计算得出，要有科学依据，以确保数据资料的真实性和可信性。

2. 可行性研究的前瞻性

可行性研究的前瞻性是指项目的一切论证和评价是通过以现在为起点预测追踪将来的研究方案，使可行性研究的评价结论与未来实际具有高度的吻合性、先进性及独特之处。严格地说，对拟建项目的可行性研究作出的一切评价结论都应建立在科学预测的基础上，尽可能地使未来的实际结果与可行性研究的结果高度相吻合。通常在可行性研究中要对某些主要评价指标进行敏感性分析、概率分析或风险分析，以便从中找出关键性影响因素，在项目实施过程中对这些因素的变动加以及时调控。

3. 可行性研究的客观性

可行性研究的客观性是指项目一切论证和评价都要以客观的数据为基础，即定性的分析来源于定量的分析。在开展项目的可行性研究工作时，编制单位必须始终站在客观、公正的立场上，按照事物的客观规律和科学研究工作，在调查研究的基础上，按客观实际情况实事求是地进行社会经济论证、技术方案比较和评价，切忌主观臆断、行政干预、划框框、定调子，保证可行性研究的严肃性、客观性、真实性、科学性和可靠性，确保项目可行性研究的质量。

4. 可行性研究的独立性

可行性研究的独立性是指进行可行性研究工作时，不受委托者或委托单位的任何个人意志上的约束，而是按照实际情况自行开展研究。要做到可行性研究的客观性，必须以研究工作的独立性和研究方法的科学性作为保障，而委托专业的第三方咨询机构承担项目可行性研究任务是越来越普遍的做法。

专业咨询单位作为独立的法人和拥有专业人才、资质的机构，对所完成的项目可行性研究等咨询成果承担法律责任，给出咨询单位维护其开展工作的独立性，是赢得社会信任的重要因素。我国开展的咨询工程师执业注册制度，强调咨询工作的公正、独立、客观，是从事项目可行性研究等咨询专业人员的基本职业道德要求。

5. 可行性研究的可操作性

可行性研究的可操作性指项目的一切论证和评价是根据项目的行为、特征、指标等变量进行操作性描述，并将其转换成可观测、可检验、可实施、可执行的操作。即形成项目可行性研究报告的评价和结论符合客观实际，在项目建设实施过程中能够便于操作、检查和执行，并且能够被其他类似项目参照或采用，可复制性和实用性强。

6. 可行性研究的系统性

可行性研究的系统性是指项目一切评价和论证由组合关系和聚合关系构成的严谨有序的规则系统。即项目可行性研究的评价和论证必须以整体最优为目标，并且在这一个系统范围内反复进行综合平衡。拟建项目的可行性研究所涉及的内容广泛，如项目建设条件、市场前景、交通情况、投资和成本、森林植被状况、造林技术模型、组织管理、建设进度等内容既相互联系，又相互影响和制约，它们之间相互交织在一起共同存在于一个矛盾统一体之中。因此，项目的可行性研究在对某一局部作出决定或选择时，必须考虑其他已经作出决定或选择的部分可能产生的影响，以便作出相应的测算和调整。

7. 可行性研究的时效性

可行性研究的时效性是指信息仅在一定时间段内对决策具有价值的属性，决策的时效性很大程度上制约着决策的客观效果。就是说，同一件事物在不同的时间具有很大的性质上的差异，这个差异性称为时效性。时效性影响着决策的生效时间，即时效性决定了决策在哪些时间内有效。例如，林业造林工程项目也有其寿命周期，特别是造林用地、林产品市场前景等随着时间的推移，都会发生变化，影响项目实施的进程。因此，在进行项目可行性研究时，编制单位要在有效的时限内，确保完成项目可行性研究的评价和论证工作。

二、可行性研究的编制依据

项目建设前期，要对一个拟建项目进行详细的可行性分析，这是项目立项审批不可缺少的关键环节。在开展项目可行性研究时，编制单位必须在国家有关的规划、政策和法规的指导下，广泛收集各种有关数据和资料。因此，编制单位在开展项目可行性分析工作时，涉及的主要编制依据如下：

(1)有关国家、地区或部门国民经济建设发展规划、林业发展规划、生态治理规划等文本资料或文件，包括对该行业的鼓励、特许、限制、禁止等有关规定。

(2)项目主管部门对项目建设请示的批复。

(3)项目建议书及其审批文件。

(4)项目承办单位委托进行详细可行性分析的合同或协议。

(5)项目区社会、水资源、电力、交通、经济等基础数据和资料。

(6)可靠的自然、地理、气象、地质、森林植被、林木种植资源、林业用地资源、地形地貌、立地条件、森林资源清查等数据和资料。

(7)国家和地区有关法律法规及条例，如《中华人民共和国森林法》《中华人民共和国环境保护法》及动植物保护法规、名胜古迹保护规定、土地法规、劳动保护条例等。

(8)国家有关的政策、方针和规定等。

(9)有关的技术经济方面的规范、标准、定额、参考指标等。

(10)有关项目经济评价的基本参数和指标等。

三、可行性研究报告编写的一般格式及案例

贷款项目可行性研究的内容，是指分析论证与贷款项目有关的社会、经济、环境、财务、技术、商业、产品、管理等各个方面的可行性。其中，任一方面的可行性，都有其特定的具体内容，并随着项目的性质、特点及条件等情况的不同而有所区别和侧重。

在利用国际金融组织贷款资金实施林业工程造林项目时，借贷双方都要求项目建设单位必须委托有甲级资质的单位编写项目可行性研究报告，其编写的格式和内容应符合要求和规范。世界银行、亚洲开发银行等国际金融组织与我国发改部门对林业工程造林项目可行性研究报告的编写框架及内容的要求基本一致，即编写一个项目可研报告就能同时满足国内和国外借贷双方的要求。

但是，在利用欧洲投资银行贷款实施林业工程造林项目时，欧洲投资银行对林业工程造林项目可行性研究报告的编写框架与我国发改部门要求的有所区别，也就是说，在编制欧洲投资银行贷款林业工程造林项目的可行性研究报告时，既要满足欧洲投资银行的要求，又要满足国内发改部门评估审批的要求，即需要项目建设单位编写两个项目可行性研究报告。欧洲投资银行规定，林业工程造林贷款项目可行性研究报告的

编写要满足60条的要求，即项目建设单位在组织编写项目可研报告的编写时，要严格按照60条规定的框架顺序，逐条内容编写。

虽然我国发改部门与欧洲投资银行对林业工程造林项目可行性研究报告的编写框架及格式的要求有所区别，但总的来说其项目可行性研究的主要内容还是有很多相似之处。为便于理解和编写具有一定深度的项目可行性研究报告，现以山东省林业监测规划院组织编写的《欧洲投资银行贷款“山东沿海防护林工程项目”可行性研究报告》为案例，分析阐述项目可行性研究报告各章节编写框架及其主要内容。

1. 总论

项目可行性研究报告总论部分主要内容包括：

(1)项目提要。说明项目名称、建设地点、项目主管部门、项目主办单位、项目建设单位、项目实施主体、建设目标、项目建设内容及规模、项目建设期与进度、项目投资规模与资金来源、项目效益、研究结论等。

(2)编制依据。主要说明项目可行性研究报告采用的国内和国外法律法规、规章、办法、技术标准或规程以及林业发展规划等。

(3)主要技术经济指标。主要说明项目可行性研究报告采用的国内、国外经济技术参数。如，造林规模、投资规模、项目建设期、项目计算期、不可预见费、林产品产量、市场价格、各种税费、贴现率等。

2. 项目背景及建设的必要性

这部分的主要内容包括：

(1)项目背景。主要说明立项时国内外项目所处的政策和社会经济环境、产品市场现状等。

(2)融资组织机构。主要阐述融资组织机构的基本情况，如果是欧洲投资银行贷款，就简要介绍其基本情况。

(3)前期工作进展情况。主要说明项目立项准备过程中主要做的工作及其进展。

(4)项目建设的必要性。主要是从国际层面、国家层面、地方层面阐述项目投资的必要性、急迫性以及重要意义等。

例如，欧洲投资银行贷款“山东沿海防护林工程项目”(简称SCSFP)此部分是从以下五个方面论证分析项目建设的必要性：一是借鉴先进理念，提高林业管理水平的需要；二是增加森林植被，提高防护效果的需要；三是扩大森林资源，增加木材战略储备的需要；四是加强生态环境建设，促进社会协调发展的需要；五是加强国际合作，应对气候变化的需要。

3. 项目建设条件

项目建设条件部分主要包括：

(1)项目区概况。主要说明自然地理、各类土地面积、社会经济情况、乔木林资源状况、基础设施情况等。

(2)项目建设的有利条件。主要阐述政府重视程度、机构是否健全、实施项目经验、科技力量、技术储备、气候条件、造林地利用潜力、林业基础设施完善程度、良种壮苗资源情况、发展林业潜力等。

(3)存在主要问题。主要阐述立项时阻碍林业发展，特别是项目区林业发展对地方经济、社会、环境、扶贫的影响等突出问题。

4. 市场需求预测

市场需求预测是建设项目可行性研究的重要环节。如对市场需求情况不做调查和趋势分析，或调查分析不当、不准确，就会导致企业规模的错误决策。因此，应从以下方面进行分析：

(1)市场调查与预测通过市场调查和预测，了解市场对项目产品的需求程度和发展趋势。

(2)产品竞争力与价格走势具体讲应摸清项目产品在国内外市场的供需情况、项目产品的竞争和价格变化趋势、影响市场渗透的因素、估计项目产品的渗透程度和生命力等。

5. 项目建设目标

这部分内容主要包括：

(1)项目建设指导思想主要是围绕项目的建设目标，阐述其建设的指导思想，包括理论方面的、布局方面的、树种林种的、经济生态社会协调发展方面的等。

(2)项目建设原则。要根据项目实施目标(商品林或生态林)，有针对性地阐述项目的建设原则。

例如，SCSFP 实施目标是生态林营造，因此“项目建设原则”部分从六个方面进行了阐述：一是坚持与全省林业发展战略相一致，与现有的沿海防护林规划相结合；二是坚持因地制宜、适地适树、因害设防，实行多林种、多树种造林，保护和恢复生物多样性；三是坚持科技创新、示范引领、辐射带动，确保工程建设质量；四是坚持生态优先，多目标、多功能、多效益相结合；五是坚持国际合作、互利共赢，做到自主创新与引进吸收相结合；六是坚持统一规划设计、科学施工、严格检查验收，强化工程项目管理。

(3)项目建设目标。在说明项目建设目标时，要注意应以项目建议书批复确定的目标为依据，尤其是与贷款方达成的共识为主。

(4)项目建设任务。根据国内发改部门批复的文件以及贷款机构共同商定的为依据，详细阐述项目建设任务。

例如，SCSFP 的“项目建设内容”是这样描述的：SCSFP 项目建设包括造营林、技术支持与项目管理 2 个部分。

①防护林营造和改培。本项目营造和改培防护林总面积 31369. 38hm^2。其中，新造林 31124. 41hm^2(生态型防护林 17321. 5hm^2、经济型防护林 6773. 63hm^2、用材型防护林 7029. 28hm^2)，占 99. 22%；低效林改培 244. 97hm^2，占 0. 78%。

②技术支持与项目管理。科研与推广：包括项目课题研究、科技示范县的建立和示范林营建、新技术推广等；培训与技术咨询：包括省、市、县三级培训及国内外考察培训与技术咨询；森林认证：包括对造营林过程中，通过森林认证进一步优化和提

升森林管理水平及森林产品价值；项目监测评价：包括对项目建设目标、环境影响、社会影响、实施进展、主要病虫害种群消长及用药安全、信息管理平台构建等实施效果监测和评价；管理与机构能力建设：包括项目区办公设备升级；苗圃改进：包括苗圃土建工程和苗圃设备升级。

6. 建设方案

这部分内容主要包括：

(1)项目布局。主要说明项目布局原则、项目区选择原则、项目布局等。

(2)建设内容。主要说明每个分项项目建设内容、规模、进度安排等。

(3)项目造林地的选择。主要阐述选择的条件和标准。

(4)造林地立地条件现状。主要阐述立地条件现状、土地权属、土地性质和各类别的数量及面积等。

(5)项目区立地质量评价。主要说明项目区造林地的立地条件和土壤理化性质等。

(6)林种树种规划。主要阐述林种规划和树种规划及其选择的原则、主要树种生物学特性、造林面积等。

(7)造林模型的建立。主要依据治理目标和立地条件，阐述项目需要建立的造林模型数量以及各造林模型适宜的区域、对应树种、造林方式等。

(8)造营林与低效林改培技术措施。主要阐述项目造林方式、种苗需求量、种苗标准、幼林抚育措施、现有林改培措施及防止水土流失措施或方法等。

(9)基础设施及附属配套工程。主要说明林木保护、信息管理、水利设施、营林路、森林保护(主要是防火)等设施及附属配套工程。

(10)科研与推广。主要说明科研计划、技术推广、培训计划等。

(11)项目监测与评估。主要监测项目发展目标、防护林年度进展情况及造林质量、技术服务及项目管理、财务管理及资金运转、生态环境影响及社会经济影响，其中的重点是生态环境影响监测，包括生物多样性、植被盖度、土壤理化性状和盐分、水源涵养与土壤侵蚀、防风效果和森林病虫害的监测等。分为最终效益监测、社评指标监测、环评指标监测、信息管理数据库及小班矢量图等。

(12)森林认证。主要阐述森林认证方法与步骤、监管与监测方法以及经费预算等内容。

(13)设备采购。主要说明招标方式、招标方案、采购内容、结算与支付、采购凭证管理、机构设置与人员培训、物资使用与管理等。

(14)苗圃升级改造。主要阐述苗圃升级改造原则、苗圃升级改造内容、苗木生产方法、技术标准等。

(15)项目监测体系。主要说明项目监测、项目评价等内容。

7. 项目组织管理

这部分内容主要包括：

(1)组织机构与运作。主要描述各级项目组织管理机构、实施主体等情况。

(2)财务和资金管理。主要阐述项目贷款或赠款资金转贷程序、项目资金的使用和管理、提款报账、财务监督和审计等。

(3)项目经营管理。主要说明项目造营林经营管理模式、实施主体数量、经营面积等。

(4)项目工程管理。主要阐述建设程序、计划管理、质量管理、物资管理、森林管理信息系统及电子地图管理和更新、档案管理等。

(5)检查验收。主要说明检查验收的内容、检查验收的标准和方法、检查验收的步骤等。

(6)调查设计与参与式评估。主要说明其方法、程序、要求等内容。

(7)农民投诉监管机制。主要阐述投诉监管机构、联系方式、机制等内容。

8. 消防、安全、卫生、节能和节水措施

这部分内容主要包括：

(1)项目建设期间的消防。主要是阐述项目建设期间可能出现的森林消防问题及其缓解或防止措施。

(2)劳动安全与职业卫生。主要是分析项目实施过程中可能出现的劳动安全和职业卫生隐患，提出并阐述缓解或防止出现隐患的对策或措施。

(3)节水和节能。主要阐述项目节水和节能的方法以及可能的措施等。

9. 环境保护

这部分内容主要是调查环境现状、预测项目对环境的影响，提出对“三废”处理的初步方案，估算“三废”排出量及其处理的运行费用。内容包括：预期环境影响及减缓措施，主要说明设计/实施前阶段、建设阶段、营林阶段等的环境影响及减缓措施；环境影响评估，主要阐述项目实施及后续运营期间环境影响评估及结论。

10. 社会影响

这部分内容主要包括：

(1)社会影响评价的主要发现。主要说明非自愿搬迁、少数民族、农户对项目活动的态度、林地权属和林地管理模式等。

(2)可能存在的社会风险。主要阐述参与式磋商发现的潜在的社会风险。

(3)对项目设计的建议。主要描述与社区利益相关者的参与式磋商，确保妇女的参与和受益及贫困户的参与和受益等。

11. 项目的实施进度计划

(1)项目建设期限。根据国际金融组织贷款项目安排、项目建设任务及当地配套资金安排情况，采取分批建设、分期投资、稳步推进的策略，适当安排项目建设期，其一般建设期为 4 年。

(2)建设项目进度安排。根据贷款项目的特点，项目实施中的每一阶段都必须与时间表相关联。因此，一般简单的项目实施进度安排可采用甘特图，复杂的项目实施则应采用网络图，或两者并用。

12. 项目投资估算与资金来源

(1)投资估算依据。主要说明项目建设投资估算所依据的国家或地方的投资概算办法、规定、标准等。

(2)投资估算。投资估算包括主体工程及与其有关的外部协作配套工程的投资，以及流动资金的估算、建设项目所需投资总额。

(3)项目投资安排。主要是阐述项目分年度单项或总的投资安排等。

(4)资金筹措。资金筹措应说明资金的来源、筹措方式以及贷款偿付方式等。

(5)资金偿还能力分析。主要说明项目贷款条件、项目还款计划安排等内容。

13. 综合评价

这部分内容主要包括：

(1)项目效益的测算。主要说明项目的生态效益、社会效益、经济效益情况等。

(2)项目分析与评价。主要阐述基础指标、经营成本估算、产品经济价值估算、利润分析、现金流量分析等。

(3)风险及应对策略。主要阐述管理风险、应对策略、政策风险及应对策略、投资还款风险及应对策略、自然灾害风险及应对策略、放牧风险及应对策略、市场风险及应对策略、森林火灾风险及对策等。

14. 结论

这部分内容主要从政策保障、自然条件、项目实施单位劳力资源充足程度、政府对本项目实施重视程度、群众积极性、科技投入保障度、财务状况等进行综合分析，并得出结论。

总之，项目的经济评价部分包括财务评价和国民经济评价，并进行静态和动态分析，得出评价结论。

15. 附件、附表及附图

建设项目可行性研究报告，还应有必要的附图和附表等资料，主要包括：①项目县级(市、区)土地管理部门造林用地批复证明。②项目市级和项目县级(市、区)还贷和配套资金承诺。③项目区自然地理情况表。④项目区各类土地面积统计表。⑤项目区社会经济情况统计表。⑥项目区各类森林、林木面积蓄积量统计表。⑦项目分县新造林面积规划表。⑧项目支付比例表。⑨项目投资明细表。⑩各县分年度投资统计表。⑪项目建设资金分单位、内容、年度明细表。⑫项目建设利用贷款年度明细表。⑬项目建设国内配套资金使用年度明细表。⑭项目建设借款偿还付息表。⑮项目现金流量表。⑯项目投资单价表。⑰项目区布局图。

第六章　项目环境影响评价

在项目的准备阶段，无论是国内基本建设项目，还是利用国际金融组织贷款项目，其环境影响评价是必须要做的工作。如果项目既没有委托具有相应资质环评师编写项目环境影响评估报告；同时其报告也没有得到生态环境行政主管部门的审批，则项目的可行性研究报告就不可能获得发改部门的批复，国际金融组织也不可能对项目进行评估。由此可以看出，项目的环境影响评价工作的重要性。鉴于此，项目单位应高度重视，组织力量全力做好项目的环境影响评估工作。

第一节　概　述

本节首先从项目环境影响评价的概念入手，阐述了项目环境影响评价的功能，介绍了广义的环境影响评价概念和狭义的环境影响评价概念，然后又阐述了国内和国外项目环境影响评价发展的由来，最后详细分析说明了环境评价报告编写的阶段划分。

一、项目环境影响评价的概念

广义的环境影响评价是指对拟议中的人为活动（包括建设项目、资源开发、区域开发、政策、立法、法规等）可能造成的环境影响，包括环境污染和生态破坏，也包括对环境的有利影响进行分析、论证的全过程，并在此基础上提出采取的防治措施和对策。

狭义的环境影响评价是指对拟议中的建设项目在兴建前即可行性研究阶段，对其选址、设计、施工等过程，特别是运营和生产阶段可能带来的环境影响进行预测和分析，提出相应的防治措施，为项目选址、设计及建成投产后的环境管理提供科学依据。

环境影响评价按时间顺序分为环境现状评价、环境影响预测与评价及环境影响后评价；按评价对象分为规划和建设项目环境影响评价；按环境要素分为大气、地面水、地下水、土壤、声、固体废物和生态环境影响评价等。

环境影响评价的基本内容包括：建设方案的具体内容、建设地点的环境本底状况、项目建成及运营后可能对环境产生的影响和损害、防止这些影响和损害的对策措施及其经济技术论证。

环境影响评价的过程包括一系列的步骤和程序，一般应该按照以下方式进行：

(1)识别和评估项目对环境可能造成的所有显著影响。

(2)比对各种替代方案(包括有项目与无项目的情况)、技术措施、管理手段、减缓措施，寻找替代方案或改进措施。

(3)生成环境影响评价报告书(或报告表)，让人们尽可能了解项目可能产生的正负影响特征及其重要性。

(4)通过公众参与，采纳广泛的意见和建议。

(5)采取严格的行政审查程序。

(6)提供及时明晰的结论，为决策者服务。

二、项目环境影响评价的由来

(一)国外环境影响评价发展由来

1969 年，美国国会通过了《国家环境政策法》，1970 年 1 月 1 日起正式实施。这是世界上第一个把环境影响评价写进法律，并建立环境影响评价制度的国家。

1970—1976 年，联合国环境规划署、世界银行、瑞典、新西兰、加拿大、澳大利亚、马来西亚以及德国等国家和组织相继建立了环境影响评价制度。在此期间，国际上也设立了相关的评价机构，召开了一系列环境影响评价会议，开展了相关研究和交流，明确了评价办法和机制，促进了各国环境影响评价的应用与发展。

1984 年 5 月，联合国环境规划署理事会第 12 届会议建议组织各国环境影响评价专家进行环境影响评价的研究，为各国开展环境影响评价提供了方法和理论基础。

1992 年，联合国环境与发展大会在里约热内卢召开，会议通过的《里约环境与发展宣言》和《21 世纪议程》中都写入了有关环境影响评价的内容。《里约环境与发展宣言》原则 17 宣告：对拟议中可能对环境产生重大不利影响的活动，应进行环境影响评价，作为一项国家手段，并应由各国主管当局作出决定。

1994 年，由加拿大环境评价办公室(FERO)和国际评估学会(IAIA)在魁北克市联合召开了第一届国际环境影响评价部长级会议，有 52 个国家和组织机构参加会议，会议作出了进行环境评价有效性研究的决议。

自 1969 年，首先由美国建立环境影响评价制度以来，经过 50 多年的发展，世界上先后有 100 多个国家陆续确立了环境影响评价制度。环境影响评价的技术方法和程序也在发展中不断地得以完善和提高。

(二)中国环境影响评价发展由来

中国的环境影响评价是借鉴国外经验，结合我国实际情况逐步发展起来的。大体可分为四个阶段：

1. 引入确立阶段(1973—1979 年)

这一阶段首先是借鉴、引入国外的先进环境影响评价的技术方法，然后通过法律法规、行政规章逐步确立规范环境影响评价的内容、范围、程序。这一时期，有两个关键节点：一是1973年第一次全国环境保护会议后，环境影响评价的概念开始引入我国；二是1979年9月，《中华人民共和国环境保护法(试行)》颁布，标志着我国的环境影响评价制度正式确立。

2. 规范建设阶段(1980—1989年)

这一阶段的重要标志是相继颁布了一系列的法律法规或规定，特别是重新修改了有关环境影响评价的法律法规。例如1981年，颁布的《基本建设项目环境保护管理办法》中明确规定了环境影响评价制度是基本建设项目必不可少的审批程序；随后又相继于1982年颁布《中华人民共和国海洋环境保护法》(1999年修订，2000年4月1日实施)、1984年颁布《中华人民共和国水污染防治法》(1996年5月15日第八届全国人民代表大会常务委员会第十九次会议修正)；1986年，颁布的《建设项目环境影响评价证书管理办法(试行)》中，明确了在我国开始实行环境影响评价单位的资质管理。1989年9月2日，国家环境保护局又重新进行了颁布；1989年12月26日，我国颁布实施了《中华人民共和国环境保护法》。至此，为我国行政法规中具体规范环境影响评价制度提供了法律依据和基础。

3. 强化完善阶段(1990—1999年)

这一阶段的重要标志：一是通过明确评价单位的资质规定、整顿评价队伍等行动提高了环境影响评价制度；二是随着区域(开发区)环境影响评价的开展，强化生态影响项目的环境影响评价提到了议事议程。其关键节点：1990年，国家环境保护总局与国际金融组织合作，开始对环境影响评价人员进行培训，实行持证上岗制度；1998年11月29日，国务院253号令颁布实施了《建设项目环境保护管理条例》，这是建设项目环境管理的第一个行政法规；1999年3月，国家环境保护总局颁布第2号令，公布《建设项目环境影响评价资格证书管理办法》；1999年4月，国家环境保护总局制定并公布了《建设项目环境保护分类管理名录(试行)》。至此，我国拟建项目的环境影响评价工作进入了强化完善阶段。

4. 拓展提升阶段(2000年至今)

这一阶段的关键节点：2000年4月29日，对1987年颁布的《中华人民共和国大气污染防治法》，进行了修订，并于2000年9月1日正式实施。2001年，《中华人民共和国环境影响评价法(草稿)》首次提出了战略环境影响评价；2002年10月28日，第九届全国人大常委会通过《中华人民共和国环境影响评价法》，环境影响评价从拟建项目环境影响评价扩展到规划影响评价，2003年9月1日正式实施。2004年2月，人事部、国家环境保护总局决定在全国环境影响评价系统建立环境影响评价工程师职业资格制度。2006年，我国颁布实施《建设项目环境影响评价资质管理办法》(简称《办法》)，该管理办法对规范环评行为、保证环评工作质量发挥了重要作用。但随着环评管理工作的深入及行政审批制度改革的深化，该《办法》已不能完全适应新形势的要求，为加强建设项目环境影响评价管理，提高环境影响评价工作质量，维护环境影响评价行业秩序，2015年4月2日环境保护部部务会议修订通过新的《建设项目环境影响评价资质管理办法》，该办法自 2015 年 11 月 1 日起施行。新修订的《建设项目环境影响评价资质管理办法》在环境影响评价的资质条件、资质申请与审查、评价机构管理、监督检查、法律责任等方面作了全面修订，此次修订对于促进环评技术资源重组整合、深化行政审批制度改革、完善监管体系建设和强化信息公开都将起到积极作用。为更好地服务于该办法，环境保护部同时公布了《现有建设项目环境影响评价机构资质过渡的有关规定》《建设项目环境影响报告书(表)适用的评价范围类别规定》《应当由具备环境影响报告书甲级类别评价范围的机构编制环境影响报告书的建设项目目录》《建设项目环境影响评价资质申请材料规定》《建设项目环境影响报告书(表)中资质证书缩印件页和编制人员名单表页格式规定》《环境影响评价工程师从业情况管理规定》等 6 个配套文件，与该办法一起施行。

同时，2015 年 4 月 2 日的部务会议通过了新制定的《建设项目环境影响后评价管理办法》(简称《后评价管理办法》)，对环境影响后评价工作作出规范。《后评价管理办法》共 15 条，对适用情形、责任主体、评价内容、时限方式、后评价机构资质和管理要求等方面都有明确规定。

2018 年 12 月 29 日，《中华人民共和国环境影响评价法》修订，取消了行业主管部门预审、试生产审批、竣工环保验收许可和环评机构资质许可等 4 项行政许可，建设项目环评领域仅保留了 1 项建设项目环境影响报告书(表)行政审批。特别地，取消环评机构资质许可后，生态环境部配套出台了《建设项目环境影响报告书(表)编制监督管理办法》等规范环评文件编制监督管理的文件，建设单位可以委托技术单位编制环境影响报告书(表)，如果自身具备相应技术能力也可以自行编制。

2017 年，环境保护部印发《建设项目环境影响登记表备案管理办法》，对环境影响登记表实施备案制改革，改革后对环境影响很小的建设项目环境影响评价由审批改为备案管理，仅需依法在网上备案系统填报环境影响登记表进行备案。为进一步优化环评分类管理，环境保护部(现生态环境部)于 2015 年、2017 年、2018 年三次修订《建设项目环境影响评价分类管理名录》，环境影响评价根据环境影响大小实施分类管理，累计降低 128 类建设项目类别，将部分行业建设项目类别由编制环境影响报告书降级为编制环境影响报告表，或由编制环境影响报告表降级为填报环境影响登记表。简化了房地产、交通运输业、城市基础设施、社会事业与服务业、卫生、农副食品加工业、食品制造业、计算机通信和其他电子设备制造业等多个涉及中小企业的行业类别。最近一次修订的《建设项目环境影响评价分类管理名录(2021 年版)》已于 2020 年 11 月 5 日由生态环境部部务会议审议通过，自 2021 年 1 月 1 日起施行。

三、环境评价报告编写的阶段划分

林业工程造林贷款项目环评影响评价报告的编写，按其工作顺序、流程和内容可划分为三个阶段：即资料熟悉准备阶段、实地勘察调研阶段、整理编制论证阶段，如图 6-1。

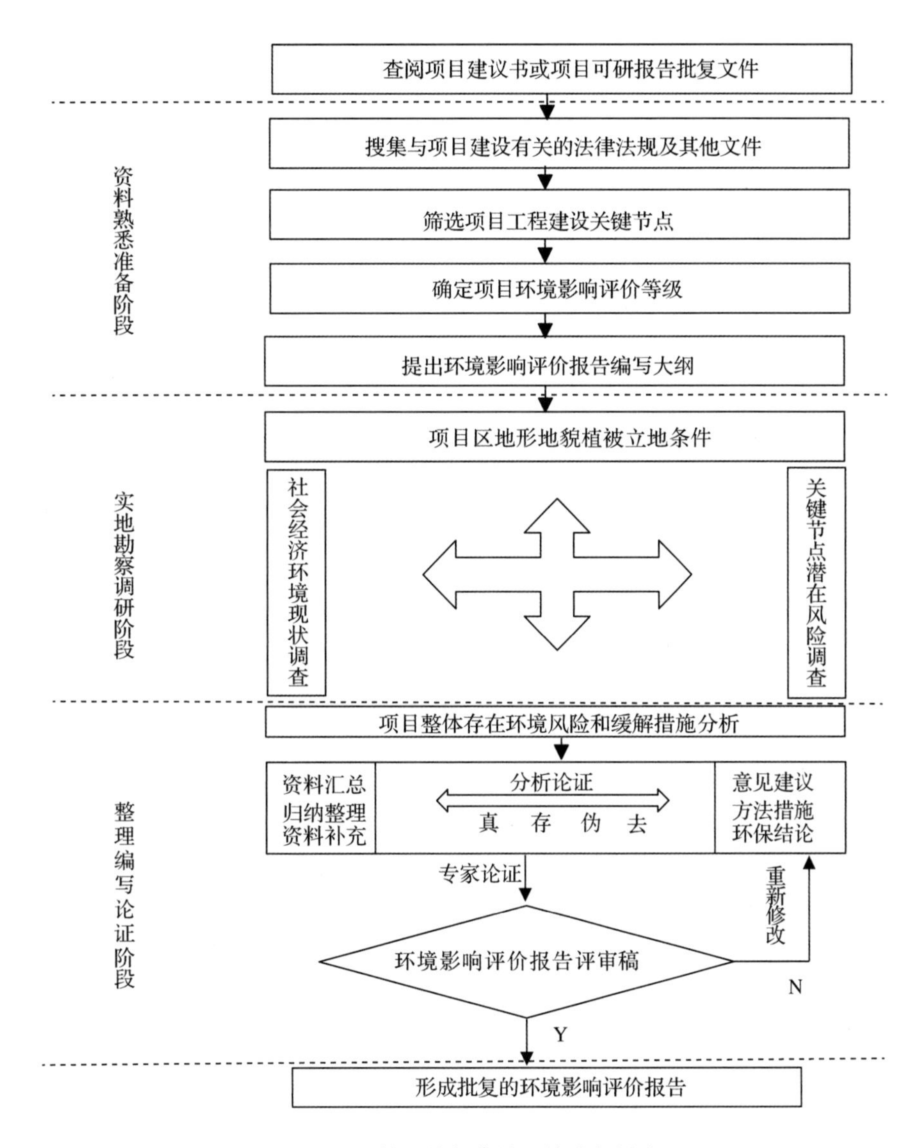

图 6-1　环境评价报告编写的阶段划分

1. 资料熟悉准备阶段

资料熟悉准备阶段是环境影响评价的第一阶段，主要完成以下工作内容。做环境影响评价之前首先是阅读和研究相关的国家和地方的法律法规、发展规划和环境功能区划、技术导则和相关标准、建设项目依据、可行性研究资料及其他有关技术资料。然后进行初步工程分析，根据项目的组成和流程确定工程关键节点，明确主要污染物，依据项目性质和国际金融组织贷款方的要求，确定各单项环境影响评价的范围和评价工作等级，最后一步是编制完成环境影响评价大纲(环境影响评价编写有环评报告书和环评报告表两种，应根据需要而定)。

2. 实地勘察调研阶段

这个阶段主要工作是做进一步的工程分析，这个阶段的工作主要以野外调查为主，是一项细致而艰苦的工作。首先，要在项目区内开展社会、经济、环境、技术的现状调查，调查分析项目工程关键节点的潜在风险，同时还要做好项目区地形、地貌、植被、立地条件等方面的详查，开展公众参与调查，根据之前调查资料进行拟建项目的环境影响预测，评价拟建项目的环境影响。调查时要以拟建项目的环境影响、法律法规、规章制度、项目标准、技术参数等的要求以及公众的意愿，提出减少环境污染和生态影响的管理措施、工程措施和技术措施。

3. 整理编制论证阶段

完成第二阶段工作之后，就进入了项目环境影响评价报告书或报告表的编制、论证和修改完善阶段，其重点是对第二阶段工作所得的各种调查资料、调查数据进行总体的分析，确定项目建设的可行性和可操作性，给出评价结论，形成项目环境影响评价报告书(或报告表)初稿，经专家论证修改后，再形成最终项目环境影响评价报告书(或报告表)报批稿，至此就算完成了整个工作。

四、环境影响评价在造林工程项目论证和建设中的作用

环境影响评价是林业工程建设项目可行性研究的一个重要方面，它从环境保护的角度对林业工程建设项目进行可行性论证，是林业工程建设项目可行性研究的一个重要补充，为生态环境保护主管部门进行审批决策提供重要依据，有助于强化项目区域内的环境管控，对推动国家和地方实施可持续发展战略，促进社会、经济、环境的有序协调发展起到重要的推动作用。

1. 确保林业建设项目布局的合理性

林业是生态建设的主体，生态造林建设项目的合理布局是提升区域生态承载力，确保生态环境与国民经济持续、协调发展的前提条件，而不合理的布局则是打破生态环境与经济发展相克相容有序平衡的重要原因。鉴于此，造林项目的环境影响评价选址和布局的原则：一是与林业发展规划、林业用地规划、区域生态功能区划、材种林种设计等各项相关规划的相容性，从规划的角度保证建设选址和布局的合理性；二是林业生态建设项目的立地条件、造林小班位置、生态廊道走向等的布局对区域生态系统的整体影响。根据这两条原则，采用比对和取舍的方法，选择在生态脆弱区(风沙区、水土流失区、湿地退化区、草原退化区等)，可通过人工手段改造且能逆转的区域安排项目，舍弃在生态演替顶级、人文景观、名胜古迹等区域布设项目。只有这样，才能从决策源头上防治环境污染和生态破坏，保证项目建设选址和布局的合理性。

2. 保证林业项目建设不破坏划定的生态红线

随着我国国民经济的快速发展，人民群众的生活水平不断提高，房地产业、公共娱乐设施快速兴起，林业用地被大量挤占或挪用，特别是生态公益林面积在不断减少或消失，区域生态承载力不断下降，经济增长与生态环境不协调的矛盾日益突出。为解决或缓解经济增长与环境污染的矛盾，国家和各级地方相继划定了生态保护红线，制定或出台了一系列相关政策，明确了国家级公益林和地方公益林的审批程序或权限。因此，在进行林业建设项目环境影响评价时，首先要掌握拟建项目所在地区的环境特

征和自净能力，实行严格的评审制度，不能以生态建设的名义，挤占或破坏生态公益林，保证林业建设项目不破坏划定的生态红线。只有这样，项目的环境影响评价才真正落实。

3. 避免林业工程项目建设在生态敏感区实施

森林是陆地生态系统的主体，具有固土固沙、吸污固碳、涵养水源等多种功能，其功能特殊不可替代，与江河、山川、湿地等构成美丽的自然名胜风光。因此，在不同时期，人们围绕森林建立了许多康养休闲人文景观、名胜古迹。鉴于森林的多功能，在林业生态建设项目的规划论证时，特别要注意做好项目的环境影响评价，合理规划和利用资源，尽量避开自然保护区、国家地质公园、国家森林公园、风景名胜区、自然文化遗产区、重要水源地、古迹遗址、江河源头、大江大河沿岸两侧 1 公里范围内等生态敏感区域设计林业建设项目，从而降低人类活动对环境的污染和破坏。

4. 促进林业行业的技术进步

环境影响评价涉及自然科学、社会科学的广泛领域，包括基础理论的研究和应用技术的开发。在林业造林工程项目实施工作中遇到的难题或难点，必然是对环境科学的挑战，进而推动它们的发展。正是由于在林业造林方面实施了项目环境影响评价，从而推动了我国林业环境保护科学基础理论、管理制度、应用研究等方面的发展，使其很多成果直接或间接地应用于林业工程项目的环境保护工作中。

5. 体现林业项目建设的公开透明和公众参与

公开透明和公众参与，是环境影响评价最为重要的原则之一。将公众参与纳入林业造林工程项目的环境影响评价过程中来，确保林业项目区公众在项目造林小班的选址、造林树种选择、林种(防护林、用材林、经济林)选择，具有参与权和知情权，甚至是决定权，提高环境影响评价的透明度，为公众参与决策提供了有效的法律依据，使林业项目的环境影响评价更具合理性。明确了林业项目环境影响评价工作各相关方的法律责任，使得环境影响评价工作有法可依。

第二节　环境影响评价报告编写的组织与准备

首先从环境影响评价报告编写的组织管理方面入手，讨论需要做好报告编写的前期准备工作；然后再通过分析外业现状调查的原则，阐述拟建项目的环境评价报告外业调查的主要内容和方法；最后通过探讨拟建项目内业资料整理的原则与方法，全面论述分析了环境影响评价报告内业的资料整理规范管理的工作要求，期望同行能从中得到启示。

一、环境影响评价报告编写的组织

2020 年 11 月 5 日，生态环境部部务会议审议通过了《建设项目环境影响评价分类管理名录(2021 年版)》(自 2021 年 1 月 1 日起施行)，规定了建设项目应编制环境影响评价报告书、报告表或登记表的种类。编写环境影响评价报告书的项目是新建或扩建工程对环境可能造成重大的不利影响，这些影响可能是敏感的、不可逆的、综合的或以往未有过的；编写环境影响评价报告表的项目是新建或扩建工程对环境可能造成有限的不利影响，这些影响是较小的或者减缓影响的补救措施是很容易找到的，通过规定控制或补救措施可以减缓对环境的影响。国内的林业造林工程项目一般要求编写项目环境影响评价报告表(或登记表)就可以满足发改部门的立项要求，但是在利用国际金融组织贷款实施林业造林项目时，必须要有省级生态环境部门审批通过的项目环境影响评价报告书(或环评报告表)，这是世界银行、欧洲投资银行等国际金融组织对林业项目立项的要求之一，与国内的要求有所区别。

无论是编写环境影响评价报告书，还是编写环境影响评价报告表，其一般程序是一样的，主要包括：项目建设单位委托环境影响评价、项目建设单位提供详细资料、受委托的具有相应环评资质的环评师现场踏查、双方签订合同、环评师制定环境影响评价工作方案、环评师进行野外调查、环评师进行室内整理资料分析、编写环评报告书(或环评报告表)、向建设单位提交环评报告书(或表)。因此，其环境影响评价报告书(或环评报告表)编写的组织管理构架也是一样的，主要有以下方面：

1. 成立领导协调班子

利用国际金融组织贷款实施林业工程造林项目与单纯的工业项目有其特殊性，涉及面广、量大，牵扯到项目区的社会、经济、环境等方方面面。因此，要及时、准确、全面地完成高质量的项目环境影响评价报告书，必须首先成立由项目建设单位和环境影响评价报告书编制方(第三方)以及各级项目区实施单位共同组成的领导协调组织。该组织负责协调各方面的关系，为项目环境影响评价报告书的编制单位提供良好的工作环境，确保编制单位及时顺利完成编制任务。

2. 组建调查队伍

国际金融组织贷款林业工程造林项目的环境影响评价报告书的编写工作，不仅涉及环境评价、社会经济、生态环境方面的知识，而且还涉及工程造林、森林经营、森林培育、水土保持、森林保护等方面的专业知识。因此，在组建环境影响评价调查队伍时，要吸纳社会学、环境保护学、森林保护学、生态学等方面的专业人才，同时还要吸纳项目区各级实施单位的人员，组成一个涉及各交叉学科的高效精干外业调查队伍，通过密切配合，相互支持，确保编制工作顺利有序进行。

3. 制定技术标准

由于世界银行、亚洲开发银行、欧洲投资银行等国际金融组织贷款林业工程造林项目的建设目标、建设内容、实施区域的不同，其环境影响评价的评估点也有所不同。因此，在开展项目环境评价时，必须以发改部门批复的项目建议书和项目可行性研究报告为依据，在查阅与项目相关的国家和地方法律法规和相关政策的基础上，通过组建调查队伍，吸收各方面的技术人才，共同确定技术标准，制定调查提纲，为项目环境影响评价报告书的编写做好准备。

4. 培训专业技术人员

培训专业技术人员，是搞好野外调查的基础和前提。在开展专业技术培训时，要根据国际金融组织贷款林业造林工程项目的治理目标和环境影响评价要求，选择有培训经验的专家或有实践经验的技术人员授课。培训的内容包括：项目工程造林关键节点的环境问题、公众参与、水土保持、病虫害发生、森林火灾、地力退化、农药使用、水源地保护等方面的知识。参加培训的人员要掌握相应方面的知识，既要有市级和县级项目办主管环境保护的人员，又要有项目乡镇相关人员。通过技术培训，使参加野外调查的人员，熟练掌握调查的技术标准，为项目野外调查和数据的采集奠定基础。

5. 做好后勤保障工作

后勤保障工作，是项目环境影响评价外业调查和内业资料整理不可或缺的一项重要工作。做好后勤保障，需要从四个方面开展工作：一是确定和规划好外业调查路线，选择有代表性的造林小班，开展典型调查，收集有关资料和数据；二是配备熟悉社会、经济、环境、造林等方面的人员，既包括各级项目管理人员，还包括生产一线的技术人员和造林实体的经营人员；三是保障有足够的用于项目野外调查的车辆，随时为项目调查人员服务；四是筹集足够的调查物资和设备，保证项目环境影响评价工作的顺利开展。

二、环境影响评价的外业调查

(一) 外业现状调查的原则与方法

1. 现状调查的基本原则

(1) 采用现有资料收集与补充调查采集资料相结合的原则。首先应根据项目的建设目标、可行性研究报告、社会经济环境条件等方面搜集现有的资料，当这些资料不能满足要求时，再深入项目区开展现场调查、观测或测试。

(2) 以典型调查为主体的原则。根据建设项目所在地区的环境特点，结合项目区各实施主体的环境影响评价的工作等级，确定各环境要素的现状调查范围和路线，并筛选出应调查的有关项目地点以及造林小班的相关参数。

(3) 体现重点突出、侧重环境现状调查的原则。在开展现状调查时，要把项目区对工程造林环境影响评价有密切关系的整地、炼山、修路、病虫害、农药化肥采购和使用、水源地、地下水、自然保护区、名胜古迹等方面应进行详细、全面和重点的调查，对其环境质量的现状不仅要有定性的描述，还要有定量的数据支撑，为作出科学的评价分析奠定基础；对一般的自然、社会与经济环境的调查，应根据项目治理目标和实施单位的实际情况进行增删。

2. 现状调查的一般方法

目前，现状调查比较广泛应用的方法主要有资料收集法、典型调查法和无人机踏查法、卫星遥感法 4 种。

(1) 资料收集法。资料收集法是获得第二手资料的一种最有效的方法，其应用范围广，省时、省力，收效大。在项目区开展现状调查时，首先应采用此方法，以获得各种有关的第二手资料。但资料收集法只能获得现有的资料，往往不够全面，有时不能完全符合项目环境评价的要求，因此，需要采用其他的方法进行补充和完善。

(2)典型调查法。典型调查法是针对使用者的需要，采用典型的造林小班现场调查的方法以直接获得第一手的资料和数据，弥补第二手资料的不足。如果采用普查法，由于项目区域广、面积大，需占用的人力、物力和时间多，并且因为很多项目区立地条件、营造的林种或树种、经营措施基本相同，重复劳动过多、工作量大，有时还可能受季节、仪器设备条件的限制，因此多采用典型调查法收集获得第一手资料。

(3)无人机踏查法。随着科技进步，无人机得到了飞速的发展，特别是经济实惠无人机的出现，其操控技术得到空前的发展，并且逐渐成熟，得到了社会广泛的关注和应用。近几年，在林业调查规划等领域也开始应用无人机技术，尤其是无人机在森林或林地踏查中应用普遍，为项目的野外典型调查路线的确定奠定了基础，其具有广阔的应用前景。

(4)卫星遥感法。卫星遥感法可从宏观上了解项目区域的地形、地貌的特点，能够弄清调查人员无法到达地区的森林、草原、荒漠、海洋等地表环境情况。此方法一般只用于辅助性的野外调查，不宜用于项目区微观环境现状的调查。在野外现状调查中，采用此方法时，一般只分析和判读项目区近期的遥感影像。

(二)项目区基本现状调查

项目区基本现状调查要以项目可行性研究报告、项目造林总体设计报告书等项目建设工程资料和生态环境资料为蓝本，重点收集以下几个方面的资料。

1. 项目布局

利用国际金融组织贷款林业造林工程建设项目，一般是跨流域甚至是跨行政区域实施。因此，在现状调查中，首先要注明其所处的经度和纬度，标出其行政区位置和交通位置，同时还要在区域行政交通图上分别用不同颜色标出项目平面布局。

2. 项目区社会经济状况

主要根据年度省级统计年鉴或现有资料，结合必要的现场调查和项目可行性研究报告，采集下列部分或全部内容：

(1)项目区人口。包括居民区的分布情况及分布特点、人口数量和人口密度、贫困人口数、少数民族、劳动力等情况。

(2)项目区工业与能源。包括建设项目周围地区现有厂矿企业的分布状况、工业结构、工业总产值、能源供给与消耗方式等情况。

(3)项目区土地利用。包括可耕地面积、主要农作物与经济作物构成及产量、农业总产值、土地利用现状、林地面积(其中经济林面积)、育苗地面积、荒山荒滩面积、可用于项目造林面积，最好附有土地利用现状图。

(4)项目区交通运输。包括建设项目所在地区公路、铁路或水路方面的交通运输概况，以及与建设项目之间的关系。

(5)项目区人群健康状况。当建设项目规模较大，在跨行政区域实施时，应进行一定的人群健康调查。在人群健康状况调查时，要特别注意和掌握参与项目建设的劳动群体中，是否需要统一食宿，有否传染性疾病发生的情况以及预防措施。

3. 项目区地形地貌

收集或调查项目区的地质状况、地壳构造的基本形式、相应的地貌表现、物理与化学风化情况、建设项目所在地区海拔高度、地形特征(即高低起伏状况)、周围的地貌类型(山地、平原、沟谷、丘陵、海岸等)以及岩溶地貌、冰川地貌、风成地貌等特殊地貌的情况以及崩塌、滑坡、泥石流、冻土等危害现象。

当地形地貌与建设项目密切相关时，除应比较详细地叙述上述全部或部分内容外，还应附建设项目周围地区的地形图，特别应详细说明可能直接对建设项目有危害或被项目建设诱发的地貌现象的现状及发展趋势，必要时还应进行一定的现场调查。

4. 气候条件

主要收集项目所在地区的主要气候特征包括：年平均风速和主导风向、年平均气温、极端气温与月平均气温(最冷月和最热月)、年平均相对湿度、平均降水量、降水量极值、日照、蒸发量、无霜期天数、主要的天气特征(如梅雨、寒潮、冰雹和台风、飓风)等。

5. 水资源环境

(1)地面水状况。主要收集或现场调查地面水资源的分布及利用情况、地面水各部分(河、湖、库)之间及其与海湾及地下水的联系、地面水的水文特征及水质现状以及地面水的污染来源等情况。

(2)地下水状况。主要收集或现场调查地下水的开采利用情况、地下水埋深、地下水与地面水的联系以及水质状况与污染来源等情况。

6. 水土流失与土壤污染

主要收集或现场调查建设项目地区的主要土壤类型及其分布、土壤的肥力与使用情况、土壤污染的主要来源及其质量现状、建设项目区的水土流失现状、土壤的物理和化学性质、土壤结构、土壤一次和二次污染状况、水土流失的原因和特点、水土流失的面积及流失量等，同时要附土壤图，如果在项目区进行造营林活动可能产生的水土流失和地力减退的量以及缓解措施。

7. 项目区动植物状况

主要收集或调查建设项目地区的植被情况(覆盖度、生长情况)、有无国家重点保护的或稀有的以及受危害的或作为资源的野生动植物、当地的主要生态系统类型(森林、草原、沼泽、荒漠等)及现状、主要动植物清单或名录、生态系统的生产力或物质循环状况、生态系统与周围环境的关系以及影响生态系统的主要污染来源等情况。

8. 项目区名胜古迹、人文景观及自然保护区

主要收集或调查项目区域内是否有埋藏在地下的历史文化遗物，一般包括具有纪念意义和历史价值的建筑物、遗址、纪念物或具有历史、艺术、科学价值的古文化遗址、古墓葬、古建筑、石窟寺、石刻等，“珍贵”景观一般指有珍贵价值必须保护的特定的地理区域或现象，如名胜古迹、各类保护区(包括自然保护区、森林公园、地址公园等)、人文景观(风景游览区、疗养区、温泉以及重要的政治文化设施等)、各类生态公益林的情况等。

在对项目区名胜古迹、人文景观、自然保护区及各类公益林进行调查时，还要针对国家或当地政府的保护政策，制定保护规定，限定项目区相对于名胜古迹、人文景观及自然保护区、生态公益林的必要位置和距离，还应根据现有资料结合必要的现场调查，进一步叙述人类活动对人文景观或名胜古迹敏感部分的主要内容。这些内容包括：它们易于受那些物理的、化学的或生物学的影响，目前有无已损害的迹象及其原因，主要的破坏、污染或其他影响的来源，景观外貌特点，自然保护区、风景游览区或生态公益林中珍贵的动、植物种类，以及文物或“珍贵”景观的价值(包括经济的、政治的、美学的、历史的、艺术的和科学的价值等)。

9. 农药化肥使用

根据造林林种或树种，查阅或收集相关病虫害发生危害情况，调查项目区农民在使用农药和化肥的基本习惯和使用种类，其是否符合世界卫生组织的要求，农药和化肥的使用种类或量对环境(空气、地下水、地表水)和人畜的影响及减少这种影响的缓解措施。

10. 公众参与调查

公众参与调查的目的主要是征求公众对利用国际金融组织贷款实施工程造林项目的意见和建议。可采用开会、农户访谈、发放调查问卷、电话征集意见、微信征集意见等形式。开展公众参与调查时，要在项目区内选择方方面面的人员参加，既要有项目实施主体和非项目实施主体的人员参加，又要有村干部、富裕户、贫困户、妇女等人员参加，具有代表性。

三、环境影响评价的内业整理

(一)内业整理的原则与方法

根据世界银行、亚洲开发银行等国际金融组织贷款林业工程造林项目的特点、项目工程的主要治理目标以及项目环境影响评价报告编写调查提纲的要求，其内业资料整理的原则与方法概括起来主要有以下 4 种：

1. 分门别类，归类整理

根据项目环境影响评价报告编写提纲的外业调查，收集或实地得到了大量的资料，这些杂乱无章的第一手材料和第二手材料需要及时归类整理。在资料整理时，要按照调查提纲分门别类整理，按顺序统一归类，如：把人口、交通、能源等归为项目区社会经济类，把森林植被的种类、覆盖率、密度、建群种等归为项目区动植物状况类，这样便于项目环境影响评价报告的编写。

2. 综合比较，去伪存真

根据项目环境影响评价资料工作大纲的要求，通过查阅文献或深入项目县、乡镇(或林场)收集得到了大量的第二手资料。采集的这些第二手资料，由于统计的口径不同或年代不同，可能存在着明显的差异性，即相同的数据有不同的结果。如何辨别这些资料的真实性，或者说哪一组数据是正确的，就需要以最新的统计年鉴为蓝本，并以项目可行性研究报告和项目县级造林总体设计为依据，进行纵向或横向的对比、分析或梳理，综合判断采集的第二手资料的统计标准是否统一或正确，以此去伪存真，保留项目需要的一套资料或一组数据。对第二手资料确实存在明显错误的，统计年鉴又无法查阅到的，可以进行实地数据采集，以填补第二手资料中的缺陷，确保采集的项目数据的真实性和准确性。

3. 统计指标，依据充分

在项目环境影响评价内业资料整理过程中，采集或收集到了数以万计的数据资料，要有一个统一的标准。这个标准指标参数涉及碳排放、水土流失、土壤侵蚀、病虫害发生、农药化肥使用、水源污染控制、地力衰退等方面。因此，在查阅或资料统计归类处理时，首先要建立项目环境影响评价指标体系。这个评价指标体系不仅要涵盖所有调查类别，而且还要包含项目工程的每一个关键节点的技术性指标。这些统计指标参数的建立，要有理论作为依据，要有说服力，不仅能被专家学者承认，还要被项目区普通干部群众所接受。

4. 数据处理，科学有效

通过统一标准、归类整理和去伪存真等项目环境影响评价内业资料的工作过程后，就进入了数据的科学处理阶段。项目环境影响评价数据处理的思路和方法是否科学有效，是编写项目环境影响评价报告书的最后阶段，也是最为关键的阶段，绝不能功亏一篑，因此，必须慎之又慎。在项目环境影响评价过程中，不同的项目、不同的评价单位或不同的评价技术人员，所采用的计算公式或数据处理软件各不相同，其数据处理结果也不尽一致。所以在开展项目环境影响评价报告书(或报告表)的编写中，最好委托一个具有相应资质的环评师，同时固定具有丰富经验的技术人员主笔起草或编写项目环评报告书(或报告表)，以确保数据处理的科学性和有效性。

(二)内业资料的整理

1. 资料归类

第一手资料和第二手资料的归类整理环节是利用国际金融组织贷款林业造林工程项目环境影响评价的关键环节之一。在开展内业资料归类整理过程中，要按照项目环境影响评价调查工作大纲的要求，对其不同的资料类别逐一归类整理。例如在外业调查工作大纲中，规定了应调查或收集的资料有项目区的布局情况、社会经济状况、地形地貌状况、气候条件、水资源环境情况、水土流失与土壤侵蚀情况、动植物状况、名胜古迹人文景观及自然保护区情况、农药化肥使用以及公众参与调查，共10类第一手或第二手资料。在资料归类整理中，必须要把调查或收集到的第一手或第二手资料归类整理到10大类中，便于后期的环境影响评价报告书(或报告表)的编写工作。

2. 工程分析

利用世界银行、欧洲投资银行等国际金融组织贷款林业造林工程项目的工程节点是炼山、整地、挖穴、栽植、浇水、施肥、松土、割灌、除草、修枝、病虫害防治、防火等环节。林业造林项目与自然环境特别是造林地的立地条件密切相关，其建设条件与工业建设项目有很大区别。因此，在开展项目环境影响评价时，要依据林业造林工程项目自身的特点，全面综合分析林业造林项目的工程关键节点，剖析其工程涉及比较重大的环境问题，并提出缓解工程环境问题的措施或方法。

3. 评价区环境概况

林业造林工程项目的造林地是项目环境影响评价区，其环境状况决定项目建设期和运营期的环境问题，因此要全面综合地开展项目造林地评价区的环境现状调查分析。造林地的地形地貌、植被盖度、植物生长、国家保护的野生动植物种类、名胜古迹状况、人文景观布局情况、自然保护区分布现状、各级公益林分布情况、水源地状况、面源污染状况、森林火灾、林农经营习惯等现状都要排查清楚，便于在项目建设期和运营期制定切实可行的缓解措施。

4. 施工期环境影响分析

由于林业造林工程项目具有跨流域或跨区域的特点，涉及行政区域多。因此，要逐一分析项目区的环境问题，找出潜在的或比较重大的影响项目建设期的环境问题。经分析，项目施工期的环境影响问题主要有造林地的选择非常重要，如果选择不当，不仅可能使顶级演替群落遭到破坏，无法得到恢复，而且还可能造成国家保护的野生动植物种类消失，名胜古迹、人文景观、自然保护区以及公益林遭到损毁；不当的炼山方式可能造成植被破坏、动植物种类的消失、火灾的发生；不正确的整地挖穴，可能造成土壤侵蚀，加速水土流失；造林施工现场，如果群集的劳动力有传染性疾病，存在着流行传播的风险。项目建设期以上这些环境问题，应做好分析评估和预测。

5. 营运期环境影响预测及评价

林业造林工程项目经营目标有两种：一是营造商品林(包括经济林和用材林)，是以盈利为目标的；二是营造生态防护林，是以改造生态环境为目标的。两者的集约经营程度不同，前者一般采用高强度的集约经营方式，而后者则是采用一般的抚育经营方式。在项目营运期内，都要进行林分的浇水、松土、除草、割灌、修枝、间伐、农药使用(商品林还需要使用化肥)，防火、防治人畜损坏等。不恰当的修枝间伐或割灌，可能造成项目林质量降低；过度松土除草，可能造成水土流失；森林火灾或人畜损坏，可能造成项目林消失；过度使用除草剂、农药或化肥，可能造成面源污染、地下水受到影响。因此，必须综合分析或预测项目营运期环境影响。

6. 环境保护措施及经济技术论证

在内业资料的整理过程中，要根据项目评价区环境的概况、项目建设期及项目运营期的环境影响可能产生的正面或负面的评价及预测，逐项制定相应的项目环境保护措施以及缓解项目环境影响潜在风险的办法。这些缓解环境影响风险措施或办法，要经得起专家的论证，并且这些技术措施经过投资估算，是经济有效且可行的，符合项目实际。

7. 公众参与

公众意见的征求主要事项有您对项目环境质量现状是否满意(如不满意请说明主要原因)；您是否知道或了解拟建设的林业利用外资项目；您是从何种信息渠道了解该项目的信息；建设项目对当地经济繁荣和文化生活水平提高等的作用；根据您掌握的情况，建设项目对环境质量可能造成的危害或影响；从环保角度出发，您对该项目持何种态度，请简要说明原因；您对建设项目环保方面有何建议和要求；您对环保部门审批该项目有何建议和要求。公众寻求提出意见的主要方式有公众的意见可通过邮寄、电子邮件、传真或电话与建设单位或与其委托的评价单位联系，时限要求是自公示之日起十日。

8. 环境管理与环境监测计划

利用世界银行贷款林业造林工程项目，涉及面广、量大。项目潜在的最大风险是造林地选择不合理、造成部分物种消失、人文景观或自然保护区破坏、公益林被挤占、名胜古迹受损；由于造林树种选择和混交搭配不合理，造成有害生物危害严重；由于整地挖穴和经营措施不当，造成水土流失加剧、面源污染严重发生。所有这些潜在的环境影响风险，需要根据项目区环境影响现状、项目建设期和项目营运期存在的潜在风险，制定该项目的环境管理与环境监测计划。例如：在世界银行贷款“山东生态造林项目”实施初期，原山东省林业引用外资项目办公室先后制定下发了《世界银行贷款“山东生态造林项目”环境保护规程》《世界银行贷款“山东生态造林项目”环境影响监测实施方案》《世界银行贷款“山东生态造林项目”人工防护林病虫害防治管理计划》《世界银行贷款“山东生态造林项目”环境保护培训计划》等管理办法或规定，这些项目环境保护规程、规定或计划，从组织、人员和资金等方面，保证了项目环境保护始终按照既定目标顺利开展。

9. 生态社会经济效益估算

一个完整的项目环境影响评估报告书(或报告表)，还应该包括对项目的生态、社会、经济效益估算部分。三大效益估算要以项目环境影响评价报告本身带来的直接效益，即进行环境影响评价与不进行环境影响评估比较。三大效益估算时，要以生态效益和社会效益为主，经济效益为辅。

10. 图表汇编与附件

(1)图表汇编。在编制项目环境影响评估报告书时，不管是国内还是国际金融组织贷款林业造林工程项目，通常还要求附上项目建设地点布局图及其影响区域的地图；其他涉及的调查数据尽量用图表显示。

(2)附件。主要应包括以下5类(可根据具体的项目有所删减或增加)：①项目移民计划和少数民族发展计划；②项目环境保护规程；③项目环境影响监测实施方案；④项目人工防护林病虫害防治管理计划；⑤项目环境保护培训计划等。

第三节　项目环境评价报告的编写要求

如何编写出令人满意的项目环境影响评价报告(表)，是本节要探讨的问题。为此，本部分将以世界银行、欧洲投资银行贷款项目为案例，系统分析项目环境评价报告编写应遵循的基本原则、项目环境影响评价报告编写的规定和要求以及主要内容及框架。

一、项目环境影响评价报告编写应遵循的基本原则

编写项目环境影响评价报告书(或报告表)应根据项目区的环境状况和项目建设特

点以及评价工作等级进行。环境影响评价报告书是环境影响评价程序和内容的书面表现形式，是环境影响评价的重要技术文件。在编写环境影响评价报告书时应遵循下列原则：

1. 准确性原则

我国地域广阔，受自然条件影响，各地经济、社会发展情况存在较大差异，环境容量不同，加之国家标准中有些项目并未做规定，所以在进行林业造林工程项目环境影响评估时，要以项目可行性研究报告和项目县级造林总体设计书等技术性文件为依据，数据资料前后要一致，并引用最新的技术标准、技术方法或技术规程，同时还要依据最新的文献建立健全项目环境影响评价指标参数体系，务求编写的项目环境影响评价报告书准确无误，符合要求。

2. 及时性原则

项目环境影响评价报告书是国内外项目评估的重要技术性文件，时效性极强。在项目进行实地考察论证评估时，世界银行、亚洲开发银行以及欧洲投资银行的国际金融组织贷款项目都要派出由环保专家组成的环评考察团组，指导项目环境影响评价报告书的编写工作，其编写审批进度，决定项目批复和实施的速度。凡是利用世界银行贷款项目，在环境影响评价方面达不到世界银行要求的项目，世界银行是不能提供贷款的，即使一个项目在其他方面的准备工作都已经很充分，如果环境影响评价工作未满足要求，那么贷款谈判是无法进行的。因此，世界银行要求，项目的环境影响评价工作应尽可能在项目准备的初期就开始启动，并与项目的经济、财务、机构、社会及技术分析紧密结合进行。因此，要及时成立编写协调班子，制定环境影响评价技术大纲，培训技术人员，准确收集相关数据资料，及时完成报告编写和审批程序。

3. 开放性原则

项目环境影响评价一般采用“以人为本，公开透明，社会参与”的方式进行，即坚持一种开放性的原则。林业利用国际金融组织贷款造林工程项目，不仅跨流域，还跨行政区域，范围广，涉及的社会群体多。由于项目区域特点不同，造林地的立地条件千差万别，适宜的造林树种也各不相同，项目区的干部群众对造林树种或林种的喜好程度也不一样，在保证项目尽可能多的选择树种的前提下，采用开放性的方式，让造林农户自愿选择喜欢的经济林树种、用材林树种或生态防护林树种，让造林实体自觉参与到项目的建设、规划和环评中。

4. 可操作性原则

编写项目环境影响评价报告书，其主要目的是为项目建设期和运营期制定环境影响风险缓控措施，并且这些措施是切实可行、操作性强。因此，环境影响评价报告书要文字简洁、准确、图表清晰、论点明确、易懂易操作。比较复杂或典型项目的项目环境影响评价，应有主报告和分报告（或附件），主报告应简明扼要，分报告要有针对性，使其具有较强的可操作性。

5. 可行性原则

项目环境影响评价是否可行，决定环境影响评价报告书编写的成败。因此，环境影响评价报告的综合效益分析、环境潜在风险缓控措施制定、管理监测预案编制等，是否具有可行性至关重要。在项目环境影响评价报告书中必须进行详细的环境、社会、经济效益分析，剖析代价和效益间的关系，力争以最小代价，换取最大效益；要把环境影响评价锁定在最佳可行点上，即从实际需要出发，落实“最佳可行技术”“最佳可行方案”和“最佳可行措施”上，使项目环境影响评价方案满足在技术上切实可行、在投资上既经济又合理。

6. 科学性原则

环评以环境基准为基础，与国家的技术水平、经济发展、社会承受能力相适应。环境影响评价要有充分的科学依据，要体现国家相关环保方面的方针、政策、法律和法规，与国家的产业政策和导向一致，符合中国国情，促进其生态效益、社会效益、经济效益的统一。随着经济全球化，环境影响评价标准趋同已成为世界各国普遍共识，这就要求我们必须提高国内环境监测能力和水平，与世界银行、亚洲开发银行等国际金融组织接轨，参与国际和国内竞争，使环境影响评价的依据、所采用的技术措施达到国际先进水平。

7. 强制性原则

项目环境影响评价报告书的编写，不仅要严格遵守国家的法律法规和政策，还要符合贷款方的要求。项目造林用地要符合国家土地利用的规定，一般应选择在荒山、荒滩、采伐迹地和火烧迹地，远离水源地、名胜古迹地、人文景观地、自然保护区和生态公益林，确保国家和地方规定的生态红线制度得到贯彻执行；农药种类和使用要符合国际金融组织规定的要求，这都是项目环境影响评价的强制性原则。

8. 多样性原则

项目生态造林实施方案，既要符合流域治理、功能区划、生态发展规划，又要布局合理。因此，林业生态造林项目环境影响评价的重点之一是要符合国家有关生物多样性等生态保护的法规和政策。在项目环境影响潜在风险缓控措施中应规定：造林地清理时，严禁用火炼山，保护好现有的动植物；严控造林密度，整地挖穴要尽量保护现有植被，留足生态位；造林时，要实行乔灌草多树种混交造林；对濒危物种、珍贵树种实行保护，确保项目生物多样性保护政策落实到位。

9. 前瞻性原则

在开展项目环境影响评价时，首先要根据项目的治理目标、工程建设关键节点，以及环境影响评价区域的环境影响现状，评估分析项目建设期和运营期的潜在环境风险，制定有预见性的环境缓控潜在风险措施和办法，编制环境管理计划、环境监测评价、保护人体健康和改善环境质量预案。也就是说，在进行环境影响评价时，要以项目环境影响评价区域现状为脉络和超前的意识，跳出现有条条框框的束缚，编写出有前瞻性的项目环评报告。

二、项目环境影响评价报告编写的规定和要求

(一)世界银行贷款项目环境影响评价工作程序和规定

1. 环境影响评价的范围与方式

按照世界银行业务政策的规定，其贷款资助的项目有着严格的环境影响评价要求。世界银行所称的项目环境并不仅仅只是我们通常意义上所说的客观自然环境，而是应考虑包括空气和水以及陆地等自然环境、人类健康及安全、非自愿移民和土著人(中国为少数民族)以及文化遗产等社会方面、跨国界和全球性的环境问题在内的所有有关方面。

世界银行相关政策规定，项目治理目标不同，可以采取不同的环境评价方式来满足其环评要求。其主要方法包括：环境影响评价、地区或部门环境影响评价、环境审计、危害或风险评价以及环境管理计划等。具体的一个项目可以采用其中一项或多项方法开展环境评价。目前，我国实际项目贷款中，一般采用的是环境影响评价这一方式，这也是世界银行本身最常用的一种方式。但是当贷款项目被列为高风险类(A类)环境影响评价时，世界银行要求除了环境影响评价外，还要制订环境管理计划。此外，当一个项目具有部门或地区性环境影响，则必须开展部门或地区环境影响评价。

2. 环境影响评价的责任人

世界银行规定，环境影响评价的责任人是借款方，但借款方所开展的环境影响评价并据此提供的环境影响评价报告又必须满足世界银行的规定与要求。世界银行还规定，对于那些存在及其重大环境影响的高风险类(A类)项目，借款方要聘请与项目本身没有任何关系的独立第三方的环评专家来开展环境影响评价工作。对于那些存在高风险或有争议，或是有严重的、多方面的环境问题的高风险类(A类)项目，借款方还应该聘请一个独立的、由具有国际环境影响评价经验的专家组成的顾问小组，就项目中与环境影响评价有关的所有方面提供咨询。

在项目准备阶段，世界银行都会将其有关环境影响评价方面的要求和规定通知给借款方，借款方据此做好环境影响评价的准备。世界银行则对环境影响评价的结论与建议展开审查，以确定其是否为世界银行资助该项目提供了充分的基础。如果借款方在世界银行参与项目准备之前就已经完成或部分完成了环境影响评价工作，则世界银行要对环境影响评价工作展开审查，以便与世界银行的政策保持一致。根据项目准备进展情况，世界银行有可能要求对项目环境影响评价进行补充性工作，甚至是公布环境影响评价报告等内容。

3. 环境影响评价的分类

世界银行在开始介入一个拟议中的贷款项目之前，首先要对该项目进行环境筛选，以确定该项目环境影响评价的深度和类型。在项目准备工作开始前，具体每个项目的环境筛选与类型的确定，就由世界银行项目经理在其环境部门的协助下基本确定完成。借款方和项目实施单位一般无权对此发表意见。根据世界银行的规定，一般将贷款项目的环境影响评价等级划分为以下四类：

(1)高风险类项目(A类)。环境影响评价A类项目可能引起多方面的、非常敏感的或是产生前所未有的重大不利的环境影响。项目的影响范围可能超出了项目工程所处的地点或其所属的设施本身。这类项目的环境评价要检验项目潜在的消极的和积极的环境影响，要比较各种(包括有项目和无项目的情况)可行的选择方案，同时还要提出防止、减少、缓和、补偿不利影响和改善环境影响状况时需采取的措施或者对策。对于A类项目，借款方要负责准备一份环境影响评价报告，如果必要的话，则还要结合其他环境影响评价方式制订项目环境管理计划、监测实施方案等。

环境影响评价高风险类(A类)项目包括：水库和大坝建设项目、林业产品项目、大规模工厂建设和大型改扩建工业用地项目、大型排灌和防洪项目、大型水产养殖和海洋养殖业项目、土地清理与平整项目、石油天然气矿山等矿产开发项目、港口建设项目、土地改造与开发项目、移民项目、流域开发项目、火电与水电开发或扩建项目、农药或其他有害和(或)有毒物质的生产以及运输和使用项目、公路或农村道路的建设或重大改造项目、有害废弃物的处理项目等。

(2)较高风险类项目(B类)。环境影响评价高风险类(B类)项目对于人类或重要的湿地、森林、草地及其他自然环境领域的潜在的不利影响要比A类项目的不利影响要小。其影响的范围是有限而具体的，极少会发生逆转，并且在大多数情况下比A类项目更容易制订环境影响缓减措施。环境影响评价B类项目的范围可能因项目不同而各不相同，但均要比A类项目的范围窄。同环评A类项目一样，B类项目也要检验项目潜在的消极的和积极的环境影响，提出防止、减少、缓和，或者是补偿不利影响和改善环境状况需采取的措施。B类项目的环境影响评价结论和成果要在世界银行贷款项目文件中予以表述。

环境影响评价B类项目包括：小型农产品加工业项目、输变电项目、小型灌溉与排水工程项目、可再生能源(除水电大坝外)项目、农村电气化项目、旅游项目、农村供水与卫生项目、流域管理或改造项目、受保护区域和生物多样性保护项目、公路或农村道路的改造或维护项目、小型现有工业设施的改造或修理项目、节能项目等。

(3)中风险类项目(C类)。环境影响评价C类项目可能只有极小的不利环境影响或者没有不利的环境影响。对于环境影响评价C类项目，除了最初的环境筛选外，世界银行一般不要求开展环境影响评价。

环境影响评价C类项目包括：教育项目、计划生育项目、卫生项目、健康福利项目、机构发展项目、多数人力资源开发项目等。

(4)低风险类项目(FI类)。环境影响评价FI类项目，是通过中间金融机构转贷的世界银行贷款项目，其子项目可能产生对环境不利的影响。世界银行规定，FI类项目下的子项目的环境影响评价由转贷金融机构负责审查，在向世界银行报批子项目时，要出具其子项目环境影响评价合格的证据。但在世界银行对该金融机构进行评估时，该金融机构在环境影响评价审查方面的能力需要得到世界银行的评估认可，如果世界银行认为其不具备从事环境影响评价审查的能力，则其所选择的所有属于A类环境影响评价标准的子项目甚至B类标准的子项目，包括其环境影响评价报告，均要事先经世界银行的审查和批准，然后才能向其发放贷款。

4. 环境影响评价大纲的编制与实施

在筛选确定了项目环境影响评价所属的类别后，世界银行要求借款方(或项目单位)对于环境影响评价A类和B类的项目，都要编制一份环境影响评价工作大纲。在确定项目环境影响评价的范围和深度时，世界银行往往也会派有关环境咨询专家来参与借款方的工作，一起确定项目环境影响评价工作大纲。环境影响评价大纲的确定，是项目环境影响评价工作的一个重要环节，它不仅涉及项目环境影响评价报告的编写，同时还涉及项目有关环境保护措施的落实问题。也就是说，环境影响评价大纲是环评报告的一个基础性和框架性的文件。

环境影响评价工作大纲确定后，项目环境影响评价工作就进入具体的实施阶段，其工作一般要求在项目准备阶段完成。世界银行对环境影响评价工作高度重视，在其派团开展项目准备的过程中，均会派出相应的环境影响评价专家帮助借款方准备环评报告，并反复地提出意见和建议，但世界银行方面的专家只是提供咨询和帮助，不会直接介入项目的环境影响评价工作。世界银行明确规定，环境影响评价是项目可行性研究的一部分，与项目可研是密不可分的，但项目环境影响评价报告与项目可研报告是各自独立的两份文件。做环境影响评价的和做可研的工作单位要紧密联合，互相配合，互相交流，共同确定和改变项目工作中的重大事项。世界银行同样要求重大环境问题的减缓和替代方案，在项目设计阶段必须予以落实。

5. 环境影响评价报告审查和公开发布

世界银行规定，项目环评报告的形成要在世界银行进行项目评估之前的准备阶段完成。在1993年8月之前，世界银行在派出评估团之前，必须向其执行董事会提交经过借款方政府批准的环境影响评价报告。在1993年8月以后，世界银行又增加一条规定，要求在执行董事会讨论项目贷款安排的120天之前，必须将项目环境影响评价报告送至执行董事会，这是一项不可更改且非常明确的要求。环境影响评价报告要求有英文翻译本和英文摘要本。

世界银行规定，经过借款方政府批准的环境影响评价报告在送交世界银行并得到其认可后，不仅要以世界银行认可的方式在当地予以公开发布外，还要在世界银行成员国之间发布，并在世界银行的公共信息中心公开，以供社会公众、团体参考。世界银行还规定，如果借款方不同意公开发布环境影响评价A类项目，则世界银行就不再对其贷款项目的问题进行讨论；尤其是对IDA软贷款项目，如果不发布，则世界银行不再考虑项目贷款问题；而对于硬贷款项目，如果借款方不同意发布，则要通过世界银行执行董事会来讨论确定是否发布。世界银行要求公开发布环境影响评价报告的主要目的，是让受影响的团体、相关利益集团以及有关的非政府组织能够了解项目的环境影响问题，并发挥监督作用。

(二)国内贷款项目环境影响评价工作程序和要求

1. 国内环境影响评价工作的基本要求

项目环境评价方面，世界银行的要求与我国对项目环境影响评价工作的有关要求基本上是一致的，只是在环境影响评价的侧重点、程序及内容上存在着一些差别。世界银行的规定与要求要比国内的有关规定和要求更加严格，但我国在环境影响评价工作上也有自己的一些特点和要求。所以作为世界银行贷款项目的项目单位(或贷款方)，在开展项目环境影响评价工作时，既要充分了解和掌握世界银行的项目环境影响评价规定，同时也要熟悉国内的有关程序与规定，只有这样才能将项目环境影响评价工作真正做扎实。

2. 环境影响评价大纲的编制与报批

国家生态环境主管部门的规定，利用外资贷款项目的环境影响评价工作大纲要由评价承担单位提供。项目环境影响评价任务承担单位，要依据项目单位(承贷方)的委托，按照国家相关要求并结合世界银行的规定，开展环境影响评价工作大纲的编制，然后报送给项目单位(承贷方)，由项目单位(承贷方)按照项目限额规定报给国家生态环境主管部门或当地生态环境主管部门审批，同时抄报发送行业主管部门。生态环境部门在收到环境影响评价工作大纲后，按规定的程序进行审批论证。只有在环境影响评价工作大纲得到了生态环境部门的批准后，才能正式开展项目环境影响评价工作。

3. 环境影响评价报告的编写与审查

环境影响评价工作大纲得到生态环境部门的批准后，承担环境影响评价单位便可以展开具体的环境影响评价工作，并着手进行项目环境影响评价报告的编写。环境影响评价报告书编写完稿后，由项目单位(承贷方)报送给项目所在的地方政府(或行业主管部门)进行预审，然后再报送国家生态环境主管部门审批。国家生态环境主管部门审批是必不可少的一环，也是环境影响评价中的最后一环工作程序。即世界银行所需要的环境影响评价文件，是经生态环境部门批准后的环境影响评价报告。

国家生态环境主管部门规定，在报送审批环境影响评价报告时，除了环境影响评价报告本身外，还需要随附有四个相关文件：一是负责预审部门或地方的预审意见；二是省级生态环境主管部门的有关执行意见；三是专家的审查意见；四是专家组的名单。

国家生态环境主管部门收到所有文件后，按照有关规定予以确认和审批。虽然环境影响评价工作越早开展越好，但是需要注意，国家规定最终的环境影响评价报告批准的时间，要在项目立项审批工作完成之后。为了使最终的环境影响评价报告的内容与世界银行的要求符合，项目单位(承贷方)和承担环境影响评价单位在编制环境影响评价报告的过程中，要充分采纳世界银行环评专家提出的意见和建议。

三、项目环境影响评价报告编写的主要内容及框架

尽管项目环境影响评价报告书是由环境影响评价承担单位负责，但是环境影响评价工作作为项目前期准备的重要内容之一，项目单位(承贷方)也应了解和掌握环境影响评价工作的相关内容和要求，便于项目前期准备阶段的整体推进。总体来说，林业造林贷款项目环境影响评价报告书的内容应包括以下九个方面。

1. 总则

这部分的主要内容：

(1)项目背景。主要说明项目评价任务的由来、项目环境影响评价报告书编制的目的意义、项目评价的等级和内容、项目环境影响评价评价的目标等。

(2)相关政策符合性分析。主要叙述产业政策符合性、与地方土地利用总规划的符合度、是否符合地方林业发展规划、是否符合国际金融组织贷款要求等。

(3)评价范围及评价因子。主要是阐述评价范围的界定、项目建设可能造成环境影响的因子。

(4)评价重点。主要阐述与选地、林地清理、整地、栽植、抚育、营林路、防火带等环节造成的负面影响，诸如生物多样性、水土流失、病虫害爆发与防治等应列为重点。

(5)评价基础。主要阐述项目环境影响评价的依据，包括国家或地方法律法规、技术规范、技术标准、项目建设文件等。

(6)执行标准。主要阐述项目环境标准参数与控制指标等内容。

(7)环境影响评价专家组。主要阐述项目评价的工作程序、专家的组成以及编制单位技术力量及其资质等内容。

2. 项目建设概况

这部分是项目可行性研究报告部分的内容，可以从其中节选些内容。主要包括以下几个方面：

(1)工程概况。主要叙述项目的宗旨、项目的目标、项目位置、项目布局、项目建设规模、项目建设的内容等。

(2)项目建设方案。主要介绍项目包括的子项目内容，例如生态防护林的营造子项目、技术支持与项目管理子项目等。

(3)林地树种林种规划。主要阐述项目造林地的选择、林种与树种的规划设计等内容。

(4)造林及附属设施。主要叙述新造林的技术措施、低效林改培的技术措施、基础设施及附属配套过程、科研推广与培训等内容。

(5)项目投资。主要阐述项目的总投资、资金筹措方案、贷款条件及还款计划安排等内容。

3. 项目区的自然与社会环境状况

该部分的内容主要包括：

(1)自然环境。主要说明项目区的地理位置、地形地貌情况、土壤和地质情况、江河湖水库等水源地情况、水文气象情况、国家级野生动植物分布情况、自然资源和动植物资源情况、项目所在区域林地类型、土地利用现状、项目涉及的敏感区域(自然保护区、各类生态公益林、动植物保护种类、人文风景区和名胜古迹等情况)、现有工矿企业分布、地表(地下)水及大气的环境质量状况、交通运输情况等。

(2)生态状况及评价。主要描述项目区域整体生态状况并对其进行评价，以及评价区存在的主要生态问题等。

(3)社会环境。主要描述项目区的行政区划、土地总面积、人口、国民生产总值、各类产业占比、林业总产值、财政收入、农民收入等情况。

(4)环境质量概况。主要是项目区域内空气环境质量、地表水情况等。

4. 项目环境影响预测分析及其缓解措施

这部分的内容主要包括：

(1)负面影响。主要阐述林地选择对环境的影响与缓解措施、树种选择对环境的影响与缓解措施、栽植密度对环境的影响与缓解措施、林地清理对环境的影响与缓解措施、整地栽植与抚育对环境的影响与缓解措施、营林路修建及附属设施对环境的影响与缓解措施、农药和化肥施用对环境的影响与缓解措施、防火带的营建对环境的影响与缓解措施等。

(2)正面影响。保障或净化项目区水质、增加项目区生物多样性、防风固沙、涵养水源、控制水土流失、净化空气、调节区域微气候、景观格局变化、区域生态环境系统稳定性影响等。

(3)风险分析。主要是项目启动实施后，对环境风险控制因子、风险防范措施等方面进行论证与分析。

(4)社会经济环境影响分析。主要是从两个方面进行论述：一是项目的实施对社会环境方面的影响；二是项目的建设对社会经济方面的影响。

5. 项目替代方案分析

这部分内容主要从4个方面进行论述：

(1)概述。主要是阐述有关森林管理法规对项目的有关规定以及项目选择分析的内容等。

(2)有项目与无项目的环境影响比较分析。主要阐述有无项目对环境的直接影响、间接影响以及综合影响等内容。

(3)项目实施方案设计比较分析。主要阐述项目区造林地选择分析、造林树种或林种的选择分析、造林模型选择分析等内容。

(4)综合评价。主要阐述或回答项目的开发对生态环境、社会环境以及社会经济环境的影响是否是最优的方案设计，方案是否可行。

6. 项目环境管理与监测实施计划

这部分内容主要包括：

(1)环境管理实施单位及其职责。主要是说明各级生态环境主管部门以及各级项目主管单位在项目环境管理与监测方面的职责分工。

(2)项目主管单位以往外资林业项目的环境管理。主要阐述实施林业造林项目环境管理方面的经验与做法、主要教训、对该项目的启示等。

(3)环境管理计划。提出项目可能出现的主要环境问题，制定出相应的缓解措施，规定执行者和负责机构等。

(4)环境监测计划。主要阐述监测项目与监测点的选择、项目监测的执行者、项目监测报告体系、项目实施前的监测、项目实施期(建设期)的监测、主要环境参数的详细监测计划等。

（5）环境培训或制度强化培训。主要说明环境培训的目的、培训课程设置、培训的组织、培训的人员等。

（6）科技推广与培训。主要阐述在项目执行过程中，有利于推动项目环境保护技术规程、项目环境保护监测实施方案、项目病虫害防治管理计划、农药化肥采购和使用管理计划等方面的技术规定或规程的技术培训以及执行方式、方法和措施等内容。

7. 公众参与

这部分内容主要包括：

（1）公众磋商方法及内容。主要阐述公众参与的目的、调查的方法（电话、微信、信件问卷调查、项目区会议问询调查、公开墙报咨询活动等）、公众参与调查方案、调查的范围（项目实施主体与非项目实施主体公众意见调查）等。

（2）公众调查结果分析及公众观点。主要阐述调查结果及其分析、公众观点及建议、专家意见与建议的综合归纳结果、走访农户得到的意见和建议等。

（3）资料公开与反馈。主要说明资料公开的起止时间以及公示期间收到来自社会反馈的信息情况等。

（4）公众参与结果。主要归纳公众最关心问题，其主要观点和愿望是什么。

8. 评价结论与建议

该部分的主要内容包括结论和建议两个方面：

（1）结论。阐述项目对环境质量的影响、项目建设规模及性质、项目选址的合理性、项目是否符合环保要求、项目所采取的环保缓解措施在技术上的可行性和经济上的合理性以及项目是否还需要再作环境评价等。

（2）建议。主要是对项目本身可能产生的环境负面影响提出有建设性和针对性的阻止或减缓不利影响的合理化建议。

9. 附件

在编制项目环境影响评价报告时，项目单位（承贷方）和环境影响评价承担单位应参考国际金融组织特别是世界银行相关的格式和要求。例如，世界银行规定了环境影响评价A类项目的环境影响评价报告书编写的基本格式和内容，其格式和内容基本与我国环评报告是一致的。但世界银行还要求在报告中增加附件，包括：一是说明与项目有关的政策、法律及行政管理规定以及项目替代方案分析；二是项目有关的移民计划和少数民族发展计划；三是要求附上显示项目地点、项目布局及其影响区域的地图；四是在基础数据（有关表格）中还应包括社会经济方面的条件；五是要有一个项目环境管理计划（包括项目环境保护规程、项目林病虫害防治管理计划、项目监测与评估实施方案以及监测机构、监测人员、技术培训计划等内容）。

第七章　县级项目造林总体设计

项目造林总体设计是项目造林、培育、经营和管理方面的基础性和前置性工作，是在查清项目造林工程区域内的自然条件、社会状况、经济情况、土地资源现状和环境状况的基础上，依据自然规律、经济规律、社会需求和项目既定目标，通过系统综合分析评价和合理有序开发利用荒山、荒滩、荒地、火烧迹地、采伐迹地等可用于林业发展的土地资源，编制合理的项目造林规划方案，并将国内外先进适用的造营林技术措施融合到设计规划预案中，为林业贷款造林项目的作业设计和造营林施工提供技术支撑和科学依据。

第一节　概　述

随着我国民生质量和水平的不断提升，人们渴望自然生态环境生存质量得到进一步改善。实践证明，造林绿化不仅能够有效地改善现有的生态环境，还能够为和谐社会的创建及经济发展注入新的驱动力。因此，为协调经济建设与环境保护的矛盾，我国积极利用国内外资金，在跨省份、跨流域范围内实施林业生态修复工程项目，通过项目的可行性研究和项目造林总体规划设计，保障树种的合理配置和混交，维护生物多样性。但是项目造林总体规划设计是一个复杂性的系统工程，要综合考虑影响项目的各种因素，编制规划设计工作大纲，加强项目工程关键节点的联系，实现项目建设资源、生产资源与管理资源的合理配置是项目建设的重要工作。

一、项目造林总体设计的目的与意义

在推动社会、经济、环境建设的过程中，项目造林总体规划设计及其方案的实施，能够增强土壤的蓄水保墒能力，发挥防风固沙、治理盐碱、绿化国土和净化空气的作用，协调或消除经济高速度发展与环境进一步恶化的矛盾，为经济发展、环境改善、社会安定提供良好的保障，具有重要的社会价值、经济价值、生态价值和技术价值。

1. 能整体把控县级森林资源培育，落实可研报告既定的项目治理目标

在开展县级项目造林总体规划设计时，首先需要了解和掌握项目县(市、区)整体造营林区域内的社会资源、土地资源、森林资源、经济情况、气候状况以及地形地貌和立地条件等相关信息，整体把控或规避项目县(市、区)的森林资源培育与存在的问题，全面落实可行性研究报告所设计的项目既定目标，以保障项目总体设计的合理性、可行性、前瞻性和科学性。

项目可行性研究报告编制的深度和广度，不同的机构有不同的要求。国际金融组织一般要求承贷方编写一个项目可研报告就行，而国内省级发改部门则要求以市(地)级为单位编写项目可行性报告，如果是项目涉及多个地市，则还要有一个总的项目可研报告。项目可行性研究报告是论证项目治理目标、资金投入与产出在社会、经济、生态和技术上的可行性，与项目造林设计编写的侧重点不同，其在造林设计方面的深度和广度是粗线条的，很难达到造林规划设计的要求。项目县级造林总体设计引进、采纳和吸收了国内外的造营林新技术与新成果，弥补了项目可行性报告的不足，确保了可研报告既定的项目治理目标的落实，实现项目总体设计的先进性、实用性和可操作性

2. 能把国内外先进适用的技术措施落实到山头地块，提高造林质量

在注重生态效益、社会效益和经济效益综合分析的基础上，县级项目造林总体设计通过合理规划与布局，挖掘现有土地的综合潜力，实现各类荒地、荒山、荒滩资源的优化配置和利用，将国内外先进适用的生态位定置、良种壮苗、密度控制、混交造林、树种培育、修枝间伐、过程控制等技术措施落实到山头地块和每一个造林小班，提高造林成活率和保存率，使项目林分生长量达到或超过国家标准，林相整齐，有效地涵养水源，维护生物多样性，净化空气，促进社会的和谐发展，有效发挥项目林生态系统的多种功能。

3. 能强化项目生产的计划性，避免盲目性，减少经济损失

造林树种或林种的优化配置，是县级项目造林总体规划设计中的重要环节，造林树种或林种的合理配置对发挥项目工程造林的作用和功能具有重大的意义。树种或林种优化配置的实质就是积极地挖掘土地和林木的潜在生产力，实现不同树种或林种间的优势互补和综合效益的最大化。因此，在项目造林总体设计前期必须反复开展科学的论证，采用良种壮苗并选择乡土树种，规划设计到山头地块，按照项目年度造林计划，分造林小班、分年度规划设计好林种和树种，估算其每个树种用苗量和用工量，避免无计划盲目进行造林现象的发生，减少各种不必要的人力、物力和财力损失。

4. 能为项目造林小班作业设计提供技术支撑和科学依据

在开展年度项目造林、营林时，首先要根据项目年度造林计划，安排生产任务。为确保项目顺利有序地开展施工，按时保质保量地完成造林和营林生产，施工人员需要根据小班造林作业设计说明书和图纸展开施工，而小班作业设计中明确规定了造林地点、小班面积、经纬度、树种和林种名称、苗木用量、种苗规格、混交方式、造林模型、造林密度、配置方式、整地挖穴方式、用工量、投资概算等信息，其设计的唯

一依据是县级项目造林总体规划设计书。因此，项目造林总体设计为项目造林小班作业设计提供了技术支撑和科学依据。

二、项目总体设计的编制步骤

1. 确定编制单位

根据国家发改委的项目立项批复文件和国际金融组织贷款项目的布局区域以及项目可行性研究报告设计的项目实施目标，确定以县(市、区)级项目单位开展《项目总体设计书》的编制。为确保项目总体设计的编制质量，参照相关规定，必须具有B级及以上林业规划设计资质的单位，作为县级《项目总体设计书》的编制单位。

2. 签订合同书

确定了项目造林总体设计编制单位后，县(市、区)级项目主管单位必须与其签订合同书，以合同的方式明确双方各自的权利与义务。特别是受委托编制单位，必须保证项目总体设计质量，并在规定的时限内提交合格的项目造林总体设计书。县(市、区)级项目主管单位，应按照有关程序和规定对其进行论证和批复。

3. 造林地的选择

根据项目可行性研究报告确定的项目投资额度、造林面积及相关的技术要求，通过到现场进行实际调查，落实造林地块，在图上勾绘出边界，在此基础上进行经营区划，并将造林任务落实到小班。

4. 专项调查

首先要开展自然情况和社会经济情况调查，收集项目建设区的有关资料；其次要进行专业调查，包括小班调查与区划、营造林工程与配套设施调查。

5. 编写总体设计

按照要求编制总体设计大纲，其建设内容和投资都要落实到具体地点，各种图纸、表格要求规范和齐全。

三、项目造林总体设计的主要内容

1. 项目林地区划清查与小班调查

在查清项目地区适宜建设项目林的宜林地的基础上，开展项目区划经营设计和小班调查。其方法应依据国家及林业主管部门或省(自治区、直辖市)有关的“营造林总体设计工作方法”进行。

2. 项目建设规模确定

主要内容包括：项目总投资[国内及金融组织贷(借)款或国内地方配套资金]、造营林面积(包括抚育改造提升、森林防火、病虫害防治等)、苗圃(改扩建)建设的规模等。

3. 林种规划

根据项目区的自然特点、社会经济条件、生态环境状况以及项目建设目标，有针对性地规划设计营造的生态防护林、速生丰产用材林或经济林等类型。

4. 树种选择

树种选择是造林成败的关键因素之一。树种选择应本着因地制宜、适地适树的原则，确定造林树种。树种选择应遵循的原则：为了加强生物多样性的保护，应选用优良乡土树种的优良种源、家系或无性系造林，增强抵抗病虫害的能力，降低林木受病虫害威胁的风险。只有在外来树种的生长和抗性优于乡土树种时，才可选择外来树种。如果未来的科研能够发现一些新的乡土树种能够适应造林地条件，这些树种也要作为备选树种。

5. 基础设施及附属配套工程规划

根据项目建设的需要合理安排工程项目，国际金融组织贷款项目一般不作投资预算，当然也要看与贷款方的谈判情况。主要包括：林木管护、信息管理设施、水利设施、营林路、森林保护、森林防火及有害生物防治等内容。

6. 科研示范推广规划

根据项目谈判情况和项目实施目标，在项目建设规划和项目实施过程中，可结合一定的研究、示范和技术推广，加强对项目的科技支撑，这有利于项目的顺利实施和整体建设水平的提升。

7. 技术培训规划

培训是项目的重要组成内容和支持保障手段，要在充分汲取以往利用国际金融组织贷款项目培训经验的基础上提出，其目标和任务就是要通过建立培训组织体系和开展各项技术培训活动(包括国外培训和考察、国内培训和技术咨询)，提高项目实施的科技含量和水平，确保项目总目标的实现。

8. 种苗生产规划

为了满足项目造林用种苗的需求，在项目规划中，应按照项目良种苗木的需求量，安排种质材料生产或苗圃提升改造工作。

项目苗圃升级改造应遵循的原则：一是要严格按照项目的《苗圃改进与种质材料开发计划》和《苗圃技术管理规程》的要求进行；二是要严格遵循国家级和省级有关苗圃建设的规定；三是应体现规模经营，市场前景和经济效益较好；四是苗圃经营管理机制是独立核算、自主经营、自我发展的国有或民营单位。

9. 环境保护安排

为确保项目的顺利实施，在系统分析项目区环境现状的基础上，找出项目环境影响潜在风险，提出消除、减少或缓解这些风险的措施。

为保证与本项目有关的环境保障措施和社会保障措施落实到位，还要制定项目的监测和评估计划，对项目的实施情况进行监测和评估。通过监测和评估，及时发现问题，指出必要的改进或补充措施，确保项目能够达到预期的项目发展目标。

10. 项目投资概算

主要包括：项目总投资、各子项目投资、各类别的投资、分年度投资、分项目单位投资、分经营类型(国有林场、集体林场、专业合作社、股份制公司、造林农户)投资等内容。

11. 资金来源与借贷款偿还

利用国际金融组织贷款实施林业造林工程项目，其资金来源一般为国外贷款资金和国内中央、地方配套资金组成。其筹资比例要看项目谈判的情况，一般是国外贷款资金和国内配套资金的比例为 6∶4 或者是 1∶1。

贷款偿还分析要按照项目的借款或贷款条件，在项目整个执行期间，宽限期内只还利息，不还本金；还款期内按等额还本金额加上同期项目规定的利率计算的利息一并偿还给贷款方(或借款方)，为便于查看，可分别编制《项目建设借款或贷款偿还付息表》。

12. 项目效益

项目效益分析主要从三个方面来阐述：一是经济效益。从项目投资本身直接产生的经济收入，如木材、果品、林副产品(种子、橡胶等)、碳汇收入以及林下收入等。二是社会效益。主要包括增加就业机会、技术培训、农民技能增加、带动苗木产业、造林营林队伍增加、打造和培育旅游业、从事与项目有关的专业合作社等方面。三是生态效益。包括增加森林面积、防风固沙、水土保持、涵养水源、增加粮食产量、固碳释氧等方面。

四、经济技术指标

在项目数据处理、论证分析、造林成活率检查、抚育管理质量以及生长量达标验收时，需要提出项目的经济指标和技术指标，并说明这些指标参数的理论依据。在县级项目造林总体设计中，建议采用苗木标准、树种生长量、造林成活率等 10 个方面的主要经济技术指标作为参数，当然也可根据不同的项目和贷款方的要求，增加或者减少其经济和技术指标。

1. 苗木标准

目前，采用的造林苗木主要有裸根苗、组培苗和容器苗，均以国家标准或林业行业标准的规定为准，凡是没有国家或行业标准的，以省级地方标准规定的苗高、地径和根系长度为准；如果都没有，则省级项目办组织专家确定其指标，并征得贷款方的同意。

2. 生长量

我国地域辽阔，南北立地条件差异很大，适宜的造林树种很多。因此，目前已知的国家、林业行业和省级规定的树种生长量标准主要是生产中经常使用的柏类、松类、杨类、杉木类等，多数造林树种没有生长量指标。如有则采用国家、行业或者是省级标准，否则由省级项目办组织专家确定其指标，并征得贷款方的同意。

3. 抚育技术

分为防护林树种和商品林树种。其中，防护林树种的抚育措施为松土除草(2-1-1)即进行 3 年，第 1 年 2 次，第 2 年 1 次，第 3 年 1 次；灌溉(1-1-0)即进行 2 年，第 1 年 1 次，第 2 年 1 次；整形修枝(1-1-1)即进行 3 年，第 1 年 1 次，第 2 年 1 次，第 3 年 1 次；森林防火(1-1-1)即连续进行 3 年，每年进行 1 次；商品林树种松土除草(2-2-2)即进行3年，第1年2次，第2年2次，第3年2次；灌溉(2-2-2)即连续进行3年，每年进行2次；施肥(1-1-1)即连续进行3年，每年进行1次；整形修枝(1-1-1)即连续进行3年，每年进行1次；森林防火(1-1-1)即连续进行3年，每年进行1次。这种抚育方式是因为投资所限，贷款方规定建设期内抚育管理只有当年、第1年和第2年投资。

4. 造林成活率

造林成活率是统计上报造林面积的主要技术指标。国际金融组织贷款造林项目规定，凡是造林成活率等于或低于60%的造林小班，不作为造林面积统计报账，需要重新造林；凡是造林成活率在60%~84%的造林小班，可作为造林面积统计报账，但需要重新补植达85%以上；凡是造林成活率达85%以上的造林小班，为合格的造林面积。当然，不同的造林项目，其合格的造林成活率的要求也不完全一样，如集约型经济林和速生丰产用材林，造林成活率达95%以上的造林小班，才算合格的造林面积。

5. 造林密度

分为防护林树种和商品林树种。防护林树种，其中针叶类的1500~3000株/hm^2，阔叶类的700~1300株/hm^2；商品林树种，400~800株/hm^2。

6. 用地划分和土壤指标

在土壤类型和用地划分方面，国家、部门和地方都制定有相应的标准或技术指标，均可以国家标准、林业行业标准或省级标准所规定的为准。

7. 农药种类和使用

在农药种类和使用方面，国际金融组织对承贷国有严格的要求和限制。例如在农药采购、运输以及使用时，世界银行要求承贷方必须使用世界卫生组织规定的Ⅲ类以上种类的农药，最好以矿物或仿生制剂为主。采购要有清单，运输要专人押运，包装进行回收处理等规定。欧洲投资银行和亚洲开发银行，也有相应的规定和要求。

8. 造林规模和造林小班

造林规模以单位每公顷投资为基数，汇总后为项目造林总规模。造林小班最大和最小面积，规定山地丘陵为0.5~20hm^2，平原和荒滩为0.5~30hm^2。山地丘陵单一树种面积为不大于2hm^2，平原和荒滩单一树种或品种面积不大于10hm^2。当然，这些指标可根据不同的项目而有所不同。

9. 投资概算

投资概算方面的技术指标包括：项目总投资、贷款资金、各级配套资金、项目造林单位投资、项目技术服务与项目管理、项目交通工具与办公设施以及设备、不可预见费等方面，其概算指标需要根据具体的项目确定，外币汇率按市场牌价计算。

10. 经济效益

经济效益指标包括：建设期、计算期、总经营成本、木材产量、贷(借)款期利息等，需要根据具体的项目确定；劳动力价格、产品经济价值和苗木价格依据当地市场现行价格确定，果品检疫费按其售价的0.8%计算，木材检疫费按木材价格的0.4%计算，育林基金按木材价格的5.0%计算，其他经济指标参照相关标准。

第二节　编制项目造林总体设计书的前期准备

项目造林总体设计书编写前期准备的程序主要包括：一是县级项目建设单位(承贷方)委托具有B类及以上林业规划设计资质的单位编制项目造林总体设计书；二是县级项目建设单位(承贷方)提供详细资料；三是受委托单位(总体设计单位)现场踏看；四是双方签订合同；五是总体设计单位编写造林总体设计工作大纲；六是总体设计单位开展野外调查和内业资料整理分析；七是编写县级项目造林总体设计书；八是向建设单位(承贷方)提交造林总体设计书。毋庸置疑，确保县级项目造林总体设计有序顺利开展的关键点是做好前期的工作准备。因此，编写县级项目造林总体设计的前期准备工作非常重要，可归纳以下三个方面。

一、组织准备

1. 成立领导支持组织

联络协调、密切配合与组织保障是县级造林总体设计不可或缺的一项重要工作，是确保项目总体设计外业调查和内业资料整理顺利开展的重要支撑点。因此，要成立由分管林业的县领导为组长，县林业主管部门主要领导为副组长，相关项目乡(镇、林场)负责人为成员的领导协调小组；成立由县林业主管部门分管项目领导任项目办主任，林业站长任项目办副主任，相关乡、镇、场专业技术人员为成员的项目管理办公室。领导协调小组负责县级项目造林总体设计重大事项的决策、协调、支持和保障工作；项目管理办公室负责县级项目造林总体设计统计年鉴资料的收集整理、野外踏查和外业调查工作的协助与陪同、车辆和后勤的保障等工作。通过成立县级造林总体设计领导支持组织，达到上下联动，相互配合，及时沟通，为县级项目造林总体设计单位创造良好的工作环境，确保此项工作及时顺利完成。

2. 筹集和备足有关的仪器和工具

“工欲善其事，必先利其器”，野外调查的成败决定于其方法和工具设备。仪器设备既是获取项目区原始数据的前提，又是获得信息创新成就的重要体现形式。因此，调查所需的仪器设备和工具，对实地调查或数据资料的采集至关重要，必须按要求筹集和备足。野外调查的仪器设备和工具主要有笔记本电脑、平板电脑、罗盘仪、定位仪、望远镜、无人机、测高仪、绘图仪、卡尺、取土器、标本夹、1∶10000或1∶5000的地形图、交通工具(越野吉普)等。只有筹集备齐需要的调查物资和设备，才能保证县级项目造林总体设计工作的顺利开展。

3. 拟定工作计划和技术标准

在开展县级项目造林总体设计外业调查前，要做好两项工作：一是拟定工作大纲；二是制定技术标准或指标体系。这两项工作，要由省级项目办主导，总体设计单位负责拟定初稿，然后再由专家参与论证定稿。县级项目造林总体设计工作大纲的内容包括：组织与管理、第一手资料收集、野外实地调查、内业资料（包括附表、附图和附件等资料）整理和总体设计书的编制等阶段的任务、完成的时间和负责人及配合牵头人。技术标准或指标体系的制定的内容包括：造林总体设计编制依据、造林技术指标参数要求、地形图和电子地图绘制标准、相关表、资料编制的指标参数要求、一手资料收集的范围和依据、二手资料的调查手段和精度要求等。

4. 组建规划设计队伍

县级项目造林总体设计书的编写工作，由项目主管部门（省级林业项目办）牵头，地市级项目办协助，县级（市、区）项目办主管，受委托（总体设计）单位为主体，共同组建项目造林总体规划设计队伍。在组建项目总体规划设计调查队伍时，要由既懂业务又掌握全面工作的省级、市级和县级项目办人员参加，为野外调查做协调和督导服务工作；总体设计单位要委派1~2名既熟练掌握造林规划设计方面专业知识的，又了解社会学、生态学、环保学、森保学等方面的人员参加；要抽调项目县（市、区）、乡（镇、林场）林业站技术骨干人员全程陪同，参与野外调查和内业资料整理工作。通过组建精干调查队伍，取长补短，互相配合，确保造林总体设计工作顺利推进。

5. 培训技术人员

只有做好总体设计人员的技术培训，才能顺利推进县级项目造林总体设计工作。根据以往我国利用国际金融组织贷款林业工程造林项目的经验，项目一般是涉及的省（直辖市、自治区）多、地域广，参加项目的县（市、区）多在几十个。因此，在开展专业技术培训时，要集中所有项目县（市、区）的林业技术人员参加培训，要根据已拟定的项目造林总体设计工作计划和技术标准，选择有培训经验的规划设计方面的专家或有经验的技术人员授课，重点培训项目第一手资料收集的方法和标准、野外调查数据采集的标准和要求、野外小班典型调查的方法、样地的设置方法与标准、调查工具的使用、表格的填写、图表的绘制等方面的内容。通过集中技术培训，使参加项目造林总体设计的人员，熟练掌握第一手资料和第二手资料收集和调查的技术标准，为县级项目造林总体设计书的编制奠定基础。

二、外业调查

外业调查的主要任务，是查清适宜营造项目林的宜林地和可开发利用的荒山荒地，并落实到山头地块和造林小班。其内容和方法以及具体要求，按照国标《营造林总体设计规程》（GB/T 15782—2009）执行。

1. 收集统计资料或补充调查

根据年度县级统计年鉴、项目可行性研究报告或实地调查，收集项目区经济、社会、工业、农业、交通、电力、环境、用地、劳动力、文教卫生等基本情况。如果有的方面信息缺失，则需要开展补充调查，获取相关的数据资料。

2. 核实小班

根据县级项目造林总体设计文件和年度造林计划安排，到造林地现场核实年度造林小班及其立地类型、造营林模型等因子，并根据县级项目造林总体设计和年度造林计划进行具体施工设计。如果根据核实的资料和具体情况需要对造林总体设计的小班内容进行修改完善，在施工设计中必须说明理由，对树种、造林密度、混交比例以及不同小班树种搭配的调整要符合《项目造林模型》的要求，同时报送所在市林业局项目办批准，并报省项目站备案。

3. 测量小班面积

原则上应使用罗盘仪实测小班面积，也可使用精度较高的BDS(北斗)或GPS测定，闭合差不大于1%，精度不低于95%。对使用1∶10000(1∶25000)比例尺的地形图勾绘小班、求算小班面积的，在造营林后必须进行实测小班面积，并按实测结果填报；对小班面积与上报项目小班电子地图面积或位置不符的，要及时更新小班电子地图，并报送所在市林业局项目办批准，并报省项目办备案。

4. 落实附属工程

将县级项目造林总体设计中布设的林道、防火线、防火林带、监测林样地以及灌溉设施等，落实到小班或具体地块，并将位置、走向绘于图上。

5. 标记

对小班范围内不能造营林的地形、地物，如突出的裸岩、石质地块等进行标记，测算面积在小班面积中扣除即可。

三、内业设计

在内业设计工作前，要对外业调查和收集的第一手材料和第二手资料进行逐项检查与核对，确认无误后，方可进行内业设计。

1. 项目造林地

(1)小班面积求算。对在1∶10000(1∶25000)比例尺的地形图上勾绘的小班，采用求积仪、方格网法或地图导入计算机矢量化后在相关软件中进行面积求算。每个小班求算两次，取平均值。两次面积相差不应大于2%。小班面积以造营林后检查验收时的实测面积为准。

(2)小班造营林设计。以国有林场、集体林场、股份制公司、专业合作社、农林大户等为单位，按村(工区)和小班顺序编号，采用表格形式，做出小班造林模型、树种、密度、整地方式、栽植方式、抚育管理等内容设计。根据林业造林工程项目的特点，要特别注意如下设计内容：

①造林地块的筛选。要按照《贷款项目环境保护规程》的要求，严格按程序筛选造林地，并将“贷款项目造林地筛选方法流程”附在施工设计之后，一并存档。凡不符合“贷款项目造林地筛选方法流程”的土地，一律不得作为项目造林用地。

②树种的选择。根据各造林地块立地条件与造林模型选择多树种和多品种(无性系)进行造林，以增加生物多样性、保证林分的稳定性，充分发挥项目林的生态防护功能。

③造林模型。要根据具体的贷款项目和经营目标，规划设计适合不同立地条件和不同经营目标的造林模型。一般项目的造林模型有四大类：一是生态型防护林类型；

二是经济林类型；三是用材林类型；四是低效林改培类型。四大类造林模型还可以再细分好多种，这要根据每个项目的经营目标而确定。

④造林密度。密度控制是造林中的重要环节，必须按照项目既定目标严格把控。因此，根据造林地立地条件和树种的生物学特性，结合以往项目区的成功造林经验，以达到最佳林产品收入和防护效益为目的，确定各造林树种栽植密度。

⑤项目混交林。按照增加物种多样性和生物多样性的要求，混交林的营造通常采用块状、带状或条状混交方式。生态型防护林尽可能采用多树种、多层次混交造林，根据项目区的地理及生态条件可以采用块状和带状混交方式；为提高林分的生产力，用材型防护林和经济型防护林可采用集约式单一树种造林。具体方法：一是平原或河滩地要选择适宜树种，采用带状或块状混交，也可采用部分速生树种，使其尽快成林，起到防风固沙等生态作用。二是低山丘陵区可在针叶林内补植阔叶树，在阔叶林内补植针叶树；补植时可采用植苗造林，也可采用直播造林，以形成针阔混交林。三是在保持多树种的前提下，优先选择乡土树种和当地群众习惯使用的树种，在小范围内采用试验成功的新树种，以起到示范作用。四是在集中成片面积较大的荒山荒地，各相邻的造林小班要采用适宜的不同树种，便于形成不规则的块状混交林。

⑥低效林改培。按照不同的林分类型采取不同的改造培育方式，对复层异龄残次林等选择综合改造的方式，通过采取补植、抚育、调整等方式，育林择伐、林冠下更新等措施，提高林分质量。具体措施是按照补植为主、伐除为辅的原则，可先清后补，也可以先补后清。伐除部分影响补植、占用林地面积和空间较大的非目的树种，以及老龄过熟木、多头木、病腐木、断梢木、霸王木、树干弯曲破损木，为林下补植创造有利条件。补植时应根据上层保留木胸径大小和株数、林窗大小、幼苗幼树分布以及立地条件等因素确定补植树种和密度。

2. 科研推广示范与技术培训

根据项目投资、规模和治理目标，将外业调查资料，按照项目科研课题研究、项目新技术和新成果推广、项目高技术投入和高标准培育模式示范应用以及项目技术培训等，分别进行归类统计和归类设计。

3. 信息系统

为切实提高经营管理水平，保证项目建设的顺利实施，应将项目的电子地图、小班数据、图表卡等技术资料进行归类整理和设计，建立数据信息处理平台，为管理者的决策提供依据。

4. 环境监测

根据项目实施目标，结合项目区环境现状和项目需要，分别归类整理有害生物发生发展、水土流失、农药化肥使用、面源污染、名胜古迹、各级生态林、珍贵树种、濒危物种等情况的布点、监测和数据采集处理。

5. 项目种苗

(1)种苗来源。苗木质量应达到国家、省或项目确定的Ⅰ级苗木或合格苗木标准。设计中说明种(条)、苗木类型和来源，种(条)和苗木来源应以县(市、区)级中心苗圃培育的苗木为主，对于较难生根或者有特殊要求的乡土树种的苗木，可以从省级苗圃进行统一调运。为提高低山丘陵和盐碱地造林成活率，苗木类型以容器苗为主、裸根苗为辅。

(2)苗木数量。根据年度施工作业设计的造林面积、混交比例确定各造林树种的面积，结合栽植密度分别设计和计算各树种所需的I级苗数量，同时应考虑苗木在运输和栽植过程中的受损率(3%~5%)。对于播种造林的树种，在设计和计算种子数量时，应该考虑种子的纯净度(95%以上)和发芽率(80%~90%)，并合理地留有余量用于补植。

6. 物资设备

根据项目建设实际需要和世界银行、欧洲投资银行等国际金融组织相关规定，项目采购设计的内容包括两部分：一是交通工具和办公设备，由省级项目办负责统一采购，采购品种和数量需由市地级财政部门及其项目办共同确认后采购；二是苗圃工程，由项目单位组织实施。

在设计物资设备采购的方式时，应考虑世界银行、欧洲投资银行等国际金融组织相关规定；物资设备采购后的培训、管理和使用，既要符合项目管理办法本身的规定，又要符合国际金融组织对贷款项目的要求。

7. 社会影响评价

通过外业调查，将获得的项目对社区影响的第一手资料和第二手资料，按照对社会正面影响和负面影响分别进行归类设计。正面影响包括：就业、受教育、技能提高、产业带动等方面；负面影响包括：农药化肥对人畜的影响、不合理的经营承包形式等方面。

8. 配套工程

(1)防火线、防火林带设计。根据外业调查材料，对火源容易侵入和蔓延的地带进行防火线或防火林带设计。主防火线或防火林带应与主风方向垂直，宽15~30m；副防火线宽10~12m。防火林带要种植耐火树种。

(2)林道设计。根据造林总体设计安排进行林道设计。基本沿等高线环山设置，一般宽1m，计算林道长度，并在整地前施工。开设林道时应注意防止水土流失。

9. 投资概算

在进行项目投资概算时，要以乡(镇、场)为单元，按国有林场、集体林场、专业合作社、股份制公司、农户(农户联合体)等造林实体类型，分别依次设计和计算用工量、投资和苗木、农药、肥料需求数量。

第三节 县级项目总体设计书的编写

县级项目造林总体设计书编写的依据是项目建议书、项目可行性研究报告、发改部门批复文件、县级林业重点规划、县级相关的其他规划、森林资源规划设计调查资料等。编写县级项目造林总体设计书，要与县级生态环境规划、城镇防护林体系建设以及县级其他总体规划相衔接。县级项目造林总体设计的深度应满足：项目建设面积规模落实到山头地块，项目建设任务应按类型分解到小班，采用的数据能反映项目建设区当前现状，编制投资计划要与项目可研报告单位投资一致，其是制定年度计划、作业设计和进行施工准备的唯一依据。

一、总体设计的一般原则

林业外资项目造林总体设计与国内一般的规划设计要求严且质量高，这对设计人员在规划的把握上和技术措施的运用上提出了更高的要求。因此，要保障县级项目造林总体设计的合理性、科学性和可操作性，就必须掌握国际金融组织贷款项目和国内项目的相关要求，遵循相应的规划设计原则。

1. 整体性原则

整体性原则是指坚持与全县林业发展战略相一致，与现有的商品林和生态林规划相结合，以改善自然生态环境和实现人类可持续发展为切入点，以脱贫致富为抓手，将项目造林总体规划设计与人们的生产生活水平的提升相融合，充分考虑社会经济发展水平，与全县的整体规划相衔接，全面把控项目的造林总体规划设计。

2. 因地制宜原则

县级项目造林总体规划设计与人类的生产生活紧密相连，需要综合考虑气候、地形、地貌、土壤、水源等各种自然环境因素，坚持统一规划、因地制宜、适地适树、因害设防、科学论证的原则。

3. 过程控制原则

项目造林生产过程，是由许多道工序的节点紧密相连，是一个综合性的社会管控活动；其相互之间既紧密联系，一环扣一环；又各自独立，各道工序自成体系。因此，在开展县级项目造林总体规划设计时，根据节点间的过程进行科学规划，依靠科技进步，坚持过程控制设计原则，提高各工序的科技含量，推进项目造林总体设计水平更进一步。

4. 整体推进与流域治理原则

在利用国际金融组织贷款林业造林项目的可行性研究报告中，其项目区域造林地点和规模一般规划到县(市、区)。根据这一规划特点，县级项目造林总体设计在与全县总体生态治理规划相衔接的前提下，尽量按乡(镇、场)连片区域整体推进的规划设计理念，坚持一规划一个山头，一治理一个流域的原则，全面做好县级项目造林总体规划设计。

5. 乔灌藤草搭配混交造林原则

根据《营造林总体设计规程》(GB/T 15782—1995)规定，项目造林单一树种面积不宜过大，造林小班面积应小于 $20hm^2$；世界银行贷款“山东生态造林项目”规定，山地丘陵单一树种造林面积应小于 $2hm^2$，以形成马赛克状的森林景观。因此，项目造林总体设计要坚持“乔、灌、藤、草混交搭配，多类型、多模式、多树种混交造林”的原则，以维护生物多样性，建立稳定的多功能的森林生态系统。

6. 三大效益建设相兼顾原则

利用国际金融组织贷款造林项目有以商品林(经济林和用材林)为经营目标，也有以生态防护林为经营目标。前者以经济效益为优先，后者以改善生态环境为主攻目标。因此，无论是何种经营目标，都要坚持“生态效益、社会效益、经济效益相结合，生态建设、和谐社会建设、区域经济建设相兼顾”的原则。

二、预期产出的主要成果

1. 项目总体设计说明书

主要内容包括：项目区基本情况(自然地理条件、社会经济情况、森林资源情况、林业经营状况、项目建设条件分析)、营造林建设用地论证、经营区划、项目建设规模和任务、造林设计、经营设计、种苗供应方案设计、森林保护设计、环境保护设计、基础设施和办公设施及设备设计、组织机构设计、项目实施进度安排、项目投资概算与资金筹措以及项目评价和结论等。

2. 附图

主要包括：县级项目建设区域位置图、县级项目建设区域现状图、县级项目建设区域立地类型图、县级项目建设区域营造林总体设计图、县级项目建设区域地形和造林模式图等。

3. 附表

主要包括：县级项目造林总体设计调查各类土地面积统计表、县级项目造林总体设计造林小班和经营小班统计表、县级项目造林总体设计立地类型表、县级项目造林总体设计造林模型表、县级项目造林总体设计经营模型表、县级项目造林总体设计种苗需求量统计表、县级项目造林总体设计分年度造林规模表、县级项目造林总体设计分年度经营措施规模表、县级项目造林总体设计造林单位面积技术经济指标、县级项目造林总体设计投资概算总表、县级项目造林总体设计产量估算表等。

4. 附件

主要包括：相关的规划设计、项目批复文件、项目合同或协议、用地批复文件、项目配套资金承诺函、相关的单项调查研究报告、样地调查记录、影像照片标本资料等。

三、项目总体设计书编写的内容和结构框架

县(市、区)级项目造林总体设计书的编写内容和框架，没有固定的格式，但在长期的规划设计中，已达成了共识，其中有些内容是必不可缺的，有些内容是可以省略的。为了便于此项工作的开展，提出如下项目总体设计编写大纲，供参考。

1. 项目区基本情况

这部分内容主要包括：一是自然地理条件(包括地理位置、地形地貌、气候、水文、土壤、植被等)；二是社会经济情况[包括行政区划(乡镇、村)、人口、劳动力、经济状况、交通、电力、通信等]；三是森林资源情况[包括林地面积(各地类、林种面

积)、覆盖率、蓄积量等]；四是林业经营状况。

2. 项目建设条件分析

主要从以下方面阐述：土地资源、立地条件、气候条件、林业机构、技术力量、项目管理经验、建设项目的积极性、劳动力资源、良种壮苗资源、社会基础设施、技术储备等方面。

3. 规划设计

这部分内容主要包括：项目指导思想和原则、设计依据、规模与布局、造林设计(其中包括经营区划、立地质量评价、立地类型、林种设计、树种设计、主要造林技术设计、造林措施类型等)、种苗规划(其中包括苗木标准、种苗需求量测算、种苗供应方案、种苗基地设计等)、森林保护设计(其中包括森林防火、林业有害生物防治、森林管护等)、基础设施建设工程设计(其中包括营林路、水利设施、信息管理设施等)、科研与培训推广(其中包括科研与培训推广、科研计划、科技成果推广计划、培训计划、项目监测与评估)、设备采购(其中包括招标方案、机构设置、人员设置及培训、采购的内容、采购的方式及采购程序、采购管理、结算与支付)、苗圃改进(其中包括良种苗木的需求量、种质材料生产、苗圃改进)等内容。

4. 环境保护

这部分内容主要从两个方面进行论述：一是项目建设对环境的影响分析。包括整地方式对水土流失的影响；施肥、农药对环境的影响；营林方式及树种配置对环境的影响；项目建设对野生动植物栖息环境的影响；项目建设对其他环境的影响等。二是项目建设环境保护措施。包括生物多样性保护措施、水土和土壤肥力保护措施、其他措施等。

5. 项目组织与经营管理

主要从以下方面分析论证：项目管理机构(包括机构设置、机构职责、人员设置等)、项目管理(包括计划管理、工程管理、资金管理、经营技术管理、项目经营管理等)等方面。

6. 项目实施进度

这部分内容主要包括：建设期限、建设进度与安排、防护林营造、技术服务与项目管理等内容。

7. 投资概算与资金筹措

主要包括：投资概算依据、投资概算(其中总投资按项目组成划分和总投资按年度安排)、资金筹措(其中筹措方式有国际金融组织贷款、国内地方配套)、资金偿还(其中包括贷款条件和还款计划安排)。

8. 项目评价

主要从五个方面阐述：一是效益分析(包括生态效益、社会效益、经济效益)；二是社会影响分析；三是环境影响分析；四是项目建设风险分析；五是综合评价分析等内容。

9. 附表与附图

(1)附表。包括：表1 项目造林地按地类面积统计表；表2 项目县(市、区)造林树种、林种面积统计表；表3造林模型(树种)面积按年度规划表；表4项目育苗面积、种子、苗木及需求量规划表；表5项目县(市、区)投资概算表；表6项目造林模型(树种)投资按年度规划表；表7项目县(市、区)投资资金来源表；表8项目县(市、区)林产品产量预测表；表9项目利润测算与项目现金流量表；表10项目贷款偿还年限计算表；表11项目各种技术经济指标汇总表；表12项目造林小班调查设计一览表。

(2)附图。主要附图：①××银行贷款××县××项目总体设计调查区划底图(采用1∶1万地形图作为总体设计区划底图，标示小班界，注明小班分子式)；②××银行贷款××县××项目总体布局图(图幅为A4或A3打印纸大小)；③××银行贷款××县××项目××乡(镇)设计图(采用1∶5万地形图，以乡镇为单位另册装订成册)。

10. 其他需要说明

(1)小班分子式。表示方式如下：

$$\frac{\text{乡镇-村-小班号-治理模型号}}{\text{林种-树种-小班面积}(hm^2)}$$

(2)计量单位。面积单位用hm^2，数字精度宜保留一位小数；蓄积量单位用m^3，保留整数；投资金额单位用万元，保留三位小数；计量单位表示和数字精度应保持全文一致。

(3)编排与印制。总体设计章、节的编号采用阿拉伯数字分级编号。节编号宜小于4级，章的标题用2号黑体，第一级节的标题用3号黑体，第二级节的标题用小3号黑体，第三级节的标题用4号黑体；正文宜用4号仿宋字体，按每页排24行，每行排30字。

(4)附表。宜用A4(210mm×297mm)或A3(297mm×420mm)标准白纸，仿宋字体两面印制。

(5)附图。宜用A4(210mm×297mm)或A3(297mm×420mm)标准白纸印制。

(6)总体编排顺序。宜按前言部分、正文部分、附表、附件、附图顺序编排装订成册。

第八章　项目运行管理机制的建立

为确保国际金融组织贷款项目的顺利执行，在项目进入前期准备阶段时，借款方需要根据贷款方的要求，组织相关领域的技术和管理方面的人员编写项目管理办法、财务管理办法、物资管理办法、环境保护管理规程、造林(抚育)检查验收办法、报账提款办法、年度施工作业设计管理办法等项目运行管理机制，编制项目科研与推广计划、项目监测与评估方案、项目培训计划、项目林病虫害防治综合管理计划、项目苗圃改进与种质材料开发计划等专项实施计划或方案。这些办法、规程、计划或方案准备推进的速度和质量，决定项目评估的进程。

本章以世界银行和欧洲投资银行贷款项目的有关办法或规程为样例进行解析编写过程中应注意的问题，讨论和论述项目管理办法、财务管理办法、物资管理办法、环境保护管理规程、造林(抚育)检查验收办法以及年度施工作业设计管理办法的结构框架和编写内容，以期达到能熟练掌握编写相关国际金融组织贷款林业项目运行管理机制的目的。

第一节　项目管理办法

项目管理办法是国际金融组织贷款项目建设期间实行计划、组织、财务、工程、科研、推广、培训、物资、监测等方面的项目运行管控机制或管理规定，也是项目实施期间的总抓手，同时还是规范项目单位和项目管理人员开展项目建设活动行为的准则。因此，项目管理办法对确保项目的顺利实施具有重要的作用。

一、项目管理办法编写的格式与内容

编写出一个令人满意的项目管理办法，是一件很不容易的工作。项目管理办法的编写对于项目整体管理和运作至关重要，必须高度重视，组织有项目管理经验的人员起草编写。只有掌握贷款项目的实施特点，明确项目的经营目标，才能编写出比较满

意的项目管理办法。下面结合世界银行贷款项目，探讨国际金融组织贷款林业造林工程项目管理办法的编写框架，供同行参考。

1. 总则

总则章节主要阐述事由、目的意义、依据、适用时间、适用范围等内容。但也先有介绍项目的基本情况后，再阐述该项目管理办法的制定依据、适用范围等内容。下面是“世界银行贷款‘山东生态造林项目’管理办法”的总则部分，供同行推敲与体会。

第一条为加强世界银行贷款“山东生态造林项目”（以下称“SEAP”）的管理，规范项目相关单位财务行为、会计核算、提款报账以及物资采购和工程招标的管理和监督，保证项目建设顺利实施，发挥项目的经济效益，保证所贷资金合理有效使用及按时还本付息，根据财政部《国际金融组织和外国政府贷款赠款管理办法》、山东省财政厅《山东省政府外债管理办法》以及世界银行与财政部签署的贷款协定、世界银行与山东省人民政府签署的项目协定和世界银行贷款国内债权人签署的转贷协议等相关法律法规，结合山东省世界银行贷款管理工作实际，制定本办法。

第二条本办法适用于参与实施本项目的各级财政部门、项目办公室及项目单位；适用于项目建设期，即自项目追溯报账日至项目竣工决算日终止。项目竣工结算，办理工程移交后，按照国内有关会计核算办法办理。

2. 组织管理

该部分主要阐述贷款项目成立的领导与支持组织情况，包括项目领导小组、项目管理办公室、项目技术支撑办公室、项目专家顾问团队、项目领导与支持组织的组织构架和运作情况等。同时还要说明项目单位、部门间的协调配合情况。

3. 计划管理

主要阐述项目年度计划的批复与管理，包括：年度贷款资金和配套资金计划、年度造林计划、年度抚育管理计划、年度种苗供应计划、物资采购计划、科研推广计划、考察培训计划等。

4. 工程管理

工程管理是项目质量管控的重要环节之一。因此，这部分内容特别强调项目造营林工程施工必须具备的条件、种苗供应质量、造林密度、树种搭配混交、施工进度、施工质量、现场验收和检查督导等环节。

5. 财务管理

财务管理主要阐述项目资金的构成及比例、筹措方式、资金拨付的方式和途径、贷借款资金的转贷和管理、贷借款资金偿还、资金的使用和管理、账户管理、人员配备、会计核算、资金审计等内容。

6. 招标采购

招标采购主要阐述职责分工、招标代理的管理、招标采购计划的管理、招标和评标、合同管理等内容。下面是《世界银行贷款“山东生态造林项目”管理办法》的招标采购部分，可供同行参照编写。

（1）职责分工。省项目办具体负责招标采购的组织实施和监督工作，省财政厅负责采购的综合管理和监督。省项目办和招标代理机构组织评标委员会，负责评标工作。

各项目所在地财政部门全面参与本级项目招标物资和工程的询价采购工作。

(2)招标代理的管理。

①省项目办应根据国家有关部门颁发的世界银行贷款项目国内招标机构委托指南的规定，按照公平竞争的原则进行招标代理的评选工作。

②选择国内招标代理机构的具体工作，由省项目办负责，合同谈判应由省项目办组织进行。评选结果报省财政厅同意后，由省项目办与招标代理机构签订委托代理协议。委托代理协议副本应报省财政厅备案。

③委托代理费标准按照国家有关规定执行，由合同双方具体收取和支付，财政部门监督。

(3)招标采购计划的管理。

①省项目办每年年初参照世界银行规定的"SEAP"项目物资设备采购时间表，向市项目办和各项目单位下达当年物资设备采购计划。

②各项目单位根据项目需要和工程进度，对省项目办下达的采购计划进行修改和补充，补充的内容不能超出国家发改委与世界银行批准的项目可行性研究报告采购清单中规定的内容，经同级财政部门同意盖章后报省项目办。

③省项目办根据项目单位、下级项目办报送的采购计划，经省财政厅同意后报世界银行批准，并取得世界银行的不反对意见。未按照上述程序编报审批的采购计划，不得实施采购。

④采购计划经世界银行批准后要严格执行，如需更改，则须经省项目办和省财政厅同意后报世界银行批准，但更改申请的提出不得晚于招标公告发布之日起30天。

⑤省项目办应制定详细的各项目招标采购管理办法，市项目办和各项目单位严格按照管理办法具体组织实施。

(4)招标、评标。

①所有招标文件格式均以世界银行和财政部编写的《世界银行贷款项目招标采购文件范本》为准，范本中没有规定的，由省项目办统一规定。

②项目单位和招标代理机构负责编制招标文件，省项目办负责审核，财政部门参与。

③项目单位和招标代理机构负责组织开标、评标等工作，省项目办和各级财政部门负责监督。

④招标、评标程序应遵循世界银行采购指南的要求以及国家招投标法的有关规定，如有冲突，应以世界银行的采购指南为准。

⑤项目单位和招标代理机构负责编写评标报告，报省项目办审查，并取得省财政厅的书面确认，需要报世界银行批准的，由省项目办负责报批。

(5)合同管理。

①各级项目办、财政部门要加强合同管理。未按本规定执行的合同，省财政厅不予支付。

②对于各市组织的采购，凡是属于世界银行后审的合同，签字生效以前均需报省项目办和省财政厅审查，在得到省财政厅不反对意见的通知后，省项目办可予以批准。

③对于合同金额超过世界银行后审限额的合同，由省项目办送世界银行审批。在得到世界银行不反对意见的通知后，省项目办应及时将世界银行的不反对意见原文转给省财政厅和项目单位。

④如因某种原因，合同双方达成协议对合同主要条款进行修改，此修改需报省项目办和省财政厅批准。

⑤在合同执行期间对违反合同的事项应根据合同进行索赔和罚款，或提出仲裁。合同的执行情况应定期上报省项目办和同级财政部门。对有欺诈和行贿行为或履约情况差的投标人，省项目办和财政部门将予以通报，并上报世界银行和财政部执行相应的处罚措施。

7. 物资管理

物资管理主要阐述物资管理的程序和内容、项目物资的种类、物资设备保管使用制度等内容。下面是《世界银行贷款“山东生态造林项目”管理办法》的物资管理部分，供同行编写参考。

(1)各项目单位对购置的设备、材料等物资要设专人保管，分别设置账簿，单独核算。

(2)用世界银行贷款采购的物资设备必须专门用于世界银行贷款项目，任何人不得擅自转让或变卖。对于因特殊原因确需特殊处理的，需报省项目办和省财政厅批准。

8. 科研推广

这部分主要阐述科研推广支撑体系的构建及运作、科研课题计划、科研课题招标与管理、新技术新成果推广内容、新技术新成果的计划管理、技术培训的内容、技术培训的方法、技术培训组织体系构建、技术培训的管理等内容。

9. 项目监测

这部分的内容主要阐述项目环境保护监测小组的构建与运作、项目环境保护监测的主要内容(生物多样性、土壤肥力减退、病虫害消长、农药化肥采购使用储运保存、森林火灾防控、地表水和地下水监控等)、项目实施进度监测(资金使用、造营林、林木生长量、物资采购、苗圃改扩建、种苗供应等)等方面的内容。

10. 档案管理

档案管理主要阐述档案资料内容、档案归类整理、档案管理借阅制度等内容。下面是《世界银行贷款“山东生态造林项目”管理办法》的档案管理部分，供同行编写参考。

(1)各项目单位必须妥善保存项目实施的各项记录，建立档案管理制度，有专人负责档案收发、登记和管理。采购的档案包括招标、询价文件、国内审批件、世界银行审批件(无反对意见的传真)、招标广告、询价邀请，开标记录、投标、报价文件、澄清文件、评标报告，国内和世界银行对评标报告的审批、合同文本、采购清单、验收单等。

(2)每年年底，采购人员将本年度已完成执行合同的上述文件按时间顺序集中编号装订成册，并用专用的柜子、箱子存放。

(3)采购档案采取分级管理，哪一级负责组织采购，哪一级存放档案。采购档案须妥善保管，以备项目审计和世界银行审查。

11. 奖惩

奖惩管理部分主要规定：遵循的原则、项目资金和工程及物资管理应注意的问题以及违反规定的奖惩制度等内容。下面是《世界银行贷款"山东生态造林项目"管理办法》的采购部分的奖惩规定，供编写参考。

(1)采购过程中应遵守国家有关法律、法规和世界银行的《采购指南》以及本办法的有关规定。

(2)在招标、评标和合同谈判过程中，项目单位、招标代理和有关部门及其经办人员，不得以任何方式索取或收受投标人提供的回扣和好处费。

(3)在评标期间，任何人不得向投标人泄漏评标情况。

(4)参与招标活动的人员及单位不得参与本项目投标。

(5)参与单位违反国家有关法律、法规造成采购失误、延误工程进度或导致废标，给国家造成经济损失和不良国际影响的，将依据国家有关规定给予相应处罚。

12. 附则

附则部分是项目管理办法的最后一章，一般需要阐述办法的解释修改补充的权限、制定实施细则的单位以及办法的执行日期等内容。

二、项目管理办法样例

国际金融组织贷款工程造林项目管理办法是规范各级项目单位实施、运作以及竣工验收的重要法规性文件。为加深对项目管理办法的理解，现以《山东省利用世界银行贷款"森林资源发展和保护项目"管理办法》为样例，仅供参考。

山东省利用世界银行贷款"森林资源发展和保护项目"管理办法

Ⅰ 总则

第一条　山东省利用世界银行贷款"森林资源发展和保护项目"是中国利用世界银行贷款"森林资源发展和保护项目"的一部分。项目计划总投资9972万元人民币，其中世界银行贷款720万美元(折合5893万元人民币)，国内配套资金和劳务折抵投资3980万元人民币。

本项目在全省9个市(地)16个县(市、区)实施，主要用于营造高质量集约经营人工林，加速发展森林资源，改善生态环境，扩大木材生产基地，缓解山东木材供应紧张局面，借鉴国内外先进技术和管理经验，提高山东省造林、营林技术和管理水平。项目建成后，项目区内可增加3.3万hm^2的人工林，林木蓄积量达590.01万m^3，累计生产木材412.99万m^3，薪材50.01万t，有110多万户农民将从项目中受益。

为了执行《财政部与山东省人民政府签订的关于利用世界银行贷款实施森林资源发展和保护项目的转贷协议》(简称“转贷协议”)，保证项目的顺利实施，实现预期目标，根据财政部、林业部制定的《关于“森林资源发展和保护项目”的实施规定》(以下称“实施规定”)及山东省项目实际情况，特制定本办法。

Ⅱ　组织管理

第二条　本项目实行统一管理与分级管理相结合的管理体制。山东省农业引进外资项目领导小组(简称项目领导小组)是本项目的决策机构，负责研究解决项目建设中的重大问题，落实配套资金，协调内外关系，保证项目顺利实施。项目领导小组下设林业世界银行贷款项目联合办公室(简称省项目联合办公室)，统一负责项目的管理工作。项目市(地)、县(市、区)要成立同级的项目领导小组及其联合办公室，配备项目管理人员负责辖区内的项目管理，定期向上一级项目联合办公室报告工作。只有一个项目县的市(地)，市(地)可以不成立项目办公室，主管部门应负责本项目的监督和管理。根据项目的管理需要，项目乡(镇)也要建立相应的项目领导小组，并责成有关部门做好项目的管理和组织实施工作。国有林场(苗圃)、乡村级集体林场是实施本项目的最基本(造林)单位，负责项目的造林、抚育等全过程的经营管理工作。

第三条　省项目联合办公室系省项目领导小组的办事机构，办公室设在省林业厅。项目联合办公室下设工程组、综合组和财务组。工程组和综合组设在省林业厅项目办公室，负责项目的规划、管理实施、监测、评价和业务指导；审计项目设计；编报、执行项目年度计划；汇总工程进度报告和报账提款手续；组织年度造林检查(核查)竣工验收。财务组设在省财政厅，负责项目财务管理、会计核算、世界银行贷款资金的承贷、转贷、回收和还贷工作；汇总、编制财务报表；组织、审查向财政部报账提款；筹措落实项目配套资金；监督检查转贷资金及配套资金的使用情况。

各有关部门应密切配合，加强联系，协调解决项目实施中的问题。

Ⅲ　计划管理

第四条　本项目计划审批由各级项目联合办公室负责。项目建设单位根据项目可行性研究报告和总体设计，编制项目年度计划，并由当地项目联合办公室组织有关部门审查后，自上而下逐级编制上报。全省年度计划的编制由省项目联合办公室根据地市上报的年度计划审查汇总，报林业部世界银行项目管理中心审批后下达。

第五条　项目的年度计划包括年度造营林计划、种苗供应计划、年度用款计划、物资采购计划、科研推广计划和考察培训计划等。

第六条　项目建设必须严格按照年度计划执行，不得擅自更改项目建设内容、规模和计划进度。确需变更的，应报请省项目联合办公室批准。

Ⅳ　工程管理

第七条　项目造林，必须严格按照项目的总体设计和年度计划执行。项目造林必须具备以下条件：

(1)有符合要求的施工设计和概预算；

(2)有充足的优良种苗和足够的优良无性系；

(3)资金、设备、技术条件和施工组织等落实到位；

(4)有县(市、区)一级林业主管部门批准施工的文件。

第八条　项目造林的种苗必须严格执行《世界银行贷款造林项目苗木定向培育管理办法》中的有关规定，实行统一管理，定向供种，定向育苗，定点供苗，并对项目造林的种苗实行良种使用证和壮苗合格证发放制度。

第九条　项目造林要因地制宜、适地适树。在总体设计范围内，优化树种结构，重视经济效益，实行集约经营，实现项目目标。用材林主要技术指标：良种Ⅰ级苗使用率100%，造林成活率≥95%，保存率≥90%，生长量单株达标率80%以上，小班平均生长量达标率100%，面积核实率100%。项目建设内容必须达到规定的技术要求，实现优质高效。

第十条　项目施工要严格按项目技术规定，实行工程质量管理，建立技术承包责任制。项目单位要制订分工序的质量标准，签订施工合同，积极推行工程招标承包制度，降低造林成本，节约投资费用，缩短工期，提高造林质量。

第十一条　项目施工质量要进行严格的检查验收。其程序是由现场施工人员分工序检查，上道工序合格后方可进入下道工序。当年造林、抚育结束后，由造林单位按照有关技术标准和《世界银行贷款“森林资源发展和保护项目”检查验收办法》进行自检，并向县(市、区)项目联合办公室申请检查验收，县(市、区)项目联合办公室将验收合格的小班汇总编写检查验收一览表和检查验收报告，分别上报市(地)、省项目联合办公室，经联合抽查或全查合格后，县(市、区)据此编制报账材料，申请报账提款。检查验收的内容，包括是否按批准的年度计划、施工设计进行施工，工程质量是否达到规定的标准等。

Ⅴ　财务管理

第十二条　本项目总投资包括世界银行信贷和国内各级配套资金。世界银行贷款占总投资的60%，国内配套资金占总投资的40%，其中省级配套资金占15%，市(地)、县(市、区)配套资金占10%，项目单位自筹资金占15%。各级配套资金要按年度计划足额拨付到位。世界银行贷款用于营造林费用部分，先由国内资金垫付，然后按世界银行规定的报账提款办法，向财政部申请回补资金。

第十三条　世界银行贷款由财政部转贷给山东省人民政府。省财政厅受省政府委托，根据财政部、林业部有关规定，按现行财政体制逐级对下转贷。转贷条件以省财政厅与各市(地)政府签订的转贷协议为准。

第十四条　各级财政部门对下转贷要逐级签订贷款协议或借款合同，明确债权、债务关系，规定借款条件。

第十五条　各级项目联合办公室和项目单位，要建立还贷准备金。要加强还贷准备金的使用管理，在保证按期偿还世界银行贷款和有偿配套资金本息的前提下，有条件的也可以用于经营好、效益高的项目，但必须保证资金安全回收，周转增值，增强还贷能力。

第十六条　世界银行贷款现汇部分，由省财政厅按报账时的汇率折成人民币通过各级财政逐级拨付至项目单位；统一采购物资、考察培训、科研、专家咨询等债务部分，由省财政厅按世界银行或财政部支付时的汇率折成人民币通过财政部门逐级转贷至项目单位。还贷时，项目单位按人民币向省财政厅还本付息。

第十七条　世界银行贷款项目实行独立核算。各级项目办公室和项目单位都要配备合格的财会人员，负责财务管理和会计核算工作。

第十八条　各级项目联合办公室和项目单位要严格按照项目计划安排使用资金，并接受上级项目办和审计部门的检查监督，对违反规定擅自挪用项目资金的，要予以严肃处理。

Ⅵ　物资管理

第十九条　各级项目联合办公室要做好物资的计划、采购、调运、验收、保管、发放和使用的管理工作，确保物资为项目服务。

第二十条　直接用外汇采购的化肥、农药、车辆、仪器设备等，由林业部世界银行项目管理中心统一组织招标采购。省项目联合办公室协助办理有关商检、组织调运和分配手续。

第二十一条　项目物资管理必须固定专人负责。物资到港后，市(地)项目联合办公室应按省项目联合办公室的统一部署，及时协调和组织物资的调运、验收、分发、保管等工作。县(市、区)项目联合办公室积极筹措项目物资调运资金，指定专人负责物资工作。

第二十二条　项目物资管理应建立完善的管理制度。验收、发放、保管应有专人负责，做好物资进有账，出有据，账物、账账相符。

第二十三条　项目物资必须用于项目建设，不准擅自变卖、转让、调拨。其贷款要及时收回，转为还贷准备金专户储存。

Ⅶ　科研推广

第二十四条　各级项目联合办公室和造林单位要加强科研推广工作，开展树种研究，改良种质材料，加强立地管理和林分管理，制订科研推广方案，将现有新技术和陆续推出的新成果组装配套应用于造林、营林。

第二十五条　为了搞好本项目的科研推广工作，自上而下建立一套完整的科研推广支撑体系。省成立由项目联合办公室牵头，林科所、种苗站、推广站、科技处等有关单位参加的省级科研推广支持协调小组，下设若干个课题组，主要负责制订全省科研、推广计划和年度实施计划，培训市(地)、县(市、区)林业技术人员，承担丰产林培育技术、土壤营养、森林保护等方面的研究，提供世界银行需要的各项科研成果和文件；市(地)、县(市、区)根据项目需要也要成立相应的项目科研推广支持组织，主要承担省级示范林和试验林网络建立，提供技术咨询，指导乡(镇)或造林单位推广新技术、新成果。国有林场(苗圃)、乡村集体林场应固定专人负责推广工作，要按照上一级下达的推广计划做好新技术新成果的推广和使用工作。

第二十六条　为了有效地利用科研、推广经费，提高项目的科技含量，本项目应积极推广课题招标承包责任制和新技术新成果推广、应用承包合同制。课题组要依据已确定的科研计划，由课题组长公开投标承包，按照任务和资金、条件与责任相结合的原则，与省项目联合办公室签订合同；下一级项目联合办公室要依据本项目的推广计划与上一级签订新技术、新成果推广、应用合同书，直至逐级签订到造林单位。

Ⅷ　项目监测

第二十七条　项目监测是项目“开发信贷协定”中规定的重要内容，是科学评价项目的有效工具。通过对项目执行中的有效监测与评价，为项目管理决策提供科学依据。

第二十八条　各级项目联合办公室工程管理组均需建立项目监测小组，专人负责此项工作，并提供必要的工作条件和设备。

第二十九条　项目监测包括项目环境监测、项目成本监测、项目信息管理监控系统等。其主要内容：

(1)项目环境监测。主要监测项目林地水土流失、土壤肥力退化、病虫害消长、化肥农药对土壤和空气的影响以及森林火灾的发生情况。

(2)项目成本监测。监测不同立地条件、不同树种、不同整地方式和不同经营措施等方面对营林成本的影响程度。

(3)信息管理监控系统。本系统包括工程进度、质量监控、林木生长监测、木材市场动态分析、效益评价、项目机构人员变动等。

第三十条　各级项目监测小组，要严格按照《山东省森林资源发展和保护项目环境保护实施细则》、信息管理以及成本监测等文件的规定，做好项目基础资料和执行情况的调查、记录，收集项目信息及音像资料，及时整理分析，并按有关规定准时上报。

Ⅸ　档案管理

第三十一条　项目档案汇集了项目实施过程中的有关信息和成果，是项目管理的重要组成部分。通过对档案资料的整理和分析，为项目管理提供科学的依据。它包括组织、计划、财务、会计核算、科研推广、环境监测、质量监督、信息管理项目的文件、图表等有关资料和信息。

第三十二条　项目资料应分类整理，建立起项目档案，做到资料完整，分类准确，归档及时，查找方便。

第三十三条　项目资料应登记造册，确定人员妥善保管，建立借阅制度，人员变动要办理交接手续。

X 附则

第三十四条 本办法由省林业世界银行贷款项目联合办公室负责解释、修改和补充。

第三十五条 各地可根据实际情况，制订实施细则。

第三十六条 本办法自发文之日起执行。

山东省林业世界银行贷款项目联合办公室

1997 年 3 月 3 日

第二节 项目财务管理办法

财务管理是项目管理活动中重要的一环，是项目运行管理的一个重要组成部分，它是根据国家和贷款方有关规定和要求，按照财务管理的原则和规章制度，组织项目的财务活动，处理财务关系的一项经济管理工作。因此，加强项目资金管理，强化项目事前管控和决策，将项目的财务资源用活，并创造最大的效益，是项目财务管理的主要任务，也是制定项目财务管理办法的首要目标。

一、项目财务管理办法编写的格式与内容

国际金融组织贷款林业项目财务管理办法的编写与解释，一般由财政部门负责，其范围涉及财务管理体系、资金管理、项目管理费、债务管理、物资管理、物资结算、工程管理、工程结算、财务计划、会计报表、财务检查与财务监督等方面。下面以《山东利用世界银行贷款“森林资源发展与保护项目”财务管理办法》为例，探讨国际金融组织贷款林业造林工程项目财务管理办法的编写框架，供参考。

1. 总则

总则共分五条进行了阐述。第一条阐述了事由、意义和依据；第二条阐述了适用范围和财务管理实施原则；第三条阐述了合同签订转贷依据；第四条是规定了债权债务、配套资金、报账提款等内容；第五条规定了财务人员配备及管理等方面的要求。

2. 财务管理体系

财务管理体系共分三条。其中，第六条和第七条规定了省、市、县级项目联合办公室为本项目财务管理的负责单位，并明确了各级财务管理的职责和范围；第八条规定了项目的造林基本会计核算单位和由谁负责会计核算工作，同时还要求建立银行存款日记账、现金日记账等项目造林原始凭证、报账材料和会计档案。

3. 资金管理

资金管理共分四条。其中，第九条规定了信贷资金费用的支出内容、支出占比等；第十条明确了地方各级及造林单位配套资金的构成、占比和支付内容；第十一条和第

十二条规定了项目资金的拨付、储存、使用和管理等内容。

4. 项目管理费

第十三条和第十四条明确规定了省级项目办和县(市、区)级项目管理费用的提取渠道及其各自所占比例以及成本如何列支，同时还规定了项目管理费开支范围等内容。

5. 债务管理

债务管理部分共有三条，分别阐述了贷(借)款资金的转贷条件、合同的签订、实行差别利率的条件、债务落实、贷款回收以及树立偿债意识和风险意识等内容。

6. 物资管理与结算

第十八条和第十九条分别阐述了物资的管理与结算。规定了项目物资价格的构成、债务落实、利息计算、成本计入、清产核资、材料物资和设备的盘存以及物资管理等方面内容。

7. 工程管理与结算

工程管理与结算共有两条，分别阐述了财务管理要围绕降低成本、节约投资、缩短周期、提高质量为核心开展工作；完工后，应及时办理工程结算，编制工程验收单和费用结算单，组织验收。

8. 还贷准备金管理

还贷准备金管理共有三条，分别阐述了信贷资金的回收、还贷准备金的建立、还贷准备金的来源、还贷准备金的管理以及还贷准备金的使用条件等内容。

9. 财务计划与会计报表

第二十五条、第二十六条和第二十七条是财务计划与会计报表部分。分别阐述了项目财务计划的管理、编报会计的报表、财务决算等方面的具体程序、规定、管理和要求。

10. 财务检查与监督

第二十八条和第二十九条是财务检查与监督部分。其中，第二十八条规定了上级财政部门和审计机关是项目财务检查和监督机关，明确了对违反财务规章制度、项目管理办法、财务管理实施办法、会计核算办法的处理方法；第二十九条规定了项目单位的财务机构和财务人员的工作规范和管理处罚规定。

11. 附则

附则部分是财务管理办法的最后一部分。其中，第三十条规定了本办法的解释、修改和补充的负责单位；第三十一条明确了各市(地)和县(市、区)可结合本地实际情况制定实施细则；第三十二条规定了本办法的发布执行时间。

二、项目财务管理办法编写样例

世界银行贷款工程造林项目财务管理办法是规范各级项目单位对资金的转贷、使用等方面的重要法规性文件。为进一步加深对项目财务管理办法的理解，现给出《山东省利用世界银行贷款“森林资源发展和保护项目”财务管理办法》为编写样例，供参考。

山东省利用世界银行贷款“森林资源发展和保护项目”财务管理办法

Ⅰ　总则

第一条　为搞好山东省利用世界银行贷款“森林资源发展和保护项目”财务管理，积极筹措项目资金，充分发挥资金使用效益，全面落实各项世界银行贷款债务，按时还本付息，保证项目的顺利进行，根据《世界银行贷款项目财务管理暂行规定》《世界银行贷款“森林资源发展和保护项目”资金管理办法》和《山东省利用世界银行贷款“森林资源发展和保护项目”管理办法》等有关文件，特制定本实施办法。

第二条　本项目适用于各级项目联合办公室(以下简称项目办)和所有项目造林单位为执行本项目而进行的各项财务活动。本项目财务管理本着“统一制度、分级管理、单独开户、独立核算”的原则组织实施。

第三条　本项目的具体范围、工程内容、投资金额和转贷条件均以省政府与财政部、省财政厅与各市(地)签订的转贷协议和世界银行的评估报告为准。

第四条　各级财政部门作为各级人民政府的债权、债务代表人，负责承担项目的财务管理和会计核算工作，组织报账提款，落实配套资金。

第五条　各级财政部门应配备合格的、有责任心、专业能力强的财务人员负责项目财务管理和会计核算工作，并保持相对稳定。财务人员发生变动时，应事先办理财务交接手续。

Ⅱ　财务管理体系

第六条　省财政厅负责整个项目的财务管理工作。在财务管理上的职责范围：

(1)负责与财政部、林业部财务方面的往来，办理向财政部保证提款、物资采购结算和还本付息等工作。

(2)负责筹措、管理、安排省财政配套资金，根据项目的年度实施计划，拨付项目信贷资金和配套资金，督促、检查市(地)、县(市、区)配套资金的落实和信贷资金的拨付。

(3)负责制定和监督实施本项目的各级财务规章制度，审核汇总市地项目财务会计报表。

(4)负责国外培训考察费、专家咨询费、科研费及省级项目管理费的使用管理。

(5)负责项目资金回收，建立和筹集还贷准备金。

(6)负责项目财务会计工作的培训和业务指导，组织检查各级项目财会工作的执行情况。

第七条　项目区各市(地)、县(市、区)财政部门统一负责本级的财务管理工作。其职责范围：

(1)组织办理向上级报账提款、物资采购结算和还本付息等工作。

(2)负责筹措、安排、管理本级配套资金，根据项目的年度实施计划，拨付项目信贷资金和配套资金，督促、检查下级配套资金的落实和信贷资金的拨付。

(3)负责审核汇总下级项目办和本级项目建设单位的财务会计报表。

(4)负责本级项目管理费的使用管理。

(5)负责项目资金回收，建立和筹集还贷准备金。

(6)负责项目财务会计工作的培训和业务指导，组织检查下级项目办和项目单位财会工作的执行情况。

第八条　各级项目造林单位作为基本会计核算单位，建立健全银行存款日记账、现金日记账和用工台账，由乡镇以上项目办负责项目造林会计核算工作。各级项目办公室要妥善保管项目造林原始凭证、报账材料和会计档案以备检查。确实有条件和能力的造林单位也可以负责项目造林会计核算工作，但必须报经上级财政部门批准。项目财务管理体系运作方式如图 8-1 所示。

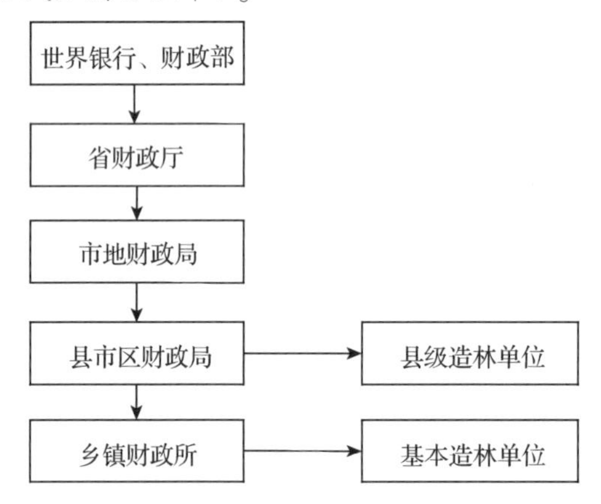

图 8-1　森林资源发展和保护项目财务管理体系示意

Ⅲ　资金管理

第九条　信贷资金。本项目国际开发协会信贷资金总额为 480 万个特别提款权，相当于 720 万美元，信贷资金的分配及使用依据“信贷协定”“转贷协议”和“项目管理办法”进行。协会信贷资金只能用于以下四个类别已经发生的本项目所需物资、劳务和服务的合理费用。

(1)材料和设备。本项目造林、抚育、科研种质材料开发与苗圃管理等所需化肥、农药、进口种子及有关设备物资，林业部世界银行贷款项目管理中心统一组织采购，所发生的费用由使用物资的市(地)、县(市、区)合理分摊。协会信贷支付进口物资设备到岸价的 100%；国内采购，协会信贷支付出厂价的 100%，售价的 75%(25%需要用配套资金支付)。省财政厅将根据林业部、财政部债务部分分割单按世界银行或财政部支付时的汇率折成人民币，对下落实债务。

(2)人工林营造费用。项目造林及造林后 1~2 年抚育及管护棚等土建工程的费用，包括苗木(不包括进口种子费用)、施工设计、信息管理、环境管理和监督等方面的费用，协会信贷提供该类支出55%的资金，此类支出实行报账制，施工单位先用配套资金垫付，然后凭合格的支出单据及验收报告等资料按规定逐级向上申请报账提款。采用报账提款方式提回的信贷资金，由省财政厅按报账时的汇率折成人民币对下拨付并落实债务。

(3)咨询服务、培训及考察费用。指为实施本项目聘请专家咨询、出国考察、培训的费用，协会信贷提供该类支出100%的资金，由林业部统一实施，并向财政部报账提款，同时进行债务分割。凡直接用于各省的费用，由各项目参与单位自行承担债务；对一些必须由林业部执行的公共费用，按项目单位使用信贷额度所占比例分摊。

(4)科研费用。指为支持项目的科研计划，重点是通过提供科研服务来改良种质材料、立地管理和林分管理以及进行有关的研究试验的费用。协会信贷提供该类支出100%的资金，由林业部统一安排实施，费用由受益的各项目单位分摊。

第十条　配套资金主要有以下三类：

(1)省级配套资金。省级配套资金由省计委、省财政厅负责筹集，按计划逐年下拨到各市(地)。省财政厅从省级配套资金中按比例预留一定数额的资金，用于支付第九条3、4项费用。

(2)市(地)、县(市、区)级配套资金。由各级财政部门负责筹集落实。各地配套资金必须在当年第一季度到位并存入项目账户。省项目办拨付世界银行信贷资金及省级配套资金时，各市(地)、县(市、区)需要提供其配套资金到位的证明文件。

(3)造林单位自筹资金。包括劳务折资和自筹资金。其中，劳务折资不得超过70%，自筹资金不得低于30%。县(市、区)项目办在拨付造林资金时，应检查落实造林单位的自有资金到位情况。

第十一条　本项目所有资金都要实行专户储存、专项管理，任何部门和单位不得截留挪用项目资金。

第十二条　本项目各项造林资金应根据项目进度拨付，跟踪管理，充分发挥资金使用效益。

Ⅳ　项目管理费

第十三条　根据有关规定省项目办按实际使用的协会信贷金额的0.35%，用人民币向林业部世界银行贷款项目管理中心缴纳项目管理费用。项目管理费用实行分级负担的原则，可从多渠道筹集解决。县级项目管理费用可从项目配套资金中提取，其比例要控制在本级项目总费投资的1.5%以内，按项目实际进度逐年提取，提取的项目管理费可以列入当年造林成本。

第十四条　各级项目办公室应本着勤俭节约的原则，加强对项目管理费使用和管理。项目管理费开支范围：

(1)差旅费；

(2)办公费；

(3)必需的办公设备购置费；

(4)会议费；

(5)世界银行专家接待费；

(6)车辆维护费；

(7)培训考察费。

项目管理费应专项用于项目管理，任何与项目无关的费用不得从中列支。

Ⅴ 债务管理

第十五条　各级财政部门之间转贷的年限、利率应按财政厅转贷的有关条款执行。县级财政部门转贷至项目造林单位，对经济效益好、资金回收快的项目和社会效益大、资金回收慢的项目要实行差别利率，采用不同的回收年限。

第十六条　各级财政部门应按“谁借谁用谁还”的原则，将信贷资金每笔债务落实到借款单位，签订借款合同。各级项目办应及时提供有关数据资料，积极协助各级财政部门落实好债务和贷款回收工作。

第十七条　各级项目办公室要加强世界银行贷款项目的宣传工作，明确世界银行信贷资金性质，树立和提高各级项目办和项目造林单位的偿债意识和风险意识。

Ⅵ 物资管理与结算

第十八条　项目物资价格包括到岸价格或出厂、港口费及运杂费和采购费用三部分。统一招标采购的物资按合同价对下转贷落实债务，利息从世界银行付款之日起计算。按规定收取的港口费、运杂费以及采购费用，应计入采购成本和营林成本，落实到项目单位。

第十九条　各级项目办要定期进行清产核资，做好材料物资和设备的盘存工作，发生盘亏或盘盈，要查明原因，按规定程序报批，再进行处理。若属于管理不妥造成损失，要追究当事人的责任，赔偿损失。

Ⅶ 工程管理与结算

第二十条　财务管理要围绕减低造林成本，节约投资费用，缩短项目周期，提高造林质量开展工作。项目财务人员要积极参与项目计划编制，工程管理和工程验收工作。

第二十一条　工程完工后，造林单位应及时办理工程结算，编制工程验收单和费用结算单，按规定组织验收。验收合格后，造林单位将工程验收单、费用结算单和施工合同报送同级财政部门。

Ⅷ 还贷准备金管理

第二十二条　为抵御项目风险，确保按期足额偿还债务，各级财政部门要对到期的世界银行信贷资金及时组织回收，各级项目办和造林单位要建立还贷准备金。

第二十三条　还贷准备金的主要来源有：

(1)林业收入;

(2)物资索赔和转让差价收入;

(3)存款利息收入;

(4)预算安排;

(5)其他渠道筹措的还贷资金。

第二十四条 还贷准备金由各级财政部门和项目单位专户存储,专项管理。还贷准备金在确保项目还本付息付费的前提下,可有偿滚动使用,以保值增值,增强还贷能力。

Ⅸ 财务计划与会计报表

第二十五条 各地要加强项目财务计划管理。各级项目办根据年度工程计划,编制年度财务计划,并根据年度财务计划积极筹措资金,保证项目的顺利实施。

第二十六条 各级项目办和造林单位应按时编报会计报表。并逐级上报至省财政厅,省财政厅审核汇总并加上本级项目财会报表后形成年度结算,经审计部门审计后,报送财政部、林业部。

第二十七条 财务决算应如实反映财务状况,要做到"准确、及时、完整",不得弄虚作假。各级要认真按照有关规定做好编制、汇总以及审查核实工作。年度报表经审计部门审计合格后方可报出。

Ⅹ 财务检查与监督

第二十八条 各级项目办和项目单位必须接受上级财政部门和审计机关的检查和监督,在检查和审计过程中,如发现违反财务规章制度、项目管理办法、财务管理实施办法、会计核算办法的,应查明原因,严肃处理,情节严重者将停止使用和收回贷款。

第二十九条 项目单位的财务机构和财务人员必须依据国家财经法规对项目的资金使用实行有效财务监督,并按统一的会计科目及记账方法进行账物处理。对不真实不合法的原始凭证不予受理。本项目会计核算使用统一的各种账表凭证,项目的各种会计资料应妥善保管并随时备查。

Ⅺ 附则

第三十条 本办法由省财政厅负责解释、修改和补充。

第三十一条 各市(地)、县(市、区)可根据本办法,结合本地实际情况制定实施细则,并报省财政厅备案。

第三十二条 本办法自发布之日起执行。

山东省林业世界银行贷款项目联合办公室

1997年3月

第三节　物资管理办法

根据借贷款双方的相关规定和要求，项目主管单位制定了《国际金融组织贷款项目物资管理办法》，规定了项目物资设备和苗圃升级改造的资金使用、采购的种类、采购的内容、采购的方式、采购的分工、采购的程序、招标费用和货款支付方式等内容，对项目单位或工作人员的招标采购行为起到重要的规范作用。

一、物资管理办法编写的内容与格式

本部分以《世界银行贷款"山东生态造林项目"货物采购与工程招标管理办法》为案例，从总则、物资设备采购、小型工程管理、采购凭证管理、物资使用与管理、附则和附件部分等7个方面，分别解析与探讨世界银行、亚洲开发银行等国际金融组织林业贷款造林工程项目物资管理办法的编写内容和框架。

1. 总则

在一般的办法中，总则主要阐述意义、事由、依据、适用范围、适用时间等内容；但在《世界银行贷款"山东生态造林项目"货物采购与工程招标管理办法》中，主要阐述了编制的目的意义、制定依据、适用范围、人员配备要求等内容。

2. 物资设备采购

主要阐述物资设备采购的内容、物资设备采购的方式、项目物资设备采购的分工、物资采购的程序、招标费用和货款支付方式、物资设备交货时间等内容。

3. 小型工程管理

主要阐述小型工程的采购方式、审核程序、批复资料、交货方式、接运与质量验收、合同签订、备案程序与方式等内容。

4. 采购凭证管理

主要强调采购凭证档案建立的内容[包括工程设计文件及市林业局项目办的批复、询价邀请函及询价表、供货厂商报价单(附资质证明材料)、评标报告、市林业局项目办对评标结果批件、买卖双方签署的购货合同、工程结算表、工程验收单、承包商开具的工程款发票、市林业局项目办填写的《设备和土建工程询价采购实施情况表》]、时间、程序等内容。

5. 物资使用与管理

主要阐述货物接运交货方式、提货手续、操作技术培训、专人管理以及物资设备的使用、维修、保管制度等内容。

6. 附则

这部分一般阐述办法的解释、修改、补充的权限，制定实施细则的单位以及办法的执行日期等内容。而《世界银行贷款"山东生态造林项目"货物采购与工程招标管理办法》中的附则部分，则只限定了办法的执行日期和解释权限。

7. 附件

《世界银行贷款“山东生态造林项目”货物采购与工程招标管理办法》中的附件部分，主要由附件1和附件2组成。其中，附件1是阐述询价采购操作步骤；附件2阐述了国内招标步骤和国内招标有关要求。

二、物资管理办法的编写样例

利用国际金融组织贷款林业工程造林项目物资管理办法的编写，是项目进入前期准备工作的重要内容之一，是项目实施阶段物资设备采购与工程招标应遵循的规章制度。因此，项目物资管理办法的编写，显得尤为重要。下面给出了《世界银行贷款“山东生态造林项目”货物采购与工程招标管理办法》样例，供同行参考。

世界银行贷款“山东生态造林项目”货物采购与工程招标管理办法

Ⅰ　总则

第一条　为了保证世界银行贷款“山东生态造林项目”(简称“SEAP”项目)在物资设备采购和苗圃改扩建招标等方面的规范化管理，根据《国际复兴开发银行贷款和国际开发协会信贷采购指南》等有关文件，特制定本办法。

第二条　本办法适用于“SEAP”项目的物资设备采购和苗圃改扩建。

第三条　本项目物资设备采购和苗圃改扩建是项目实施的重要组成部分，在项目文件中明确了物资设备及工程数量。因此，所有项目市都必须按照规定进行物资设备采购和工程建设。

第四条　为保证“SEAP”项目物资设备采购和苗圃改扩建的顺利实施，各市林业局项目办要安排专人负责物资设备采购和苗圃改扩建。负责该项工作人员责任心要强，并具备一定的组织能力。除特殊情况外，负责采购方面的人员应保持相对稳定。

Ⅱ　物资设备采购

第五条　物资设备采购包括车辆(护林防火指挥车、面包车)、办公设备(计算机、打印机、复印机、传真机、照相机、摄像机、电视机、投影仪、GPS、电视机、投影仪、绘图仪等)、苗圃改扩建设备(灌溉设备、喷灌设备、打药机、喷雾设备、温室、塑料大棚、整地设备等)。

第六条　根据“SEAP”贷款协议规定，本项目的物资设备采购采用以下方式进行：①国际招标包括：车辆；②国内招标包括：计算机、打印机、复印机、传真机、照相机、摄像机、GPS、电视机、投影仪、绘图仪等；③询价采购包括：灌溉设备、喷灌设备、温室、塑料大棚、打药机、整地设备、喷雾设备等。单个合同小于10万美元的货物采购，采用询价方式进行(采购步骤详见附件1)。单个合同小于100万美元大于10万美元的货物采购，采用国内招标方式进行(采购步骤详见附件2)。单个合同大于100

万美元的货物采购，采用国际招标方式进行。

第七条　省林业引用外资项目办公室（简称省林业厅项目办）负责各类物资设备国内招标和国际招标采购工作。

市林业局世界银行贷款项目办公室（简称市林业局项目办）负责：各市的年度物资设备采购计划的确认，组织本市的物资设备的接运和验收，监督项目实施单位管理和使用好项目物资设备。县林业局项目办负责苗圃改扩建工程和设备询价工作的具体实施。

第八条　省林业厅项目办每年年初将参照世界银行规定的“SEAP”项目物资设备采购时间表，向各项目市林业局项目办下达当年物资设备采购计划。各市林业局项目办可根据本市项目实施进度和项目实际需要，对省林业厅项目办下达的采购计划进行修改和补充，补充的采购内容不能超出国家发改委与世界银行批准的项目可行性研究报告采购清单中规定的内容。对上报省林业厅项目办的年度物资设备采购计划，必须经市林业局项目办和财政局主管本项目的科室盖章确认。省林业厅项目办收到各市确认后的采购计划，将立即组织招标采购。在招标采购过程中，各市不得随意更改或撤销采购计划。

第九条　根据“SEAP”项目采购委托代理协议规定，由省林业厅项目办统一组织招标采购的物资或设备，招标代理手续费由用户承担（代理手续费为合同总金额的0.3%）。省林业厅项目办在签订合同前，用传真将代理手续费具体数额通知各市，各市林业局项目办收到通知后30个工作日内，以市为单位向指定账户支付招标代理手续费，逾期支付将承担由此造成延迟交货的责任。

第十条　货物运抵项目市后，一周内应完成货物验收，并以传真的方式将项目单位盖章后的货物验收单报省林业厅项目办，以便向省财政厅申请为卖方支付贷款。如不及时验货和提供货物验收单，而由此产生的费用由责任方承担。

Ⅲ　小型工程管理

第十一条　本项目的小型工程为苗圃改扩建土建工程，由市林业局项目办负责实施。单个合同小于10万美元的工程，采用询价方式进行（采购步骤详见附件1）。单个合同大于10万美元的工程，采用国内招标方式进行（采购步骤详见附件2）。

第十二条　由县林业局项目办以询价方式实施的小型工程，每个县前两个合同的所有报价单和综合评比结果报告，须经市林业局项目办报省林业厅项目办审查，待批准后才能与供货商签订合同，并将合同复印件报省林业厅项目办备案。

第十三条　合格的工程承包人必须具备多年的施工组织经验，在相关行业信誉比较好。承包人应有足够的资金用于赔付因施工不当给项目单位造成的经济损失。承包人与发包人（单位）无隶属关系或合作关系或亲属关系，如有上述关系之一者均无资格承包或参加投标。

第十四条　中标或得到工程承包权的承包人，在工程建设项目动工之前，应进行必要的施工设计，并提交施工图纸、原材料清单及工程费用概算清单等。

第十五条　工程建设施工人员一定要按施工进度进行施工，工程所需的原材料一定要保证质量，不能以次充好。在整个工程实施过程中，项目单位要有专人在现场进行质量监督。每道工序完成之后都要进行阶段性质量检查。

第十六条　全部工程结束后，项目单位要组织有关部门人员，根据施工合同和行业标准对施工质量进行全面验收。凡不能满足合同要求或达不到标准的要责令施工部门进行返工，返工的一切费用由承包人承担。如果施工质量经检查能够满足合同要求，并达到了行业标准，项目单位要及时进行工程验收，并签署工程验收单，作为付款凭证。

Ⅳ　采购凭证管理

第十七条　各县林业局项目办要建立采购凭证档案，每一个采购合同，从编制计划到货物验收，每一步都要留存相应的凭证，按时间和程序建立档案，以备接受世界银行及上级主管部门检查。

第十八条　采购凭证档案内容包括：①工程设计文件及市林业局项目办的批复；②询价邀请函及询价表；③供货厂商报价单(附资质证明材料)；④评标报告；⑤市林业局项目办对评标结果批件；⑥买卖双方签署的购货合同；⑦工程结算表；⑧工程验收单；⑨承包商开具的工程款发票；⑩市林业局项目办填写的“设备和土建工程询价采购实施情况表”。

Ⅴ　物资使用与管理

第十九条　为了提高货物的接运效率，降低接运费用，本项目统一采购的物资设备交货后(各市负责的苗圃改扩建除外)，由省林业厅项目办统一组织项目市的有关人员到港口或工厂接货。省林业厅项目办负责提供必要的文件和资料，并办理有关提货手续；各县林业局项目办要选派经验丰富的人员参加接货，以便接收必要的培训，同时还应按要求及时支付接货所需的各项费用。非统一采购的物资设备，由有关县组织接运。

第二十条　为了保证各市项目单位对采购的车辆、微机等在使用方面安全可靠，应在合同中规定，厂家或供货商要为项目用户提供相应的技术培训。

第二十一条　采购的项目物资设备，项目单位要有专人负责管理，做到进有账、出有据，严禁倒卖和闲置浪费。车辆应固定专人驾驶，做到常年维护，定期保养。

Ⅵ　附则

第二十二条　本办法的解释权归山东省林业引用外资项目办公室。

第二十三条　本办法自印发之日起执行。

山东省林业引用外资项目办公室
2009 年 9 月

附件 1

询价采购操作步骤

第一步，制定详细采购清单(包括品名、规格型号、数量、金额等)，报市林业局项目办确认。

第二步，准备询价单。询价单要有下列内容：询价日期、设备技术要求和工程质量要求、设备数量、工程土方量、交货时间和建设期、询价截止日期。备注中列明，国产货报出厂价，国外货报到岸价。

第三步，发询价单。采购国内物资设备和进行小型工程建设，询价单应发给不同的三家以上供货商或公司。

第四步，综合比较。将所有按时提交报价单内容进行综合比较，技术上满足要求，价格最低的报价中标，根据比较结果编写评比结果报告。

第五步，合同谈判。双方针对价格、技术参数和质量要求、交货期和建设期、配件及辅助设施等进行商谈。

第六步，签订合同。对商谈后的合同条款核对后，由买卖双方法人及法人授权代表在合同上签字，并加盖公章，合同签订后报省林业厅项目办备案。

第七步，质量验收。买方收到货物或土建工程竣工后要及时进行质量验收，发现问题要及时向卖方或承包方提出。在数量和质量无问题的情况下，买方与卖方签订验收单。

第八步，申请付款。买方对物资设备或工程验收无误，付款单据齐全后，可以通过市财政局向省财政厅申请付款，同时将有关资料报省林业厅项目办审核备案。

第九步，建立采购凭证档案。将从编制计划到货物验收，每一步骤的有关材料作为凭证，按时间和程序建立档案。

附件 2

国内招标步骤

第一步，根据项目单位的要求，依据《范本》的规定和格式，编写招标文件。

第二步，招标文件(中文)送项目主管部门和世界银行驻京代表处审查。

第三步，在国内报刊或有关杂志上刊登招标广告、出售标书。

第四步，组织开标、评标和澄清有关问题。

第五步，编写评标报告，并送项目主管部门和世界银行驻京代表处审批。

第六步，合同谈判和签订购货合同。

第七步，组织接货和验货。

第八步，准备付款单据，申请支付货款。

第九步，建立招标采购凭证档案。

国内招标有关要求

(1)利用国内招标方式进行的物资设备采购招标，必须按照财政部统一印制的《世界银行贷款项目招标采购文件范本》(简称范本)编写招标标书。

(2)根据世界银行有关规定，国内招标应在国内刊物上刊登招标通告。招标通告刊登时间应与出售标书的时间相同。自开始出售标书到开标时间应不少于30天，以保证预期投标人有足够的时间准备投标文件或落实货源。单个货物采购合同小于30万美元的招标通告可刊登在省级报刊上。

(3)投标截止时间、开标时间以及开标地点应在招标通告中明确公布，投标截止时间、开标时间应与招标通告保持一致。

(4)评标工作由项目主管部门组织有关人员组成评标组。成员包括省财政厅和省林业厅的采购管理人员以及邀请的专家。评标期间、评标人员禁止与各投标人接触、需向投标人澄清问题时应采用书面形式，但不能寻求、企图对评标或授予合同施加影响，将导致该投标人的投标书被废除。评标结果应报有关部门审查，审查通过后才能授予合同，合同应授予在商务和技术方面作出实质性响应，评标价最低的投标人。

(5)评标结果刊登在山东林业信息网上。

(6)合同由省林业厅项目办同中标商签订。

第四节　环境保护管理规程

在林业贷款造林工程项目启动之前，项目建设单位必须按照国际金融组织的要求组织有关技术人员和管理人员编写《项目环境保护规程》。目前，我国对国际金融组织贷款的需求量越来越大，但贷款项目的环境评价工作是成功取得贷款的关键性步骤。环境保护规程是项目执行过程中，把握好树种选择、混交造林、水土保持、水源监控、面源污染、有害生物管控、农药合理使用等问题，是实施好林业工程项目的重要前提。因此，在项目运筹过程中，必须认真对待。

本节以《欧洲投资银行贷款“山东沿海防护林工程项目”环境保护规程》为样例，从10个方面，解析世界银行、欧洲投资银行等国际金融组织林业贷款造林工程项目环境保护管理的编写要点，供参考。

一、环境保护管理规程编写格式与内容

1. 概述

该部分内容可以从以下方面进行阐述：

(1)目的意义。简要说明制订该项目的环境保护规程目的和对项目的作用。

(2)参考的主要法律文件。包括：与项目相关的国内法律和法规；世界银行、欧洲

投资银行等国际金融组织的业务方针，特别是项目利用贷款方银行的环境保护规定或方针。

2. 以往国际金融组织贷款林业项目的环境管理经验

该部分内容为可选内容。一般实施过国际金融组织(贷款方)贷款林业项目的单位(借款方)，贷款方都要求借款方总结归纳以往项目环境保护管理经验。经验的归纳可从以下方面阐述：①经验与做法；②主要教训；③对准备实施项目的启示。

3. 造林地的选择

造林地选择部分，应根据项目实施目标和贷款方的要求，提出切实可行的保护生物多样性、有价值的人类历史文化遗产等林地选择限制条件，同时还要结合项目既定目标，制定造林地筛选方法流程(参照样例章节的附件部分)。

4. 造林地清理与整地

造林地清理和整地部分，要根据项目的立地条件，围绕预留生态位、保持林地生物多样性、减少水土流失的目的，提出相应的造林地清理和整地的科学方法。

5. 项目林的营造

项目林营造包括树种(品种)选择、造林模型的选择以及树种配置与布局。

(1)树种(品种)选择。根据项目特点和生物多样性保护的要求，提出尽可能多的树种(品种)，可供选择。

(2)造林模型的选择。根据项目营造林要求和项目区立地条件，制定适合树种(品种)混交和生长的造林模型。

(3)配置与布局。根据项目的造林目标，提出项目造林小班布局和树种(品种)的配置要求。

6. 林地的抚育管理

该部分内容涉及间作、松土、除草、施肥、灌溉、封山育林、间伐等方面。

(1)间作。在不影响或有促进项目林生长的前提下，根据不同的项目、不同的立地条件，提出间作的有关规定或措施。

(2)除草与松土。提出维护林地水源涵养能力，保持土壤肥力，减少环境污染的松土除草方法。

(3)施肥。规定施肥的种类、次数、时间、方法以及减少养分流失和地表水污染的措施。

(4)灌溉。根据项目区降雨特点，提出节水灌溉的措施。

(5)封山育林。提出处理好放牧者与项目林经营者的关系，在保证放牧群体利益的前提下，禁止一切放牧活动，确保项目林的正常生长。

(6)间伐。根据不同的造林项目，提出项目林分生长伐或卫生伐的抚育间伐措施。

7. 维护土壤肥力

生态造林项目一般不需要编写这方面的内容，但商品林造林项目必须详细编写防止地力减退方面的内容。

在编写防止地力减退方面的内容时，要考虑连作或大面积栽培同一种树种或品种对土壤肥力的过度消耗、病虫害的发生和危害以及过度使用化肥对环境特别是地下水或河流污染等诸多问题。在项目环境保护规程中，要提出上述问题的解决方案或补救措施。

8. 病虫害综合管理

该部分内容要重点阐述，在病虫害的防治管理中，要采用综合治理(IPM)的方法防治病虫害，尽量减少化学杀虫剂的使用，杀虫剂的使用必须遵守有关规定，提出防止农药环境污染和确保人畜安全的措施及对策。

9. 森林防火

在编写该部分内容时，要结合项目的特点和各地护林防火的实际，制定项目林管护和火灾防治规定，确保项目林的防控预案落实到位。

10. 监测与评价

该部分内容主要包括：项目实施是否按照既定的标准进行，评价项目执行的机构(省、市、县级项目管理办公室简称 PMO)，各级项目管理办公室的职责，项目监测的核心(项目林多样性、河流保护、林地清理与整地、抚育管理、杀虫剂选用和施用、农药安全使用等方面)。

二、环境保护管理规程的编写样例

项目环境保护管理规程，是利用国际金融组织贷款林业工程造林项目前期准备工作不可或缺的组成部分。因此，世界银行、欧洲投资银行、亚洲开发银行等国际金融组织对林业工程造林项目实施过程的每一个重要节点都特别关注其环境管控实施的效果，并进行跟踪监测和评价，定期报告项目环境保护规程执行情况，项目中期和终期，还要提交项目环境保护规程执行效果报告。因此，项目环境保护规程的编写，能否满足世界银行等国际金融组织的要求，显得尤为重要。下面给出《欧洲投资银行贷款“山东沿海防护林工程项目”环境保护规程》样例，供参考。

欧洲投资银行贷款“山东沿海防护林工程项目”环境保护规程

Ⅰ　概述

第一条　目的意义。为了指导欧洲投资银行贷款“山东沿海防护林工程项目”(以下简称 SCSFP 项目)的退化山地和滨海盐碱地区人工防护林的造林、营林等活动，确保在“SCSFP”项目的实施中进一步增强生态环境效益，将可能产生的对自然环境造成的负面影响减至最小或消除，以确保全面实现项目预期的各项生态环境效益目标，特制定本规程。

第二条　参考的主要法律文件。在制定本规程的过程中，充分吸取了山东已成功实施的世界银行贷款“国家造林项目”(以下简称 NAP)、“森林资源发展和保护项目”(以下简称 FRDPP)以及“林业持续发展项目”（以下简称 SFDP)、“山东生态造林项目”

(以下简称SEAP)环境管理的经验和教训，并全面参考了下列法律文件：

(1)相关的法律和法规，具体是《中华人民共和国环境保护法》《中华人民共和国森林法》《中华人民共和国土地管理法》《中华人民共和国水土保持法》《中华人民共和国环境影响评价法》《中华人民共和国森林病虫害防治条例》《植物检疫条例》《森林防火条例》《中华人民共和国水土保持法实施条例》《自然保护区条例》《退耕还林条例》《造林质量管理暂行办法》《加强对利用国际金融组织资金建设项目的环境影响评价管理的公告》。

(2)欧洲投资银行的业务方针，具体是《Directive 85/337/EEC on the assessment of the effects of certain public and private projects on the environment》《Dirtetive 2001/42/EC on the assessment of the effects of certain plans and programmers on the environment》《环境和社会实践手册》(EIB 2010)、《环境和社会原则和标准：背景注释》(EIB 2008)。

Ⅱ　以往林业贷款项目的环境管理经验

第三条　经验做法与主要教训。自1990年以来，山东省已成功地实施了世界银行贷款“NAP”“FRDPP”“SFDP”“SEAP”等项目。项目实施过程中，制定了《环境保护规程》，用于指导项目的设计与施工，以减轻或消除项目实施对环境造成的负面影响，增强人工林生态系统的稳定性和环境保护功能。回顾上述世界银行贷款林业项目环保规程的制定和实施，可以总结出以下经验和教训：

(1)经验与做法。一是强化“三队一点”的建设。三队即一支病虫害预测预报队伍的建设，一支病虫害防治队伍的建设，一支环保监理队伍的建设；一点即病虫害预测预报点的建设。通过“三队一点”的建设，确保环保措施的落实。二是制定规范性的规章制度和环保措施。在规章制度建设方面，严格按照世界银行安全保障政策及中国的有关环境保护法律法规的要求，制定《项目管理办法》《检查验收管理办法》《项目环境保护规程》《项目环境监测方案》《病虫害防治管理计划》等科学规范的管理办法或规定，并且针对项目设计和施工的主要环节，制定操作性强的环保措施。三是严格环保质量监督。在环保质量管理方面，运用“事前培训、事中指导、事后检查验收”的环保管理模式和“分工序检查验收、分级检查验收”的质量监督办法，把执行“环保规程”与否作为项目施工质量检查验收的标准之一，从而保证“环保规程”在项目实施中的认真执行并取得良好环保效果。四是狠抓技术队伍的培训。采用走出去请进来、集中培训、以会代训、现场施教、科技下乡、发放技术明白纸6种环境管理培训形式，提高了环保管理人员和操作人员的素质，确保环保合格率达到了项目设计目标要求。

(2)主要教训。一是造林实体对IPM理论的理解和运用上有待进一步提高。“NAP”“FRDPP”“SFDP”“SEAP”4个世界银行贷款项目，共营造人工商品林和防护林22.66万hm^2，主要造林树种有杨树、侧柏、黑松、油松、赤松、白蜡、白榆、刺槐、板栗、核桃等50多个。虽然在世界银行贷款项目实施期间，各级林业主管项目部门都加强对林木病虫害综合治理的培训和现场指导，并且造林实体对IPM理论的理解和实践应用有所提高，但由于受传统思维方式的影响，造林实体在如何或怎样选择“生物、人工、化学、物理、营林”等防治方法上，还存在偏颇；并且如何将病虫害的预测预报科学地应用到病虫害的防治上以及如何运用这几种方法进行防治林木病虫害等方面，还有待进一步提高。二是经营农户有自己使用农药的习惯或方式。经营农户热衷于使用广谱性化学杀虫剂防治项目林害虫，使用老品种的农药又是经营农户的传统习惯，对新生事物接受能力差。虽然在农药品种的选择和安全使用农药方面进行了多次培训和指导，但想改变经营农户已形成的习惯很难，需要典型事例引导，才能改变传统习惯。

(3)对山东沿海防护林工程项目的启示。在实施世界银行贷款“NAP”“FRDPP”“SFDP”“SEAP”等项目的过程中，不仅获得了环境管理方面的经验，也吸取了项目环境管理方面的教训，更重要的是从中获得了启发。一是适地适树，是决定人工防护林成败的关键。不同树种或品种适宜不同的立地条件。侧柏适生在瘠薄的石灰山地，松树适宜于瘠薄沙石山地，而白蜡、白榆则适宜在盐碱地较重的土地上生长，臭椿、刺槐、香花槐虽然耐盐碱，但遇涝害则会淹死。因此，只有适地适树，树木才能旺盛生长，抗病虫害的能力就强。旺盛生长的林木与害虫以及天敌之间构成一个稳定的生态链。二是树种的合理搭配，是维持人工防护林稳定的前提。研究表明，遴选的26种乔木、灌木植物的生物学特性适合项目区的立地条件，这些树种既有喜光性，又有耐阴性；树冠有大冠型和窄冠型之分；树根有深根性和浅根性之分。所以，树种搭配必须合理，相互之间留有空间，不同树种之间才能和平相处。块状混交比行间混交，林分容易调整，而株间混交成功的可能性最小。因此，树种的合理搭配是维持人工防护林稳定的前提。三是因地制宜、合理密植，是维持人工防护林稳定的重要保证。立地条件越差，造林密度就应该越大；反之，立地条件越好，造林密度就应该越小。树冠越小，造林密度越大；反之，树冠越大，造林密度越小。群体生长好的树种，易密植。欧洲投资银行贷款“山东沿海防护林工程项目”区立地条件差，柏树、松树具有树冠小、群体生长好的特性，如果地表植被能够得以保存的，适宜密栽。因此，因地制宜、合理密植是维持人工防护林稳定的重要条件。

在编制《环保规程》过程中，充分参考了上述经验和教训，使本《环保规程》更加科学和完善，更能适合欧洲投资银行贷款“山东沿海防护林工程项目”的需要。

Ⅲ 造林地的选择

第四条 经过反复论证，并征得欧洲投资银行的意见，山东沿海防护林工程项目的造林地选择应满足：

(1)纳入山东省“十二五”沿海防护林项目总体规划范围的县(市、区)。

(2)不能选择天然林或郁闭度大于0.2的现有林作为项目造林用地。

(3)不能选择拥有价值的人类历史文化遗产、珍稀植物、野生动物栖息地和各种保护区以及在自然或文化遗产保护区的缓冲区外围2000m范围内、国家级公益林外围100m范围内的土地作为项目造林用地。

(4)项目选择的林地类型应是荒山、荒滩、荒地或火烧迹地。

(5)项目选择的林地类型应是因未适地适树造成的低效林地或残次林地及其采伐迹地。

(6)项目选择的林地类型应该位于能经受项目治理措施考验的区域。

(7)政府愿意还贷，农户自愿参加项目且土地没有纠纷的区域。

(8)用于营造人工防护林的林地优先选择的顺序是宜林荒山、荒地、火烧迹地、盐碱荒地、退耕还林地、裸露地面并长有外来草种的退化的林地、灌丛地和疏林地以及因未适地适树造成的低效林地或残次林地及其采伐迹地。

山东沿海防护林工程项目人工防护林的造林地筛选方法流程请参见附件。

Ⅳ　造林地清理与整地

第五条　项目的造林地清理，应采取下列措施：

(1)严禁采用炼山方式清理林地。

(2)坡度大于15°的地块，可采用块状或带状清除妨碍造林活动的杂灌(草)。

(3)将清除的杂灌(草)堆积在带间或种植穴间，让其自然腐烂分解。

(4)保留好山顶、山腰、山脚的原生植被。

(5)林地清理时，溪流两侧要视溪流大小、流量、横断面、河道的稳定性等情况，区划一定范围的保护区。

第六条　项目造林地的整地，应采取下列方法：

(1)整地应视造林地的坡度大小选择穴垦、带垦或全垦的方式。破土面积控制在25%以下。整地方式的选择与林地坡度的关系见表8-1。

表8-1　整地方式与林地坡度关系表

林地坡度	整地方式
<15°	全垦
16°~25°	穴垦、沿等高线的带垦或梯级整地
>26°	穴垦整地，且“品”字形排列；沿等高线设置截水沟

(2)造林地块边缘与农田之间保留10m宽的植被保护带，长坡面上若采用全垦整地，每隔100m保留一条2m宽的原生草保护带。

(3)在15°以上的坡地上营建生态型经济树种时要采用梯级整地(反坡梯田)。应能将地表径流水输送到稳定的地面上或使之流入可接收多余水量的溪流中。

(4)在滨海盐碱地改良区，可采用筑台田的方法进行整地，条宽一般在30~70m之间，台面四周高，里面低，便于拦截天然降水，并且有排水设施，尽可能降低土壤含盐量。

Ⅴ　防护林的营造

第七条　项目造林树种(或品种)选择，应满足：

(1)为了加强生物多样性的保护，应优先选择乡土树种。选用优良乡土树种的优良种源、家系或无性系造林，增强抵抗病虫害的能力，降低林木受病虫害威胁的风险。只有在外来树种的生长和抗性优于乡土树种时，才可选择外来树种。如果未来的科研能够发现一些新的乡土树种能够适应造林地条件，这些树种也要作为备选树种。

(2)造林与整地时，应尽量保留和利用原有的乡土树种及灌木，促进天然植物群落的保护、恢复和更新。

第八条 项目造林模型的选择。根据以往的科研经验和实际营造林经验，制定了4个造林技术模型，即：①生态型防护林；②经济型防护林；③用材型防护林；④低效林改造型防护林。其中，模型①和④尽可能采用多树种混交造林；为提高林分的生产力，模型②和③可采用集约式单一树种造林。

Ⅵ 林地的抚育管理

第九条 间作。在滨海盐碱地改良区，为减少地面蒸发，消除杂草竞争，提倡林下间作农作物，达到以耕代抚的目的，但树的两侧要保留50cm的保护行。在坡地上进行林间混种应按水平方向进行，大于25°的坡地上不允许进行间种作业。介于15°~25°的坡地上，穴垦整地不得进行间作；只有在沿等高线进行的宽带状整地或梯级整地时，才可间作，间作时，最好种植对土壤有改良作用的豆科植物。

第十条 除草与松土。禁止使用除草剂。幼林抚育要尽可能采用局部抚育法，围绕幼树进行扩穴、松土、除草，尽量保留幼林地的天然植被。除草后所剩的植被剩余物应留在地里作为覆盖物。禁止樵采林下枯枝落叶，以提高林地水源涵养的能力和保持土壤肥力。

第十一条 施肥。施肥要尽量选用有机肥，施用的时间、次数、数量和方式要严格按照肥料的特性和要求进行，不得随意施用。要根据适宜的科研成果或适当的土壤和植物测试结果来确定施肥方案。一定要采用穴施或条施，严禁撒施，要将肥料施于穴的上坡向，且以土壤覆盖防止养分流失和地表水污染。

第十二条 灌溉。本项目区雨期主要依靠降水，旱季灌溉采用人工穴灌方式。要尽量采用蓄水池截留降水、地膜覆盖植树穴、高分子保水剂等节水灌溉措施，并采取科学的节水灌溉方法如喷灌、微灌、滴灌等方式，严禁大水漫灌，节约水资源。在滨海盐碱地改良区要多利用地表水进行灌溉，提倡浅水块轮，均匀灌水；平整土地，防止地表局部不平整造成积盐，输水渠道要防渗，避免灌溉水下渗，导致地下水升高，充分利用灌溉措施控制土壤盐渍化。

第十三条 禁牧育林。禁牧是保证项目林正常生长的重要措施，也是抚育管理的重要手段。要按照欧洲投资银行贷款“山东沿海防护林工程项目”的要求，处理好放牧者与项目林经营者的关系，在保证放牧群体利益的前提下，禁止一切放牧活动，确保项目林的正常生长。

第十四条 择伐。为了改善林分卫生状况，要进行卫生伐。卫生伐结合抚育间伐同时进行。卫生伐的主要对象为枯立木、风倒木、风折木、受机械损伤及病虫危害将要死亡的树木。

Ⅶ 病虫害综合管理

第十五条 项目林要开展病虫害的综合管理，以确保其健康生长及发育。为此，专门制定《病虫害综合防治管理计划》，在项目实施中加以执行。

第十六条 在人工防护林病虫害的管理计划中，要特别加强病虫害的预测预报工作，采用综合治理(IPM)的方法防治病虫害，使用化学杀虫剂必须符合世界卫生组织和欧盟划定的三类以上要求的杀虫剂，并且必须遵守有关规定，防止环境污染，确保人畜安全，尽量减少杀伤有益生物。最大限度地降低病虫所造成的损失。

Ⅷ 森林防火

第十七条 项目林的防火工作必须纳入各级地方的森林火灾管理体系中。每个造林单位都必须编制森林防火计划，建立火灾管理机构。制定防火、公众教育、巡逻、执法和火灾应急详细计划。

第十八条 各造林实体必须制定护林防火计划、乡规民约、划定防火责任区，应根据面积大小配备护林人员，并按时向项目办和护林防火组织汇报情况。

第十九条 健全护林防火组织，配备护林防火器具，实行责任制和奖惩制度。在造林作业时，沿山脊开设防火隔离带，设置瞭望台，建设护林房，配备通信设施。

第二十条 防火期内，要严禁野外用火，严禁控制火源，禁止在林内、林地周边烧荒及燃烧枯枝落叶。

第二十一条 造林设计时，应考虑护林防火规划，凡连片面积超过 $100hm^2$ 的人工防护林地块都必须建立防火带，把地块分成几个小班。防火带的宽度应为 10~20m。尽可能利用河道和乡土天然防火植被作为防火带。

Ⅸ 监测与评价

第二十二条 环境保护合格率监测用以评价造林施工与批准的设计计划相一致的程度，来评价项目实施是否按照既定的标准进行。

省项目办(PMO)的职责就是确保所有的人工防护林设计规划都要符合设计中所规定的原则、标准和数据。省项目办将通过定期评价、随机抽查人工防护林设计方案的方式，监管设计方法。一旦计划编制完成并得到批准，县项目办应通过定期检查与监督的方式，负责保证所有的作业施工都按照批准的计划实施。为了保证对合格率监测的一致性和连续性，应采用标准的汇报格式。

省项目办应通过定期随机检查的方式，确保监测施工作业的工作质量。合格率监测最重要的核心是对人工防护林多样性、河流保护、整地、抚育，病虫害管理(杀虫剂的选用和施用方法以及工人/农民的安全)等方面的监测。

山东省林业外资与工程项目管理站

山东省环境保护科学研究设计院

2015 年 10 月

附件

“山东沿海防护林工程项目”人工防护林造林地筛选方法流程

第一步拟选造林地现状：

(1)拟造林地上是否有文化或遗产资源或其他各类受保护资源或与之的距离是否小于当地有关部门的规定？是□否□

(2)拟造林地上是否有天然林，包括原始林和可恢复为天然林的植被？是□否□

(3)这种拟选造林地全部或部分位于保护区？是□否□

(4)拟造林地上是否为郁闭度大于0.2的现有林？是□否□

(5)拟造林地是否在自然或文化遗产保护区的缓冲区外围2000m范围内以及公益林外围100m范围内？是□否□

(6)该造林地滨海盐碱地改良区的小班面积是否大于35hm^2？退化山地恢复区的小班面积是否大于20hm^2？是□否□

如果以上6个问题当中的任意一个答案为“是”，则这些土地不能作为造林地。应重新考虑选择其他造林地。如果以上6个问题的答案都为“否”，则进入第二步筛选过程。

第二步所选的造林地类型：

第1类，荒山、荒滩、荒地或火烧迹地；是□否□

第2类，从前或近期的退耕还林地；是□否□

第3类，人工疏林地或散生木(郁闭度小于0.2)造林地；是□否□

第4类，因未适地适树的低效林分或已过采伐期的残次林分；是□否□

第5类，沟路渠弃荒地或不同程度的沙化土地；是□否□

第6类，盐碱荒地或盐碱涝洼地；是□否□

第7类，能经受项目治理措施考验的环境退化区域的林地类型；是□否□

第8类，有潜在价值的覆盖率小于20%的天然林、天然草地(高海拔地区)、湿地和沼泽。是□否□

如果造林地属于第1~7类，新造林应不会对当地生境造成负面影响(请注意，位于农区的土地或远离天然林区的土地应属于前3类中的一类)，筛选过程终止，该地可以用于发展人工防护林。

如果所选土地为第8类，进入第三步筛选程序。

第三步所选择造林地生态类型是否很普遍？

例如，建议的造林地面积占该土地生态类型的5%以下？

如果选择的造林地类型比较普遍，该地可以用于发展人工防护林，但是，应该对该造林地进行拍照，并与记录造林地植被等内容的小班调查表放在一起。

如果选择的造林地类型不普遍，该地不能用于造林。应重新考虑选择其他造林地。

第五节　项目造林(抚育)检查验收办法

项目造林(抚育)检查验收办法规定了项目新造林和现有林改培以及幼林抚育检查验收的步骤、方法、内容以及幼林生长达标率、造林(或改培或抚育)合格面积等方面的技术标准，明确了项目造林检查验收的主体、层次、产出成果和上报、成果建档以及数据管理等方面的要求。因此，项目造林(抚育)检查验收是评价项目实施质量和报账提款的重要依据，也是检查项目实施成效的关键环节。

一、项目质量管理规定的编写内容

本部分以《欧洲投资银行贷款“山东沿海防护林工程项目”造林检查验收办法》为案例，从总则、检查验收的内容、检查验收的标准和方法、检查验收的步骤及其成果、检查验收报告提纲、附则6个方面，解析国际金融组织林业贷款造林工程项目造林(抚育)检查验收办法的编写框架和内容，供同行借鉴。

1. 总则

总则部分共分三条：第一条介绍了项目的目标、事由以及项目造林模型的种类；第二条阐述了办法制定的意义和依据；第三条阐述了办法适用的范围。

2. 检查验收的内容

检查验收的内容部分规定了项目造林、改培与抚育检查验收包括施工设计文件、造林模型和面积、种源和苗木质量、混交方式及比例等11项内容。

3. 检查验收的标准和方法

检查验收的标准和方法部分是本办法最重要的部分之一，共有十四条。其中，第五条阐述了造林技术模型的标准，第六条阐述了样方的设置和样方数量的确定，第七条阐述了施工设计文件的检查，第八条阐述了项目造林小班面积的检查，第九条阐述了混交方式及比例，第十条阐述了整地方式及规格的检查要求，第十一条阐述了种苗质量的检查，第十二条阐述了栽植质量的检查，第十三条阐述了造林成活率(保存率)的检查，第十四条阐述了树木生长量的检查，第十五条阐述了幼树病虫害发生情况检查，第十六条阐述了环境保护措施的检查，第十七条阐述了幼林抚育检查，第十八条阐述了档案资料检查。

4. 检查验收的步骤及其成果

检查验收的步骤及其成果部分共有四条。其中，第十九条阐述了项目造林检查验收层次(分为造林实体、县级、市级、省级四级)，并详细规定了检查方法、抽样比例等要求；第二十条阐述了项目造林检查验收按造林时段的检查步骤、方法、内容等；第二十一条阐述了县级项检查验收产出成果和上报要求；第二十二条阐述了各级项目单位每次检查验收成果的建档和数据管理。

5. 检查验收报告提纲

检查验收报告提纲部分共有一条。主要阐述了县级项目造林检查验收报告的编写，并给出了编写提纲。其提纲主要由四部分组成：一是检查验收工作概况(检查验收范围、检查情况、检查验收依据和方法、检查验收工作质量等)；二是检查验收结果[施工设计文件及与之有关的档案材料、造林面积、良种(优良穗条)使用情况、I级苗使用情况、栽植质量情况、造林成活率、生长量情况、幼树病虫害受害情况、环保措施合格情况、幼林抚育情况等]；三是问题及建议(包括项目实施和管理中存在的各种问题及造林单位的情况反映，以及对这些问题和反映拟采取的解决办法)；四是附表的填写(项目造林抚育检查验收单、乡镇为单位的造林模型检查验收结果汇总表、县为单位的模型造林情况信息统计表、项目县级造林检查验收结果汇总)。

6. 附则

这部分内容由二十四条、二十五条和二十六条组成。其中，第二十四条规定了市、县级项目办的组织管理和对检查验收人员的要求；第二十五条阐述了项目检查验收的奖惩制度；第二十六条限定了办法的执行日期和解释权限。

二、项目造林（抚育）检查验收办法的编写样例

国际金融组织贷款项目造林(抚育)检查验收办法，必须在项目前期准备期间编写完成，并征得贷款方的意见，是建设期间项目造林(抚育)检查验收应遵循的唯一依据，也是世界银行、欧洲投资银行等国际金融组织在项目评估时的重要内容之一。因此，项目造林(抚育)检查验收办法的编写，显得尤为重要。下面给出了《欧洲投资银行贷款“山东沿海防护林工程项目”造林检查验收办法》样例，供同行参考。

欧洲投资银行贷款“山东沿海防护林工程项目”造林检查验收办法

Ⅰ　总则

第一条　欧洲投资银行贷款“山东沿海防护林工程项目”(以下简称“SCSFP”)发展目标旨在通过实施沿海防护林工程，提高项目区森林覆盖率及林分质量，增加木材战略储备，发挥其涵养水源、保持水土、改良土壤、防风固沙等功能，抵御风暴潮等重大自然灾害能力，改善项目区生态环境，保障沿海地区生态安全，同时通过森林生长固碳释氧，积极应对气候变化。

从欧洲投资银行应对气候变化框架贷款目标出发，结合山东省林业发展现状，山东沿海防护林工程项目在4类造林模式的基础上，细分了10个造林子模型。①生态型防护林包括E1-E5，共5个子模型；②经济型防护林分为鲜果(C1)、干果(C2)2个子模型；③用材型防护林分为杨树类(T1)、其他杂木(T2)2个子模型；④低效林改培采用S子模型。

第二条　为了执行SCSFP的各项造林技术规程与规定(造林模型、混交方式、混交比例等)，以及国家、地方的有关营造林技术标准，确保项目造林能按照项目“施工设

计"进行，达到预定的数量和质量标准，实现项目可行性研究中确定的生态、社会和经济效益目标，特制订《"山东沿海防护林工程项目"造林检查验收办法》。

第三条　本办法适用于省、市、县级对各类造林实体的项目造林和抚育进行抽样（或者全面）检查验收。

Ⅱ　检查验收的内容

第四条　内容包括：①施工设计文件；②造林模型和面积；③整地方式及规格；④种源和苗木质量；⑤栽植质量；⑥混交方式及比例；⑦造林成活率（或保存率）；⑧生长量（含树高、胸径或地径和冠幅）；⑨环境保护措施；⑩抚育质量及档案资料。

Ⅲ　检查验收的标准和方法

第五条　造林技术模型的标准。造林技术模型是在总结国内外先进造林技术的基础上，借鉴以往的科研经验和实际造林的经验，经过多方论证建立的，每个造林模型具有良好的保土、蓄水、防风、保护农田等效果。其中新造林模型3个、子模型9个，低效林改培模型1个、子模型1个，共4个造林模型10个子模型。

第六条　样方的设置和样方数量的确定。各项被检内容（"施工设计"文件、"造林面积"以及"混交方式与比例"除外）的检查验收，均采用在抽取小班内设置样方和抽取样本的方法进行。

（1）样方面积和样本的确定。每一个样方按20m×20m面积随机设置，方法：检查人员选定检查地块，GPS定位后，选定起始点布设样方，该样方即为抽查样方。平原地区，可设置测定样带，样带长度不少于20m，每个小班不少于3个样段。

（2）样方数量的具体确定。根据小班的大小确定样方的个数，具体按照表8-2样方设置和数量标准进行。

表8-2　样方设置标准和数量

小班面积（hm^2）	初植密度（株/hm^2）	样方数量（个）
小班面积≤2	任何初植密度	2
2<小班面积≤5	初植密度≤1200	4
	初植密度>1200	3
5<小班面积≤10	初植密度≤1200	5
	初植密度>1200	4
小班面积>10	任何初植密度	6

第七条　施工设计文件的检查。按照县级项目"造林总体设计"和"施工设计工作方法"，检查"施工设计"文件是否符合质量要求，并在现场重点核对立地类型、树种选择、造林类型（即造林技术模型）的应用、环保措施的设计正确与否等三个因子，在此基础上，评出"施工设计"文件合格与不合格两个档次。

第八条　项目造林小班面积的检查，主要有两项内容：

(1)面积核实。根据“施工设计”图(或施工竣工图)在现场对照检查，在1：10000的地形图上标注抽查小班的位置，GPS定位控制点或标志点，核对小班边界，确定检查小班的面积。按照下列情况确定小班面积：误差≤5%时，承认上报面积(或竣工面积)；误差>5%时，则以实测面积为准。

$$\text{误差率}(\%)=\frac{\text{上报面积(或竣工面积)}-\text{核对面积}}{\text{上报面积(或竣工面积)}}\times 100\%$$

(2)造林技术模型的运用。在小班面积核查的同时，还要依据项目建立的各种造林技术模型，并结合当地的立地类型和区位条件，逐小班进行核查。符合退化山地或盐碱地造林技术模型规定要求的造林面积为合格面积，否则为不合格面积。

第九条　混交方式及比例。按照造林技术模型规定的混交方式和混交比例造林，增加多种混交方式和造林树种，保证项目造林为多类型、多树种、多方式的混交林，提高保土、蓄水、防风能力。

低山丘陵区，每个造林小班面积原则上不大于20hm^2；滨海盐碱区，每个造林小班面积原则上不大于60hm^2。

达到或符合上述规定要求的为合格，否则不合格。

第十条　整地方式及规格的检查，主要有以下内容：

(1)整地方式。穴状、鱼鳞坑及带状整地。一般在造林前一个季节，雨季前或秋冬季。但在易造成水土流失地段，应随整地随造林。

(2)整地规格。整地措施本着既要为幼林创造良好的小环境，又要减少破土面的原则进行。主要依据造林地地形、地势、植被、土壤、造林树种等情况确定整地规格。见表8-3。

表8-3　主要树种整地规格参考标准

治理模型		主栽树种	整地方式	规格(m)
滨海盐碱地	1	刺槐、黑杨类、柳树、臭椿、白蜡、白榆	穴(带)状	径0.6，深0.5
	2	黑杨类、桃、杏、梨、枣、香椿	穴(带)状	径0.6，深0.5
	3	白榆、臭椿、白蜡、苦楝、柳树	穴(带)状	径0.6，深0.5
	4	白蜡、柽柳	穴(带)状	径0.6，深0.5
	5	刺槐、黑杨类、柳树、白榆、臭椿、白蜡、苦楝、国槐	穴(带)状	径0.5，深0.5
低山丘陵地	1	侧柏	穴状、鱼鳞坑	穴径0.3，深0.3
	2	侧柏、刺槐、黄栌	穴状、鱼鳞坑	穴径0.5，深0.4
	3	黑杨类、核桃、柿子、桃、梨、杏、枣	穴状	防护树种：穴径0.5，深0.5；经济树种：穴径0.6，深0.5
	4	黑松	穴状、鱼鳞坑	穴径0.5，深0.3
	5	黑松、刺槐、栎类	穴状、鱼鳞坑	径0.5，深0.3
	6	黑杨类、板栗、核桃、柿子、桃、梨、杏、枣、石榴	穴状	防护树种：穴径0.5，深0.5；经济树种：穴径0.5，深0.5

滨海盐碱区：采用穴状整地，规格为宽径0.5~0.6m，深0.5m左右。重盐碱地带，可采取提前将地面抬起，经过一到两个雨季淋盐，沉实后再进行造林的整地措施。轻中度盐碱地可采取穴底铺设隔盐层、栽后树穴上口覆膜覆草等措施减轻盐碱危害。

低山丘陵区：在山地陡坡及山顶土壤比较瘠薄的地片，采用小穴状整地，规格为径0.3m，深0.3m，为防止水土流失，可随整地随造林。

在比较平缓的山坡或坡度15°以下，中厚层土山坡、沟底及平缓的山顶，可采用穴状整地，规格为宽径0.5m，深0.3~0.5m。

山区穴状整地要沿山坡等高线进行，上下成品字形排列，无论采取何种整地方式都要以尽量缩小破土面，减少水土流失为宜。要注意捡净石块、树根等杂物，垒实外堰，穴面要达到外高里低，以保持水土。同时，还要依地形、地势及造林密度等，灵活掌握其整地方式、方法及规格。

达到或符合上述整地方式和规格要求的为合格，否则不合格。

第十一条　种苗质量的检查。依据项目颁发的"主要树种种源区""主要造林树种Ⅰ级苗木标准"进行检查。

种源。采用询问和验看"优良种子(穗条)调拨单"，检查育苗用种是否符合"主要树种种源区"的规定(未包括的树种，按国家或地方标准评定)，符合规定的为合格，否则不合格。

Ⅰ级苗使用率。采取在样方中抽取样本，检查苗高、地径两项指标，上述两项指标均达到标准(附件2)的为合格，反之不合格。抽样的具体方法：以样方的中心点为半径，随机抽取，抽取数量占样方总株数的40%以上的幼树作为样本。以小班为单位，计算Ⅰ级苗使用率，公式如下：

$$一级苗使用率(\%)=\frac{所有样方中达到Ⅰ级苗标准的样本之和}{相应的样本总个数}\times 100\%$$

Ⅰ级苗使用率大于95%的为达标小班，介于95%~90%的为合格小班；小于90%的为不合格小班。

第十二条　栽植质量的检查。检查内容主要包括三个方面：一是栽植的松紧度；二是苗木栽植深度情况；三是幼树是否与地面垂直。

检查的方法：

(1)栽植的松紧度。以样方中所有幼树为样本，逐株用手适力提拉，提不出为合格。一般情况下，以提拉靠近顶芽的2~3片叶，提断叶片而幼树根不出土者为栽植合格。

(2)栽植深度情况。在检查栽植深度时，主要是看栽植深度是否符合作业设计的要求，并看是否影响苗木的生长，如果栽植过深影响幼林生长为不合格。

(3)幼树是否与地面垂直，如果垂直为合格，不垂直则为不合格。

以小班为单位计算栽植合格率，公式如下：

$$栽植合格率=\frac{\begin{array}{c}所有样方中栽植松紧度\\符合要求样本之和\end{array}}{相应的样本总数}\times\frac{1}{3}+\frac{\begin{array}{c}所有样方中栽植深度\\符合要求样本之和\end{array}}{相应的样本总数}\times\frac{1}{3}+$$

$$\frac{\text{所有样方中幼树与地面垂直的株数}}{\text{相应的样本总数}}\times\frac{1}{3}$$

栽植质量合格率大于或等于95%的为达标小班；介于90%~95%的为合格小班；小于90%的为不合格小班。

第十三条　造林成活率(保存率)的检查。是指造林后(一个生长季节)成活株数(以栽植穴或播种穴为单位，每穴成活1株即计为成活)与造林规划设计密度的比例。通过野外踏查，按照造林模型选择有代表性的地段，设置面积600m^{2}标准地(20m×30m其为水平折实面积，每个标准地不少于50株)，每个类型调查2~3块标准地。对于防护林带，采用机械抽样方法抽取3个标准行(每个标准行不少于50株)。实际调查标准地(行)内的成活效果(完全成活计为1、树干死亡基部萌发计为0.5)，计算成活株数占造林株数(穴)的百分比。各成活率的计算方法如下：

$$\text{平均成活率}(\%)=\frac{\text{所有样方中成活率(保存率)的样本之和}}{\text{相应的样本总个数}}\times100\%$$

小班成活率(%)= $\sum$ 样地(行)成活率/样地块数

样地(行)成活率(%)=样地(行)成活株(穴)数/样地(行)栽植总株(穴)数

造林成活率(保存率)大于或等于85%的为达标小班；介于60%~84%的为待补植小班，补植后，须使其达85%以上；小于60%的为不合格小班。

第十四条　树木生长量的检查。依据本办法林木生长量达标标准(表8-4至表8-6)，以样方中所有幼树为样本，逐株测量树高、胸径(地径)及冠幅。以小班为单位，计算生长量，公式如下：

$$\begin{array}{c}\text{平均高生长量(径、冠幅)}\\\text{与标准之比率}(\%)\end{array}=\frac{\text{样本高生长量(径、冠幅) 总和 / 样本总个数}}{\text{当年(径、冠幅) 标准生长量}}\times100\%$$

平均高(径、冠幅)生长量与标准之比大于或等于90%的为达标小班；介于80%~90%的为合格小班；小于80%为不合格小班。

表8-4　各造林模型针阔树种各年龄阶段树高标准年生长量

cm

模型	树种类型	幼树年龄(年)						
		1	2	3	4	5	6	备注
生态型防护林	针叶树种	3~5	5~8	8~15	15~20	20~30	20~30	干旱年份取中下限，正常年份取中上限
	阔叶树种	10~20	20~30	30~40	40~50	40~50	40~50	
用材型防护林	针叶树种	5~8	8~15	15~30	30~40	30~40	30~40	
	阔叶树种	20~30	30~40	40~50	50~60	50~60	50~60	
经济型防护林	阔叶树种	30~40	40~50	40~50	20~30	20~30	20~30	
低效林改培	针叶树种	5~8	5~15	15~30	30~40	30~40	30~40	
	阔叶树种	20~30	30~40	40~50	50~60	50~60	50~60	

表 8-5　各造林模型树种各年龄段胸径(地径)标准年生长量

mm

模型	树种类型	幼树年龄(年)						
		1	2	3	4	5	6	备注
生态型防护林	针叶树种	2~3	3~4	4~5	5~6	5~6	5~6	干旱年份取中下限，正常年份取中上限
	阔叶树种	3~5	5~7	7~9	9~10	9~10	9~10	
用材型防护林	针叶树种	3~4	4~5	5~6	6~7	6~7	6~7	
	阔叶树种	5~7	7~9	9~10	10~12	10~12	10~12	
经济型防护林	阔叶树种	6~8	8~9	9~10	10~12	10~12	10~12	
低效林改培	针叶树种	3~4	4~5	5~6	5~6	5~6	5~6	
	阔叶树种	5~6	6~7	7~8	7~8	7~8	7~8	

表 8-6　各造林模型针阔树种各年龄段冠幅标准年生长量

cm

模型	树种类型	幼树年龄(年)						
		1	2	3	4	5	6	备注
生态型防护林	针叶树种	3~5	5~10	10~20	20~25	20~25	20~25	干旱年份取中下限，正常年份取中上限
	阔叶树种	5~10	10~20	20~30	30~40	30~40	30~40	
用材型防护林	针叶树种	5~7	7~15	15~25	25~30	25~30	25~30	
	阔叶树种	10~20	20~40	40~50	40~50	40~50	40~50	
经济型防护林	阔叶树种	10~30	30~50	50~60	60~70	60~70	60~70	
低效林改培	针叶树种	5~7	7~15	15~25	25~30	25~30	25~30	
	阔叶树种	10~20	20~40	40~50	40~50	40~50	40~50	

第十五条　幼树病虫害发生情况检查。以样方中所有幼树为样本，逐株检查病虫发生株数，并以小班为单位计算病虫害发生率，公式如下：

$$幼树感病指数=\frac{\sum(病级株数\times代表值)}{(株数总和\times发病最重一级代表值)}\times100\%$$

$$幼树虫害受害率(\%)=\frac{所有样方中的虫害株数之和}{相应的样本总数}\times100\%$$

当幼树感病指数小于或等于5%为达标小班，介于5%~10%的为合格小班，大于或等于10%的为不合格小班；当食叶害虫发生率小于或等于5%的为达标小班，介于5%~10%的为合格小班，大于或等于10%的为不合格小班；当蛀干害虫发生率等于0时为达标小班，介于0%~5%的为合格小班，大于5%的为不合格小班。

第十六条　环境保护措施的检查(仅适于坡度≥5°的造林地)。按照“施工设计”(或项目环境保护规程)的规定，以小班为单位，对照检查原生植被保留情况、沿等高线整地情况、病虫害发生情况；以样方为单位，对照检查栽植穴品字形布置情况。

$$环保措施合格率(\%)=\frac{所有样方中实有品字形之和}{所有样方中应有的品字形总数}\times 60+X$$

其中，$0\leqslant X\leqslant 40$，具体值以检查人员根据原生植被保留情况和沿等高线整地准确度而定。

环保措施合格率大于或等于95%的为达标小班；介于85%~95%的为合格小班；小于85%的为不合格小班。

第十七条　幼林抚育检查。根据“施工设计”的要求，以样方内所有幼树为样本，重点对松土深度、除萌情况、除杂草、追肥和幼树伤损情况进行检查，随检查随记录。

以小班为单位，对抚育质量作出评价，只有对“施工设计”文件中规定的所有抚育内容进行了施工，并达到了质量要求的，才能评定为合格，否则不合格。

第十八条　档案资料检查。造林单位及县级项目主管部门要妥善保存每年造营林情况档案资料，省、市将不定期抽查档案资料建设情况。

Ⅳ　检查验收的步骤及其成果

第十九条　项目造林检查验收按层次分为四级：

(1)由造林实体(包括：造林农户、专业合作社、股份制公司、国有林场、集体林场)以小班为单位，按照“施工设计”和施工的各工序进行自检，将结果上报县级项目管理机构。

(2)县级项目管理机构在造林实体自检的基础上，按照本办法逐小班进行全面核查，并填写核查验收单，以县为单位将核查验收结果及自查材料上报市级项目管理机构。

(3)市级项目管理机构在县级项目管理机构核查的基础上，按照本办法进行复查。复查采取全面检查或抽查的方式进行，并填写复查验收单，以市为单位将复查验收结果材料上报省级项目管理机构，并以复查结果作为报账提款面积。

(4)省项目管理机构如果对市级复查有疑问时，可会同市林业部门在市、县级复查和核查验收的基础上，按照本办法联合进行抽查，抽查的数量不少于县级上报合格面积的10%(或者小班数的10%)，并以抽查结果作为合格报账面积。

第二十条　项目造林检查验收按造林时段，以新造林为例分为四次：

第一次为栽植后的检查验收，内容包括：施工设计文件、种源和苗木质量、适宜的造林模型、造林面积、造林密度、混交方式、混交比例、整地质量、环境保护措施实施情况、栽植质量、造林成活率。

第二次为造林当年的年终检查验收，内容包括：第一年抚育质量、保存率、生长量(含树高、胸径或地径、冠幅)。同时，列入省年度造林实绩核查的重要内容。

第三次为造林后各年(不含造林当年的抚育)报账的幼林抚育检查验收，内容包括：松土深度、除萌情况、除杂情况、施肥情况、修枝情况和幼树伤损情况。

第四次为项目造林全部结束后，对所有造林(施工)成效的总体摸底调查，内容包括：保存率、生长量(含树高、胸径或地径、冠幅)。

第二十一条　县级项目管理机构在每一次报账前，都必须对报账所涉及的工程内容进行检查验收，并按照本办法第五章所列的“检查验收报告提纲”要求，写出检查验收报告，上报市级项目办；市级汇总上报省级项目办，作为报账的一个重要材料。

第二十二条　各级项目单位都应根据每次检查验收的成果，建立本级的项目资源档案，作为信息系统的数据来源。

Ⅴ　检查验收报告提纲

第二十三条　县级项目造林检查验收报告的编写，可参照以下提纲编写：

(1)检查验收工作概况。

①检查验收范围。主要概述检查验收的内容和被检对象(包括的乡镇名和造林实体数量)，以及检查验收的组织形式和人员组成情况。

②检查情况。主要分造林技术模型概述检查面积、小班和造林实体，并将有关检查的情况填入表8-7和表8-8。

表8-7　XX县(市、区)分乡镇(造林实体)检查情况汇总

乡镇名称	造林实体名称	面积检查情况			小班检查情况		
		上报面积(hm^2)	核查面积(hm^2)	核实比(%)	上报数量(个)	核查数量(个)	核实比(%)
……							
合计							

表8-8　XX县(市、区)分模型检查情况汇总

模型	面积检查情况			小班检查情况		
	上报面积(hm^2)	核查面积(hm^2)	核实比(%)	上报数量(个)	核查数量(个)	核实比(%)
生态型防护林						
用材型防护林						
经济型防护林						
低效林改培						
合计						

③检查验收依据和方法。

④检查验收工作质量。重点评价外业、内业的工作质量。

(2)检查验收结果。

①“施工设计”文件及与之有关的档案材料。简述“施工设计”文件的质量及有关小班档案材料检查情况。

②造林面积。简要描述分造林技术模型的新造林面积的核实情况，主要列出的数据：以小班为单位，误差率≤5%或≥−5%的面积；误差率>5%或<−5%的面积；核查面积及核实率。

③良种(优良穗条)使用情况。良种(优良穗条)合格总的描述，其中列出哪些树种、哪些乡镇(场圃)不合格。

④I 级苗使用情况。

⑤栽植质量情况。

⑥造林成活率。

⑦生长量情况。

⑧幼树病虫害受害情况。

⑨环保措施合格情况。

⑩幼林抚育情况。较全面的文字描述。

(3)问题及建议。包括项目实施和管理中存在的各种问题、造林单位的情况反映，以及对这些问题和反映拟采取的解决办法。

(4)附表的填写。表 8-9 是项目造林抚育检查验收单；表 8-10 是以乡镇为单位的造林模型检查验收结果汇总表；表 8-11 是以县为单位的模型造林情况信息统计表；表 8-12 是项目县级造林检查验收结果汇总表。4 个表格中的数据将反映项目的造林成果，因此，各项目检查验收单位，必须在检查的基础上认真如实填写。

表 8-9　XX 县(市、区)造林(抚育)验收单

小班号：　　　　　　　　　　欧投行 ID：

造林单位：__________乡(镇)、__________林场村(林区)、施工地点：____

造(营)林模型：____(子模型)主栽树种：____伴生树种：____混交比例：____

施工合同规定任务量：____hm² 实际完工量：____hm² 面积核实率：____

工程报告期：____年____月____日至____年____月____日

整地	苗木			栽植合格率(%)	环保措施合格率(%)	施肥		抚育	生长量			造林成活率(%)
方式	规格(m)	等级	株/hm²			品种	数量(t/hm²)	次/年	平均高(m)	平均胸径(cm)	达标率(%)	
幼树病虫害受害率(%)				是否符合设计的造林模型？是□否□					保存率(%)			

检查验收结果：是否符合 SCSFP 造林检查验收质量和要求？是□否□

验收人意见：是否同意报账？是□否□

工程技术人员：______(签字)验收单位(盖章)

造林实体负责人：______(签字)验收日期：____年____月____日

表 8-10　××县新造林分乡镇(国有林场)分模型检查验收结果汇总

乡镇名称	造林实体名称	造林模型	面积核实率	良种使用情况*	Ⅰ级苗使用率	栽植合格率	环保措施合格率	造林成活率	平均高生长量与标准之比率	平均径生长量与标准之比率	幼树病虫害受害率	混交方式及比例
		合计										
		生态型防护林										
		用材型防护林										
		经济型防护林										
		低效林改培										
…												

注：* 填写“合格”或“不合格”；核实率、使用率、合格率、成活率、受害率单位用%。

表 8-11　××县分模型造林情况信息统计

模型	合计划面积	报账面积	完成面积	面积核实率	造林成活率	环保合格率	幼树病虫害受害率	平均高生长量与标准之比率	平均径生长量与标准之比率	栽植合格率	平均Ⅰ级苗使用率	混交方式及比例
生态型防护林												
用材型防护林												
经济型防护林												
低效林改培												

注：面积单位用 hm^2；核实率、使用率、合格率、成活率、受害率单位用%。

表 8-12　××县检查验收结果汇总

模型	面积核实率	良种使用情况*	Ⅰ级苗使用率	栽植合格率	环保措施合格率	造林成活率	平均高生长量与标准之比率	平均径生长量与标准之比率	幼树病虫害受害率	混交方式及比例
合计										
生态型防护林										
用材型防护林										

（续）

模型	面积核实率	良种使用情况*	Ⅰ级苗使用率	栽植合格率	环保措施合格率	造林成活率	平均高生长量与标准之比率	平均径生长量与标准之比率	幼树病虫害受害率	混交方式及比例
经济型防护林										
低效林改培										

注：＊填写“合格”或“不合格”；核实率、使用率、合格率、成活率、受害率单位用%。

Ⅵ　附则

第二十四条　市、县级项目办要加强对检查验收工作的领导，做好检查验收人员的思想教育工作和技术培训工作。检查验收人员要对工作认真负责，实事求是，严格按照本办法和有关规定执行。

第二十五条　检查验收结果是各级项目单位进行报账和评定项目实施先进单位、奖惩技术人员的重要依据。省林业外资项目联合办公室研究决定，凡经过检查验收后，证明在项目实施中取得了显著成绩的单位和个人，每年都给予表彰奖励；对违反技术规定、不按批准的设计文件施工或施工设计不合格，造成损失的，不能予以报账，并要追究相关人员的责任。

第二十六条　本办法自印发之日起执行，其解释权为省林业外资与工程项目管理站。

山东省林业外资与工程项目管理站

2014 年 10 月

第六节　项目年度施工作业设计管理办法

造林施工作业设计是项目造林工程实施中的一项重要环节，是将项目的造林工程按年度落实到山头地块，从而指导项目造林施工作业按设计、按时限、按质量完成。因此，项目年度施工作业设计管理办法是项目准备阶段的一项重要工作，其制定和执行可有效地指导项目基层施工单位高质地完成项目林建设任务。

一、年度施工作业设计管理办法的编写格式与内容

本部分以《欧洲投资银行贷款“山东沿海防护林工程项目”年度施工作业设计管理办法》为案例(简称 SCSFP)，从总则、外业调查、内业设计、设计成果、附则五个方面，解析国际金融组织林业贷款造林工程项目年度施工作业设计管理办法的编写框架和内容。

1. 总则

总则共分六条：第一条介绍了管理办法起草的目的、事由及规定；第二条阐述了办法制定适用范围；第三条阐述了办法编制依据；第四条阐述了设计的内容；第五条阐述了负责编制年度施工作业设计的人员、单位以及批准的单位；第六条阐述了编制年度施工作业设计的完成时间及施工，如变更设计，应重新报批。

2. 外业调查

外业调查共分两条：第七条主要阐述了外业调查需要做的准备工作包括文件资料、仪器设备和工具、调查表格、拟定工作计划、组建队伍、培训人员等；第八条主要介绍了外业调查的工作，包括核实小班、测量小班面积、落实附属工程、标记等方面任务。

3. 内业设计

内业设计共分为八条。第九条主要阐述外业调查的质量如何检查；第十条介绍小班面积求算，采用地图的要求如何求算面积以及精度要求；第十一条阐述了内业设计的单位、典型设计表等方面要求；第十二条阐述了小班造营林施工设计的内容，包括造林地块的筛选、树种的选择、造林模型的采用、造林密度的控制、混交林的营建、低效林改造培育。第十三条对种苗设计提出了要求，包括种苗来源、苗木质量和数量等；第十四条提出了配套工程设计内容和要求，包括防火线、防火林带设计、林道设计；第十五条阐述了造林施工作业的投资和用工量概算要以乡镇场为单元，按照不同的造林实体分别进行；第十六条阐述为了复核及审查，编制各项施工设计文件须经编制人员签名。

4. 设计成果

设计成果共分为四条：第十七条阐述编写施工设计文件的内容包括：年度施工作业设计说明书、说明书附表、设计图；第十八条规定了年度施工作业设计说明书的编写内容及要求；第十九条规定了年度施工作业设计说明书的编写附表的内容及要求；第二十条规定绘制造林施工小班设计图的具体要求。

5. 附则

附则共分为三条：第二十一条规定了市级是组织年度作业设计、人员技术培训以及指导县(市、区)开展编制年度施工作业设计的主管部门；第二十二条规定了市级可以结合当地的具体情况，制定本市的年度施工作业设计实施细则；第二十三条规定了本办法负责解释的单位以及何时起执行。

二、年度施工作业设计办法的编写样例

为了能更深刻理解和掌握国际金融组织贷款项目年度施工作业设计管理办法的编写思路及其要求，下面给出《欧洲投资银行贷款“山东沿海防护林工程项目”年度施工作业设计管理办法》样例，供同行感受和体会。

欧洲投资银行贷款“山东沿海防护林工程项目”年度施工作业设计管理办法

Ⅰ 总则

第一条 年度施工作业设计是欧洲投资银行贷款“山东沿海防护林工程项目”(以下简称SCSFP)营建防护林部分的重要设计程序，是直接为当年造营林施工服务的。为统一SCSFP防护林营建部分施工作业设计的方法，保证造营林技术措施的落实，实现项目林涵养水源、保持水土、防风固沙的生态功能，根据国家林业局和省林业厅有关规定，特制定本办法。

第二条 本办法适用于参加SCSFP的实施主体，包括具有独立法人资格的国有林场、集体林场、股份制公司、专业合作社、农林大户的项目造林地块的施工设计。

第三条 设计的依据。

(1)SCSFP有关的办法或计划等资料。主要包括《SCSFP造林模型》、《SCSFP苗圃改进和种质材料开发计划》、《SCSFP环境管理计划》(包括环境保护规程和病虫害防治管理计划)、《SCSFP造林检查验收办法》、《县级SCSFP造林小班电子地图》以及编制的SCSFP县级造林总体设计和下达的年度造营林计划。

(2)国家或行业标准

国家林业局颁布的《造林技术规程》(GB/T 15776—2006)、《森林抚育规程》(GB/T 15781—2009)、《主要造林树种苗木质量分级》(GB 6000—1999)、《低产用材林改造技术规程》(LY/T 1560—1999)、《中国森林认证森林经营》(LY/T 1714—2007)以及《容器育苗技术》(LY/T 1000—2013)和《主要造林树种苗木》(DB37/T 219—1996)。

第四条 造营林施工设计要在SCSFP县级造林总体设计的基础上，以小班为单位进行设计。其设计内容如下:

(1)相关内容的核实。核实造营林(包括改培)总体设计小班的立地类型、改培模型、造营林模型和小班等因子。

(2)面积设计。包括小班面积、造营林面积或改培面积。

(3)树种及技术措施。造林树种、混交类型和比例、造林密度、各树种用苗量及苗木规格、整地、栽植、幼林抚育(包括除草、松土、扩穴、修枝、灌溉、施肥等)设计；低效林改培树种、新造林树种密度、用苗量及规格、改培技术措施等设计。

第五条 年度施工作业设计由县(市、区)林业局项目办组织技术人员进行，项目实施主体应予以配合。国有林场和较大的集体林场也可自行组织技术人员进行设计，但需要报县(市、区)林业局项目办批准。

第六条 年度施工作业设计应在造营林施工的前一年完成，设计成果由各县(市、区)林业局审核批准后，实施单位必须按设计认真组织施工。如有设计变更，需提交变更申请，并上报至县(市、区)级林业主管部门进行批准。

Ⅱ 外业调查

第七条 准备工作。

(1)文件资料。包括SCSFP县级造林总体设计文件、下达的年度造林计划、造林技术措施规程、地形图、电子地图和相关图表资料等。

(2)仪器工具。有关的仪器、工具、表格等。

(3)工作计划。拟定年度施工作业设计工作计划。

(4)队伍人员。组建设计队伍，培训技术人员。

第八条 外业调查

(1)核实小班。根据SCSFP县级造林总体设计文件和年度造林计划安排，到造林地现场核实年度造林小班及其立地类型、造营林模型等因子，并根据SCSFP县级造林总体设计和年度造林计划进行具体施工设计。如果根据核实的资料和具体情况需要对造林总体设计的小班内容进行修改完善，在施工设计中必须说明理由，对树种、造林密度、混交比例以及不同小班树种搭配的调整要符合《SCSFP造林模型》的要求，同时报送所在市林业局项目办批准，并报省项目站备案。

(2)测量小班面积。原则上应使用罗盘仪实测小班面积，也可使用精度较高的GPS测定，闭合差不大于1%，精度不低于95%。对使用1∶10000(1∶25000)比例尺的地形图勾绘小班、求算小班面积的，在造营林后必须进行实测小班面积，并按实测结果填报；对小班面积与上报欧洲投资银行小班电子地图面积或位置不符的，要及时更新小班电子地图，并报送所在市林业局项目办批准，并报省项目站备案。

(3)落实附属工程。将SCSFP县级造林总体设计中布设的林道、防火线、防火林带、监测林样地以及灌溉设施等，落实到小班或具体地块，并将位置、走向绘于图上。

(4)标记。对小班范围内不能造营林的地形、地物，如突出的裸岩、石质地块等进行标记，测算面积在小班面积中扣除即可。

Ⅲ 内业设计

第九条 外业质量检查。内业设计工作前，对外业调查材料进行逐项检查与核对，确认无误后，方可进行内业设计。

第十条 小班面积求算。对在1∶10000(1∶25000)比例尺的地形图上勾绘的小班，采用求积仪、方格网法或地图导入计算机矢量化后在相关软件中进行面积求算。每个小班求算两次，取平均值。两次面积相差不应大于2%。小班面积以造营林后检查验收时的实测面积为准。

第十一条 内业设计。以小班为单位，按照“造林小班典型设计表”的格式逐一对造林措施进行设计。

第十二条 小班造营林施工设计。以国有林场、集体林场、股份制公司、专业合作社、农林大户为单位，按村(工区)和小班顺序编号，采用表格形式，做出小班造林模型、树种、密度、整地方式、栽植方式、抚育管理等内容设计(附件1)。根据本项目的特点，要特别注意如下设计内容：

（1）造林地块的筛选。要按照《SCSFP 环境保护规程》的要求，严格按程序筛选造林地，并将“SCSFP 造林地筛选方法流程”（详见 SCSFP 环境保护规程及附录）附在施工设计之后，一并存档。凡不符合“SCSFP 造林地筛选方法流程”的土地，一律不得作为项目造林用地。

（2）树种的选择。根据各造林地块立地条件与造林模型选择多树种和多品种（无性系）进行造林，以增加生物多样性，保证林分的稳定性，充分发挥项目林的生态防护功能。各造林模型主要造林树种包括：①生态型防护林：侧柏、松树（黑松、赤松）、白蜡、麻栎、刺槐、白榆、柽柳、柳树（旱柳、垂柳、竹柳）、黄栌、君迁子、国槐、银杏、雪松、法桐、紫穗槐等。②用材型防护林：杨树（欧美杨、美洲黑杨、毛白杨）、白榆、白蜡、柳树（旱柳、垂柳、竹柳）、刺槐、国槐、银杏、楸树等。③经济型防护林：核桃、板栗、桃、冬枣、柿子、杏、苹果、梨等。

（3）造林模型的采用。SCSFP 在 4 类造林模式的基础上，细分了 10 个造林子模型。①生态型防护林包括 E1–E5，共 5 个子模型；②经济型防护林分为鲜果（C1）、干果（C2）2 个子模型；③用材型防护林分为杨树类（T1）、其他杂木（T2）2 个子模型；④低效林改培采用 S 子模型。

（4）造林密度的控制。根据造林地立地条件，结合项目区现有成功的造林经验，以达到最佳防护效益为目的，确定各造林树种栽植密度。①滨海盐碱区各树种栽植密度：生态型防护林造林密度为 600~1500 株/hm^2；经济型防护林造林密度为 333~600 株/hm^2；用材型防护林造林密度为 600~1500 株/hm^2。②低山丘陵区各树种栽植密度为：生态型防护林造林密度 1200~2800 株/hm^2；经济型防护林造林密度为 400~600 株/hm^2；用材型防护林造林密度为 800~1200 株/hm^2。

（5）混交林的营建。按照增加物种多样性和生物多样性的要求，混交林的营造通常采用块状、带状或条状混交方式。生态型防护林尽可能采用多树种、多层次混交造林，根据项目区的地理及生态条件可以采用块状和带状混交方式；为提高林分的生产力，用材型防护林和经济型防护林可采用集约式单一树种造林。具体方法：①滨海盐碱区要选择适宜树种，采用带状或块状混交，也可采用部分速生树种，使其尽快成林，发挥减少水分蒸发、控制盐碱、防风固沙等生态作用。②低山丘陵区可在针叶林内补植阔叶树，在阔叶林内补植针叶树；补植时可采用植苗造林，也可采用直播造林，以形成针阔混交林。③在保持多树种的前提下，优先选择乡土树种和当地群众习惯使用的树种，在小范围内采用试验成功的新树种，以起到示范作用。④在集中成片面积较大的荒山荒地，各相邻的造林小班要采用适宜的不同树种，便于形成不规则的块状混交林。

（6）低效林改造培育。按照不同的林分类型采取不同的改造培育方式，对复层异龄残次林等选择综合改造的方式，通过采取补植、抚育、调整等方式，育林择伐、林冠下更新等措施，提高林分质量。具体措施是按照补植为主、伐除为辅的原则，可先清后补，也可以先补后清。伐除部分影响补植、占用林地面积和空间较大的非目的树种，以及老龄过熟木、多头木、病腐木、断梢木、霸王木、树干弯曲破损木，为林下补植创造有利条件。补植时应根据上层保留木胸径大小和株数、林窗大小、幼苗幼树分布以及立地条件等因素确定补植树种和密度。

第十三条　种苗设计。

(1)种苗来源。苗木质量达到国家、省或项目确定的Ⅰ级苗木或合格苗木标准。设计中说明种(条)、苗木类型和来源，种(条)和苗木来源应以县(市、区)级中心苗圃培育的苗木为主，对于较难生根或者有特殊要求的乡土树种的苗木，可以从省级苗圃进行统一调运。为提高低山丘陵和盐碱地造林成活率，苗木类型以容器苗为主、裸根苗为辅。

(2)苗木数量。根据年度施工作业设计的造林面积、混交比例确定各造林树种的面积，结合栽植密度分别计算各树种所需的Ⅰ级苗数量，同时应考虑苗木在运输和栽植过程中的受损率(3%~5%)。对于播种造林的树种，在计算种子数量时，应该考虑种子的纯净度(95%以上)和发芽率(80%~90%)，并合理地留有余量用于补植。

第十四条　配套工程设计。

(1)防火线、防火林带设计。根据外业调查材料，对火源容易侵入和蔓延的地带进行防火线或防火林带设计。主防火线或防火林带应与主风方向垂直，宽15~30m；副防火线宽10~12m。防火林带要种植耐火树种。

(2)林道设计。根据造林总体设计安排进行林道设计。基本沿等高线环山设置，一般宽1m，计算林道长度，并在整地前施工。开设林道时应注意防止水土流失。

第十五条　投资、用工量概算。

以乡(镇、场)为单元，按国有林场、集体林场、专业合作社、股份制公司、农户(农户联合体)等，依次计算用工量、投资和肥料需求数量。

第十六条　编制各项施工设计文件须经编制人员签名，以备复核及审查。

Ⅳ　设计成果

第十七条　以乡(镇或国有林场)为单位编写施工设计文件，内容包括：①欧洲投资银行贷款“山东沿海防护林工程项目”年度施工作业设计说明书；②欧洲投资银行贷款“山东沿海防护林工程项目”年度施工作业设计说明书附表；③欧洲投资银行贷款“山东沿海防护林工程项目”年度施工作业设计图。

第十八条　说明书。其内容主要包括以下几个方面：

(1)前言部分主要包括设计方法、依据、原则和完成施工作业设计技术力量组成情况。

(2)基本情况主要包括地理位置、面积、小班因子情况等。

(3)造林、改培、营林设计包括树种选择原则和比例、造林技术措施、改培技术措施、营林技术措施，特别是混交方式和混交比例要求等各项指标。

(4)附属工程设计。

(5)用工量和投资概算。

(6)保障措施。

第十九条　附表。附表(附件1)的内容包括：SCSFP造林树种设计面积统计表；××年度造(营)林小班基本情况表；××市××县(市、区)SCSFP造(营)林小班调查设计卡；××年度造(营)林小班施工措施表；××年度各项作业用工、投资概算及汇总表。

第二十条　绘制造林施工小班设计图。施工作业设计图包括1∶10000或1∶25000地形图勾绘的小班区位图、地形图、小班设计图(见附件2)、小班典型设计图(见附件3)。

(1)地形图的绘制。根据外业调查的材料，以乡(镇、林场)为单位绘制地形图，图的比例尺一般为1∶10000或1∶25000。内容包括：县(市、区)、乡(镇、林场)、村(工区)界、林班界、小班界、防火线、小班标示等。

$$\frac{\text{小班号-主要树种-年度小班标示}}{\text{面积-密度}}$$

(2)小班示意图的绘制。以放大的地形为地图勾绘，内容包括：小班标示、明显的地物标志(如裸岩、突出的石块)、林道、防火带(线)、抚育管理措施、保留的原生植被、间作等(见附件2)。

(3)典型设计图的绘制。按小班类型绘制典型设计图，并复制给每一个小班复印件。包括有栽植穴配置方式示意图(附件3图8-2)；栽植穴平面、立面设计图(附件3图8-3)；小班混交方式设计图(附件3图8-4)。

(4)小班电子地图更新。根据年度作业设计、地形图的绘制等信息，及时更新小班电子地图。

Ⅴ　附则

第二十一条　各项目市要组织好年度施工作业设计工作，做好施工设计人员的技术培训，要严格按照有关规定和本办法的要求，指导本市所辖项目县(市、区)认真编制SCSFP年度施工作业设计。

第二十二条　各项目市可以根据本办法，结合当地的具体情况，制定本市的年度施工作业设计实施细则。

第二十三条　本办法由山东省林业外资与工程项目管理站负责解释，自印发之日起执行。

附件1：SCSFP年度施工作业设计一览表(表8-13至表8-17)；

附件2：××县(市、区)××乡(镇、林场)××林班(村)××小班设计图；

附件3：××县(市、区)××乡(镇、林场)××林班(村)××小班典型设计图。

附件 1：SCSFP 年度施工作业设计一览表

表 8-13　××县××乡(镇、林场) SCSFP 造林树种设计面积统计表

hm^2

统计单位	合计	模型 E1	模型 E2	模型 E3	模型 E4	模型 E5	模型 C1	模型 C2	模型 T1	模型 T2	模型 S	备注
村(工区)												

统计者：______校核者：________　　____年____月____日

表 8-14　××县××乡(镇、林场)××年度造(营)林小班基本情况

hm^2、株/hm^2、m、cm、kg、%、‰

单位	地名	小班号	小班面积	设计面积	土地				造林密度	地貌				土壤									植被					疏林蓄积量	散生木蓄积量	间种
					所有权	使用权	经营权	地类		类型	坡位	坡度	海拔	种类	质地	石砾含量	地下水位	腐殖质层厚度	盐碱含量	地下水矿化度	母质种类	母质状况	主要灌木名称	主要藤草本名称	分布	平均高	盖度			

设计者：______校核者：________　　____年____月____日

表 8-15　××市××县(市、区)造(营)林小班调查设计卡片

一、现状调查					
1 乡镇(林场)	2 行政村(分场)	3 林班号	4 小班号	5 小班面积(hm^2)	6 地类
7 林地所有权	8 林地使用权	9 林地使用期限	10 林木所有权	11 林木使用权	12 土壤种类
13 土壤质地	14 土壤厚度(cm)	15 腐殖质层厚度(cm)	16 石砾含量(%)	17 地貌类型	18 海拔高度(m)

（续）

一、现状调查					
19 坡向	20 坡位	21 坡度(°)	22 基（母）岩种类	23 母质状况	24 地下水埋深(m)
25 土壤含盐量(%)	26 地下水矿化度(g/L)	27 主要灌木名称	28 灌木盖度(%)	29 主要草本名称	30 植被总盖度(%)
31 植物分布					
二、规划设计					
32 造林模型号	33 林种	34 主栽树种	35 伴生树种	36 保护植物名称	37 防护林带长度(m)
38 防护林带宽度(m)	39 苗龄(年)	40 苗高(m)	41 混交方法	42 混交比例	43 整地方法
44 整地规格(m)	45 造林方法	46 造林时间	47 造林季节	48 初植密度(株/hm^2)	49 配置方式
50 松土除草	51 灌溉	52 抚育间伐	53 护林防火		

调查设计者：　　　　　　　　　　　　调查日期：

表 8-16　××县(市、区)乡(镇、林场)××年造营(改培)林小班施工措施

hm^2、株/hm^2、m、cm、kg

单位	地名	小班号	小班面积	造林设计																		抚育设计			施肥设计					附属设施			间种
				立地类型	造林模型	造林方式	混交比例	造林密度	各树种用苗量				苗木			造林或改培		整地		植穴		方式	次数	年度	次数	时间	肥种	其中		林道长	防火线	灌溉工程	
									×树种	×树种	×树种	×树种	来源	类型	规格	年度	时间	方式	规格	规格	时间							基肥	追肥				

设计者：______校核者：________　____年____月____日。

表 8-17　××县(市、区)××乡(镇、林场)××年各项作业用工和投资概算及汇总

元、工日、hm^2

单位	小班号	小班数量	造林或改培面积	树种组成	造林用工							资金来源				造林投资									
					小计	整地	栽植或改培	抚育	施肥灌溉	林道防火	其他	合计	其中：			种苗	整地	栽植或改培	抚育	设备	肥料	农药	林道	管护	其他
													欧行	配套	自筹										
合计																									

设计者：______校核者：________　____年____月____日。

附件 2：××县(市)××乡(镇、林场)××林班(村)××小班设计图

技术措施		图示 （小班示意图：以放大的地形图为底图）
小班号		
面积(hm^2)		
坡度		
立地类型		
主栽或改培树种		
伴生树种		
初植密度		
混交方式、比例		
树种 1		
树种 2		
…		
整地方法		
苗木类型、苗龄		
苗木规格		
造林或改培方式、时间		
栽植穴的规格		
除草松土次数、时间		
施基肥次数、时间		
修枝、间伐时间		
栽植或改培灌木名称		
栽植或改培草本名称		
保留的原始植被		
间作		

备注：

附件3：××县（市）××乡（镇、林场）××林班（村）××小班典型设计图

小班号：图示

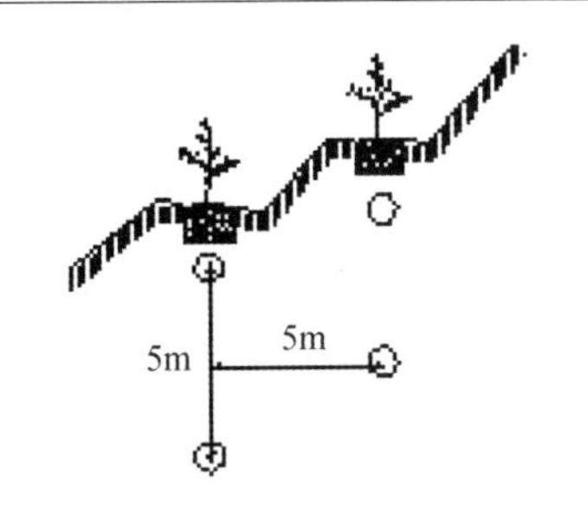

图 8-2　栽植穴配置方式示意图

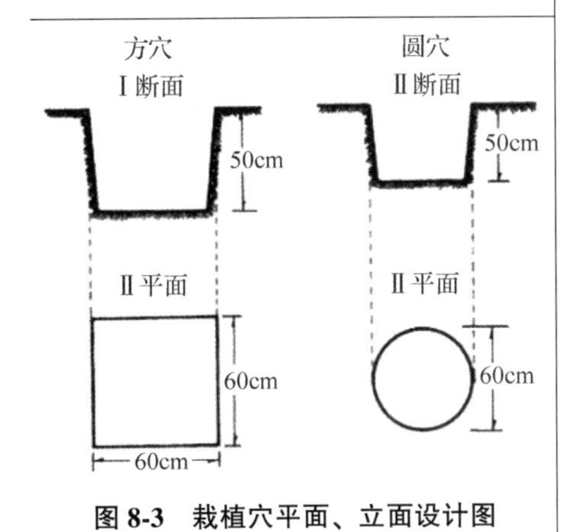

图 8-3　栽植穴平面、立面设计图

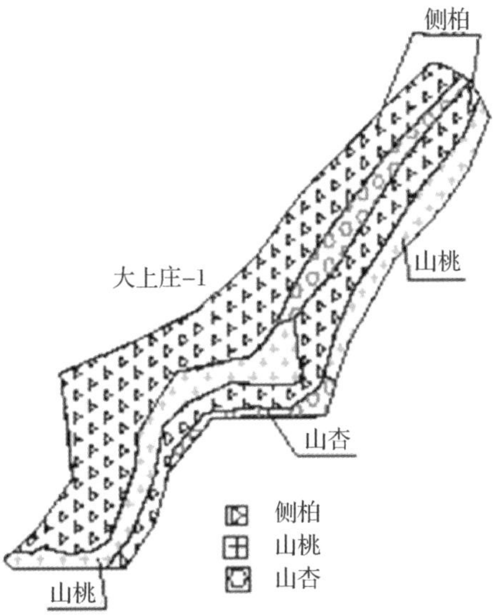

侧柏
大上庄-1
山桃
山杏
山桃
侧柏
山桃
山杏

图 8-4　小班混交方式设计图

第二部分
项目运营管理

世界银行贷款项目的运行管理是林业工程造林项目的第二阶段，它是项目周期中又一重要阶段。项目的运营与管理，必须严格按照评估报告和项目贷款协定的要求组织项目的实施，在项目整个执行的全过程中，都要严密、科学地监测检查，以保证项目按既定目标执行，发现问题，及时调整，以求达到预期的建设目标。

通过世界银行、亚洲开发银行、欧洲投资银行贷款林业项目的实践，深深地体会到项目运营管理的重要性和必要性。根据国际金融组织贷款林业造林项目的特点和山东省的实际情况，探索形成了与其项目运行管理相适应的管理机制，创建了组织协调、计划调控、质量监督、财务管理、种苗供应、物资管理、科研推广、环境监测、信息系统、项目培训等十大运行管理支撑保障体系。这十大运行支撑保障体系如何协调运作，我们将在以下各章节中予以详细讨论。

第九章　项目组织管理

组织协调是国际金融组织贷款项目最重要的组织与领导环节，是确保项目顺利启动实施的重要保证。项目实施前，省成立由财政、发改、审计、林业、环保等部门分管处室负责人参加的项目联合办公室，始终坚持把林业外资项目作为林业工程的重中之重抓紧抓实。项目联合办公室设在省林业主管部门。为了防止部门间相互扯皮和推诿，严格制定了相关的《项目管理办法》，把各部门的职责和任务明确地写在了《项目管理办法》中。随时发现施工中出现的问题，并及时得到解决。各项目市（地）、县（市、区）也相应成立联合办公室，并配备了业务熟练的专业人才。项目建立的数据库、图片资料档案、评价效益机制，为项目的顺利实施创造了宽松的内部和外部环境。健全的组织、完善的制度、有效的协调和密切的配合，保证了项目实施工作的顺利开展。

第一节　项目管理机构设置及职责

一、项目管理机构设置的原则

国际金融组织林业贷款造林项目涉及面广、量大，不仅要与农村社区、政府部门打交道，而且还要与农民、企业进行沟通协调，甚至还要与自然环境作斗争。因此，项目的组织、协调与领导，是搞好项目实施的前提条件，应本着合理、一致、高效、对口、职责明确的原则设置项目管理机构。

1. 设置合理原则

所谓组织管理机构设置合理，是指要根据国际金融组织林业贷款项目的实施目标、规模、内容、布局要求，设置合理的项目领导小组及其合理的办事机构，配备合理的技术人员和管理人员，并建立一套与之相适应的项目运行管理机制。首先，要筛选和设置与林业贷款项目有关且支撑保障有力的政府部门，作为项目组织管理协调领导小组的组成成员单位。根据以往山东实施的世界银行林业贷款造林项目的经验，其组成单位应由发改部门、财政部门、林业主管部门、审计部门、环境保护监测部门组成，只有设置合理的组织体系，才能确保项目的立项评估、计划调控、资金落实、监督管理、监测评价等工作得以顺利开展。其次，项目办事机构设置要合理。既然是林业贷款项目，其办事机构(项目管理办公室)最好设置在林业主管部门，发改部门和财政部门相关处室，也是项目办公室成员部门，其应按照各自的职责范围，各司其职，分工合作，共同开展工作。最后，项目管理人员配备要合理，必须按照项目建设目标和内容，配备有林业经济、森林规划设计、森林培育、森林保护、环境保护等方面的专业技术人员，同时还要依据项目建设的内容和布局，吸纳一定数量的农民技术人员或乡土专家参与项目建设，最大限度地确保项目实施的人力资源的合理需求。

2. 协调一致原则

国际金融组织林业贷款项目涉及部门多、层级多、地域广，牵涉到森林规划、森林生态、森林培育、森林保护、经济管理、环境保护等学科，是一个庞大的系统工程。在利用社会人力资源和财力资源完成项目既定目标时，将项目的顶层相关部门、项目辖区内不同层次的部门以及相关人员组织起来，需形成一个项目管理运作队伍。团队中的所有人员的文化、技术、理念、习惯、经历各不相同，队伍中的不同层级项目管理部门的管理经验和实施项目的出发点各不相同，能否协调一致，保证大家共同努力，为顺利完成项目既定目标而奋斗，是项目组织管理中的关键所在，这就要求大家从全局利益出发，求同存异，将项目运行管理中的各个方面关系协调好。首先，不同部门、不同层次的组织管理机构之间要协同，既有分工，又有合作，相互配合，形成整体合力；其次，项目的管理人员和技术人员之间要协调好，做到发挥每个人在项目建设中的应有作用，积极性和创造性得到尽可能地发挥，把个人融入项目整体中，树立参与意识和协调意识，将项目实施效果做到极致。最后，项目管理机构与项目辖区内政府业务部门之间的关系应理顺。项目建设离不开当地政府和相关部门的支持和配合，只有关系理顺，密切配合，万众一心，才能确保项目成功实施。

3. 精简高效原则

项目管理机构和人员组成，要尽可能地做到“精简高效，避免人浮于事”。与项目无关的或关系不大的政府部门，不纳入项目管理领导成员单位，尽量避免领导成员单位过多、臃肿、庞大现象的出现；按照目标管理的要求，强调所有从事项目管理的人员都要高效率地工作，在规定的时限内，完成规定的任务。为了实现精简高效的目的，应做到：一是精神奖励与物质奖励有机地结合，调动方方面面的积极性；二是强化培训，严抓考核，注意提高工作人员的素质；三是强化信息沟通与联系，提高工作效率；四是强化技术咨询和指导，充分发挥当地农民乡土专家的积极性和能动性，通过为他们提供直接的技术服务，提高项目实施效果。

4. 上下对口原则

运行管理好的项目，其主要标志是“有序推进，运作高效，进展顺利，目标实现”。因此，在组建项目管理机构时，要避免一切影响项目运作的不利因素或使其影响降低到最小或可接受的范围。为达到上述目的，各级项目单位要仿效顶层项目单位的做法，组建由发改部门、财政部门、林业部门、审计部门、环保部门等单位参加的国际金融组织林业贷款项目领导小组，下设林业项目联合办公室。这个办公室是领导小组的下设办事机构，由林业、财政、发改部门共同组成，办公室设在当地林业主管部门，上下对口，沟通方便，利于工作展开。

5. 职责明确原则

利用世界银行林业贷款造林工程项目的资金管理、计划管理、造林抚育管理隶属不同的部门。其中，贷款资金、配套资金、报账提款以及资金拨付、会计核算归财政部门管理；项目立项评估、资金使用预算编制、年度计划编报等归发改部门管理；项目造林、抚育管理、检查验收、报账提款材料准备等归林业部门管理；项目执行期间，资金使用和拨付进度监督审计归审计部门管理，并且还要定期向贷款方提供资金使用、工程质量审计报告。因此，项目运作与执行，需要各个部门的共同努力，才能达到预期的实施效果。这就要求林业、财政、发改、审计部门明确自己的职责范围，只有责、权、利明确，不扯皮，不推诿，才能确保高起点、高标准、高质量地顺利完成项目的目标任务。

二、项目组织管理机构的设置

利用世界银行、亚洲开发银行等国际金融组织实施的林业贷款工程造林项目，其贷款的资金是国家债务，由财政部统一对外借贷，并负责向贷款方签订贷款协议，然后再由财政部向各省(自治区、直辖市)人民政府签订转贷协议，各级人民政府再逐级向下(项目地市级、县级、乡镇级)转贷，其组织形式和管理形式与国内其他项目不同。鉴于项目如此特点，为了加强对贷款项目的组织领导，确保顺利完成项目目标任务，在项目的前期准备和执行过程中，承贷方各级政府部门高度重视，精心组织，真抓实干，探索形成了利用国际金融组织贷款项目组织管理机构的设置特色。现以山东省利用世界银行贷款“森林资源发展和保护项目”组织管理机构的设置为案例进行分析。

1. 项目组织管理体系构架

山东省利用世界银行贷款“森林资源发展和保护项目”的组织管理机构设置，分为四个层次，即省级、地市级、县级。三级架构环环相扣，缺一不可。当然，有的县级，根据项目的管理需要，项目乡(镇)也要建立相应的项目组织管理机构。如图 9-1。

2. 项目协调领导小组

山东省利用世界银行贷“森林资源发展和保护项目”实行统一管理与分级管理相结合的管理体制。山东省农业引进外资项目领导小组由分管农业的副省长任组长，财政、发改、林业、审计、生态环境等相关部门的分管领导任成员。该领导小组是本项目的决策机构，负责研究解决项目建设中的重大问题，落实配套资金，协调内外关系，保证项目顺利实施。

项目市(地)、县(市、区)也仿效省里的做法，成立了同级的项目领导小组并配备了项目管理人员负责辖区内的项目管理，定期向上一级报告工作。在项目执行过程中，各有关部门密切配合，加强联系，协调解决项目实施中的问题。

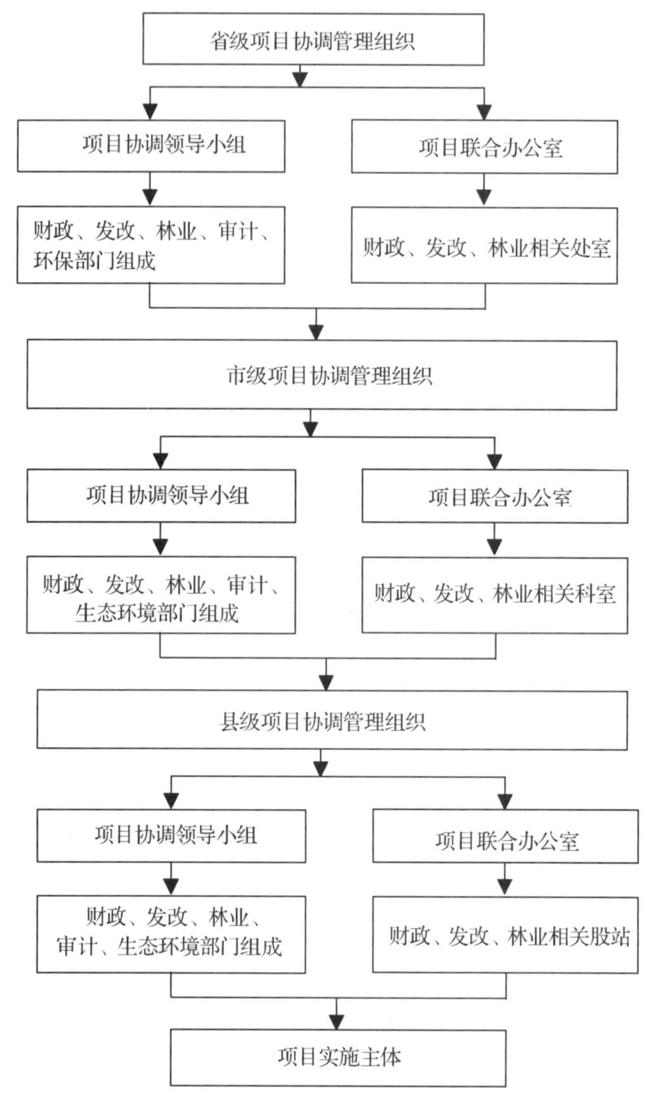

图 9-1　项目组织管理机构

3. 项目管理办事机构

项目领导小组下设林业世界银行贷款项目联合办公室，统一负责项目的管理工作。省项目联合办公室系省项目领导小组的办事机构，办公室设在省林业厅。项目联合办公室下设工程组、综合组和财务组。

三、各部门的职责

项目的管理涉及的部门有财政、发改、林业、审计、生态环境等单位。在项目的执行期间，需要共同协商解决的政府部门有财政、发改、林业、审计四个单位。各相关部门应加强联系，密切配合，各司其职。

1. 财政部门

项目财务组设在山东省财政厅，负责项目财务管理、会计核算、世界银行贷款资金的承贷、转贷、回收和还贷工作；汇总和编制财务报表；组织和审查向财政部报账提款；筹措落实项目配套资金；监督检查转贷资金及配套资金的使用情况。

2. 林业部门

项目工程组和综合组设在山东省林业厅引用外资项目办公室，负责项目的规划设计、管理实施、监测评价和业务指导；审计项目规划和作业设计；编报和执行项目年度计划；汇总工程进度报告和报账提款手续；组织年度造林检查和竣工验收。

3. 其他部门

发改部门负责项目立项评估、编报贷款资金使用计划、组织项目竣工验收；审计部门负责项目贷款资金和配套资金的审计并出具审计报告；环保部门协助县级项目单位监测方案编报和监测点的设置。

第二节　项目技术支撑体系的建立与职责

一、项目技术支撑体系建立的一般原则

世界银行、亚洲开发银行等国际金融组织林业贷款工程造林项目，是一个系统学科，涉及森林培育、环境保护、水土保持、森林保护、经营管理等方面，学科交叉性极强。因此，为确保项目既定的技术指标得到全面落实，在项目技术支撑体系的建立方面需要坚持以下基本原则：

1. 人员配备要合理

项目的技术支撑保障是否有效，人力资源的合理配备至关重要。项目的科研、推广、咨询、培训、指导等工作，需要不同类型的专业技术人才，其中项目科学研究，需要根据项目治理目标和课题设置，配备有相关课题研究背景的人员参与；项目新技术、新成果的推广，需要有从事林业技术推广经验的人员参与；项目技术培训工作，需要有从事林业技术培训且能调动受众兴趣的人员参与；项目咨询与指导工作，需要有耐心、细致且具有丰富专业技术的人员参与。只有把林业方方面面的专业技术人员吸收并合理配备到项目建设中，才能确保项目技术支撑到位。

2. 对接沟通要及时

通过实施国际金融组织林业贷款工程造林项目，积累了很多成功经验，也获得了许多教训。实践证明，信息联络与沟通，是确保项目实施的关键所在。特别是世界银行、亚洲开发银行林业贷款项目，从项目预评估到项目执行、竣工验收，贷款方的项目官员和项目经理以及专家组，每年都有两次到项目区实地开展检查，平时还要定期或不定期提交项目执行材料，因此及时沟通联络和上下的对接交流非常重要，这不仅能随时总结项目执行中的成功经验，发现存在的问题，而且还能把握项目经理和专家

组的意见，为调控项目质量和实施进度，留有空间。项目对接沟通要十分注意这种信息的及时交流，为项目的顺利开展创造一个更为有利的环境条件。

3. 推广培训要兼顾

项目的新技术、新成果推广与培训，在项目执行过程中至关重要。项目咨询、指导工作，是确保新技术和新成果传递到农民、到山头、到地块的重要途径，而推广和培训是实现项目技术咨询和技术指导的有效手段。推广和培训做好了，能达到事半功倍的效果，新技术新成果推广应用与现场观摩培训工作缺一不可，两者应兼顾展开，在组建项目技术支撑管理办公室时，要把这两项工作统筹安排，专人专职负责，确保此项工作有序顺利开展。

4. 科研监测要一体

不同外资贷款项目，其实施目标和实施内容不同，因而设置的科研课题和项目监测评价的内容也不尽相同。因此，要根据林业贷款造林工程项目的特点和贷款方的要求，设置一些既具有林业造林、抚育及经营管理特点同时又与项目目标要求相符的科学研究课题和监测评价重点。项目实践再一次证明，科研课题和监测评价不仅是一个密切相关、互为补充、相互借鉴的，而且还是一个耐心、细致、持久的工作，需要长期坚守，细致调查，不断探索，认真总结，才能出成果出成效，这项工作最好有从事科研或教学的一家单位的一个技术团队来承担，便于科研课题与监测评价工作一体化开展，也便于相互交流和总结归纳，同时也有利于经验的提出和教训的总结。

5. 职责分工要明确

项目技术支撑保障组织体系的构建，是通过项目实践并由项目管理单位、科研单位和教学单位共同发起成立的组织体系，是项目科研、推广、培训、咨询、指导于一身的技术保障组织，也是项目的技术支撑单位。其组织形式、人员构成和管理方式，决定了组织体系的性质。因此，要将这一松散的组织，更加紧密联系起来，达到相互配合，相互支持，就要把责、权、利进行合理优化分配，尤其在科研课题经费、监测评价资金的分配上，要体现在责任与权力的分配上做到公平、公正，要采用招标的方式，把责、权、利明确写到合同中，防止推诿扯皮，确保项目技术支撑保障到位。

二、项目技术支撑体系的构建

改革开放以来，山东省先后利用世界银行、欧洲投资银行和亚洲开发银行贷款，实施了速生丰产林营造、木材加工利用、生态防护林营造、经济林营造等相关项目。由最初单纯引进资金的想法，逐步转变为“引进技术，借鉴经验，拓展创新，为我所用”的理念。实践证明，项目的实施要以科技为先导，强化科研与生产的紧密结合，只有通过点上示范、现场观摩、面上推广、集中培训的方式，才能做好项目的技术支撑和保障工作。下面以世界银行贷款“山东生态造林项目”技术支撑体系的构建为案例进行分析，供同行参考。

1. 项目技术支撑保障组织体系构架

世界银行贷款“山东生态造林项目”技术支撑保障组织体系，分为两个层次，即省级或市(地)级、县级。其中，省级项目技术支撑保障组织体系与市(地)级项目技术支撑保障组织体系是平行关系，都是为县级项目技术督导小组提供科学研究、监测评价、技术培训、技术推广、技术咨询和现场指导服务的。如图 9-2。

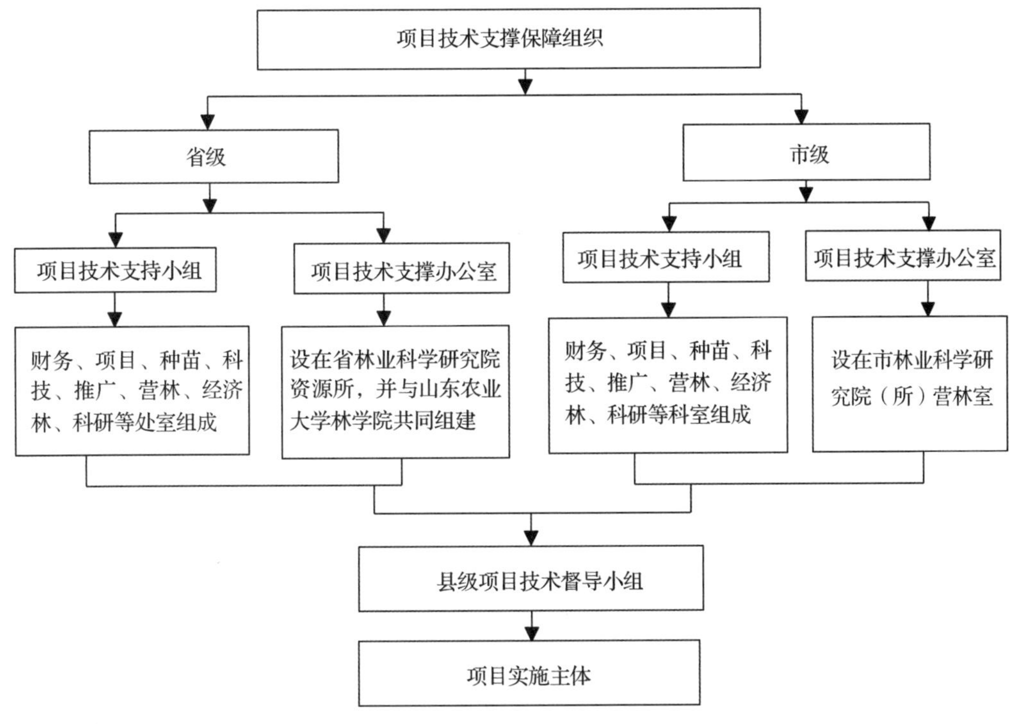

图 9-2　项目技术支撑保障组织体系

2. 项目技术支撑组织体系组成单位

省级项目技术支持小组，是国际金融组织贷款林业项目技术支撑保障组织体系的重要组成部分。其中，省级项目技术支持小组成员单位和人员由原山东省林业厅的计划财务处、项目办、种苗站、科技处、推广站、营林处、经济林站、林科院等处室的领导和专家组成。

市(地)级项目技术支持小组，仿效省里的办法，其项目技术支持小组成员单位和人员由原所属市地林业局的计划财务科、项目办、种苗站、科技科、推广站、营林科、经济林站、林科所等科室的领导和专家组成。

根据项目管理和技术督导需要，项目县也可仿效省市的做法，成立相应的组织体系，开展技术推广、技术培训、技术咨询和技术指导等工作。

3. 项目技术支撑体系办事机构

项目技术支持小组下设世界银行林业贷款项目技术支撑办公室，统一负责项目的技术推广、技术培训、课题研究和监测评估等方面的协调工作。

省级世界银行林业贷款项目技术支撑办公室系省级项目技术支持小组的办事机构，办公室设在省林业科学研究院资源所与山东农业大学林学院共同组建，其办公室主任由山东省林业科学研究院资源所所长兼任。项目技术支撑办公室下设技术推广培训组、科研课题组、监测评价组，受山东省林业外资与工程项目管理站领导。

市(地)级世界银行林业贷款项目技术支撑办公室系市(地)级项目技术支持小组的办事机构，是市(地)级项目管理办公室的技术支撑单位，其技术支撑办公室设在市(地)林业科学研究院(所)营林室，受市(地)级项目管理办公室领导。

三、省级项目技术支撑组织体系的职责

省级项目技术支撑办公室是省级项目办公室的技术支撑单位，协助做好项目技术支持保障、解答世界银行提出的技术性问题、陪同世界银行专家实地检查或考察、提交项目技术性报告、协助项目办制定项目科研、推广和培训计划、协调理顺科研与监测方面的关系等工作。

1. 技术推广培训组

技术推广培训组的职责，是协助项目办制定项目技术推广和技术培训计划；在项目区推广新技术和新成果，培训项目市(地)技术人员和管理人员；编写培训教材和科普读物；定期或不定期提交项目新技术新成果推广计划的执行情况；定期或不定期提交项目技术培训计划的执行情况；向世界银行报告项目技术推广和培训计划的执行情况；协调和理顺科研课题与项目监测评价的关系。

2. 项目科研课题组职责

项目科研课题组职责，是协助项目办制定项目科研课题研究计划；协助项目办做好科技示范县的建设，营造科技示范林；编制科研课题实施方案；在项目区设置项目试验点，开展试验林的营造，采集相关试验数据；定期或不定期提交项目科研课题的执行情况；向世界银行报告项目科研课题的执行情况；汇总科研成果。

3. 监测评价组职责

项目监测评价组职责，是协助项目办制定项目监测评估方案；协助项目县做好项目监测点的布设；在项目区开展相关监测数据的采集；协助项目市或项目县开展项目实施进度和实施质量监测；定期或不定期提交项目监测评估报告；向世界银行报告项目监测评估方案的执行情况；汇总监测成果。

第三节　项目的组织协调与运作

一、项目主管的职责及领导艺术

1. 项目主管的职责

在国际金融组织林业贷款造林项目管理中，项目主管或称项目经理即国内所称的各级项目办主任，其在项目管理实施中地位的重要性，是不言而喻的。他对项目目标的实现负有全面的责任。项目管理办公室是项目协调领导小组的办事机构，为领导小组及其成员单位负责。各级项目主管(项目办主任)是代表领导小组带领全办人员负责

管理项目建设工作。其职责概括有以下几个方面：

(1)组建队伍。项目建设能否顺利实施和按时完成目标任务，关键在于人才队伍的建设。各级项目主管应根据项目建设目标和内容的需要，开展项目管理人才和技术人才的物色和组织，建立项目需要的建设管理队伍，争取当地政府部门的配合与支持，并采取相应的政策措施和组织措施，深入项目区的镇(乡)、村、场，组织和动员个体农户、专业合作社、股份制公司、集体林场、国有林场自愿参加项目建设。这是一项困难的工作，在人才相对流动困难的项目边远山区，其艰难程度就更高。因此，各级项目主管要有一定的资历、权威和经验，从项目建设的大局出发，去组建项目建设队伍，保证项目落地并顺利实施。

(2)当好参谋。项目领导小组组长及其成员单位，对项目的具体工作并不十分熟悉，项目实施过程中的一些工作，项目主管应随时把项目实施过程中的一些经验、做法、问题和教训一一记录，并整理成汇报资料，并向林业主管部门领导汇报，提出项目改进意见和建议，为项目建设出谋划策，为领导当好参谋。

(3)做好协调。林业利用外资贷款造林项目，是跨部门、跨地区的社会营造林生态建设项目，需要纵向和横向协同作战，才能取得项目建设既定目标的实现。因此，各级项目主管的另一个主要职责是协调财政、发改、审计、生态环境部门的关系，及时沟通联络、协调，把项目建设工作做扎实。

(4)把控进度。世界银行、亚洲开发银行等林业贷款项目从立项评估到实施，周期比较长，一般都在3年或更长时间，项目可行性研究报告编制的实施地点、年度实施计划和产品市场价格等都发生变化，往往需要进行调整，项目主管要与时俱进，适应这种变化，不仅要了解个地方有关项目各种定期或不定期信息报告，而且还要通过各种渠道和途径，主动调查研究，随时收集资料，把控项目建设进度，掌握各项指标完成情况，为把控项目进度提供决策依据。

(5)解决问题。项目评估报告及项目贷款协定，明确规定了项目单位的目标、任务和应尽的义务。在项目执行过程中，项目实施进度、实施质量、物资消耗、成本费用、投入产出等情况，会发生意想不到的偏差、问题，甚至是错误，为了减少项目执行过程中的这些偏差或失误，争取良好的建设效果，各级项目主管就要对出现的问题，进行一一化解，把问题解决在项目受到影响之前，这也是各级项目主管的重要职责之一。

(6)调动积极性。要搞好项目建设工作，需要靠所有从事项目人员的共同努力。一个新的项目，是由一批来自不同岗位、不同地域、不同专业人员，而为了一个共同的目标组织起来的一个集体单位。这就需要各级项目主管发挥每个人的聪明才智，利用好每一个项目管理人员的一技之长，调动大家的积极性、主动性和创造性，投身到项目建设中，一心一意为项目建设无私奉献自己的力量。

(7)完成任务。尽管在事前，项目建设做了充分的规划准备和严格科学的评估及论证，但其带有预测性质，并且具有诸多不确定因素。在项目实施过程中，这些不确定因素可能发生变化，其变化既有有利的，也有不利的。因此，各级项目主管要具有高度的应变处置能力，在项目总目标的指导下，将项目进展过程中的具体措施进行修正、补充、调整或改进，充分利用有利变化，克服困难，采取灵活机动的措施，创造良好的工作条件，保证项目目标任务按时完成。

2. 项目主管的领导艺术

在项目建设过程中，项目主管为了履职履责，完成项目管理任务，实现项目目标，要具备应有的领导艺术，不能简单粗暴地进行管理，而应采取正确的组织管理和协调领导方式。回顾以往项目实施经验和教训，各级项目主管对项目建设人员的领导艺术可归纳为制度管控、树立典型、敢于授权、奖惩严明以及用人荐人5种方式。

(1)制度管控。一个聪明的项目主管，在项目管理队伍建立之初，就把项目管理、人员管理规章制度建立完善，利用制度把控和管理人员。项目主管根据项目规章制度和管理人员岗位职责，实行目标和岗位管理，对事不对人，使每一位项目参加者能够感受到项目主管公平、公正处理项目管理工作。

(2)树立典型。项目实施过程中，涌现出许多典型的人和事。项目主管应到群众中去，深入项目生产建设一线，开展调查研究，发现和挖掘项目建设的先进单位和先进人物，展开宣传报道，树立项目典型样板、典型人物和典型单位，在项目区广泛开展“比、学、赶、超”活动。通过活动的开展，让项目先进人物和先进单位登台宣讲，进一步推动项目建设再上新台阶，再创新佳绩。

(3)敢于授权。项目管理工作千头万绪，光靠项目主管一个人是很难完成项目目标任务。因此，项目主管要根据项目建设内容的要求，有目的地分配给能够确保完成项目任务的人员。在给项目管理人员分配任务时，一定要做到任务明确，要求明确，完成的时限明确。项目主管要放手大胆地安排工作，这样也是对项目管理人员和项目参加者的一种信任和一种肯定，要敢于授权、敢于放权。授权和放权时，项目主管要明确对执行人表示，大胆工作，别怕出问题，出问题由项目主管承担，只有这样，才能调动被授权人的积极性和创造性。

(4)奖惩严明。根据项目单位定岗定责，为每位项目管理人员分工，定期检查执行完成情况，鼓励和表扬成绩优异的项目管理人员。要奖勤罚懒、奖优罚劣，激励项目管理人员更好地完成任务。项目主管在运用奖惩制度时应注意：一是按分工责任，严格检查，严格要求，一丝不苟，不能马虎从事；二是检查要突出询问项目执行中的困难和问题，项目主管有责任帮助出主意、想办法、提建议，重点聚焦在指导和解决困难和问题上；三是要把物质奖励与精神奖励有机结合。

(5)用人荐人。实践证明，凡是参加过世界银行、欧洲投资银行等国际金融组织林业贷款造林工程项目全过程的人员，都经受了锻炼和培养，成为项目建设的多面手。这些人员不仅能够精通项目规划设计、社会影响评价、环境影响评估、项目监测、项目可行性研究，还掌握了项目的过程管理、熟悉经济和竣工验收方面的知识。因此，项目主管要善于发现人才、培养人才、起用人才，要多向领导汇报，推荐人才，甘当伯乐，为项目管理者、参与者升职、升迁提供机会，只有这样才能调动项目管理人员和参加人员的积极性和主动性，对项目建设起到促进和推动作用。

二、项目的组织管理与运作

截至目前，山东利用国际金融组织贷款实施林业造林项目共5个。实践证明，项目实行统一管理与分级管理相结合的组织管理与运作方式是有效的。现以欧洲投资银行贷款“山东沿海防护林工程项目”为案例，逐一对项目的管理与运作进行解析。

山东省林业外资项目领导小组(简称项目领导小组)是本项目的决策机构，负责研究决策项目建设中的重大问题，落实配套资金，协调内外关系，保证项目顺利实施。4个项目市15个项目县区林业主管部门成立相应机构，负责该项目辖区内的各项组织管理。

1. 组织管理与运作

(1)省级组织管理。省项目领导小组组长由分管林业副省长担任，成员包括省发改委副主任、省财政厅副厅长、省审计厅副厅长、省林业厅副厅长；省发改委、省财政厅、省林业厅、省审计厅是省级项目实施机构的组成部门，各部门按照各司其职开展工作；项目领导小组下设林业外资与工程项目管理办公室，在省项目管理站办公，统一负责项目的管理工作。负责立项、审批、信贷资金转发、落实配套资金、实施年度工程质量监督、工程检查验收、项目资金的使用监督和年度审计。

(2)市级组织管理。成立市级项目领导小组，项目领导小组组长由分管林业副市长担任，成员包括市发改委、财政局、审计局、林业局等部门，组织编写本市项目可研报告，提供其他相关支撑性文件，负责本市该项目的管理工作，汇总上报本市各县项目工作情况，下达省级工作安排。

(3)县级组织管理。成立县级项目领导小组，项目领导小组组长由分管林业副县长担任，成员包括县发改委、财政局、审计局、林业局、环保(生态环境)局等部门，在林业局设项目办公室，并成立技术指导组，考察并确定项目实施主体，负责辖区内的项目筹备，提供可研报告所需资料及相关支撑性文件，负责年度施工设计、造林与抚育管理技术指导和培训，项目实施监督，年度检查验收，负责信贷资金转贷，配套资金筹措、债务管理、还贷等工作，定期向市级项目管理办公室(或项目管理站)报告该项目工作的情况，包括项目进展、项目进度、工作中遇到的问题与典型经验等。配合上级部门按检查验收办法进行竣工验收。

(4)实施主体。各实施主体严格按照年度施工设计进行施工，进行苗木采购，组织专业队伍造林及抚育管理，做到资金专款专用。及时上报施工进展情况，总结施工中的经验与不足，并进行相互协作与交流。接受县林业主管部门对该项目的管理及财政部门对项目资金的审核，配合检查验收。

2. 项目组织管理与运作构架

各级项目实施机构负责监督或执行：年度计划下达、造林检查与验收、项目资金使用与监督、合格林面积上报与逐级报账提款、欧洲投资银行贷款资金和各级配套资金的拨付、项目资金的审计、竣工验收等方面的工作。各级项目管理办公室严把工程质量关，确保项目建设预期顺利完成。项目组织管理与运作如图9-3。

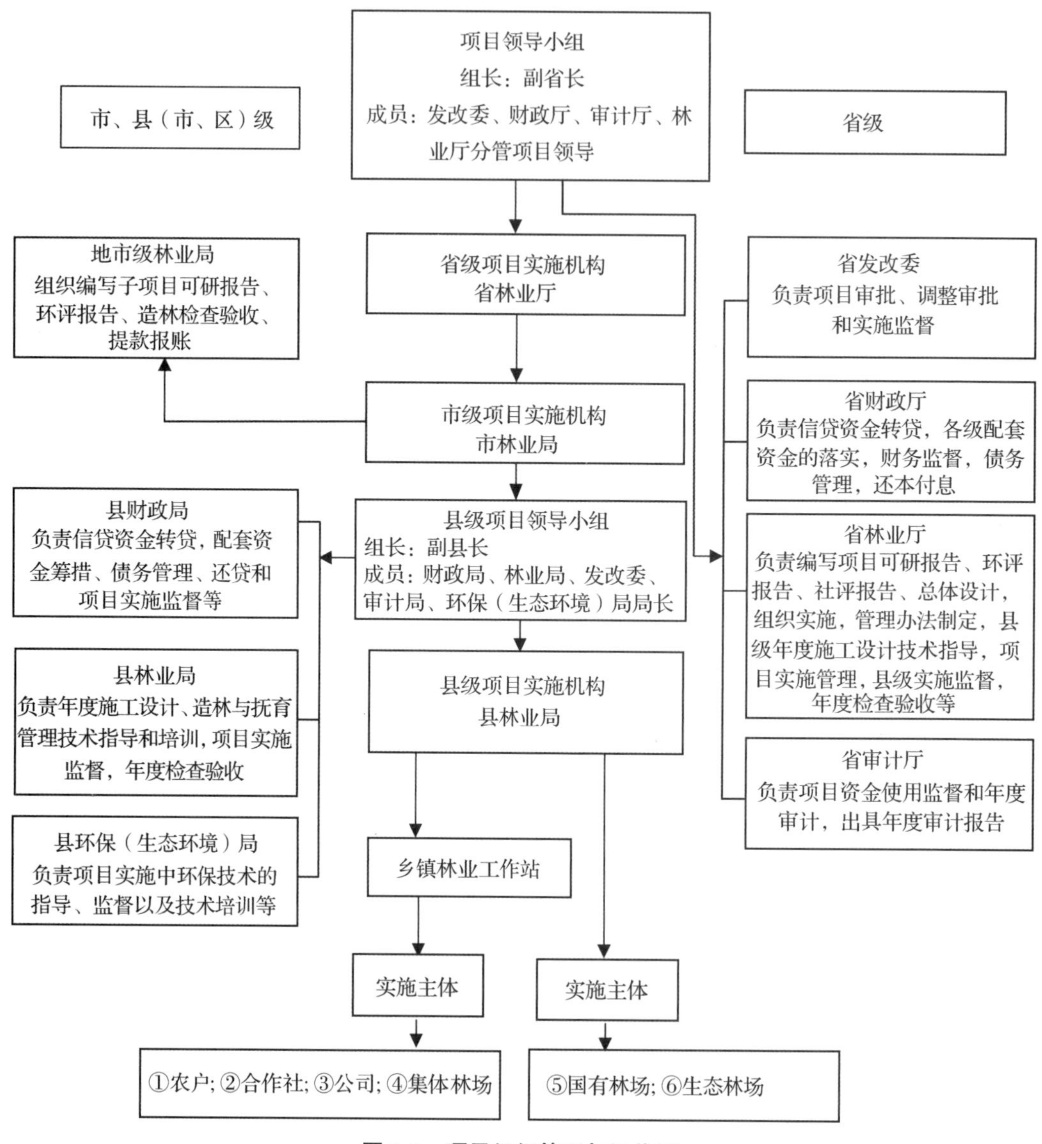

图 9-3　项目组织管理与运作图

三、项目的组织领导

1. 健全机构强化领导

林业利用国际金融组织贷款造林项目，是我国林业对外开放的窗口项目，其贷款资金是国家债务，项目能否成功实施，债务能否按时还款，关系到我国的对外形象和信誉。各级项目实施单位要站在国家和全局层面，必须高度重视，成立由林业、财政、发改、审计、生态环境等部门分管领导参加的项目领导协调小组及其项目办公室，并强化对项目工作的领导，定期或不定期召开会议，研究项目运行过程中出现的政策问题和资金问题。项目管理工作是个连续性很强的工作，管理程序规范、复杂，只有通晓国际金融组织贷款项目管理业务和有关文件规定，熟练掌握文件的要求，严格按照文件的约定，周密计划，准时提交，妥善安排，高效率，快节奏，才能保证把项目做好。因此，项目办的机构和人员要保持相对稳定，不要随意变更。特别是地方政府更要保持项目机构和人员的相对稳定，不能随着单位的中心工作“转”，而忽视了项目管理工作，要为项目的土地使用、管理费用、交通工具等办公条件提供应有的便利，并加强对此项工作的领导，为保障项目的顺利实施，提供政策和资金方面的支持。

2. 加强协调密切配合

利用国际金融组织林业贷款造林工程项目，属生态建设范畴，是为社会提供公共产品服务的，其性质属于社会公益性项目。因其性质决定参与的部门多，与其他行业有很大区别，靠单打独斗，很难成功实施项目。团结协作，密切配合，是项目成功实施的重要保证，这也是我们实施世界银行、亚洲开发银行、欧洲投资银行等林业贷款项目的一条成功经验。项目的经验实践证明，由于项目区各级领导的高度重视和大力支持，得到了上下各有关方面的全力配合，特别是各级财政、发改、审计、生态环境等部门的大力支持和配合，才保证了项目的顺利实施。林业贷款造林项目涉及部门多，其既有分工，又需要合作，林业部门分管工程管理，财政部门负责信贷资金转贷和配套资金筹措，发改部门负责项目计划管理，审计部门负责项目审计，项目管理各有侧重，但是项目的实施，有其整体性，需要按程序，分步推进。因此，各部门形成共识，需要树立一个共同一致的目标，相互理解，相互支持，密切配合，团结协作，万众一心，齐心协力地把项目实施好，顺利完成项目既定目标。

3. 配足配齐专业人员

随着我国改革开放的不断深入开展，林业新经济体不断产生和壮大，新型的造林农户、造林公司、造林专业合作社、集体林场、国有林场等一批林业经济体应运而生，一些私有的、独资的、合资的、国有的等集中和分散的生产经营主体也相继形成。因此，外资贷款项目的管理工作，就需要随着社会的改革和发展，随机而动，配备配齐复合型的项目管理人才。实践证明，林业利用国际金融组织贷款项目，不仅需要复合型的管理人才，也需要专、精、尖的技术人才。在项目立项评估阶段，需要懂经济、会林学、规划设计内行、有法律知识和环境评价的人才；在项目实施阶段，需要精通森林培育、森林经营、病虫害治理、森林防火、水土保持、会计学等管理、教学和科研方面的人才；在项目竣工验收阶段，需要林业经济、会计统计、林业学科、森林经理以及文秘专业方面的人才，只有配足配齐各方面的管理人才和专业技术人员，才能确保项目成功完成既定目标。

4. 强化人员管理使用

项目人员的有效管理和科学使用，不仅是一门很深奥的学问，更是项目顺利实施的重要保证。我国政府历来倡导走群众路线的优良作风，但在执行中，有时也出现“长官意志、家长作风”的现象。这种不良作风对项目人员的管理是十分不利的。因为一个项目的建设，都要由一批人员来参加，靠简单的行政命令把大家集合起来，而不是有效地组织在一起，就会离心离德，缺乏战斗力，从而给项目实施带来不利影响。纵观历次林业项目实施的经验，强化项目人员的有效管理和使用，应从以下四个方面入手。

（1）人员组织。利用国际金融组织林业贷款造林项目，主要经营实施实体有六种：一是造林个体农户，占总经营实施主体的60%左右；二是造林专业合作社，占总经营实施主体的10%；三是股份制造林公司，占总经营实施主体的7%左右；四是村集体林场，占总经营实施主体的15%右；五是国有林场，占总经营实施主体的3%左右；六是联户合作经营，占总经营实施主体的5%左右。在项目经营实施主体中，经营面积最小的只有1hm^2，最大的也不过100hm^2。一个林业外资贷款造林项目，其面积都在5万hm^{2}以上，也就是说，其经营模式，既分散又独立，涉及千家万户。如何组织他们参加项目建设是十分重要和需要研究的问题。这就需要项目管理者，顺应时代的要求，把千家万户的分散经营通过县、乡两级政府把他们以专业合作社的形式将村或个体农户的分散经营单元组织起来，实行统一规划设计、统一造林施工、统一抚育管理、统一技术指导，项目收益按入股比例分成，这种组织形式，有利于项目的经营和实施。

（2）工作授权。工作授权是人员管理使用的又一重要形式。它是在人们充分讨论，明确各自任务的基础上，项目主管再一次明确给个人分配目标任务，是前一阶段工作的实施与具体化。经过授权，项目主管应给予被授权人员充分的信任，放手大胆地让其工作，鼓励发挥个人的积极性和主动性，更好地完成被授权人的工作。

（3）素质提高。参加项目的管理人员、技术人员、施工人员和经营实施主体，其文化素养、专业技能不尽相同，这就需要在项目执行过程中，通过集中培训、考察学习、参观交流、现场观摩、现场指导、发放技术手册等形式，提高项目人员的业务水平和专业技能，为项目管理上水平，提供人才保障。

（4）利益分配。项目利益分配工作，是项目人员管理使用中最为重要的一项内容。在项目人员管理使用中，应制定各种涉及利益分配政策的规章制度，保证项目人员从参加项目建设中受益。林业项目区相对比较落后，使参加项目建设者受益，是项目建设的一条重要原则，当地政府应从价格、利息、补贴等方面，保证项目建设者从中受益。利益分配工作，带有经济性质、政治性质，涉及社会的各个方面。项目的管理工作，不能脱离当地的政策环境条件，应妥善地将国家、项目单位及项目参加者三方的利益关系处理好，统筹兼顾，各得其所，调动各方面的积极性，确保项目成功实施。

5. 加强项目检查督导

所谓项目实施质量，是指项目造林成活率、林分保存率及生长达标率，这三要素是否达到项目规定的要求，是确保项目建设质量的关键所在。由于项目有多种经营实施主体，其参与项目的意愿不同，动机也不完全一样。项目的许多造林小班分散在交通不便的山头地块，其立地条件千差万别，造林质量参差不齐。世界银行、欧洲投资银行等林业贷款造林项目，均采用报账提款制，即先用国内资金垫付，验收合格后再申请报账。就目前而言，世界银行一般采用“产出式”报账提款方式，即按照验收合格造林面积申请报账提款。因此，各级项目单位，为确保造林质量，必须强化项目林的检查验收，特别是市级项目办应加强项目林的检查验收的督导，严把质量关，确保项目林的建设质量。

第十章　项目计划管理

项目计划管理是项目管理的重要组成部分，它是对工程项目的总体目标进行规划，对工程项目实施的各项活动进行周密的安排，系统地确定项目的任务、综合进度和完成任务所需的资源等。如对项目的可行性研究和论证、工程项目的选址、勘察设计、施工、设备安装、竣工验收以及投产使用等全过程的人力、物力、财力和内外关系进行有计划、分步骤、高效率地规划、组织、指导、协调和控制，从而使工程项目在合理的工期内以较低的价格、较高的质量地完成任务，达到项目的预期目标。

灵活运用计划调控这个杠杆，既能控制项目的实施进度，又能处理好资金的流向和工程实施质量。山东省林业厅每年依据项目要求和任务制定造林计划，会同省发改委、省财政厅认真做好年度计划的安排。年度计划安排的原则是按上年度配套资金到位率高、造林抚育管理和科研推广工作突出，并且各项指标均按要求完成的市、县，可适当增加年度计划；对没有完成各项指标的市、县，采取通报批评，调减年度计划等手段，以示制裁。把计划和工程质量挂钩，确保整个项目的实施质量，推动了项目工作的开展。

第一节　项目计划管理概述

一、计划管理的目的意义

所谓项目的计划管理，是指在项目可行性研究报告、项目评估、项目实施方案以及项目贷款协议(协定)等原有项目文件的基础上，依据项目实施时的实际情况，而确定的具体的行动方案，并将这一行动付诸实施。根据此定义，可以把项目计划管理的目的意义概括以下四个方面：

1. 能够将计划与生产有机结合

国际金融组织林业贷款造林项目从立项评估到实施，一般都要经过 3 年或更长的时间。社会需求、市场消费以及参与者的意愿都发生了变化，项目可行性研究报告或项目评估报告中的肥料采购计划、农药采购计划、种苗供应计划、造林抚育成本计划等都发生了很大的变化。如果项目实施仍沿用原规划设计中的投资成本计划，已不切实际。项目实施期间，需要根据项目区域内社会需求和市场消费情况，做出相应的计划调整。这种计划管理，适应了市场需求和项目区实施主体的意愿，能将项目实施计划与造林生产中的林地清理、整地栽植、种苗、肥料、农药等所用的物资设备与计划有机相结合，对项目的顺利实施起到了推动作用。

2. 能够合理安排各种资源

在项目建设的过程中，计划管理能够合理利用资源配置，避免无效劳动。项目可行性研究报告或项目评估报告中确定的项目实施计划，不论是总体计划，还是分年度计划，承贷双方都在项目贷款协议中做出承诺。项目管理人员要紧紧围绕项目实施总体目标这个主线，按照市场规律，在保证不违背项目承诺和确保项目目标和总体规划实现的前提下，对发生变化的社会需求和市场消费进行适当而科学的调整，重新安排项目实施计划，进一步明确项目实施各个阶段的年度计划安排，甚至是半年度安排，从而确保了项目实施过程中的人力、物力、财力等资源的合理配置。

3. 能够整体推进项目的准备工作

在林业贷款造林项目建设的过程中，虽然项目已规划设计了资金使用、项目布局、造林规模、造林模型、农药采购等项目实施计划管理，为项目的顺利实施奠定了坚实的基础。但是项目的实施并不是一帆风顺的，总是会出现意想不到的突发事件，例如市场需求、土地资源、参与者意愿等发生了变化，这些意料之外的问题，不仅会妨碍项目实施计划的执行，而且往往造成作业设计、投入资金、施工队伍、监理队伍、施工物资等准备不充分，影响项目实施工作的开展。因此，项目计划管理能够整体推进项目完善的准备工作，确保项目实施进度和质量。

4. 能够配合国家项目建设

自改革开放以来，林业利用国际金融组织贷款造林工程项目自上而下纳入了统一管理的轨道。项目的一切活动，应当与中央政府、地方政府以及部门的计划相衔接，否则项目的管理计划就会与整个社会经济活动脱节，预期的项目目标就难以达到。因此，要求林业各个部门的项目建设都要在国家计划的指导下，与地方政府及其部门计划的配合下全面实行计划管理，确保项目自始至终在国家计划的管理指导下有序地实施和开展。

二、计划管理的内容

林业利用外资贷款项目的计划管理有共同的特点：一是系统性特点；二是全面性特点；三是群众性特点。正是由于项目计划管理的这三个特点，也决定了项目计划管理的内容。

1. 计划的目标管理

在项目评估报告和项目贷款协议（或转贷协议）中，承贷双方都明确规划设计并确认了项目的总体目标。在项目建设期和运营期，项目单位将沿着项目实施目标这条主线，进一步确认各个子项目及其各个组成部分，并推进项目的运营。因此，项目所有的经营活动或实施进度都要在不违背或不偏离项目总目标或各子项目目标任务的前提下，开展项目的各项施工安排。这些经营活动的安排，要在预先计划的基础上，进行科学的论证和有效的管控，以此来保证项目总体目标的顺利推进。

2. 计划的措施管理

任何项目计划的落地生根，是靠切实可行而行之有效的措施来进行夯实的。项目的每一个计划，都要紧跟着一条相应的保障措施，这样一一对应的计划与措施，要相得益彰，计划要求明确，措施要求得力，才能保证项目计划圆满实现。也就是说，计划、措施和管理三者，紧密相连，互为补充，缺一不可。在项目实施过程中，只有计划周密，管理科学，措施有力，才能使项目的实施计划得到有效执行。

3. 计划的时间管理

任何项目的计划都是有时间限制的。在项目计划中，必须按照项目计划任务的性质及其轻重缓急，做出时间的管控与安排。在项目总进程中和各阶段实施进度安排中，先干什么，后干什么，都要按照项目计划进行科学而有效的管理。在项目计划进度中，起止时间都干什么事，有什么要求，各阶段都怎么进行科学地衔接，这些都要进行周密地计划，科学安排，以避免在项目执行中出现失误。

4. 计划的责任管理

项目建设、经营和管理中的每一项活动，都是由具体的建设单位或实施主体的某些群体及其个人承担完成的。项目主管在项目立项评估后，就针对这些群体或个人，制定了详细的岗位责任制，以岗定人，以事设岗，各负其责，统筹安排，把项目计划任务按单位、群体或个人做具体安排，定岗定责，把项目计划的任务内容、目标要求、完成时限、技术指标、考核标准、能力水平以及完成的可靠性等方面展开协商和论证，并经相关利益方确认后，再实现岗位责任的计划管理。

5. 计划的活动管理

利用国际金融组织林业贷款造林项目，一般涉及多个省(自治区、直辖市)或者多个市地，项目有多达几十个县(市、区)参加，参与的造林实体多达几千个，甚至上万个。项目的建设涉及地域广、区域范围大，经营和管理等活动一般都是同时开展，声势浩大。因此，在开展项目活动前，一定要早做准备，早做打算，早做谋划，把项目计划与活动开展的关系梳理好、协调好、处理好，对项目的每一项活动的计划都要实时监控管理，把项目活动与计划管理有机地结合，实现科学有效管理。

6. 计划的协调管理

林业利用国际金融组织贷款生态造林项目，一般都是跨区域、跨部门项目。项目的运筹管理，不仅要与国际金融组织打交道，而且还要与国内的发改、财政、审计、环境、银行、交通、科研、高校、社区、企业、农民等方方面面都有千丝万缕的联系，需要多方相互支持，相互配合，才能确保项目的顺利进行。因此，项目计划的协调管理，也是开展项目计划管理的一项重要内容。在项目计划中，要及时论证和评估项目的开展与外部相关联单位或者社团对项目的影响，并通过科学管理，使项目计划任务与外部关联单位或社会的影响降低到最小，甚至是消除。

7. 计划的指标管理

任何一个国际金融组织贷款造林项目，在项目立项评估报告、项目可研报告、环境影响评价报告、社会影响评价报告、贷款协议、总体设计报告、检查验收办法、实施方案以及作业设计办法等文件中，都详细制定了项目评估、预测、监测、验收等各类与项目计划有关的内容且相吻合的技术指标参数，如何管理这些指标体系，是项目计划管理的重要内容，也是保证项目顺利实施的关键所在。因此，项目计划的指标管理要在项目实施过程中一一制定，并逐个对其进行管理和落实。如果一个项目没有技术标准，那么项目任务能否完成，质量能否保证，项目实施好坏，将无从谈起。对那些工期比较长且任务复杂的项目，应分阶段、分工序、分步骤设定项目监测评定指标，以便及时发现问题，采取适当措施，减少项目损失；对那些任务量、工程量、工作量、投资额度大的项目，应根据项目的各类指标及计算单位，对其规定具体且确切的定义和内涵，并应明确十分具体的计算方法，以保证计划内容中的各类指标和数字的准确性，确保项目计划管理科学且到位。

三、项目计划编制的原则与方法步骤

无论是生态林贷款项目，还是商品林(用材林和经济林)建设项目，从最初的项目提出，到立项评估及可行性研究，就已经进行了反复多次的计划与规划设计循环。在项目批复，贷款协议和转贷协议签订以后，项目的总体目标、总投资以及项目各阶段的目标和分年度计划就已经确定。因此，项目启动后，就以评估文件、贷款协议以及转贷协议为依据，进行项目实施方案的制定。方案中各阶段计划任务的安排与执行，是项目计划管理所必需且仔细研究的工作。由于项目评估、可行性研究、论证评审、考察谈判以及协议的签订等，一般需要相当长的一段时间，到项目启动实施时，农民意愿、市场需求和投入成本都发生较大变化，所以必须就项目所需的人力、物力、财力、技术等方面进行上下紧密沟通与协商，及时调整项目计划，做好衔接，以确保项目计划的编制与执行，建立在有序、科学、有效的基础上。

1. 项目计划编制的原则

项目计划是项目各阶段管理的重要节点，在项目各个阶段中起到承上启下的作用。在项目计划编制过程中，要按照项目总目标和任务进行详细的计划编列，一旦审定通过了项目计划，该计划将作为项目建设期和运营期的工作指南。因此，在项目计划的制订过程中应遵循如下原则：

(1)合理性原则。任何一个林业贷款项目的目标体系是通过项目设计得以确立的，而项目计划则是通过规定了项目的各指标任务后，项目启动并展开人员、资源、时间的活动安排，以推进项目目标的实现。因此，计划管理既要有目的性，也要有合理性。计划的合理性主要是指所有的资料、数据是基于项目评估文件和项目可行性分析而得到的。在项目实施过程中，不仅要充分把握项目计划管理的目的性，还要高度重视项目的合理性，只有将两者有机结合，才能编制出符合要求的项目管理计划。

(2)系统性原则。项目计划的首要目标应当是项目的所有参与者利益的极大化。参与者包括单位、社团、群体或个体等，而这些相关项目参与者是项目计划的执行者或推动者，因此项目计划的本身就是一个系统。项目各个子计划(即子系统)不是孤立存在的，而是彼此之间既紧密相关，又相互独立，从而使制订出的项目计划不仅具有系统的目的性和相关性，而且还要有具有系统的层次性、适应性以及整体性。由此可知，任何计划都必须以整体利益为出发点，使项目计划形成有机协调的机制，注重项目的系统性。

(3)经济性原则。这个原则要求在运筹或经营管理项目过程中，项目执行者要讲究计划的工作效率，充分利用有限的资源，取得最好的项目经济、生态和社会效益。计划的效率不仅体现在成本控制上，还包括进度、质量等评价标准上。

(4)动态性原则。任何一个项目都有其生命周期的，项目的动态性原则是由项目的起止时间决定的；一个项目的生命周期短则数月，长则数年。在项目生命周期内，项目环境(包括政治、社会和经济)条件是处于变化之中的，由此使项目计划的实施偏离项目最初设计的计划目标。因此项目计划要随着环境条件的变化而不断调整和修正，否则难以保证完成项目目标，这就要求项目计划要有动态性，要在确保总体目标的前提下，应随势而变，不断调整，以适应不断变化的环境条件，只有这样，才能保证项目计划的落实和执行。

(5)最优性原则。项目计划本身是由一系列单项计划组成一个系统，所以应当充分考虑各单项计划之间的相关性，应对各种制约因素，权衡利弊，综合分析汇总，找出项目计划的目的性、相关性和整体性，为制定项目计划最优方案奠定基础。在制定项目计划中，不仅要考虑投入和产出的比例，还要通过对几个不同项目计划设计的比较，优选一个最优方案，以同样的资源投入获得最大的产出，或者以最低的费用投入获得尽可能多的收益。

(6)一致性原则。项目计划是项目实施目标规划设计的体现，它在项目的执行、控制、收尾阶段之前进行，是进行其他各项管理工作的基础，并贯穿于计划执行之后的管理全过程。因此，制定项目计划时应当保证项目目标与国家或地方的战略意图相一致，同时项目计划也要考虑项目与地方政府各个部门以及各项工作的协调一致性。在制定项目计划时，只有做到项目计划目标任务与地方政府的发展战略高度一致，才能确保项目计划的顺利执行。

2. 项目计划的编制依据

编制项目计划，不仅要有前瞻性，还要有可操作性，要符合项目目标要求。因此，项目计划的编制目的性很强，要按照项目的目标任务，依据项目相关规定和行业标准进行编制。国际金融组织林业贷款造林工程项目计划的编制，归纳起来主要的依据有以下十一个方面。

(1)项目评估文件。是指由国际金融组织按照项目立项、考察、评估、论证，而形成的项目评估资料。

(2)贷款协议和转贷协议。是指中国政府或地方政府与国际金融组织签订的项目贷款协议，或由财政部门代表当地政府与下级政府或财政部门签订的项目资金再转贷的协议。

(3)项目可行性研究报告。是指按照国内或国际金融组织的要求，特别为本项目编制的满足国内或国际金融组织要求的项目可行性研究报告。

(4)项目县级造林总体设计。是指按照国内或国际金融组织的要求，以县级项目为单位，特别为本项目的造林与抚育工作，编制的造林总体设计报告。

(5)项目检查验收办法。是指根据国内林业行业项目检查验收的有关规定，特别为本项目的造林与抚育工作，制定的项目检查验收办法。

(6)项目施工作业设计。是指根据国内造林项目有关规定，特别为本项目的造林施工，而制定的项目年度造林施工作业设计办法。

(7)项目实施方案。是指项目立项评审通过后，由项目主管部门给国际金融组织提报的项目建设实施方案。

(8)项目计划资金申请报告。主要是指项目立项评估后，根据项目可行性研究报告确定的投资额度，按照国内资金申请程序，申报的项目计划资金申请报告。

(9)项目区的经济和社会条件。主要包括：国民总收入、经济收入、人均收入、文化程度等情况。

(10)项目需要的各种资源。主要包括：项目区域内的劳动力资源、土地资源、交通资源、机具设备资源、物资供应情况、种苗供应情况等。

(11)有关的技术标准或规定。这部分内容主要有与项目有关的现行规范、规程、技术参数、经济指标等。

3. 项目计划编制的方法步骤

在项目计划编制过程中，首先要全面掌握造林项目的总体目标、编制依据、造林规模以及资金额度和使用规定基础上，然后再进入实质性的项目计划编制过程，包括：初步方案、综合平衡以及方案最终确定等内容。任何一个利用国际金融组织贷款造林项目，其项目计划编制的方法步骤基本一致，概括起来主要有以下六个方面。

(1)项目计划背景资料的全面掌握。项目计划背景资料是项目计划编制的重要也是唯一的依据。因此，项目计划编制方法步骤的首要一步就是全面熟练掌握与项目计划有关的背景资料。这些背景资料包括：完成项目的历史信息与数据资料，如项目建议书、评估文件等；项目准备期所生成的各种资料和信息数据，如项目可研报告、环境影响评估报告等；前期编制各单项计划时所形成的信息和数据资料，如资金申请报告、项目实施方案等；项目利益相关者的信息的资料，如项目社会影响评价报告、移民计划报告等；项目各单项计划的资料，如造林总体设计报告、造林(抚育)验收办法、作业设计办法等。

(2)项目计划第一手资料的调查收集。项目计划编制方法步骤的第二步就是调查收集各种有关的数据及信息。这些资料和数据的采集，需要通过实地踏查、访谈、调查、抽样等方法获得。其采集的信息数据包括：行业技术标准或规定、造林小班相关信息、可利用资源保障条件、社会经济指标情况、组织保障情况、施工安排程度、实施前后的有利和不利因素等。所调查采集的与项目计划编制的信息数据，力求准确、详细、全面，代表性强，能够满足项目计划编制的精度要求。

(3)项目阶段计划目标任务的分解确定。在全面掌握项目计划背景资料和调查收集第一手资料后，项目计划的制定就进入了第三个步骤，即项目阶段计划目标任务的分解确定。众所周知，国际金融组织贷款造林项目一般由各子项目组成，其总体目标是由各子项目的目标组成。在这一步骤中，首先要对项目计划的总体目标任务进行分析，然后再根据项目实施总体要求，把它分解成不同阶段和相应工序，并明确各阶段或相应工序的目标任务。在制定项目计划方案时，要对每项目标任务或相应工序进行详细而清楚的阐述，并说明其应达到的经济技术指标或标准。在涉及内容多、各阶段(或相应工序)任务之间关联较大的项目，要详细清楚地阐述每个阶段(或不同工序)任务的优先程度以及后继任务与其相应工序的关系。

(4)项目计划方案的初步编制。在完成以上工作的基础上，就进入项目计划初步方案的编制过程。项目计划初步方案是上级项目主管部门制定项目计划的依据，因此要由项目造林实施主体和地方项目造林单位逐级上报、汇总、审核和平衡。编制项目计划初步方案就是阐述项目单位完成既定目标任务的方案，也是把本项目单位的任务分解落实到不同的项目实施阶段，即确定项目阶段目标。因此，项目计划初方案要详细阐述工程量和进度，各阶段工序安排，时间进度要求，可利用的资源以及其他必备的条件。项目计划初方案是将计划付诸实施的一个具体方案，因此项目计划初方案要充分利用项目区域内已有的人力、物力、财力、时间等资源，要符合自下而上汇总审核程序，并事先征得上级项目管理部门审批意见，以保证完成目标任务。经过主管部门审批或平衡的项目计划初方案，其计划目标、进度安排、资金投入应该是符合贷款协议和相关规定要求，制定的措施也应该是有力的，与项目目标任务无矛盾，就应下达任务和必要的控制数字，可以正式的编制项目计划初步方案，并予以上报。否则，就需要提出修改意见和建议，再行修改，直至符合要求。

(5)项目计划的综合平衡。由于项目计划具有较强的综合性，相互关联相互制约的因素较多。因此在编制出项目计划初步方案之后，项目计划部门还需要通过综合平衡的办法，对项目目标、任务、责任、进度、费用、质量、资源等各个要素进行全面的综合和统一的协调和试算平衡。

一是平衡项目任务和能力的关系。一般情况下，项目年度目标一旦确定，是不能随意更改，但是项目阶段目标或子项目的阶段任务，在确保完成年度项目任务的前提下，根据其所处的环境条件和执行能力，可以做适当调整。二是平衡项目长期计划与短期计划的关系。一般情况下，长期计划包含着短期计划；为保证人力、物力和财力的均衡使用，短期计划的时间要尽量分散在项目的全过程中。三是平衡项目任务与物资的关系。当项目物资不能满足目标任务需要时，为确保物资及时供应，应尽可能地采购或调剂到位。四是平衡项目任务与劳动力的关系。当任务与劳动资源失去平衡时，要充分挖掘其潜能或采用机械，以确保其完成项目任务的要求。五是平衡项目任务与资金的关系。当材料或劳动力成本上涨时，预算的单位投资增加，可考虑用符合标准的小苗、小穴、低密度或机械造林，确保项目目标任务的完成。六是平衡项目任务与环节的关系。在目标任务与林地清理、整地、挖穴、栽植、松土、除草、修枝等环节，相互争劳力、争技术人员时，要统筹安排，协调其有限资源，确保项目任务准时完成。七是平衡项目目标与指标的关系。项目中的每一项目标任务，紧随其后就是不同的指标参数作为支撑。在保证完成总体目标任务指标的前提下，其项目分阶段或子项目任务的指标参数可以做适当的调整，其调整的目的是为完成项目总体目标任务服务的。

(6)项目计划的最终确定。在经过详细而全面的论证分析和综合平衡以后，项目编制工作就可以进入项目计划的最终确定步骤，至此项目计划部门提出的项目计划方案，或多或少会出现不同意见或问题，项目主管可召开各子项目负责人或有关人员会议，广泛开展讨论或充分论证，通过分析比较提出可供选择的几种不同计划方案，并说明理由，供领导决策参考，计划方案经反复讨论研究，经确定批准后，作为正式项目计划下达执行。

4. 项目计划编制应注意的问题

尽管不同的项目会面临不同的环境，会有不同的要求，但是所有项目都是在一定的时间，一定的资源限制下执行的，制订计划就要建立一个有效的监督和控制系统，尤其要注意如下问题的处理：

(1)要意识到计划的重要性和首要性。项目在实施之前必须要制订切实可行的计划。那些“准备—开火—瞄准”的项目肯定会返工，而且还会浪费更多的资金和时间，甚至会导致项目失败。

(2)项目计划要从整体上考虑问题。项目计划具有系统性，各子项目的承接、时间和资源的有机协调在计划中应有所体现，以便使项目每一阶段都能在计划中找到依据。

(3)项目计划的范围要适中。项目计划如果只有很少的细节，那么就不可能取得比较精确的估计；如果项目计划包含太多的细节，就会超出项目经理(主管)所控制的范围，使其无所适从。

(4)项目计划要具有动态性。项目在计划过程中，还要留出适合情况变化和项目部门的各种具体要求的调整空间，每一个具体的部门在执行项目时，也会做出自己的计划，这些计划是否符合整个项目的要求，项目经理(主管)只有在对各部门的小计划进行归总分析后才能明确。

(5)项目计划要考虑风险。编制项目计划必须考虑潜在的风险，如果在计划过程中忽视了风险，那么在实施过程中，项目失败的可能性比其成功的可能性要大得多。

(6)让具体实施工作的人员参与项目计划的制订。具体实施工作的人员最了解各项具体活动，而且通过项目计划的制订，他们会更加严格地按计划执行项目和更有效地完成工作。

(7)项目计划要具有可操作性。如果任务在执行之前就有了较好的理解，那么许多工作就能提前进行准备，如果任务是不可理解的，那么在实际执行中就比较难于操作。

第二节 计划的编制

一、项目资金计划申请报告的编制

国家发改委2005年第28号令规定，未经国务院或国务院发展改革部门审批可行性研究报告或资金申请报告的项目，有关部门和单位不得对外签署贷款协定、协议、合同，外汇管理、税务、海关等部门及银行不予办理相关手续。由此可知，贷款项目资金申请是项目启动实施前的一项工作程序，同时也可归属于项目资金计划申请的范畴。因此，我们把“项目资金申请报告的编制”在此进行介绍。

1. 项目资金申请条件

根据国务院批转财政部、原国家计委《关于进一步加强外国政府贷款管理若干意见的通知》，国务院发展改革部门审批资金申请报告的条件归纳起来有以下五条：一是符合国家利用国外贷款的政策和使用规定；二是符合国外贷款备选项目规划；三是项目已按规定履行审批、审核或备案手续；四是国外贷款偿还和担保责任明确，还贷资金来源及还贷计划落实；五是国外贷款机构对象名贷款已初步承诺。

2. 项目资金申请的程序

根据《关于进一步加强外国政府贷款管理若干意见的通知》和《国际金融组织和外国政府贷款赠款管理办法》文件规定，项目资金申请的程序是项目纳入国外贷款备选项目规划并完成审批、审核和备选手续后，项目用款单位需向所在地省级发展改革部门提出项目资金申请报告。项目资金申请报告由省级发展改革部门初审后，报国务院发改部门审批。国务院行业主管部门、计划单列企业集团和中央管理企业的项目资金申请报告，直接报国务院发展改革部门审批。

3. 项目资金计划申请报告编写的步骤方法

凡是纳入国际金融组织贷款备选项目并完成相关手续的，其项目资金申请主要由项目贷款单位向所在省(自治区、直辖市)发展改革部门提出项目资金申请报告。至此，项目就进入了资金计划申请报告的编制过程。

根据国家发展改革部门的有关规定，由国务院及国务院发展改革部门审批的项目可行性研究报告，可行性研究报告中应当包括项目资金申请报告内容，不再单独审批项目资金申请报告；项目资金申请报告自批准之日起两年内，项目未签订国外贷款转贷协议的，该批准文件自动失效。国务院及国务院发展改革部门对项目可行性研究报告或资金申请报告的批准文件，是对外谈判、签约和对内办理转贷生效、外债登记、招标采购和免税手续的依据。

项目资金申请报告编写的步骤方法：一是汇总项目造林实施主体和地方项目造林单位的造林规模、用款额度等信息；二是以备选项目的批文为依据，按照项目既定目标任务，调查收集项目背景材料；三是组织项目管理人员，按照项目资金申请编报程序，编写项目资金申请报告；四是组织相关人员对项目资金申请报告进行充分讨论，论证其资金投入是符合项目贷款的相关规定和要求，措施是否有力，资金投入与项目目标任务是否无矛盾，如果符合要求可予以上报。否则，就需要提出修改意见，再行修改直至符合要求为止。项目资金计划申请报告的编制格式与框架，可参考第一部分第一章第二节的相关内容。

二、年度计划的编制

在利用国际金融组织林业贷款造林项目实施期间，所谓项目年度计划是将项目总体目标任务进行逐一具体化的建设活动的实施方案，它涉及年度项目建设的各个方面，是用来指导项目年度造林抚育、技术培训、科研推广、材料设备采购、苗圃建设等活动的计划。项目年度计划一般包括年度综合计划、年度单项工程计划、年度物资采购计划、年度财务管理计划、年度考察培训计划等。本部分参照杨秋林和沈镇宇主编的《农业项目的管理》一书，并结合作者从事世界银行和欧洲投资银行贷款造林项目的管理经验，主要讨论年度计划和年度项目综合计划的相关问题，供同行参考。

1. 工程计划的编制

项目启动之后，项目实施主管单位应根据项目评估文件和项目贷款协议(或协定)中双方拟定的实施进度安排，编制项目年度工程实施进度计划表，研究确定每项工程任务的执行计划。评估文件中已估算的各县级项目实施单位的各类工程的工程量及工程造价，项目实施主管单位的计划部门应当以此为依据，参照项目可行性研究报告和相关的设计文件，并结合项目实施主体的实际情况，据实编制项目应达到的阶段性的年度工程计划任务。即项目的工程计划就是以年度计划目标任务为依据来确定的，它是作为项目各具体工程执行单位编制工程实施计划的依据。

年度工程计划应当以单项工程为核算基础，所编列的年度工程计划表应尽可能地阐述并说明：项目本年度的各项工程内容、项目各工程的工程量、项目各工程的开完工时间要求、需要说明的技术参数指标、年度内完成计划的投资额等相关信息。

林业贷款造林项目包括的工程内容很多，有造林工程、营林工程、苗圃建设工程、林道工程、防火工程、科研推广工程、咨询培训工程等。在编制年度计划时，一定要按照评估文件的要求，从单项工程做起，将年度内计划要完成的工程数量、投资额度、时间安排等进行逐一编列。有的单项工程，如在造林项目中有时包括苗圃升级改造工程，其具有工业和林业双重性质并实行独立核算的项目，其单项工程还应有更具体的要求。

为阐明单项工程年度计划编列方法，现以世界银行贷款“山东生态造林项目”的苗圃升级改造方面的单项工程计划表(表 10-1)为案例，供参考。项目内的其他工程均可参照表 10-1 格式进行编列，其基本要求必须反映各项活动的工程数量、工程投资额度以及工程完成时限等信息。

表 10-1　苗圃升级改造单项工程计划表

千元、%

工程名称	计量单位	201X 年计划								201X 年计划								备注
		工程量		投资		完成时间				工程量		投资		完成时间				
		数量	占比	数量	占比	一季度	二季度	三季度	四季度	数量	占比	数量	占比	一季度	二季度	三季度	四季度	
合计																		
1　苗圃设施																		
1.1　灌溉设备	套																	
1.2　喷灌设备	套																	
1.3　办公设施	台																	
…																		
2　土建工程																		
2.1　管护房	m^2																	
2.2　道路	m^3/km																	
2.3　围墙	m																	
2.4　机井	眼																	
…																		
3　土地整理																		
3.1　整地	m^2																	
3.2　施基肥	kg																	
…																		

注：此表是将项目可行性研究报告和项目评估报告中苗圃改进与种质材料开发的相关内容，通过整理归类后再按年度安排进行编列实施计划。

单项工程计划是综合计划编列的基础。因此，在年度工程计划付诸实施的过程中，还要进行具体的施工作业设计，即对每一项工程的每一步作业进行再分解，落实每道工序的作业任务量、作业时间、投入资金、路线方法、技术参数以及质量要求，确保项目全部工程保质保量按时完成。

2. 综合计划的编制

项目年度综合计划是由项目单项工程计划汇总而成的，项目评估文件(包括项目评估报告、项目贷款协定、项目实施方案以及项目可行性研究报告等)是项目年度综合计划的编制依据。因此，项目综合计划要囊括项目全过程的活动任务，其活动要分别列出项目的工程量和投资额度并且还要附上其他各类专项计划。项目综合计划编列的方法和步骤如下：

(1)组织编写班子。于每一年的 11 月底前，项目实施主管单位组织由项目管理经验的计划、财务、工程等专业技术人员组成的项目综合计划编写班子，集中时间、集中精力，根据专业人员熟悉的领域，收集相关材料，分配编写任务，为项目综合计划的编写做好前期准备工作。

(2)编制单项工程和各类专项计划。项目实施主管单位，要总结年度计划执行中的问题和教训，并借鉴往年项目计划执行的经验，预测到年末可能完成的投资额度和工程量，再依据上级项目实施主管单位下达的年度计划指标和控制数字，编制项目下一年度单项工程计划和各类专项(物资、财务等)计划。

(3)调整平衡计划指标。项目综合计划的编制不是一蹴而就的事，需要从项目实施的整体出发，反复研究论证施工力量的组织力度强弱、资金安排到位程度、物资(机械、种苗、化肥、农药等)供应是否及时、技术指导是否到位等，这些问题对综合计划指标的完成至关重要。如有问题，要协调平衡计划与施工力量、资金安排、物资供应、技术指导的关系，并对原计划进行必要的调整，使项目计划方案建立在可操作性的基础上。

(4)编写综合计划说明书。项目综合计划说明书编写的总体要求是，要简明扼要，详略得当，重点突出。首先要描述上一年度项目计划的执行情况，其次是阐述下一年度计划的概况以及各项计划具体活动的目标和任务，然后再分析完成计划的有利条件和不利因素，最后提出各种应对措施。

(5)呈报综合计划。项目的综合计划编制完成并确定后，应逐级呈报审批。审批通过的项目综合计划，要付诸实施，确保项目综合计划的实现。

审批通过的项目综合计划还要翻译成英文稿，提交国际金融组织，这是必要的程序。对物资采购计划、财务管理计划等应分别报送各主管部门，纳入相应部门的年度计划之内，为项目年度计划的实现提供相应的条件。

第三节　计划的执行与调控

审批通过的项目计划，就是项目计划执行管理工作的开始，其是否能够达到计划的目标任务，关键是项目计划的执行与调控。执行项目计划，就是想方设法地全面完成计划确定的各项目标任务；而计划的调控，就是在执行项目计划的同时，通过采取调控的手段或措施，纠偏项目执行过程中的偏差，以保障项目计划的顺利实施。

一、计划的执行

项目计划的执行，即是按照规划好的工作步骤，并严格完成其目标任务。衡量计划目标执行的成功与否，关键是看每一个单位或每一个人是否已完成各自的目标任务，只有大家共同努力，才能有把握实现项目总体计划目标。项目计划的执行应从以下方面入手：

1. 计划任务的落实

项目计划目标的执行，需要分解落实到具体的单位或个人，这是保证计划严格执行的前提。因此，计划任务必须详细而明确，制定的措施必须具体而有力，所需的资源必须有保证且可靠；在落实计划目标任务时，同时还要明确计划任务的检查评定指标或标准，这些评定指标或标准要明确到具体的单位或个人。也就是说，计划的执行，关键在落实，只有每个单位和个人接受了任务并严格按照实施计划展开工作和随时用检查评定标准衡量测定各自的工作，才能按计划实现目标任务。

2. 计划任务的协调

审批通过的项目计划，在执行过程中会遇到各种各样的困难和问题，受制于各种因素的制约，因此必须有计划的协调并及时处理和解决，要注重项目各工序、各工种之间的联系、衔接或搭配。

在开展计划的协调过程中，首先要深入项目造林和营林现场，了解和掌握项目计划执行过程中的全面情况；其次是强化督导有关部门做好各项计划措施的落实及其相关的准备工作；最后是当涉及项目的实际情况发生变化时，应及时修改或调整计划，以确保计划目标得以实现。

林业贷款造林项目，涉及的地域广、部门多，项目实施主体千家万户，计划协调工作非常必要。当实际情况的变化导致与当地机构工作发生冲突时，协调工作显得尤为必要。当无法协调各方面的冲突时，就必须修改原有的工程计划，以保证项目总体目标的完成。

3. 计划任务的督导

强化计划任务执行的督导力度，是确保项目计划顺利执行的又一重要手段。通过项目督导，能增进上下级的交流与沟通，全面掌握项目基层单位的实际情况，有利于集思广益和开展技术指导，能够发挥项目工作人员的主动性、创造性，提高工作效率，保证项目目标的实现。

4. 计划任务的检查

定期或不定期的检查是确保项目计划顺利执行的重要手段。虽然项目年度计划更接近于项目的实际执行，但其终究是预计性的。因此，项目计划的执行过程中可能会发生或多或少的变化，这就要求我们要强化项目的检查和交流，总结项目计划执行的经验和教训，及时发现项目出现的问题，研究并提出解决的措施和办法，保证项目计划的顺利执行，确保项目既定目标的实现。

二、计划的调控

项目计划调控的作用是检验项目各项工作是否符合计划规定的目标任务，其目的是通过采取强有力的措施，保证项目计划的顺利开展，它是计划管理的重要组成部分。项目的计划调控，是建立在明确的项目调控标准、良好的项目监测评估信息、强有力的责任心、相应的决策权利等基础上的。这四项内容是相互制约、相互依赖、互为补充的关系，没有一个标准，就没有调控的依据；没有项目监测数据信息，就没有调控的尺度；没有从事项目计划任务的责任心，就没有调控的力度；没有当机立断的决策权利，就无力进行调控。因此，项目计划调控的原则如下：

1. 总体把控

审批通过的项目年度计划，是项目总体计划的组成部分，体现的是项目年度实施的目标任务。项目年度计划任务，由于气候干旱、种苗供应、劳动力、项目管理能力、施工人员的责任心等因素的影响，其计划执行的进展受到限制。各级项目实施主管单位要根据项目实情，适当增加或调减年度项目计划。当项目区降水适中、市场或项目苗圃良种壮苗和劳动力资源充足时，可适当增加年度项目造林和营林计划，否则应相应调减年度项目造林和营林计划。增加或调减年度项目计划的总体思路，是要在规定的时限内，确保完成项目总体目标任务的前提下，根据项目实情，采取“总体把控，年度灵活”的原则。

2. 评比调控

在项目计划执行的过程中，评比调控贯穿于项目的检查、考察、总结、观摩、会议等过程。项目实施的过程，实际就是项目计划的落实与执行的过程。在项目进入启动实施阶段，检查、考察、观摩是项目必须开展的固定程序。项目检查的方式有省级抽查、市级核查、县级复查、项目实施主体自查四种，其结果是评选项目年度计划执行先进单位的重要参考指标。国际金融组织项目，特别是世界银行项目，每年度都要到项目区进行实地考察，并写出项目考察备忘录，其备忘录中提出的改进意见或建议也是项目评比的重要参考依据。项目计划执行好的县级项目单位，是每年度项目观摩的重点，是项目出经验的地方，也是项目年度先进单位重点照顾的对象。综上所述，项目的计划执行应当与项目评比结果挂钩，凡是被评为先进单位的，应增加当年度或下一年度项目计划，否则就调减项目计划。

3. 进度调控

编列项目计划进度的过程，实际就是计划调控的过程，是项目建设的实际结果预先管控的方法。项目人员的配备、资金的消费、物资设备的供应等都要项目领导决策者的组织、管理与安排。在项目年度计划执行中，由于县级项目单位领导的调整，或者是项目主管组织能力欠缺，或者是缺乏相应的项目管理人员，已经审批通过的项目年度计划任务实施进度较慢，难以完成年度项目计划任务的，可适当调减年度计划任务；对于那些领导组织能力、管理协调能力、专业技术水平较强的县级项目实施单位，可适当增加年度项目计划。总的调整原则是，按执行力和进度快慢的办法进行调整，不能因为个别县的进度而拖延整体项目的实施进度，以确保整个项目年度计划的顺利完成。

4. 质量把控

世界银行、欧洲投资银行等国际金融组织林业贷款造林项目规定，项目贷款资金的提取采用报账提款制，即检查验收达到双方规定要求的项目造林才能申请提款报账，也就是说，实施质量是项目资金提取的唯一要求。在项目年度计划执行过程中，项目造林抚育都设计了许多模型，每年度的项目造林抚育计划任务标准必须符合质量要求。例如，世界银行贷款“山东生态造林项目”，共设计了13个造林模型，适宜山东退化山地植被恢复区和滨海盐碱地改良区，造林模型规定了适宜的树种、混交的比例、造林密度、搭配方式等，这些都是项目质量要求。每年度各级项目单位都要逐小班的检查验收，凡是造林模型不符合要求，造林成活率和保存率低于规定标准的，都一律不准报账。省审计厅每年对项目资金审计的同时还要对造林质量进行检查，对外披露项目造林质量。因此，通过每年度的项目造林质量检查的数据，可调控项目年度计划。

三、计划的改进

利用国际金融组织贷款项目特别是林业贷款造林项目，由于前期准备和项目建设周期长，项目评估文件或可行性研究报告原规划设计的造林地块已造上林或改作他用，并且产品市场和外汇汇率也发生了变化，为保证完成项目建设任务就必须对原计划进行必要的改进或调整。

1. 计划改进

任何项目计划的确定，都是要经过反反复复的研究调整，最后才能据实确定的。一旦项目计划经过审批之后，其目标、任务、时间、资源都已经确定，即项目计划的目标和关键措施是不容许改变的。即使个别局部的修改，也会影响全局。但是，在项目执行过程中，一切计划总会因许多因素使计划不符合原设定的，导致项目计划的失败。通过多期国际金融组织林业贷款造林项目的实施，发现项目的年度计划改进，主要集中在市场变化、经营措施变化、新技术新方法变化三个方面。

(1)市场变化引起的计划改进。在利用国际金融组织林业贷款造林项目纳入国家发改委和世界银行三年的滚动计划和四年的项目建设时，由于时间跨度长，项目可行性研究报告规划的林产品、采购的物资设备市场价格发生了较大的变化，造林地块也可能被其他的项目所占用，项目造林实体的意愿也可能因市场的变化而失去参与项目的积极性。因此，这时项目不得不因市场变化而引起计划的改进。

(2)经营措施变化引起的计划改进。在项目可行性研究报告和项目造林总体设计文本中，往往是把许多林种或树种归为一类，对其造林、抚育措施进行设计。由于不同的树种，其生物学和生态学特性不同，其适宜的立地条件和生长速度各不相同。在对其规划设计造林密度时，由于按林种大类进行规划，生长快的树种，几年就郁闭成林，影响该树种的正常生长。此时，不得不改变经营措施，对此类树种进行适当的间伐，给其留足适当的生长空间；对生长较慢的树种，郁闭成林晚，就需要增加浇水、松土、除草和施肥等抚育措施，让其尽快成林。另外，为了提高项目经济效益，改变原规划设计，可能采用林粮、林药、林菌、林禽等复合经营模式。

(3)新技术新方法引起的计划改进。为了提高项目的科技含量，在项目计划的执行过程中，会组装配套已经推出和研究出可靠的技术、成果和方法，以推动项目的顺利建成，实现项目的建设目标。例如，为提高项目林分的产量和质量，可以将新研究鉴定的优良品种，在项目区内进行大规模的推广应用，这就需要改变原有的经营管理方式，采用适合新品种的栽培技术，因而使项目计划作出必要的改变。由此，项目鼓励造林实施主体，采用新品种造林，撇弃原有品种的培育技术和方法，主动采用新的造林营林技术措施，项目进而增加了新品种的培训、咨询或指导费用，以适应新技术、新成果、新方法带来的项目计划改进。

项目计划的改进，必将使原定的资金、物资、人员、进度等都出现相应的变化。项目计划因新技术的改进要从实际情况出发：首先要对采取的新技术、新方法作出必要的论证，证明其是先进的；其次是要考虑其新技术在该项目中的适应性；最后是要考虑该新技术推广过程中可能出现的问题以及与原计划已进行的衔接问题。

2. 计划调整

亚洲开发银行、世界银行等国际金融组织林业贷款造林项目，其实施周期一般为6年，建设时间长，造林实施主体的意愿也可能随着市场的变化而改变，已规划设计好的投资也发生了变化。此时，项目的实施一般都进行到中期，世界银行、欧洲投资银行等国际金融组织都比较人性化，留有对项目的剩余资金、不足资金、类别资金进行适当中期调整的机会。

(1)剩余资金的调整。项目由于劳动力资源充足，劳动工日单价降低，或由于项目物资设备采购价格的降低，或因外汇市场汇率的上涨，虽然项目提前顺利完成了计划任务，但项目资金仍然有剩余，这时应当加强该项目的有关建设。首先应估算项目资金结余情况，然后再将多余的资金使用计划报国内有关部门审查后，再将资金使用计划征得相关的国际金融组织同意，最后的工作是进行项目剩余资金的使用计划调整。

(2)资金不足的调整。在项目建设期间，由于劳动工日单价上涨较大或项目造林苗木的价格超出预期，或外汇市场汇率的下降，项目建设资金已超出预算，这时可以动用项目待分配资金(又称不可预见费)，当项目待分配资金不足以确保项目建设计划任务时，可增加国内配套资金。为确保项目建设工作顺利开展，并按时完成项目计划任务，这时应当将项目待分配资金转入某类项目建设中，但这类项目资金的使用应征得相关的国际金融组织同意。只有同意后，项目便可以进行资金使用计划的调整。

(3)资金类别的调整。如果项目总投资不突破，项目建设的各类别资金之间，可以进行资金余额调剂，并对实施计划做适当的调整。这时，项目主管单位应通过准确的核算及预测，提出具体的调整意见(世界银行把此工作称之为资金的再分配)。在做此类调整时，应提出充足的调整理由，论述其调整的必要性和详细的计算依据，并与世界银行项目经理反复磋商达成一致，最后通过财政部和世界银行办理法律手续，世界银行将正式修改原贷款协议中的资金分配计划，并以书面的形式正式通知贷款国。这种项目计划的调整，通常是发生在项目执行的中期，因此项目借贷双方均称之为项目中期的调整。

(4)不可预见因素的调整。如果确实因为计划失误，或因火灾、干旱、水灾、冻害、虫灾等不可抗拒的自然灾害造成的项目停建、改建时，应充分并详细的论述和分析原因，说明情况，提出意见和建议，提请国际金融组织重新进行项目可行性分析与评估，彻底改变项目原计划，甚至是项目建设目标。

第十一章　项目财务管理

为管好用好项目资金，山东省项目办在项目实施之初就制订下发了《财务管理办法》《会计核算办法》和《报账提款办法》(以下简称《办法》)。各级项目办紧紧围绕项目建设，认真贯彻执行《办法》中的规定，设立了财务管理机构，抽调业务素质高、工作能力强的财务人员具体负责财务管理工作，并以资金、财务、债务、工程进度和质量管理为中心开展工作，制订出详细完善的项目财务管理、会计核算等规章制度，并依照有关规定要求，单独设立项目资金专用账户，实行专户管理，专款专用，单独核算；实行报账制和审计制，接受财政、审计及国际金融组织的检查和监督。由于措施得力，项目资金的到位率达 96%以上，确保了项目的实施质量和进度。

为规范项目单位财务行为、会计核算、提款报账的管理和监督，发挥项目的经济效益，保证所贷资金合理有效使用及按时还本付息，现以世界银行贷款“山东生态造林项目”的财务管理为案例，进一步阐述财务管理在项目实施过程中的重要性，供同行参考。

第一节　财务管理概述

项目实施规模是否达到设计规模，实施过程是否顺利，资金问题是首要解决的问题。项目正常实施过程中，资金的投入数量和供给时间，是项目运作的先决条件。显然，没有资金就谈不上实施项目；没有充足的资金，就达不到项目的规模效益；资金不能及时到位，就保证不了项目的正常实施。因此，在项目的准备阶段，必须落实资金来源；在项目的实施阶段，必须保证资金及时足额到位。

所谓项目财务管理是指运用管理知识、技能、方法，对项目资金的筹集、使用以及分配进行管理的活动。而项目财务管理方法是项目财务管理的重要组成部分，项目财务管理理论的核心是财务管理方法的理论，并贯通整个理论体系。本节以世界银行贷款“山东生态造林项目”为例，对项目财务管理的基本任务、财务管理机构及职能以及财务计划等方面进行论述。

一、基本任务

根据财政部《世界银行贷款项目会计核算办法》、山东省财政厅《山东省政府外债管理办法》、世界银行与财政部签署的贷款协定、世界银行与山东省人民政府签署的项目协定以及国内债权人签署的转贷协议等相关法律法规，世界银行贷款“山东生态造林项目”的财务管理的基本任务：一是根据有关规定加强工程支出的成本管理，充分发挥投资效益；二是按世界银行贷款的规定及时办理世界银行贷款的提取和支付；三是具体实施“贷款协定”和“项目协定”中的有关财务条款；四是根据世界银行评估报告和批准的项目可行性研究报告，编制项目的财务计划；五是根据项目贷款协定和相关规定，按时还本付息；六是及时准确地反映和分析项目资金使用情况，参与项目的管理与决策；七是实行项目的财务监督，维护财经纪律。

二、财务管理机构及职能

1. 管理体系

世界银行贷款“山东生态造林项目”的财务管理统一由财政部门负责，其管理体系主要由省、市、县(市、区)、乡(镇、街道)组成。各级项目财政部门具体负责管理项目配套资金和贷款资金的筹措和拨付，林业部门配合。具体运作方式如图 11-1。

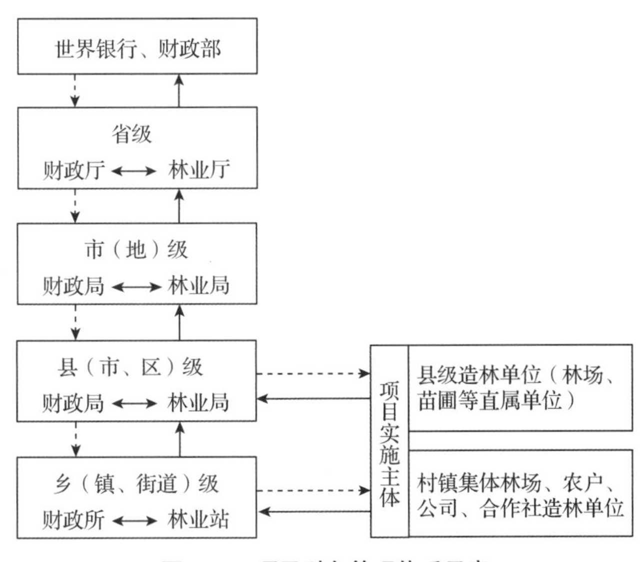

图 11-1　项目财务管理体系示意

世界银行贷款“山东生态造林项目”贷款资金的拨付，首先是由世界银行到财政部再到省财政厅，并由此通过各级财政部门逐级拨付到造林单位或造林实施主体；配套资金由省、市、县共同筹措，并通过财政部门逐级拨付到位；具体资金拨付路径，如图 11-1 虚线箭头。资金的报账提款是通过各级林业部门汇总，并报同级财政部门审核通过后，逐级上报，最后到世界银行，具体报账提款的路径，如图 11-1 实线箭头。

项目造林单位或称造林实施主体，作为最基本的项目会计核算单位，应建立健全银行存款日记账、现金日记账和用工台账，由乡镇以上项目办负责项目造林会计核算工作。确实有条件和能力的造林单位也可以负责项目造林会计核算工作，但必须报经上级财政部门批准。各级林业贷款项目办公室要妥善保管好项目造林原始凭证、报账材料和会计档案以备检查。

2. 人员配备

省、市、县级财政和林业部门均应根据项目需要配备合格的项目财务管理人员，严格执行项目贷款协定和转贷协议中有关的财务管理办法及规定，并保持相对稳定。财务人员发生变动时，应按有关规定办理财务交接手续。

3. 管理职能

各级财政部门负责世界银行贷款资金的财务管理与监督工作，具体包括：负责制订项目财务管理办法等有关规章制度，对项目单位的财务工作进行指导与监督；负责贷款的支付、提款报账与债务分割；负责贷款的还本付息；监督项目配套资金的落实与使用；负责国内外培训、考察和项目管理费等各项费用的管理、审核工作；参与项目评估、谈判和协议的签订；参与项目预算、决算的编制和审查；负责其他与项目实施有关的财务管理和监督工作。

各级林业部门要加强与各级财政部门的协调与沟通，协助财政部门做好贷款资金的使用、监督和管理工作，具体包括：各年度项目资金使用计划的制定；项目实施的技术协调与指导；提款报账的技术审核；统一由山东省林业引用外资项目办公室(以下简称“省项目办”)的招标采购、科研推广、咨询服务合同和出国费用等的提款申请和债务的分割等工作；对下级项目单位财务人员的培训、业务指导和财务管理的监督工作。

4. 会计核算最基本单位

县(市、区)级林业世界银行贷款项目办公室，是世界银行贷款“山东生态造林项目”最基本的会计核算单位，应具备合格财务管理人员，从事世界银行贷款“山东生态造林项目”的财务管理工作。

三、财务计划

项目财务计划是进行项目财务管理的依据，能够使各级项目实施单位年度考核目标具体化，可作为项目控制的参考指标，同时还是考核各级项目单位业绩的标准。因此，应认真做好财务计划的编制、管理与监控。

1. 编制原则

项目财务计划的编制，要依据充分，符合规定，涵盖项目工程全部内容。既要满足项目贷款协议及项目评估文件的规定要求，还要充分考虑项目实施进展情况，认真据实编制财务计划。在编制项目财务计划时，项目实施主管单位应遵循的原则有：

(1)依据充分原则。项目评估报告和项目贷款协定(或协议)所确定的项目投资及其进度安排，是编制项目财务管理计划的最重要也是最基本的原则，必须严格遵守。在财务计划的编制时，要依据项目评估文件或项目贷款协议中双方确定的年度项目建设计划所规定的内容据实编报。年度项目投资额不能突破项目评估文件和项目贷款协议的规定，项目资金使用的投向也要保证项目实施内容的完成。

(2)广辟财源原则。根据项目评估报告和项目贷款协议的要求，利用国际金融组织林业贷款造林项目，其资金来源由贷款资金和国内配套资金组成。国内配套资金包括省、市、县财政资金和造林实体自筹或劳务折抵组成。因此，在广辟财源、充分挖掘资金潜力、保证项目建设对资金的需求时，还要厉行节约，采取各种有效的措施，充分发挥资金的效益，提高项目资金的使用效率。

(3)综合平衡原则。项目资金的来源渠道很多，主要有国际金融组织贷款资金、省级财政配套资金、市级财政配套资金、县(市、区)级财政配套资金，造林实体自筹或劳务折抵资金；在配套资金中，有财政无偿资金、无息配套资金、贷款资金等。在项目实施过程中，项目资金取得的先后不一，数量不等；项目资金的需求也是多样的，如物资采购、苗木供应、整地栽植、抚育管理等工程进度因素的影响，项目资金的需求往往呈现出强烈的时间需求的不均衡性。因此，在编制财务计划时，项目管理部门必须考虑计划物资、工程进度等部门的密切配合，分清轻重缓急，统筹安排，综合平衡，保证项目建设顺利推进。

2. 编制内容

根据上述原则，遵照项目评估报告和项目贷款协议的要求，项目年度财务计划的编制内容主要包括：资金需求计划、资金筹措计划、提款计划三种。下面我们主要对三种财务计划的具体编制内容做详细的介绍。

(1)资金需求计划。根据项目评估报告及其他各种项目文件确定的项目建设内容、项目建设费用以及成本开支，参照项目各种消费定额，编制项目资金需求计划。其做法都与常规的相似。项目资金需求计划的编制还应注意以下几点：一是所需资金的各项建设内容的分类，必须与年度项目建设计划中的分类保持一致；二是年度资金需求可能不等于年度计划投资额，出现这种情况也是正常的；三是编制项目资金需求计划时，工程造价或物资单价要按照预算、计划价或已知的实际价进行评估；四是外汇汇率按照编制计划时的汇率折算；五是年度财务计划中的资金额与评估报告预计的资金额之间产生的差异，等到项目执行中期或后期统一调整计算；六是财务计划中的外资部分，要与贷款协议中的外资按类别的分配额度相对应，分别计算各年度已支付部分和尚结余的金额；七是在贷款项目的资金需求计划中，要标明各项建设内容中的外资需求量。

(2)筹资计划。项目资金的筹措，虽然在项目评估报告中确定了项目总体资金来源以及来源渠道，但是每年究竟从各种渠道能够取得多少项目资金，什么时间能够到位，项目管理部门都必须逐项落实安排，并编制出项目年度资金筹措计划表。

(3)提款报账计划。编制项目提款计划，是利用国际金融组织贷款项目中的一项特殊的财务计划工作。因为世界银行、亚洲开发银行等国际金融组织项目的贷款协议都规定，只有用于项目的费用才能向国际金融组织申请提款。因此，项目财务计划工作必须根据项目实际进展及开支情况以及项目评估报告确定的费用预算及其贷款协议的有关规定编制项目提款计划。

3. 编制要求

各级项目办应根据下一年度的工程实施计划，在部门预算开始编制前，编制出下一年度的项目资金使用计划及资金来源计划，并提交给同级财政部门，以便财政部门在预算中给予安排。

项目资金使用计划应与工程实施计划相吻合，充分反映出每一个项目活动的资金需求。项目资金使用计划不仅要反映出工程实施对资金数量的需求，还要反映出对资金时间的需求。

资金来源计划不仅要包括全部的货币资金，而且还要包括项目收益人以劳务、实物折抵计算出的资金。

4. 检查督导计划落实

各级项目办应对本级项目资金的使用情况及资金的到位情况进行检查。此项检查应每半年(每年7月底和翌年1月底前上报检查报告)进行一次。检查时，应对照项目资金使用计划检查资金使用情况。实际与计划不符时，应找出原因，是工程实施方面的原因还是资金来源方面的原因或是其他的原因，并在计划执行报告中给予反映。各级财政部门应按计划将地方财政配套资金拨付项目单位的专户，并督促其他配套资金的及时到位。

第二节　资金管理

利用国际金融组织贷款项目的最大特点一是计划性强。在项目评估和项目谈判阶段，项目资金有多少是贷款资金，有多少是国内配套资金，这两部分资金取得的时间、数额、方式都要有严格的预算，计划性很强，否则造成资金困难影响项目开展。二是协调性强。在项目实施时，要求各方面的资金应按时按要求投放到位，形成资金的整体合力效益。譬如世界银行贷款项目资金，一般来说，其贷款资金只用于资助项目建设中需要使用外汇部分。三是项目外汇风险高。项目贷款方，一般占总投资的60%以上，外币汇率波动较大，项目外汇风险较高。因此，项目的资金管理显得尤为重要。本节结合世界银行贷款“山东生态造林项目”实施案例，重点讨论项目资金的筹措与管理、世界银行贷款资金的管理、配套资金的管理以及项目管理费，供参考。

一、资金的筹措与管理

项目资金主要由世界银行贷款和国内配套资金两部分组成。国内配套资金主要包括地方各级财政资金和造林实体自筹(现金和劳务折资)。国内配套资金应及时、足额到位，项目区各级政府应根据世界银行评估报告和已批准的项目可行性研究报告确定的投资额，负责筹措、落实国内配套资金。

省财政厅按照贷款协议的规定，在外汇指定银行设立美元特别账户，用于存入世界银行贷款资金预拨款和补充拨入的贷款资金支付应由贷款资金负担的合格费用。项目单位应在当地银行设立相应的项目专用账户，用于世界银行贷款和国内配套资金的核算。贷款协议生效后，项目单位或项目实施主体发生的费用，应按世界银行规定的程序和比例申请提款报账。

二、世界银行贷款资金管理

1. 资金的转贷

贷款资金由省财政厅负责向各市政府进行转贷。各市财政局是本市政府的债权债务代表和外债归口管理机构，全权负责各项转贷工作，办理转贷协议的签署，监督市级以下转贷协议的签订工作，市级以下模式可以自行确定。

2. 世界银行贷款资金投放

世界银行贷款资金 6000 万美元(含 15 万美元的世界银行先征费)，折合人民币 37200 万元，占项目总投资的 50.06%。

贷款资金只能用于“贷款协定”中所规定的各类别合格费用的支出。各类别的世界银行贷款金额、支付比例和各造林模型的总费用及单价见表 11-1、表 11-2。

表 11-1　世界银行贷款金额各类别合格费用及支付比例

类别	世界银行贷款金额(美元)	支付比例(%)
1　造林工程建设费	50667100.0	见说明
2　技术服务与项目管理	3140602.0	
2.1　科研与推广	483871.0	
2.1.1　科研	483871.0	50.0
2.2　考察、培训与咨询	322581.0	
2.2.1　国外考察培训与咨询	322581.0	100.0
2.3　管理与机构能力建设	1197000.0	
2.3.1　办公设备	551839.0	100.0
2.3.2　车辆采购	645161.0	100.0
2.4　苗圃改进	1137150.0	
2.4.1　土建工程	538650.0	45.0
2.4.2　苗圃设备	598500.0	100.0
3　不可预见费	6042298.0	50.0
4　先征费	150000.0	
总计	60000000.0	

表 11-2　各造林模型的总费用及世界银行贷款支付额度

造林模型	总费用(元/hm^2)	世界银行贷款支付单价(元/hm^2)		
		第 1 年	第 2 年	第 3 年
退化山地植被恢复区				
造林模型：S-1、S-2、S-4、S-7、S-8	11700	4850	500	500
造林模型：S-3、S-5、S-6	9000	3500	500	500
滨海盐碱地改良区				
造林模型：Y-1、Y-2、Y-3	7100		500	500
造林模型：Y-4、Y-5	3000	500	500	

类别一：造林工程建设费用支出，具体包括苗木、整地、栽植、调查设计、灌溉、抚育等。

类别二：2.1.1 科研：包括①干旱瘠薄荒山生态治理模型与监测评价体系；②黄河三角洲滨海盐碱地生态恢复与重建技术；③优质乡土树种种质资源保存及选育与开发利用 3 个科研课题的研究、推广费用。2.2.1 国外考察培训与咨询：包括出国考察、培训、聘请技术专家咨询服务等方面的支出。2.3.1 办公设备：包括由省项目办通过国内招标采购的计算机、复印机、打印机、录像设备等；2.3.2 车辆采购：由省项目办通过国内招标采购的项目专用车辆。2.4.1 土建工程：包括为苗圃改(扩)建过程中发生的工程支出；2.4.2 苗圃设备：通过询价方式采购的苗圃设备支出。

类别三："不可预见费"指留作补充项目实施工程中由于不可预见因素造成的某些类别支出不足或由于需要调整增加的项目费用开支。该部分资金的分配方案需由省项目办通过省财政厅向世界银行提出申请，获准后，方可使用。

类别四："先征费"指贷款生效后，世界银行按贷款总额 0.25%收取的先征费(直接从贷款账户中扣除)。

3. 严格报账提款规定

各项目市必须严格按照省财政厅和市人民政府《关于利用世界银行贷款"山东生态造林项目"的转贷协议》中确定的转贷金额、规定的比例、限额和采购支付方式进行贷款资金的报账、提款，任何不符合或超出各类别金额和支付比例的提款申请都不予以支付。

4. 追溯报账的金额和要求

根据本项目规定，自 2009 年 9 月 1 日至贷款协定生效前，类别一"造林工程建设费"发生的总金额不超过 600 万美元的合格支出，可以在本项目正式生效后进行追溯报账。

5. 贷款期和宽限期

项目贷款期 27 年，包括 8 年的宽限期。

6. 利息

对已提取但尚未偿还的贷款按世界银行单一货币美元贷款浮动利率，每年分两次向省财政厅交纳利息，每一个利息期的利率以省财政厅通知单为准。

三、配套资金的管理

1. 配套资金构成

按照项目“贷款协定”和“实施规定”的要求，省内应为项目实施提供一定比例的配套资金。其中省按10%的比例，每年600万元，提供本项目的省级配套资金，一般市、县两级提供比例为15%，造林单位自筹和劳务折抵不超过25%。当年配套资金总额的60%要在该年度的第一季度内到位。

2. 配套资金的使用范围

配套资金除按项目“贷款协定”的规定用于有关类别贷款资金的配套使用外，还用于支付建设期内的贷款利息、国内管理费、国内考察培训与咨询、项目监测评价、采购物资设备的国内税费等。

3. 配套资金的专户管理

各级项目管理单位可在当地开设配套资金专用账户，负责管理配套资金的使用和检查监督。

四、项目管理费

项目管理费是为组织项目实施而发生的各种管理费用开支。各级项目办应加强对项目管理费的管理控制。按照有关开支标准的规定，本着勤俭节约的精神，严格控制，节约使用。

省项目办管理经费由省财政厅列预算解决。市及县级项目办管理经费由同级财政局负责安排解决，纳入地方项目配套资金总额并实行收支两条线管理。项目管理费使用时，由项目办提出计划报同级财政审批后分期分次拨付，并由项目办根据项目实施情况安排和使用。

项目管理费开支范围是实施本项目管理的必要支出：①办公费；②差旅费；③会议费；④邮电通讯费；⑤资料印刷、翻译费；⑥办公设备购置费；⑦车辆燃料和维修费；⑧外事接待费；⑨聘用临时人员的工资、补助费及福利费用；⑩银行手续费及其他经同级财政部门批准列支的与项目管理活动有关的开支。

管理费的使用，接受财政及审计部门的监督检查。各级项目办用管理费购置的固定资产，应设立卡片，单独核算，编制清单，纳入固定资产管理。

第三节　内部控制与监督

项目资金使用的内部控制与监督，不仅是项目财务管理的重要表现形式，更是保证项目资金安全高效运行的有效途径，内部控制与监督对项目的顺利执行与竣工验收起到非常重要的作用。为此，本节将从项目资金管理的内部控制的基本原则、内部控制的内容与要求、内部会计控制的方法以及内部控制的监督四个方面进行阐述。

一、内部控制的基本原则

项目资金的筹措、到位、拨付及其使用，都有严格的规定。其不仅要符合国内项目资金使用的规定和规范，同时还要符合世界银行、亚洲开发银行等国际金融组织贷款资金的使用要求。因此，项目资金使用的内部控制要满足以下两条基本原则：

1. 真实性、安全性、完整性与纠错性原则

为了规范项目会计行为，保证会计资料真实和完整，堵塞漏洞，消除隐患，防止并及时发现和纠正错误，保护项目单位资产的安全、完整，各级项目执行单位必须按照财政部制定的《内部会计控制规范——基本规范》的要求建立内部会计控制制度。

2. 责权分明、相互制约、相互监督原则

项目单位的各岗位应设置合理，坚持不相容职务相互分离，确保不同岗位之间责权分明、相互制约、相互监督。并应针对业务处理过程中的关键控制点，具体落实到决策、执行、监督、反馈等各个环节。

二、内部控制的内容与要求

为强化规范项目资金的管理，保障项目资金使用安全和高效运行，发挥资金的使用效益，根据双方签订的项目贷款协议规定，世界银行贷款“山东生态造林项目”资金内部控制的内容与要求主要有：

1. 内部控制的内容

世界银行贷款“山东生态造林项目”资金内部控制的内容主要包括：货币资金、实物资产、工程项目、采购与付款、费用管理等经济业务的有效控制。

2. 内部控制的要求

(1)建立授权审批制度。项目单位应对项目实施过程中的主要环节建立严格的授权审批制度，不相容岗位应当分离，相关人员应当相互制约，确保项目资金的安全。

(2)严格资产管理规定。各级项目单位应当建立实物资产管理的岗位责任制度，对实物资产的验收入库、领用、发出、盘点、保管及处置等关键环节进行控制，防止各种实物资产被盗、毁损和流失。

(3)建立决策程序与各环节的会计控制规范。各级项目单位应当建立规范的工程项目决策程序，明确相关机构和人员的职责权限，建立工程项目投资决策的责任制度，加强工程项目的预算、招投标、质量管理等环节的会计控制，防范决策失误及工程发包、承包、施工、验收等过程中的舞弊行为。

(4)建立内部控制机制。项目单位应当合理设置采购与付款业务的机构和岗位，建立和完善采购与付款的会计控制程序，加强请购、审批、合同订立、采购、验收、付款等环节的会计控制，堵塞采购环节的漏洞，减少采购风险。

三、内部会计控制的方法

内部会计控制方法是实施项目内部会计控制采用的方法。项目的内部控制实施有很多具体方法，应项目实施的实际情况而定。主要方法有：

1. 内部会计控制

主要包括不相容职务相互分离控制，授权批准控制、预算控制、会计系统控制、内部报告控制、电子信息技术控制等。

2. 不相容职务控制

主要包括授权批准、业务经办、会计记录、稽核检查等职务，要求项目单位合理设置会计及相关工作岗位，明确职责权限，形成相互制衡机制。

3. 授权批准控制

授权批准控制要求项目单位明确规定涉及会计相关工作的授权批准的范围、权限、程序、责任等内容，项目单位内部的管理层必须在授权范围内行使职权和承担责任，经办人员必须在授权范围内办理业务。

4. 预算控制

预算控制要求项目单位加强预算编制、执行、分析、考核等环节的管理，明确预算项目，建立预算标准，规范预算程序，及时分析和控制预算差异，采取改进措施，确保预算的执行。

5. 会计系统控制

会计系统控制要求项目单位严格按本办法，明确会计凭证、会计账簿和财务会计报表处理程序，建立和完善会计档案管理及会计工作交接办法，实行会计人员岗位责任制，充分发挥会计的监督职能。

6. 内部报告控制

内部报告控制要求各级项目单位建立和完善内部报告制度，全面反映经济活动情况，及时提供业务活动中的重要信息，增强内部管理的时效性和针对性。

上述 6 种内部控制方法应当是相互联系地进行设置，以便有效地发挥其保护性的功能。

四、内部控制的监督

随着我国利用国际金融组织贷款项目的数量不断增加，项目内部控制的监督工作也越来越重要，并且更加紧迫和突出，其地位与作用也随之提高了。项目资金使用内部监督的目标是，以科学的、完善的监督职能为基石，以加强和完善政策管理和资金动态监督为中心，建立明显区别于审计监督和税务稽查、侧重事前与事中监督、体现外资项目管理特色的监督机制。

1. 项目单位的监督检查

项目单位应当重视内部控制的监督检查工作，由监督人员具体负责内部控制执行情况的监督检查，发现问题及时纠正，确保内部控制的贯彻实施。

2. 财政部门和项目办的检查和评价

各级财政部门和上级项目办应对各下属项目单位内部控制的建立健全及有效实施进行定期和不定期的检查和评价，对发现的问题提出书面改进意见。

第四节　会计核算与财务报告

本章节将“会计核算”与“财务报告”两个方面有机融合，详细介绍了会计核算与财务报告编写的基本知识，并通过世界银行贷款“山东生态造林项目”这个实例，说明会计核算与财务报告的具体方法。本节主要介绍与项目有关的会计核算基本规定、会计科目设置、主要会计科目使用说明以及财务报告的编制说明等内容。

一、会计核算的基本规定

1. 会计核算年度及记账法

会计核算年度为每年公历1月1日至12月31日；会计核算采用借贷记账法，权责发生制的原则，按实际成本记账。

2. 记账本位币及专用账簿

本项目的会计核算以人民币为记账本位币，涉及世界银行贷款资金的会计事项，必须同时以美元和人民币两种货币平行核算。两种货币平行核算的会计账册，必须采用多栏式专用账簿。

3. 核算分类及凭证

本项目必须单独核算，单独设置总分类账和明细分类账，由项目单位财务人员依据取得的合法凭证，对项目建设中发生的各项经济业务进行核算、登记账簿。

4. 市级和县级项目会计信息资料收集保存

负责管理项目资金的市、县级财政部门应将有关单据、报表等会计资料及时抄送林业项目管理单位，以便项目单位能保存一套完整的项目会计信息资料。

5. 项目核算的任务

世界银行贷款“山东生态造林项目”核算的任务：除执行现行有关会计制度外，严格执行项目“贷款协定”、项目“实施协定”，真实、完整地反映项目建设中的各项支出，全面、准确、公允地将项目的会计信息反映在财务报告中。

二、会计科目设置

按本办法的规定，设置和使用会计科目。一级科目原则上不得变动；如有特别需要，在不影响会计核算要求和会计报表指标汇总，以及对外提供统一的会计报表的前提下，可以根据实际情况自行增设、减少或合并某些会计科目，并报财政部门备案。对明细科目的设置，除本办法已有规定外，项目单位在不违反有关财务制度和会计核算要求的前提下，可以根据需要，自行规定。会计科目见表11-3。

表 11-3 会计科目

资金占用类科目			资金来源类科目		
序号	编号	一级科目	序号	编号	一级科目
1	101	建安工程投资	30	301	项目拨款
2	102	设备投资	31	302	项目资本
3	103	待摊投资	32	303	企业债券资金
4	104	其他投资	33	304	国外借款
5	105	待核销项目支出	34	305	国内借款
6	106	转出投资	35	306	上级拨入投资借款
7	111	交付使用资产	36	307	其他借款
8	121	应收生产单位投资借款	37	308	项目资本公积
9	201	固定资产	38	311	待冲项目支出
10	202	累计折旧	39	321	上级拨入资金
11	203	固定资产清理	40	331	应付器材款
12	211	器材采购	41	332	应付工程款
13	212	采购保管费	42	341	应付工资
14	213	库存设备	43	342	应付福利费
15	214	库存材料	44	351	应付有偿调入器材及工程款
16	218	材料成本差异	45	352	其他应付款
17	219	委托加工器材	46	353	应付票据
18	232	银行存款	47	361	应交税金
19	233	现金	48	362	应交基建包干节余
20	241	预付备料款	49	363	应交基建收入
21	242	预付工程款	50	364	其他应交款
22	251	应收有偿调出器材及工程款	51	401	留成收入
23	252	其他应收款			
24	253	应收票据			
25	261	拨付所属投资借款			
26	262	拨出国外借款			
27	263	拨出配套资金			
28	271	待处理财产损失			
29	281	有价证券			

三、主要会计科目使用说明

1. 资金占用类

(1)第 101 号科目——建安工程投资。本科目核算项目单位发生的构成项目建设投资支出的工程实际成本，包括营造防护林(苗木、林地清理、整地、栽植、抚育、调查设计)、灌溉设施、苗圃建设(不含苗圃设备)、监测与评价等项目内容的投资成本。本科目应按项目评估文件中列明的项目内容设置二级明细科目，并按支付类别设置三级明细科目。

(2)第 102 号科目——设备投资。本科目核算项目单位发生的构成项目建设投资支出的各种物资和设备的实际成本，包括化肥、农药、车辆、办公设备、苗圃设备等。本科目应按项目评估报告中列明的项目内容设置二级明细科目，并按支付类别设置三级明细科目。

(3)第 103 号科目——待摊投资。本科目核算项目单位发生的构成项目建设投资支出的，按照规定应当分摊计入交付使用资产成本的各项费用支出。包括项目单位管理费、国内借款利息、国外贷款利息(包括一次性先征费)。上述费用应在工程竣工交付使用时，按照交付使用资产和在建工程的比例进行分摊。本科目应按项目评估报告中列明的项目内容设置二级明细科目，并按支付类别设置三级明细科目。

(4)第 104 号科目——其他投资。本科目核算项目单位发生的构成项目建设投资支出的其他投资成本，包括不能直接分摊进入有关资产成本的咨询服务和培训考察。本科目应按项目评估报告中列明的项目内容设置二级明细科目：国内科研与推广、国内考察培训、国内培训与推广、国外考察和培训、技术咨询服务、其他。本科目应按支付类别设置三级明细科目。

(5)第 111 号科目——交付使用资产。本科目核算项目单位已经完成购置、建造过程，并已交付给生产、使用单位的各项资产。工程竣工后，必须按照有关规定编制竣工决算，办妥竣工验收和资产交接手续，才能作为交付使用资产入账。项目单位在办理竣工验收和资产交接工作以前，必须根据“建安工程投资”“设备投资”“其他投资”和“待摊投资”等科目的明细记录，计算交付使用资产的实际成本，编制交付使用资产明细表等竣工决算附件，经交接双方签证后。其中，一份由使用单位作为资产入账依据；另一份由项目单位作为本科目的记账依据。

已经办理交接手续的交付使用资产，借记本科目，贷记“建安工程投资”“设备投资”“其他投资”和“待摊投资”等科目。

本科目应按“固定资产”“流动资产”“无形资产”和“递延资产”设置明细账。

项目建设期：本科目的年末余额在建设期内不进行冲转，全额反映。只有在项目结束建立新账时，再全数冲转。但在年末对于用借款资金形成的交付使用资产，在通知生产单位转账时，借记“应收生产单位投资借款”，贷记“待冲项目支出”。

项目结束期：本科目的累计余额按不同的项目建设资金来源分别进行冲转。使用无偿配套资金形成的交付使用资产，冲转“项目拨款”“项目资本”等科目；使用投资借款形成的交付使用资产，冲转“待冲项目支出”科目；使用多种投资的项目单位完成的交付使用资产。能分清投资来源的，分别按上述办法进行冲转；分不清投资来源的，按实际投资比例计算结转。

(6)第 121 号科目——应收生产单位投资借款。本科目是实行投资借款项目单位的专用科目，核算项目单位向生产单位收回的用投资借款购建并交付使用的资产价值。

项目单位将使用投资借款购建完成的资产，交付生产单位使用时。借记本科目，贷记“待冲项目支出”科目，同时借记“交付使用资产”科目，贷记“建安工程投资”“设备投资”“待摊投资”“其他投资”科目。收到生产单位归还的基建投资借款通知，借记“国外借款”或“国内借款”等科目；贷记本科目。

(7)第 201 号科目——固定资产。本科目核算项目单位在建设过程中自用的各种固定资产原价。购建完成交付项目单位时，借记“交付使用资产”，贷记“建安工程投资”“设备投资”“其他投资”“待摊投资”等科目核算。同时，借记本科目，贷记“交付使用资产”科目。

(8)第 202 号科目——累计折旧。本科目核算项目单位在项目建设期间自用固定资产的累计折旧。

(9)第 232 号科目——银行存款。本科目核算项目单位存入银行或其他金融机构的各种存款。本科目分设银行结算户存款和专用账户存款等二级科目。

(10)第 252 号科目——其他应收款。本科目核算项目单位除预付备料款、预付工程款以外的其他各种应收、暂付款项。包括：应收世界银行贷款利息，应收国内贷款利息，各种赔款、罚款、存出保证金、备用金、应向职工收取的各种垫付款项等。本科目应按不同的债务人设置明细账。

(11)第 262 号科目——拨出国外借款。本科目核算项目管理单位拨付给下级项目单位的世界银行贷款(包括报账回来的资金、统一招标采购的项目物资、服务等)。本科目应按下级项目单位设置明细科目，并按世界银行贷款支付类别进行明细核算。项目单位编制汇总报表时，应与下级项目单位相关的“国外借款”等科目相互抵销。

(12)第 263 号科目——拨出配套资金。本科目核算项目管理单位拨付给下级项目单位的配套资金。本科目应按下级项目单位设置明细科目。项目单位编制汇总报表时，应与下级项目单位相关的“项目拨款”等科目相互抵销。

2. 资金来源类

(1)第 301 号科目——项目拨款。本科目核算项目单位实际收到各级政府拨款、自有资金和劳务集资等国内无偿配套资金。本科目按地方各级政府拨款、自有资金、劳务集资进行明细核算，并按来源渠道不同分别设置明细账。

(2)第 302 号科目——项目资本。本科目核算项目单位收到投资者以投资形式拨入的项目资本。收到投资者投入的项目资本时，借记“银行存款”科目，贷记本科目。支用款项时，借记“建安工程投资”等科目；贷记“银行存款”。工程完工交付使用时，借记“交付使用资产”科目，贷记“建安工程投资”等科目。

(3)第304号科目——国外借款。本科目核算项目单位实际使用和收到的世界银行贷款资金。收到省财政厅下达的“债务通知单”时，借记“器材”“银行存款”“其他应付款”等科目，贷记本科目。本科目按支付类别设置二级明细科目。

(4)第305科目——国内借款。本科目核算项目单位向国内不同渠道借入的借款。本科目按资金来源渠道进行明细核算。

(5)第311号科目——待冲项目支出。本科目用来核算待冲销的已经转给生产单位的交付使用资产。使用方法见“交付使用资产”和“应收生产单位投资借款”。

(6)第352号科目——其他应付款。本科目核算项目单位应付、暂收其他单位和个人的款项，包括应付世界银行贷款利息、应付国内贷款利息、其他。项目单位应按照上述内容设置二级明细科目，并按单位和个人进行明细核算。

四、财务报告的编制说明

(一)财务报告的组成

财务报告由财务报表和财务情况说明书两部分组成。

根据省财政厅与世界银行达成的协议，本项目应向省财政厅和世界银行提供4张财务报表，分别是资金平衡表(表11-4)、项目进度表(表11-5)、贷款协定执行情况表(表11-6)、专用账户收支表(表11-7，省级以下财政部门不报)。

财务情况说明书应主要包括以下内容：一是项目执行情况；二是本期和累计贷款资金的提取、支付和使用情况，当年每次报账资金周转情况，如出现贷款资金到位缓慢等情况，须分析原因；三是本期和累计各级配套资金计划与实际到位情况，如计划与实际到位差距较大，须分析原因；四是外汇损益情况；五是往来款项的主要内容构成及相应的金额；六是会计核算方法和会计报表内容变更的说明；七是其他需要说明的问题。

(二)财务报告报送程序和时间

财务报告按照编制期间分为半年报和年报，市级项目单位应于当年的8月1日和次年的3月1日前，将未经审计的两个半年报报送省项目办。次年的4月1日前向省财政厅报送经审计过的年度项目财务报表。省项目办协助省财政厅汇总出整个项目的财务报告后，接受省审计厅的审计，并于次年6月30日以前上报世界银行。

(三)财务报表格式及编制说明

1. 资金平衡表

(1)表11-4反映项目单位期末全部资金来源和占用情况。

(2)表11-4“期初数”栏的数字，应根据上期末资金平衡表“期末数”栏内所列数字填列。

(3)表11-4各项目“期末数”的填列方法：

①“项目支出合计”项目，反映项目单位期末基本建设支出或其他支出余额。本项

目包括两部分内容：一部分是上期转入的在建工程支出数和其他项目支出数；另一部分是本期完成的全部基建支出与其他项目支出合计。本项目应根据本表“交付使用资产”“待核销项目支出”“转出投资”和“在建工程”项目的合计数填列。

②“在建工程”项目，反映项目单位期末各种在建工程成本的余额。本项目应包括建安工程投资、设备投资、待摊投资和其他投资。

③“应收生产单位投资借款”项目，反映项目建设期内利用借款资金形成的交付使用资产数额。

④“器材”项目，反映项目单位期末结存在库、在途和在加工中的各项物资的实际成本，包括各种材料、设备、低值易耗品等，但不包括在库的不需要安装设备及工具、器具的实际成本(该部分成本在“在建工程”项目中反映)。本项目应包括器材采购、采购保管费、库存设备、库存材料、材料成本差异和委托加工器材等科目。

⑤“预付及应收款合计”项目，反映项目单位期末各种预付和应收款项。包括预付备料款、预付工程款、应收有偿调出器材及工程款、应收票据和其他应收款等。其中，“应收世界银行贷款利息”项目，反映项目单位按照“贷款协定”规定应收取的世界银行贷款到期的利息。“应收世界银行贷款资金占用费”项目，反映经省财政厅批准后项目单位展期使用到期应偿还的世界银行贷款本金、利息而应收取的资金占用费。

⑥“项目拨款合计”项目，反映项目单位收到的用于项目的国内无偿配套资金数额。

⑦“项目借款合计”项目，反映项目单位为完成项目计划按规定借入的各种项目建设投资借款和其他各种借款。本项目包括国内借款、国外借款和其他借款等科目。“国外借款—国际复兴开发银行”项目，反映项目单位提取的世界银行贷款余额。“国内借款”项目，反映项目单位收到的用于项目的国内有偿配套资金余额。

⑧“应付款合计”项目，反映项目单位期末各种应付未付款项。包括应付器材款、应付工程款、其他应付款和应付票据等。其中，“应付世界银行贷款利息”项目反映项目单位按照贷款转贷协定规定应交未交的世界银行贷款利息。“应付世界银行贷款资金占用费”项目，反映经省财政厅批准后，项目单位展期使用到期应偿还的世界银行贷款本金、利息和承诺费资金而应交未交的资金占用费。

表 11-4 资金平衡表

××××年××月××日

项目名称：世界银行贷款“山东生态造林项目” 元

资金占用	行次	期初数	期末数
一、项目支出合计	1		
1. 交付使用资产	2		
2. 待核销项目支出	3		
3. 转出投资	4		
4. 在建工程	5		
二、应收生产单位投资借款	6		

（续）

资金占用	行次	期初数	期末数
其中：应收生产单位世界银行贷款	7		
三、拨付所属投资借款	8		
其中：拨付世界银行贷款	9		
四、器材	10		
其中：代处理器材损失	11		
五、货币资金合计	12		
1. 银行存款	13		
其中：专用账户存款	14		
2. 现金	15		
六、预付及应收款合计	16		
其中：应收世界银行贷款利息	17		
应收世界银行贷款承诺费	18		
应收世界银行贷款资金占用费	19		
七、有价证券	20		
八、固定资产合计	21		
固定资产原价	22		
减：累计折旧	23		
固定资产净值	24		
固定资产清理	25		
待固定资产损失	26		
资金占用合计	27		
九、项目拨款合计	28		
十、项目资本与项目资本公积	29		
其中：捐赠款	30		
十一、项目借款合计	31		
1. 项目投资借款	32		
(1)国外借款	33		
其中：国际开发协会	34		
国际复兴开发银行	35		
技术合作信贷	36		
联合融资	37		
(2)国内借款	38		
2. 其他借款	39		
十二、上级拨入投资借款	40		

（续）

资金占用	行次	期初数	期末数
其中：拨入世界银行贷款	41		
十三、企业债券资金	42		
十四、待冲项目支出	43		
十五、应付款合计	44		
其中：应收世界银行贷款利息	45		
应收世界银行贷款承诺费	46		
应收世界银行贷款资金占用费	47		
十六、未交款合计	48		
十七、上级拨入资金	49		
十八、留成收入	50		
资金来源合计	51		

2. 项目进度表(1)

(1)表 11-5(1)反映项目单位于本期资金的来源和运用情况。

(2)表 11-5(1)各项目内容及填列方法。

①“资金来源合计”项目，按照资金来源反映项目投资情况。

②“国际复兴开发银行”项目，反映项目已提取的世界银行贷款金额。

③“配套资金”项目，按项目配套资金的来源填列，分成省级配套、市县级配套及单位自筹资金。

④“资金运用合计”项目，依照项目评估文件中所列的大项内容设有“营造防护林”“科研与推广”“考察、培训与咨询”“项目监测评价”“管理与机构能力建设”“苗圃改进”“其他支出”分项内容。各分项内容又按照评估文件设有明细内容，各明细内容不要求填列“本年计划额”和“项目总计划额”。此累计完成额应与表 11-5(1)“项目支出”项下的累计支出数相等。

⑤“差异”项目，用于解释资金来源和运用之间的差异，主要体现在以下的几个会计科目上：

——应收款变化(指期初和期末数的增减)；

——应付款变化(指期初和期末数的增减)；

——货币资金变化(指期初和期末数的增减)；

——其他科目变化。

⑥“本期计划额”栏，要求各市上报的报表依照本市项目年度计划，按资金来源和运用分别填写。

⑦“本期发生额”栏，按本期的实际发生额，分资金来源、运用和差异三栏填写明细内容。

⑧本期完成比，等于本期实际发生额除以本年计划额，以百分比方式，按资金来

源和运用二栏填列。

⑨“累计”：

——项目总计划额：各市上报的报表按照项目评估文件中所列的项目总投资计划数，按资金的来源和运用分别填列。

——累计完成额：按项目自初始直到本期期末所累计的实际发生额，按资金的来源、运用和差异填列。

——累计完成比：等于累计栏完成额除以项目总计划额。以百分比方式，按资金来源和运用分别填写。

表 11-5(1)　项目进度表

本期截至××××年××月××日

项目名称：世界银行贷款“山东生态造林项目”

项目类别	本期			累计		
	本年计划额(元)	本期(年)发生额(元)	本期(年)完成比(%)	项目总计划额(元)	累计完成额(元)	累计完成比(%)
资金来源合计 一、国际复兴开发银行 二、配套资金 1. 省级 2. 市县级 3. 自筹资金						
资金运用合计 1. 营造防护林 退化山地 滨海盐碱地						
2. 科研与推广 科研 示范林推广						
3. 考察、培训与咨询 国内考察、培训与咨询 国外考察、培训与咨询						
4. 项目监测评价						
5. 管理与机构能力建设 办公设备 车辆采购						
6. 苗圃改进 土建工程 苗圃设备						
7. 其他支出						

（续）

项目类别	本期			累计		
	本年计划额（元）	本期（年）发生额（元）	本期（年）完成比（%）	项目总计划额（元）	累计完成额（元）	累计完成比（%）
8. 差异 （1）应收款变化 （2）应付款变化 （3）货币资金变化 （4）其他	╱		╱	╱		╱

3. 项目进度表（2）

（1）表 11-5（2）反映项目单位自项目开始建设起到本年年末止累计拨入、借入项目资金的使用情况。

（2）表 11-5（2）各栏内容及填列方法。

①“项目内容”栏，根据项目评估文件中所列项目内容大项填列。应与表 11-5（1）“资金运用合计”项目一致。

②“累计支出”栏，反映自项目开始建设起到本年年末止累计完成购置、建造过程和正在购置、建造过程的各项资产和工程数额及其他项目支出，按项目内容分别填列。此数应和表 11-5（1）“资金运用合计”的累计完成额相等。

③“已交付资产”栏，反映自项目开始建设起到本年年末止累计完成购置、建造过程，并已交付生产使用单位的各项资产。

④“在建工程”栏，反映项目单位期末各种在建工程成本的余额。根据“建筑安装工程投资”“设备投资”“待摊投资”和“其他投资”科目的期末借方余额合计填列。

表 11-5（2）　项目进度表

本期截至××××年××月××日

项目名称：世界银行贷款“山东生态造林项目”　　　　元

项目内容	项目支出							
	累计支出	已交付资产				在建工程	待核销项目支出	转出投资
		固定资产	流动资产	无形资产	递延资产			
1. 营造防护林 2. 技术服务与项目管理 （1）科研与推广 （2）考察、培训与咨询 （3）项目监测评价 （4）管理与机构能力建设 （5）苗圃改进 3. 其他支出								

4. 贷款协定执行情况表

（1）表 11-6 反映项目单位本期和累计的国际复兴开发银行贷款的支付情况。

（2）表 11-6 各栏内容及填列方法。

①“核定分配金额”栏，反映项目单位使用国际复兴开发银行贷款的承诺金额。与《贷款协定》中各类别分配内容和金额分栏填写。

②“本年度提款数”栏，反映项目单位本期国际复兴开发银行贷款的使用情况。本栏应根据“国外借款”科目的有关明细科目的发生额分类别填列。

③“累计提款数”栏，反映项目单位自项目开始建设起到本期期末止累计使用国际复兴开发银行贷款情况。本栏应根据上期本表该栏数字和“国外借款”科目有关明细科目的本期累计发生额分类别合计填列。

④“本年度提款数”和“累计提款数”栏下的“美元数”以省财政厅债务通知单数额为准填列；“折合人民币数”按省财政厅下年初通知的本年年底汇率折算后填列。

表 11-6 贷款协定执行情况表

本期截至××××年××月××日

项目名称：世界银行贷款“山东生态造林项目”

类别	核定信贷金额（美元）	本期（年度）提款数		累计提款数	
		美元	折合人民币	美元	折合人民币
1. 工程					
（1）造林					
（2）土建工程					
2. 科研					
3. 货物					
（1）办公设备和车辆					
（2）苗圃设备					
4. 考察、培训和咨询服务					
5. 待分配部分					
6. 专用账户 项目合计					
7. 先征费					
总计					

5. 专用账户报表

（1）表 11-7 反映项目单位本期专用账户收支和调节情况。

（2）表 11-7 由省财政厅债务金融处填列，填列方法从略。

表 11-7　专用账户报表

专用账户报表

本期截至××××年××月××日

项目名称开户银行名称/账号

世界银行贷款号货币种类：

金额

A 部分：本期专用账户收支情况

期初余额

增加

本期世界银行回补总额

本期利息收入总额(存款人专用账户部分)

本期不合格支出归还总额

减少

本期支付总额

本期未包括在支付额中的服务费支出

期末余额

B 部分：专用账户调节

a. 世界银行首次存款总额

减少

b. 世界银行回收总额

c. 本期期末专用账户首次存款净额

d. 专用账户期末余额

增加

e. 截至本期期末已申请报账但尚未回补金额

申请书号金额

f. 截至本期期末已支付但尚未申请报账金额

g. 服务费累计支出(如未含在 5 和 6 栏中)

减少

h. 利息收入(存入专用账户部分)

i. 本期期末专用账户首次存款净额

6. 各报表之间的关系

需要各市上报的报表有“资金平衡表”(表 11-4)、“项目进度表”[表 11-5(1)和表 11-5(2)]以及“款协定执行情况表”(表 11-6)，现将这三张报表之间的主要钩稽关系说明如下：

(1)本年度“资金平衡表”的期初数=上年度“资金平衡表”的期末数。

(2)表 11-4 中“资金占用合计”的期初数=表 11-4(续)中“资金来源合计”的期初数。

(3)表 11-4 表中“资金占用合计”的期末数=表 11-4(续)中“资金来源合计”的期末数。

(4)表 11-4(续)表“国际复兴开发银行”期末数=表 11-6 中“累计提款数”中“总计”

的“折合人民币数”。

(5)表11-4(续)中“国际复兴开发银行”期末数=表11-5(1)中的“资金来源项”下“国际复兴开发银行贷款”的累计完成数。

(6)表11-4中的“项目支出合计”期末数=表11-5(2)中的“项目支出”累计数。

(7)表11-4中的“项目支出合计”期末数=表11-5(1)中的“资金使用合计”的累计完成数。

(8)表11-4中的“项目支出”下的“交付使用资产”期末数=表11-5(2)中的“项目支出”下的“已交付资产”合计数。

(9)表11-4中的“项目支出”下的“待核销项目支出”期末数=表11-5(2)中的表中“项目支出”下的“待核销项目支出”合计数。

(10)表11-4中的“项目支出”下的“转出投资”期末数=表11-5(2)中的“项目支出”下的“转出投资”合计数。

(11)表11-4中的“项目支出”下的“在建工程”期末数=表11-5(2)中的“项目支出”下的“在建工程”合计数。

(12)表11-4中的“应收生产单位投资借款”期末数=表11-4(续)中的“待冲项目支出”期末数。

(13)表11-4(续)中的“项目拨款合计”期末数+表11-4(续)中的“国内借款”期末数=表11-5(1)中的“资金来源项目下的配套资金”累计完成数。

(14)表11-5(1)中的“资金来源项目下的配套资金”累计完成数=表11-5(1)中的“资金来源项目”下“省级”+“市、县级”+“自筹资金”累计完成数。

(15)表11-4(续)中的“项目拨款合计”期末数+表11-4(续)中的“项目投资借款”期末数=表11-5(1)中的“资金来源合计”的累计完成额。

(16)表11-5(2)中的“项目支出”下的“营造防护林”=表11-5(1)中的“营造防护林”累计完成额。

(17)表11-5(2)中的“项目支出”下的“科研与推广”累计数=表11-5(1)中的“科研与推广”累计完成额。

(18)表11-5(2)中的“项目支出”下的“考察、培训与咨询”累计数=表11-5(1)中的“考察、培训与咨询”累计完成额。

(19)表11-5(2)中的“项目支出”下的“项目监测评价”累计数=表11-5(1)中的“项目监测与评价”累计完成额。

(20)表11-5(2)中的“项目支出”下的“管理与机构能力建设”累计数=表11-5(1)中的“管理与机构能力建设”累计完成额。

(21)表11-5(2)中的“项目支出”下的“苗圃改进”累计数=表11-5(1)中的“苗圃改进”累计完成额。

(22)表11-5(2)中的“项目支出”下的“其他支出”累计数=表11-5(1)中的“其他支

出”累计完成额。

(23) 表 11-5(1) 中的“资金来源合计”本期发生额=表 11-5(1) 中的“资金运用合计”本期发生额+表 11-5(1) 中的“差异”本期发生额。

(24) 表 11-5(1) 中的“差异”本期发生额=表 11-5(1) 中的“应收款变化”本期发生额-“应付款变化”本期发生额+“货币资金变化”本期发生额+“其他”本期发生额。

(25) 表 11-5(1) 中的“资金来源合计”累计完成额=表 11-5(1) 中的“资金运用合计”累计完成额+表 11-5(1) 中的“差异”累计完成额。

(26) 表 11-5(1) 中的“差异”累计完成额=表 11-5(1) 中的“应收款变化”累计完成额-“应付款变化”累计完成额+“货币资金变化”累计完成额+“其他”累计完成额。

(27) 表 11-5(1) 中的“国际复兴开发银行贷款”本年发生额=表 11-6 中的“本期(年)度提款”折合人民币数。

(28) 表 11-5(1) 中的“本期(年)发生数”=本期(年度)表 11-5(1) 中的“累计完成额”-上年度表 11-5(1) 中的“累计完成额”。

(29) 备注：第一，表 11-5(1) 中的“差异”项下的“本期发生额”：“应收款变化”“应付款变化”“货币资金变化”“其他”均填相关内容的“本期发生额”，全部用表 11-4 中的“期末数”-“期初数”。第二，表 11-5(1) 中的“差异”项下的“累计完成额”：“应收款变化”“应付款变化”“货币资金变化”“其他”均填相关内容的“期末余额”。“其他”指表 11-4 中的无法在表 11-5(1) 中的反映的项目。第三，“汇总损益”在表 11-5(1) 中的“其他支出”项下反映，不在“差异”项下反映；在表 11-4 中的“在建工程”中反映。

7. 财务报表的格式

各项目市、县(市、区)的财务报表的格式以及具体整理、汇总的内容见表 11-7。

第五节　报账提款

根据项目贷款协定和项目评估文件的规定，为确保项目报账提款工作的开展，推动项目建设工作的顺利实施，世界银行贷款“山东生态造林项目”制定了报账提款实施办法。在《项目报账提款办法》中，明确规定了项目的职责分工、合格费用提取、报账提款方式、报账提款程序、报账提款证明文件、债务通知和落实、编制提款计划等有关要求，为顺利开展项目报账提款工作奠定了基础。现以其为案例，进行详细分解说明，供参考。

一、职责分工

1. 省级财政部门职责

省财政厅负责开设、管理项目的指定账户，审核报账提款材料，办理支付或转贷世界银行资金；对市级财政局的提款报账工作进行监督和指导；审查市级财政局的年度报账提款计划。

2. 市级和县级财政职责

市、县级财政局负责对本级的用款申请进行审核汇总，由市财政局向省财政厅申请提款；审查确认本级年度提款计划；审查确认需要省项目办统一采购、科研推广、考察培训和技术咨询费用的年度提款计划；负责将债务分割单转发同级项目单位和下级财政部门。

3. 项目单位的职责

各项目单位负责向本级财政部门提供由其组织的工程、采购、培训考察费用的证明单据和费用申请表格，对所提交的原始报账单据的真实性、合法性负责；编制提款报账材料并向本级财政部门报送年度提款计划。

二、合格费用

1. 合格费用范围

合格费用，是指按照法律文件(法律文件是指世界银行与财政部签署的贷款协定、世界银行与山东省人民政府签署的项目协定)的规定，可以由贷款资金支付的费用，主要体现为时间合格、内容合格、金额合格、授权签字合格和证明文件合格。

2. 支付时间

时间合格，是指费用发生在贷款协议签字日至贷款项目关账日期间，或经世界银行同意的追溯期间。

3. 支付内容合理

内容合格，是指按法律文件的规定，可以从贷款资金中支付，并按照世界银行贷款金额采购规定进行采购，用于项目的合理支出。

4. 金额支付合格

金额合格，是指提款报账金额应按照法律文件规定的类别额度、支付比例、最低限额等办理报账提款。

5. 授权签字合格

授权签字合格，是指提款申请书上的提款签字人为指定的授权代表。

6. 证明文件合格

证明文件合格，是指报账提款时提供的证明文件为本节第五部分规定提供的支持性文件。单位应严格按照《贷款协定》中规定的费用类别和支付比例以及《项目协定》中规定的采购方式进行报账提款。

三、报账提款方式

1. 偿还支付

偿还支付，是指项目单位对已经发生的合格费用用自有资金先行垫付，省财政厅根据市财政局的申请，将贷款资金从指定账户或申请世界银行直接拨付到有关单位。

2. 直接支付

直接支付，是指根据市财政局的申请及提交的有关交易已经发生的证明文件，省财政厅将贷款资金从指定账户或申请世界银行直接支付给第三方（如供应商、承包商、咨询机构及咨询专家等）。

四、报账提款程序

1. 提款签字人的确定及变更要求

转贷协议签署后，市财政局应确定提款签字人，并于转贷协议签字日后一个月内向省财政厅报送提款签字人的签字样本（一式两份），且签字样本唯一。在项目执行期内，如市财政局需要变更提款签字人，应及时报送新的提款签字人的签字样本。

提款签字人应当是市财政局有关单位的负责人、法人代表或财务负责人。

2. 市级发生费用的提款申请手续要求

在本项目下，各市发生的项目费用，经县级项目办编制有关报账材料送同级财政局审核、签字盖章后，上报市级项目办审核汇总，经市财政局审核、签字盖章后，由市财政局和市级项目办将提款申请书和相应的证明文件分别上报省财政厅和省项目办。省项目办收到提款申请书后应在 3 个工作日内将审核意见报省财政厅，省财政厅在充分考虑省项目办的初审意见后，负责最终审核并批准支付。

3. 统一组织事项的提款申请手续要求

省项目办按有关规定统一组织的招标采购、科研推广、技术咨询、省内和出国考察培训等活动，由省项目办统一向省财政厅办理提款申请手续。省项目办根据实际发生金额和债务分割的有关规定将债务分摊结果通知到各市财政局，市财政局在收到省项目办通知后，将债务分摊结果再分割落实到各项目县级财政局和有关单位，经市财政局汇总整理、确认债务后 15 日内按第 2 条的规定办理提款申请。

4. 提款申请书的编号要求

各市提交的提款申请书应连续编号。编号由两部分组成，一是以大写字母表示的市级代码，二是以数码顺序表示的三位序号，首笔提款申请书从 001 开始，余次类推。例如，临沂市的第一次提款，提款申请书的编号为 LINYI001。

5. 报账提款程序

项目报账提款采用逐级提报确认的方式，即县级到市级，然后再到省级，最后由

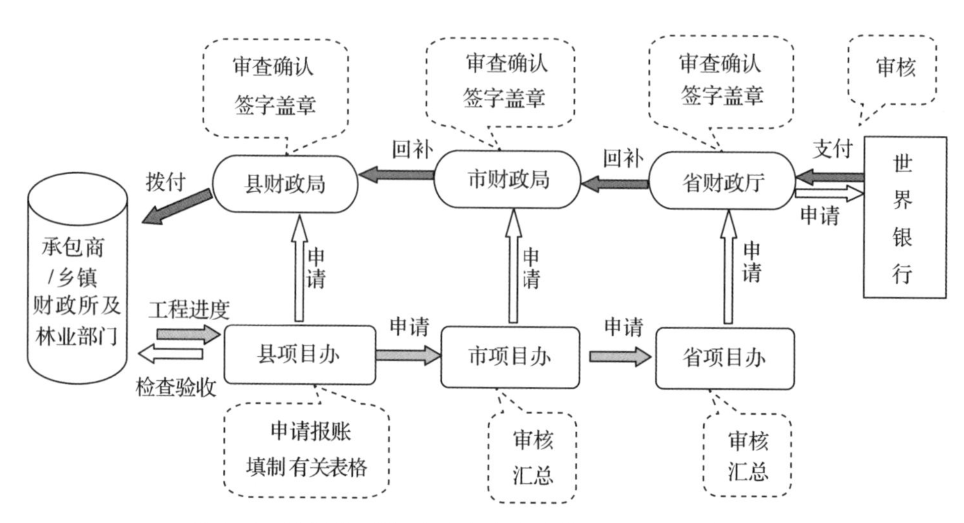

图 11-2 世界银行贷款"山东生态造林项目"报账提款流程

省财政厅向世界银行报账提款。其流程如图 11-2。

五、报账提款证明文件

1. 向省报送的提款

所有向省报送的提款申请，均应提交由提款签字人签字的提款申请书(表 11-8)及资金类别控制表(表 11-10)、费用报表(SOE 表，表 11-12)或摘要表(表 11-13)原件各一式两份及相应的证明文件。

2. 各市营造林工程的提款

各市营、造林工程的提款，除需报送费用报表(SOE 表即表 11-12)外，给省项目办的报账材料还包括提款申请表(表 11-14)、市级造林抚育检查验收报告和市县两级配套资金到位情况证明材料。

3. 单项合同限额及提款

单项合同金额在世界银行前审限额(SOE 表即表 11-12 报账限额)以上的提款，其中设备车辆为 50 万美元、苗圃土建 10 万美元、咨询服务和科研推广合同 10 万美元，需提交摘要表、附合同、发票及以下证明文件的复印件一式两份：①设备车辆包括货运证明、原产地证明、验货单、债务分割单；②苗圃土建包括设计文件、工程验收报告、费用结算报告；③咨询服务包括咨询专家签名的付款指令。

单项合同金额在世界银行前审限额以下的设备车辆、苗圃土建、咨询服务和国内培训及其他类别的提款，只需提交费用报表一式两份，相关文件保存在项目单位备查。

4. 国外考察或培训或参加国际会议的提款材料

国外考察、培训或参加国际会议提款时，应提交专门的提款申请书(表 11-9)，以及财政部门出国计划批复、邀请函、出国任务批件、考察和培训任务大纲、详细日程。出国团组回国后核销费用时应提交出国费用核销单(表 11-11)及考察报告或培训总结。

经财政部门批准的出国计划原则上应在当年执行完毕，因特殊原因推迟至下年度前两个月内执行的，可依据上年度出国计划批复申请提款。

5. 其他必要的提款材料

除上述证明文件之外，省财政厅可根据管理的实际需要要求市财政局提供其他必要的相关材料。

六、债务通知和落实

1. 省级财政债务分割及确认

省财政厅向各市财政局拨付提款报账资金后，应及时就该笔报账提款资金进行债务分割，并将债务分割情况以书面形式加盖公章后通知各市财政局。债务分割单应包括债务币种、金额、汇率、支付日期、支付类别、债务人等相关信息。

涉及两个或两个以上项目单位的物资采购和咨询专家服务及培训考察的费用，省财政厅将以上实际发生费用按有关规定进行分割，转由各项目单位记账。

省财政厅每隔半年与各市财政局核对一次账目，并通知其实际发生的债务金额。

2. 市级和县级财政债务确认

各市、县级财政局接到债务分割单后，应与实际收到的报账提款资金进行核对，确保相关债务信息准确无误。

3. 市级和县级财政债务分割依据及落实

各市、县财政局应以债务分割单为依据，按照财务管理的有关规定，及时完成债务的会计核算工作，落实债务。

4. 还本付息

省财政厅按照项目贷款协定及转贷协议的规定，每年分两次向各市财政局开具还本付息通知单，各市应根据还本付息通知单及时向省财政厅还款。

七、编制提款计划

1. 提款计划的编制内容

各市财政局应根据年度工程计划、转贷协议、工程定标的标书、评估报告及承包合同资料，按费用类别和支付方式编制年度用款计划，提款计划的内容：①资金类别；②项目建设的内容如土建工程、苗圃设备、咨询服务等；③预计发生的费用；④分配的贷款额；⑤贷款支付占总费用的百分比。

其中，由省项目办统一办理的采购、科研推广和出国计划由省项目办编制和汇总。

2. 报批时间和程序

项目单位应报经市、县财政局审查同意后，于每年 11 月底前向省财政厅报送下一年度世界银行贷款项目用款计划，经省财政厅审核批准后执行。

表 11-8　国际金融组织贷款项目提款申请书

申请书编号：

<table>
<tr><td>贷款号</td><td colspan="3"></td><td>转贷金额</td><td></td></tr>
<tr><td>项目名称</td><td colspan="3"></td><td>资金来源</td><td></td></tr>
<tr><td colspan="6">提款申请内容</td></tr>
<tr><td colspan="4">申请资金类别</td><td colspan="2" rowspan="7">提款申请证明文件清单
（请详细列明证明文件形式和数量）</td></tr>
<tr><td>编号内容</td><td>支付比例</td><td>币别</td><td>金额</td></tr>
<tr><td></td><td></td><td></td><td></td></tr>
<tr><td></td><td></td><td></td><td></td></tr>
<tr><td></td><td></td><td></td><td></td></tr>
<tr><td></td><td></td><td></td><td></td></tr>
<tr><td>合计</td><td></td><td></td><td></td></tr>
<tr><td colspan="6">申请金额大写及币别：</td></tr>
<tr><td>付款指令</td><td colspan="2">1. 请将上述款项汇至：
收款人：
开户银行：
账号：
附言：</td><td colspan="3">2. 特别承诺及信用证付款（请注明付款方式）
通知行：
信用证号：
信用证金额：
受益人：</td></tr>
<tr><td colspan="6">本提款签字人及所在单位在此承诺：
1. 本提款申请书及所有支持文件真实、合法，并愿意承担因其不合法、不真实而引起的付款责任。
2. 本提款申请书中所申请金额未从该账户提取过，所提金额将全部用于贷款。
3. 本提款申请书中所申请金额完全符合贷款协定及转贷协议中规定的类别及限额，并承担因审核有误而导致的责任。
提款签字人签字：
（申请单位公章）
年　　月　　日</td></tr>
<tr><td colspan="6">省财政厅审核意见</td></tr>
<tr><td colspan="3">批准币别</td><td colspan="3">批准金额</td></tr>
<tr><td>批准人</td><td colspan="2">审核人</td><td>初审人</td><td colspan="2"></td></tr>
<tr><td colspan="6">备注</td></tr>
</table>

本单应一式两份提交给省财政厅，付款完毕，省财政厅退回一联，作为付款通知。

表 11-9　国际金融组织贷款项目提款申请书

（适用于国外培训，考察及参加国际会议）

申请书编号：

<table>
<tr><td>贷款号</td><td colspan="2"></td><td colspan="2">转贷金额</td><td></td></tr>
<tr><td>项目名称</td><td colspan="2"></td><td colspan="2">资金来源</td><td></td></tr>
<tr><td>联系人、电话及传真</td><td colspan="5"></td></tr>
<tr><td>出国团组名称</td><td>出国性质</td><td>财政部门批准文号</td><td colspan="3">出国任务批准文号</td></tr>
<tr><td></td><td></td><td></td><td colspan="3"></td></tr>
<tr><td>前往国家及城市</td><td>往返日期</td><td>前往国家及城市</td><td>往返日期</td><td>天数合计</td><td>人数</td></tr>
<tr><td></td><td></td><td></td><td></td><td></td><td></td></tr>
<tr><td rowspan="2">开支内容</td><td>国别</td><td></td><td>国别</td><td colspan="2"></td></tr>
<tr><td>币种</td><td>金额</td><td>币种</td><td colspan="2">金额</td></tr>
<tr><td>住宿费</td><td></td><td colspan="2"></td><td colspan="2"></td></tr>
<tr><td>伙食费</td><td></td><td colspan="2"></td><td colspan="2"></td></tr>
<tr><td>公杂费</td><td></td><td colspan="2"></td><td colspan="2"></td></tr>
<tr><td>个人零用费</td><td></td><td colspan="2"></td><td colspan="2"></td></tr>
<tr><td>培训费</td><td></td><td colspan="2"></td><td colspan="2"></td></tr>
<tr><td>城市间交通费</td><td></td><td colspan="2"></td><td colspan="2"></td></tr>
<tr><td>翻译费</td><td></td><td colspan="2"></td><td colspan="2"></td></tr>
<tr><td>其他</td><td></td><td colspan="2"></td><td colspan="2"></td></tr>
<tr><td></td><td></td><td colspan="2"></td><td colspan="2"></td></tr>
<tr><td>小计</td><td></td><td colspan="2"></td><td colspan="2"></td></tr>
<tr><td>机机票费</td><td></td><td colspan="2"></td><td colspan="2"></td></tr>
<tr><td colspan="6">本提款签字人及所在单位在此承诺：
1. 提款申请书及所有支持文件真实、合法、并愿意承担因其不合法、不真实而引起的付款责任。
2. 本提款申请书中所申请金额未从该账户提取过，所提金额将全部用于贷款。
3. 本提款申请书中所申请金额完全符合贷款协定及转贷协议中规定的类别及限额，并承担因审核有误而导致的责任。
提款签字人签字：
（申请单位公章）
年　　月　　日</td></tr>
<tr><td colspan="6">省财政厅审核意见</td></tr>
<tr><td colspan="2">批准币别</td><td colspan="4">批准金额</td></tr>
<tr><td colspan="2">批准人</td><td colspan="2">审核人</td><td colspan="2">初审人</td></tr>
<tr><td colspan="6">备注</td></tr>
</table>

本单应一式两份提交给省财政厅，付款完毕，省财政厅退回一联，作为付款通知。请在回国 1 月内到债务代表人处办理核销手续。

表 11-10 国际金融组织贷款项目(贷款资金类别控制表)

贷款号： 项目名称： 转贷金额： 货币单位：

费用类别	核定贷款额	调整后贷款额	提款申请情况			财政部门支付情况		
			截至上次申请累计有效提款金额	本次申请金额	截至本次申请累计有效提款金额	截至上次申请累计支付贷款额	本次同意支付金额	截至本次申请累计支付贷款资金
合计								
备注								

提款签字人：__________

联系人：

电话：

传真：

E-mail：

报账提款单位签字(申请单位公章)：

联系人：__________

电话：

传真：

E-mail：

付款日期： 年 月 日

表 11-11　国际金融组织贷款项目(出国费用核销单)

贷款号：　　　　项目名称：　　　　　　原提款申请书编号：

<table>
<tr><td colspan="3">出国团组名称：
出访国家：
出访时间：　　年　　月　　日至　　年　　月　　日</td><td colspan="2">出国性质：
出国人数：
实际出国天数：　　天</td></tr>
<tr><td>摘要</td><td>币别</td><td>金额</td><td>折算汇率</td><td>美元金额</td></tr>
<tr><td>一、预借外汇及创汇合计</td><td></td><td></td><td></td><td></td></tr>
<tr><td>其中：1. 预借外汇数</td><td></td><td></td><td></td><td></td></tr>
<tr><td>2. 创汇数</td><td></td><td></td><td></td><td></td></tr>
<tr><td>3. 其他</td><td></td><td></td><td></td><td></td></tr>
<tr><td></td><td></td><td></td><td></td><td></td></tr>
<tr><td>二、核销外汇数合计</td><td></td><td></td><td></td><td></td></tr>
<tr><td>1. 住宿费</td><td></td><td></td><td></td><td></td></tr>
<tr><td>2. 伙食费</td><td></td><td></td><td></td><td></td></tr>
<tr><td>3. 公杂费</td><td></td><td></td><td></td><td></td></tr>
<tr><td>4. 个人零用费</td><td></td><td></td><td></td><td></td></tr>
<tr><td>5. 培训费</td><td></td><td></td><td></td><td></td></tr>
<tr><td>6. 城市间交通费</td><td></td><td></td><td></td><td></td></tr>
<tr><td>7. 翻译费</td><td></td><td></td><td></td><td></td></tr>
<tr><td>8. 其他</td><td></td><td></td><td></td><td></td></tr>
<tr><td></td><td></td><td></td><td></td><td></td></tr>
<tr><td>三、退汇数合计</td><td></td><td></td><td></td><td></td></tr>
<tr><td>1. 交回现金</td><td></td><td></td><td></td><td></td></tr>
<tr><td>2. 交回旅行支票</td><td></td><td></td><td></td><td></td></tr>
<tr><td>省财政厅审核意见：

年　　月　　日</td><td colspan="2">提款签字人签字：

年　　月　　日</td><td colspan="2">团长签字：
经手人签字：
年　　月　　日</td></tr>
</table>

本单一式两份，报省财政厅审核后，退回一份作债务依据。

表 11-12　世界银行贷款项目费用报表(SOE)

费用发生期间　　至

适用于单项合同金额在前审限额以下的费用支出：

支付类型名称：　　　　　　低于等值美元：　　　　　　类别号日期：

贷款号：

提款申请书编号：

费用报表序号：

1	2	3	4	5	6	7	8	9	10
序号	类别	供应商名称及所在国家	合同总金额及币种	本申请书包括的发票总金额	银行支付(%)	应支付的合格发票金额	从二级专用账户支付金额	汇率	备注
合计									

上述支出的所有凭证保存在________________　　　　提款签字人：________

1. 每一个费用类别应使用一张单独的 SOE 表；
2. 与公司或个人签署的超过 10 万美元以上的合同需提供对方的全名和详细地址。　　(单位公章)：

表 11-13 世界银行贷款项目摘要表

适用于单项合同金额在前审金额以上的费用支出

支付类别名称：　　高于等值美元：　　类别号：　　日期：

贷款号：

提款申请书编号：

摘要表序号：

1	2	3	4	5	6	7	8	9	10	11	12	13
序号	合同商/供应商/咨询专家名称及国别	合同或购货单号和日期	类别号	工程货物或劳务摘要	合同货币及总金额	本次申请发票的货币和总金额（扣除保留金）	合格支付百分比（%）	支付货币和金额（6*7）	截至本次累计支付金额	从二级专用账户支付的等值美元	付款日期	世界银行批准日期
合计												

上述所有支出的所有凭证保存在____________　　提款签字人：

每一个费用类别应使用一张单独的汇总表。　　（单位公章）：

表 11-14 “山东生态造林项目”营林报账提款申请表

造林模型	计划单价	项目	本次报账提款情况统计			本次申请提款合计	累计已提款单价合计	截至目前已提款单价合计	剩余单价
			造林	第一年抚育	第二年抚育				
1	2	3	4	5	6	7	8	9	10
本次报账总计		面积							
		面积							
		单价							
		面积							
		单价							
		面积							
		单价							
		面积							
		单价							
		面积							
		单价							
		面积							
		单价							
		面积							
		单价							

注：①此表要求按造林年度分别填写；②各造林模型报账名称要严格按世界银行贷款支付单价执行。

第六节　项目审计

项目审计是指国家审计机构依据国家法律、法规和财务制度、项目经营方针和管理标准以及规章制度，对项目运用科学的方法和程序进行审核、检查，以判断其是否合法、合规、合理和有效的一种审查活动。由此可以看出，项目审计是对项目管理工作的一次全面的检查，其检查的内容包括项目文件、会议纪要(或记录)、技术标准、设计文本、管理方法、管理程序、财产情况、预算情况、开支情况以及项目建设工作进展情况等。一般情况下，项目审计的范围包括拟建项目、在建项目和竣工项目，也可以对整个项目进行审计甚至可以对项目的某一部分开展审计工作。

一、项目审计的目的意义

审计工作是确保项目实施质量和按时完成工程建设的重要措施，对提高项目工程建设水平有积极的作用。审计工作可以通过对项目各个环节施工操作及其所消耗的资金进行审核和规范，同时还可以发现项目实施过程中存在的问题，提出解决的方案，为项目建设创造有利的环境条件。因此，项目的审计具有重要的意义。

1. 发现不合理的经济活动并提出整改意见

项目审计人员进驻项目单位后，要对项目评估文件、项目可行性研究报告、项目施工设计文件、项目管理办法、项目资金到位、项目资金使用等全部相关的资料进行审核和审查。通过审计，可以及时发现项目是否存在不合理的经济活动，并分析其原因，提出限期整改意见和建议，以此使项目管理人员最大限度地实现对人、财、物使用的合理优化，以降低项目单位投资成本，提高项目投资效益。

2. 保证项目投资和项目建设决策切实可行

在项目实施过程中，经常会出现三个方面的问题：一是招标文件或施工合同或现场签证中不严谨，结果表达不清、准确度不够；二是由于施工合同及现场签证等资料的不完善，至合同双方发生纠纷；三是承包方为了单方面获得较多收入，采用了多计工程量、高套定额等方式高估冒算。由此可知，要合理确定工程造价，必须抓好项目的工程审计，强化政府投资审核力度，科学、合理、合法的控制项目投资。因此，项目审计可以对项目决策是否遵循科学程序、决策依据是否充分、方案是否经过优选等方面做出正确的判断，从而避免盲目投资行为，有利于各级政府科学合理地控制项目投资。

3. 可披露错误和舞弊并制止违法违纪行为

在项目实施过程中，有很多项目工程投资活动行为。有的项目单位和造林实体，为了小团体或个人利益，违规列支或超出项目投资范围列支项目资金；还有的项目工作人员，由于工作责任心不强，不按施工设计施工，或不按规定标准施工，苗木规格低，造林成活率和保存率低于规定的验收标准，造林质量差，致使重新返工造林，增加了项目成本。通过项目的审计，可以发现和制止这些错误和舞弊行为，并在项目审计报告中如实披露，起到维护项目投资的利益。

4. 可交流经验总结教训提高项目建设质量

项目审计的过程，实际上也是对项目过去一阶段的检查、验收、总结和回头看的过程。在项目审计过程中，通过对项目管理、建设现状、实施标准的评价和审核，可以检验项目实施效果，暴露项目存在的问题，发现和总结项目实施经验及教训。这些经验和教训，能够帮助项目管理者、造林实体和施工人员提高和改善项目管理现状，避免或减少再次出现类似的问题或错误，有利于推动项目再上新水平。

二、项目审计的程序

根据世界银行的要求，在世界银行贷款山东造林项目启动实施期间，委托山东省审计厅外资审计处，每年都要对项目的实施情况进行审计，并向世界银行驻北京办事处提交项目审计报告。世界银行贷款“山东生态造林项目”的审计程序与国内其他项目审计程序基本相同，主要有以下方面：外资审计处接受审计任务，确定审计工作内容及重点，制定审计计划，报部门负责人审查；向山东省财政厅金融债务处和山东省林业外资与工程项目管理站(省项目办即被审计单位)发出经签字批准的审计通知及审计所需的资料清单；外资审计处接收收集与项目审计的相关资料，按发出的审计资料清单接收资料，同时记录接收资料的时间、内容、提供单位及形式，按审计重点收集与审计项目相关的政府发布的政策、规范文件、价格信息和市场价格信息等资料；查阅资料，了解基本情况，进行初步审计，形成对审计项目的初步印象，记录在资料中发现的问题；审计人员应采用全面审查、抽样审计、勘察现场、现场测试、现场监督等方法进行深入调查和审计，还可以运用观察、询问和分析性复核等方法，获取充分、相关、可靠的审计证据，以支持审计结论和建议；通过对审计调查情况、查阅资料内容及现场查勘情况的整理分析得出审计初步意见，工程审计人员应与审计组的其他审计人员就审计情况进行交流，并对发现问题的相关情况进一步核实；沟通审计初步意见应与发现问题相关责任人、相关人员及部门负责人进行沟通，征求被审计单位的意见，并认真听取各方的情况说明并如实记录；审计初步意见沟通后，按征求意见情况对于审计初步意见进行修正，汇报领导并形成最终审计意见；根据领导的意见及审计要求出具项目审计情况的报告；整理项目审计工作底稿，并上交部门统一形成审计工作档案；根据具体情况对于报告提出的问题及建议的整改情况进行核实。项目审计流程框图，如图 11-3。

三、项目审计的内容

林业利用国际金融组织贷款项目属于政府投资项目，其审计的内容主要集中在三个方面：一是项目建设程序执行情况的审计，审计的具体对象是建设单位上报文件和有关机关审批文件的形式与内容，主要包括投资决策、勘察设计、建设准备、招标投标、经济合同等方面的审计；二是建设项目实施情况审计，主要包括建设单位内部控

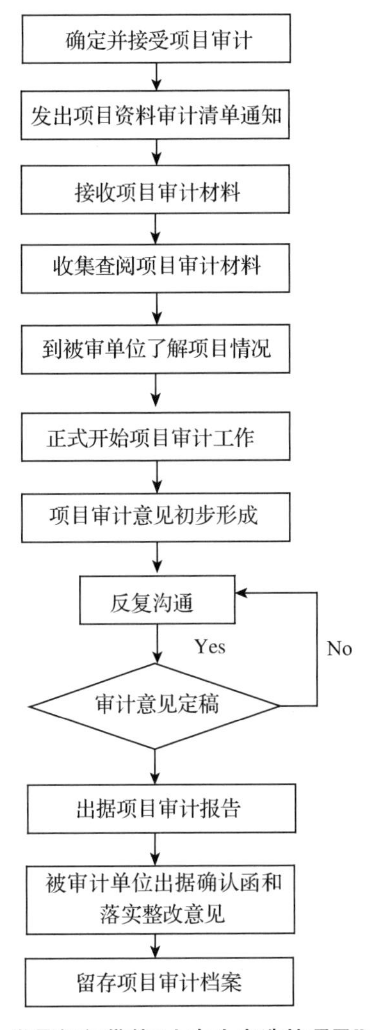

图 11-3　世界银行贷款“山东生态造林项目”审计流程

制审计、项目建设进度计划执行情况审计、概算执行情况审计、资金来源和到位及使用情况审计、建设成本与财务收支核算审计等；三是建设项目竣工决算审计，主要包括竣工决算编制依据的审计、项目建设及概算执行情况的审计、交付使用财产和建设工程的审计、转出投资和营销投资及应该核销其他支出的审计、尾工工程的审计、结余资金的审计、基建收入的审计、投资包干结余审计、竣工决算报表的审计等。

世界银行贷款“山东生态造林项目”的审计主要为项目实施情况的审计，主要包括：

1. 建设单位内部控制审计

重点审计各项管理制度是否健全，检查管理过程是否合法、合规，各参与部门的责、权、利是否明确，找出管理的薄弱环节，提出改进管理的意见。

2. 项目建设进度计划执行情况审计

主要检查项目建设是否符合施工组织设计文件的要求，分析进度偏差产生的原因，并提出保证工程按期完成的建设意见。

3. 概算执行情况审计

检查项目建设是否按照批准的初步设计进行，是否符合投资计划的要求，要审查各单位工程建设是否严格按批准的概算内容执行，审查因原概算中存在不符合项目建设是否存在超概算的问题，对超概算问题，应从勘察设计、建设管理、施工组织、外部条件等方面进行分析，发现问题，采取有效措施，对超概算合规部分加强控制，对不合规的依法查处，以加强对投资规模的控制。

4. 资金来源和到位及使用情况审计

主要审计建设资金(含项目资本金)来源是否合法、是否落实、是否按计划及时到位；使用是否合规，有无转移、侵占、挪用建设资金问题；有无非法集资、摊派和乱收费问题，建设资金是否和生产资金严格区别核算；有无损失浪费问题。对审计中查出的问题，要分析原因，区别性质，依法做出处理，提出建议，以保证建设资金的合法、合规、合理使用，提高投资效益。

5. 建设成本与财务收支核算审计

主要包括工程价款结算审核、待摊投资审计、建设收入审计、其他成本核算及财务收支内容的审计。

6. 土地使用审计

主要审计审查项目在土地使用等方面是否合规、合法，是否违规使用或占用基本农田等情况。

7. 环境审计

主要审计环保资金的筹集和运用是否合法、合规，所提供环境资料是否真实正确，环境报告的结论建议是否符合国家有关环境法律、法规和政策；评价环境管理是否体现了系统性、充分性和有效性。

8. 施工单位审计

主要审计施工单位有无违规转包、非法分包工程的行为，审计施工企业的资质和工程承包情况；审查施工单位是否按照规定的工程承包范围进行承包活动，有无越级承包工程，审查施工单位的等级是否与其施工能力、管理水平相适应；审计工程价款结算是否合法，有无偷工减料、高估冒算、虚报冒领工程款等问题；审计有无采用行贿、回扣、中介费等不正当手段获取工程任务；审查施工单位是否按有关规定缴纳税款。一旦发现有上述问题，应依法依规予以处理。

9. 监理单位审计

主要审计监理单位是否依法取得监理资格，其资格证书的取得是否真实合法；审查有无未经批准、不具备监理资格而擅自进行监理工作的行为；审查有无假借监理工程师的名义从事监理工作；审查有无出卖、出借、转让、涂改《监理工程师岗位证书》行为；审查在影响公正执行监理业务的单位兼职行为；审查监理工作是否根据合同的要求进行；审查有无超出批准的业务范围从事工程建设监理活动的行为；审查有无转让监理业务的行为；审查有无故意损害项目法人、承建商利益的行为；审查有无因工作失误造成重大事故；审查监理收费是否合规。

10. 工程质量审计

审计工程质量是否满足设计和规范的要求；重点审计施工记录资料、隐蔽工程验收资料以及施工签证资料是否真实、完整、合法、合规；审计已完成的施工质量是否达到了设计的要求，是否符合施工规范要求；审查有无重大质量事故和经济损失。

11. 物资设备采购审计

主要审计购置过程是否合法、合规；重点审计材料、设备数量、质量、价格是否满足设计和生产要求，在购买过程中是否有行贿、收受回扣的问题；在对质量进行审计时要重点审计所有材料、设备是否有出厂合格证明，是否进行了试样测试；在对其价格审计时应注意购买时间、购买地点，购买时该地区的市场信息价标准以及与材料有关的原始凭证、内容是否真实，价格的测算是否准确、并以此找出疑点。

四、山东生态造林项目的监督审计

根据项目评估报告和项目贷款协议的规定，在世界银行贷款“山东生态造林项目”实施期间，每年进行一次项目审计。其审计的主要内容包括财务决算、预算审批、开支批复的组织程序，会计制度是否健全及执行情况，物资设备采购、内部控制、内部监督等制度的有效性，财务人员业务能力及工作状况，项目实施效果(包括但不限于造林、抚育、科研、推广、培训、咨询、考察等)。为做好世界银行贷款“山东生态造林项目”的监督审计工作，在项目财务管理手册中明确规定：

1. 遵循公认的审计准则并落实年度审计制度

本项目由省审计厅及(或)其委托授权的审计部门或中介机构，依照我国法律法规和实际情况，遵循一般公认的审计准则，特别是世界银行的要求，进行年度审计。

2. 建立健全档案资料并接受审计

各级项目单位应接受财政、审计等部门的监督、检查，并建立健全财务的内部控制制度，完整安全地保存好所有财务档案，管好用好项目建设资金。

年度结束，各级项目办应按要求向审计部门提供审计所需的资料，接受审计部门审计，将财务报告连同审计部门的审计意见，按隶属关系逐级报送上级财政部门和项目办。

3. 实行财务监督并按有关规定处理

项目单位财务部门和人员必须对项目实行财务监督，对不真实、不合法的原始凭证不予受理。发现账簿纪录与实物款项不符的，应按有关规定处理。

五、项目审计报告

项目的审计工作完成后，审计部门应将审计结果写成审计报告书。通常报告书以简单报告的形式呈文，必要时可以详细报告的形式说明。以“世界银行贷款‘山东生态造林项目’”为例进行说明，供参考。

封面

中华人民共和国山东省审计厅

Shandong Provincial Audit Office of the People's Republic of China

审计报告

Audit Report

鲁审外报[2014]75号

SHANDONG AUDIT REPORT [2014] NO. 75

项目名称：世界银行贷款“山东生态造林项目”

Project Name：Shandong Ecological Afforestation Project Financed by the World Bank

贷款号：7882—CN

Loan No.：7882—CN

项目执行单位：山东省林业世界银行贷款项目联合办公室

Project Entity：Shandong Frostry Project Management Office

审计年度：2013年

Accoungting Year：2013

目录

Contents

审计师意见

山东省林业世界银行贷款项目联合办公室：

我们审计了世界银行贷款“山东生态造林项目”2013年12月31日的资金平衡表及截至该日同年度的项目进度表、贷款协定执行情况表和指定账户表等特定目的财务报表及财务报表附注(第5~18页)。

(一)项目执行单位及山东省财政厅对财务报表的责任

编制上述财务报表中的资金平衡表、项目进度表及贷款协定执行情况表是你办的责任，编制指定账户报表是山东省财政厅的责任，这种责任包括：

1. 按照中国的会计准则、会计制度和本项目贷款协定的要求编制项目财务报表，并使其公允反映；

2. 设计、执行和维护必要的内部控制以使项目财务报表不存在舞弊和错误而导致重大错报。

（二）审计责任

我们的责任是在执行审计工作的基础上对财务报表发表审计意见。我们按照中国国家审计准则和国际审计准则的规定执行了审计工作，上述准则要求我们遵守职业要求，计划和执行审计工作以对项目财务报表是否不存在重大错报获取合理保证。

为获取有关财务报表金额和披露信息的有关证据，我们实施了必要的审计程序。我们运用职业判断选择审计程序，这些程序包括对由于舞弊或错误导致的财务报表重大错报风险的评估。在进行风险评估时，为了设计恰当的审计程序，我们考虑了与财务报表相关的内部控制，但目的并非对内部控制的有效性发表意见。审计工作还包括评价所选用会计政策的恰当性和作出会计评估的合理性，以及评价财务报表的总体列报。

我们相信，我们获取的审计证据是恰当的、充分的，为发表审计意见提供了基础。

（三）审计意见

我们认为，第一段所列财务报表按照中国的会计准则、会计制度和本项目贷款协定的要求编制，公允反映了世界银行贷款“山东生态造林项目”2013 年 12 月 31 日的财务状况及截至该日同年度的财务收支、项目执行和制定账户收支情况。

（四）其他事项

我们还审查了本期内由省财政厅报送给世界银行的第 8~12 号提款申请书及所附材料。我们认为，这些材料符合贷款协议要求，可以作为申请提款的依据。

本审计师意见之后，共同构成审计报告的还有两项内容：财务报表及财务报表附注和审计发现的问题及建议。

中华人民共和国山东省审计厅

2014 年 6 月 25 日

地址：中国山东省济南市共青团路 88 号

邮政编码：250012

其他内容省略。

审计意见行文的表述，一定要明确审计结果是否合格还是不合格，不能含糊不清。如果被审计的对象不合格，应说明不合格的性质和理由。审计人员应对审计结果负责。

第十二章　项目物资管理

任何项目都离不开物质资源，它们是项目建设得以顺利进行的物质基础。物资管理是指对项目所需要的各种物资的计划、采购、验收、保管、合理分配和使用等一系列管理工作的总称。因此，物资管理是一个系统管理工程。为采购好、管理好以及利用好项目的物资设备，省项目办制订下发了《项目货物采购与工程招标管理法》《项目物资设备采购管理计划》《项目物资设备采购安排》等相关的规章制度，省、市、县三级项目办固定了专职物资管理人员，并强化了相关的技术培训，确保了物资设备按计划招标采购，到货及时验收，分发合理，存放保管有序，提高了物资设备的使用效益和管理水平。

第一节　项目物资管理概述

所谓项目物资管理，是指项目对自身的机械或办公设备(设施)以及各种物资材料(包括种苗、化肥、农药等)的管理。不同项目所购买的机械办公设备(设施)和物资材料的种类也是不尽相同的。但是，无论什么项目需要具有什么样的机械办公设备(设施)和物资材料，都应该建立健全项目自身的设备(设施)及物资管理体系，该体系是项目管理中不可缺少的重要一环。严格管控这些设备(设施)和物资，能够促使这些项目设备(设施)及物资的合理利用，并能降低项目单位投资成本，提高项目的综合效益。

一、项目物资管理的意义

物资是项目正常持续生产经营的保障基础，成为项目重要的一个管理对象。物资管理水平的高低不仅直接维系项目的生产、运营，而且还直接影响着项目的经营成本和效益。建立一套物资管理信息体系，不仅能有效地把项目施工单位所需的物资保质保量地及时供应、加快物资的周转速度、提高生产效率，同时还对物资管理的“及时、齐备、经济、高效”管理目标的实现以及项目整体效益的最大化，有着重要的现实意义。

1. 有利于全面强化项目物资的"质、价、种、量"控制

项目工程施工中，及时提供所需的优质物资、设备及材料直接关系到项目建设工程的成本和质量，是项目创新发展和顺利运行的重要保证。在项目物资集约化经营管理中，能否确保所采购的项目物资、设备及材料"价格低、质量优、种类全、数量足"，是保证项目建设顺利推进的关键所在。项目在对物资、设备及材料进行采购时，时常出现重复性招标事情的发生，分散化程度较为明显。通过强化项目物资设备材料的管理，能够加强项目采购物资的质量、价格、种类及数量的监督，更有效地管理供应商，使供需双方形成互信、互惠、互利的合作伙伴关系，为供应商的交易提供较大的便利，能够在保证产品质量的同时降低采购价格，全面提升项目的采购效率，切实降低项目采购成本，并保证项目施工现场所需要的各种物资设备都能够及时供应到位，从而有利于项目的顺利推进。

2. 提高各类物资设备利用率

项目建设过程中，如果管理不到位，必定存在着物资浪费的问题，且这种浪费现象在项目工程管理中是较为常见的。譬如：有些物资在一次性项目购入量较大时，如果管理不到位就必定造成其中的一部分失效，无法用于项目建设，造成物资的严重浪费。由此可以分析得出，项目物资设备的管理，对于提高项目物资设备(或设施)的使用效率具有重要现实意义。依靠有目标、有计划、有组织的项目物资管理工作，不仅能够满足当前项目施工要求，同时也不会有大量物资设备囤积现象的出现，保证项目现场各类物资设备得到最大化、合理化的使用，实现项目建设各类物资设备使用的规范化，减少了项目物资的囤积和积压，从而提高项目物资设备的利用率。

3. 有利于降低项目施工成本

在项目建设过程中，项目物资设备管理的精细度和准确度，是实现项目物资设备集约化管理的基本要求。因此，项目物资设备的集约化管理，能够在适应物资、设备、设施和材料多样化发展的前提下，保证能够采购到"规格对路、性能良好、数量合理"的项目物资设备，有助于减少项目施工工期，从而降低项目施工成本。

4. 确保项目安全施工和建设质量

项目建设过程中，需要有大量的物资、设备及施工材料的支撑，也就是说各类项目建设物资是确保项目安全施工和项目建设质量控制的基础和前提。因此，物资、设备和材料是确保项目建设质量和项目施工安全的关键。如果采购并使用了质量不达标的项目建设材料，则项目的工程建设质量和施工安全也无法保证。例如，在项目工程施工中一些大型施工设备，其质量低劣或没有经过定期的检测和维修，则会存在较大的使用安全风险，严重的可出现工程事故；再譬如，项目所建设的冬暖式塑料大棚，如果采用了低劣不达标的钢材或塑料膜，栽培的苗木或作物，因雪压、强风等自然灾害，可能会造成不可挽回的财产和安全损失。所以物资设备的管理，在项目管理中不仅能够保证项目工程建设质量和施工安全，而且还能保证项目工程整体水平及建设质量。

5. 有助于提高项目物资设备的实效性

在进行项目工程管理过程中，确保项目物资、设备和材料的高效使用，对于保证项目建设工程质量，提高项目施工效率具有深远影响和重要意义。项目采购部门要能够及时了解市场行情，掌握市场动态，在保证项目物资供应的同时又能最大程度地节约采购资金；项目管理者能够根据内外部环境的变化及时做出正确的决策，通过实施项目的科学化管理，合理储备库存物资，提高项目库存周转率，降低库存水平，降低储备资金占用，这不仅能提升物资、设备和材料的质量和项目物资设备使用率，而且更有助于提高项目物资设备的实效性。

二、项目物资组织管理的主要内容

管理物资是项目持续经营管理的重要内容，对项目的正常生产和长远发展具有重要的促进作用。项目物资组织管理任务量，内容繁杂，归纳起来主要有以下几点：

1. 编制采购计划

物资设备是完成项目的基础，项目物资设备管理部门应按项目的需要及时足额供应性能优良、价格优惠、规格适合的项目物资设备。因此，项目物资管理部门要依据项目评估文件、项目贷款协定、项目可行性研究报告以及项目设计文件中的有关要求，并结合项目工程建设的计划进度安排，组织编写项目物资设备供应采购计划。

2. 合理采购物资

根据项目贷款协议和项目评估报告规定，对需要通过竞争性招标采购的物资，应通过不同的招标方式办理项目物资设备及材料的招标采购；对国家或物资部门统一分配管理的物资设备及材料，应通过计划申请的办法办理订货或采购；对市场或内部调节的物资设备及材料，应按项目需求及时做好调剂或直接采购工作。

3. 物资发放及培训

项目招标采购的物资设备，应组织发放到项目建设单位或造林实体，及时用于项目的工程建设。统一招标采购的项目物资设备，在分发时要做好两方面的工作：一是固定有保管使用经验的人员领取项目物资设备；二是对领取物资设备的人员进行运输、保管、使用等方面的技术培训，以便使项目物资设备能够更好地发挥使用效率。

4. 物资库存管理

物资库存管理是指项目所需各种物资设备及材料，必须有一定的库存，要根据项目进展，预算出保证项目正常进行的最少库存数量，做到“既不积压，也不缺货，少占资金，留足库存”的原则。

5. 物资使用管理

物资使用管理主要包括项目物资设备及材料入库的验收保管、登记标识、管理保护、账卡台账、领用分发、消耗核算、清仓查库、借用手续等管理工作。

三、物资供应计划的编制

项目物资设备供应计划的编制，是项目招标采购的基础性工作，关系到项目能否获得及时、足量、价低、质优的项目现场施工设施设备，是保证项目顺利推进的前提。因此，科学编制项目物资供应计划显得尤为重要。

1. 编制依据

项目物资设备供应计划的编制主要依据：项目评估报告、项目可行性研究报告、项目设计文件、项目施工图纸、物资设备管理体制、物资设备供应渠道、项目年度计划、项目实施进展对物资设备的需求情况、项目单位的管理能力以及项目施工组织设计能力等。

2. 提报程序

项目物资设备供应计划采用逐级汇总审核提报的方式进行。即乡(镇、场)级项目管理部门编制的物资需求计划汇总到所在县级财政部门和林业主管部门项目办进行审核，然后再提报至所在市级财政部门和林业主管部门项目办汇总审核，最后分别提报至省级财政部门和林业主管部门进行汇总审批，大批量重点的物资采购计划统一由省项目办执行，其他物资采购计划下发给县级项目办执行，市级项目办不得直接受理乡(镇、场)级项目管理部门提报的物资需求计划。

3. 供应时间

造林项目是林业行业中与农时关系最为密切的项目之一，因此其各种物资设备供需时间差异较大。有的(割草机、拖拉机、挖穴机等)要按项目工程进度计划，有的(苗木、种子等)要按农时，还有的(如化肥、农膜等)要按市场价格走向。如果只按农时供应物资，则可能出现物资设备的积压；如果只按项目进度供应物资，则可能出现资金的占用；如果只按市场走势供应物资，则可能出现物资的断供。因此，项目物资设备供应计划必须有效地处理好三方面的供需矛盾，科学安排项目物资供应计划，使项目采购工作尽可能配合项目施工进度、造林农时和市场走势，并陆续供应到货。如此操作，可以有效避免资金的占用和物资设备的积压。所以，物资供应时间必须根据项目的性质、项目实施进度和项目施工的实际需求进行确定。

4. 编制方法

这里所称的编制项目物资供应计划，是指项目主管部门根据项目评估报告、项目实施计划、项目设计文件并结合项目实施进度等实际情况而确定的项目全年的物资设备供应计划。编制年度物资供应计划时需要考虑的主要因素有以下几点：一是确定当年必需的物资设备供应需求量；二是摸清并确定上年末的预计库存数量和已订货量；三是预测项目需要的储备数量。

项目物资供应计划的批准与执行，有的可能只涉及一个部门，如造林苗木采购；有的可能涉及多个部门，如大批量、重点物资设备的采购；有的要由生产部门解决，如苗圃育苗需要种条的采购。因此，物资设备供应必须按照物资供应的渠道在项目上级主管部门批准后分别下发给项目实施单位。项目单位要按照招标采购、申请分配、询价采购等不同的物资来源和供应方式进行分别处理。项目单位要对物资设备供应清单进行核对，确定采购资金的合理性，资金来源的可靠性，物资设备的种类、数量、供货时间的确切性；确定无误后，经过项目主管审批后就可以付诸实施。

这里特别提醒，项目物资采购计划编制完成后，需要经过技术部门、物资管理部门主管审核，报主管领导核准并加盖单位公章，再报有关部门实施采购。未经有关部门审核、单位领导签署盖章的计划无效。

5. 计划调整

所谓物资供应计划的调整涉及两个方面：一是施工作业期间物资供应计划的调整。施工队发生物资需求计划(如苗木)变更或调整施工任务时，必须在3个工作日内提报物资需求调整计划，县级项目办必须在当日对物资需求和采购计划进行调整，防止因调整不及时而影响项目现场施工或造成库存积压。二是县级项目物资供应年度计划的调整。一般来说，项目物资供应年度计划一旦审批通过，是不允许调整的，但是如果没有进入采购实施程序，项目单位确实有充足理由不采购或增加采购，可以视情况进行调整，但必须履行所有手续。

四、物资采购工作计划安排

项目物资设备供应计划确定之后，项目主管部门就应该把项目物资供应计划列为年度项目目标考核任务，督促分管物资供应部门或负责人，按照规定的时限、规定的质量、供应的数量、合理的价格和最有效的方式完成物资供应计划。由此可以知道，要保质保量地完成任务，就必须对物资供应的情况进行科学而有效地分析与研究，制定出采购安排计划。

1. 物资分类

项目需求的各种物资可按用途和供应渠道进行归类。例如苗木、化肥、水泥、钢材构件、电脑、手持灭火机等物资应分别纳入不同类别中。项目所需的物资通常将其分为件数材料、生产资料、机械设备、办公用品等类别。

项目需求的各种物资可按供应方式进行归类。例如国际竞争性招标、国内竞争性招标、国内计划分配供应、市场询价采购、定向采购等方式。

项目需求的各种物资可按A、B、C供应方式进行归类。A类物资：直接影响最终产品的交付使用或安全性能，可能导致顾客投诉的物资，例如钢材、水泥、砼制品、工程配套设施等；B类物资：对交付使用后，可能产生安全隐患的，例如农药、安全防护品、配电装置、漏电保护器等；C类物资：指对产品实现过程起辅助作用的物资，例如农膜、五金、一般安全用品、小型机具、机械配件、包装用料等。

项目供应物资分类的主要目的，一是为了提高项目采购的效率；二是方便库存，确保有效的管理。

2. 采购原则

在项目采购物资过程中，要体现“公开、公平、公正、适时、适量”的原则，这是项目物资采购的前提条件，也是国际金融组织贷款项目物资采购所规定必须严格执行的。除此之外，还要必须坚持以下原则。

(1)坚持“择质，择廉，择优”的原则。凡是具备招标采购条件的物资设备，应按规定的程序招标采购，坚持“质量择高而购，价格择廉而买，服务择优而选”的原则。

(2)坚持“依类择供，安全第一”的原则。项目物资采购过程必须进行严格的控制，对A类、B类物资的供方要进行综合评价，确定合格的供方，建立“合格供方花名册”，并依据批准的物资采购计划，在“合格供方花名册”中选择供方进行采购，做到货比3家，防止购入假冒伪劣产品，保证采购物资满足工程质量、环境保护以及职业健康的要求，做到“依物资类别，选择可靠供应商，确保环境安全，职业健康第一”的原则。

(3)坚持“分级分权，各司其职”的原则。在项目物资采购计划确定的同时，还要制定严格的物资采购管控机制，按照采购权限实行分级采购，谁采购谁负责，建立项目采购成本核算、计价分析考核制度，坚持“分级采购，按权限采购，各司其职，落实责任追究”的原则。

3. 采购方式

项目物资采购实行“统一领导，分级采购，统分结合，多方管理”的方法，即实行大批量重点物资集中统一采购，小批量零星材料分级分权采购的方式进行。

(1)招标采购。凡是有招标采购条件的，必须通过招标的方式竞价订购，按照国际或国内“招标采购”的要求，确定中标方，签订采购合同，实施采购。

(2)议价采购。对多家生产厂商和供应商提报的产品价格、质量参数、性能参数、供货方式、售后服务等报价表进行综合比较，择优采购，也称询价采购。

(3)直接采购。对于物资品种单一，需求量较大构成批量的，直接与生产厂家采购。

(4)集中采购。将分散的物资设备通过管理采用集中统一采购。以此种采购方式，降低物资采购成本，实现规模效益。

4. 供应分析

项目物资管理部门的任务之一就是在保障及时、足额、质优、价廉供应物资的前提下，督导物资使用部门使其物尽其用，减少物资的耗损，节省项目资金。因此，如何满足物资使用部门的需求，应根据项目实施的实际情况进行综合分析，然后做出是否采购的决定。根据以往项目实施经验，我们可以判断出物资的使用可能涉及三个方面的实际问题：一是项目物资是暂用还是常用；二是项目物资是自用还是包工用；三是项目物资采购新的还是用旧的。这些问题，要结合项目施工的实际，应统筹协调解决。

5. 采购日期

项目物资采购时间，应根据市场走势、农时季节、生产周期、购买易难等情况而定。如果是A类、B类物资，并且是市场易于购买到的，在考虑订货的周期后，就可以按照常规仓库储备要求按时采购；如果是一些紧缺物资，就应该提前早做安排采购；如果是季节性强的农用物资，应根据农时季节的变化及早安排采购计划。总之，应根据商品或物资紧缺程度和实际情况而定。这里再补充说明一点，物资采购应当考虑订货周期所需的时间。订货周期包括：拟定标书、招标公告、开标时间、合同订立、生产制造、物资运输、安装调试等需要的时间。

6. 数量质量

要严格把控项目物资采购的质量关和数量关。物资的月采购量、季度采购量以及全年采购数量应分别列出计划。首先是根据项目全年计划供应量减去以前的结转库存量，作为年度采购物资的总量；其次是根据项目物资使用情况、库存情况以及采购批量的计算，安排出当月或季度采购计划。当物资或商品数量少，采购简单时，季度采购计划可以忽略。在农药、化肥的采购过程中，当采购数量较少时，不易得到合适的报价。因此，农药、化肥等物资往往应考虑批量采购计划，这样有利于掌握国际和国内市场价格走势及其变化规律。确定项目物资采购数量之后，还要保证采购物资的质量符合要求，不能盲目追求高规格，以避免增加项目投资。当技术规范与商品的规格有差异时，或者是对采购的商品有较高而复杂的技术要求时，就要聘请技术专家参加采购，以免采购的物资质量不符合要求。

7. 重点大批量物资采购

在项目评估报告和项目可行性报告中，重点大批量项目物资采购的方式或方法多次提及，并有专门篇幅研究分析过。因为重点、大批量、金额达到规定要求的项目物资采购，一般都是采用国际竞争性招标方式进行，其采购周期较长。所以项目批准且资金来源落实之后，就应该着手安排项目的物资采购计划。此类项目物资的采购成败，关系到项目建设的成败。因此，项目主管单位要高度重视，成立专门的班子进行采购。在拟定招标文件中，就要严格规定并反复核对交货种类、数量、质量、时限、地点以及物资的包装、运输、交货方式等信息，以免出现差错，造成失误。

第二节　项目物资采购

项目采购管理的主要目的是保证科学、有效、经济、顺利地完成物资供应计划。供货的数量、质量、价格和时限，是衡量物资采购成功与否的主要指标性参数。这四个方面的指标，在一次性物资采购中很难同时达到极理想状态。因此，要充分权衡各种因素对项目物资采购的影响，分析、评估、预测和判断每一种指标参数在一次性采购中所处的位置，寻找较为适宜的采购方法，求得最佳组合。

物资采购方式多种多样，除国内有一系列的规定需要严格遵守外，究竟采用哪种方式最合适，取决于项目的性质、规模和贷款方的要求。世界银行在项目物资采购方面有严格的规定和复杂的程序，这些规定和程序对于利用世界银行贷款项目来说是必须要遵循的，其规定和程序不仅有利于项目的成功实施，还对借款国本身的利益有十分重要的影响。因此，世界银行贷款项目的物资采购程序和方法是被公认的。下面以世界银行贷款的项目采购为案例，分析和阐述其采购原则、采购方式、采购方法、采购合同形式以及采购程序，同时结合实施世界银行、亚洲开发银行和欧洲投资银行贷款项目的经验，讨论项目采购的前期准备工作、招标采购文件的编写以及招标采购中应注意的问题，供参考。

一、采购原则

项目实施的核心是招标采购，它关系项目实施的进度，关系项目目标的完成。在世界银行贷款项目实施过程中，招标采购占有举足轻重的位置。为此，世界银行强制要求，其全部或部分资助的采购要严格遵循世界银行的规定，必须采用世界银行的采购原则和程序，并将此要求列入世界银行与借款人签订的法律文件中。为指导货物和工程(包括相关的服务)以及根据可测量的有形产品的完成情况而进行招标、签订合同的服务等方面的采购，世界银行制订了《国际复兴开发银行贷款和国际开发协会信贷采购指南》(简称《采购指南》)。从《采购指南》规定可以看出，世界银行贷款项目采购的原则要求主要集中在有效性、竞争性、开发性以及公正性等四个方面，它们之间是统一的、不可分割的。

1. 有效性

有效性是指采购要服务于项目目标。其主要体现在三个方面：第一是体现采购标的的既定性。采购标的必须属于既定的采购范围，必须满足既定的质量和数量要求，必须用于既定的目的，不能被倒卖和串换。第二是体现采购结果的经济性。在技术上，讲究适用技术优先，兼顾先进性和超前性；在商务上，讲究"物美价廉"，最低评标价优先；对符合技术要求者一致对待，高出技术要求者不优待。第三是体现采购过程的效率性。要求及时编制好分包方案和采购计划，选择好采购方式，招标文件要清晰，要采用标准文本(范本)、评标和签署合同要在投标有效期内完成等。另外，在快速支付业务的采购中，还要允许采用简化的公告规定，即通过国际竞争性招标方式进行采购的合同不需要公布在总采购公告中；在商品的采购中，在不要求提供投标保证金或投标人已经提供了在某一规定期限内保持有效的保证金的情况下，允许采用电传或传真方式投标。

2. 竞争性

竞争性体现在"机会上"的平等，即是要求所有合格的投标者都有竞争机会。也就是说，其不管是来自发展中国家还是来自发达国家，竞争机会平等。国际竞争性招标被认为是最能体现竞争性的一种采购方式，因为它实现了采购信息的最大范围的传播。只有在国际竞争性招标明显不是最经济和最有效的情况下，才能选择其他的采购方式，比如供应商数量少和合同金额小等。即使在此情况下，竞争性也不能被忽略：有限国际招标应从一份列有足够广泛的潜在供货人的名单(供货人为数不多时包括全部供货人)中寻求投标，国内竞争性招标应在全国范围内刊登招标通告，询价采购的被询价方应至少为三家，直接采购必须符合世界银行确定的极端严格的标准。为保证竞争性，世界银行不资助保留采购，不允许采购文件中规定有歧视性的技术和商务条件，不允许指定品牌、商标、特定型号、产地(如果无法避免，应在其后加上"或相当于")等，不允许以强制性分包或联营作为投标条件，要求尽最大可能采用国际上认可的标准。

3. 开发性

开发性有两个含义。第一，世界银行是一个开发性机构，其主要宗旨是协助成员国境内的复兴与重建，帮助欠发达成员国开发生产设施和资源，促进经济发展，提高生产力和生活水平。因此，采购不应涉及政治上的或其他非经济因素的影响或考虑。在采购中，世界银行不允许借款人以任何与其成功履行合同能力和资源无关的理由拒绝对某公司进行资格预审或判定其无投标资格，除非符合世界银行规定的例外条件。在采购中，世界银行还要求考虑可持续发展和社区的参与。第二，世界银行鼓励发展中国家参与竞争，愿意促进借款国的承包业和制造业的发展，制定有适用于符合条件的借款国制造商和承包商的国内优惠规定。另外，世界银行允许国内中标的合同，可以采用借款国语言作为主导语言。

4. 公正性

公正性本质的要求是公开和公平，确保采购行为的透明度。公正性是有效性、竞争性以及开发性的具体保证，是世界银行采购的灵魂。为此，世界银行提出了一系列要求，包括充分及时地披露采购信息、采用统一的评标标准、旗帜鲜明地反对腐败和欺诈行为，事前和事后审查等，并对错误采购行为进行惩罚。比如，项目评估文件要在世界银行的公共信息中心公布，招标通告要根据合同金额和招标方式相应地在《联合国商业发展报》、国际广泛发行的报纸和国内广泛发行的报纸上公布，招标文件要得到世界银行的批准，澄清要向所有潜在的投标人发出，评比因素要在采购文件中明确，开标要公开地在招标文件规定时间和地点进行并允许投标人的代表参加，评标要遵循评标指南，评标报告要采用标准格式，评标结果(资格预审结果)要得到世界银行批准，评比过程要保密，有利益冲突者要回避，腐败和欺诈行为将导致拒绝授标建议直至取消相关贷款和(或)竞争资格，世界银行有权检查并指定审计师审计供货商或承包商与履行合同有关的账簿和记录等。

二、采购方式

由于项目的多样性及实施过程的复杂性，世界银行允许借款人结合实际情况对采购方式、方法和合同形式进行选择，但这既要符合世界银行规定的标准又要得到世界银行的认可。概括起来，世界银行采购主要有招标采购、询价采购和其他采购三大类采购方式。

1. 招标采购

招标采购具有信息传播的充分性和广泛性、要约与承诺的一次性和一致性等特点，是世界银行采购最常用也是最基本的一种采购方式，最能满足世界银行采购的原则要求。按照竞争者的来源，可以被划分为国际竞争性招标(ICB)、有限国际招标(LIB)和国内竞争性招标(NCB)等三种方式，其竞争的大小程度各不相同。

(1)国际竞争性招标。国际竞争性招标也称无限竞争性招标，它既是投标人来源范围最广和竞争性最强的一种采购方式，又是世界银行极力要求和推荐的一种采购方式。要求借款人要每年一次在《联合国发展商务报》上发布和更新项目总采购通告，在国际上广泛发行的报纸上刊登招标通告，出售招标文件给所有合格的、感兴趣的以及潜在的投标人，并接受他们的投标书。在评标中，不歧视他们中的任何一方。这样做的目的在于在世界范围内(包括借款国本身)最大限度地寻求投标并选择中标人，并在最大限度的自由竞争中让成本降到最低，使借款人收益最大化。但是采用此种方式也存在一些不足，主要体现在程序较复杂、过程较长、工作量较大、操作费用较高，对借款人的组织协调能力要求高。

这种方式适用于标的为市场供应者众多的成熟产品、合同金额较大、非紧急任务的货物采购，以及标的为大型复杂任务的工程采购。一般情况下，世界银行会要求，单个合同金额不少于20万(据不完全统计，平均为25万)等值美元的货物采购，以及单个合同金额不少于1000万等值美元的工程采购，必须采用国际竞争性招标进行采购。在项目评估和谈判中，如果借款人提出要求并有合理的理由证明，经世界银行同意，上述限额可以根据实际情况提高。

(2)有限国际招标。有限国际招标也称国际邀请招标，即在世界范围内(包括借款国本身)，项目实施单位根据自身的经验或咨询专家的建议，直接邀请合格的投标人进行投标。这种采购方式省略了公开刊登广告和资格预审程序，但它不适用国内优惠规定的国际竞争性招标。这种方式虽然借款人节省了一定的时间和操作费用，但是由于投标者的来源和竞争是有限的，因此从理论上借款人得不到最优的价格，而且容易由于信息的不对称性造成一定程度的偏袒和不公。为了保证所寻求的投标具有竞争性，世界银行要求借款人拟邀请的投标人的短名单应具有足够的广泛性。这就要求借款人要做好充分的市场调查。对于这种采购方式的适用条件，世界银行作了三项规定：一是合同金额小；二是供货人数量有限；三是有其他作为例外的理由可证明不完全按照国际竞争性招标的程序进行采购是正当的。只要符合其中的一个条件就可以申请使用这种采购方式。

(3)国内竞争性招标。国内竞争性招标又称国内公开招标，即是在全国发行的报纸上发布招标通告的方式邀请全体潜在的国外投标人进行投标。估价在人民币500万元以下的中、小型土建工程，可只在地方性报纸上发布招标通告。从理论上讲，这种招标方式与国际竞争性招标相比，缩小了投标者来源的范围，降低了竞争程度，因而采购信息的传播面窄，国外厂商和承包人很难及时充分地获得此类采购信息。同时，缩短了借款人用于招标文件的准备和相关报批手续上的时间。因为程序相应简单明了，招标文件可用中文准备，招标通告可用中文发布，合同的主导语言也可以为中文，且去世界银行的审批手续到其驻中国代表处即可办理。

国内竞争性招标的前提条件是要体现充分竞争，只有在采购标的因其范围或性质，不大可能吸引国外厂商和承包人的兴趣，或在合理地预见到采用国际竞争性招标方式引起的行政或财务负担明显地超过其优越性时，世界银行才允许采用这种方式。世界银行同时也对单个合同的限额做了具体要求，一般情况下，货物采购要低于20万等值美元，工程采购要低于1000万等值美元，并在《贷款协定》和《开发信贷协定》中规定一个总额。在实际操作中，对于不牵涉到复杂技术、合同金额不大、国内有竞争优势(数量达不到一定规模或长距离运输成本高)的货物采购，对于工程地点分散、工期要求长、劳动密集型、合同金额不大的工程采购，采用这种方式比较合适。另外，在紧急重建项目中，如果对时间有特殊要求，也可采用这种方式，但是这种情况很少，不能以此作为反对采用国际竞争性招标的借口。

2. 询价采购

询价采购也称比价采购，经常被国内的业务人员称为自由采购或货比三家报价采购，即直接邀请至少三家厂商或承包商提供报价，并对这些报价进行评比，据此授予合同。询价采购与招标采购是截然不同的一种采购方式，其最大的区别在于采购的公开性。询价采购不需要公开发布采购信息，不需要公开开启报价书，不需要公布评比结果，在一般情况下，也不需要办理事前审批手续，也没有强制使用的标准文件格式，报价书可以采用电传或传真的形式提交，对报价书的评审按公共或私营部门一贯的良好做法来进行，省时省力且对借款人的组织协调能力要求不高。根据竞争者的来源范围，询价采购可以被划分为国际询价和国内询价。

(1)国际询价。国际询价的特点如果用形象的说法就是“两国三家”，即“三家”是指至少三家厂商或承包商，“两国”是指被询价人要来自至少两个国家。在采用国际询价方式时，询价书和报价书都要用英文准备与提交，且两者要具有达成一对符合国际商务惯例的要约和承诺的基本要素，包括品名、规格、数量、交货时间和地点、支付条件、有效期等。通常采用这种方式比较适合于同时满足三种情况：一是对国内供货来源很少或国内没有竞争优势货物的采购；二是某些因特殊原因需要国外承包商参与的工程采购；三是合同金额小的采购，最典型的例子就是对一些需要国际领先技术作支撑的小型关键设备的采购，以及对一些技术含量高的标准零部件的采购。在适用限额方面，世界银行并没有对国际询价采购和国内询价作明确地区分，只是笼统地要求，在一般情况下，货物采购在单个合同金额少于 10 万等值美元时才采用询价采购，并在《贷款协定》和《开发信贷协定》中对询价采购合同总额作出规定。在中间金融机构转贷项目的工业类分项目中，多采用这种方式，其对单个合同金额的要求多为 50 万至 500 万等值美元。

(2)国内询价。国内询价与国际询价的根本区别仅在于前者没有国外厂商或承包商的参与。由此可知，国内询价与国内竞争性招标基本相同，竞争发生在国内厂商或承包商之间。采用这种方式时，询价书和报价书均用中文准备与提交。要根据国内法律法规和商务惯例的要求，详细注明品名、规格、数量、交货时间和地点、支付条件、有效期等。此种方式完全把国外厂商或承包商摒弃在外，其选择的范围狭窄。一般情况下，适用此种方式采用的是，所要采购的货物或工程的合同金额非常小，且技术和商务要求非常简单。譬如，比较典型的是“即买即用”型物资的采购以及简易工程的采购。此种采购，对过于复杂的程序反而会降低效率，增加管理成本。因此，应该根据具体情况和采购要求，灵活选用采购方式。

3. 其他采购

除招标采购和询价采购外，世界银行还规定了其他采购采用方式，主要有直接采购、自营工程、从联合国机构采购等，都是单一来源采购，只不过来源不同。与招标采购和询价采购相比，其竞争程度是最低的，已经基本上不存在什么竞争了。因此，它们适用的范围不仅是最窄的，其适用的条件是最苛刻的，只能适用于某些极其特殊的“别无选择”的情况。同样，世界银行在这方面的审查也是极其严格的。

(1)直接采购。直接采购是将合同直接授予特定的厂商(或承包商)。这种方式只使用于以下情况：①为现有货物或土建工程的增购或增建而续签合同。其前提条件：一是现有货物或工程是按照世界银行接受的程序采购的(最好是国际竞争性招标，合同仍然有效)；二是进一步的竞争不会带来任何额外的收益(现有合同的执行情况是令人满意的，且增加部分不可能吸引其他竞争者)；三是价格合理(小于或等于现有合同单价)。一般情况下，增加部分应少于现有货物或工程量的20%。②为了达到标准化的目的，从现有设备的供货商处继续采购配套设备或零部件。其前提条件：一是现有设备是适用的(型号没有过时，生产效率也没有下降)；二是新增品目的数量一般应少于现有的数量；三是价格合理(没有因对垄断产生依赖而扭曲)；四是已经考虑但以世界银行满意的理由否定了其他来源。③所需设备或产品具有专卖性质，而且只有单一来源。④作为性能保证的条件，负责工艺设计的承包人要求从某一特定供应商处采购关键性部件或材料。这一条往往容易与保留采购混在一起从而遭到世界银行的拒绝。⑤如采购紧急救灾物资等特殊情况下，作为竞争性招标(包括重新招标)失败的一项紧急应对措施等。

采用这种方式时，虽然不存在就采购标的本身的多个竞争者之间的价格比较，但是应询问一下最近发生的类似交易的价格，在考虑了数量和交货期等因素后，以确定所得到的独家报价是否公平。

(2)自营工程。自营工程也称直接劳务、部门自营或直接工程，是指借款人使用自己的人员和设备进行施工。这样做，实际上就是自己将合同授予自己，同时集工程发包人和承包商两种角色于一身。非自主经营和独立核算的政府所有的施工单位，将被视为自营工程单位。这种方式看上去比直接采购更加恶劣，连外来参与都不需要，因此只能作为最后的手段。重要的是，必须确定工程是否已经无法被安排成预计能吸引外部竞争者的合同包。在下述情况下，可以认定自营工程是唯一实际可行的办法，其适用的范畴包括：①无法事先确定所涉及的工程量；②工程小而分散或位于边远地区，有资格的施工公司不大可能以合理的价格投标，在这方面，实际情况往往会是，当地没有承包商，外地承包商进入所需的动员成本较高；③要求在不给日常运营造成混乱的情况下施工，借款人的人员是最合适的人选，因为他们熟悉这些运营；④不可避免的工作中断的风险由借款人承担比由承包人承担更合适；⑤需要迅速采取行动的紧急情况。

采用这种方式的典型例子是位于边远山区或分散于大范围区域上的农村打井、农村道路、小型灌溉系统工程、植树造林工程等等。在采用这种方式时，应尽量按照商业承包的模式进行管理，制定合适的产出标准，严格控制产出率，并将支付与产出挂钩，可尝试产出报账法。

(3)从联合国机构采购。从联合国机构采购是指将合同直接授予联合国的专门机构，由其根据自身的程序开展采购并向借款人供货。其主要适用于在教育、卫生、农村供水和环境卫生等领域的某些物资的采购，例如教学用品、文具、药品、医疗用品及消毒剂等。在联合国的专门机构中，经常承担这种任务的主要机构是联合国教科文组织、联合国儿童基金会和世界卫生组织。由于这些机构在其日常运行中需要通过招标方式采购大量的类似物资，所以这些机构能够获得最有竞争力的价格。

采用此种方式时，一定要符合世界银行对合格性的要求，但是作为一种变通措施，如果在联合国的专门机构的存货中含有不超过10%的来自不合格来源的货物，也是可以接受的。另外，注意不要把从联合国机构采购与聘请联合国机构作为采购代理混为一谈。在后一种情况下，联合国的专门机构不是供货人而是借款人的代理，不能采用其自身的程序而必须采用世界银行的程序。

三、采购方法

采购方法主要有两种：一是一步采购法；二是两步采购法。一步采购法和两步采购法是解决采购过程的安排问题。两者都不能独立发挥作用，必须与采购方式结合在一起。

1. 一步采购法

一步采购法也称一阶段采购法，即指整个采购过程一次性完成，适用于绝大多数采购活动的开展。这种方法首先要完成所需货物和土建工程的详细设计和施工详图设计，在确定各项技术要求和商务条件之后，发出一份内容全面、完整、清晰和明确的采购文件，然后再依次进行接收响应文件、评比及授予合同等程序。

2. 两步采购法

两步采购法也称两阶段采购法，为借款人在没有能力或条件事先准备好详细的技术要求时最大限度地达到自己的采购目的，提供了可行的以及现实的选择。这种方法是指整个采购过程分两个步骤完成：第一步，发出初步采购文件，仅提供所采购的货物或土建工程的基本情况、概念设计或性能规格、基本参数和总体要求，邀请提交据此编制的不带报价的技术建议书，并对各个竞争者的技术方案进行审查和比较，根据需要就技术和商务条件进行澄清和调整，随后根据“全面、完整、清晰、明确”的原则对初步采购文件进行补充、修订和完善；第二步，发出最终采购文件，然后再依次进行接收最终响应文件、评比及授予合同等程序。

两步采购法与招标采购方式相结合，就成为两步招标；与询价采购方式相结合，就成为两步询价。前者主要适用于交钥匙合同、大型复杂的工厂或特殊性质的土建工程。后者主要适用于技术要求高且复杂的成套设备和生产装置，但是实际应用的频率很小，一般只在“技术+设备”的情况下出现，且多为中间金融机构贷款项目工业或环保类分项目下的采购。另外，需要说明的是，在采用招标采购方式时单纯地进行资格预审，不能被视为两步招标，它仍然属于一步招标的范畴。

四、采购合同形式

采购合同是将借款人的要求与供货商(或承包商)的响应有机结合，是规范借款人与供货商(或承包商)之间的权利与义务的法律文件，它既是前一段采购活动的直接结果，又是后一段采购活动的依据。根据项目的特点和借款人自身的情况，选择合适的合同形式，将对项目的顺利实施起到极大的推动作用；否则，就很容易产生合同纠纷，从而影响项目实施进度。另外特别要注意，合同形式是采购文件的一个重要组成部分，将直接影响到采购文件的清晰度和完整性。为此，下面将分别介绍总价合同、单价合同、可报销成本加酬金合同三种主要的合同形式。

1. 总价合同

总价合同也称固定价合同或包干价合同，是指合同的数量、单价、总价都是固定的，在合同执行的过程中不再会有实质性的变更。这种合同形式非常简单且容易操作及控制成本，基本上适用于所有的供货合同和规模不大、技术不复杂的土建工程施工合同。如果采用此种合同形式，借款人就必须在采购前对货物或工程的规模及数量进行准确界定。世界银行一般要求对于交货期或施工期超过 18 个月的合同，应必须在合同中加入价格调整条款，以合理地分配借款人和供货商（或承包商）之间的风险，尤其是与通货膨胀因素有关的风险。在这种情况下，如果合同的数量是固定的，由于其调整公式及数据来源均是固定的，因此仍然属于总价合同的范畴。

2. 单价合同

单价合同也称综合价合同或计量合同，是指合同中只有单价是固定的，其在数量上只提供一个基础值，最终数量将以实际发生为准，总价只在最终数量的基础上确定。此种合同适用于事先已经对数量有一个总体估算但是又不能对其进行准确界定的情况；由于这种情况下不可预见因素过多，合同各方都要承担很大的风险。因此，总价合同不适用于此范畴。所有的大型复杂的工程基本上都采用此种合同形式，其能很好地适应于国际通用的 FIDIC 条款的要求。世界银行要求对于施工期超过 18 个月的，单价合同一般也应加入并列明固定的调整公式及数据来源的价格调整条款。

3. 可报销成本加酬金合同

可报销成本加酬金合同也称成本补偿合同，是指合同的单价、数量及总价都是可变的，只规定了如何对其进行计算的方法，唯一固定的是单价中涉及的在正常条件下的日常管理、运营开支及合理的利润率。此种合同形式，要求合同各方必须具有很高的管理、协调与合作能力以及丰富的同类型的实践经验。由于在这种合同形式下，各项合同要素都具有非常高的不确定性，很难做到有效地控制成本，世界银行同意使用此合同的条件，是在遇到极其特殊（例如高风险条件）的情况下。在使用此类合同形式时，应在合同中列上适当的激励条款以限制成本，例如在对具有实际应用效果的技术创新和方案改良等行为进行奖励方面，就属此类。

五、采购程序

世界银行有一套严格而规范的采购程序，其每一种采购方式均有一套与之相匹配的采购程序，阐明其如何科学有效地完成整个采购过程。凡是违反采购程序行为的，均可能导致错误的采购而遭到处罚。需要进行资格预审的国际竞争性招标采购程序是最为复杂的，其他采购方式与之相比，或者缩小了范围，或者省略了内容。因此，下面将重点讨论国际竞争性招标的采购程序。

1. 国际竞争性招标程序

国际竞争性招标程序较为复杂，其主要包括刊登总采购通告、编制招标文件、招标文件草稿报批、刊登招标通告、发售招标文件、接收投标书、开标、评标、评标结果报批、发中标通知、合同谈判、合同草稿报批、签署合同、执行合同等内容，下面将分别进行阐述。

(1)刊登总采购通告。项目评估完成后，世界银行会要求借款人准备总采购公告，并将其安排在《联合国发展商业报》上刊登。公告的主要内容包括：借款国名称、项目名称和简述、通过国际竞争性招标方式采购的货物或工程的描述、负责采购的机构及其邮政地址、其他可能使潜在的投标人决定其是否感兴趣的必要的信息，如有可能，应说明得到招标文件或资格预审文件的预定时间，以及获得这些文件的费用等。采购公告、招标通告或资格预审通告必须在总采购公告刊登之日起 8 周后才能刊登。总采购公告应每年更新一次，以确保及时反映项目采购的进展。

(2)编制资格预审文件。资格预审文件必须实事求是地从本项目的具体情况出发，全面地提供项目信息，清楚地反映预审的目的，明确地规定资格预审的要求，准确地阐述审查的标准和方法，保证符合项目要求的供货商(或承包商)进入投标人名单。资格预审文件是资格预审的依据，应按标准文本进行编制，其包括：资格预审申请书、资格预审须知、工程概况、简要的合同规定、资格预审申请表等 5 个部分的内容。

(3)资格预审文件草案报批。资格预审文件编好后，按照“先内后外”的原则，首先报国内主管部门审批，然后连同资格预审通告草案一起再提交世界银行审批。对于世界银行反馈回来的意见，如果与国内审批部门的意见有实质性差异的，应报该审批部门协调同意后再与世界银行进行磋商。

(4)刊登资格预审通告。资格预审通告应列明项目名称、采购标的名称、购买资格预审文件的时间和地点、资格预审文件的价格、递交资格预审申请书的截止时间和地点、招标代理机构的名称和邮政地址等。资格预审通告应刊登在一家国际广泛发行的报纸上；单个合同超过 1000 万美元的，还应单独刊登在《联合国发展商务报》上；但在实际操作中，一般还会在一家国内广泛发行的报纸上刊登。

(5)发售资格预审文件。资格预审文件应在资格预审通告中列明时间和地点，并按列明的价格向所有感兴趣的潜在的申请人发售。发售时，应允许购买者事先对文件进行翻阅。文件一经售出，概不退货，购买者也不能将其转卖(以在购买时登记的名称为准)，但允许相互合作组成联营体。资格预审文件的价格只能是印制和装订的成本，不能包括广告的成本。

(6)接收资格预审申请书。资格预审申请人应在资格预审通告和资格预审文件中列明的截止时间内，将资格预审申请书密封送达列明的地点。不管何种原因，迟到的申请书将不予以考虑。申请书送达的截止时间一般为刊登资格预审通告之日起 60 天(不得少于 45 天)，其时间应以申请人能够合理地完成编制工作为准。

(7)资格审查。按照资格预审文件中规定的方法和标准进行资格审查。世界银行对采用什么样的审查方法并无严格的限制，目前以使用“最低标准法”或“最低标准法”与“打分法”两者相结合的“混合审查法”居多。资格审查的内容主要是申请人的经验与经历、人员能力、生产能力或设备能力、财务实力、法律方面的诉讼史等。凡是符合预定的要求的，不论多少家，都应邀请其投标，不能事先确定出资审查合格的公司数。资格审查合格并不意味着顺利地通过评标，因为这两者之间存在时间差，一般在评标时都会对资格审查的资料和信息，尤其是相关报表，进行核实。资格审查结束后，还要按世界银行的标准格式编制审查报告，反映审查过程、审查结果、通过者情况证明和未通过者理由以及相关的说明等。

(8)审查结果报批。审查结果报批的做法与资格预审文件草案报批的做法基本相同。

(9)发送资格预审结果。资格预审结果，包括通过者的名单，应在递交资格预审申请书截止日后60~90天内通知所有申请人。

(10)编制招标文件。招标文件应按照财政部组织编写的招标文件范本编制，如果财政部没有发布相应的范本，则应按照世界银行发布的标准文本编制。招标文件的详细程度和复杂程度可以随采购规模的大小和性质的不同而不同，但是应为潜在的投标人提供为所需的货物和土建工程准备投标文件所必需的所有信息。一套完整的招标文件一般应包括9个部分内容：投标邀请书、投标人须知、投标书格式、合同格式、合同条款、技术规格和图纸、货物清单或者工程量清单、交货时间或完工时间表以及必要的附件。

(11)招标文件草案报批。招标文件草案报批与资格预审文件草案报批两者的做法基本一致。如果采购标的属于机电产品范畴的，在首次报国内主管部门审批时应提交设备清单以及国家发改委对项目可行性研究报告或者外资利用方案的批复。

(12)刊登招标通告。招标通告应标明项目名称、采购标的名称、购买招标文件的时间和地点、招标文件的价格、递交投标书的截止时间和地点、招标代理机构的名称和邮政地址等信息，如有可能，还应说明具体采购数量。已经进行了资格预审的，将不再需要刊登招标通告，直接邀请通过资格预审的申请人参加投标则可。否则，应在一家国际广泛发行的报纸上刊登招标通告；单个合同超过1000万美元的，还应再在《联合国发展商务报》上刊登；在实际操作中，一般还会在一家国内广泛发行的报纸上刊登招标通告。

(13)发售招标文件。发售招标文件的做法与发售资格预审文件的做法基本一致。

(14)接收投标书。投标人应在招标通告和招标文件中规定的截止时间内，将投标书密封送达列明的地点。自刊登招标通告之日或发售招标文件之日起(以晚者为准)，投标人应有不少于6周的时间准备投标书，如果是大型土建工程或复杂设备品目，时间应不少于12周。投标书准备期间，投标人可以根据招标文件规定发出澄清要求，招标人(招标代理机构)也可以主动发出澄清，对某些模糊或错误或缺漏之处作出解释或更正补充。投标书可以专人或邮寄送达，除采购大宗商品时适用经修改的国际竞争性招标程序外，传真送达不予接受。如果投标书在送达时未能按要求进行密封，投标人应自行承担由此引起的泄密责任。任何迟到的投标书将不予考虑。

(15)开标。开标指在截止时间内接收的全部投标书公开开启，唱出投标书中列明的投标人名称、来源国、报价方式、货币单位、投标价金额、选标情况、折扣情况以及投标保证金等，并作开标记录。开标记录必须在当天提交世界银行备查。任何投标、选标或者折扣，如果没有在开标会上唱出并登记在开标记录上，均不应予以考虑。开标的时间和地点，即为投标书送达的截止时间和地点，以排除在时间差内和搬运途中发生不公正的行为。投标人及其代表都可以自愿参加开标会，并在开标记录上签名确认开标结果。招标人有责任保证所有的投标书在开标前得到妥善保管，而投标人及其代表也有权进行监督。

(16)评标。开标会结束应立即进入评标阶段，评标委员会或评标小组将在规定的投标有效期内，按照招标文件中规定的方法和标准及世界银行评标指南对所有的投标书进行审查和评比。在这一阶段，除了书面发出或答复澄清要求外，与评标有关的机构和个人不应寻求和接受与投标人的任何直接或间接的接触，与评标和授标建议有关的情况均不得向投标人或其他与该程序无关的人员透露。评标分为初评、技术详评和商务详评三个步骤，评标方法基本上是最低评标价法。初评又称为符合性审查，主要审查一些容易作出判断的指标，一般为投标人和货物或服务的来源地、投标保证金的内容和形式、投标书中提供的授权、投标书的签署、投标书的完整性、投标有效期、投标人的业绩、投标人的银行资信等，不合格者将被废标。技术详评主要是对投标书的技术规格、技术方案或者施工方案进行审查，确定是否与招标文件的技术要求存在实质性偏离，同时还要确定如何把非实质性偏离反映在价格调整中。判定实质性偏离的指导性原则为：①对工程或供货的范围、质量和进度会产生重大影响；②对业主的权利和投标人的义务造成重大的限制；③对其他投标人的合理的竞争地位产生不公正的影响；等等。对于实质性偏离，必须废标。商务详评的任务主要有两个：一是审查投标书中的商务条款是否符合招标文件的要求；二是根据前面的审查情况作相应的价格调整并计算出最后的评标价。投标书具有实质响应性而且评标价最低的投标人为中标人。评标结束后应按照世界银行的标准格式编制评标报告评标过程、评标结果、废标和授标的理由以及其他相关信息等。

(17)评标结果报批。评标结果报批与资格预审文件草案报批两者的做法基本一致。

(18)发中标通知书。评标结果得到批准后，招标人(招标代理机构)应立即向中标人发出中标通知书。中标通知书上应列明中标的内容、数量、金额和合同谈判的日期。对于未中标的，无须发送未中标通知书，但是未中标者有权向招标人查询评标结果，并要求招标人解释其未中标的理由。

(19)合同谈判。合同谈判是按照标准的合同格式，根据招标文件的要求、投标书的承诺和评标报告所做的调整，逐一确定合同条款及相关的安排。合同的通用条款是强制性的，合同谈判的范围仅仅是合同的特殊条款。在合同谈判时不允许压价以及对上述要求与承诺和调整做实质性的变更，但合理的数量调整是允许的，比例一般为15%。虽然世界银行不资助在借款国发生的任何税费，但是有关各方对于这些税费的安排可以在合同谈判中进行磋商并达成协议。大多数情况下，合同价与评标价是有差异的。如果由于中标人的原因导致谈判破裂，在得到世界银行的批准后，项目业主和招标人可以邀请位列第二者进行谈判。合同谈判的结果是形成一份有关各方都能接受的最终合同草案。

(20)合同草案报批。合同草案无须报国内主管部门审批，仅需提交世界银行审批即可。如果合同的内容与评标报告的相关内容完全相同，合同可以直接签署，不用审批，只需要在签署之后立即提交世界银行备案。

(21)签署合同。合同必须于投标有效期内，在有关各方同意的时间和地点签署。如果在评标阶段、合同谈判阶段和合同草案报批阶段内发现已有的投标有效期不能满足这一要求，招标人应该合理地要求投标人延长有效期，并相应地延长投标保证金的有效期。对于第一次延期的要求，如果不超过 8 周，可以不用提交世界银行审批，否则应取得世界银行的事先同意；以后的所有延期要求，不管其期限多长，都应事先征得世界银行的同意。合同签署时，买方为招标人和项目业主，卖方为供货商或者承包商。合同签署并生效后，在该合同第一次支付之前，应将一份合同副本提交世界银行。

(22)执行合同。签署合同之后，供货商或者承包商按照合同约定供货(或发货)，项目业主按合同约定验货收货。如果发生(供货商或项目业主)违约的话，无论是供货合同、供货安装合同、土建合同、交钥匙合同的执行都会涉及索赔、仲裁、甚至诉讼等环节。

2. 其他采购程序

除了国际竞争性招标程序外，还有有限国际招标程序、国内竞争性招标程序、国际询价程序、国内询价程序等，下面对这 4 种采购程序进行简要介绍。

(1)有限国际招标程序。有限国际招标包括 13 个方面的程序：编制招标文件、确定投标人短名单、招标文件草稿和短名单报批、发售招标文件、接收投标书、开标、评标、评标结果报批、发中标通知、合同谈判、合同草稿报批(如果与招标文件的相应条款有实质性出入的话)、签署合同以及执行合同。在国际有限招标方式下，通常不再需要进行资格预审。

(2)国内竞争性招标程序。国内竞争性招标程序主要包括以下几个方面：编制招标文件、招标文件草稿报批、刊登招标通告、发售招标文件、接收投标书、开标、评标、评标结果报批、发中标通知、合同谈判、合同草稿报批(如果与招标文件的相应条款有实质性出入的话)、签署合同、执行合同。对于大型复杂工程、专门设备和服务，在编制招标文件之前，还需进行资格预审，其程序包括：编制资格预审文件、资格预审文件草稿报批、刊登资格预审通告、发售资格预审文件、接收响应文件、审查资格、审查结果报批、发送资格预审结果，不再刊登招标通告。

在所有的国内报批手续中，相关文件报省(自治区、直辖市)政府或行业主管部委批准；在所有的世界银行报批手续中，相关文件提交世界银行中国代表处批准。项目业主如果自身具有相应的能力，可以不委托采购代理，自己完成整套采购程序。为投标人规定的投标书准备的时间应不少于 30 天，对于大型工程或复杂设备的招标可给予更长的时间。

(3)国际询价程序。国际询价程序和方法步骤包括：编制询价书、确定短名单、发出询价书、接收报价书、报价书评比、合同谈判、签署合同以及执行合同。如果采购标的为机电设备，在编制询价书之前，设备清单应按管理权限报相应的进出口机构审批。如果单个合同金额超过了世界银行要求的事前审查限额，在签署合同之前，合同草案应提交世界银行审批；如果没有超过，则需随时备查。询价书、评比报告和合同均没有标准文本格式，可按国际商业惯例编写，最好还要参照国际竞争性招标的相关文本格式。项目业主应委托国际招标采购代理机构或外贸公司进行采购。

(4)国内询价程序。国内询价程序和步骤包括：编制询价书、确定短名单、发出询价书、接收报价书、报价书评比、合同谈判、签署合同以及执行合同。如果单个合同金额超过了世界银行要求的事前审查限额，在签署合同之前，合同草案应报世界银行审批；如果没有超过，合同无须报批，但需随时备查。询价书、评比报告和合同均没有标准文本，可以按国内商业惯例编写，最好还要参照国内竞争性招标的相关文本。是否委托采购代理，由项目业主自行决定。

六、招标采购文件

招标采购文件的准备工作，是采购的第一步工作，也是最为重要的关键环节。招标文件应将项目所要求的内容、条件、投标事项及评标方法等情况详细而准确地阐明，它是投标者准备投标的基础资料。因此，招标文件必须描述的准确无误，应由有丰富经验的专业人员准备标书。

1. 招标文件的基本内容

招标文件一般应包括：招标邀请书、投标须知、投标书格式、合同主要条款、投标人资质证明以及其他事项。招标文件是为未来的投标者提供将要供应货物或工程的投标所需要的全部资料信息。因此，招标文件力求明确具体。

(1)招标邀请书。主要包括：项目名称、建设项目概况、招标步骤、招标范围、招标数量，购买标书的时间、地点、联系方式、联系人等信息。

(2)投标人须知。主要包括：招标物资名称、规格、数量、质量、环境及职业健康安全要求，交货期限、地点、方式、包装标准、各种费用的承担，对投标者的要求。

(3)投标书格式。投标书主要的框架格式包括：投标人名称、地址、投标物资名称、规格型号、数量、单价、总价以及质量要求的报价清单。

(4)合同主要条款。主要包括：价格及付款方式，交货条件及期限、质量验收标准、技术服务以及验收，保证和违约责任，解决合同纠纷的方式等内容。合同条款要清楚、严谨、全面，防止以后发生纠纷。

(5)投标人的资质证明文件。投标人的资质证明文件主要包括以下方面：投标人(或称生产厂家、供应商)的资质证明、生产厂家授权书、生产厂家几年的产品业绩等。

(6)其他需要提交的资料。主要有招标物资的技术要求及附件、技术标准或规范，以及其他所需要说明的事项等。

2. 投标使用的货币

招标文件应明确规定投标报价所使用的币种。一般情况，是要求投标者在报价时使用投标者本国货币，或国际贸易中广泛使用的其他货币。对于其他货币使用的特殊问题，必须在招标文件中写明。这些问题，归纳起来主要有以下几点：

第一，设备供应安装费用，允许投标者用借款国货币表示国内费用部分报价；

第二，在土建工程中，可以要求投标者完全用借款国货币报价；

第三，得标者一般可以使用报价时确定的货币，如果得标者在投标时要求部分费用使用其他货币的，可协商规定其数额和比例；

第四，招标文件规定招标者付给得标者的部分费用，如果需要用报价货币以外的其他货币支付，应按招标文件规定的不同货币汇率进行折算，折算发生的盈亏，有招标者承担；

第五，规定开标时所用的货币，可将投标价格换算成开标时所用货币的办法解决；

第六，从开始的那天到决定发给合同之间的一段时间内，如果汇率发生变化，借款国可以将标价按变动后的汇率重新折算。

七、招标采购中应注意的问题

招标采购工作至关重要，是确保项目降低运行成本，保证项目顺利实施的关键环节。通过世界银行、欧洲投资银行贷款造林项目的招标采购实践发现：招标采购的前期准备工作、采购招标文件的编制工作、正确选择采购方式、评标开标中应处理的一些棘手的问题以及采购团队的执行力问题，是招标采购中应特别关注的问题。

1. 前期准备问题

世界银行、欧洲投资银行等国际金融组织贷款项目有一套明确而复杂的招标采购程序和规定，项目业主必须严格遵守。因此，要卓有成效的顺利推进项目的招标采购工作，最为重要和稳妥的做法是项目单位在实施采购前必须做到有的放矢，认真扎实地做好前期准备工作。第一，要仔细认真地做好市场的调查分析，准确掌握所采购的物资设备的各种类型、规格性能、质量指标、数量规模及国内外市场价格走势和供求情况；第二，选择有丰富经验的招标人(或称采购代理机构)，并结合项目自身的需求，制定一套切实可行的采购计划；第三，尽早动手、尽早谋划，于项目准备或评估时就着手准备招标采购文件。上述几方面的工作都必须在采购前期准备中细致而妥善地做好，稍有不慎，有可能导致招标采购的拖延和超预算，采购的货物质次价高，从而拖延了项目的顺利推进。

2. 文件编制问题

招标文件要周密细致，内容明确，具有极强的兼容性。招标文件是项目物资采购最为关键的环节，是投标商准备投标文件和参加投标的重要依据，也是进行公正客观评标的重要依照标准和方法，招标文件起草的质量决定着整个招标工作成败的关键。为此，要十分重视招标文件的编制工作，在招标文件编制过程中应特别注意的问题是：

第一，招标文件的格式既要满足国际金融组织的要求，同时还要符合国内有关部委对项目物资采购招标文件的规范；招标文件的篇幅大小，要视项目的特点、类型和合同金额的大小而定。采购范围和内容，要在招标文件中必须全面而准确地描述清楚。

第二，在招标文件中，关于澄清的要求，一定要让投标方以书面方式提出，采购机构与最终用户商量后，以书面方式回答，尽量避免口头问答与澄清，这是避免以后纠纷的重要办法。

第三，招标文件要为投标商提供一切必要而详尽的信息，要有利于鼓励竞争性招标，要清楚而准确地阐明要完成的货物(包括设备)类型、规模数量、交货或安装地点、完工时间以及其他有关的要求和条件等，以便投标商做好投标准备。

第四，编制招标文件时，技术部分的重要参数或指标要尽可能的全面、详细、具体及准确，文字要严谨。如有错误或遗漏出现，商务标书也应当明确、周密，避免在招标过程中发生纠纷。

3. 采购方式问题

根据世界银行的规定和要求，项目物资的采购方式和程序多种多样。因此，根据项目的特点、规模和市场走势等综合因素，确定合适的采购方式是十分重要的。选择得当而合适的采购方式，不仅能够加快采购进度，而且还能够节省投资，减少不必要的人力、物力、财力的损耗。一般情况下，凡属世界银行贷款支付部分的项目采购，世界银行通常都会要求采用国际竞争性招标程序。以往实施的项目表明，国际竞争性招标采购的金额通常占贷款采购总金额的80%左右。虽然世界银行强调金额超过100万等值美元的货物必须国际竞争性招标，但并不是说在任何情况下，国际竞争性招标一直是最有效、最经济的采购方式。如果采购的货物批量很小、土建工程比较分散，在国际投标商不感兴趣的情况下，则适合采用其他的方式，如有限国际招标、国内竞争性招标、询价采购等。项目业主确定采用什么采购方式时，要与世界银行进行交流、沟通与讨论，以争取获得最有利的采购方式。采用贷款协议或评估报告规定以外的采购方式，必须事先征得世界银行的同意，否则世界银行会视其为违反协议，把所涉及的采购视为“采购失误”而取消采购，甚至终止项目。

4. 评标开标中的问题

评标开标是招标采购中最为重要的环节。依照世界银行的评标要求，要对每个投标商的标书展开评价与比较，从中选出最低价的投标商。在市场运作体系健全、施工企业数量和规模相对均衡的条件下，世界银行的这一要求是合情合理的。但就目前而言，我国的施工企业众多，市场竞争激烈，承包商为了中标，或报出低价甚至以赔本的价格竞标，或托关系、找借口、找理由，以致出现很多乱象。如何将世界银行的要求与我国的实际相结合，解决这种乱象问题，成为评标开标工作中的重要问题。对此，应从以下几方面着手：

第一，在详评上下功夫，要求投标人对于低于成本的综合单价进行严格的澄清。另外，运用考察手段，对被推荐的中标人进行工程业绩、用户满意度、施工队伍和人员资格及其经历等情况展开考察。

第二，如果开标地点与出售标书的地点不一致，比如在外租用开标会议室的情况，一定要用书面通知的办法，而且要求投标方回复收悉，最好是传真方式。对于外地投标方，考虑其可能不熟悉地理位置，最好附一个简图。如果有单行路等交通限制的，也应说明。

第三，如果在某会议室开标，最好另外告知采购机构工作人员的移动电话，或者就近的固定电话。

第四，如果在某高层写字楼或宾馆的会议室开标，应当注意写明会议室的房间号码，避免投标方在投标截止时间赶到，因匆忙，找不到准确的投标地点。

第五，如果在某高层写字楼或宾馆的会议室开标，应当注意通知大楼的服务台、保卫或本单位的其他人员，不得擅自接收和签收投标文件。以防止个别投标方钻空子，在投标时间截止时，借口向采购机构投标。

第六，如果投标方可能采用现金作为投标保证金时，应该提醒他们最好提前半小时到场，以免因为盘点现钞耽误，影响准时开标。

第七，采购机构应当准备一些档案袋、荧光笔、塑料绳、粘胶带、印油、胶水等物品，当投标方的投标文件没有按照规定密封时，采取适当措施。避免因为枝节问题，导致废标。

第八，开标大会的签到表，应当分设。投标方单独一张签到表。最终用户代表和其他工作人员一张表；评委(或公证人员，纪检监督人员等)单独一张表。避免不必要的信息泄露。采购机构的有关人员，也应签到。

第九，如果开标大会邀请公证处参加并公证，则应当要求公证人员必须着工装。而且事先特别提醒最终用户代表、评委、投标方代表，带齐身份证，资质证等文件证明的原件，以备查。

第十，如果开标后，安排有澄清或者质询，则必须要求投标方等候或者留下移动电话以便联系。

第十一，应当注意保存所有开标评标的原始文件资料，包括签到表、评委的评标质询问答记录(最好有评标全程记录或者录音录像)、评委打分原始表格等等。一律要求用不褪色的墨水笔书写，不可使用铅笔。

总之，在评标开标过程中，可能出现一些意想不到的情况，项目业主必须严格遵守世界银行的规定和要求，结合国情和实情，随机而断，反复筛选，选择更为合理的承包商。

5. 团队执行力问题

项目招标采购实践证明，利用国际金融组织贷款项目招标采购中所暴露出来的种种问题，与采购团队中个人的专业知识水平不高、素质较低以及采购团队的领导支撑、组织协调、经验欠缺、专业结构配备不合理等，是密切相关的。国际金融组织贷款项目采购工作涉及知识面广，时间紧，程序复杂，要求严，采购团队个人除了要有一定的专业知识外，还需要懂得项目管理、财务、物资、技术、安质、法律、外语等各个方面的知识，同时还要对国际金融组织贷款的有关政策有一个全面的了解；另外，采购人员要靠团队来带领，要成立由招标代理机构组成的物资部、纪委监察部、法律顾问部、工程技术部、安质部、财务部、计划部等部门的主要负责人组成的项目招标采购领导小组，与专业技术人员共同组建项目招标采购团队，由来自各个方面并且由专业知识组成的团队，其执行力必然高，这是做好项目采购工作的基础和前提。

第三节　物资验收交接与管理使用

项目物资招标采购完成之后，就进入了实质性的供货环节。如何进行物资设备的验收，开展项目物资设备验收的最佳节点在哪里，怎样展开项目物资设备的交接工作，以及物资设备保管使用方法有哪些，诸如此类问题，是本节主要探讨和阐述的重点。

一、项目物资设备的验收

为更好地分析说明项目物资设备的验收工作，我们将从验收的原则、验收的步骤与方法、检验的内容、检验试验的方式方法四个方面进行阐述，供参考。

1. 验收原则

项目物资设备的验收工作，物资采购部门要坚持"及时、准确、高效"的原则，对到库物资设备必须及时组织人员进行现场仔细核对验收，保证高效、经济、准确圆满地完成项目物资设备的验收工作。

2. 验收步骤与方法

项目物资设备验收作业的一般程序：准备工作→核对证件→实物检验→差异处理→清理场地，共5个步骤。

(1)准备工作。做好项目设备准备工作是确保顺利验收，提高工作效率的前提。验收主要包括明确保管的方法、安排搬运的力量、核对检验工具、收集有关技术资料、准备必要的防护用品等。

(2)核对凭证。主要包括：供货合同和发货票等有效凭证、产品出厂检验合格证和技术说明书、物资设备装箱单、承运方的运输凭证、承运方的货运记录以及物资设备相应的技术参数标准等。

(3)实物验收。实物验收的主要内容包括两个方面：一是物资设备数量的验收；二是物资设备质量的验收。

(4)差异处理。主要包括两方面内容：一是技术文件资料方面。供货单位提供的质量证明与供货合同中规定的技术标准不符或不全的，应及时与供货方联系，尽快处理。二是对残次不合格物资设备，应按不合格品规定技术处理。

(5)清理场地。物资设备验收的最后一道程序，是及时清理物料场地，保持其环境卫生，使验收场地清洁、干净、整齐。

3. 检验内容

项目物资设备的验收，应根据供货合同、进货凭证、技术参数有效证件、设备组装配套图以及国家相关的规定，主要检验以下四个方面的内容：

(1)物资设备数量检验。根据项目物资采购签订的供货合同书，按照"合同书"中标明的不同类别物资设备采购的数量，进行反复清点，直至每类物资设备与采购数量符合为止。

(2)外观质量与规格检验。按照《供货合同书》中标明的参数，检验是否严格按照国标、部标、行标或地标等进行了包装和标记；外观缺陷不能超过国家规定的标准。

(3)内部结构检验。聘请有经验的技术专家，根据供货合同标明的技术参数，对物资设备展开一般性的内部结构检验。

(4)随行文件资料检验。随行文件资料检验主要包括：生产厂家、生产日期、合格证书、技术证明、调试报告、试验报告等；根据合同要求，检查所附技术证件等资料是否齐全，其与国标、部标、行标或地标等是否吻合。

4. 检验试验的方式方法

所谓物资检验即是对物资设备实物的一种或者多种理化指标开展的试验、监测、度量等内容的检查，并将其检查结果与规定标准进行比对和鉴别，以确定其性能是否达到规定要求的一种活动。所谓物资试验是指对物资设备开展的一种或者多种性能的实验和检测，它是检验的一种手段。

根据以往经验，项目物资设备的检验与试验方式方法，主要有两种：一是全数量检验；二是抽样检验。前者主要是对重点物资设备或能够统计个数的物资设备而言，后者是大宗产品材料或不宜单个统计数量的物资材料。

二、项目物资设备的交接

通过采购的物资设备，只有交付到项目使用者的手里，才能得到有效的使用，并发挥其应有的作用。因此，做好项目物资设备的交接工作显得尤为重要。其交接工作主要包括两个方面内容：一是顺利交付到使用者手里，二是做好使用者的培训，两者缺一不可，互为补充。

1. 项目物资的交付

供货方按照签订供货合同书的规定，确定了供货时间和供货地点，并提交了项目物资设备之后，项目主管部门负责采购的物资设备应按下列程序和方法办理物资交付手续：

(1)登记造册。项目主管部门应对所采购的物资进行登记造册。登记的内容包括：物资名称、制造商名称、主要技术规格、产品序列号、购买价格、购买时间等。见表12-1。

(2)交付内容。项目物资设备的交付内容主要有：合格的物资设备(包括数量达到供货合同要求，质量参数符合国家规定的标准，外观和包装符合行业标准或供货合同要求以及合格证明、装箱检验证明、出厂日期、技术参数、使用说明书等有效证件)；项目物资设备交付清单；物资设备发票原件(或复印件)。

(3)交付方式。项目物资设备的交付，一般采用三方现场交付的方式进行。物资设备交付时，应有供货方、交付方(物资主管部门)以及接受(或使用)方三者在场，有时也可聘请技术专家到现场协助验收交付。物资接受者接受物资后，还要对物资交付清单进行核对，经确定无误后，签字盖章，一式两份，物资交付者与接受者各持一份，并据物资交付清单和发票记账。

表 12-1　项目物资交付清单登记表

项目办公室名称：

序号	物资名称	制造商名称	主要技术规格	产品序列号	购买日期	交付使用日期	物资所在地
		交付单位(盖章)				交付人：	
		接受单位(盖章)				接受人：	

2. 项目物资使用培训

当使用者拿到项目物资设备后，掌握器材性能，正确使用器材，并让器材在项目建设过程中发挥其应有的作用，是项目管理者和建设者共同的愿望。因此，项目物资设备的使用培训也是交接工作的重要一环。

(1)组织培训。物资设备培训工作的发起者，应该是项目主管采购部门的管理者。在项目物资设备采购招标公告和签订的供货合同中，必须把材料、仪器、设备的培训内容单独作为一项条款在其中进行规定，由供货方无偿提供售后服务，包括培训和咨询服务。

(2)培训方式。项目物资设备的培训方式可采用多种形式，主要包括：一是集中培训，即在物资设备交付时，将各项目接受单位选派的使用者，进行现场统一讲解培训，这种面对面的讲授，效果可能更好；二是电话或微信咨询，即如果使用者在使用过程中有什么问题，可随时通过电话、互联网或微信进行咨询，厂家可网上答疑，这种方式灵活多样；三是厂家派技术人员到使用单位手把手地培训，这种形式针对性极强。

(3)参加人员。在项目物资培训过程中，要特别注意的问题是选好培训人员。参加培训的人员，不能随便选派，要选派那些有一定的业务知识、责任心强，将来从事物资设备管理者和使用者参加培训，确保培训后能用得上，发挥应有的效果。

三、物资保管使用

机械、仪器、办公设备、建设材料等是项目建设不可或缺的基础性和保障性物资，在项目施工中起到重要作用。为保证物资设备在项目建设中充分发挥其作用，降低项目运行成本，加快项目建设速度，就必须对项目物资强化保管和使用。

1. 严格库存管理

主要包括库房的防火、防盗、防潮、清洁、整齐、卫生等方面的管理措施。可设置消防供水管网，易燃易爆物资与普通物资分别存放，加强仓库防火和防盗安全教育，强化仓库巡视和巡逻制度，保持库内整齐和干燥，经常通风防潮，保持库内清洁卫生，防止仪器设备损坏等。

2. 建立物资设备档案

要对项目物资设备情况进行记录，做好其档案管理工作。物资设备的档案主要包括以下内容：技术文件、安装调试记录、使用维护记录、资产登记记录、领用记录、改造记录、报废记录等。

3. 制定规章制度

要根据项目的特点，制定切合实际的物资设备管理使用规章制度，用制度来规范、管理和使用物资设备。这些制度主要有：入库登记制度、用人制度以及出库制度等。其中，入库登记制度包括对物资设备的入库时间、存放位置、标识登记、技术参数登记、主要用途、数量登记等；用人制度包括选择具有熟悉仓库技术管理、业务流程、保管保养、发料识料、写算报表、计算机应用等方面知识的人员；出库制度包括正确填写和使用"用料单或发料单""调拨售料单"以及"紧急放行物资申请单"，严格执行"先进先出"的原则，落实"三检查"和"三核对"制度等。

4. 检查物资设备

根据项目实施进度安排，办公、车辆、机械、仪器等物资设备完成采购后，应及时办理交付使用手续，交付相应的使用单位(受益人)使用，以确保项目效益的发挥。受益人应对接受的物资建档立卡片，并强化管理。项目物资主管部门应督促项目受益人加强对项目物资的保护，确保物资的安全，每年年终，项目主管部门会同受益人对项目库房物资进行实地检查。检查的内容包括：查物资数量、查物资质量、查保管条件、查安全隐患，查技术资料等。其目的一是查清物资的账、卡、物是否相符；二是查有无过期的或积压变质的物资；三是查保管存放设施是否完好。

第十三章　项目种苗供应

苗木的质量和数量不仅决定着项目实施的进度，而且还决定着项目实施的质量。因此，省林业厅成立了由项目办公室牵头、各业务部门如种苗站、推广站、科技处、计财处、林科院参加的“项目种苗供应支持组织”。这个支持组织主要负责优良种(穗)条的调剂、适宜推广的优良无性系名单的制订、优良无性系的繁育、资金的扶持、优良苗木的调配等。各项目市、县(区)也成立了“种苗供应支持组织”，负责项目中心苗圃、中心繁育圃的筛选、承建、技术指导工作。种苗供应运行管理支撑子体系的建立，严格了“统一供种、统一育苗、统一标准、统一供苗、统一定价”的五统一制度，确保了项目用苗数量和质量。

第一节　种苗供应概述

随着我国人民生活水平的不断提高，生态需求已成为人们追求的重要目标之一。最近十年，利用国际金融组织贷款造林项目的经营目标已不再是单一的商品林，而是多功能生态林；造林用的种苗也不再是单一的乔木树种，而是乔木、灌木、藤本及草本的组合搭配使用。因此，项目把种苗又称为种质材料，这种称呼，可能更贴切项目实际。本节中将从种苗供应在项目建设中的地位与作用、项目种质材料开发的树种或品种确定以及项目种质材料开发树种的苗木标准三个方面进行论述。

一、种苗供应在项目建设中的地位与作用

国际金融组织林业贷款造林项目中，种苗供应是项目的关键环节，对项目的造林质量和顺利推进起到决定性的作用。

1. 促进项目可持续经营的优先选择

种苗供应是项目建设的基本保障，是实现项目可持续经营的前提。种苗供应能否及时满足项目建设的需求，不仅决定着项目的顺利推进，而且还决定着项目林分持续

而稳定的生长。因此，种苗的供应十分重要。

在世界银行林业贷款造林项目中，从提升项目种苗供应的数量和质量出发，把种苗的繁育工作作为项目资助的一项重要内容，投入苗圃升级改造资金，专项编列项目种质材料开发计划，强化种苗质量管理，严格执行《林木种子生产经营许可证》和“两证一签”制度，加强种苗质量检查和产地出圃检疫工作，大大促进了项目种苗供应产业的持续发展，在确保项目乡土树种和Ⅰ级苗使用率的前提下，还向社会持续供应种类齐全的优质乡土苗木树种，进一步推动了项目的可持续发展。因此可以说，种苗供应是促进项目可持续经营的优先选择。

2. 加快项目造林工程建设速度和进度

根据项目贷款协议、项目评估报告以及项目可行性研究报告的规划设计，项目实施期一般为6年，前4年造林，后两年抚育。项目启动实施以后，项目建设单位都要按照编制的年度造林计划推进项目建设。众所周知，由于我国机械化在林业上的推广应用，林地清理、整地、挖穴、运苗、浇水等工序已普遍采用了机械施工，项目造林推进的速度加快了。此时，决定项目造林进度最为关键的环节就是种苗的供应。如果项目已按照编制的“项目苗圃升级改造和种质材料开发计划”稳步推进，就有足够数量和达到标准的Ⅰ级苗木满足项目造林的需求，这对加快项目造林工程建设速度，确保完成项目年度造林计划，无疑起到有力地推动作用。

3. 有效提升项目建设的质量

在项目建设过程中，苗木供应不仅在数量上面起着重要的推进作用，而且还在质量上面起着决定性的作用。种苗供应是实现国际金融组织贷款造林项目规模化和体系化发展的必然要求，是项目林体系化建设的基本内容。项目混交林的营造，需要多样化、高质量的造林树种或品种作支撑；项目林分保持良好的稳定性，需要乡土化、整齐化的适生造林种苗作保障；项目林分保持达标生长，需要优良化、标准化的造林树种或品种作基础。因此，项目林规模化和体系化发展需要造林树种或品种的多样化、乡土化、标准化、优良化的种苗供应，以实现项目建设“一次性检查合格、一次性成功报账、一次性达标生长、一次性郁闭成林”的目标。

4. 有利于完善项目林群落结构

在项目建设中，苗木供应是调配生态体系可持续发展的重要前提，是人与自然和谐发展的重要基础。其承担着林木世代的繁衍、森林的存续、林木遗传以及生态发展的使命，为项目建设提供最为基本的保障需求，同时也为人民的生存环境和生产生活条件提供了重要的资源需求。例如，世界银行贷款“山东生态造林项目”于2010年启动实施，2016年项目竣工验收。项目布局于退化山地植被恢复区和滨海盐碱地改良区，由于项目将52种不同植物、177个不同植物品系采取“乔、灌、藤、草”小块状的方式进行混交，植物群落结构得到了完善，项目林生物多样性得到了恢复，生态系统得到了持续发展。其中，退化山地植被恢复项目区与2010年本底相比，2015年项目区的物种丰富度平均增加30种，植被盖度为86%~91%，平均为88.0%；滨海盐碱地改良项目区与2010年本底相比，2015年项目区的物种丰富度增加了8~12种，2015年项目区植被盖度为65%~68%，平均为66.2%。退化山地植被恢复区植被盖度由2010年的10%~16%提高到86%~91%；滨海盐碱地改良区植被盖度由2010年的2%~10%增加到现在的65%~68%。因此通过案例分析可知，种苗供应有利于完善项目林群落结构，增加项目林的生态稳定性。

二、项目种质材料开发的树种或品种确定

不同的国际金融组织贷款造林项目，其经营目标不同，选择的造林树种或品种是各不相同的。一般来说，以商品林为经营目标的，往往项目选择树种比较少，而以环境生态为经营目标的项目，希望选择的树种和品种尽量多，达到增加项目区生物多样性的目的。因此，项目种质材料开发的树种或品种确定是至关重要的。下面以世界银行贷款"山东生态造林项目"为例，进行论述。

世界银行贷款"山东生态造林项目"，是在退化山地植被恢复区和滨海盐碱地改良区营造生态防护林，共规划设计了52种种质材料用于项目造林，涉及162个优良品种或无性系，其主要的造林树种、生物学特性及推荐的优良品系名称如下：

1. 山东生态造林项目主要造林树种生物学特性

为确保山东生态造林项目建设目标的实现，根据世界银行和国内专家共同协商，确定侧柏、刺槐、白榆、柳树、金银花、连翘、黄花菜等52种植物列为项目的种质材料开发计划，其中30种主要造林树种的生物学特性如下：

(1)侧柏 *Platycladus orientalis*。常绿乔木，喜光，浅根性，须根发达，极耐干旱瘠薄，耐盐碱，生长较慢，寿命长。以土层深厚、疏松、肥沃的土壤最好，但在山地土层浅薄的粗骨土、石灰性土，岩缝中，中、弱度盐渍土均能生长。

(2)黑松 *Pinus thunbergii*。常绿乔木，喜光，深根性，根系发达，喜温暖湿润，耐潮风，耐干旱瘠薄，不耐水湿和盐碱。喜生于沙质土壤，适生于海滩附近的沙地，以排水良好适当湿润富含腐殖质的中性土壤生长最好。

(3)麻栎 *Qercus acutissima*。落叶乔木，喜光，深根性，主根长，萌生力强，实生苗幼年生长慢，耐干旱，耐火，抗风，不耐水湿。对土壤要求不严，在土壤瘠薄、干旱地带可以生长成林，肥沃、排水良好的中性或微酸性壤质土生长最好。

(4)刺槐 *Robinia pseudoacacia*。落叶乔木，喜光，浅根性，侧根发达，萌生力强，寿命较长，不耐严寒，早期速生，抗烟尘能力强。以平原、低丘陵缓坡、土层深厚、水分较好的沙壤土生长为好，耐盐碱，耐瘠薄，但在土层过于薄的立地上易形成"小老树"。

(5)白榆 *Ulmus pumila*。落叶乔木，喜光，深根性，主根发达，抗风力强，耐寒，耐旱，耐盐碱，不耐瘠薄土壤，不耐水湿，抗空气污染。以平原、四旁深厚肥沃土壤生长最好，在轻度中度盐碱地、固定沙丘和钙积层较薄的栗钙土上也能生长，忌低洼积水。

(6)美洲黑杨 *Populus deltoides*。落叶乔木。喜光，不耐阴，生长迅速；要求温湿气候环境与较好的肥水条件，耐旱、抗寒性较欧美杨稍差；深根性，在土层深厚、肥沃

的沙壤土、壤土、沙质土上生长最好，pH 值不高于 8.5 为宜。目前，山东省主要推广的无性系为鲁林 3 号、L323、L324、中菏 1 号、T26、T66、L802 等。

(7)欧美杨 *Populus euramericana*。落叶乔木。喜光，不耐阴，生长迅速；要求温湿气候环境与较好的肥水条件，适应性强，耐旱性、抗寒性、耐瘠薄能力较美洲黑杨稍好，深根性，在土层深厚、肥沃的沙壤土、壤土、沙质土上生长最好，在干旱、贫瘠、盐碱地上生长不良。目前山东省主要推广的无性系为鲁林 1 号、2 号、中林 46、L35、I-107、I-102 等。

(8)旱柳 *Salix matsudana*。落叶乔木，喜光，深根性，根系发达，不耐阴，耐寒，喜水湿，亦耐干旱，萌芽力强，生长快。在干旱瘠薄沙地、低湿河滩和轻盐碱地上均能生长，以肥沃、疏松、潮湿土为最好。

(9)垂柳 *Salix babylonica*。落叶乔木，喜光，不耐阴，较耐寒，耐水湿，略耐干旱。适于平原四旁、河滩低湿地，在比较干旱和有季节性积水的立地亦可生长。

(10)杞柳 *Salix caesia*。落叶灌木，喜光，根系发达，喜冷凉气候，适应性强，耐旱耐涝，萌生力强，生长迅速。对立地条件要求不严，但在平坦的冲积土的细沙地上，浅壤质湿润沙土上生长最好。

(11)银杏 *Ginkgo biloba*。落叶乔木，喜光，深根性，对温度适应范围广，具有一定的耐旱性，不耐水湿，寿命长。除干燥瘠薄山坡、盐碱地、低湿地外，酸性土、中性土、钙质均适宜生长，但以深厚、湿润、肥沃、排水良好的沙壤土生长最好。

(12)板栗 *Castanea mollissima*。落叶乔木，喜光，深根性，根系发达，根萌芽力强，较耐寒，耐旱，对有毒气体抗性强，寿命长。适宜微酸性或中性土壤，以土层深厚、湿润而排水良好含有有机质的沙壤或沙质土为最好，忌钙质土、盐碱土与黏重土。

(13)梨 *Pyrus bretschneideri*。落叶乔木，喜光，较耐寒，抗旱，抗微碱。对土壤要求不严，以深厚、疏松、肥沃的沙质壤土为最好。

(14)杏 *Prunus armeniaca*。落叶乔木，喜光，抗旱，耐瘠薄，不耐涝，耐寒，适应性强，根系深，寿命长。对土壤要求不严，但在排水良好的沙壤土及壤土均能生长良好。

(15)桃 *Prunus persica*。落叶乔木。喜光，较耐干旱，不耐水湿及黏重土；生长快，结果早，宜衰老，寿命一般在 20~25 年，沙壤土上所产品质最优。

(16)紫穗槐 *Amorpha fruticosa*。丛生灌木，侧根发达，喜干冷气候，耐寒性强，耐干旱，较耐水湿，耐盐碱，萌芽力强，生长迅速。对土壤要求不严，但以沙质壤土较好，在盐碱地亦能生长。

(17)白刺 *Nitraria sibirica*。小灌木，喜光，耐寒，耐旱，根系发达。适生于沙荒地及轻盐渍性的沙淤土，有改盐及防风固沙作用。

(18)花椒 *Zanthoxylum bungeanum*。落叶灌木，喜光，根系发达，稍耐阴，喜温凉气候，怕寒冷暴风，生长较快，结果早，耐修剪。萌蘖力强。喜深厚、肥沃湿润的微酸性沙质土壤，沙土、黏重土生长不良。

(19)臭椿 *Ailanthus altissima*。落叶乔木，极喜光，深根性，主根发达，喜干燥温凉气候，生长快，寿命长，根蘖性强。以平原、丘陵、山地土层深厚微酸性、中性和石灰性土壤，排水良好的中、沙壤土生长最好，沙土次之，略耐盐碱，重黏土和水湿生长不良。

(20)香椿 *Toona sinensis*。落叶乔木，喜光，深根性，不耐阴，耐轻盐渍，较耐水湿，有一定耐寒力，萌芽、萌蘖力强，对有毒气体抗性强。适生于深厚、肥沃、湿润的沙壤土，在中性、酸性及钙质土上均生长良好。

(21)苦楝 *Melia azedarach*。落叶乔木，喜光，主根不明显，侧根发达，适应性较强，生长迅速。除干旱浅薄的土壤外，酸性土、冲积土及轻盐碱土上均能生长，而以不积水的肥沃、湿润、疏松土壤生长最好。

(22)黄栌 *Cotinus coggygria*。落叶灌木或小乔木，喜光，亦耐半阴，耐寒耐干旱瘠薄，不耐水湿，萌蘖性强，生长较快。在瘠薄山地及轻盐碱土地均能生长。

(23)枣树 *Zizyphus jujuba*。落叶乔木，喜光，耐干旱瘠薄，萌生力强，根系发达，生长缓慢，寿命长。适宜向阳背风处，耐瘠薄山地和丘陵、沙荒地区，微酸性、中性、轻盐碱土均能正常生长。

(24)沙枣 *Elaeagnus angustifolia*。落叶灌木或小乔木，喜光，根系发达，具根瘤，对风沙、盐碱、低温、干旱、瘠薄等抗性较强，耐盐碱，生物量大。土壤适应性强，在土壤含盐量0.4%的地方生长良好。

(25)石榴 *Punica granatum*。落叶灌木或小乔木，喜光，喜温暖，较耐寒，较耐瘠薄干旱，不耐水湿，喜肥，萌蘖力强，对有毒气体抗性很强。不耐过度盐渍化和沼泽化的土壤，pH值4.5~8.2之间，土壤以沙壤土或壤土为宜。

(26)柿 *Diospyros kaki*。落叶乔木，喜光，耐潮湿，性强健，喜温暖湿润气候，深根性，根系发达，耐干旱，略耐阴，对有害气体抗性强。在山地、平原、微酸、微碱性土壤均能生长，但以土层深厚肥沃、排水良好而富含腐殖质的中性壤土或黏性壤土为最好。

(27)君迁子 *Diospyros lotus*。落叶乔木，喜光，深根性，侧根发达，耐干旱瘠薄，不耐水湿。对土壤要求不严，对瘠薄土、轻碱土及石灰质土有一定适应能力，但以土层深厚、肥沃土壤生长最好。

(28)白蜡 *Fraxinus chinensis*。落叶乔木。喜光，耐侧方庇阴；喜温暖气候，喜湿耐涝，生长快，耐修剪，萌生力强。对土壤要求不严，在碱性、中性和酸性土壤上均能生长。

(29)绒毛白蜡 *Fraxinus velutina*。落叶乔木，喜光，较耐寒，耐水湿，耐盐碱，对有毒气体抗性强。对土壤适应性强，碱性、中性、酸性土壤均能生长。

(30)金银花 *Lonicera japonica*。常绿或半常绿缠绕灌木，性强健，适应性强，根系发达，喜光也耐涝，耐寒，耐干旱及水湿，萌芽性强。对土壤要求不严，酸碱土壤均能生长，但以湿润、肥沃的深层沙质壤土生长最好。

2. 山东生态造林项目推荐的主要造林树种的优良品系

根据山东生态造林项目建设目标，世界银行和国内专家共同协商，刺槐、白榆、柳树等主要树种的162个优良品系列为项目的种质材料开发计划中。见表13-1。

表13-1　山东生态造林项目主要造林树种优良品系名录

树种	优良种源、无性系（品种）
杨树	黑杨类：鲁林1号、鲁林2号、鲁林3号、L35、L323、L324、I-69、I-107、中林46号、T66、T26、中菏1号、I-102、L802、窄冠黑杨1号、窄冠黑杨2号、窄冠黑杨11号
	毛白杨类：窄冠白杨1号、窄冠白杨3号、窄冠白杨4号、窄冠白杨5号、窄冠白杨6号、三倍体毛白杨3个无性系、易县毛白杨雌株、鲁毛50
刺槐	箭杆刺槐、四倍体刺槐、鲁刺1号、鲁刺2号、鲁刺7号、鲁刺10号、鲁刺11号、鲁刺32号、鲁刺38、鲁刺42号、鲁刺59号、鲁刺64号、鲁刺68号、鲁刺78号、鲁刺102号、石林刺槐、鲁刺箭杆、鲁刺胶29号、菏刺1号、菏刺2号、窄冠刺槐
白榆	鲁榆（选）1号、鲁榆（选）2号、鲁榆（选）3号、鲁榆（选）4号、鲁榆（杂）1号、鲁榆（杂）2号、鲁盐1号、鲁盐2号、鲁盐3号
柳树	钻天柳、鲁柳82004、杂交柳J-172、J-194、J-333
臭椿	臭椿824005、臭椿820001、箭杆2号、鲁椿820031、鲁椿820004
苦楝	苦楝82003
楸树	鲁楸9号、鲁楸7612、鲁楸7611
板栗	泰山1号、红栗1号、华丰、华光、石丰、烟青、烟泉、郯城3号、郯城207号、宋家早、泰安薄壳、处暑红、红栗、沂蒙短枝、海丰短枝、阳光短枝、浮来无花、日选大红袍
核桃	早实品种：中林6号、中林5号，辽核1号、辽核4号，绿波、硕丰、露丰 薄壳品种：鲁光、元丰、香玲、丰辉、薄丰、薄壳香
枣	金丝小枣、沾化冬枣、引进赞皇大枣、圆铃枣、孔府酥脆枣、沂源小枣
桃	早美、京春、早露蟠桃、瑞蟠4号、瑞蟠5号、京红、京玉、早久保、京艳、晚密、八月脆、五月火、中华寿桃、朝霞、早红珠、曙光、瑞光2号、瑞光3号、瑞光7号、瑞光11号、瑞光18号、瑞光19号、瑞光22号、瑞光27号
杏	骆驼费、红荷包、葫芦杏、红金棒、银白、串枝红、大偏头、青密沙、凯特、龙王帽
梨	绿宝石、琥珀、玛瑙、早酥、八月红、五九香、金花4号
石榴	泰山红、蒙阴大红袍、峄红1号、大青皮
茶	安徽1号、安徽3号、安徽7号、舒茶早、乌牛早、迎霜、浙农113、白毫早、农抗早、仙寓早

三、项目种质材料开发树种的苗木标准

根据项目执行协议和项目评估文件的规定，凡是利用国际金融组织贷款营造林项目，其种苗的质量标准要符合要求，才能用于造林。不同的项目，因造林树种不同，其苗高、地径以及根幅要求的标准各不相同。为了说明项目的造林用苗标准，我们以山东生态造林项目主要造林树种苗木标准为例，进行详细综述。

根据与世界银行达成的项目贷款协议规定，世界银行贷款“山东生态造林项目”防护林营造所需要的苗木必须全部采用I级苗。

本项目主要造林树种的I级苗木标准，是依据国家颁发的《主要造林树种苗木标

准》(国标 GB 6000—1985)以及参考《国家造林项目主要造林树种苗木质量指标》《森林资源发展和保护项目主要造林树种苗木标准》，并在充分吸取世界银行贷款林业项目的造林实践经验和近几年科研新成果的基础上修订的。

项目主要经济型防护林造林树种的Ⅰ级苗标准，是依据《核桃丰产与坚果品质》(GB 7907—1987)、《板栗丰产林》(GB 9982—2988)、《枣树丰产林》(ZBB 64008)和《名特优经济林基地建设技术规程》(LY/T 1557—2000)以及在山东省地方标准和多年造林实践的基础上制定的。各主要树种Ⅰ级苗木标准见表 13-2 和表 13-3。

注：苗龄用阿拉伯数字表示，第 1 个数字表示播种后营养繁殖苗在原地的年龄；第 2 个数字表示第一次移植后培育的年龄；括弧内的数字表示插条苗在原地(床、垅)根的年龄。各数之和为苗木的年龄，称几年生。如：

1-0 表示苗木为 1 年生未移植；

1-1 表示 2 年生移植一次，移植后续培育 1 年的移植苗；

1(2)-1 表示 2 年干 3 年根移植一次的插条移植苗。

表 13-2 主要造林树种苗木标准

树种	苗木种类	苗龄	Ⅰ级苗			
			地径(cm)>	苗高(cm)>	根系(cm)	
					主根长	>5cm 长侧根数
侧柏	播种苗 移植苗	1.5-0 1-1	0.7 0.6	50 40	20 20	10 10
黑松	播种苗 移植苗	2-0 2-1	0.4 0.5	25 30	20 22	10 14
香椿	播种苗	1-0	1.2	120	25	
国槐	移植苗	1-1	2.0	200	30	
刺槐	播种苗 埋根苗 根蘖苗	1-0 1(2)-0 1(2)-0	1.2 2.0 2.5	 280 330	20 25 20	
臭椿	播种苗 移植苗	1-0 1-1	1.2 2.0	100 200	25 30	
白蜡	播种苗 移植苗	1-0 1-2	1.0 3.0	130 300	25 30	
黄栌	播种苗	1-0	0.8	100	20	
麻栎	移植苗	1-1	0.5	20	20	
板栗	嫁接苗	1(2)-0	0.8		28	30
核桃	播种苗	1-0	1.5	68	40	24
沙枣	播种苗	1-0	1.0	80	28	10
银杏	播种苗 嫁接苗	1-0 1(2)-0	0.6 0.9	15 28	30 20	14 10
紫穗槐	播种苗	1-0	0.5		20	7

（续）

树种	苗木种类	苗龄	Ⅰ级苗			
			地径(cm)>	苗高(cm)>	根系(cm)	
					主根长	>5cm 长侧根数
苦楝	播种苗	1-0	1.3	130	35	20
杨	插条苗	1(2)-0	4.5	450	30	
柳	插条苗	1(2)-0	2.0	250	25	
	移植苗	2(3)-0	3.0	400	30	
榆	播种苗	1-0	1.0	150	25	5
	移植苗	0.5-1	2.0	300	25	10
枣	嫁接苗	2-0	1.5	150	>20	>5
梨	嫁接苗	2-0	1.6	120	>25	>5
茶	实生苗	1-0	0.3	40	>15	>5
	扦插苗	1-0	0.3	40	>12	>5
石榴	实生苗	1-0	1.0	60	>20	>5
	嫁接苗	2(1)-0	1.2	80	>20	>5
杏	实生苗	1-0	1.0	60	>20	>5
	嫁接苗	2(1)-0	2.0	80	>20	>5
桃	实生苗	1-0	1.0	60	>20	>5
	嫁接苗	2(1)-0	1.5	80	>20	>5

表 13-3　主要造林树种容器苗出圃规格

树种名称	苗龄	合格苗(>cm)		合格苗百分率(>%)
		地径 cm>	苗高 cm>	
侧柏	0.5-0	-	10	90
	1-0	0.3	15	90
	1.5-0	0.4	25	90
	1-0.5	0.4	25	85
油松	0.5-0	-	5	90
	1-0	0.2	7	85
	1.5-0	0.3	12	85
	1-1.5	0.3	12	80
黑松	0.5-0	-	5	90
	1-0	0.2	7	85
	1.5-0	0.3	15	85
	1-1.5	0.3	12	80

第二节　苗圃改进与种质材料开发计划

苗圃改进与种质材料是国际金融组织林业贷款造林项目的一项重要开发内容，也是确保项目建设的重要依托，它不仅关系到整个项目的实施进程，而且还关系到项目实施质量和成败，因此其在项目建设中的地位非常重要。现以世界银行贷款“山东生态造林项目”(以下简称SEAP)为例，就如何拟定《苗圃改进与种质材料开发计划》进行详细的论述与阐明。

一、苗圃改进与种质材料开发的原则

1. 坚持“吸收、借鉴、应用”的原则

积极吸收国外先进的苗木培育技术，充分借鉴“国家造林项目”(NAP)、“森林资源发展和保护项目”(FRDPP)和“林业持续发展项目”(SFDP)三个世界银行贷款项目种质材料开发实施的成功经验，并注重新技术、新成果的应用和推广，为项目造林提供足够的符合项目要求的高质量苗木。

2. 坚持“现有为主，改进提高”的原则

在现有国有苗圃或成规模的集体固定苗圃中，选定为项目建设定向供苗的中心苗圃，在中心苗圃中选定升级改进苗圃，一般不再新建苗圃。

3. 按照“三统一”的原则选择改造升级苗圃

按照统一规划、统一育苗、统一供苗的“三统一”原则，成立一处省级苗圃，主要进行较难生根的乡土树种种质材料的繁育和相关技术的培训；每个项目县各建立一处中心苗圃，除保证供应项目造林所需普通苗木外，还要确保本县项目造林所需的乡土树种苗木的繁育与供应，并对其中的11个苗圃进行升级改造、技术和设备更新，提高生产能力。

4. 坚持种(条)来源“基地化”的原则

项目育苗的种(条)必须来源于种子园、母树林或良种圃等生产基地。经济兼用型防护林树种要采用能够适应山地丘陵和盐碱地的新品种。

5. 坚持I级苗出圃和适用新技术“配套结合”的原则

项目用苗必须是I级苗，并按项目苗木标准执行。在育苗中积极推广先进的育苗技术，如组织培养、菌根接种、容器育苗、嫁接育苗等新技术。

二、苗圃规划与苗圃改进

1. 苗圃规划

(1)苗圃选定原则。苗圃选定的原则：

第一，本项目苗圃选定以充分利用现有苗圃为原则，在现有国有、集体固定苗圃中，选定为项目建设定向供苗的苗圃，一般不再新建苗圃。

第二，每个项目县均应根据项目造林需苗量、供应能力和就地造林、就地育苗等原则，选定一个中心苗圃。有些项目县还可依项目造林地分布情况，选择若干临时小苗圃，作为中心苗圃的补充。

(2)苗圃选择的条件。主要满足有以下 4 个方面的要求：

①可育苗面积较大，有充足水源、电源，且交通方便的地方。

②苗圃地距项目造林地较近，便于育苗生产资料和苗木的运输。

③圃地平坦，排水良好，适宜的地下水位高度：沙土为 1.1～1.5m；沙壤土为 2.5m；轻黏壤土为 4m。土层厚一般不少于 50cm，土壤为水肥条件较好的微酸性至微碱性的沙壤土、壤土或轻壤土，能够适于本项目所需乡土树种种苗生长。要避免选用有病虫害和鸟兽危害的土地。

④苗圃管理水平较高，且具有一定数量技术熟练特别是具有乡土树种种苗繁育经验的技术人员。

根据上述苗圃规划原则，29 个县级(市、区、林场)项目单位对现有苗圃中进行了筛选后，现选定 29 处作为项目育苗的中心苗圃。

2. 苗圃改进

为改善苗圃的生产条件，8 个项目市根据项目县中心苗圃的现状，提出了 11 个苗圃在苗圃设施设备采购(包括灌溉设备、喷灌设备、塑料大棚、打药机、喷雾设备、办公设备等)、土建工程建设(包括苗圃管理用房、苗圃道路、围墙)进行增添或改进。经初步估算，共需投资 1113.21 万元人民币(表 13-4)，其中，设施设备采购投资 371.07 万元人民币，土建工程建设投资 742.14 万元人民币。苗圃升级改造要遵循如下原则：第一，要严格按照项目的《苗圃改进与种质材料开发计划》《苗圃技术管理规程》的要求进行；第二，要严格遵循山东省林业厅苗圃建设的有关规定；第三，要体现规模经营，有较好的市场前景和经济效益；第四，苗圃经营机制应是自主经营、独立核算、自我发展的单位；第五，各市苗圃升级计划需经省项目办审核同意。

表 13-4　项目市苗圃升级表

项目市	数量(个)	项目县名称	资金额度(万元人民币)
合计	11		1113.21
东营市	2	利津县、垦利区	213.21
潍坊市	2	昌邑市、诸城市	200
济宁市	2	泗水县、嘉祥县	200
泰安市	1	徂徕山林场	100
威海市	1	乳山市	100
日照市	1	岚山区	100
临沂市	1	蒙阴县	100
滨州市	1	惠民县	100

(1)苗圃设施设备采购。包括灌溉设备、喷灌设备、塑料大棚、打药机、喷雾设

备、办公设备等，共需投资 371. 07 万元人民币。

(2)土建工程建设。包括苗圃管理用房、苗圃道路、围墙等项目建设，共需投资 742. 14 万元人民币，见表 13-5。

表 13-5 苗圃设备及土建工程项目建设统计

项目类别	单位	数量	投资(万元)
合计			1113. 21
1 苗圃设备			371. 07
灌溉设备	套	11	132. 00
喷灌设备	套	11	38. 50
塑料大棚	套	22	121. 00
打药机	套	44	26. 40
喷雾设备	套	11	28. 60
办公设备	套	11	24. 57
2 苗圃土建工程			742. 14
水井	套	44	132. 00
工作路	米	16500	165. 00
整地	hm^2	220	88. 00
管护房	m^2	1980	99. 00
围墙	m	11000	192. 14

三、种质材料开发计划编制

1. 种苗生产协调小组

为了加强 SEAP 项目的种苗生产、供应、管理和组织协调工作，成立省级种苗生产协调小组，项目市、县种苗工作由市、县林业局项目办会同市、县林业局种苗站共同办理。

(1)省级种苗生产协调小组组成和职责。

①人员组成：协调小组由山东省林业引用外资项目办公室牵头，并由省林业厅计财处、科技处、造林处、种苗站、繁育中心、林科院等单位的有关人员组成。

②职责范围：一是按照与世界银行达成的项目执行协议规定，协调和强化全省项目区种苗供应工作的组织领导；二是根据山东省实际情况，审查项目《苗圃技术管理规程》和《种质材料开发计划》；三是制定、组织和编写育苗操作技术与管理技术等方面的小册子；四是监督、检查 SEAP《苗木标准》《苗圃技术管理规程实施细则》和《种质材料开发计划》的执行情况，搞好优良种质材料的供应与调配，及时解决存在的问题；五是负责 1 处省级苗圃的难生根良种的生产调剂，强化对各项目县中心苗圃的检查、监督，并对 11 个项目县中心苗圃进行升级和改造。加强苗圃管理，保证项目所需苗木的数量和质量；六是组织制定容器育苗的改进和推广计划，包括容器育苗基质的开发与推广；

七是制定并组织实施项目苗圃技术人员培训计划，指导各项目县落实和加强 SEAP 种苗管理工作。

(2)市、县级种苗生产协调小组组成和职责。

①人员组成：协调小组由市、县级林业局项目办公室牵头，并由计财、推广、林业、种苗、科研等单位的有关人员组成。

②职责范围：项目市、县林业局项目办会同市、县林业局种苗站培训中心苗圃技术人员，加强 SEAP 种苗管理工作，协调各自项目区的种苗供应工作，主要造林苗木要实现生产、供应本地化，对于一些不易繁殖树种，可与省级种苗生产协调小组进行协商，由省种苗生产协调小组统一组织安排。

2. 种质材料的供需平衡调查

(1)良种苗木的需求量。本项目采用优良种子直播造林的树种有茶树、山桃、山杏；采用无性苗木植苗造林的树种主要有侧柏、黑松、刺槐、杨树、麻栎、楸树、皂角、黄栌、核桃、板栗、柿、桃、梨、枣、杏、石榴、黄花菜、香椿、君迁子、花椒、金银花、银杏、柳树、臭椿、白蜡、白榆、白刺、苦楝、国槐、紫穗槐、沙枣、木槿、沙柳、柽柳、杞柳等。

根据主要树种(或植物)造林面积(表 13-6)和初植密度求其相应的种子或条(根)的需要量，在计算中还考虑种子的发芽率、无性(或品种)繁殖条的成苗率、I 级苗出圃率等。经计算，项目主要造林树种共需苗木 9445. 7 万株，种子 2207. 5 万粒(表 13-7)。

表 13-6　SEAP 项目主要树种(或植物)造林面积规划表

hm^2

种类	合计	年度				种类	总计	年度			
		2009	2010	2011	2012			2009	2010	2011	2012
合计	65972. 6	13727. 8	19436. 8	19453. 2	13354. 8	—	—	—	—	—	—
侧柏	9698. 4	2801. 6	2157. 7	2975. 9	1763. 2	香椿	1183	111. 4	366. 4	368. 5	336. 7
黑松	8072	1841. 2	1996. 7	2399. 4	1834. 7	君迁子	726. 1	91. 6	370. 2	143. 5	120. 8
刺槐	3752. 1	805. 1	1057. 8	1178	711. 2	花椒	373. 9	33. 2	217. 4	66. 1	57. 2
杨树	2979. 5	510. 8	966. 9	1164. 8	337	金银花	322	33. 2	128. 4	130	30. 4
麻栎	981. 6	139. 3	296. 5	334. 8	211	茶树	556. 2	63	291. 6	163. 7	37. 9
楸树	1157. 9	248	319. 9	327. 2	262. 8	银杏	177. 4	50. 3	76. 7	40. 9	9. 5
黄栌	727. 5	118. 8	226. 7	220. 8	161. 2	柳树	2603. 2	503	1176. 1	282. 3	641. 8
山桃	462. 9	83. 9	142. 2	150	86. 8	榆树	3353. 9	503	1235. 1	562. 1	1053. 7
山杏	459. 9	83. 9	139. 2	150	86. 8	臭椿	2796. 5	233. 2	722. 4	723. 8	1117. 1
皂角	514	153. 2	209. 4	80. 7	70. 7	白蜡	5143. 2	71. 8	3098. 8	970	1002. 6
板栗	1057. 4	584. 5	153. 6	175. 6	143. 7	白刺	979. 4	189. 9	168. 6	386. 9	234
核桃	1131. 8	255. 1	271. 5	340. 6	264. 6	苦楝	1614. 6	182. 1	294. 3	920. 8	217. 4
柿子	2131. 6	1182. 4	271. 5	340. 6	337. 1	国槐	358. 8	77. 8	48. 6	199. 5	32. 9
桃	2178. 8	781	594. 1	579. 9	223. 8	紫穗槐	346. 5	78. 5	86. 7	110. 5	70. 8

（续）

种类	合计	年度				种类	总计	年度			
		2009	2010	2011	2012			2009	2010	2011	2012
梨	2458.2	951	541.2	579.9	386.1	木槿	218.8	37.8	48.6	99.5	32.9
杏	1498.9	181	351.3	579.9	386.7	沙柳	1438.1	167.6	217.2	786.4	266.9
枣	1431.9	81	511.3	679.9	159.7	柽柳	2317.3	357.5	385.8	973.2	600.8
石榴	535.2	96	211.5	190.6	37.1	杞柳	63.7	9.7	18.1	27	8.9
黄花菜	106.7	25.7	38.7	32.9	9.4	沙枣	63.7	9.7	28.1	17	8.9

表 13-7　SEAP 项目主要树种(或植物)种苗需求量

万株(苗木)、万粒(种子)

种类	合计	年度				种类	总计	年度			
		2009	2010	2011	2012			2009	2010	2011	2012
合计	9445.7	1876.6	2815.4	2841.5	1912.2	—	—	—	—	—	—
侧柏	3049.9	564.8	999.2	934.9	551	香椿	101.5	20.9	31	29.9	19.7
黑松	1787.9	332.2	508.9	535.7	411.1	君迁子	71.1	12.8	22	22.5	13.8
刺槐	457.8	83.2	139.9	146.7	88	花椒	34.4	8	9.9	9.7	6.8
杨树	278.5	57.5	82.1	86	52.9	金银花	46.5	10	12.5	12	12
麻栎	176.8	26.9	55.2	60.3	34.4	银杏	4.7	2.5	0.6	0.6	1
楸树	71.1	12.8	22	22.5	13.8	柳树	173.8	34.7	48.7	53.3	37.1
黄栌	129.2	23.2	40.8	39.8	25.4	榆树	224.2	44.5	64.5	68.4	46.8
山桃	144.5	26.2	44.4	46.8	27.1	臭椿	331.6	63.3	97.7	102.6	68
山杏	144.5	26.2	44.4	46.8	27.1	白蜡	507.4	128.7	134.5	136.7	107.5
皂角	54.5	10.8	16.7	16.1	10.9	白刺	141.6	42.1	35	34.2	30.3
板栗	28.1	7.5	8.4	6.9	5.4	苦楝	162.6	28	44.5	51.8	38.3
核桃	56.7	13	16.3	16.2	11.2	国槐	35.9	5.9	7.2	14	8.8
柿子	56.7	13	16.3	16.2	11.2	紫穗槐	47.9	8	9.8	16.2	13.9
桃	123.8	26	37.4	36.3	24.1	木槿	35.9	5.9	7.2	14	8.8
梨	123.8	26	37.4	36.3	24.1	沙柳	177.5	48	42.2	48.2	39.1
杏	123.8	26	37.4	36.3	24.1	柽柳	319.1	90.2	77.2	82.3	69.4
枣	123.8	26	37.4	36.3	24.1	杞柳	11.9	2	2.5	2.2	5.2
石榴	56.7	13	16.3	16.2	11.2	沙枣	11.9	2	2.5	2.2	5.2
黄花菜	17.9	4.8	5.4	4.4	3.4	茶树种子	2207.5	1178.9	272.6	272.6	483.4

(2)良种(条)供给情况分析。项目区内有良种生产基地 25 处，面积 650hm^2，年产优良种条(穗、根)7800 万根。采穗圃 14 个，面积 40hm^2；优良无性系(或品种)繁育圃 11 个，面积 220hm^2。二者年产优良种条(穗、根)2500 万根。能够保证项目所需要的良种来源。

项目区内现有苗圃38601处，育苗面积55701hm^2，其中：国有苗圃95处，育苗面积14827hm^2，集体苗圃38506处，育苗面积40874hm^2，苗圃专业技术人员523人。这些苗圃目前主要培育防护林、用材树种各优良品种苗木和经济树优良品种苗木，以无性系(或品种)苗木的繁育为主，仅国有、集体苗圃的年生产能力就达290234万株，其中Ⅰ级苗232187万株，完全能够满足项目的种苗需求。

(3)良种苗木供需平衡。从良种苗木的供给量和需求量看，项目区的种苗供给能力基本可以满足项目造林的需要，对于一些项目县需要的一些个别树种的苗木可以从外地调入。

(4)种苗供应的要求。为确保项目造林各树种的种苗质量，根据中华人民共和国颁布的《中国林木种子区》国家标准，结合项目区良种基地建设的实际情况，编制了“山东生态造林项目优良种质材料推荐表”。各地要以此为依据，积极组织生产、调剂和进口种子，以保证项目用种(条)的要求。

项目造林使用的良种和优良无性系繁殖材料必须经过省级以上林木良种审定委员会审定(认定)，必须具有标明种(条)来源的产地标签和林木采种登记表，以及县以上种苗主管部门签发的种子检验证、检疫证和省级种苗站签发的良种合格证。育苗者、造林者、林木经营管理者对种子的产地、质量要清楚。

各项目县(市、区)要建立配套的项目供种系统，项目县要指定专门的种苗公司，按照项目的要求为项目提供优良种(条)，并对种(条)的质量负责。项目所用的优良种(条)一般应从省种子园、母树林或良种生产基地调拨。

3. 种质材料生产计划编制

各级林业项目主管部门应当根据项目年度造林计划分树种、品种提前安排每年造林所需种苗和优良无性系繁殖材料生产和供应计划，特别是对那些需要在苗圃中培育一年以上的苗木，应提前两年制定计划。县林业项目主管部门应当超前安排每年造林所需苗木生产计划，与苗木生产单位和个人签订委托育苗合同，在合同中明确种(条)的获取途径。承担项目育苗的生产单位和个人要按照合同指定的渠道获得优良种(条)，并按与造林单位签订的合同数量提供足够的Ⅰ级苗木。

SEAP项目造林总面积为65972.6hm^2，根据各树种造林规模和初植密度，并考虑苗木运输正常损失率计算项目造林苗木需要量。经计算项目共需苗木总量9445.7万株，种子2207.5万粒。年度计划安排见表13-8。

表13-8 SEAP所需种苗年度计划安排

万株，万粒

项目	合计	2009年	2010年	2011年	2012年
苗木总数量	9445.7	1876.3	2815.7	2841.6	1912.1
种子总数量	2207.5	1178.9	272.6	272.6	483.4

为了生产高质量的种质材料，在确保种质材料遗传品质的基础上，要尽可能地运用新型的科学育苗方式。由于本项目的造林地主要为立地条件差的山地和盐碱地，土壤瘠薄，干旱，盐分含量高，因此苗木以容器苗为主，占苗木总量的70.2%。对于一

些退化的优良乡土树种，要采用组织培养等脱毒育苗技术，积极培育脱毒苗木，具体比例见表13-9。项目应用的主要造林树种的苗木标准见表13-10。

表13-9　种苗类型及比例年度计划

年度	合计	裸根苗	比例(%)	容器苗	比例(%)	脱毒苗	比例(%)	茶树(种子)
累计	9445.7	2593.2	27.4	6628.4	70.2	224.2	2.4	2207.5
2009	1876.3	604.0	32.2	1227.9	65.4	44.5	2.4	1178.9
2010	2815.7	706.4	25.1	2044.9	72.6	64.5	2.3	272.6
2011	2841.6	738.5	26.0	2034.6	71.6	68.4	2.4	272.6
2012	1912.1	544.3	28.5	1321.0	69.1	46.8	2.4	483.4

表13-10　主要树种苗木标准表

序号	苗木名称	苗龄	地径(cm)	苗高(cm)
1	侧柏	1~2年生容器苗		1年生50以上，2年生100以上
2	黑松	1~2年生容器苗		1年生20以上，2年生100以上
3	刺槐	2年根1年干	2.0以上	150以上
4	榆树	2年生苗	3.0以上	300以上
5	白蜡	2年生苗	3.0以上	300以上
6	柳树	2年生苗	3.0以上	300以上
7	臭椿	2年生苗	3.0以上	300以上
8	苦楝	2年生苗	3.0以上	250以上
9	黄栌	2年生苗	1.0以上	200以上
10	黑杨类	2年生苗	3.0以上	400以上
11	板栗	1~2年嫁接苗	大于1.5	100~150
12	核桃	1~2年嫁接苗	大于1.5	100以上
13	柿子	1~2年嫁接苗	大于1.5	150以上
14	桃、杏、梨	1~2年嫁接苗	大于1.5	100以上
15	枣	1~2年嫁接苗	大于1.5	100以上

四、苗圃管理

1. 育苗

本项目育苗生产有两种形式，即裸根苗和容器苗。

(1)裸根苗。本项目的裸根苗包括播种苗、移植苗、扦插苗。根据国家主要造林树种苗木标准，结合以往世界银行项目的造林实践和科研成果，在SEAP育苗中对以下几项技术措施应加以注意：①苗床的合理宽度。为便于苗期各项管理措施，如除草、喷洒农药、剔除劣质苗木等操作，苗床宽度一般为1m。②严格控制苗木密度。如杨树育苗，一般每平方米为3~5株，黑松每平方米为60~80株。③合理切根，以促进苗木径、侧根的发育。④采用芽苗移栽育苗，以培育松树壮苗。⑤改变间苗观念，进行科学间苗，不仅要间去弱小苗，而且要拔掉超级苗，控制苗木密度，使苗木高度更趋合理和整齐。⑥对出圃苗木的起苗、分级、假植与包装运输等技术作进一步严格的规定。

(2)容器苗。本项目的容器苗包括塑料袋苗、根型培育器育苗。根据以往项目的实践经验，在SEAP容器育苗方面侧重注意以下几方面：①基质的成分及配制。由于近几年来容器苗的基质配制试验的研究成功，为进一步提高容器育苗，奠定了基础。基质必须采用有机质含量高的腐殖质土、泥炭、粉碎松针等配制，使配制基质有机质含量不低于60%。建议推广使用半轻型基质，它是由40%泥炭土加58%黄心土、2%的过磷酸钙配制而成。②塑料袋容器苗的切根。对于塑料袋育苗的苗木，在生长旺盛季节对容器要定期移动，有利于苗木空气切根。

2. 病虫害防治

本项目种苗病虫害防治，本着"预防为主、科学防控、依法治理、促进健康"的方针，做好病虫害的预测预报工作，一旦发生病虫害，要采取有效措施及时防治。如采取合理的育苗措施(苗圃地的选择、实行轮作、选择适当的播种期和播种量、合理施肥、控制灌水)；土壤及种子化学或物理方法处理；幼苗的病害防治重点放在出苗前，即采用高效、低毒的符合世界银行规定的农药；对捕杀、诱杀有效的害虫，可采用人工、诱饵、性诱剂、黑光灯等办法防治。

严格执行植物检疫制度，从国内外引进和调运的种子和繁殖材料必须按照我省对检疫的要求进行检疫。根据检疫部门的意见，确认放进或进行隔离试种。需要隔离试种的，至少观察一年，证明确实不带危险性病虫害，才可种植。如发现危险性病虫，应按检疫部门意见处理。

使用药物防治，必须对施用农药人员进行培训，熟悉农药性能及使用技术。严格遵守政府颁布的《农药安全使用规定》，正确选用农药品种、剂型，掌握好用量和施用方法，做到既最大限度的发挥药效，又不产生药害和环境污染。

3. 人员配备与生产管理

选定的中心苗圃一般应有5~10名管理和技术人员，具备管理苗圃的能力，完全能够承担项目造林的育苗任务，不需要对机构和人员进行充实和调整。但由于本项目的育苗技术相对较高，因此对苗圃技术人员要加强育苗技术培训。

生产管理的形式要有利于保证苗木生产的质量，有利于先进科学技术的推广应用。苗木生产应严格执行国家颁布《育苗技术规程》《容器育苗规程》和本项目的《苗圃技术管理规程》，实行科学育苗，从整地一直到起苗包装，每一道工序，每个环节都要严格按技术规程办，确保项目造林苗木质量。

育苗前应做好作业设计，设计内容包括整地、作床、播种(或扦插)、苗期管理(追肥、灌水和排水、除草和松土、间苗、病虫害防治等)、苗木出圃等主要工序。作业设计批准后，按设计进行施工。

4. 苗木质量监测

为保证给项目造林提供足够的优质壮苗，有必要对苗木质量进行监测。反映苗木质量的指标，包括生理指标和形态指标，一般把生根力旺盛、生长快、抗逆性强、移植和造林成活率高作为壮苗的标准。项目制定的主要造林树种的苗木标准，作为监测苗木质量的指标，凡符合苗木标准的苗木才可允许造林。

第三节　项目种苗培育与供应

项目种苗的培育是确保项目种苗供应的前提，种苗的供应又推动了种苗市场的健康持续发展，从而又加快了种苗培育的资金投入和育苗规模的扩大。也就是说，种苗的培育与供应是市场形成的两个要素，相互依赖，相互依存，缺一不可。而种苗的管理是确保苗木培育与苗木供应的重要手段，苗木培育的种类、质量以及数量，种苗的管理是基础；苗木供应是否及时有效，供应的品种是否齐全对路，种苗的管理是支撑。因此，种苗的管理、培育及供应，三者缺一不可，互为补充。本节将从种苗的管理、种苗的培育及种苗的供应三个方面进行深入分析。

一、种苗管理

种苗管理在项目建设过程中尤为重要，是实现项目“苗圃升级改造与种质材料开发计划”的助推器，也是加快项目种苗培育与供应的有效手段。因此，该部分将从管理支撑体系、种源管理、用苗管理、调运管理、临时保护五个方面进行阐述。

1. 管理支撑体系

为了加强项目的种苗管理、生产、供应和组织协调工作，省级成立了由省林业引用外资项目办公室牵头，省林业主管部门的计划财务处、科学技术处、造林绿化处、林木种苗与花卉站、林木种质资源中心、林业科学研究院等单位的有关技术专家组成的种苗生产协调小组；项目市林业主管部门及项目县级(市、区)林业主管部门也仿效省里的做法，成立相应的项目种苗生产协调支撑管理组织；项目乡(镇、场)也都成立了相应的种苗管理支撑保障组织。其职责范围主要是：按照项目执行协议规定，搞好优良种质材料的供应与调配，协调和强化项目区种苗的培育、管理及供应工作，严格执行“种质材料开发计划”，指导并落实项目的种苗管理工作，及时解决种苗生产中存在的问题。由于项目种苗生产协调管理支撑体系的建立，确保了项目种苗的培育、管理、供应、市场链条有序推进。

2. 种源管理

根据项目贷款执行协议和项目评估报告的要求，在项目种质材料开发中，要推广应用已推出或即将推出的，并且证明这些种质材料具有生长快、抗逆性强、适应范围广的特性。也就是说，在项目建设中应优先使用名、特、优、新的种质材料，确保项目的种苗生产和经营处于行业中的领先地位，使已升级改造的苗圃始终保持活力。

要保持项目改造提升苗圃的生产和经营始终具有活力，并不是一件容易的事，需要从种苗的源头抓起。项目主管部门及项目苗圃的经营者，要随时掌握优良林木新品种的研究动向，推出新品种的特性，适生范围，定向定点引进，把控品种的纯度，并加大繁殖和培育力度，及时满足项目造林用苗需求，同时还可以开拓社会上的苗木市场，向社会供应新品种苗木。

3. 调运管理

种苗的调运是种苗最为常见的调剂供应方式。项目用造林的种苗特别是裸根苗，因随着运输距离的增加，苗木失水的概率越大。因此，一般情况下，项目用苗主要靠就近解决，严禁长距离调剂调运。但是，项目确需调剂调运苗木时，最好在本县或邻近县调剂解决。

裸根苗调运时，根部需蘸泥浆，打捆用并用塑料膜包装，每捆附上标签，记录树种品种名称、产地等相关信息，然后装车盖上篷布。容器苗调运时，也要附上标签，记录树种品种名称、产地等相关信息，装车后喷水，保持容器湿润，然后加盖篷布，防止苗木运输途中吹干苗木。种条(穗)调运时，除了蜡封种条切口外，还要打捆用塑料膜包装，并附上两个标签，记录树种(或品种)名称、产地等相关信息。种子调运时，要按有关规定，进行分级，分别包装，附上标签，做好有关记录。

裸根苗调运到造林现场后，近期不能栽植的，要进行假植或做浸泡处理；容器苗调运到造林现场后，不能及时栽植的，应马上浇水，保持容器中有足够的水分；种子或种条(穗)调运到货后，应存放在5℃左右的冷库中储藏。

4. 用苗管理

根据项目评估报告和项目可行性研究报告的规定，项目造林工程用苗有严格的要求，严禁使用弱苗、病苗、虫蛀苗以及Ⅱ级及其以下的苗木造林，项目必须使用Ⅰ级苗木造林。这是项目评估报告中对苗木的刚性规定，必须严格遵守，否则不予报账提款。

在项目开始造林前，苗木应妥善管理，尽量维护和保持苗木旺盛的生命力，增加项目造林的成活率和保存率。对裸根苗，栽前要把苗木根部放入水中适当浸泡，对根部的根系做适当修剪，同时还要将干部的侧枝修去，然后再对裸根苗进行分级，将高度和米径(或地径)基本相同的分为同级；对容器苗，要做好浇水保湿处理，修去多余的侧枝、弱枝或病枝，用上述同样的方法进行分级处理。

二、种苗培育

种苗培育是确保种苗供应的前提，没有一个可靠而持续稳定的苗木培育环节，项目苗木供应就无从谈起。因此，能否培育出整齐、健壮、优质、足额的项目用苗，是确保项目顺利推进的关键。这部分内容将重点讨论及论述苗木的培育技术和苗木的培育模式。

(一)培育技术

为严格把控项目造林用苗质量，除了从源头上严格控制种子和穗条的来源(必须从优良母树林、采穗圃采集)外，项目规定了苗木培育技术要求，从而保证了项目的造林质量。现以《世界银行贷款“山东生态造林项目”苗圃繁育技术管理规程》为例，详细阐述项目的苗木培育技术，供参考。

世界银行贷款“山东生态造林项目”《苗圃繁育技术管理规程》适用于山东生态造林项目苗圃的育苗。引用标准为《育苗技术规程》(GB 6001—1985)、《容器育苗技术》(LY 1000—1991)；《名特优经济林基地建设技术规程》(LY/T 1557—2000)。

1. 苗圃选定

项目苗圃的选定原则及其苗圃地的选择条件，可参照本章第 2 节“苗圃规划与苗圃改进”部分的相关内容。

2. 整地和作床

(1)整地。整地要在育苗前 1~2 个月完成，做到深耕细作，其耕地深度播种苗以 20~25cm 为宜；插条苗和移植苗以 25~30m 为宜。同时，清除草根、石砾，耙平碎土。

(2)作床与施基肥。苗床的床面要高出步道 25~30cm，床长 10~20m，宽 1.0m；步道宽 45~60cm。苗床要在播种(扦插、移植)前做好。做到施足基肥，土粒细碎，床面平整。

(3)土壤处理。育苗前要采用药剂法(或烧土法和火焰消毒机)对苗床土壤进行处理。

(4)轮作。苗圃地育苗要实行不同树种或与其他植物(如农作物或绿肥作物)的轮作，以提高圃地肥力。

3. 育苗

(1)育苗方式。本项目育苗方式有播种育苗、移植育苗、无性繁殖育苗、嫁接育苗、容器育苗等。

(2)播种育苗。

①项目育苗必须采用良种，采用的良种符合《中华人民共和国种子管理条例》的标准，按照种源区划调拨种子，严格执行植物检疫制度，做好并保存好种源记录。

②播种前必须对种子生活力进行测定。对选用的良种进行精选、发芽试验，并做好种子的消毒，催芽处理。不同树种、品种、批号的种子，不能混杂处理。用不同方法处理的种子不能混播。

③播种期应根据育苗树种特性和当地气候条件确定。春季要在土壤 5cm 深处的地温稳定在 10℃左右时播种，对晚霜敏感的树种应适当晚播；秋季播种要在土壤结冻前播完。

④播种量按如下公式计算。

$$X(\text{g/m}^2\text{ 或 g/m})=\frac{P\cdot n\cdot 10}{E\cdot K}\cdot C$$

式中：X 为播种量(每平方米或每米长播种沟)；P 为种子千粒重(克)；10 为常数；E 为种子净度(%)；K 为种子发芽率(%)；C 为损耗系数(C 值因树种、苗圃地的环境条件和育苗技术水平而异。用于大粒种子 $C\geqslant 1$；用于中、小粒种子 $1<C\leqslant 5$；极小粒种子 $C>5$)；n 为计划产苗量(株数)。

⑤播种积极推广条播，尽量避免撒播。播种后用过筛的细火烧土或腐殖质土、泥

炭土、糠皮和锯末等覆盖，极小粒种子厚约0.5cm；小粒种子0.5~1.0cm；中粒种子为1.0~3cm；大粒种子为3~5cm，以盖过种子为度。然后盖上杂草或稻草，借以保温、保湿，促进发芽。

⑥对耐阴性强，易受日灼、干旱危害的播种苗，要在高温季节，分不同情况，采取遮阴降温措施。高温季节过后，要及时撤除。

(3)移植育苗。

①移植苗木时，应先选苗、剪根，并剔除带有病虫害、机械损伤、发育不健全和无顶芽的苗木，并按苗高、地径分级。然后立即分级栽植，如果不立即栽植，要假植在背阴而湿润的地方，不可使苗根被风吹日晒。

②幼苗移植一般在苗木休眠期进行，即早春土壤解冻后或秋、冬土壤结冻前进行；土壤不解冻地区，在苗木停止生长期间进行。

③幼苗移栽的密度应依树种和当地立地条件而定。栽植时要使苗木根系舒展，严防窝根，栽后要及时灌水1~2次，并适时进行中耕。

④在移植苗木时积极推广芽苗截根移栽和菌根化移栽育苗接种技术。菌根真菌的接种，主要分为苗木接种和土壤接种。苗木接种选择合适的菌根菌剂Pt菌根剂(植健宝)，在种子发芽后一个月，从催芽床拔取芽苗，用灭菌刀从根尖切去根长1/4，立即浸入菌液，然后进行芽苗移栽。

土壤接种即在苗木移植前先将定量的菌根真菌接种体施入栽植穴或栽植沟内使土壤接种，然后进行苗木移植。

(4)无性繁殖育苗。

①采穗圃的建立。建圃要选用经遗传测定并证明适宜本地生长的优良种质材料，包括：

第一，已鉴定的优良无性系扦插苗。

第二，在优良种源和优良家系的5年生以上人工林中评选出来的经无性繁殖的优良单株。

第三，从优良家系1年生实生苗中选显著超过平均苗高的，且生长突出的苗木，一般实生苗的选用率为40%。

第四，每个采穗圃每个无性系都要有一定数量的分株，以提供足够数量的插穗用于扦插育苗。

②插条育苗。

第一，插穗的选择。插条要采自采穗圃母株距根较近或根部萌生的当年生长健壮穗条。硬枝种条在晚秋或早春采取。嫩枝种条在夏、秋的早晚或阴天采取。连续采条4~6年后，发现母根发条不旺和生长衰退时，应及时更新。

第二，扦插前，要采用消毒过的锋利刀具，将种条(根)按一定长度截制成插穗。插穗上至少有两个节间。茶树扦插时，插穗一般长3cm，保留1个叶片。截制插穗，要求做到切口平滑、不破皮、不劈裂、不伤芽。

第三，插穗保鲜。插穗截制后，要严格进行消毒和保鲜。按粗度分级捆扎，及时按级扦插，做到当日采穗当日插完；采穗时带打湿的容器，上盖覆盖物，严防插穗受风吹日晒。

第四，插穗处理。刺槐等树种的插穗，可在萘乙酸、吲哚乙酸、吲哚丁酸、ABT生根粉等生长激素悬浮液浸泡一定时间或沙藏进行催根后再扦插，或先插于沙(蛭石)床中，待其生根成活后移植于圃地中。杨树为了加快生根，可预先将插条全浸于生长激素悬浮液中3~4天后，取出以薄层湿沙覆盖，再盖上塑料布增湿催根数日，待插条皮部形成生根的突起时，即可育苗。

第五，嫩枝扦插后，在高温季节，要采取遮阴等降温措施。

(5)嫁接育苗。

①经济林树种应选用名特优新稀的品种育苗造林，其大部分采用嫁接的方法育苗。在选择用于嫁接的砧木时，应选择与接穗品种亲和力强、对接穗品种生长和结实有良好影响，具备矮化、抗寒、抗病、抗干旱等特性的砧木。如核桃砧木种类有核桃、黑核桃、铁核桃、核桃楸、枫杨等；枣树的砧木主要为酸枣、金丝小枣；板栗砧木主要选择板栗和野板栗作砧木；杏主要选择普通杏、西伯利亚杏的种子苗作砧木。

②接穗必须采自优良品种的母树上生长发育健壮、无病虫害的当年生长发育枝。芽接条应采自当年生的健壮枝条，并随采随接；枝接穗条应在落叶后采集，一般不迟于发芽前2~3周。不管任何接穗的种条，采集后应立即进行标记、保鲜、贮存在低温湿润处，防止失水、霉烂和芽干燥死亡。

③选用优良品种穗条建立采穗圃，培育嫁接苗，可采用芽接、枝接或芽苗砧嫁接的方法。芽接多用于较细的砧木，可采用丁字芽接、带木质部芽接、方块形芽接、套芽接、环状芽接等。枝接多用于较粗的砧木，可分为切接、劈接、插皮接和腹接等。无论枝接还是芽接，均要求接面平滑、接口形成层对齐贴紧，并且塑料条绑缚。芽苗砧嫁接法是在第一片真叶出现时进行嫁接。

④嫁接时间，一般以砧木树液开始流动时最好。核桃、板栗等要在展叶以后嫁接为好。芽接在春、夏、秋三季，凡皮层能够剥离时均可进行。

⑤嫁接苗的管理。第一，除萌。嫁接完成后，要及时抹除砧木上的萌芽和根蘖，以保证新梢生长。第二，解绑。凡枝接时在砧基或接合部位培土保护的，当成活后临近萌发时，要及时破土放风，以利于接穗萌发和生长。第三，防风引缚。在解缚的同时，苗木必须用立柱或横拉铁丝的方法进行绑缚，防止风折幼苗，绑缚高度应距接口25cm。第四，摘心。当嫁接苗长到1m左右时，对其进行顶端摘心，促其枝条成熟和苗茎加粗生长。

(6)容器育苗。

①容器育苗要选用种子品质达到《林木种子质量分级》(GB 7908—1999)规定的I级种子标准的良种；使用进口种子必须有经济与合作发展组织(OECD)认可的原产地证明书。播种前要对种子进行检验、精选、消毒和催芽。每个容器播种量应根据树种特性和种子质量、催芽程度而定。

②容器质地。育苗容器可采用营养杯、根型培育器。营养杯容器的直径5cm，高

12cm，根型培育器为100mL。

③育苗基质。基质必须采用有机质含量高的腐殖质土、泥炭、火烧土、粉碎松针等配制，它是由40%泥炭土加58%黄心土、2%的过磷酸钙配制而成。为预防苗木发生病虫害，基质要严格进行消毒；配制基质时必须将酸度调整到育苗树种的适宜范围。容器内的基质要在播种前充分湿润，将种子均匀地播在容器中，播后及时覆土。覆土厚度为种子直径的1~3倍，随即浇水。低湿干旱地区、宜用塑料薄膜覆盖床面。

④容器培育接种菌根时，在基质消毒后用菌根土或菌种接种。主要采取芽苗移栽接种。

⑤幼苗出齐一星期后，要进行间苗，每一容器保留一株苗，对缺株容器及时补苗。幼苗追肥和浇水要适时适量。

⑥容器苗的管理。定期移动育苗容器（袋苗）、进行空气截根（管苗）、应用植物生长调节素和控制水肥等。

4. 苗期管理

（1）施肥。

①施肥要根据土壤分析进行，以有机肥为主，化肥为辅，切忌用追施化肥促进苗木高生长。

②追肥用速效肥料。在苗行间开沟，将肥料施于沟内，然后盖土，亦可用水将肥料稀释，全面喷洒于苗床（垄、畦）上，（喷洒后用水冲洗苗株）或浇灌于苗行间。追肥次数、时间和用肥种类、用量，根据树种、育苗方法和土壤肥力确定。一般在苗木生长侧根时进行一次追肥，在苗木封顶前一个月左右，停止追施氮肥，最后一次追肥不得迟于苗木高生长停止前半个月。

（2）灌溉和排水。

①根据苗圃的自然条件搞好排灌设施，采取喷灌、浇灌、沟灌等方法，以保证对苗木进行适时适量的浇水。

②圃地发现有积水应立即排除，做到内水不积，外水不淹。

③灌溉宜在早晨或傍晚。不要在气温最高的中午进行地面灌溉，为了降温可以喷灌。

④停灌期宜在苗木速生期的生长高峰过后立即停止。具体时间因地因苗而异，一般情况到了雨季可停灌，夏季雨期停止早的地区，应在结冻前6~8周停止灌溉。

（3）松土和除草。

①苗地松土必须及时，每逢灌溉或降雨后，要及时进行松土、除草，以减少土壤水分的蒸发，并防止土壤出现板结和龟裂。当使用除草剂灭草时，要先试验后使用。

②苗地松土深度应逐次加深，具体深度视育苗方法和苗木大小而异，一般小苗2~4cm，以后逐渐加深到8~10cm，并做到不伤苗、不压苗。

（4）间苗。

①间苗主要是根据幼苗密度、幼苗生长发育状况而定，要杜绝随意性，要及时间除生长过高、过矮和发育不健全、损伤、感染病虫害的幼苗，确保苗木个体间的均匀

性，以保证苗木质量。

②间苗次数要根据树种、幼苗生长发育状况决定，一般进行 2~3 次。通过间苗使单位面积上保留的株数合理。间苗时间。间苗时间依苗木生长情况而定，一般在当幼苗展开 3~4 个(对)真叶，互相遮阴时开始间苗。第二次一般与第一次相隔 10~20 天。最后一次间苗即定苗，一般宜在幼苗期的后期。

间苗强度。第一次间苗后的留苗数应比计划产苗量多 20%~30%，第二次间苗后比计划产苗量多 10%，最后定苗，留苗要均匀，且比计划产苗量多 5%~6%，以备弥补损失。

③对阔叶树苗，要及时摘芽除蘖、控制少生侧枝。

④间苗后要立即进行灌溉以利淤塞苗根的孔隙。

(5)苗木密度。苗木合理密度是根据国家标准《主要造林树种苗木质量分级》(GB 6000—1999)和山东省地方标准《林木育苗技术(山东省)》(DB 37/T 401—2004)的规定，并总结以往实施世界银行林业贷款项目中苗圃管理的经验加以确定。项目造林各主要树种苗木合理密度如表 13-11 和表 13-12 所示。

表 13-11　无性系苗木的育苗密度

树种	苗木种类	苗木密度[株(粒)/m^2]
毛白杨	嫁接苗 2-0	2~3
	移植苗 1(2)-1	1.2
	埋条苗(2-0)	5
黑杨	插条苗 1(2)-0	2.5
刺槐	插种苗 1-0	25
核桃	嫁接苗	12~15
板栗	嫁接苗	12~15
杏	嫁接苗	23~33
枣	嫁接苗	13~16
茶	播种苗 1-0	60~120
	扦插苗	50~100

注：苗龄用阿拉伯数字表示，第 1 个数字表示播种苗后营养繁殖苗在原地的年龄；第 2 个数字表示第一次移植后培育的年龄；括弧内的数字表示插条苗在原地(床、垅)根的年龄。各数之和为苗木的年龄，称几年生。如：1-0 表示苗木为 1 年生未移植；1-1 表示 2 年生移植一次，移植后续培育 1 年的移植苗；1(2)-1 表示 2 年干 3 年根移植一次的插条移植苗。

表 13-12　项目造林播种苗木的播种量

树种	苗木种类	播种密度(万粒/亩)
白蜡	播种苗	0.8~1.0
臭椿	播种苗	0.8~1.2
国槐	播种苗	0.7~1.0
刺槐	播种苗	0.8~1.1
榆树	播种苗	2.0~2.4

（续）

树种	苗木种类	播种密度(万粒/亩)
柳树	播种苗	1.0~1.5
侧柏	播种苗	15~18
黑松	播种苗	15~18
黄栌	播种苗	1.6~2.1
紫穗槐	播种苗	1.5~2.0
香椿	播种苗	1.3~1.5
花椒	播种苗	1.8~2.2
板栗	播种苗	0.8~1.0
核桃	播种苗	0.7~0.8
酸枣	播种苗	0.6~0.8
山桃	播种苗	0.7~0.9
山杏	播种苗	1.0~1.2
银杏	播种苗	2.0~2.5
君迁子	播种苗	0.8~0.9
苦楝	播种苗	0.8~1.0
沙棘	播种苗	3.5~4.0
楸树	播种苗	0.8~1.0

(6)病虫害防治。

①本着“预防为主、科学防控、依法治理、促进健康”的方针，做好病虫害的预测、预报工作，一旦发生病虫害，要及时采取有效措施进行防治。

②从国内外引进和调运的种子和繁殖材料必须按照山东省对检疫的要求进行检疫。需要隔离试种的，至少观察一年，证明确实不带危险性病虫害，才可种植。如发现危险性病虫的植物材料，应按检疫部门意见处理。

③搞好苗圃环境卫生，做到圃内无杂草；适时播种，加强肥水管理，促进苗木生长，增强其抗性。

④使用药物防治，必须对施用农药人员进行培训，熟悉农药性能及使用技术。严格遵守政府颁布的《农药安全使用规定》和世界卫生组织用药规定，正确选用满足要求的农药品种、剂型，掌握好用量和施用方法，做到既最大限度的发挥药效，又不产生药害和环境污染。

5. 苗木出圃

(1)起苗。起苗应在苗木休眠期进行。起苗方法有人工和机械。不论采取哪种方式，必须保证起苗质量。起苗严禁手拔，要采用铁锹或起苗机，做到不伤侧根、须根，不劈裂，保持根系完整和不折断苗干和枝芽。

(2)苗木分级。苗木起出后要严格选苗，按苗木标准检出Ⅰ级苗，剔除Ⅱ级苗、Ⅲ

级苗、等外苗，以及病虫危害和机械损伤的废苗，按苗高、径分级。苗木分级必须在庇阴背风处或光线较好的室内进行工作。分级后要做分级标志，分别包装。

(3)苗木检疫与消毒。起苗后至包装运输前，应按照《植物检疫条例》实施细则的规定，向检疫部门申请对苗木进行产地检疫。检疫时如发现检疫对象，应及时封销苗木；对未发现检疫对象的苗木，应发放检疫证书，准予运输。

(4)苗木包装与运输。苗木分级后要进行妥善包装，包装苗木应按品种、等级分类包装，同时在相同等级的苗木中也要按苗高、地径相近(高度差不超过5cm)的苗木包装一起，并挂上注明有树种、种源、苗龄、苗高、地径、数量、检疫证书及出圃日期的标签。苗木包装出圃后，要及时运输，途中注意通风，为防止苗木根系发热和风干，必要时还应洒水。

(5)严格执行调运规定。苗木调运要严格履行合同。出圃的苗木要有主管部门签发的苗木检验合格证和运输证，方可调往指定地点。

6. 苗木质量监测

为保证给项目造林提供足够的优质壮苗，有必要对苗木质量进行监测。反映苗木质量的指标，包括生理指标和形态指标，一般把生根力旺盛、生长快、抗逆性强、移植和造林成活率高作为壮苗的标准。据此为项目制定的主要造林树种标准，作为监测苗木质量的客观指标，凡符合苗木标准的苗木才可允许项目造林。

苗木抽样调查。苗木调查是对苗木的数量、质量进行客观的测量，以便获得单位面积上准确可靠的产量和质量数据。其调查程序如下：

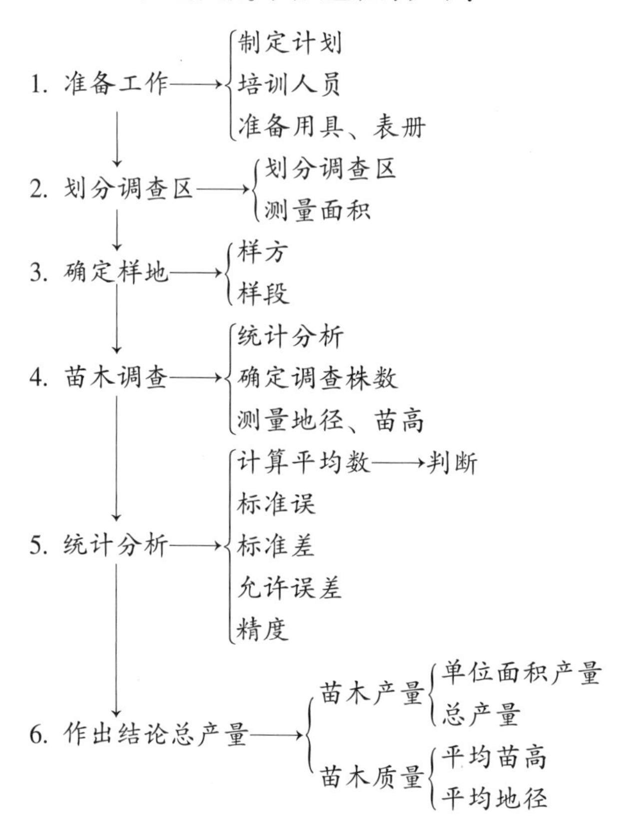

将抽样调查与统计分析结果汇总，根据苗木产量和质量数据与本地区的苗木标准对照比较，判断是否达到规定的要求，及时采取相应的措施，保证苗木生产的质量，并为总结育苗经验提供依据。

7. 建立苗圃技术档案

(1)育苗技术档案。主要是记录每年各类苗木的培育过程。主要内容包括每类苗木的作业面积、种子(条)的来源和质量、播种前种子的测试、种子(条)和种穗的处理、砧木的品种、来源和苗龄、整地方式、作业方式、施肥和灌水情况，直到起苗、分级、包装为止的全过程所采取的一系列技术措施以及育苗种类、数量和产量、质量情况等。

(2)育苗技术档案保存。每个生产周期结束后，该项生产的档案材料要及时整理，每年年终应将所有的档案材料分类、立卷、归档，妥为保存。

(二)培育模式

实践证明，国际金融组织林业贷款造林项目苗木培育有别于国内其他工程造林项目。在总结以往的世界银行贷款"国家造林项目""森林资源发展和保护项目""林业持续发展项目"的经验教训的基础上，世界银行贷款"山东生态造林项目"总结归纳出：统一规划设计、统一供应种条、统一定点育苗以及统一技术指导的"四统一"项目苗木培育模式，适合项目造林要求。

1. 统一规划设计

根据项目贷款协议和项目评估报告达成的共识，编制单位在承担编制项目可行性研究报告和项目县级造林总体设计时，必须深入项目区调查种苗培育市场情况，了解和掌握育苗的产业布局、经营业主、技术运用、经营规模、培育树种(或品种)的种类、培育数量和规格、价格波动等情况，专章论述项目种苗培育的现状、经验教训以及存在问题，并做出种苗培育详细规划设计方案，为项目种苗培育决策提供依据。

根据项目的特点和项目主管单位的意见，世界银行贷款"山东生态造林项目"的种苗培育规划设计方案为："以省、市、县(市、区)三级项目中心苗圃为基点，以项目固定苗圃为依托，以项目临时性苗圃为补充"的思路，强化项目种苗的培育工作。被列入项目的中心苗圃、固定苗圃及临时性苗圃，必须进行统一规划设计；被列入项目中心苗圃的，进行升级改造，被列入项目固定苗圃的，进行挂牌督导并给予支持，被列入项目临时性苗圃的，将重点进行技术指导；同时，还要对这三类苗圃的经营规模、功能区划、乡土树种占比、新品种占比等方面进行规划设计。统一规划设计，确保了种苗培育的规模、种类、数量之间的平衡。

2. 统一供应种条

林木种质资源是遗传多样性的载体，是良种选育和遗传改良的重要物质基础，是林业生产力发展的基础性和战略性资源。由此可见，良种种条(穗)的重要性。

在项目种苗培育过程中，如何做到品种的优良特性不丢失，保持其生长快、材质好、抗性强、适生范围广等特点，是项目苗木培育工作的重中之重。为确保项目培育的种苗保持其优良特性，需严把种条(穗)供应关。凡是项目苗圃需求的种子，必须来源于国家认可的母树林的种子，统一采购；优良穗条，必须由省级种苗供应协调小组统一调配，以保证穗条的纯度。

3. 统一定点育苗

根据与世界银行达成的项目贷款协议，世界银行贷款“山东生态造林项目”应在项目区内就近育苗、就近供苗，保证项目工程中使用Ⅰ级苗造林，确保项目造林成活率，这是双方的共识，必须严格遵守。

在项目种苗培育过程中，各级项目实施单位或经营业主严格执行“统一定点育苗”的规定，统筹布局和安排项目育苗苗圃。经反复论证筛选确定的项目中心苗圃、项目固定苗圃、项目临时性苗圃为统一定点苗木培育苗圃。项目育苗苗圃确定的条件是：县级项目中心苗圃，经营规模不少于300亩，技术力量强，交通便利，排灌设施齐全，土层深厚，愿意承担市场需求量少的乡土树种和最新推出的品种育苗；项目固定苗圃，临近项目区，经营规模不少于100亩，技术力量较强，交通便利，排灌设施齐全，土层深厚，愿意承担市场最新推出的品种育苗；项目临时性苗圃，临近项目造林现场，经营规模不少于10亩，交通便利，有水浇条件，土层较厚。这三类项目苗圃，各有特点，育苗种类各有侧重。

4. 统一技术指导

项目种苗培育有一套严格的程序和技术标准。例如，良种(条穗)的选择、种子发芽率试验、种子催芽处理、选地整地、土壤消毒、施基肥、作床、播种、间苗、病虫害防治等工序都需要技术做支撑，才能保证培育出良种壮苗。因此，技术储备与技术指导是培育项目Ⅰ级良种壮苗的关键。

根据项目苗圃升级改造和种质材料开发计划，省市县都成立了项目种苗供应协调支持小组，这个支持小组其中的一项重要职责就是，在育苗的关键环节，统一全程指导项目种苗的培育工作。统一技术指导的方式：一是技术专家到育苗现场面对面的答疑指导；二是技术专家到育苗现场进行示范指导；三是现场观摩相互交流指导。通过统一的技术指导，解决了生产急需的技术问题，推动了项目种苗培育工作的深入开展。

三、种苗供应

种苗的供应是苗木繁殖培育后的一个关键流通环节，是支撑苗木市场化运作的重要保障途径。世界银行贷款“山东生态造林项目”，在总结以往项目经验的基础上，推出了：“统一市场定位、统一出圃标准、统一出圃证明”的三统一种苗供应模式。实践证明，这种种苗供应模式，是科学有效的。

1. 统一市场定位

通常情况，苗木市场的定位取决于苗木的种类、数量、规格、市场需求等。当苗木市场培育的苗木数量少、需求越大时，市场价格定位越高；当苗木市场某一种苗木数量不及需求时，市场的价格权，自然而然地掌握在苗木持有者手中。由此可见，市场供需规律，决定着市场苗木行情。

项目种苗供应采取统一市场定位的方式。其定位主要包括以下几个方面：一是三类项目苗圃生产的Ⅰ级苗用于项目工程造林；二是满足项目工程造林剩余的Ⅰ级苗以及Ⅱ级苗，可供应社会造林用苗；三是用于项目工程造林的苗木价格应低于市场价格的10%；四是乡土树种苗木或市场比较紧缺的苗木，其价格不能高于市场价格的10%。也就是说，项目用于造林的苗木，其定位为高档标准；因三类项目苗圃，要么得到了升级改造，要么对其进行了技术或资金的援助，并且还确保了Ⅰ级苗的销售。因此，为了确保市场的有序竞争，其价格应适当降低。

2. 统一出圃标准

为了确保项目种苗繁殖培育达到出圃标准，在项目规划设计阶段，编制了项目种质材料开发计划，明确规定了项目苗木培育技术要求，制定了项目苗圃育苗技术规程，拟定了项目种质材料名录，确定了项目乡土树种及其推荐使用的优良品种或无性系清单。所有这些标准、规程或名录、清单，其目的是确保培育出满足项目造林标准需要的出圃苗木。

苗木能否出圃要根据国家标准或地方标准而定。苗木的高度、米径(或地径)、根幅、根的条数以及形态特征等都是确定苗木出圃标准的重要依据。例如，工厂化生产的白榆组培苗的出圃标准：营养杯苗从基部到茎尖高度为8cm以上，1个主茎尖，茎干挺直，茎段无结疤，正常伸展叶片4片以上，脱营养杯可见3个以上主根、多须根，叶片无虫孔，无花叶、黄叶、卷叶，无病害，不萎蔫。再如，白榆组培苗大田培育出圃标准为：1年生Ⅰ级苗，苗高3.5m，米径3.0cm，根系大于12条；Ⅱ级苗，苗高2.5~3.5m，米径2.0~3.0cm，根系大于8~12条；Ⅲ级苗，苗高小于2.5m，米径小于2.0cm，根系小于8条。项目造林用苗，对出圃标准提出了更高的要求。苗木的高度、米径(或地径)、根幅、根的条数等都要达到或超过Ⅰ级苗的标准，才能出圃并用于项目工程造林。

3. 统一出圃证明

项目造林用苗，不仅要做好统一市场定位、统一出圃标准工作，同时还要认真做好“良种使用证、检疫合格证、检验合格证、调运证”等证明的办理。

利用国际金融组织贷款造林项目，往往是跨区域(行政区域)或跨流域生态保护项目。鉴于项目实施的特点，这就要求在进行植被恢复时，不能造成对环境的负面影响。例如，检疫性病虫害的传播危害、生物入侵等。为确保项目使用健壮的Ⅰ级苗造林，在苗木出圃时必须严把“良种使用关、植物检疫关、苗木检验关以及调运关”，确保项目用苗四证齐全。

第十四章　项目科研推广

项目的科研与推广是一项规模庞大的系统工程，是项目的重要组成部分，是实现项目目标的重要保证。科研推广工作以提高生产力为中心，紧紧抓住提高种苗质量和改进栽培技术两个基点，推动项目的技术进步。项目实施中，注重将现有的新技术、新成果及其陆续推出的研究成果组装配套应用于项目建设，把项目的实施转移到依靠科技进步的轨道上来，不断提高项目林的科技含量。

本章将以世界银行贷款“山东生态造林项目”为案例，详细阐述项目科研与推广计划的编制、项目科研推广保障支撑体系及运作以及项目科研推广取得的成效，供同行借鉴。

第一节　项目科研与推广计划的编制

按照世界银行贷款“山东生态造林项目”(SEAP)执行协议的有关条款要求，在项目建设规划和项目实施过程中，结合一定的研究、试验、示范和技术推广，编制项目的科研与推广计划，增加项目的科技投入，加强对项目的科技支撑，确保项目的顺利推进，达到整体提升项目的建设水平。

一、科研与推广计划的编制原则

自1990年以来，山东省已成功地实施了世界银行贷款“国家造林项目”(NAP)、“森林资源发展和保护项目”(FRDPP)以及“林业持续发展项目”(SFDP)。实践证明，项目的实施不仅大大地提高了项目区的森林覆盖率，改善了生态环境，有力地促进了项目区经济的发展，而且还对山东省林业的科技创新、科技成果的转化以及林业的经营水平有显著的推动作用。借鉴以往实施世界银行贷款项目科研推广的经验，从四个方面阐述世界银行贷款“山东生态造林项目”科研与推广计划的编制原则。

1. 坚持以科技为先导创新生态林建设模式的原则

2010 年启动实施的世界银行贷款“山东生态造林项目”，总投资 10.02 亿元人民币，其中世界银行贷款 6000 万美元，国内配套 6.12 亿万元人民币。项目涉及 9 个市、28 个县级项目单位。在退化山地植被恢复区和滨海盐碱地改良区共营造人工防护林 6.6 万 hm^2。“山东生态造林项目”是新中国成立以来我国利用世界银行贷款最大的营造生态林项目，也是世界银行贷款项目中，为数不多的以生态建设为经营目标的项目。根据双方达成的协议，项目的实施要求以科技为先导，有计划、有组织、有明确目标的科技密集型的生态造林项目。

集国内外专家、基层林业工作者的经验，经共同讨论协商，确定项目在退化山地植被恢复区共设计了 8 个造林模型，在滨海盐碱地改良区共设计了 5 个造林模型。这些造林模型，是否适合两大区的立地条件，其混交的树种、混交的比例以及混交的方式是否科学合理而有效，还有待于项目实施过程中的检验和改进提升。

跨地市、跨区域、跨流域的大型生态造林模式是没有经验可借鉴的，需要项目工作者的不断探索、不断研究、不断总结，最终寻找到适合大型生态林建设的创新模式。鉴于此，借贷双方达成共识，要紧紧围绕生态建设这个主题，以科技为先导，强化攻关研究，加大项目新技术新成果的推广力度，尽快破解困难立地造林绿化难题，改进提升或创制新的生态造林模型。

2. 坚持科研攻关为项目建设服务的原则

众所周知，我国每年投入大量资金用于科学研究，仅山东每年就有几千万的资金用于与林业有关的课题研究，取得了一大批科研成果。受职称晋升、荣誉称号、学科评定的影响，研究的内容以高、大、上为主，真正实用技术少有人研究，这是目前基础研究的突出问题。

在世界银行贷款“山东生态造林项目”中，急需研究的实用技术或破解的争议性问题有很多。例如，造林密度问题。项目评估时，侧柏生态防护林的造林初植密度最高(石灰岩山地的上部)为 6600 株/hm^2，而项目规定的造林初植密度最高(石灰岩山地的上部)为 2800 株/hm^2。虽然这个问题很简单，我们应该执行国家的标准，但是世界银行从生物多样性、经营成本、有利于前期灌草的生长和后期的间伐考虑，要降低初植密度，提出造林初植密度最高(石灰岩山地的上部)不应超过 2800 株/hm^2，究竟哪个造林初植密度更科学，需要研究解决。类似的问题，还有很多，如盐碱地立地类型的划分、乡土树种抗逆性等问题，都是项目需要研究解决的技术性问题。因此，在编制项目科研课题时，所编列课题的研究内容，必须是为项目建设服务，这是借贷双方的共识，也是世界银行援助的条件之一。

3. 坚持现有新技术(成果)组装配套应用于项目生产的原则

自“十一五”以来，我国林业成果丰硕。国家对林业技术标准、技术规程相继进行了修订，一些重大的林业新技术、新成果也相继公布，并在生产中得到了推广应用。一批生态造林实用新技术、新成果在工程造林中推广应用后，也得到了企业或生产者的认可。这些新技术新成果也急需在世界银行贷款“山东生态造林项目”中得到推广应用。

山东相继成功地实施的世界银行贷款“国家造林项目”“森林资源发展和保护项目”以及“林业持续发展项目”，拟定了一些技术标准、技术规程、技术导则、技术措施，获得了一批新技术、新成果，均得到了世界银行的认可，并经实践检验是有效和可行的。经借贷双方确认，自“十一五”以来，涉及生态造林方面的新技术新成果以及项目拟定的技术标准、技术规程等，均进行筛选组装，形成实用的配套技术，并推广应用于世界银行贷款“山东生态造林项目”的生产建设中。

4. 坚持将陆续推出的新技术(成果)在项目中尽快转化的原则

2008 年，世界银行贷款“山东生态造林项目”开始立项评估，项目实施期为 6 年，前后长达 8 年的时间。课题组的研究团队，从项目评估之初，有的团队成员就着手生态造林方面的研究。

在项目启动实施阶段，有一批实用的新技术新成果陆续推出。例如，优质乡土树种种质资源保存与开发利用课题组，通过多点多年抗逆性研究，培育出‘鲁盐 1 号’‘鲁盐 2 号’‘鲁盐 3 号’白榆优良新品种。这些耐盐品种，能在 5. 5‰的滨海盐碱地上正常生长。在盐碱地上大面积推广应用后，3 年生，树高 7m，胸径 7. 3cm，效果显著，得到了世界银行和欧洲投资银行专家的认可。因此，将陆续推出的新技术(成果)在项目中尽快转化，是借款双方的共识。

二、科研计划的编制

根据世界银行贷款“山东生态造林项目”科研与推广计划的编制原则，从我国退化山地植被恢复区和滨海盐碱地改良区的立地条件、植被现状出发，首先分析了困难立地条件下植被恢复所遇到的困难和问题，提出破解这些问题的思路，编列了干旱瘠薄荒山生态治理模式与效益监测评价研究、黄河三角洲滨海盐碱地生态治理模型研究、优质乡土树种种质资源保存与开发利用 3 个课题的研究计划，明确了课题的研究内容和方法、预期产出的成果、经费预算以及进度安排等。

1. 干旱瘠薄荒山生态治理模式与效益监测评价研究

针对山东退化山地干旱瘠薄，林木生长缓慢，植物种类稀少，植被或林分健康状况较差，造林树种单一，植物群落结构简单，生态脆弱，水土流失严重，生态治理模式研究不系统不完善等诸多问题，经借贷双方共同协商确定，在项目区的退化山地植被恢复区开展“干旱瘠薄荒山生态治理模式与效益监测评价研究”，其主要研究内容及预期成果，见表 14-1。项目研究预计需用 6 年的时间，共需经费 100. 8 万元，从世界银行贷款资金支付。

2. 黄河三角洲滨海盐碱地生态治理模型研究

针对黄河三角洲滨海盐碱地改良区土壤含盐量高，地下水位高，蒸发量大，土壤次生盐渍化严重，树木种类少，森林覆盖率低，植被稀少，生态系统结构简单，生态系统脆弱，生态修复模式单一等问题，经与世界银行协商确定，在项目区的滨海盐碱地改良区开展“黄河三角洲滨海盐碱地生态治理模型研究”，其主要研究内容及预期成果，详见表14-1。项目研究预计需用6年的时间，共需经费100万元，从世界银行贷款资金支付。

3. 优质乡土树种种质资源保存与开发利用

针对优质乡土树种种质资源日益减少或流失的危险、主要乡土树种繁殖技术特别是难生根种质资源的快速繁殖技术不成熟、优质乡土树种病虫危害严重以及生产中缺少乡土树种种苗质量评价体系和行业标准等问题，借贷双方商定，确认成立项目攻关课题组，致力于"优质乡土树种种质资源保存与开发利用"的研究，其主要研究内容及预期成果，详见表14-1。项目研究预计需用6年的时间，共需经费99.2万元，从世界银行贷款资金支付。

表14-1　世界银行贷款"山东生态造林项目"科研计划

项目名称	研究内容	预期成果
1. 干旱瘠薄荒山生态治理模式与效益监测评价研究	①干旱瘠薄荒山立地类型和植被类型分类系统研究；②干旱瘠薄荒山造林模型的研究与优化；③干旱瘠薄荒山造林技术集成；④主要树种育苗、造林技术措施的投资成本分析；⑤人工造林条件下干旱瘠薄荒山植被自然再生能力与生态修复能力研究；⑥干旱瘠薄荒山人工造林综合效益监测与评价研究	①提出山东省干旱瘠薄荒山立地类型分类依据、方法和体系，对山东丘陵山地的立地类型和植被类型进行系统分类，确定山地林业生态系统恢复重建的主导生态因子；②提出适合山东干旱瘠薄荒山林业生态系统恢复和重建的生态治理模型3~6个，造林成活率和保存率85%以上，林分生长提高10%~20%，感病指数和虫株率降低10%，物种多样性明显提高，植被盖度提高10%~30%，小气候改善明显，地表径流和土壤侵蚀量减少10%~40%，土壤理化性状明显改善，土壤微生物显著增加；③在确保造林成活率和正常生长的前提下，确定不同8个造林模型最小的育苗、造林和抚育成本；④通过在不同的立地类型、不同的造林模型、不同的造林技术措施、不同的抚育管理措施条件下试验研究，提出干旱瘠薄荒山人工造林的植被恢复与生态修复能力的途径和方法；⑤建立山东省干旱瘠薄荒山植被恢复与生态重建示范样板4处，共60~80hm^2；⑥研究提出干旱瘠薄荒山生态治理工程综合效益监测与评价指标体系；⑦发表相关学术论文8~10篇，培养博士和硕士研究生8~10人
2. 黄河三角洲滨海盐碱地生态治理模型研究	①黄河三角洲滨海盐碱地土壤和植被类型分类研究；②根据滨海盐碱地立地类型划分，分析其对盐碱地生态系统的影响，寻找限制盐碱地植被恢复的限制因子，确定盐碱地生态恢复和重建的主要目标；③黄河三角洲盐碱地综合治理技术治理效果研究；④黄河三角洲滨海盐碱地林业生态治理模型构建研究；⑤主要树种育苗、造林技术措施的投资成本分析；⑥黄河三角洲滨海盐碱地生态治理综合效益监测与评价研究	①对黄河三角洲滨海盐碱地土壤类型和植被类型进行系统分类，找出限制盐碱地植被恢复的限制因子，提出生态恢复和重建的主要目标；②调查掌握典型立地类型和不同治理措施的水盐运动规律及其土壤改良效应，对盐碱地改良的工程措施、化学措施和生物措施的综合改良效果进行系统评价；③在确保造林成活率和正常生长的前提下，确定不同5个造林模型最小的育苗、造林和抚育成本；④分别不同含盐量(轻、中、重)立地提出盐碱地治理模型3~5个，相比原有的治理技术，造林成活率和保存率达85%以上，林木生长量提高10%~20%，感病指数和虫株率降低10%~15%，物种多样性明显提高，植被盖度提高10%~20%，区域小气候改善明显，土壤含盐量降低10%~30%，土壤理化性状和养分指标有明显改善；⑤建立盐碱地植被恢复林业生态工程示范样板40~60hm^2，区域生态效果明显改善；⑥研究提出滨海盐碱地生态治理工程综合效益监测与评价指标体系；⑦写出研究报告并发表相关论文5~8篇，培养研究生3~5名，提高研究水平和学术水平

（续）

项目名称	研究内容	预期成果
3. 优质乡土树种种质资源保存与开发利用	①优质生态树种的汇集、保存和种质资源库的建立；②种质资源的生物学、生态学特性研究；③优质乡土树种选育；④乡土树种评价指标体系的研究；⑤优质乡土树种繁育技术体系的建立；⑥主要乡土树种种苗质量评价及种苗标准的制定	①建立乡土树种种质资源库2~4处，面积各10~20hm^2，保存乡土树种种质资源60~100份；②分别在干旱瘠薄荒山和盐碱地建立优质乡土树种(品种)试验林1~2处，各10~20hm^2，示范林各60~100hm^2；③选育出适合退化山地和滨海盐碱地的乡土树种5~10个，选出抗榆蓝金花虫、抗天牛白榆无性系1~3个，抗天牛柳树无性系1~2个，进行区域推广应用；④构建主要乡土树种的苗木繁育技术体系，解决主要乡土树种的快速繁育技术难题，提出解决乡土树种的脱毒复壮技术和工厂化繁育技术；⑤建立抗干旱耐瘠薄、耐盐碱生态树种(品种)生物学、生态学和生理生化特性评价指标体系，建立乡土树种良种苗木评价指标体系和一套乡土树种苗木繁育的行业标准；⑥发表论文3~5篇，培养研究生3~8名

三、科技成果推广计划的编制

世界银行贷款“山东生态造林项目”是集资金投入、技术投入为一体的技术密集型生态造林项目。因此，项目的实施要求以科技为先导，将“九五”“十五”“十一五”以及NAP、FRDPP已推出的新技术、新成果和“十二五”与SEAP陆续推出的新技术、新成果组装配套应用于项目的规划、设计、造林、营林的全过程中，为世界银行贷款“山东生态造林项目”建设提供有力的支撑和保障。

1. 贯彻实施相关的技术标准和技术规程中所规定的各项技术措施

项目推广应用相关的技术标准和技术规程中所规定的各项技术措施共25项，具体包括：《生态防护林建设规程》《世界银行贷款“山东生态造林项目”造林模型》《世界银行贷款“山东生态造林项目”营造生态林使用良种的通知》，核桃、板栗、柿子、杏、梨、石榴、茶、枣和桃栽培技术标准，《世界银行贷款“山东生态造林项目”主要树种苗木标准》《世界银行贷款“山东生态造林项目”苗圃管理技术规程》《世界银行贷款“山东生态造林项目”环境保护规程》《山东省利用世界银行贷款“山东生态造林项目”主要树种施肥方案》《世界银行贷款“山东生态造林项目”施工设施方案》《世界银行贷款“山东生态造林项目”检查验收办法》《世界银行贷款“山东生态造林项目”监测实施方案》《世界银行贷款“山东生态造林项目”培训计划》《世界银行贷款“山东生态造林项目”管理办法》《世界银行贷款“山东生态造林项目”财务管理办法》《世界银行贷款“山东生态造林项目”报账提款办法》，《主要造林树种苗木》(DB 37/T 219—1996)、《长江珠江流域防护林体系工程建设技术标准》(LY/T 1760—2008)、《造林技术规程》(GB/T 15776—1995)、《森林抚育规程》(GB/T 15781—1995)、《森林防火工程技术标准》(LYJ 127—1991)，侧柏、黑松、油松、麻栎、白蜡、榆树、臭椿、苦楝、柽柳、刺槐等主要生态树种造林技术规程、杨树人工速生丰产用材林专业标准和地方标准，世界银行贷款“山东生态造林项目”优良种质材料推荐表，贯彻《山东生态造林项目主要造林树种苗木标准》《山东生态造林项目苗圃管理技术规程》。见表14-2。

2. 推广应用与项目相关的新技术与新成果

推广与项目相关的新技术、新成果共12项，具体包括：侧柏种源试验、松树良种选育、优质乡土树种种质资源收集保存和创新利用、抗寒茶树新品种和类型筛选研究、果树改土养根技术研究、盐碱地综合治理技术推广、黄河三角洲重盐碱地植被恢复技术、沿海防护林营建技术、耐盐碱光兆1号杨的选育、鲁北冬枣快速繁育技术推广、植物组培简化体系技术、白蛾周氏啮小蜂及生物制剂综合治理林木害虫。见表14-2。

3. 建立科技示范县

选择造林任务大，林业科技力量较强，领导重视，交通较方便的新泰市、乳山市、莒县、蒙阴县、沾化区、河口区，建立SEAP科技示范县，重点安排省级试验林、示范林，同时各县[(市、区)、林场]也要建立自己的试验林、示范林。项目林建设要以科技为先导，综合运用现有科技成果和先进技术，增加科技含量，建立高标准示范样板林，为以上项目林建设起到示范和带动作用。省林业厅对科技示范县在资金、技术等方面给予重点支持，支持资金100万元。见表14-2。

表14-2 世界银行贷款“山东生态造林项目”科技成果推广计划

类别	项目	技术内容	推广范围	推广规模	预期效果
（一）技术标准和技术规程等综合性规范性成果	1. 生态防护林建设规程	按《规程》选择造林地和树种；按《标准》要求进行设计、施工及抚育管理	各造林树种	全部造林面积	项目林达到生态防护林建设标准要求
	2. SEAP造林模型	严格执行造林密度标准、树种搭配比例及混交方法	各造林树种	全部造林面积	增加项目林的生态稳定性
	3. SEAP营造生态林使用良种的通知	乡土树种的选择及良种的选用	各造林树种	全部造林面积	良种使用率达100%；生长量达到标准要求
	4. 核桃、板栗、柿子、杏、梨、石榴、茶、枣和桃等经济林栽培技术标准	经济树种的栽培管理标准	生态经济型树种	全部项目县	良种使用率达100%；产量达到标准要求
	5. SEAP主要树种苗木标准	按《标准》要求培育I级苗用于造林	各有关树种的项目区	全部造林面积	确保I级苗用于造林
	6. SEAP苗圃管理技术规程	按《规程》要求定点育苗，定向供应，确保育苗质量要求	各有关树种的项目区	全部造林面积	提高造林苗木质量
	7. SEAP环境保护规程	按《规程》要求选地、整地造林，保护生多样性、病虫害和火灾管控	各有关树种的项目区	全部造林面积	保护环境维持生物多样性
	8. SEAP主要树种施肥方案	肥料种类及施肥方式	各有关树种	全部项目区	科学施肥，充分发挥肥效作用
	9. SEAP施工设施方案	按要求设计施工	项目造林县	全部造林面积	合理利用土地、适地适树

（续）

类别	项目	技术内容	推广范围	推广规模	预期效果
（一）技术标准和技术规程等综合性规范性成果	10. SEAP 检查验收办法	按《办法》进行检查验收，严把造林质量关	项目造林县	全部造林面积	确保造林质量
	11. SEAP 监测实施方案	项目监测技术标准或规定	全部项目县	全部项目区	掌握项目进度，确保项目质量
	12. SEAP 培训计划	项目管理或技术	全部项目县	全部项目区	提高从业人员素质
	13. SEAP 管理办法	与项目有关的规章制度	全部项目县	全部项目区	确保项目质量
	14. SEAP 财务管理办法	与项目财务有关的规章制度	全部项目区	9 个市 28 个项目县	确保资金使用效率
	15. SEAP 报账提款办法	先施工，然后按合格工程质量报账，最后提款	全部项目区	9 个市 28 个项目县	确保资金使用效率和施工质量
	16. 主要造林树种苗木（DB 37/T 219—1996）	推广项目主要造林树种苗木标准	相关造林树种	全部相关造林树种面积	乡土树种和良种使用率达 100%
	17. 长江珠江流域防护林体系工程建设技术标准（GB/T—2003）	严格执行工程建设技术标准、防护林体系树种选择及搭配标准	相关造林树种	全部相关造林树种面积	增加项目林的生态稳定性
	18. 造林技术规程（GB/T 15776—1995）	按照《规程》要求，加强乡土树种和良种的使用，严格造林标准	各造林树种	全部造林面积	生长量达到标准要求
	19. 森林抚育规程（GB/T 15781—1995）	按照《抚育规程》进行项目林的抚育管理	全部项目区	全部项目县	确保项目林抚育质量
	20. 森林防火工程技术标准（LYJ 127—1991）	按《标准》要求，进行防火的组织、设备建设	全部项目区	全部造林面积	确保不出现大的火灾情
	21. 侧柏、黑松、油松、麻栎、榆树、臭椿、苦楝、柽柳、刺槐、白蜡等主要树种造林技术规程	按《技术规程》要求进行造林，确保项目适地适树的目标要求	各有关树种的项目区	相关规划的造林树种面积	提高造林质量
	22. 杨树人工速生丰产用材林专业和地方标准	按专业和地方标准要求选地、整地造林，管控病虫害和火灾	各有关树种的项目区	相关项目县	确保项目造林质量
	23. SEAP 优良种质材料推荐表	优良种质材料推广	各有关项目县	全部项目区	100% 使用优良种质材料
	24. SEAP 主要树种苗木标准	按要苗木标准进行技术管理	项目县	全部项目中心苗圃	生产 I 级苗
	25. SEAP 苗圃管理技术规程	按《规程》进行技术管理，严把苗木出圃、造林质量关	项目造林县	全部造林面积使用 I 级苗	确保 I 级苗用于造林

（续）

类别	项目	技术内容	推广范围	推广规模	预期效果
（二）推广“九五”“十五”“十一五”相关的新技术与新成果	26. 侧柏种源试验	对不同起源侧柏进行种源试验，选出适合山东石灰岩山地的侧柏优良种源	退化山地	退化山地侧柏栽植面积的50%以上	造林成活率达85%以上，林木生长量提高5%~10%。
	27. 松树良种选育	推广松树优良品种	退化山地	松树面积的50%	造林成活率达85%以上的，生长量提高5%~10%
	28. 优质乡土树种种质资源收集保存和创新利用	麻栎、楸树、苦楝、臭椿、银杏等优质乡土树种种质资源收集和良种选育	所有项目地区	适生地区的20%以上	苗木繁殖系数提高10%，造林成活率和保存率明显提高
	29. 抗寒茶树新品种和类型筛选研究	抗寒新品种推广	茶树栽培区	茶栽培县	茶树的抗寒提高15%~20%
	30. 果树改土养根技术研究	改土养根技术	全部项目县	立地条件较差的区域	改善品质、提高产量
	31. 盐碱地综合治理技术推广	耐盐树种利用技术，盐碱地综合降盐治理技术、综合防护林体系配套技术以及培肥与改良技术	滨海盐碱地	滨海盐碱地区	风速降低12%以上，含盐量显著降低，土壤结构及养分状况得到明显改善
	32. 黄河三角洲重盐碱地植被恢复技术	主要包括重盐碱地耐盐树种选择技术和造林技术	滨海盐碱地	滨海盐碱地区	重盐碱地植被盖度提高20%
	33. 沿海防护林营建技术	针叶、阔叶、乔木、灌木多植物种混交技术以及林分结构优化技术等	滨海盐碱地区	滨海盐碱地区泥质海岸	造林成活率达92%，保存率达85%以上，生态效益特别是防风、防海潮、防海雾功能显著提高
	34. 耐盐碱光兆1号杨的选育	盐碱地速生树种良种选育	滨海盐碱地	滨海盐碱地区面积5%	在含盐量0.3%的滨海盐碱地造林成活率达85%以上，林木生长量提高10%以上
	35. 鲁北冬枣快速繁育技术推广	冬枣快速繁育技术	滨海盐碱区	冬枣产区	快速提供优质脱毒壮苗
	36. 植物组培简化体系技术	林木、果树、花卉的组培简化体系	所有项目区	乡土树种的苗木繁育	显著提高移植成活率，并有效降低培养成本
	37. 白蛾周氏啮小蜂及生物制剂综合治理林木害虫	周氏啮小蜂及生物制剂治理林木害虫技术	所有项目区	所有项目县	有效降低由于使用农药防治带来的环境污染

第二节 项目科研推广保障支撑体系及其运作

项目科研推广计划编制完成后，其首要任务就是保证计划的落实。而项目科研推广保障支撑体系是确保计划任务顺畅有序运作的重要步骤，也是保证科研推广计划能否成功贯彻执行的重要途径。下面主要从支撑体系的构建、支撑体系的运作以及运行的保障措施3个方面阐述本节内容。

一、支撑体系的构建

“支撑体系的构建”部分，主要从组织机构的组建、管理机制的建立、任务指标的制定、科研推广模式的创建、示范试验点的布设以及示范试验林的营建6个方面进行阐述。

1. 组织机构的组建

世界银行贷款“山东生态造林项目”的科研推广工作，将继续沿用NAP、FRDPP和SFDP已建立的科研成果推广体系和工作程序实施。成立山东省项目科研成果推广领导支持小组，由省林业厅项目办公室牵头，省林业厅科技处、省林业厅造林处、省林业科学研究院、省种苗与花卉站、省经济林站等有关单位的技术负责人参加。支持小组下设项目科研成果推广支持办公室，其组成人员包括项目办和林科院有关技术人员，挂靠在林科院资源所。其职责为：拟定科研推广计划、组织实施、成果推广，汇总上报科研进展和成果推广情况，定期沟通交流项目科研、推广方面的经验，为项目实施提供技术咨询和技术服务等。

地市级和县级项目单位也仿效省里的做法，成立了由相关单位参加的科研成果推广领导支持小组，除做好项目科研推广计划的执行外，结合当地项目实施的重点，自选一批科研与技术推广课题，固定专职的工程技术人员开展项目的科学研究与推广工作。

2. 管理机制的建立

各级项目办在组织科研、推广的实施过程中，积极推广课题研究承包责任制和新技术新成果推广应用承包合同制。各课题组依据已确定的科研计划，由课题组长公开投标承包，按照任务和资金、标准与责任相结合的原则，与项目办签订合同；下一级项目办依据本项目的推广计划与上一级签订新技术新成果推广应用合同书，直至逐级签订到造林单位。据不完全统计，项目先后拟定或出台了科研推广管理办法、规定及意见30多条，签订合同书63份。通过层层签订合同书这一制约措施，把责、权、利落到实处，以保证项目科研推广工作有条不紊地向前推进，达到预定的目标。

3. 任务指标的制定

世界银行贷款“山东生态造林项目”，是一个技术密集型生态造林项目，规划之初，双方就达成生态造林工程中尽可能多地采用新技术、新方法、新材料(种质材料)，并规划设计了有针对性的科研与推广计划任务指标。

(1)种质材料。在种质材料开发中，设计了乡土造林树种31种，优良品种或无性系162个。为进一步丰富项目区域内物种的多样性，项目还规划设计了备选的灌木树19种，藤本植物1种，草本植物1种。

(2)造林模型。针对山东生态造林项目区域内的土壤、气候和植物分布特点，根据世界银行与山东省林业主管部门的意见，将9个市28个项目县(市、区)划分为两大类型区，即退化山地植被恢复区和滨海盐碱地土壤改良区，并且又将两大类型区再细分为13个不同的地理生态区位，相应的规划设计了13套(个)造林模型，供在项目实施中推广应用并对其进行改进提升。

(3)推广的主要技术内容。新技术新成果的推广应用，是世界银行贷款“山东生态造林项目”必须纳入的实施内容，也是项目贷款协议所规定的必须严格执行的条款之一。根据项目可行性研究报告的规划设计，项目将“十一五”以来实用的新技术新成果和以往世界银行贷款项目制定的技术规程、技术方法、技术措施等共37项，纳入该项目的推广应用计划任务。

(4)科研课题的研究。在项目立项评估过程中，针对项目两大生态恢复区的特点，借贷双方达成，各级项目单位都要成立项目科研推广攻关团队，研究解决项目中的科研推广技术问题。市级和县级项目办公室是世界银行贷款“山东生态造林项目”科技推广计划的组织与实施单位，都要营建试验林、示范林和科技样板林，认真做好项目的科技推广工作，组织乡镇(林场)或造林单位按照世界银行贷款“山东生态造林项目”科研推广计划推广防护林营造技术、环保技术规定、病虫防治技术，培训造林单位的农民技术员，并自选一些研究或推广课题，加强科技推广工作。

4. 科研推广模式的创建

自20世纪90年代初，山东相继利用世界银行贷款成功实施了3期造林项目后，吸收了国外先进的管理理念，积累了丰富的管理经验，为做好世界银行贷款“山东生态造林项目”的科研推广工作奠定了坚实的基础。

(1)队伍的建设。机构队伍建设，是做好项目科研推广工作的前提。没有一支素质高、专业技术强、能打硬仗的科研推广队伍，其工作是一事无成的。根据项目的规划设计思路，借鉴以往实施世界银行贷款项目的经验，从项目启动实施以后，省、市、县(市、区)、乡(镇、林场)都要成立由分管项目领导挂帅，专业技术人员参与的项目技术支持组织，全面负责项目的科研课题、新技术新成果的推广应用。据统计，参与到世界银行贷款“山东生态造林项目”技术支持组织的人员达1262人，有效地确保了项目科研推广工作的开展。

(2)管理技术规章的制订。俗话说，无规不成方圆。其含义是，做任何事情，必须要有规矩，有章法，才能把事情做好。要做好世界银行贷款“山东生态造林项目”的科研推广工作，必须制定出一套与项目相适应的管理制度、管理规章、技术规定、技术办法等，才能确保项目的科研推广计划任务落到实处。

(3)科技样板林的营建。我国每年都获得一大批的林业新技术、新成果、新方法，如何把它们推广应用到世界银行贷款“山东生态造林项目”中的千家万户，这是需要探讨的课题。给项目经营业主宣传推广一项新的技术，最为有效的方法是，让农民“看着学，比着干”，也就是说，有个现场让农民观摩学习。受此启发，项目规划设计了科技样板林的营建。为此项目规划设计要求，省、市、县(市、区)、乡(镇、场)都要至少建有一片科技样板林。该片科技样板林是搭配的树种最多、混交方式最佳、科技集成度最高，有望形成马赛克状的森林景观，以便于观摩学习和推广应用。

5. 示范试验点的布设

项目3个省级科研课题具体由山东省林科院和山东农业大学林学院分别承担。为做好项目科研课题的实施工作，成立专门的课题研究小组，拟定详细的科研实施方案，在省林业厅项目办公室的牵头和协调下开展了示范试验点的布设工作。示范试验点的布设的原则，一是确保9个市级项目单位至少布设1处[1个县(市、区)]示范试验点，地域、立地条件、造林模型要有代表性；二是被选中的县级项目单位要领导重视，支持工作；三是项目单位积极性高，自愿参加。

9个市、28个县(市、区)项目办公室以及国有林场，要积极支持、参加山东省林科院和山东农业大学林学院在该市县布置的科研试验任务，可结合自选一些科研、推广课题，按照规划设计要求，布设示范试验点，做好科研推广工作。据统计，世界银行贷款“山东生态造林项目”共布设示范试验点96处，其示范试验点已形成网络，覆盖整个项目区。

6. 示范试验林的营建

通过世界银行贷款“国家造林项目”“森林资源发展和保护项目”以及“林业持续发展项目”的实施，对营建示范试验林的重要性，已形成了共识。鉴于此，世界银行贷款“山东生态造林项目”在启动时，就着手项目示范试验林的营建工作。据统计，截至2015年年底，整个项目共营造各级项目示范试验林380片，面积达2700hm^2，占总造林面积的4.0%，有力地推动了基层的科研推广工作的开展。

二、支撑体系的架构与运作

世界银行贷款“山东生态造林项目”科研推广保障支撑体系构建的目的是，严格按照项目贷款协定和项目可行性研究报告的要求，协调有序并按部就班的运行。这部分将重点阐述项目运行的框架结构及其运作的流程。

1. 运行架构

项目科研推广支撑体系的运作架构主要是以“计划任务”为主轴，采用分级、分层、分隶属关系，分别展开架构设计，如图14-1。

2. 运作方式

根据项目评估报告和项目可行性研究报告规划设计的要求，项目主管部门编制了项目科研与推广计划。由图14-1可以看出：图中以“任务指标”为主轴，成立了项目科研成果推广领导支持小组，其下设项目科研推广支持办公室。受领导支持小组委托，具体负责协调项目科研推广计划的组织实施与执行，制定相关的管理规章、制度或办

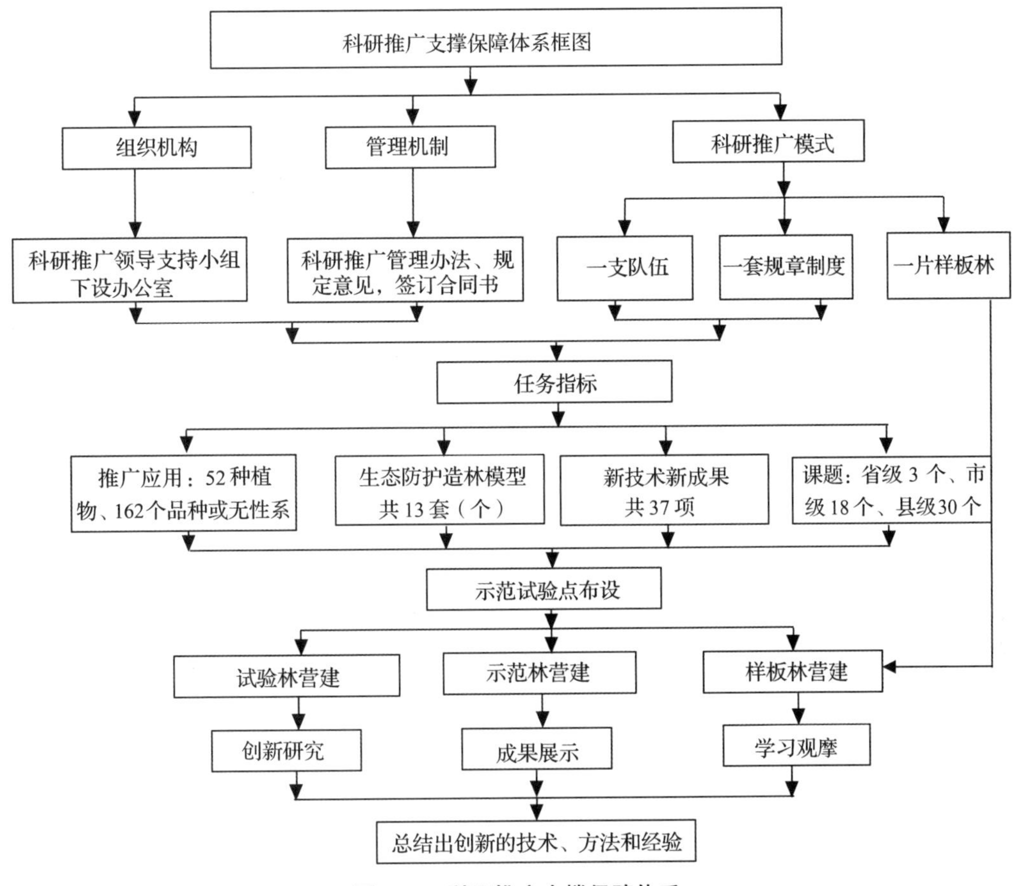

图 14-1 科研推广支撑保障体系

法；负责起草组织签订相关的招标书及合同书；组织创建“三个一”科研推广模式，即“一支队伍、一套规章制度、一片科技样板林”的建设。严格按照“任务指标”规定的52种造林植物、162个造林品种或无性系、13个(套)造林模型、37项新技术新成果以及51项课题的研究推广计划目标，合理布设和营建示范林、试验林以及科技样板林，全力打造创新研究型、新技术新成果展示型、学习观摩型的试验示范林基地；最终总结出项目创新的技术、创新的方法、创新的经验，为项目整体科技含量的提升以及今后大型林业生态造林项目提供借鉴。

三、运行保障措施

根据与世界银行达成的项目贷款协议，山东生态造林项目的实施期为6年，项目的科研推广计划同步推进实施。要确保顺利完成项目科研推广计划任务，项目运行保障措施是关键。因此，这部分内容将从组织保障、资金保障、技术保障、制度保障以及风险管控5个方面进行阐述。

1. 组织保障

为切实加强对项目科研推广工作的组织领导，稳步推进项目科研推广计划的执行，成立由山东省林业引用外资项目办公室、山东省林业科学研究院以及山东农业大学林学院共同组成的项目科研推广协调支撑领导小组，负责制定科研推广建设方面的管理政策，研究解决相关重大问题。领导小组下设办公室，负责科研推广计划的实施，协调内外关系，定期研究计划任务进展情况，及时分析、研究、解决科研推广工作中存在的问题，实行专人专管，将项目科研推广工作列入重要议事日程，进一步加强领导，落实措施，精心组织，真抓实干。

各项目市、项目县(市、区)及项目乡镇均仿照省里的做法，成立相应的项目领导小组及其办公室，配备项目科研推广管理人员和技术人员，负责辖区内的项目科研推广管理工作，定期向上一级项目管理办公室报告工作。

2. 资金保障

为严格执行项目科研推广计划任务，世界银行、山东省财政厅、山东省林业厅共同确定，从世界银行贷款资金和省级配套资金中列支部分资金用于项目的科研推广工作。各级项目单位也要采取强有力的措施，筹措资金用于项目的科研推广工作的开展。

强化资金管理，发挥投入效益，是项目投资方最为关注的问题。因此，应加强项目科研推广资金使用追踪检查和审计，严格财务制度、严格执行国家财政部、国家发改委、山东省财政厅、山东省林业厅关于项目资金使用计划、资金管理办法、审计与监督等规定。项目资金应设立专户，实行报账制度，统一管理、统一使用单列账户，专户存储、专款专用，先实施、后报账，必须做到账务清晰，原始凭证齐全，财务管理规范，严格按计划规范使用资金，禁止任何单位和个人挪用、截留、串用项目科研推广建设资金，最大程度发挥项目建设资金作用。

3. 技术保障

高标准、高起点、高质量地完成项目科研推广计划任务，是项目科研推广管理者的目标追求。充分利用现有科技力量和科研成果，积极发挥“科技是第一生产力”的重要作用，切实保证项目科研推广计划任务的实现。具体应从以下三个方面入手：一是邀请有关专家做现场技术咨询和答疑，推进项目科研推广工作的开展；二是组织专业技术人员深入生产第一线，鼓励科技人员开展技术承包，结对子，一帮一，建立和完善技术服务体系，搞好技术指导；三是要对造林实体进行必要的技术培训，提高他们的整体素质，为项目的科研推广奠定基础。要把最新的科技成果用于项目建设和生产的全过程。

4. 制度保障

项目涉及面广、量大，牵扯的地域大，涉及部门多，关系千家万户林农、企业以及专业技术人员的切身利益。因此，必须周密规划，统一协调，层层建立责任制，责任落实到人。项目研究课题实行公开招标遴选制和课题组长负责制；项目新技术新成果推广任务则实行合约制，明确分工，层层签订合同书，落实到单位、企业、专业合作社或造林实体。把权利、责任、义务明确细化，责任到人，落实到位，确保项目科研推广计划目标的实现。

5. 风险管控

涉农项目最大的特点是受自然因素影响最大，也是无法避免的。因此，科研课题组，虽然辛辛苦苦踩点、布点，然后定点，最后营造了试验林(包括示范林及科技样板林)。如果遇到特异天气，如水灾、干旱、冻灾，试验林可能被毁，使研究无法进行；当然还有放牧、病虫害、火灾等的影响，都可能使试验林毁于一旦。这些都是潜在的风险，需要去管控。为有效规避这些风险：一是要依法护林，防止人为、牲畜的破坏和火灾的发生；二是在试验林、示范林以及科技样板林的营造时，要选择抗逆性强(抗病虫、耐水湿、抗寒性强、耐干旱、耐盐碱)的乡土树种(或植物)进行混交造林，以确保试验林的成活率和保存率；三是要加强项目试验林的抚育管理，促进林分的生长，以满足项目科研与推广工作的需要。

第三节　项目科研与推广成效评价

为提高世界银行贷款“山东生态造林项目”科技支撑力度，保证项目造林质量，根据项目建设需求，山东省林业厅与世界银行达成协议，在项目实施6年期间内，项目将推广新技术新成果37项、设立研究课题3个，面向高等院校、科研机构进行了公开招标。2016年，项目竣工验收，项目科研推广计划任务全部得到落实，取得了良好的效果。

一、项目成果推广取得的成效评价

通过6年的实施，项目拟定的25项相关技术标准、技术规程得到了贯彻实施，12项新技术、新成果得到了推广，13个造林模型和52个造林树种(或草本植物)得到了普遍应用，科技示范县建设也稳步推进，取得了预期效果。

1. 相关技术标准技术规程的贯彻实施

自2010年项目启动实施以来，28个项目造林单位依照科研推广计划，强化管理，真抓实干，项目各项技术标准和技术规程等综合性规范性成果得到了推广，完成了计划任务。详细完成情况，见表14-3。

表14-3　项目各项技术标准、规程等综合性规范性成果推广完成情况

项目	计划		完成	
	计划推广规模	预期效果	实际推广规模	实际效果
1. 生态防护林建设规程	65972.6hm^2	项目林达到生态防护林建设标准要求	66915.3hm^2	完成
2. SEAP造林模型	65972.6hm^2	增加项目林的生态稳定性	66915.3hm^2	完成
3. SEAP营造生态林使用良种的通知	65972.6hm^2	良种使用率达100%；生长量达到标准要求	66915.3hm^2	完成
4. 核桃、板栗、柿子、杏、梨、石榴、茶、枣和桃经济林栽培技术标准	28个项目县	良种使用率达100%；产量达到标准要求	28个项目县及周边地区	完成

（续）

项目	计划		完成	
	计划推广规模	预期效果	实际推广规模	实际效果
5. SEAP 主要树种苗木标准	65972. 6hm^2	确保Ⅰ级苗造林	66915. 3hm^2	完成
6. SEAP 苗圃管理技术规程	65972. 6hm^2	提高造林苗木质量	66915. 3hm^2	完成
7. SEAP 环境保护规程	65972. 6hm^2	保护环境	66915. 3hm^2	完成
8. SEAP 主要树种施肥方案	28 个项目县	科学施肥，充分发展肥效	28 个项目县及周边地区	完成
9. SEAP 施工设施方案	28 个项目县	合理利用土地、适地适树	28 个项目县	完成
10. SEAP 检查验收办法	28 个项目县	确保造林质量	28 个项目县	完成
11. SEAP 监测实施方案	28 个项目县	确保项目质量	28 个项目县	完成
12. SEAP 培训计划	28 个项目县	确保项目质量	28 个项目县	完成
13. SEAP 管理办法	28 个项目县	确保项目质量	28 个项目县	完成
14. SEAP 财务管理办法	28 个项目县	确保资金使用质量	28 个项目县	完成
15. SEAP 报账提款办法	28 个项目县	确保资金使用质量	28 个项目县	完成
16. 主要造林树种苗木（DB 37/T 219—1996）	65972. 6hm^2	乡土树种和良种使用率达 100%	66915. 3hm^2	完成
17. 长江珠江流域防护林体系工程建设技术标准（LY/T 1760—2008）	65972. 6hm^2	增加项目林的生态稳定性	66915. 3hm^2	完成
18. 造林技术规程（GB/T 15776—1995）	65972. 6hm^2	生长量达到标准要求	66915. 3hm^2	完成
19. 森林抚育规程（GB/T 15781—1995）	28 个项目县	确保造林质量	28 个项目县	完成
20. 森林防火工程技术标准（LYJ 127—1991）	65972. 6hm^2	确保不出现大的火灾情	66915. 3hm^2	完成
21. 侧柏、黑松、油松、麻栎、白蜡、榆树、臭椿、苦楝、柽柳、刺槐等主要树种造林技术规程	相关规划的造林树种面积	提高造林质量	全部相关规划的造林树种面积	完成
22. 杨树人工速生丰产用材林专业和地方标准	各有关树种的项目区	确保造林质量	各有关树种的项目区	完成
23. SEAP 优良种质材料推荐表	28 个项目县	100%使用优良种质材料	28 个项目县	完成
24. SEAP 主要树种苗木标准	28 个项目县	生产Ⅰ级苗	28 个项目县	完成
25. SEAP 苗圃管理技术规程	28 个项目县	确保造林质量	28 个项目县	完成

由表 14-3 可知，项目推广的 25 项技术标准和技术规程在项目实施过程中得到了全面的贯彻实施，部分标准和规程的实际推广范围超过了计划面积。

2. 现有新技术新成果的推广应用

在实施过程中，各级项目造林单位按照原定的 12 项新技术和新成果推广计划，层层分解落实到山头地块，严格执行不遗漏，确保了新技术新成果在项目中得到推广应用，取得了良好效果。具体详见表 14-4。

表 14-4　现有新技术新成果推广完成情况

计划推广项目	计划		完成	
	计划推广规模	预期效果	实际推广规模	实际效果
26. 侧柏种源试验	退化山地侧柏栽植面积的 50%以上	造林成活率达 85%以上，林木生长量提高 5%~10%	28 个项目县	超额完成
27. 松树良种选育	松树面积的 50%	85%以上的成活率，生长量提高 5%~10%	20 个项目县	超额完成
28. 优质乡土树种种质资源收集保存和创新利用	适生地区的 20%以上	苗木繁殖系数提高 10%，造林成活率和保存率明显提高，生态适应性和水土保持功效显著增强	28 个项目县	超额完成
29. 抗寒茶树新品种和类型筛选研究	茶栽培县	茶树的抗寒性能提高 15%~20%	12 个项目县	超额完成
30. 果树改土养根技术研究	立地条件较差的区域	改善品质、提高产量	28 个项目县	完成
31. 盐碱地综合治理技术推广	滨海盐碱地区	风速降低 12%以上，含盐量显著降低，土壤结构及养分状况得到明显改善	9 个项目县	超额完成
32. 黄河三角洲重盐碱地植被恢复技术	滨海盐碱地区	重盐碱地植被盖度提高 20%	9 个项目县	完成
33. 沿海防护林营建技术	滨海盐碱地区泥质海岸	造林成活率达 92%和保存率达 85%以上，生态效益特别是防风、防海潮、防海雾功能显著提高	17 个项目县	完成
34. 耐盐碱光兆 1 号杨的选育	滨海盐碱地区面积 5%	在含盐量 0.3%的滨海盐碱地造林成活率达 85%以上，林木生长量提高 10%以上	9 个项目县	完成
35. 鲁北冬枣快速繁育技术推广	冬枣产区	快速提供优质脱毒壮苗	9 个项目县	完成
36. 植物组培简化体系技术	乡土树种的苗木繁育	移植成活率显著提高，并有效降低培养成本	28 个项目县	完成
37 白蛾周氏啮小蜂及生物制剂综合治理林木害虫	所有项目县	有效降低由于使用农药防治带来的环境污染	66915.3hm^2	100%

3. 陆续推出的新技术新成果的推广应用

(1)造林模型及树种推广。项目实施以来，13 个造林模型及 52 种种质材料在项目区得到了普遍推广，推广面积 66915.3hm^2。由于其显著的生态、社会和经济效益，同时也在非项目区得以推广，目前 13 个造林模型在非项目区已推广面积达 84000hm^2，使用树种 47 个，各模型在非项目区推广面积见表 14-5。

表 14-5　各造林模型推广面积

推广模型	推广面积(hm^2)
合计	84000
退化山地	46600
S1	8400
S2	6050
S3	7050
S4	3700
S5	6300
S6	5000
S7	5900
S8	4200
滨海盐碱地	37400
Y1	8600
Y2	6700
Y3	7400
Y4	5500
Y5	9200

(2)白榆优良品系推广。项目在实施过程中，采取与企业联合研发的方法，构建了白榆组培繁育体系，筛选出耐盐碱优良白榆品系 12 个，繁育组培容器苗 2702 万株，在山东、江苏、安徽、河北、河南、天津、宁夏、新疆、内蒙古和辽宁等省(自治区、直辖市)进行推广，推广面积达 10667hm^2。不同白榆优良品种分年度生产与推广数量见表 14-6。

表 14-6　不同白榆优良品种分年度生产与推广统计

品系名称	不同年度组培苗生产与推广数量(万株)							
	小计	2010	2011	2012	2013	2014	2015	2016
合计	2702	50	100	1000	502	560	290	200
5 号	55	5	10			10		30
7 号	124	6	8		50	30		30
19 号	126	6			50	60		10
20 号	1211	3	8		80	100		20

（续）

品系名称	不同年度组培苗生产与推广数量（万株）							
	小计	2010	2011	2012	2013	2014	2015	2016
鲁盐 1 号	129	5	4			100		20
105 号	211	6	15		70	100		20
34 号	776	6	10	650		60	40	10
41 号	428	3	5	350			60	10
鲁盐 2 号	102		10		2	50	30	10
50 号	130		10			50	50	20
鲁盐 3 号	295	5			230		50	10
68 号	115	5	20		20		60	10

4. 科技示范县建设

9 个科技示范县共建立科技示范林 380 片，面积 2700hm^2，各年度科技示范林建设数量和面积见表 14-7。

表 14-7　科技示范林建设数量和面积

年度	示范林数量（片）	示范林面积（hm^2）
2010	60	400
2011	170	1100
2012	100	800
2013	50	400
合计	380	2700

为了促进科技示范县建设，项目成立了科技支撑办公室和课题攻关小组，强化了“科研队伍、推广队伍、施工队伍”的建设，开展了技术推广、培训和课题攻关等活动。各科技示范县开展的相关活动见表 14-8。

表 14-8　科技示范县开展的活动

科技示范县	开展活动
泗水	干旱瘠薄山地造林树种及造林模式选择
	优质乡土树种种质资源保存与开发利用
	山东生态造林项目监测与评估
雪野	干旱瘠薄山地造林树种及造林模式选择
	优质乡土树种种质资源保存与开发利用
	山东生态造林项目监测与评估
新泰	干旱瘠薄山地造林树种及造林模式选择
	山东生态造林项目监测与评估

（续）

科技示范县	开展活动
蒙阴	干旱瘠薄山地造林树种及造林模式选择
	山东生态造林项目监测与评估
莒县	干旱瘠薄山地造林树种及造林模式选择
	优质乡土树种种质资源保存与开发利用
	山东生态造林项目监测与评估
乳山	干旱瘠薄山地造林树种及造林模式选择
	优质乡土树种种质资源保存与开发利用
	山东生态造林项目监测与评估
高密	优质乡土树种种质资源保存与开发利用
	山东生态造林项目监测与评估
沾化	优质乡土树种种质资源保存与开发利用
	山东生态造林项目监测与评估
	黄河三角洲滨海盐碱地生态治理模型研究
河口	优质乡土树种种质资源保存与开发利用
	山东生态造林项目监测与评估
	黄河三角洲滨海盐碱地生态治理模型

二、项目科研课题取得的成效评价

2010年，根据干旱瘠薄山地造林树种及造林模型选择、优质乡土树种种质资源保存与开发利用、黄河三角洲滨海盐碱地生态造林模型3个课题研究建议书文件以及投标情况，山东省林业科学研究院、山东农业大学林学院成为中标咨询顾问。随后课题组与省项目办签订了课题任务书，成立了课题小组，制定了详细的实施方案，并在随后的6年间开展了相关研究任务。3个课题具体的研究产出结果如下：

1. 培养研究生及发表文章

自2010年以来，通过干旱瘠薄山地造林树种及造林模型选择、优质乡土树种种质资源保存与开发利用、黄河三角洲滨海盐碱地生态造林模型3个科研课题的研究，布设试验点26处，营造试验林120hm^2；出版《林业工程项目环境保护管理实务》《世界银行贷款“山东生态造林项目”竣工报告与案例分析》《山东森林认证与实践》《非木质林产品认证及案例分析》《山东森林植物资源分类解析》《山东退化山地立地分类体系构建及造林模型研究与应用》等专著6部；在国内外发表《Genotypic variation in salt tolerance of *Ulmus pumila* plants obtained by shoot micropropagation》《优良组培白榆无性系对盐分响应差异性研究》《离体培养条件下12个白榆优良无性系氯化钠盐分抗性筛选的研究》等论文32篇；培养博士、硕士研究生37名，取得了预期的效果。

2. 课题研究产出结果

（1）干旱瘠薄山地造林树种及造林模型选择研究。该项课题研究，主要研究结果如下：

①山东退化山地生态造林项目区立地类型构建。构建适合当地立地条件的立地类型是配置适宜造林模型的前提。为此在山东退化山地生态造林项目区依据岩石种类、裸岩裸砂面积占土地面积的百分数、海拔高度、灌草植被盖度、坡度、坡位、土层厚度等指标，运用层次分析法构建出六种立地类型。第一类：多裸岩裸砂低覆盖极薄土层低山极陡坡类型；第二类：较多裸岩裸砂低覆盖薄土层低山极陡坡类型；第三类：少裸岩裸砂高覆盖薄土层低山陡坡类型；第四类：少裸岩裸砂高覆盖中土层低山较陡坡类型；第五类：极少裸岩裸砂高覆盖较厚土层丘陵较缓坡类型；第六类：极少裸岩裸砂高覆盖厚土层丘陵缓坡类型。

②干旱瘠薄山地不同混交模式选择研究。石灰岩退化山地丘陵植被恢复区混交模式选择研究试验林 20 个，适宜混交模式 15 个。包括乔灌混交林 4 个：黄栌连翘混交林、黄栌扶芳藤混交林、五角枫连翘混交林、侧柏连翘混交林；针阔混交林 5 个：侧柏黄栌混交林、侧柏臭椿混交林、侧柏刺槐混交林、侧柏五角枫混交林、侧柏苦楝混交林；阔阔混交林 6 个：刺槐黄栌混交林、黄栌苦楝混交林、黄栌臭椿混交林、五角枫黄栌混交林、刺槐五角枫混交林、五角枫臭椿混交林。

砂石山退化山地丘陵植被恢复区混交模式选择研究试验林 20 个，适宜混交模式 16 个。包括乔灌混交林 5 个：刺槐紫穗槐混交林、黄栌紫穗槐混交林、刺槐连翘混交林、黄栌连翘混交林、黑松紫穗槐混交林；针阔混交林 5 个：黑松刺槐混交林、黑松黄栌混交林、黑松麻栎混交林、黑松臭椿混交林、黑松五角枫混交林；阔阔混交林 6 个：刺槐麻栎混交林、刺槐黄栌混交林、刺槐五角枫混交林、麻栎五角枫混交林、五角枫黄栌混交林、刺槐黄连木混交林。

③干旱瘠薄山地造林树种选择研究。石灰岩退化山地适宜的造林树种：试验树种 25 个，其中适宜树种 19 个，包括侧柏、黄栌、苦楝、臭椿、君迁子、黄连木、五角枫、刺槐、皂荚、花椒、核桃、香椿、珍珠油杏、柿树、桃、山杏、连翘、扶芳藤、金银花；生长较差的树种 6 个，包括黑松、白蜡、栾树、桑树、文冠果、海洲常山。砂石山退化山地适宜的造林树种：试验树种 25 个，适宜树种 20 个，包括黑松、刺槐、麻栎、黄栌、五角枫、山槐、杜梨、臭椿、苦楝、山杏、板栗、桃、核桃、香椿、杏、花椒、紫穗槐、连翘、扶芳藤、金银花；生长较差的树种 5 个，包括侧柏、栾树、海洲常山、皂荚、黄连木。

④干旱瘠薄山地造林限制因子与林木生长驱动力研究。山东退化山地人工造林的主要限制因子为土层厚度、坡度、土壤水分含量、土壤孔隙度。在对林木生长限制因子改造时，最佳的穴状整地规格为 40cm×40cm×30cm，最佳的整地方式为鱼鳞坑整地，可以截短坡长，增加土层厚度，提高土壤的水分含量，改善土壤的理化性质，促进林木生长。林木生长的驱动力主要表现在土壤物理性状、土壤水文效应和土壤养分含量三个方面。其中土壤容重与林木生长呈负相关，是抑制因子；土壤孔隙度、土壤水分含量、土壤贮水量、土壤有机质及营养元素与林木生长呈正相关，是林木生长的驱动因子。

⑤干旱瘠薄山地造林技术集成与投资成本分析。通过分析干旱瘠薄山地主要造林技术的投资成本，研究发现在山东干旱瘠薄山地采用造林密度 2m×3m、2 年生苗木、树盘覆草和覆膜，鱼鳞坑整地，穴状整地规格为 40cm×40cm×30cm 的造林技术，其造林成活率高，林木生长量大，蓄水保土效益显著且投资成本低，是山东退化山地最适宜的造林技术。

⑥山东退化山地生态造林项目区不同造林模型生态效益研究。石灰岩山地山坡上部 S1 模型中 5 种密度侧柏林的蓄水保土效益以 2500 株/hm^2 的最大；山坡中上部 S2 模型中 8 种不同林分类型的蓄水保土效益以黄栌连翘混交林的最大，其次为黄栌扶芳藤混交林、黄栌山杏混交林、侧柏扶芳藤混交林、侧柏连翘混交林；山坡中部 S3 模型中 13 种林分类型的蓄水保土效益以侧柏刺槐混交林的最大，其次为侧柏黄栌混交林、侧柏五角枫混交林、侧柏臭椿混交林；山坡下部 S4 模型中 6 种林分蓄水保土效益以山楂林的最大，其次为花椒、柿树、核桃等；适宜造林密度为 625 株/hm^2。砂石山区山坡上部 S5 模型中 4 种密度黑松林蓄水保土效益以 1667 株/hm^2 的最大；山坡中部 S6 模型中 16 种林分类型的蓄水保土效益以刺槐麻栎混交林的最大，其次为刺槐五角枫混交林、刺槐黄连木混交林、黑松刺槐混交林、黑松麻栎混交林；山坡下部 S7 模型中 7 种林分类型的蓄水保土效益以山楂林的最大，其次为板栗、核桃、桃、杏，适宜造林密度为 500 株/hm^2；山坡下部 S8 模型中，梯田茶园防护林网以 12m×80m 和 20m×80m 的最好。

⑦山东退化山地生态造林项目区不同造林模型投资效益分析。不同造林模型造林抚育投资 10 年间总投资：S1 为 17350 元/hm^2、S2 为 18280 元/hm^2、S3 为 15350 元/hm^2、S4 为 38590 元/hm^2、S5 为 15100 元/hm^2、S6 为 15278 元/hm^2、S7 为 38590 元/hm^2、S8 为 49720 元/hm^2；直接经济效益：模型 S1 到 S8 产出的直接经济效益分别是 15336 元/hm^2、16849 元/hm^2、27533 元/hm^2、235313 元/hm^2、24500 元/hm^2、29043 元/hm^2、300720 元/hm^2、762300 元/hm^2；生态效益(间接经济效益)：S1 为 22208 元/hm^2、S2 为 25672 元/hm^2、S3 为 38696 元/hm^2、S4 为 11016 元/hm^2、S5 为 33495 元/hm^2、S6 为 40894 元/hm^2、S7 为 15327 元/hm^2、S8 为 16941 元/hm^2；不同造林模型产投比：造林模型 S1 产投比为 2. 16∶1；S2 产投比为 2. 33∶1；S3 产投比为 4. 31∶1；S4 产投比为 6. 38∶1；S5 产投比为 3. 84∶1；S6 产投比为 4. 58∶1；S7 产投比为 8. 19∶1；S8 产投比为 15. 67∶1。

(2)优质乡土树种种质资源保存与开发利用。该课题主要研究结果：第一，在乳山、泗水、新泰、蒙阴、雪野、莒县、高密、东阿、河口、垦利、利津等地建立 11 处乡土树种种质资源库，总面积 66. 7hm^2，汇集了刺槐、杨树、麻栎、楸树、核桃、花椒、金银花、银杏、柳树、臭椿、白蜡、榆树、苦楝、国槐、紫穗槐、木槿、紫叶李、连翘、君迁子等优质乡土树种 100 余个，丰富了山东优质乡土树种种质资源。第二，以 9 个白榆无性系组培苗为材料，通过实验室试管内试验、大棚盆栽试验以及大田试验，系统研究了不同盐分(NaCl、混合盐)及浓度胁迫条件下 9 个白榆无性系生长特性、生理变化、离子代谢以及光合特性，通过对不同耐盐能力白榆无性系(耐盐型、盐敏感型）耐盐性分析，揭示白榆耐盐生理机制。在9‰的氯化钠处理条件下，以白榆无性系组培苗的增殖系数、新生芽高生长量、植株高增长率、形态评价、成活率为指标，9个白榆无性系耐盐能力顺序：M30号>M51号>M65225号>M20号>50号>105号>46号>M7号>68号。与试管苗、盆栽苗耐盐试验结果对比：9个无性系试管苗在混合盐处理条件下耐盐能力排序结果与大田试验结果基本一致，证明了组培方法对无性系耐盐筛选的可行性。因此，组培试管苗耐盐筛选方法，为无性系耐盐机制研究和优良耐盐无性系选育提供了切实可行而全新的途径。第三，研究了29个耐盐刺槐优良无性系表现差异性，其相似系数为0.14~0.74，平均相似系数为0.54，表明各无性系之间存在较大的遗传差异和复杂的遗传关系。通过聚类分析，在阈值为0.47时，29个刺槐无性系可分为3大类，第Ⅰ大类包括W014、W011、W004、W044、W020、W056、W055、W008、W006、C006、W009、C009、C043、C019、C003、W052、C047、W034、W050、C041、Z012、C013、W038。第Ⅱ大类包括W041、C045、C017、W021、C011。第Ⅲ大类只包括W017一个系号。第四，研究结果显示，在黄河三角洲滨海盐碱地生长表现较突出的白榆优良品系分别为5号、M7号、M20号、M30号、34号、41号、46号、50号、M51号、58号、286号、M65225号共12个；选育出美黑1号、美黑6号、美黑11号、美黑K2号、美黑K5号黑核桃品系5个；选育出碧波1号、碧波2号、碧波3号、碧波4号和碧波5号抗寒优质茶树品系5个。第五，构建了白榆组织快繁技术体系，确定了生根培养基和扩繁培养基配方，A2培养基（PP+0.6BA0.2+KT0.1+S3%）为白榆扩繁最佳培养基，M2培养基（WPM + 1.0 mg/L IBA+2% Sugar）为优良白榆无性系最佳生根培养基；通过白榆愈伤组织诱导试验，构建了以白榆叶片、茎段愈伤组织诱导生长状况、愈伤分化率为指标的白榆无性系再生体系。以此研究结果为基础，申请发明专利6项，组培繁育苗木2702多万株。

（3）黄河三角洲滨海盐碱地生态造林模型研究。该课题的主要研究产出：第一，黄河三角洲滨海盐碱地土壤类型和植被类型研究得出：黄河三角洲滨海盐碱地土壤类型，主要为盐土、潮土和盐化潮土，其面积占90%以上。植被类型主要有湿生植被和盐生植被2类，其中湿生植被包括沼生芦苇、杞柳、扁秆草、大米草等群落类型；盐生植被主要有柽柳、碱蓬、獐毛、中华补血草等群落类型。第二，从国内外引进36个耐盐碱树种和品种，建立耐盐树种种质资源库3处。通过综合评价，将以上树种或品种按耐盐能力分为3类，第一类5个，为柽柳、白刺、白蜡、白榆、美洲白蜡；第二类14个，为紫穗槐、臭椿、苦楝、杞柳、香花槐、竹柳、桑树、构树、杜梨、枣、金银花、木槿、欧洲光叶榆、美洲榆树；第三类17个，为刺槐、旱柳、合欢、国槐、杏、桃、黑杨、沙柳、沙枣、梨、香椿、蒙古莸、龙爪柳、J172柳、渤海柳1号、渤海柳2号和渤海柳3号。第三，根据盐碱地水盐运动规律，对各种措施的综合治理效果进行了系统研究，得出：黄河三角洲盐碱地综合治理技术——工程+化学+生物，林农复合生态构建技术——白蜡（榆树、杨树、柳树）+玉米（棉花、大豆），提高造林成活率30%、降低风速50%、土壤含盐量相对降低60%~77%（4月）。第四，通过6年对滨海盐碱地改良区5种造林模型防风效果和土壤盐分降低效果的定位定时监测研究，得出试验区与对照区(荒地)相比，不同造林模型风速平均降低百分比：Y1、Y2、Y3、Y4、Y5 分别为：51.66%、49.51%、49.56%、49.75%、50.94%；土壤含盐量绝对值降低：Y1、Y2、Y3、Y4、Y5 分别为：0.29%、0.30%、0.28%、0.25%、0.28%。第五，在当地整地的基础上，对各项目区的 5 个造林模型的投资成本进行研究，影响造林成本的因素为苗木、挖穴栽植、灌溉、抚育管理，各造林模型的造林投资成本相差不大，在造林成本中，差异最大的是苗木，每株苗木 2~12 元不等；其次是灌溉，栽植时和第二年分别灌水 1 次，每公顷 1800~3000 元；造林后前 3 年需要松土除草每年 2 次，每公顷 1000~1300 元；挖穴栽植成本较小，每公顷 900~1100 元。苗木规格是影响苗木成本的主要因素，因此在保证造林成活率的前提下要尽量选择规格小的苗木进行栽植，同时适当控制灌水次数和松土除草面积，从而保证减少投资成本。第六，经研究滨海盐碱地造林模型综合效益监测与评价后得出，5 种造林模型的产出投入比为 24.2：1 到 44.5：1，顺序依次为 Y2 > Y1 > Y5 > Y3 > Y4，特别是防止风灾、固碳释氧，改善小气候和改良盐碱等方面发挥了较大的作用，具有显著的生态和经济效益。

3. 课题研究创新点

(1)干旱瘠薄山地造林树种及造林模型选择研究。该课题的创新点：一是选择出适宜山东退化山地混交林的混交树种。研究发现，苦楝、臭椿、皂荚、君迁子、黄栌、五角枫、黄连木、连翘、扶芳藤等乡土树种适宜在山坡上部和中部营造，并进行了大面积的混交栽植，获得成功。二是研究出适宜山东退化山地生态用材型防护林的混交模式。研究发现适宜山东退化山地生态用材型防护林的混交模式 31 个，其中石灰岩山地 15 个，砂石山区 16 个，兼顾了生态、景观、经济效益，取得了良好效果。三是优化和重建山东退化山地 7 个造林模型。优化了石灰岩山地山坡上部的造林模型(S1 和 S2 合并为造林模型 S1)，8 个造林模型优化为 7 个造林模型；丰富了生态型防护林 6 个、用材型防护林 3 个、经济型防护林 3 个，拓展了造林初植密度 3 类，大面积推广应用效果显著。

(2)优质乡土树种种质资源保存与开发利用。该课题的主要创新点集中在三个方面：一是选育出白榆、黑核桃、茶树等树种的优良品系。筛选出耐盐碱速生白榆优良品系 12 个，分别为 5 号、M7 号、M20 号、M30 号、34 号、41 号、46 号、50 号、M51 号、58 号、286 号、M65225 号；选育出美黑 1 号、美黑 6 号、美黑 11 号、美黑 K2 号、美黑 K5 号黑核桃品系 5 个；选育出碧波 1 号、碧波 2 号、碧波 3 号、碧波 4 号和碧波 5 号抗寒优质茶树品系 5 个。二是创建了白榆组培快繁体系。建立了耐盐碱速生白榆离体快速繁殖方法，筛选出耐盐碱速生白榆组培苗继代培养基，增殖率提高 5 倍以上；突破了白榆组培瓶颈，平均增殖系数提高 2.3 倍以上，加快了白榆推广进程。三是获得发明专利和新品种。获得一种耐盐白榆组培苗的瓶内生根方法、一种耐盐白榆组培苗的继代培养方法、一种耐盐碱速生白榆组培苗继代培养方法、一种耐盐碱速生白榆离体快速繁殖方法等 6 项发明专利；制定白榆种苗快繁技术规程、白榆组织培养苗大田育苗技术规程 2 项；审定美黑 1 号、美黑 6 号、美黑 11 号、美黑 K2 号、美黑 K5 号黑核桃新品种 5 个，审定通过鲁盐 1 号、鲁盐 2 号、鲁盐 3 号白榆新品种 3 个，推广应用效果良好。

(3)黄河三角洲滨海盐碱地生态造林模型研究。该课题创新点：第一，丰富了滨海盐碱地造林树种和品种，由原先的21个增加到36个。Y1的主栽树种由原先的6个增加到15个，Y3主栽树种由原先的5个增加到14个。耐盐碱树种或品种得到了广泛推广应用，生态效益显著。第二，研究量化了滨海盐碱地不同造林模型的生态经济价值，其产出投入比为24.2∶1到44.5∶1，经济效益显著。第三，制定柳树栽培技术规程地方标准1项，申请"一种集水洗盐保水提高滨海盐碱地速生树种造林成活率的方法"和"一种节水灌溉提高裸根苗造林成活率的栽植方法"2个发明专利，申报柳树新品种6个，在滨海盐碱地造林中得到广泛应用，产生良好的生态和社会效益。

4. 取得的主要经验

(1)紧扣项目目标，确定研究方向。为了实现在山东省生态脆弱区实现生态造林的目标，项目三个研究课题团队，紧紧围绕项目目标，经科学论证，提出了三个研究方向，分别在干旱瘠薄山地造林树种及造林模型选择、黄河三角洲滨海盐碱地生态造林模型选择、优质乡土树种种质资源保存与开发利用方面进行了研究。这三个方向的研究区面积大，基本涵盖了山东省主要生态脆弱区的范围，研究内容全面，有针对性地解决了该区域存在的主要造林技术问题，达到了为项目提供技术支撑的作用。

(2)围绕项目建设，攻克技术瓶颈。项目区立地条件差、植被稀少、树种单一，造林困难，传统林业造林技术已经难以发挥作用。为实现项目建设目标，课题组围绕各自研究方向，开展了关键技术的研究，主要集中在优良乡土造林树种选择、混交林营造、抚育管理、盐碱地治理等方面。针对关键技术的研究，课题组配备优势力量，重点攻关，攻克了技术瓶颈，保证了项目的顺利完成。

(3)抓好技术培训，转化阶段成果。项目实施过程中，为加快新技术、新成果的转化进程，课题组采取科研、示范和推广相结合三同时的方式，对成熟技术成果进行组装配套，将取得的退化山地立地类型划分、造林混交模式、白榆优良无性系快繁技术、盐碱地造林树种选择等阶段性成果，与实际需求相结合，多点建立了成果示范样板；同时，加大了技术服务指导与业务培训，从业人员的业务水平明显提高。这些措施的采取，使新技术、新成果得以迅速推广应用，取得了显著成效。

(4)搭建交流平台，推动技术创新。课题组通过举办国际研讨会、技术咨询会的方式，针对树种选择、困难立地造林、混交林营建、盐碱地治理等技术难题，与国内外知名专家学者学习交流。这些学术平台的搭建，激发了创新思维，有力地推动了技术创新。三个课题产生了许多技术创新，比如，创新使用了多个优良乡土造林树种，总结了多个混交造林模式，优化了目前的造林模型，收获了多篇学术论文、专著、发明专利、新品种等。这些技术创新都在项目区推广应用，提升了项目的科技含量。

三、项目科研与推广主要经验评价

自项目实施以来，成果推广和科学研究工作坚持针对性、实用性、连续性和多样性的原则，根据项目实施进度要求，结合项目实施遇到的具体问题，有针对性地开展科研和推广工作，及时解决了影响项目顺利实施的瓶颈，加快了项目实施进度，提高了项目科技含量，推动了项目实施质量的显著提升。

1. 创建了“3211”推广模式

项目实施以来，在结合前几期世界银行贷款项目实施的基础上，创建了“3 建 2 推 1 转”技术推广模式。即搞好“三个一”的建设，狠抓“两个一”的推广，促进“一个一”的转化。“3 建”，即“一支队伍建设、一套机制建立、一片示范林营建”。项目自实施以来，已建成省、市、县(市、区)、乡(镇、场)、村科研推广队伍网络，人员达 2100 多人；制订管理办法、规定、规程、意见 100 多条(个)。“2 推”，即：“即将推出的新技术”和“已推出的新技术”组装配套应用于项目建设中。“1 转”，即促进科技成果尽快转化为生产力。项目设置的 3 个科研课题和 2 个监测课题，采取边研究边转化的方法，成熟一个成果转化一个成果，研究的退化山地立地类型划分、适宜于不同立地类型的造林树种选择、项目监测等成果，都已直接应用于项目实施过程中，解决项目生产过程中的技术瓶颈，提高项目实施效果。

2. 引进了参与式磋商理念和方法

项目实施中引入的参与式磋商理念，使政府、农户在项目实施中的地位和作用发生了改变。政府由过去的主导变为引导，农户由过去的被动参与转变为按照自己意愿参与。在项目实施中，政府积极与农户就项目实施细节进行沟通，保障了农户的知情权，提高了农户参加项目的积极性。

曲阜市尼山镇在参与项目的 14 个行政村中，通过召开村民大会、小组磋商、磋商研讨会、张贴宣传标语、发放宣传材料等方式，使项目参加人员及时、准确地掌握项目相关信息，极大调动了当地群众参加项目的积极性，并结合自身实际，在树种选择、林地管护等方面提出了切实可行的建议。

3. 研制了生态位预留概念

为增强项目实施的生态效益，减少或消除对自然环境造成的负面影响，项目制定了《环境保护规程》，并根据项目实施中的实际对各级技术人员、管理人员和造林实体进行理论及现场操作培训，在造林整地过程中引入生态位预留的理念，降低造林密度，减小整地破土面，项目实施后项目区的土壤侵蚀减少 50%～70%，既确保了各项生态环境效益预期目标的实现，又为周边地区造林提供了示范样板。

4. 构建了 13 个造林模式

根据山东退化山地植被恢复区和滨海盐碱地改良区的立地条件，创建了 13 个造林模型，在项目区具有很强的适应性，在项目实施中也体现出了良好的效果，合适的树种搭配、栽植密度、立地条件、抚育措施提高了造林树种的成活率，生物多样性提高 69. 1%，得到了项目参与单位及相关人员的普遍认可，在项目区及周边地区得到了积极推广。

威海乳山市夏村镇阜西庄村采用 S5 和 S6 模型，栽植树种主要有黑松、刺槐、黄连木、五角枫、臭椿，伴生树种主要有麻栎、紫穗槐等，新增林地面积 60. 3hm^2，与林网、沟、渠、路及村镇绿化相结合，形成较完备的综合防护林体系，有效的保持水土、增强森林涵养水源功能，部分已经干涸的小水库蓄满了水。森林面积的增加，河流水质的改善，为众多生物提供了栖息环境，山雀、戴胜、蛇、斑鸠等动物数量明显增多，野生动物资源数量显著增加。

5. 提出了“三小”造林技术

项目实施过程中，按项目规定的造林标准，采用“三小”即小苗、小穴、小密度的先进造林技术，改变了传统“粗、大、密”的栽植习惯，从而减小了破土面，保护了原有植被，维护了生物多样性，降低了造林成本。据统计，仅采用小苗、小密度造林就能节约资金 7000 万元人民币，有效地抵消了造林成本提高和汇率变化对项目的影响，确保了造林任务的顺利完成。

第十五章　项目信息管理

为了及时掌握项目的组织管理、技术培训、工程进度、科研推广、建设费用、木材市场以及小班林木生长等变化情况，以满足项目建设的需要。在项目实施过程中，充分借鉴和运用项目中已开发的信息工程管理系统和报账系统，有效地监测、评价项目的建设效益，并对组织协调、计划调控、科研推广、财务管理、环境监测等其他运行管理支撑子体系进行有效的监控和管理。建立健全了省、市、县、乡(镇)四级信息反馈系统。截至目前，山东省启动实施的世界银行贷款"山东生态造林项目"以及欧洲投资银行贷款沿海防护林工程项目涉及的全部造林实体的所有造林小班的主要造林环节都实行了信息化管控，从而确保了项目的执行建立在科学基础上。

第一节　项目信息管理系统的创建与应用

所谓项目信息管理系统的创建，是把计算机技术学科与林业项目管理学科有机相结合与集成，并运用计算机快速处理数据、信息交换为项目管理平台服务的一门科学。创建项目信息管理系统，并将其应用到国际金融组织贷款林业项目的管理中，是当前从事外资项目管理者的普遍共识，也是世界银行、亚洲开发银行、欧洲投资银行等贷款造林项目的迫切需求。

一、创建项目信息系统的目的意义

信息化管理是项目发展的主要趋势，通过项目信息化不仅能够提高项目信息的质量，还可以提升项目信息的服务水平。在项目信息管理中，通过无人机技术、遥感技术、物联网技术等大量的现代信息技术的普及应用，显著提升了项目信息管理服务的水平。

1. 可实时监控项目的实施进度

利用国际金融组织贷款项目立项评估后，项目随后就进入了启动实施阶段。根据项目评估报告和项目可行性研究报告的规划设计要求，按照项目总体实施安排，项目主管单位编列了项目实施计划，包括年度造林规模、资金投入、苗圃改造升级、苗木生产、咨询培训、科研推广、抚育管理、物资采购等计划。这些信息数据资料采集后，集中存储在项目信息管理系统中，能随时准确检索和查询这些项目管理数据，并实时监控和掌握各单位项目的实施进度，从而提高项目管理数据处理的效率，为领导决策提供依据。

2. 可有效监管项目的造林质量

国际金融组织贷款造林项目的一个最显著特点是涉及行政区域广、乡镇村多，造林小班遍布高山、远山、河滩、海滩，远离村庄、居民区；小班面积小的不足 $1hm^2$，大的 40 多 hm^2；经营实体有国有林场、集体林场、联办林场、专业合作社、股份制公司、联户承包、个体农户等，经营形式多样，管理难度大，很难及时有效地监管项目造林质量。

根据项目评估报告和项目造林检查验收办法的规定，项目造林面积的检查验收，采用“造林实体自查、县级项目单位核查、市级项目单位复查、省级项目单位抽查”的方式进行，验收符合规定要求，才能报账提款。借助于现代物联网技术，可对项目的造林面积、造林成活率、造林保存率、苗木质量等相关信息进行采集、录入、输送以及储存等进行实时管控，并做出科学的判断，进而做出正确的决定，避免了传统的项目造林信息滞后性，为项目报账提款及经营决策提供科学的依据。

3. 可共享项目林分的动态监测

传统的项目信息管理工作的重点就是对项目林地资源及林木资源的保护和利用，而随着世界性的林木资源稀缺性日益增强和生态需求与林产品需求矛盾的激增，我国在利用国际金融组织贷款开发林木资源时，特别注重对林木资源培育的有效配置，既进行商品林的培育，又进行生态林的培育，两者同等重要，缺一不可。林木资源利用方向的优化配置对项目信息管理工作提出了更高的要求，要求工作人员不仅要掌握林分的生长、径级的分配情况，还要掌握病虫害的消长情况、森林火灾发生情况、人畜毁坏等因素对林木资源的影响，面对这些诸多繁琐的信息，如果采取传统的操作管理方式，就很难产生预期的效果，而通过现代信息技术则可以从源头上实现对项目林分的动态管理与监测，从而整体推进项目林分动态监测信息的共享。

4. 可实现项目信息管理服务的电子化

利用外资贷款开展资源培育项目，从项目的立项评估、可行性研究、环境影响评价、社会影响评价、总体设计、启动实施以及竣工验收等阶段，都需要提供大量的信息数据资料。特别是项目启动实施阶段，项目检查、小班数据监测、月报或季报、半年报或年报等，来往反馈信息资料频繁；项目中期调整时，几十个投资模型的量化分析(包括项目现金流量、财务内部收益率等)采用传统的信息管理模式，很难应付这些繁琐的工作。

通过现代电子信息技术可以将各种项目信息资源通过计算机网络平台进行整合，实现了由信息采集、传输、储存、决策制定的全过程自动化管理，优化了人工操作环节，项目信息用户可以依托现代信息管理平台自主选择自己需要的信息，而不再受到时间、地点等方面的限制。例如，可网上开展培训及咨询指导，文件传输、会议交流都可网上进行；再如，采集的项目各种信息，可方便地形成各种项目管理需要的报表资料，从而实现项目信息管理服务的电子化。

二、项目信息管理系统的创建

开发创建一个理想的项目信息管理系统，是软件工程师与项目管理者共同磋商、反复调研、潜心设计、系统测试后，才能达到的预期效果。项目信息管理系统创建的原则、路径以及方法有很多种，这里只作简单的介绍，有关知识可参照相关文献资料。

1. 信息系统创建的一般原则

为确保项目信息管理系统的成功构建并维持良好的运行，在信息系统的构建与技术方案的设计时，应遵循以下 8 条原则：

(1)整体性和开放性原则。在林业贷款项目信息管理系统规划设计时，应充分考虑项目管理的纵横关系，项目单位的垂直沟通与联络，项目主管部门与有关部门之间的横向关系，整体设计规划项目信息管理系统登录接口，注重各种信息资源的有机整合；既考虑安全性，同时也考虑具有一定的开放性，把握好信息共享和信息安全之间的关系。

(2)统一设计原则。为保证数据信息的有效性、一致性及可用性，信息系统的创建应从全局出发和从长远的角度考虑，统筹规划信息系统的结构。尤其是应用信息系统框架结构、数据模型结构、数据存储结构以及信息系统扩展规划等内容，必须统一设计、统筹考虑。

(3)先进性原则。在项目信息系统设计时，信息系统的构成应充分采用其先进和成熟的技术，满足建设的要求，并采用符合国际发展趋势的技术、软件产品和设备。在设计过程中应充分采用先进成熟的技术手段和标准化产品，使信息系统具有较高性能，符合当今技术发展方向，确保信息系统具有较强的生命力，有长期的使用价值，符合未来的发展趋势。

(4)可靠性和稳定性原则。在项目信息系统设计时，应对其可靠性和稳定性予以高度重视，采用可靠的技术处理手段，信息系统各环节具备故障分析与恢复和容错能力，并在安全体系建设、复杂环节解决方案和信息系统切换等各方面考虑周到、切实可行，建成的项目信息系统稳定且可靠，能降低或阻止各种可能出现的风险。

(5)经济性和实用性原则。在信息系统设计时，尽可能地节省项目投资，设计开发出监管信息系统性能优良，价格合理，性价比高，面向需要，注重实效，坚持实用经济的原则，充分利用现有设备资源，在满足应用需求的前提下，帮助项目用户尽可能地降低建设成本。

(6)可扩展性原则。在信息系统设计时，要充分考虑未来项目发展的需要，尽可能设计的简明，降低各功能模块耦合度，并充分考虑其兼容性，能够支持硬件系统、软件系统、应用软件等多个层面的可扩展性，使得信息系统可以支持未来不断变化的特征。

(7)用户操作方便原则。在进行项目信息系统设计时，界面的风格应统一，可为每个客户或用户群提供一个一致的、个性化定制的、易于使用的且友好的操作界面。

(8)安全性原则。在项目信息系统设计中，用户的身份直接决定了用户可以使用的功能和可以查看的数据，因此在信息系统中具有严格的权限体系，将用户按照职位、部门、专业进行角色的划分，并为每一个角色赋予全面的权限控制信息，以确保项目信息管理系统及其数据资料的安全性。

2. 管理信息系统总体开发设计策略

整体而有效地管理项目信息系统是信息系统开发成功的关键。整体管理思想是项目管理知识体系方法中的一种，也是唯一能贯穿项目立项、评估、可行性研究以及启动实施到竣工收尾全过程知识体系的有效设计思路。我们可以运用这一管理方法，来主导对项目信息系统的开发设计策略。

(1)“自上而下”策略。基于项目的战略目标，从项目高层管理入手，将项目(上下左右)看成是一个整体，在把握住项目管理信息流脉络的前提下，确定系统方案，然后自上而下层层分解(图 15-1)，确定哪些功能能确保目标的完成，从而将其划分相应的业务子系统。经过对应用信息系统的需求调研后，再合理地制定《总体设计方案》《总体集成实施方案》以及《项目总体实施进度计划》规划说明书，最后完成总集成相关标准技术规范和业务标准规范的开发设计。

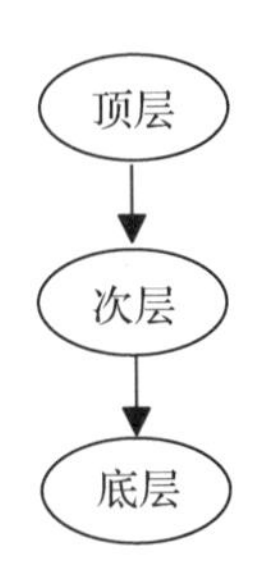

图 15-1　垂直结构

(2)“分而治之”策略。对于利用国际金融组织贷款造林项目而言，虽然项目主(总)目标只有一个，但是项目子目标有很多。正因其业务的多样化，才导致一个信息系统往往不止一个设计目标，这都希望能有不同的功能实现，即多目标性。但项目目标的多样性，往往会造成目标之间的相互冲突，因此实施项目的过程即是一个协调的过程，在协调的过程中，往往需要权衡和选择项目目标的时间、成本和质量三个基本要素，并想方设法地予以协调解决。

当目标和子目标确定完后，就可以为该系统项目制定一个较为详细的管理计划，包括定义、准备和协调所有子计划已形成项目管理计划所必要的所有行动。当然，项目的管理计划也是一个不断完善的过程，需要后期的更新与修订。除此之外，项目管理计划还可以包含一些辅助计划，即范围管理计划、时间管理计划、成本管理计划、质量管理计划、沟通管理计划、风险管理计划等等。

如此繁杂的目标、子目标、计划、子计划等(图 15-2)，对于应用信息系统开发商而言，其开发设计的策略，毫无疑问的应该是“避实就虚，各个击破”。即把相对独立的子系统开发任务，分配给相对业务熟练的软件设计师，专注于此范围项目应用信息系统的开发。

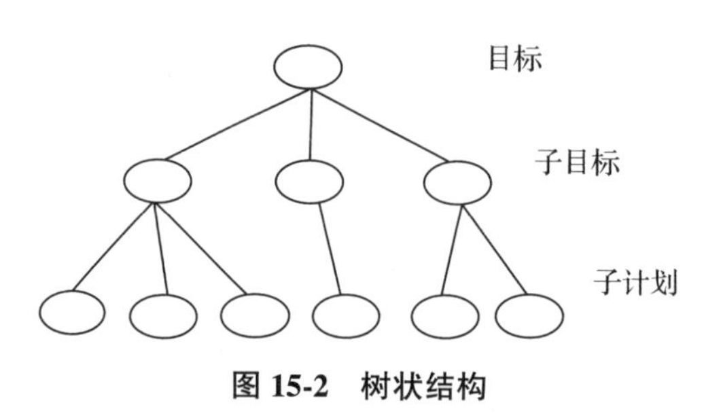

图 15-2　树状结构

(3)“有效集成”策略。基于“自上而下”和“分而治之”策略的指导下，项目信息系统总体规划、目标与各级子目标信息系统的开发设计得以顺利展开和完成。这似乎已完成了项目信息系统的开发任务，但实则不然，还有一项十分重要的工作，那就是项目应用信息系统集成规范问题，也称为应用信息系统的“总集成”。项目信息系统的“总集成”主要包括：支撑环境集成、界面集成、数据集成、业务(目标、子目标、计划、子计划等)集成、安全集成、管理集成等六个方面(图 15-3)，只有完成了“总集成”，才能达到总体规划设计的目标。

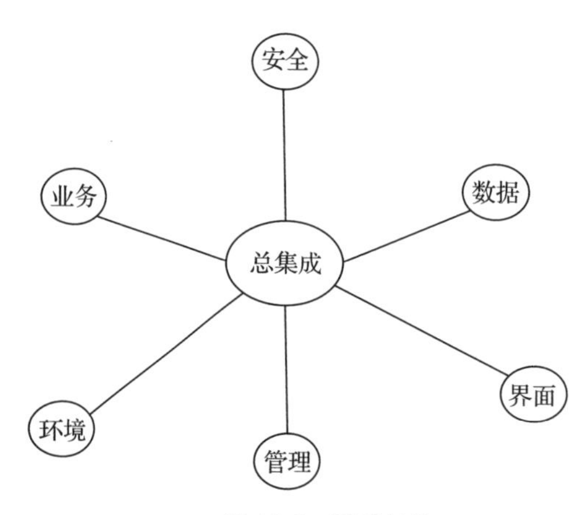

图 15-3　星状结构

3. 管理信息系统开发的基本方法步骤

管理信息系统开发的基本方法步骤可分为系统规划阶段、系统分析阶段、系统设计阶段、系统实施阶段以及系统运行与维护五个方面。在五个方面开发的基本步骤中，每个阶段的任务不同，其侧重点也不相同。见图 15-4。

(1) Ⅰ阶段——系统规划。系统规划是在初步调查的基础上提出项目信息系统开发的总体要求，如有可能，则给出新系统的总体规划方案，并对其进行可行性分析。其产出是形成系统开发计划和可行性研究报告。

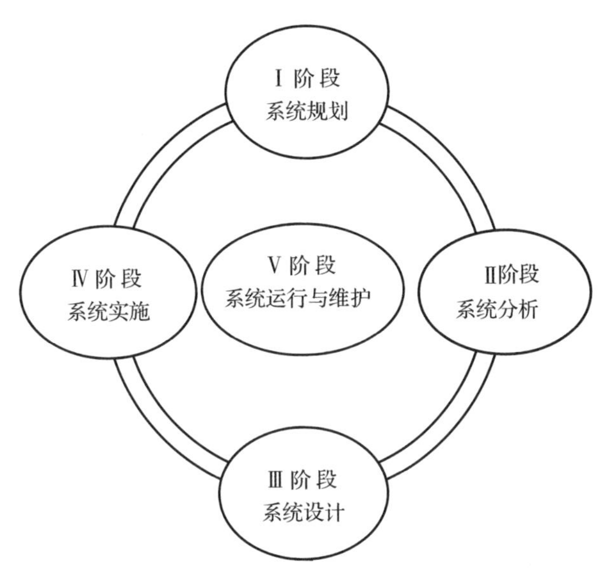

图 15-4　管理信息系统开发的基本方法步骤

(2) Ⅱ阶段——系统分析。其任务是依据系统开发计划所确定的范围，对现行系统进行详细的调查研究，设计出现行系统的业务流程，找出系统的局限和不足，确定新系统的基本目标和逻辑模型。该阶段的工作成果产出为“系统分析说明书”，它是系统开发必备文件，是提交给用户的文档，作为下一阶段工作的重要依据。因此，“系统分析说明书”要通俗易懂，能够让用户通过它来了解新系统的功能，判断其是否是用户所需的系统。评审通过的“系统分析说明书”，是系统设计和最终验收的依据。

(3) Ⅲ阶段——系统设计。在系统分析阶段，论述了新系统要“做什么”的问题，而进入系统设计阶段的就要逐一回答“怎么做”的问题。依据“系统分析说明书”中规定的功能要求，结合实际条件，具体设计实现逻辑模型的技术方案，即设计新系统的物理模型。该阶段又可分为总体设计和详细设计两个阶段，其主要产出是生成的技术文档即“系统设计说明书”。

(4) Ⅳ阶段——系统实施。这阶段的主要任务是对硬件设备的购置、安装和调试，应用程序的编制和调试，操作人员的培训，数据文件转换，系统调试与转换等工作。因为该阶段是按计划分阶段实施完成的，因此每个阶段都应写“实施进度报告”。系统测试完毕后还要写出“系统测试报告”。

(5) Ⅴ阶段——系统运行与维护。系统运行与维护是系统开发的最后步骤，也是比较重要的一环。系统投入运行后，要随时记录系统的运行状况，需要时常进行维护和必要的修改，并由客户(使用者)对系统的工作质量和经济效益进行客观的评价。

三、信息系统在林业贷款项目管理中的应用

自 20 世纪 80 年代以来，随着我国改革开放的不断深入推进，林业利用国际金融组织贷款项目数量不断增加，造林面积不断扩大，造林质量不断提升，取得了显著的成

效。实践证明，我国林业贷款项目只有积极借鉴国外的先进技术和成功经验，不断采取技术创新、工艺创新，充分重视现代信息科学技术，才能提高生产力，符合我国林业的需要，并在项目信息化建设进程中取得良好佳绩。

1. 应用现状

自20世纪90年代初开始，计算机技术引入到项目的管理后，随着外资贷款数量的增加，信息系统在项目管理中的应用领域也在不断扩大。目前主要集中在以下五个方面。

(1)项目会议文档管理。文档管理，主要是进行简单的工程进度管理、工程制图，帮助建立项目计划、资源监管、实际与计划偏差，并在执行过程中对目标进行监控，使管理层实时掌握项目进度的完成情况、实际成本与预算的差异、资源的使用情况等信息。使用网络技术进行文档传输、会议交流、技术咨询等。

(2)项目工程管理系统。项目工程管理系统，主要是通过自主研发或购买集成的项目工程管理信息系统软件，实现项目信息的计算机管理。例如，监测评价、造林进度、资金使用进度、苗木培育、苗木供应等相关信息的浏览、汇总、查询、打印、输出等情况，为项目决策提供依据。

(3)项目数据处理。在项目数据处理方面，主要是利用现有成熟的开发软件，例如采用Microsoft Excel软件本身带有的函数进行项目经济效益分析，包括不同子项目、不同造林投入产出模型的现金流量、财务内部收益率等方面的计算。另外，在世界银行贷款项目中期调整时，往往利用其提供的软件进行相关的数据处理。

(4)项目专家咨询系统。专家咨询系统是一种模拟专家决策能力的计算机系统，是人工智能的一个分支，它大量利用了专业知识以解决只有专家才能解决的问题。2001年，祁诚进、慕宗昭利用世界银行贷款“森林资源发展和保护项目”资金的资助，研制开发了“杨树害虫综合治理专家咨询系统”，实现了杨树虫害的识别分类、预测预报、农药使用、综合治理的决策咨询和管理。这也是专家咨询系统在国际金融组织贷款林业项目中的首次开发和应用。

(5)项目地理信息管理系统。随着地理信息系统软件开发的日渐完善，ArcGIS、奥维地图、Galileo离线地图、Google地球等软件作为处理地理信息的工具在林业项目管理中也得到了开发和应用。例如，山东省利用欧洲投资银行贷款实施的山东沿海防护林工程项目，在欧洲投资银行技术咨询专家的协助下，成功开发创建了项目造林小班地理信息管理系统，实现了项目林的资源动态趋势及其造林小班的地理信息的有效管理，提高了项目管理的效率和精准度，拓展了信息管理在林业贷款项目中的应用领域。

2. 未来应用领域

(1)项目的林木资源监管。项目的造林和抚育质量，是项目借贷双方最为关注的问题，双方共同确认了造营林检查验收办法。借款方实行了严格的造林和抚育检查验收制度，贷款方实行了严格的报账提款制。造营林质量包括：造林面积、苗木质量、混交树种(或品种)或混交比例与方式、生长达标率、造林存活率、保存率等，这些都是需要检查的信息。随着遥感技术与卫星(或无人机)定位技术在林业上应用的愈来愈成熟，未来实现项目林木资源的监管是完全可以的。

遥感技术就是利用对地表物体的反射与发射电磁波来获取相应的信息；而卫星(或无人机)定位系统实际上是在空间技术、计算机技术等基础上发展而来的一种技术，它的作用就是准确定位。项目造林小班布局与面积、树种(或品种)的色泽影像、林分郁闭度、林相的色谱、林木的生长、混交的比例与方式将可用GPS定位系统与RS影像、GIS平台等有效连接，以实现项目造林小班的准确定位，并通过将GPS与网络技术结合起来，能够分辨出造林面积的误差情况，造林小班的混交情况、生长状况等，从而提高对项目造林和营林检查的准确度和精度。

(2)项目的工程仿真模拟。计算机模拟又称计算机仿真，是借助计算机的高速、大存贮量数字及相关技术，对复杂的真实系统的运用过程或状态进行数字化模仿的技术，所以也称为数字仿真。计算机仿真可为项目造林施工过程和造林模型优化研究开创了新的方法，能使项目造林施工和现代化的计算手段有机地融合在一起，将施工的立地条件、气候条件、苗木标准、苗木品种、抚育管理、混交比例和方式等参数和以往仅凭造林施工的经验进行仿真试验，然后再进行参数数值分析，施工方案优化比较，得出我们想要的结果，从而大大减少了技术人员或科研人员的现场试验强度，缩短了时间，能够在项目立项之初，就能优选出最佳的造林模型，为项目决策提供高精度和高准确度的方案。

第二节 信息系统的创建与应用实例

随着计算机技术的飞速发展，物联网技术、人工智能技术在林业项目中也得到了推广与应用。本节将筛选20世纪90年代以来，国内林业在利用国际金融组织贷款造林项目比较有代表性的信息系统开发和应用案例，分别阐述“世界银行贷款国家造林项目信息管理系统”“世界银行贷款‘森林资源发展和保护项目’杨树害虫综合治理专家咨询系统”以及“欧洲投资银行贷款‘山东沿海防护林工程项目’造林小班地理信息管理系统”的总体构想、构建方法、开发步骤、软件运行环境等等方面内容，为读者在今后的工作中构建或开发使用项目信息管理系统有一个感性的体验。

一、项目工程信息管理系统的创建与应用

世界银行贷款国家造林项目信息管理系统软件开发的目的：一是将长期为国家造林项目管理工作提供服务；二是保证速生丰产林建设信息的传递和反馈，便于项目的检查与监督；三是有利于推动省、市、县乃至全国营造林管理水平的不断提高；四是信息系统是整个造林项目的一个重要组成部分。鉴于此，原国家林业部于1991年着手开发创建该套软件系统。

1. 系统的开发及运行环境

本系统采用Sybase公司的Powerbuild及其数据库系统进行开发，采用了分层模块化设计；运行环境为DOS版本在3.30以上，CLEPER在5.0以上，MS在6.0以上。

2. 系统的总体框架

由于世界银行贷款国家造林项目(简称 NAP 项目)是一个贷款数额大的跨省区大型造林项目，涉及 20 个省(自治区、直辖市)的 800 多个县(市、区、旗)，为及时掌握项目实施进展和实施质量，根据与世界银行达成的协议规定，确定由国家林业和草原局林草调查规划院主持开发“世界银行贷款国家造林项目信息管理系统”。

该系统研发的目标：一要保证满足项目信息的迅速反馈；二要有利于实施项目的检查监督；三要有利于基层信息数据的采集；四要能及时向世界银行提报有关信息资料；五要开发出以计算机为基础的多级管理信息系统。

该系统由五个子系统组成：一是数据库管理子系统；二是统计管理子系统；三是模型库管理子系统；四是图形管理子系统；五是用户接口子系统，如图 15-5。整个系统又分为中央、省(自治区、直辖市)、县(市、区、旗)3 级，级别不同功能也略有区别。

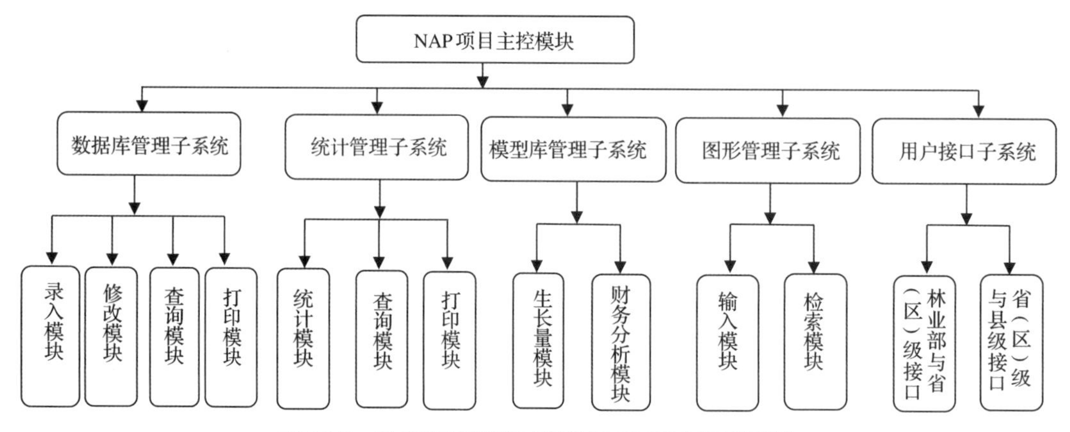

图 15-5　世界银行贷款国家造林项目信息管理系统

3. 系统的主要功能

世界银行贷款国家造林项目信息管理系统版本为 1.0 版。该系统适用于世界银行贷款国家造林项目信息数据的采集、提报及处理。整个系统具有 5 大功能。

(1)数据库管理。包括目标数据库表(建筑材料、纤维材、矿柱材、胶合板材)、造林小班调查数据库表、采种基地和苗圃数据库表、施工进度数据库表、小班生长过程数据库表、造林基地综合信息数据库表、木材市场调查数据库表、造林用工和投资概算数据库表，共八种表格数据的录入、数据的修改、有关数据的查询以及打印。

(2)统计管理。主要包括对前面 8 个数据库表中的 3 个库表数据的统计分析，最后做出预测和判断。其中，对小班达标情况、造林进度情况、小班生长情况、造林用工和投资情况的统计，对经营、生长量，以及投资进行分析，得出结论。

(3)模型库管理。在 8 个数据库表中，小班生长过程数据库表和造林用工以及投资概算数据库表是进行模型库管理的基础。它有两个功能：一是生长量预测；二是财务分析。

(4)图形管理。利用图形对项目区的分布、造林树种、造林立地条件等诸因素进行管理，这样更直观、更科学。它有两个功能：一是图形检索功能；二是图形输入功能。

(5)用户接口。主要包括支撑环境、用户界面、安全秘钥、三级用户管理等方面。

二、专家咨询系统的创建与应用

随着计算机应用的普及，计算机技术也被广泛应用到林业害虫综合治理中。山东杨树害虫综合治理专家咨询系统就是一个利用计算机技术、数学方法和各种模型处理信息，对杨树害虫进行综合治理、科学决策的咨询系统；也是利用世界银行贷款森林资源发展与保护项目资助的首套面向杨树害虫综合治理的专家咨询软件系统，于2001年成功开发并投入使用。该套软件包括163种杨树害虫的分类、主要害虫的发生规律、历史资料的收集和积累、害虫等级的划分、农药的合理使用、主要害虫的预测预报等方面。

1. 系统的开发及运行环境

本系统采用Sybase公司的Powerbuild及其数据库系统进行开发，采用了分层模块化设计，运行环境为Windows9x。

2. 系统的总体框架

根据多年来我们对山东省杨树害虫的调查与研究，并结合当前山东省计算机的普及情况，设计形成了山东省杨树害虫综合治理专家咨询系统总体框架。该系统有供专家分享的专家级模块，有供用户共享的用户级模块。整个系统可分为数据录入与维护、数据查询、害虫分类、预测预报、害虫综合治理、农药管理、系统帮助7个子模块(图15-6)。

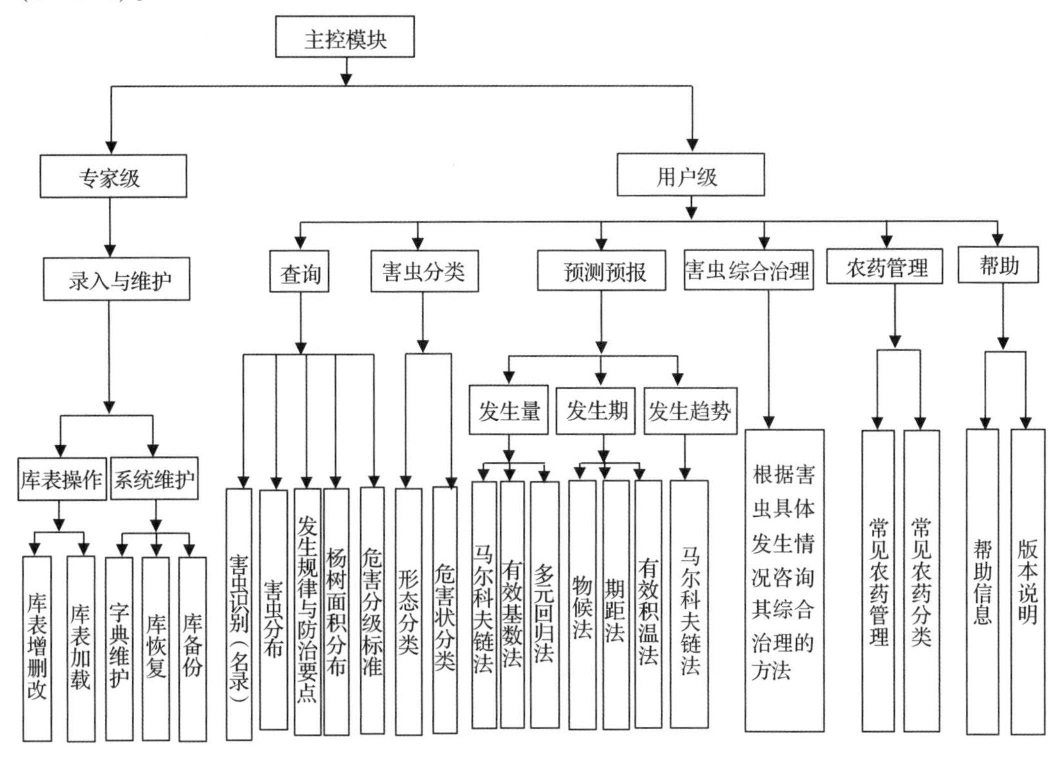

图15-6　杨树害虫综合治理的专家咨询系统

3. 系统的主要功能

杨树害虫综合治理专家咨询系统现版本为 1.0 版，可用于华北地区杨树害虫的综合治理。整个系统具有 7 大功能。

(1) 录入与维护功能。

①数据录入。包括本系统全部 9 个表的录入，各表具备按关键字的查询功能，另有两个分类检索表。

②系统维护。主要为字典的维护。利用这一功能，可以对虫种、树种、地名、农药名称等内容进行任意增、删、改的操作。

(2) 数据查询功能。

①山东杨树害虫名录。利用此功能，可按虫名查询出分布情况和危害部位，并同时给出成虫扫描图形和主要鉴定特征。

②山东杨树害虫分布。利用此功能可以按不同行政区划查出杨树害虫在该区中的分布种类以及偶发性和主要害虫种类，为防治决策提供依据。

③杨树面积分布。按照县级区划或树种查询杨树在该区域内的面积分布情况，并给出面积分布图。

④主要害虫的发生规律和防治方法。可对山东省主要害虫的发生规律及主要防治方法进行查询。

⑤害虫危害分级标准。根据害虫的危害特点，分别对苗木害虫、钻蛀性害虫和食叶害虫，按照害虫危害程度、经济重要性、发生区域和发生阶段，制订了害虫危害等级标准，为广大用户进行害虫综合治理提供依据。

(3) 害虫分类功能。

①形态分类。按成虫形态特征逐级查询，最后鉴定出虫名，并显示出成虫彩色图。

②危害状分类。按害虫的危害状逐级查询，鉴定出常见害虫的虫名，并显示出害虫彩色图。

(4) 主要害虫预测预报功能。

①发生期预测。主要包括三个方面：

第一，物候法：对十余种常发性害虫的发育虫态给出相应的物候现象；

第二，期距法：按虫名查询《主要害虫期距法测报》，然后计算出结果 T(天)，$T = T_i + n_i$ （其中 T_i 为输入值）；

第三，有效积温法：按虫名查询《主要害虫有效积温法测报》，然后计算出结果 N（日期），$N = (K \pm S_k) / [T - (C \pm Sc)]$ （其中 T 为输入值）。

②发生量预测。主要包括三个方面：

第一，马尔科夫链法：$P_{ij} = M(E_i - E_j)/N(E_i)$；$0 \leq P_{ij} \leq 1$；$\sum_{i=1}^{n} P_{ij} = 1$

第二，有效基数法：计算 $P = P_0 \cdot e \cdot f \cdot m$ （其中 P_0 为输入值）

$$m = m_e \cdot m_l \cdot m_p \cdot m_d$$

第三，多元回归法： $Y = a_0 + a_1x_1 + a_2x_2 + a_3x_3 + \cdots + a_nx_n$

其中，Y= 预测发生数量，a_i=方程系数，x_i=调查因子。

③发生趋势预测。同样是利用马尔科夫链法的基本原理进行害虫发生情况的预测预报工作，与发生量预报不同点是计算机处理到害虫发生等级时，即为害虫发生趋势预报。

(5)主要害虫综合治理功能。该功能模块是通过采用经济阈值的方法，确定本地区杨树主要害虫是否需要防治。如需要防治，则显示并打印出综合防治意见或建议，供用户参照执行。

(6)农药管理功能。通过此功能，可查询常见农药的种类、使用方法、生产厂家、注意事项等内容。

(7)系统帮助功能。该功能主要包括系统的版本说明、专家咨询服务热线、对系统的每一步操作均实现提示操作服务。

4. 系统的主要特点

(1)系统界面设计良好操作方便。整个系统为适应非计算机专业的广大朋友网上使用，系统用户界面设计为全中文下拉式菜单，具有操作方便、易学、易用等特点。

(2)系统易于维护且可变性好。系统采用了分层模块化设计，不但在某种程度上减少了程序的复杂性，而且易于维护、可变性好。

(3)系统的通用性和扩展性强易于推广应用。通过数十年研究，积累了大量杨树害虫资料数据，从而生成了专家库和知识库，并与计算机技术结合，研制出杨树害虫综合治理专家咨询系统山东 1.0 版本。虽该版本适用于华北地区杨树害虫的综合治理，但只要专家库或知识库的内容稍作修改就可以适用于不同地域的杨树害虫综合治理。系统的通用性强，易于在全国或其他不同地域推广应用。

(4)系统具有较强的安全性。整个系统分成两级，即专家级和用户级。专家级又称专家库或知识库，是仅供专家分享的，并设有密码。这样有利于整个系统的维护和知识专利的保护。用户级也有用户密码，可防止非法用户的使用，便于对整个系统的维护，同时保护经销商的专利权。

(5)实现了发生期和发生量以及发生趋势的预报。该系统在主要害虫预测预报子模块中，设计了多种可供用户选择的发生期、发生量和发生趋势预报方法。预报方法中，不仅筛选了目前最常用的物候方法、期距方法、有效积温方法和有效基数方法，而且还采用了目前较为流行的马尔科夫链和多元回归等方法，从而满足了广大用户的需要。

(6)避免了烦琐和枯燥无味的分类工作。通过系统进行分类，避免了分类工作烦琐和枯燥无味。在害虫分类子模块中，系统把专家库中按照成虫形态和害虫危害状形成的分类特征知识库，逐条显示在用户的屏幕上，用户只需点击屏幕给出的与待鉴虫种吻合的分类信息，最终将确定待鉴虫种的中文或拉丁文名称，并同时给出害虫扫描彩图，以进一步验证害虫种类；如果没有鉴定到种，则系统建议送有关专家作进一步鉴定。

三、造林小班地理信息管理系统的创建和应用

欧洲投资银行贷款“山东沿海防护林工程项目”造林小班地理信息管理系统的创建，

是将地理信息系统(GIS)与计算机制图软件有机地结合，并通过对信息的数字化、储存化，结合空间分析技术、环境预测与模拟技术将造林小班图以多种形式进行可视化表达。与传统造林小班地图相比，使用基于地理信息系统的计算机制图软件具备的先天优势是将数据的存储与数据的表达进行分离，使得造林小班图的编辑性、可视性、更新性等特点凸显，对林业及其相关工作者来说操作、使用更加快捷方便。

1. 系统的开发及运行环境

ArcGIS 10 是由 Esri 公司于 2010 年推出，是全球首款支持云架构的 GIS 平台，在 WEB2. 0 时代实现了 GIS 由共享向协同的飞跃；同时 ArcGIS 10 具备了 3D 建模、编辑和分析能力，实现了由三维空间向四维时空的飞跃。该软件可支持目前市场大多数操作平台，如 Windows10，Android 以及 IOS 系统，具体安装使用方法可参见 ArcGIS 官方网站。

2. 系统的总体框架

根据欧洲投资银行贷款“山东沿海防护林工程项目”造林小班地理信息化管理与应用要求，造林小班需要反映项目使用林地的地理位置、形状尺度、面积大小、树种、模型等信息。小班地理信息系统图是造林项目的重要内容，其质量的高低将直接影响到项目的实施以及主管单位评价与审核的标准。

小班地理信息图的绘制需要内、外业结合，既需要进行造林小班的实地调查，如立地条件调查、现有植被状况调查、GPS 位置信息等，又需要结合小班区域电子地图(地形图、遥感影响等)信息，根据 GPS 定位，将调查所得的小班相关信息内容绘制、标注到相应地图当中。最终形成的项目造林小班地理信息图数据库，具有能批量处理调查数据，减少数据录入工作量，且相关信息查找、识别方便，方便与数字林业资源管理系统衔接，实现资源档案动态管理。

3. 系统的主要功能

ArcGIS 软件包含 ArcCatalog. exe、ArcMap. exe、ArcGlobe. exe 及 Arcsence. exe 等应用程序，不同应用程序针对不同需求对地理信息系统进行编辑与处理。造林小班地理信息系统图绘制主要使用 ArcCatalog 编辑、处理以数据为核心，用于定位、浏览和管理空间数据的 ArcInfo 应用模块。ArcMap 是一个用于编辑、显示、查询和分析地图数据的以地图为核心的模块，其包含一个复杂的专业制图和编辑系统。

4. 系统的主要特点

ArcGIS 是目前地理信息系统领域使用最广泛的软件之一，具有较强的数据库管理和图形制作、编辑处理功能。与传统的造林小班地图绘制相比，使用该系统绘制的造林小班地理信息系统图具有准确性高，地理、环境等信息高度集成化，小班动态变化以及可视化强等特点。使得项目造林小班在地理位置、面积、林分、分界线等方面具有更高的准确性；在气候条件、立地条件、生物条件、地形条件等信息具有高度的储存性；以及通过多种数据的分析与植被生长模型结合使得造林小班地图具有多种可视化与高度的智能化。

第十六章　项目质量监督

造林(或改培)和抚育质量的高低决定着项目的成败。为保证该项目的顺利执行，各地在项目实施中，严格按照“事前培训、事中指导、事后检查验收”的工程管理模式和“分工序检查验收、分级检查验收”的质量监督办法，严把五关：一是选地关；二是设计关；三是种苗关；四是整地栽植关；五是验收关。在县(市、区)逐小班检查验收的基础上，省项目办会同项目市林业局对各项目县新造林和幼林抚育情况进行抽查或全面检查。凡质量不合格的新造林，都不作为项目林，不予报账提款，从而确保了项目实施质量。

第一节　项目质量监督概述

质量是项目能否继续生存的命脉，是确保项目建设和可持续发展的最为关键的制约因素。由于项目单位的建设程序不够规范，建设质量标准没有得到严格的执行，资金投放没有按规定及时落实到位，导致项目建设质量出现这样或那样的问题，使得林业贷款项目建设投资难以达到预期的效果，严重制约了项目投资规模。鉴于此，我国在利用国际金融组织贷款林业项目时，借贷双方在项目质量监督方面强化了应对措施，加强对项目工程的监督，制定了一系列的项目质量监督规程、办法或规定，有效地提高了项目建设的质量。

一、质量监督的必要性

质量监督是利用国际金融组织贷款林业项目中最直接的润滑剂，是最有效、最主要的管控措施，直接影响着林业贷款项目可持续、健康、稳定的发展。实践证明，质量监督在林业项目建设中起着非常重要的作用。

1. 能有效提升项目建设质量

林业生态建设工程项目涉及的环节众多，由选地、林地清理、整地栽植、病虫害防治、浇水施肥、松土除草、修枝间伐等等环节组成，彼此之间构成一个综合性的整体，环环相扣，缺一不可。每一个环节都有规范的技术标准和要求，只有达到了这些技术标准，才是合格的项目造林。例如，欧洲投资银行贷款“山东沿海防护林工程项目”，现场施工要以造林小班作业设计作为依据；苗木的高度、地径、根的条数、根冠大小要符合规定要求；整地挖穴栽植等等都有明确规定和要求；造林成活率和保存率不仅小班整体达到规定要求，而且小班局部也有严格的规定和限制，只有都符合规定要求的造林小班，才是合格的造林面积，其方可申请报账提款。利用国际金融组织贷款林业项目的质量监督是严格按照预定的标准，一环扣一环，环环检查验收，从而有效地确保了项目的建设质量。

2. 能严格规范项目建设程序

我国传统的林业投资行为是国家投资实行造林补助性政策，投入林业的资金严重滞后且不足，其基本建设程序过于简单，受此影响，最初的林业项目基本建设程序执行不力。随着我国对外开放的不断深入展开，国家引进外资力度的加强，林业工程项目投资额度的增加，林业工程项目建设程序规范的行为被列入项目质量监督的重要检查范围，特别是利用国际金融组织贷款林业项目的审计工作，其中审计最为重要的一点就是，看看项目单位是否按照项目贷款协议和项目可行性研究报告规定的程序展开工作，一些项目单位由于没有严格按照项目规定的程序运作，受到了通报批评或其他纪律处分。鉴于此项措施的强化，有效地规范了项目建设程序。

3. 能督促项目建设者恪尽职守

利用国际金融组织贷款林业项目，是一个涉及行政部门多、地域广阔的生态修复系统工程项目，其隶属关系复杂。项目的勘察设计、立项评估、可行性研究、启动实施、竣工验收、后续经营等环节，都有不同的部门、单位或个人承担。项目采取岗位责任制、招标采购制和工程监理制，按监督程序严格检查督导，从项目规划设计到造林作业，再到竣工验收以及后续管理等一系列工作能够及时核查受检，对不按技术标准、规程、办法操作的项目单位或个人，造成项目建设质量出现重大问题的，将给予相应的处罚，这样就将项目建设单位和个人与项目实施质量捆绑在一起，从而起到了督促项目建设者恪尽职守的作用。

4. 能确保项目建设进度

不同的建设项目，对实施进度有不同的要求。国际金融组织贷款林业生态恢复项目的实施期一般为6年，前4年造林，后2年抚育。在项目评估和可行性研究阶段，已确定了详细的总体实施进度和年度实施进度计划安排，到项目关账时，没有按进度完成计划任务的工程量，将不能获得项目资金投入。因此，为确保项目按规定的进度实施项目，国际金融组织和国内借款单位都定期或不定期地对项目进行现场检查，严把项目推进速度关，以确保项目实施始终按计划进度有条不紊地推进。

5. 能准确监督项目建设资金投放

项目建设的三大要素，是项目建设的规模、工程和投资，而投资又是项目建设的关键要素。因此，在利用世界银行或欧洲投资银行等林业贷款造林项目时，从项目立项评估之初，就明确规定了项目的总投资、各分工程的投资额度以及贷款和地方配套资金的投资比例和资金投向。在项目启动实施阶段，借贷双方都定期或不定期地进行资金的审计或督查，检查贷款资金是否到位、是否被挤占或截留或挪作他用；检查配套资金是否按规定拨付到造林实体。由于项目严格监督，确保了项目建设资金的及时、足额投放。

二、质量监督的分工与协作

国际金融组织林业贷款项目的质量监督涉及各级发改部门、财政部门、林业部门、国际金融组织以及当地政府。在项目质量监督方面，这些部门各有分工，侧重点不同，只有密切协作，相互配合，才能做好项目的质量监督工作，也才能确保项目预期目标的实现。

1. 发改部门

根据相关规定，利用国际金融组织林业贷款项目的立项评估、可行性研究、项目进度计划、竣工验收等阶段性的工作，主要有各级发展改革部门负责。项目的实施能否达到预期的目标，需要各级林业主管部门的积极配合、共同讨论、反复审查，在充分论证的基础上，认为项目的实施能够在保质保量的前提下，完成项目既定的目标，才能顺利通过发展改革部门的立项审查，同时项目的科研、环评、社评、进度、竣工等环节发展改革部门也是全程参与的，以此来确保项目的实施。

2. 财政部门

根据相关规定，财政部门管资金，林业部门管工程。但在实际项目运作过程中，财政部门与林业部门保持着相当密切的协同作战。各级地方政府的借款和还款担保、各级项目配套资金的承诺、项目启动实施期间的报账提款等等工作，都由各级财政部门负责。特别是为了确保项目实施质量，财政部门强化了项目评估阶段的工作，组织财政、林业、环保方面的专家，到实地就项目的资金投入、项目的产出比、项目的实施质量标准等方面开展广泛的调研和论证，只有论证通过后，才能获得财政部门的审定。

3. 林业部门

林业部门不仅仅是项目的牵头单位，还是利用国际金融组织项目实施的主体单位，更是项目工程建设质量最重要的责任单位。因此，项目的实施质量，特别是造林质量，各级林业部门有不可推卸的责任。在项目准备阶段，项目林业主管部门制定了详细而完善的质量检查与监督的办法、规定和要求，明确了项目造林、抚育方面的技术标准和指标体系，并配合国际金融组织、发改部门、财政部门完善了不同时期的评估论证参照标准，为项目的顺利执行奠定了坚实的基础。

4. 国际金融组织

国际金融组织是林业贷款项目最重要的参与方，是项目贷款资金的来源者，对项目能否立项与实施起着举足轻重作用。因此，国际金融组织对贷款国的贷款项目有着一套严格而复杂的立项、评审、论证程序。例如，在世界银行贷款造林项目评估阶段，世界银行项目官员和专家要深入到社区、造林现场，实地考察项目对社会正负方面的影响、对环境的正反方面的影响，如何确保项目建设质量，如何因地制宜地制定项目质量监督方案等。正是由于世界银行的这种严格的论证把关，才确保了项目实施质量。

5. 各级政府

各级政府是项目债务的承担着，是促进林业生态建设的倡导者，更是项目的受益者，其最为关心的是项目的启动实施能否达到预期的效果。因此，项目区的人民政府不仅要全面协助国际金融组织、发改部门、财政部门和林业部门认真做好项目的立项、评估、可行性研究、资金筹措、启动实施、工程建设等工作，而且还需要出面周密安排，做好组织协调工作，为项目保质保量的顺利实施奠定基础。

三、质量监督主要环节

为确保项目实施质量，根据项目贷款协议和项目可行性研究报告的规定，项目的质量监督要渗透到项目建设的各个环节之中。林业贷款造林项目的环节众多，为便于操作和叙述，我们把这类项目的环节归纳为：立项评估、可行性研究、规划设计、启动实施以及竣工验收五个方面。现就这几个方面，分别展开论述，供参考。

1. 立项评估

林业贷款造林工程项目的立项评估，是一个“自上而下”和“上下结合”的决策过程。一般是由中央或地方林业主管部门，依据国家或地方的林业规划和大政方针，在征得下一级地方政府意见的基础上，提出需要利用外资贷款立项的题目，并分别向发改部门和财政部门申报(项目建议书)，由两部门统筹考虑，根据项目轻重缓急，与国际金融组织商讨，列入滚动计划。其环节的核心是可行性分析，包括项目工程方案的制定、实施地点的落实、项目实施主体、资金实施细化等都需要进行实地勘察，评估论证其资金上的有效性、技术上的可行性和管理上的可操作性。只有科学的决策并辅以正确的实施，才能遴选出一个质量过关的林业项目。

2. 可行性研究

造林贷款项目进入可行性研究阶段的主要工作，一是机会研究(鉴别阶段)，重点进行投资方向的概略性分析，根据资源、市场、政策寻求投资机会，一些数据比较粗略；二是初步可行性研究(初选项目阶段)，即从投资角度研究是否合理可行，只作初步估计，对方案作粗略审查；三是可行性研究(判定项目阶段)，为了作出正确的判断，得出明确的结论或推荐一个最佳方案；四是项目评估决策(结论阶段)，对可行性研究报告提出评价意见，确定是否可行，或是否是最佳的方案选择。

这四个阶段研究的内容是由浅入深的，故项目投资和成本估算的精度要求也由粗到细，研究工作量由小到大，研究的目标和作用逐步提升，因而研究工作时间也随之逐渐增加。这一时期，借贷双方都派出专家进行反复考察和论证分析，研究确定出能确保项目顺利执行的最佳方案。

3. 规划设计

项目顺利通过了可行性研究并形成了一个比较理想的项目可行性研究报告后，规划设计就进入了项目的准备程序。根据项目可行性研究报告的规定，为确保项目实施质量，项目主管单位组织编制了项目造林技术标准(规程)和验收办法等规定；以县(市、区)级为单位编制项目造林总体设计，以乡(镇、场)为单位编制项目小班造林施工作业设计，两个方面的规划设计不仅将造林小班落实到山头地块，而且还将树种或品种及混交比例和混交方式落实到了地块。这一系列的工作，是项目规划设计环节的重要内容，其目的就是从项目规划的源头上，堵截可能出现的项目建设质量问题。

4. 启动实施

项目的启动实施，是项目的规划设计、技术标准(规程或办法)以及相关要求的贯彻落实阶段，是现场施工人员和项目管理者能否按照相关规定和要求一丝不苟执行的具体体现。项目的整地造林、抚育管理、物资采购、科研推广、森林认证、苗圃改造升级、计划调整、中期调整等工作都要在此阶段完成。因此，项目启动实施的质量关系到整个项目的成败，为此项目在准备阶段就制定了一整套的技术导则或工程验收规定，以确保项目的实施始终按照预定的标准推进。

5. 竣工验收

项目的竣工验收，是全面展示项目建设成就和成效的阶段，也是全面检查验证项目实施质量的重要手段。因此，项目竣工验收环节非常重要，借贷双方都高度重视，制定了一套项目竣工验收方案，选派林业、经济、财务、环评、社评等方面的专家，全面检查项目的造林营林质量，项目资金投入、内业档案资料，系统总结分析项目的财务、经济等情况，项目的既定目标是否完成。通过项目的竣工验收，达到总结经验找出问题，为今后的类似项目提供借鉴。

第二节　质量监督体系的构建与运作

项目质量监督体系，扮演着提高项目运行质量、降低项目建设成本以及确保项目建设资金及时足额到位的执行者和维护者的角色，是项目质量监督的重要一环，不可或缺。本节中，将从组织支撑体系的构建、机制保障子体系的建立以及体系间的协调与运作三方面进行阐述与分析。

一、组织支撑子体系的构建

队伍、人员及素质是项目质量监督组织支撑子体系构成的三要素。队伍需要人员来组建；人员组成不能单一，是来自方方面面的；人员素质的高低，又决定整个团队的综合实力。因此，三者之间互为依存、相互依赖、各自独立，是不可分割的关系。

1. 团队组建

鉴于国际金融组织贷款项目的特点，为确保项目质量监督的公正、公开、透明，其团队的组成应该来自第三方。现以世界银行贷款“山东生态造林项目”为例进行分析，该项目团队主要由五支队伍组成，一是世界银行主导组建的项目评估检查验收队伍；

二是省财政厅项目评审中心主导成立的项目立项绩效评价监督队伍；三是审计部门主导的项目审计监督队伍；四是由林业部门主导成立的项目造林抚育质量检查验收监督队伍；五是委托科研高校组建的项目监测评价监督队伍。五支队伍共同组成项目质量监督项目团队，各司其职，开展项目质量监督工作。

2. 人员组成

项目质量监督团队中的五支队伍，其人员组成和单位各不相同。世界银行项目评估检查验收监督队伍，根据项目进展阶段会选择不同领域的专家，其人员构成为财务、经济、社会、环境、采购、林业、监测评价等方面的专家；省财政厅项目评审中心的项目立项绩效评价监督队伍，其专家人员组成为林业、环境、管理、财务、经济等；审计部门的项目审计监督队伍，其专家人员组成为项目审计师、林业、财务、经济等方面的人员；林业部门的项目造林抚育质量检查验收监督队伍，其专家组成为造林、营林、森保、种苗、设计、财务、会计等；项目监测评价监督队伍，其专家人员组成为山东省林业科学研究院，山东农业大学林学院的水土保持、土壤、监测、病虫害、预测预报等研究方向人员。项目团队人员的组成数量，是根据项目不同时期，所检查的内容和工作量而定，总的原则是尽量用第三方且有利于项目的质量监督。

3. 人员培训

项目质量监督检查人员业务水平的高低直接决定项目检查监督的质量与效果。因此，在开展项目质量监督时，必须做好上岗前的人员培训工作。例如，欧洲投资银行贷款沿海防护林工程项目的监测评价由山东农业大学林学院负责，每年至少进行 2 次野外实地调查取样，为统一规范调查取样的方法，避免人为误差，每次出发前都要集中培训，详细讲解野外拍照、调查记录、样方布设、取样方法等主要事项；再如，世界银行贷款“山东生态造林项目”在进行实地检查验收时，利用一天的时间，专门培训造林小班抽查数量和面积的确定、调查样方的设定和测量、调查表格的填写、数据采集与汇总、调查报告的编写等内容。岗前培训，大大提高了调查人员的整体水平，避免了人为误差的出现，提高了项目监督质量和监督效果。

二、机制保障子体系的建立

项目机制保障子体系，确定了项目质量监督的规则，是项目质量监督的一把尺子，由其来衡量确定项目质量是否达到标准，在项目质量监督中起着不可替代的作用。下面将从项目的造林检查验收办法、造林施工作业设计办法、苗木质量管理办法、招标采购制度、档案资料保存管理规定、项目监测与评价实施方案、项目的审计制度、项目财务管理办法以及项目的中期调整制度九个方面进行阐述。

1. 造林检查验收办法

为做好项目的新造林和林分抚育检查工作，确保项目建设质量，在项目准备阶段，项目主管单位就制定下发了《项目造林检查验收办法》。规定了检查验收的抽样调查方法、整地栽植方式、小班面积误差率、苗木规格、造林成活率、林分保存率、林木生长量等控制指标，为项目报账提款提供了依据。《项目造林检查验收办法》是各级项目建设单位监控和评价项目新造林、低效林改培和林分抚育质量的唯一依据，是规范项目造林实体经营活动的唯一准则，每个项目造林单位和造林实体必须严格遵守。

2. 项目的造林施工作业设计办法

《项目年度造林施工作业设计办法》，是从小班造林设计的角度出发，规范施工单位的作业行为。其中，规定了施工设计的原则、野外调查方法、内业设计规范以及设计成果的应用等等方面。《项目年度造林施工作业设计办法》中，把开工时间、整地方式、树种或品种、造林密度、树种搭配、混交方式、混交比例、苗木用量、投资用工量、林道的走向等都做了详细规划设计，并落实到了山头地块。由于《项目年度造林施工作业设计办法》的下发和实施，限定和规范了项目施工作业行为，确保了项目按照规定的设计顺利有序地展开。

3. 苗木质量管理办法

为确保项目用苗质量和数量，在项目准备阶段，项目主管单位就制定下发了《项目造林苗木定向培育管理办法》和《项目种质材料开发计划》。详细规定了苗圃地的选择条件、繁殖材料来源、适宜推广的树种或品种、苗木繁育技术、苗圃管理技术、苗木出圃标准等方面的内容，严把了种源关、品种关、选地关、育苗关和出圃关等五道关口，从而确保了项目用苗的质量，满足了项目建设的需要，为项目的顺利实施奠定了坚实的基础。

4. 档案资料保存管理规定

项目档案资料是指从项目的提出、勘察调研、立项评估、论证决策、规划设计、启动施工、竣工验收等全过程中形成的，应当归档保存的文字、图纸、图表、数据、影像等各种形式的材料，是实现项目建设科学管理的基础性和保障性工作，其具有成果的成套性、形成领域的广泛性、内容的专业性、利用的实效性、管理的动态性和记录形式的多样性等特点，是项目建设、运行、维护、改造必不可少的可靠依据，也是实施项目监管的重要依据。项目档案验收对整个工程项目的竣工验收具有一票否决权，充分体现了项目档案在项目竣工验收中的重要性。鉴于此，项目档案资料的保存和管理，在项目的相关办法中都做了详细的规定和要求。

5. 项目的审计制度

为加强国际金融组织贷款项目的审计监督，促进项目执行单位和主管部门依法办事，维护我国政府的国际形象和国家利益，改善投资环境，进一步扩大对外开放、积极合理有效地利用外资，根据《中华人民共和国审计法》和我国政府与国际金融组织贷款协议的规定，组织各级审计机关对世界银行、亚洲开发银行、欧洲投资银行等国际金融组织贷款项目进行审计。项目的年度审计、项目的竣工验收审计已成为制度，每年审计覆盖整个项目县(市、区)及以上项目执行单位，并向国际金融组织提交审计公证报告。审计的重点是项目管理质量、转贷中贷款使用期限、配套资金的落实到位、投资效益、财经法规执行、造林质量等。通过层层审计，地方政府和项目实施单位在利用国际金融组织贷款方面成效明显，项目实施质量显著提升。

6. 招标采购制度

为实行科学、合理、合法的评标办法和公平、公正、科学、择优的评标过程，规范项目采购行为，提高项目采购资金的使用效益，维护项目采购当事人的合法权益，促进项目廉政建设，项目物资采购实行招标采购制。在项目可行性研究报告中，有专章专节详细规定了项目物资采购招标的方式、方法以及采购权限，由于物资设备招标采购制度中的明确界定和要求，使项目物资采购的质量和数量实现了预期目标。

7. 项目的中期调整制度

由于林业项目从立项评估到启动实施，再到竣工验收，其周期之长是其他工业项目无法相比的，一次性的项目建设内容或产品的规划设计，很难满足日新月异的市场变化要求。因此，为适应市场需求和项目从业者意愿的变化，世界银行、亚洲开发银行、欧洲投资银行等国际金融组织贷款项目都把中期调整定为制度化。通过项目的中期调整，可以科学有效地确保项目的顺利实施和质量的提升。

8. 项目财务管理办法

为做好项目财务管理工作，确保项目资金(贷款和配套)及时足额到位，准确提供报账提款材料，按要求做好项目预算和决算，根据国际金融组织贷款协议和项目主管部门的要求，在项目准备阶段就组织编写了《项目财务管理办法》《项目会计核算办法》以及《项目报账提款实施办法》等有关项目财务管理规章制度。在项目执行期间，各级项目单位严格按照财务管理的有关要求，认真做好资金的使用，严格控制投资成本，确保了项目实施的质量。

9. 项目监测与评价实施方案

为及时准确地管控项目实施进度和实施质量，在项目评估准备阶段，项目单位根据国际金融组织方面的要求，制定了《项目监测与评估实施方案》，详细规定了项目监测评估的组织方式、监测内容、方法步骤、监测时效、监测的责任、联系报告制度等方面的内容。通过执行《项目监测与评估实施方案》，有效地掌握了项目的经济、社会、环境、生态、技术等方面的指标动态变化情况，从而确保了对项目实施质量的有效管理。

三、体系间的协调与运作

项目质量监督体系构建的主要目的是确保其顺利、协调、有序地运作，也就是说，只有体系间的协调有序运作，才能确保项目的实施质量。因此，这部分的内容将重点阐述和分析项目体系间是如何协调以及有序开展项目运作的方式方法。

1. 体系间的协调性

由前所述可以看出，组织支撑子体系主要由五支队伍组成团队，是项目质量监督的执行者；机制保障子体系由九个方面的方案、规定、规程、办法以及管理制度组成，是项目质量监督规则的衡量尺度。但是要做好项目的质量监督工作，必须使组织支撑子体系与机制保障子体系两大子体系相互协调，并高度保持一致性。比如说，《项目造林检查验收办法》虽然规定的技术指标很细、很具体，但需要林业部门造林抚育质量监督队伍具体执行，假若没有事前培训，每个队员对《项目造林检查验收办法》的理解不同，导致同一个造林小班检查验收的结果不一样。因此，体系间的协调、配套以及合理运用非常重要，只有它们彼此之间相互协调了，才能确保项目质量监督落到实处。

由图 16-1 可以看出，组织支撑子体系中有一个共同的指向是林业部门造林抚育质量监督队伍。也就是说，该队伍是其他四支队伍沟通与协调的组织者和联络者，是项目的核心力量。

2. 体系间的运作

由图 16-1 可以看出，组织支撑子体系与机制保障子体系泾渭分明，两个体系其功能和作用各有侧重，但共同点还是一样的，都是为项目质量监督服务的，其最终目的都是指向项目建设质量。图 16-1 另一个明显的特征是，两个子体系有 3 个指向目标：一是资金使用；二是造林(林分)质量；三是投资效益。国际金融组织评估检查队伍、科研高校监测评价监督队伍，运用项目的监测与评估实施方案的规定要求、中期调整制度、项目招标采购制度以及相关规程、办法等，监督监测评价项目的资金使用、造林(林分)质量和投资效益；审计部门项目审计监督队伍，运用项目审计制度监督项目

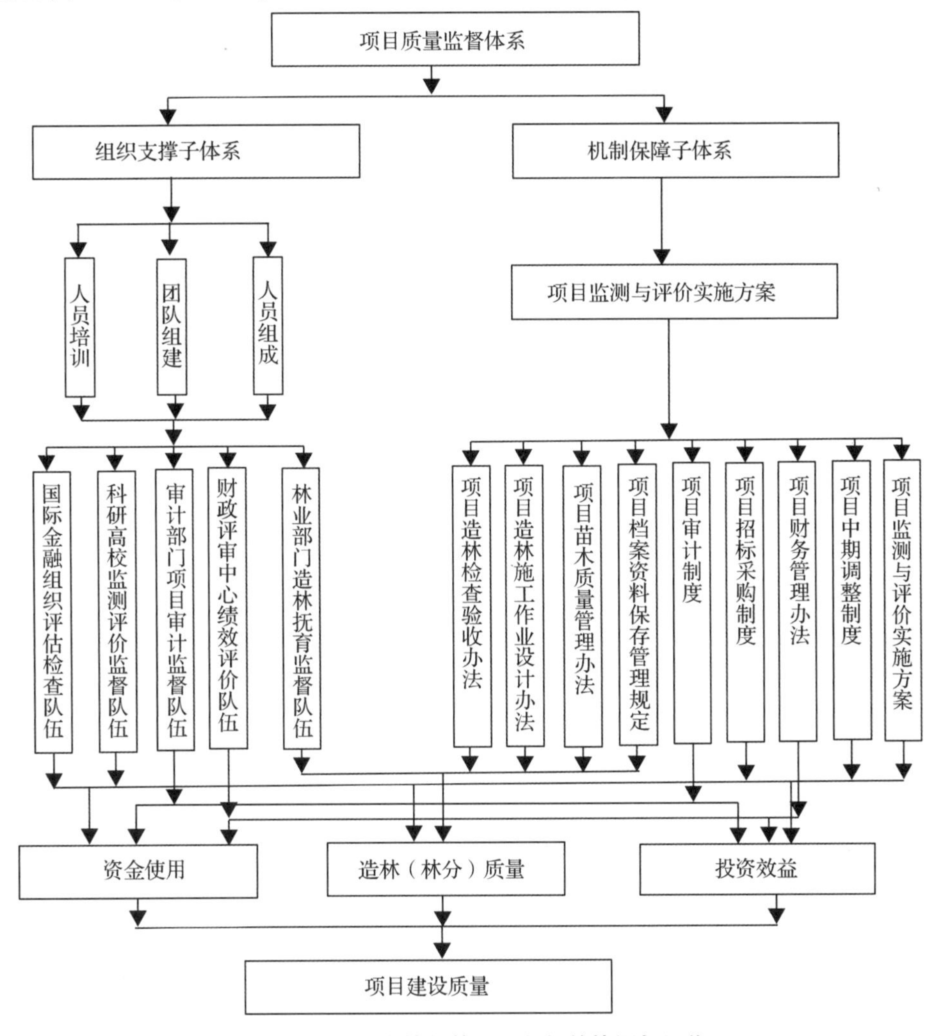

图 16-1　组织支撑与管理机制间的协调与运作

的资金使用和投资效益；财政评审中心绩效评价队伍，运用项目财务管理办法监督评价项目立项投资的合理性以及公正评价项目实施期间的投资效益；林业部门造林抚育质量监督队伍，运用项目造林检查验收办法、项目造林施工作业设计办法、项目苗木质量管理办法以及项目档案资料保存管理规定，重点检查监督项目造林(林分)质量。由于体系间的合理搭配和有序运作，确保项目质量监督工作始终保持高效率的运转。

第三节 项目林分质量的监督与检查

新造林质量和幼林生长达标率是项目投资绩效评价的重要标志性指标，关系到国际金融组织林业贷款造林项目实施的成败。因此，在项目贷款协议、项目可行性研究报告和项目造林检查验收办法中，均详细而具体地确定了项目造林(包括低效林改培)、抚育必须达到的、需要检查的量化指标。本节以欧洲投资银行贷款“山东沿海防护林工程项目”为例，将从项目监督检查的主要依据与方法步骤、监督检查的主要内容以及监督与检查三个方面进行阐述和分析。

一、监督检查主要依据与方法步骤

根据项目贷款协议和项目可行性研究报告的规定，在开展项目造林抚育的监督检查时，被检查单位首先要向检查单位提交相关的材料或文件，然后再按照预定的方法步骤开展项目林的质量检查验收工作。欧洲投资银行贷款“山东沿海防护林工程项目”(SCSFP)监督检查的主要依据与方法步骤如下：

1. 监督检查的依据

欧洲投资银行贷款“山东沿海防护林工程项目”监督检查的依据主要有以下 6 个方面：

(1)SCSFP 项目造林检查验收办法。在项目准备阶段，经过借贷双方确认欧洲投资银行贷款“山东沿海防护林工程项目”造林检查验收办法才正式定稿。验收办法中，规定了检查验收的适用范围、方法步骤、技术标准、检查情况汇总、表格的填写、结果的使用等内容，是项目检查验收的很重要依据。

(2)市级和县级检查验收(进展)报告。其主要内容包括四个方面：一是检查验收工作概况(检查验收范围、检查情况、检查验收依据和方法、检查验收工作质量)；二是检查验收结果[施工设计文件及与之有关的档案材料、造林面积、良种(优良穗条)使用情况、I 级苗使用情况、栽植质量情况、造林成活(保存)率、生长量情况、幼树病虫害受害情况、环保措施合格情况、幼林抚育情况]；三是问题及建议；四是附表的填写。

(3)更新后的小班数据库。在项目进入规划设计阶段，虽然各项目单位选择确定了用于造林的小班，并将其录入到数据库中提交给欧洲投资银行，但由于从项目准备到实施周期较长，已规划设计的造林小班已造上林或退出项目，只能重新选择已造林小班，所以要对以前的小班数据库进行更新。

(4)更新后的小班电子地图。同样的道理，小班数据库进行了更新，必然导致小班的电子地图也要发生改变。也就是说，小班数据库与小班电子地图要完全一一对应，不能有丝毫差别。

(5)验收单和分模型验收等 5 个表格。欧洲投资银行贷款“山东沿海防护林工程项目”是以产出为报账提款方式，因此验收单是报账提款的凭证，与以下 5 个表格均是项目检查验收的重要依据，见表 16-1 至表 16-5。

表 16-1　市、县(市、区)造林(抚育)检查验收单

小班号：　　　　欧投行 ID：　　　　；造林单位：　　　　乡(镇)、林场村(林区)、施工地点：________

造(营)林模型：　　　　(子模型)主栽树种：　　　　伴生树种：　　　　混交比例：

施工合同规定任务量：　　　　hm^2；实际完工量：　　　　hm^2；面积核实率：

工程报告期：　　年　　月　　日至　　年　　月　　日；造林年度　　年　　月　　日

整地		苗木(株/hm^2)		栽植合格率(%)	环保措施合格率(%)	施肥(t/hm^2)		抚育(次/年)	平均生长量			造林成活率(%)
方式	规格(cm)	等级	密度			品种	数量		树高(m)	胸径(cm)	达标率(%)	
幼树病虫受害率%				是否符合设计的造林模型是□否□					保存率%			

验收结果：是否符合 SCSFP 造林检查验收质量和要求？是□否□

验收人员：(签字)

检查监测日期：　　年　　月　　日

表 16-2　市、县(市、区)新造林分乡镇(林场)分模型检查监测结果汇总表

检查乡镇名称	检查造林实体名称	检查造林模型	面积核实率(%)	*良种使用	Ⅰ级苗使用率(%)	栽植合格率(%)	环保措施合格率(%)	造林成活率(%)	平均高生长量与标准之比率(%)	平均胸径生长量与标准之比率(%)	幼林病虫受害率(%)	混交方式与比例(%)
		合计										
		生态型防护林										
		经济型防护林										
		用材型防护林										
		低效林改培										

（续）

检查乡镇名称	检查造林实体名称	检查造林模型	面积核实率（%）	*良种使用	Ⅰ级苗使用率（%）	栽植合格率（%）	环保措施合格率（%）	造林成活率（%）	平均高生长量与标准之比率（%）	平均胸径生长量与标准之比率（%）	幼林病虫受害率（%）	混交方式与比例（%）
		合计										
		生态型防护林										
		经济型防护林										
		用材型防护林										
		低效林改培										
…	…	…										

注：*填合格或不合格。

表 16-3　市、县（市、区）分模型造林情况检查监测统计表

检查模型	检查面积（hm^2）	报账面积（hm^2）	完成面积（hm^2）	面积核实率（%）	造林成活率（%）	环保措施合格率	幼林病虫受害率（%）	平均高生长量与标准之比率（%）	平均径生长量与标准之比率（%）	栽植合格率（%）	平均Ⅰ级苗使用率（%）	混交方式与比例（%）
生态型防护林												
经济型防护林												
用材型防护林												
低效林改培												

表 16-4　市、县(市、区)抽查监测结果汇总表

造林模型	面积核实率(%)	*良种使用率(%)	Ⅰ级苗使用率(%)	栽植合格率(%)	环保措施合格率(%)	造林成活率(%)	平均高生长量与标准之比率(%)	平均径生长量与标准之比率(%)	幼林病虫受害率(%)	混交方式与比例(%)
合计										
生态型防护林										
经济型防护林										
用材型防护林										
低效林改培										

注：*填写合格或不合格。

表 16-5　欧洲投资银行贷款“山东沿海防护林工程项目”造营林检查质量汇总表

检查小班名称	造林时间	造林面积(hm^2)	面积核实率(%)	造林模型				*良种使用率(%)	Ⅰ级苗使用率(%)	环保措施合格率(%)	造林成活(保存)率(%)	林木生长量(%)		
				名称	混交		合格率(%)					树高达标率	胸径达标率	冠幅达标率
					方式	比例(%)								

注：*填写合格或不合格。

(6)其他内业资料。主要包括：施工设计、配套资金到位证明、小班情况登记表、典型造林设计图、1∶10000 地形图(小班位置图)、造林地选择流程图等。

2. 监督检查的方法步骤

项目造林抚育检查验收的方法主要采用分层抽样的方式进行，其检查验收的步骤按层次分为四级：一是自查，二是核查，三是复查，四是抽查。

(1)自查。造林实施主体以小班为单位，按照“施工设计”和施工的各工序进行自检，将结果上报县林业局项目办。

(2)核查。县林业局项目办在造林实施主体自检的基础上，按照“造林检查验收办法”逐小班进行核查，并填写核查验收单，以县为单位将核查验收结果上报省项目办和市林业局项目办。

(3)复查。市林业局项目办在县级核查验收的基础上，按照“造林检查验收办法”进行复查，复查的数量不得少于县级上报面积的 30%(或者小班数的 30%)。

(4)抽查。省项目管理办在市级检查验收的基础上，按照“造林检查验收办法”进行抽查，抽查的数量不得少于县级上报面积的10%(或者小班数的10%)。

县林业局项目办在每一次报账前，都必须对报账所涉及的工程内容进行检查验收，并按照检查验收报告提纲要求，写出检查验收报告，上报市级项目办；市级项目办汇总上报省级项目办，作为报账的依据。

二、监督检查的主要内容

项目监督检查的内容，因不同的造林项目而有所差别，但其检查验收的基本内容大体一致，主要分为三类：一是野外项目现场的检查内容；二是内业档案资料的检查内容；三是入户(造林实体)的检查内容。

1. 野外项目现场检查

项目现场是项目检查人员直观掌握项目施工质量的最好方式，因此欧洲投资银行贷款“山东沿海防护林工程项目”特别要求造林抚育必须检查以下方面的内容：①造林模型和面积；②整地方式及规格；③种源和苗木质量；④栽植质量；⑤混交方式及比例；⑥造林成活率；⑦林分保存率；⑧生长量(树高、胸径或地径、冠幅)；⑨环境保护措施；⑩抚育质量。

2. 内业档案资料检查

项目档案材料是项目质量检查的重要内容之一，往往被项目单位忽视。在项目检查时，检查人员一般要求提供以下档案材料：①项目建设所有影像资料；②年度作业施工设计文件(图、表、卡)；③土地租赁、造林、抚育经营合同；④项目投诉机制等相关材料；⑤造林抚育验收单资料；⑥社评(参与式磋商)材料；⑦各年度造林检查验收总结资料；⑧各年度科研/推广/培训计划及完成情况；⑨环保规程执行影像及资料；⑩设备采购招标清单和账单以及苗圃升级工程设备采购材料；⑪配套资金到账材料；⑫财务报账材料等。

3. 入户(造林实体)调查

为掌握造林实体合同签订及资金使用情况，在项目检查时，检查人员要深入造林农户(造林实体)，查看造林合同和经营管护合同的签订情况，核对合同上的造林抚育面积、资金额度、配套资金是否到位、到位的额度与合同是否一致等信息。

三、监督与检查

高起点、高标准、高质量，是借贷双方共同为欧洲投资银行贷款“山东沿海防护林工程项目”预设的项目建设目标。项目的造营林质量问题，是投资方和借款方共同高度关注的问题，各级项目主管单位严格执行《欧洲投资银行贷款“山东沿海防护林工程项目”造林检查验收办法》(简称《造林检查验收办法》)，定期或不定期开展项目造林质量和林分抚育质量的专项监督检查。据统计，项目造林和营林的检查主要包括：审计部门的检查、国内专项检查(年度造林检查验收)、国内例行检查、国际金融组织例行检查以及幼林摸底调查共5种形式。

1. 项目审计检查

项目的审计，每年进行一次。审计的范围包括：一是配套资金、自筹资金的落实到位，资金使用的合理性；二是贷款资金的报账提款程序是否合规，拨付是否及时到位；三是项目工程质量是否符合项目规定。在开展项目审计过程中，针对第三种情况的审计，审计部门还要聘请林业方面的专家到造林现场协助抽查项目造林小班，并对照《项目造林检查验收办法》规定的各项检查指标，逐一核对检查，记录汇总调查结果。项目造林和营林的检查结果，由负责项目审计师形成项目审计报告，报省长阅示，并针对造林质量问题通报给项目主管单位，要求限期整改，这种做法大大增强了项目单位的责任感和紧迫感，有利于推进项目的实施质量。

2. 国内专项检查

国内专项检查也称年度造林检查验收，是国内组织第三方按照《项目造林检查验收办法》规定的各项检查指标，运用小班数据库和小班电子地图检查(或抽查)确定待检的造林小班，然后采用4级分层次的调查方法，现场开展检查验收工作。

(1)检查流程。实施单位要严格按照施工设计进行施工，施工结束后要按项目质量标准进行全面的检查。造林实体要认真进行自查；县级项目办在自检的基础上进行全面核查，凡质量不符合要求的不予向上申请报账；市级项目办对实施单位的质量进行复查，省级项目办在市级项目办核查的基础上进行抽查，并给予评价。其检查流程如图16-2。

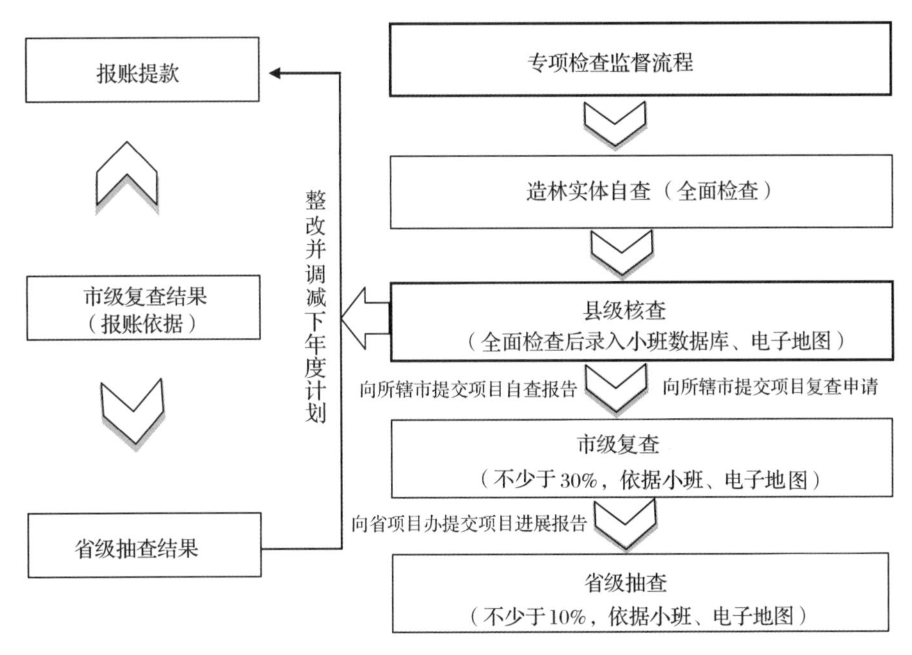

图16-2 项目专项检查监督流程

(2)检查验收的标准和方法。

第一，造林技术模型的标准。本项目共设计了生态型防护林、用材型防护林、经济型防护林和低效林改培4种造林模型、10个子模型。其造林密度、栽植标准、抚育管理标准等，详见《造林检查验收办法》。

第二，样方面积和样本的确定。每一个样方按20m×20m面积随机设置，方法：检查人员选定检查地块，GPS定位后，选定起始点布设样方，该样方即为抽查样方。平原地区，可设置测定样带，样带长度不少于20m，每个小班不少于3个样段。

第三，施工设计文件的检查。按照县级项目小班数据库设计参数和“施工设计工作方法”，检查施工设计文件是否符合质量要求，并在现场重点核对立地指数的确定、树种选择及造林类型(即造林技术模型)的应用、环保措施的设计正确与否等3个因子，在此基础上，评出施工设计文件合格与不合格两个档次。

第四，小班面积的检查。根据施工设计图(或施工竣工图)在现场对照检查，在核对小班边界的基础上，重新计算面积。按照下列情况确定小班面积：①误差率≤±5%，则以上报面积(或竣工面积)为准；②误差率≥±5%，则以实测面积为准。

第五，整地方式及规格的检查。整地方式包括穴状、鱼鳞坑及带状整地。整地规格，本着既要为幼林创造良好的小环境，又要减少破土面的原则进行。主要依据造林地地形、地势、植被、土壤、造林树种等情况确定整地规格。具体的整地方式及规格的检查，详见《造林检查验收办法》。

第六，种苗质量的检查。所用苗木均应经过权威部门认证，选用未经过禁用物质处理的种苗，不采用通过基因工程获得的苗木，所用苗木要具备苗木生产许可证、良种壮苗合格证、检疫合格证。

第七，造林成活率(保存率)的检查。造林成活率(保存率)大于或等于85%的为达标小班；介于60%~84%的为合格小班，但必须进行补植，使其达到85%以上；小于60%的为不合格小班。

第八，树木生长量的检查。依据本项目林木生长量达标标准(见《造林检查验收办法》相关内容)，以样方中所有幼树为样本，逐株测量树高、胸径(地径)及冠幅。各生长量指标平均值与标准之比≥90%的为达标小班；介于80%~90%的为合格小班；小于80%为不合格小班。

第九，幼树病虫害发生情况检查。当幼树感病指数≤5%为达标小班，介于5%~10%的为合格小班，≥10%的为不合格小班；当食叶害虫发生率≤5%的为达标小班，介于5%~10%的为合格小班，≥10%的为不合格小班；当蛀干害虫发生率等于0时为达标小班，介于0%~0.5%的为合格小班，大于0.5%的为不合格小班。

第十，环境保护措施的检查。环保措施合格率≥95%的为达标小班，介于85%~95%的为合格小班，小于85%的为不合格小班。

第十一，幼林抚育检查。以小班为单位，对抚育质量作出评价，只有对施工设计文件中规定的所有抚育内容进行了施工，并达到了质量要求的，才能评定为合格，否则不合格。

第十二，内业资料检查。内容包括造林小班一览表、检查验收报告、造林(抚育)验收单、造林小班选择流程、小班电子地图、小班数据库资料、参与式磋商所有资料。

3. 国内例行检查

项目的国内例行检查是指通过例会、培训、指导、咨询、汇报、调研、巡查等形式的项目检查方法。在项目启动实施期间，省级项目办每年召开一次全省林业贷款项目总结经验交流和工作部署会议，针对一年来项目实施所暴露出来的问题和经验教训，特别是审计报告披露出的整改问题以及国际金融组织年度检查备忘录提出的问题，会议安排专门时间进行专题研究讨论，提出确保项目实施质量的办法和应对措施。为确保随时了解和掌握项目实施进展动态，各级项目办公室选派技术人员深入项目造林现场，指导造林实体开展项目的造林抚育管理工作，随时解答造林实体提出的整地造林、树种搭配混交、病虫害防治、农药的采购、农药的安全使用、修枝间伐等技术问题。通过下派项目工作指导调研组，随时巡查项目造林抚育质量问题，针对个别项目单位出现的质量问题限期没有整改的，项目主管部门将对其约谈，并通报批评。由于以上多措并举，项目造林抚育质量得到显著提高。

4. 国际金融组织例行检查

世界银行贷款造林项目每年对项目启动实施情况例行检查 2 次，并形成检查备忘录，在肯定项目取得进展的同时，备忘录还提出下一步需要整改的问题。2016 年，启动实施的欧洲投资银行贷款"山东沿海防护林工程项目"，也参照世界银行贷款项目的做法，欧洲投资银行定期委派专家组到项目区进行检查。其检查的方法与流程如下：

第一，省级项目办公室根据双方达成的贷款协议规定，由借款方按照欧洲投资银行确定的 60 条编制意见，形成欧洲投资银行贷款"山东沿海防护林工程项目"可行性研究报告，并确定项目造林小班。

第二，项目造林单位将已确认的造林小班录入项目造林小班数据库及其电子地图中。

第三，欧洲投资银行委托第三方(英得弗咨询公司)到项目区开展实地检查。

第四，运用小班数据库，现场抽查当年造林和抚育林分的造林小班，其抽查数量应不少于 5%被检查的小班数量。

第五，以造林小班电子地图为依据，实地对照小班电子地图前后变化情况。

第六，实地调查记载造林小班面积、林木生长量(包括但不限于树高、地径、胸径、冠幅)、造林模型、造林成活率、林分保存率等信息。

第七，根据实地调查结果，形成独立的项目造林和抚育质量调查报告。

第八，第三方直接将质量调查报告提交到欧洲投资银行执行董事会。

第九，欧洲投资银行执行董事会将第三方提交的"质量调查报告"反馈给山东林业项目办公室。

第十，针对质量调查报告中提出的问题进行整改，完成问题整改，项目将继续执行，否则将暂停直至整改完成为止，如果没有按要求整改或不整改的，则终止项目。详见图 16-3。

总之，通过国际金融组织第三方造林抚育质量的例行检查验收，可及时有效地发现项目实施中出现的问题，从而有的放矢地解决问题，为项目高标准、高质量的实施起到助推作用。

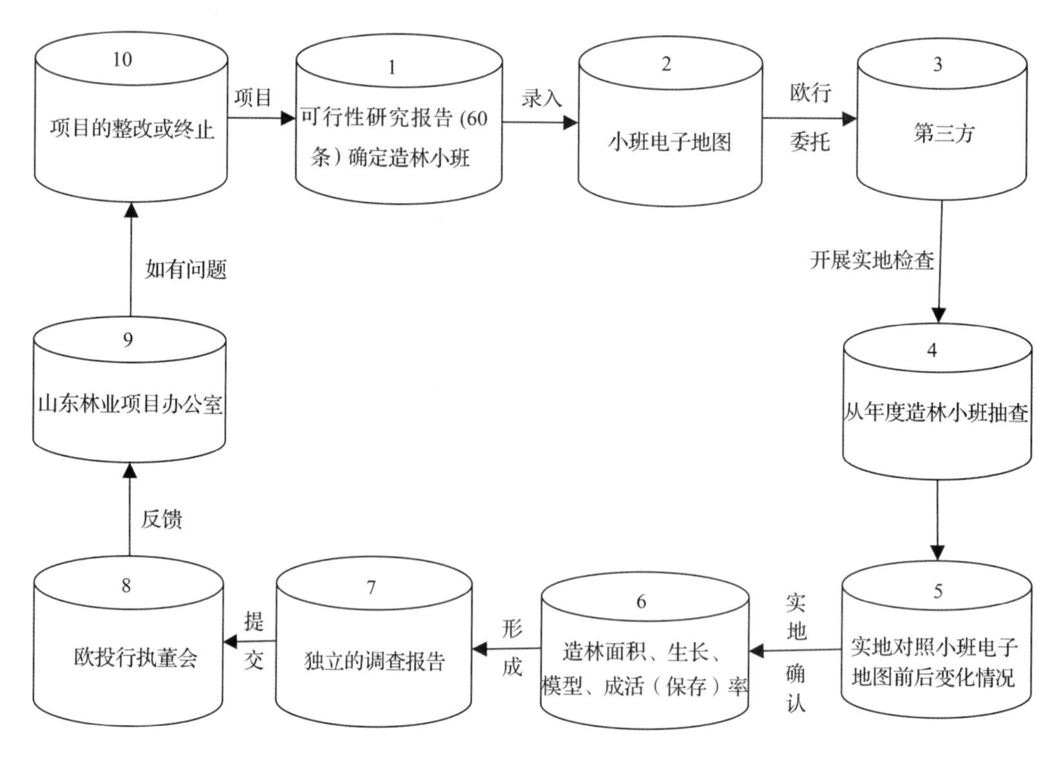

图 16-3　欧洲投资银行贷款“山东沿海防护林工程项目”检查流程

5. 幼林摸底调查

幼林摸底调查的目的是摸清项目造林和抚育质量，加强项目林后期经营管理，保障项目可持续发展，为项目中期调整和项目竣工验收工作提供强有力的支撑。因此，在项目启动实施期间，一般进行两次幼林摸底调查，一次是在项目实施的中期，一次是在项目终期即竣工验收之前。其方法如下：

(1) 调查内容。幼林质量调查的主要内容包括保存率、优势树种、树高、地径或胸径、林分密度、平均生长量达标率。

(2) 幼林质量划分标准。根据项目评估时制定的成活率、保存率和生长量标准，以及检查验收办法对不同时期成活率、保存率和生长量的要求，将幼林划分为 3 个质量等级：Ⅰ类林，幼林保存率、生长量全部达到了规定的标准；Ⅱ类林，幼林保存率达到项目规定的标准，生长量还未达标，但生长正常，通过加强后期幼林抚育管理能达到生长量标准；Ⅲ类林，保存率、生长量均未达到项目规定的标准，且幼林生长缓慢、不正常，即使采取各种后期管理措施都无望达到规定的标准，或者造林失败的。具体标准见表 16-6。

表 16-6　幼林质量等级划分标准

等级	幼林保存率(%)	平均生长量达标率(%)	生长量株数达标率(%)
Ⅰ类林	≥90	≥100	≥80
Ⅱ类林	85~90	80~100	50~80
Ⅲ类林	<85	<80	<50

(3)幼林质量调查方法。调查过程中，各项目县级(市、区)林业局严格按照项目幼林质量调查和项目造林检查验收办法的要求，采取全面踏查和样地实测相结合的办法，对项目林逐小班进行全面调查；对每个造林小班面积、林木保存率、平均树高、平均地径或胸径、林分密度等指标进行记录，然后对照幼林等级的标准进行分类统计，完成项目幼林质量调查分类。

(4)幼林质量调查结果。根据造林小班的实地调查情况，分别叙述项目造林总体情况，按造林模型统计情况、项目市统计情况、项目县统计情况分别汇总填写 3 张表格，详见表 16-7 至表 16-9。最后从总体上分析，项目Ⅰ类林、Ⅱ类林、Ⅲ类林各占比例，评价项目总体造林营林质量。

表 16-7　不同造林模型幼林质量面积统计

模型	Ⅰ类		Ⅱ类		Ⅲ类		总计	
	面积(hm^2)	比例(%)	面积(hm^2)	比例(%)	面积(hm^2)	比例(%)	面积(hm^2)	比例(%)
S1								
S2								
S3								
S4								
S5								
S6								
S7								
S8								
Y1								
Y2								
Y3								
Y4								
Y5								
总计								

表 16-8　市级幼林质量调查分类面积统计

单位(项目地级市)	面积(hm^2)			
	Ⅰ类	Ⅱ类	Ⅲ类	总计
总计				

表 16-9　县(市、区)级幼林质量调查分类面积统计

hm^2

单位	Ⅰ类	Ⅱ类	Ⅲ类	总计
###市				
##区				
##县				
###市				
##区				
##县				
总计				

(5)幼林质量成因分析。这部分内容主要分析造成Ⅱ类林、Ⅲ类林的原因。可从造林质量、幼林抚育质量以及立地类型(选地)三个方面进行详细分析。

(6)经营措施与对策。这部分的内容主要探讨：如何保持Ⅰ类林；如何加大经营措施促进Ⅱ类林向Ⅰ类林转化；以及如何改造Ⅲ类林，使其尽快转化为Ⅰ类林。

第十七章　项目环境监测

在项目评估准备阶段，省项目办根据国际金融组织的相关要求，制定了项目环境保护实施细则和环境监测与评估实施方案。项目环境监测包括监控造林、营林整个环节中是否严格执行《项目环境保护实施细则》中的有关规定，监测项目区农药的采购和安全使用以及成林后有害生物的发生、发展和防治等情况。在每期世界银行等国际金融组织贷款项目中设置国家级定位监测点、省级定位监测点、市级定位监测点以及县级定位监测点，按照有关要求开展定位观测工作。项目实施以来共采集有害生物发展情况和水土保持数据3万多个，科学地指导有害生物防治上百次，并及时编写项目监测与评价报告，有力地推动了项目区环境监测与保护工作的开展。

第一节　环境监测与评估实施计划的编制

为了对项目涉及的因素和产生的生态效果、环境效果、社会效果、技术效果、经济效果以及环境影响、社会影响和经济影响进行全面的分析和评估，保证项目建设质量和实施进度，确保项目预期目标的顺利实现，并尽可能避免或减少项目的技术、生态、环境、经济和社会的风险，在项目准备阶段，国际金融组织要求项目单位必须编制符合要求的《项目环境监测与评估实施计划》(或称方案)。《实施计划》所规定的监测与评价内容，是项目贷款协议和项目评估文件中要求项目主管部门必须严格执行的义务。现以欧洲投资银行贷款“山东沿海防护林工程项目”(SCSF)为例，分析说明监测与评估实施方案的编制原则及依据、监测评估实施计划的编写以及项目监测与评估的组织与方法等内容，供同行体验和感受。

一、监测与评估实施计划的编制原则及依据

通过多期国际金融组织贷款造林项目的实施，我们认为项目环境监测与评估实施

方案主要达到两个目标：一是通过监测环境方面的数值和数据，判断采取的安保措施是否能确保项目对自然资源的可持续利用；二是建立一套动态、实时、控制项目生态经济社会量化标准，为项目管理层进行项目决策提供准确而有效的信息。鉴于此，项目环境监测与评估实施计划的编制原则及依据如下。

1. 编制原则

根据以往贷款项目实施的经验和教训，欧洲投资银行贷款“山东沿海防护林工程项目”环境监测与评估实施计划编制的原则必须遵循以下 4 个方面。

(1)吸收借鉴原则。我国利用国际金融组织贷款培育森林资源项目的实践证明，在项目环境监测与评估方面，一方面林业发达国家和林业新兴国家有许多宝贵的经验、先进的技术、科学的方法、一流的监测手段，都需要我们充分的吸收和转化，为我所用、为项目服务；另一方面通过世界银行、亚洲开发银行贷款造林项目的启动实施，我们在项目环境监测与评价方面也积累了丰富的经验。因此，在编制项目环境监测与评估实施计划时，必须在吸收和消化国际上先进的技术和手段的同时，还要积极借鉴以往项目的经验，两者都要兼顾不可偏废。

(2)可操作性原则。在编制项目环境监测与评估实施计划的过程中，首先要熟悉项目布局区域、投资额度、造林规模，深刻领会项目的实施目标，其次是认真做好调查研究工作，然后再编制项目环境监测评估计划。编制时，一定要根据项目和子项目的特点、项目不同阶段的实施目标和总目标要求，按照“易于被项目操作人员掌握、容易理解、针对性强、方便操作”的要求进行编制。

(3)体现特色原则。不同的贷款项目，有不同的实施目标，即使是同一个贷款项目，也有不同的阶段目标。因此，在编制项目环境监测与评估实施计划时，一定要根据项目的特点、区域局部、立地条件、植被情况、当地社会经济状况，编写出能体现该项目特色且与其他项目有所区别的环境监测与评估实施计划。

(4)科学性原则。科学性原则是指决策活动必须在决策科学理论的指导下，遵循科学决策的程序，运用科学思维方法来进行决策的行为准则。科学决策的特点是严密、客观、准确、可靠，适用于解决大项目出现的各种新问题。因此，制定项目环境监测与评估实施计划时，必须在充分掌握项目所有信息的基础上，准确地展开论证和分析，并运用科学的手段和方法，化解项目环境监测和评估中的问题。

2. 编制依据

(1)以往的经验。自 1990 年以来，山东省已成功地实施了世界银行贷款“国家造林项目”“森林资源发展和保护项目”“林业持续发展项目”和“生态造林项目”。4 个项目都制定了《监测与评估方案》，积累了丰富的监测与评估方面的经验，培训了一批专家，为欧洲投资银行贷款“山东沿海防护林工程项目”建设奠定了基础。

(2)协议评估文件。在编制该项目监测与评估方案时，主要依据的协议及评估文件包括：①《欧洲投资银行贷款“山东沿海防护林工程项目”贷款协定》；②《欧洲投资银行贷款“山东沿海防护林工程项目”评估文件》；③《欧洲投资银行贷款“山东沿海防护林工程项目”贷款转贷协议》。

(3)规划设计文本。在编制该项目监测与评估计划(或方案)时，主要依据的规划设计文本包括：①《欧洲投资银行贷款“山东沿海防护林工程项目”可行性研究报告》；②《欧洲投资银行贷款“山东沿海防护林工程项目”环境影响评价报告表》；③《欧洲投资银行贷款“山东沿海防护林工程项目”环境保护规程》；④《欧洲投资银行贷款“山东沿海防护林工程项目”县级造林总体设计》；⑤《欧洲投资银行贷款“山东沿海防护林工程项目”人工防护林病虫害防治管理计划》；⑥《欧洲投资银行贷款“山东沿海防护林工程项目”社会影响评估报告》；⑦《欧洲投资银行贷款“山东沿海防护林工程项目”实施方案》等。

二、项目环境监测与评估实施计划的编制

欧洲投资银行贷款“山东沿海防护林工程项目”分布于低山丘陵区和滨海盐碱区。其实施目标为通过在项目区营建和改建生态防护林达到改善当地生态条件，其主要产出是环境效益，因此生态环境影响监测是本项目监测评估的重要内容。项目建设期的一些活动，如林地清理、整地挖穴、树种引进、栽植浇水，以及营林期间的幼林松土除草、施肥灌溉、防治病虫害、森林防火、修枝间伐等可能对环境产生一定的影响。

1. 监测与评估的内容与方法

项目环境监测的内容主要包括六个方面：一是生物多样性；二是土壤理化性质(包括结构、养分、水分和盐分)；三是水源涵养与土壤侵蚀；四是防风固沙效果；五是各造林模型的有害生物侵染；六是农药的安全使用。

选择有代表性的沾化、河口、寿光、青州、临朐、环翠作为生态环境影响监测区，每个造林模型选择 3 个监测点，在每个监测点重复 3 次，并设 1 个对照，分别取样测定与分析。各监测点要进行标记并且固定，每次监测时在同一地点进行。

2. 生物多样性监测与评估

(1)监测与评估指标。生物多样性监测与评估的指标包括乔木树种的种类、数量、郁闭度、分布和生长；灌木树种的种类、数量、盖度、分布和生长；草本植物的种类、数量、盖度、分布和生长。见表 17-1。

(2)监测与评估样地设置与调查。通过踏查选择有代表性的地段，每个造林模型至少设置 3 个 10m×10m 的固定样方，同时在非项目区类似林分(同一树种、密度和林龄)设置对照，调查乔木树种的种类、数量和生长情况，计算乔木树种的多样性。将固定样方等分为 5m×5m 的 4 个小样方，调查每个小样方内的灌木种类、数量和生长情况，计算灌木树种的多样性。固定样方内选择有代表性的地段，设置至少 3 个 1m×1m 的小

表 17-1　生物多样性监测与评估指标

________县(市、区)

内容	项目区(项目县)				非项目区(类似地区)			
	2015 年基准数据	2016 年基准数据	2017 年基准数据	2018 年基准数据	2015 年基准数据	2016 年基准数据	2017 年基准数据	2018 年基准数据
1 乔木树种多样性								
1.1 乔木树种种类								
1.2 乔木树种数量								
1.3 乔木树种生长								
1.4 乔木郁闭度								
2 灌木树种多样性								
2.1 灌木树种种类								
2.2 灌木树种数量								
2.3 灌木树种生长								
2.4 灌木盖度(%)								
3 草本植物多样性								
3.1 草本植物种类								
3.2 草本植物数量								
3.3 草本盖度(%)								
4 植物总盖度(%)								

样方，调查其中的草本植物种类、数量和生长情况，计算草本植物的生物多样性。

(3)监测频率。项目建设期的前一年开始至建设期结束，每年进行一次，监测时长为 9 天。

(4)监测与评估执行者。山东农业大学林学院、山东林业科学研究院资源所、县级(市、区)林业局项目办、造林实体。

(5)监测与评估活动产出。年度、中期及终期项目生物多样性监测报告；项目实施后，对项目区植被种类分布和丰度的变化及其影响进行评估，形成项目生物多样性影响评估报告。

3. 土壤理化性质监测与评估

(1)监测与评估指标。土壤理化性质的监测与评估指标为土壤容重、总孔隙度、毛管孔隙度、非毛管孔隙度、毛管最大持水量、土壤饱和含水量、土壤有机质、全氮、全磷、全钾、速效氮、速效磷、速效钾、pH 值和全盐，见表 17-2。

(2)监测与评估样地设置与数据获取。采用固定标准样地调查与室内测试分析方法。在有代表性的地段分造林模型选择有代表性的固定标准地各 0.1hm^2，并在其内埋设专用管子，用 TDR 土壤时域反射仪测定土壤水分。其数据的获取方法是在标准地内

表 17-2 土壤物理结构、养分、水分和全盐监测评估指标

__________县(市、区)

内容	项目区(项目县)				非项目区(类似地区)			
	2015 年基准数据	2016 年基准数据	2017 年基准数据	2018 年基准数据	2015 年基准数据	2016 年基准数据	2017 年基准数据	2018 年基准数据
1. 土壤容重(g/cm^3)								
2. 总孔隙度(%)								
3. 毛管孔隙度(%)								
4. 非毛管孔隙度(%)								
5. 毛管最大持水量								
6. 土壤饱和含水量(%)								
7. 土壤有机质(%)								
8. 全氮(%)								
9. 全磷(%)								
10. 全钾(%)								
11. 速效氮(%)								
12. 速效磷(%)								
13. 速效钾(%)								
14. pH 值								
15. 全盐含量(%)								

挖取土壤剖面，分层取样测定土壤；环刀法测定土壤孔隙度；重铬酸钾外加热法测定有机质含量；定氮仪法测定土壤含氮量；火焰分光光度法测定土壤钾含量；分光光度法测定土壤磷含量；电导法测定含盐量；利用土壤筛分析土壤粒径组成。

(3)监测频率。项目建设期的前一年开始至建设期结束，每年进行一次，每次监测时长为 6 天。

(4)监测与评估执行者。山东农业大学林学院、山东林业科学研究院资源所、县级(市、区)林业局项目办、造林实体。

(5)监测与评估活动产出。建立和更新年度、中期及终期调查地点的土壤物理性状、肥力和盐分数据库，提交年度、中期及终期土壤肥力和盐分监测报告。

项目实施后，对土壤物理性状、化学性状(有机质、N、P、K)、pH 值、水分、盐分的变化进行监测及影响评估，形成土壤理化和含盐量影响评估报告。

4. 水源涵养和土壤侵蚀监测与评估

(1)监测与评估指标。水源涵养和土壤侵蚀监测与评估指标包括降水量、土壤侵蚀量和地表径流量，见表 17-3。

表 17-3　水源涵养和土壤侵蚀强度监测与评估指标

__________县(市、区)

内容	项目区(项目县)				非项目区(类似地区)			
	2015 年基准数据	2016 年基准数据	2017 年基准数据	2018 年基准数据	2015 年基准数据	2016 年基准数据	2017 年基准数据	2018 年基准数据
1 降水量(mm)								
2 土壤水分吸持贮存量(t)								
3 枝叶持水量(t)								
4 枯落物持水量(t)								
5 土壤侵蚀量(t/hm^2)								
6 地表径流量(t/hm^2)								

(2)监测与评估样地设置与调查。降水量数据的采集，可采用省、县(市、区)气象站降水监测数据。水源涵养和土壤侵蚀强度，可采用固定样地的调查与分析方法，选择有代表性的地段，每个造林模型至少建立 3 个有代表性标准样地，其中，水源涵养标准样地为 20m×20m，调查树木生长情况，在标准样地内取 0. 5m×0. 5m 样方，以相同或近似的立地条件的未造林地作为对照；土壤侵蚀标准样地面积为 5m×20m，设置固定径流小区，调查树木生长情况，径流小区下部出水口建立沉沙池和蓄水池，测定雨季的径流与泥沙含量；以相同或近似立地条件的未造林地作为对照样地(设置同样的径流小区)，观测和对比林地对水源涵养和土壤侵蚀的效益。

(3)监测频率。项目建设期每年进行一次，每次在降雨后进行，每次监测时长为 5 天。

第 1~3 年，制定项目水源涵养和土壤侵蚀监测实施计划，在不同造林模型中选择固定标准样地进行水源涵养和土壤侵蚀测定，并建立水源涵养和土壤侵蚀数据库，提交年度水源涵养和土壤侵蚀监测报告，召开技术交流会。

第 4 年，继续进行水源涵养和土壤侵蚀测定，并及时更新水源涵养和土壤侵蚀模块数据库，提交年度水源涵养和土壤侵蚀监测报告，召开项目实施后期水源涵养和土壤侵蚀影响交流和讨论总结会。

(4)监测与评估执行者。山东农业大学林学院、山东省林业科学研究院资源所、县项目办、造林实体。

(5)监测与评估活动产出。建立和更新年度、中期及终期调查地点的水源涵养和土壤侵蚀数据库，提交年度、中期及终期水源涵养和土壤侵蚀监测报告。

水源涵养主要对土壤贮水量、植被持蓄水量与枯落物持蓄水量的变化进行评估。土壤侵蚀主要对水土侵蚀类型、面积及分布和侵蚀模数等的变化情况及其影响进行评价，形成水源涵养和土壤侵蚀影响评估报告。

5. 滨海区防护林防风效果监测

(1)监测与评估指标。滨海区防护林防风效果监测与评估指标为风速、空气温湿度、林分密度、冠幅、林分生长，具体的指标参数见表 17-4。

表 17-4　防护林防风效果监测与评估指标

＿＿＿＿＿＿县(市、区)

内容		2015 年	2016 年	2017 年	2018 年
1 平均树高(m)					
2 平均胸径(cm)					
3 平均冠幅(m)					
4 林分密度(株/hm^2)					
5 空气温度(℃)					
6 空气湿度(%)					
7 土壤温度(℃)					
8 土壤湿度(%)					
9 风速(m/s)	林内 0.5m				
	林内 2.0m				
	空旷地 0.5m				
	空旷地 2.0m				

(2)监测与评估样地设置与调查。在项目建设期初期，选择有代表性地段内的不同造林模型中的各 1 处作为样地，每模型重复 3 次，分别在林内和空旷地(对照)，于春季林木展叶前与夏季利用小型气象测定站分别测定 1 次，同时测量记录造林模型的混交模式、树种、密度、林龄、生长量、林分结构、郁闭度(或冠幅)等相关信息数据。

(3)监测频率。项目建设期间，每年进行 2 次，于春季林木展叶前与夏季各进行一次。

第 1~3 年，制定防风效果监测计划。在不同造林模型中选取固定标地进行防风效果测定，建立防风监测数据库，完成并提交年度防风效果监测报告，召开技术交流会。

第 4 年，继续开展固定标准样地防风效果测定，及时更新防风效果数据库，完成并提交后期防风效果监测报告。

(4)监测与评估执行者。山东农业大学林学院、山东省林业科学研究院资源所、相关县级(市、区)项目办。

(5)监测与评估产出。建立和更新年度防风效果数据库，提交年度、中期以及终期防风效果监测报告；项目实施后，对防护林影响下的风速、大气温湿度、土壤温湿度等进行评估，形成小气候影响评估报告。

6. 有害生物监测与评估

(1)监测与评估指标。有害生物监测与评估指标包括：一是虫害(种类、虫株率)；二是病害(种类、感病指数)；三是有入侵倾向的植物(种类、危害)，见表 17-5。

表 17-5　有害生物监测与评估指标

__________县(市、区)

内容	2015 年	2016 年	2017 年	2018 年
1 虫害				
虫害 1				
虫株率(%)				
虫害 2				
虫株率(%)				
…				
2 病害				
病害 1				
病株率(%)				
感病指数(%)				
病害 2				
病株率(%)				
感病指数(%)				
…				
3 入侵植物				
植物 1				
危害率(%)				
植物 2				
危害率(%)				
…				
合计				
平均				

(2)监测与评估样地设置与调查。监测与评估样地设置应能代表所调查林地的基本情况，每 20～30hm^2 设一处长条状标准地，横穿林地(林缘、林中都要有)，选择标准木 20 株左右，机械抽样调查。

①病害的调查：杨树溃疡病、毛白杨锈病、核桃黑斑病、核桃炭疽病、栗干枯病、杏疔病、枣疯病、枣锈病、梨黑星病、梨锈病、梨轮纹病、桃腐烂病、桃缩叶病、石榴干腐病，根据病害的发生规律，一年调查 2 次，分别于每年发病高峰期和 9 月下旬

进行调查，计算感病指数。

其中，公式如下：

$$感病指数=\frac{\sum(病级株数\times代表值)}{株数总和\times发病最重一级代表值}\times100\% \tag{17-1}$$

②食叶害虫的调查：应调查的害虫种类有美国白蛾（*Hyphantria cunea*）、松毛虫（*Dendrolimus*）、松干蚧（*Matsucoccus sinensis*）、侧柏毒蛾（*Parocneria furva*）、小皱蝽（*Cyclopelta parva*）、杨扇舟蛾（*Clostera anachoreta*）、杨尺蠖（*Apocheima cinerarius*）、杨小舟蛾（*Micromelalopha sieversi*）、木橑尺蠖（*Culcula panterinaria*）、枣尺蠖（*Sucra jujuba*）、枣黏虫（*Ancylis satia*）、梨星毛虫（*Illiberis pruni*）、桃天蛾（*Marumba gaschkewitschii*）、石榴巾夜蛾（*Parallelia stuposa*）、舟形毛虫（*Phalera flavescens*）、天幕毛虫（*Malacosoma neustria testacea*）等。目标害虫在当地每世代幼虫的发生盛期进行。

③蛀干害虫的调查：光肩星天牛（*Anoplophora glabripennis*）、双条杉天牛（*Semanotus bifasciatus*）、桑粒肩天牛（*Apriona germari*）、木蠹蛾（*Cossidae*）、云斑白条天牛（*Batocera lineolata*）、白杨透翅蛾（*Parathrene tabaniformis*）。根据目标害虫幼虫期在当地取食盛期进行。

④发生面积统计：将每次不同种病虫调查获得的资料，依据危害程度分级按Ⅰ~Ⅱ级为轻，Ⅲ级为中，Ⅳ~Ⅴ级为重，分出轻、中、重，再分别统计本地各病虫害发生面积，将每种病虫害调查结果汇总。

⑤入侵植物的调查：薇甘菊（*Mikania micrantha*）、大米草（*Spartina anglica*）、加拿大一枝黄花（*Solidago canadensis*）、葎草（*Humulus scandens*）、火炬树（*Rhus Typhina*）。根据目标植物的形态特征，于夏季进行调查记载。

（3）监测频率。在项目建设期间，每年进行一次监测，每次监测时长为6~9天。

第1~3年，制定有害生物监测计划。在不同造林模型中选取固定标地进行病虫害监测，建立有害生物监测数据库，完成前期有害生物监测报告，召开有害生物监测讨论会。

第4年，继续进行不同造林模型有害生物监测，更新有害生物监测数据库，完成后期有害生物监测报告，召开有害生物监测总结讨论会。

（4）监测与评估执行者。山东省林业科学研究院资源所、山东省野生动植物保护站、山东农业大学林学院、县野生动植物保护站共同进行。

（5）监测与评估产出。在项目建设初期建立有害生物监测数据库，并每年对其进行更新，按要求提交年度、中期和终期有害生物监测报告；项目实施后，对有害生物的种类、发生频率、危害面积和危害程度、发生消长规律的影响进行评估，形成项目有害生物消长情况评估报告。

7. 农药的安全使用

（1）监测与评估指标。农药的安全使用监测与评估指标包括：一是农药采购方式（采购种类、采购数量、采购方式）；二是农药运输方式；三是农药储存方式；四是农药使用（农药种类、使用数量、包装处理方式、操作人员防护方式），见表17-6。

表 17-6　农药安全使用监测与评估指标

＿＿＿＿＿县(市、区)

内容	2015 年	2016 年	2017 年	2018 年
1 农药采购				
农药 1				
采购数量(kg)				
采购方式				
农药 2				
采购数量(kg)				
采购方式				
…				
2 运输方式				
3 储存方式				
4 农药使用				
农药 1				
使用数量(kg)				
包装处理方式				
操作人员防护方式				
农药 2				
使用数量(kg)				
包装处理方式				
操作人员防护方式				
…				

(2)监测与评估样本的确定与调查。农药安全使用的监测，将 15 个项目县(市、区)全部作为样本。在项目林生长季节，由所在项目县(市、区)统计上报农药使用情况，山东省林业科学研究院资源所汇总录入农药安全使用数据库。

(3)监测与评估执行者。山东省林业科学研究院资源所、各项目县级(市、区)项目办。

(4)监测与评估产出。建立并更新每年度农药安全使用情况数据库，提交年度、中期以及终期农药安全使用监测与评估报告。

三、项目监测与评估的组织

这部分主要探讨和论述项目环境监测与评估的组织管理、专家论证、技术培训、技术交流、联系报告制度以及经费预算等内容。

1. 组织管理

项目环境监测与评估的组织管理工作，主要由省项目办具体牵头管理，市级项目办协助，县(市、区)级项目办参与，委托第三方——山东农业大学林学院和山东省林业科学研究院资源所具体负责《项目环境监测与评估实施计划》的执行。这种组织管理方式，把责权利明细化、具体化，有利于项目环境监测与评估工作的开展。

2. 专家论证

组织相关领域的专家到现场进行调研和考察，检查各项监测内容、监测指标以及监测方法是否科学、规范、合理，并就拟定的《项目环境监测与评估实施计划》进行论证，指出其存在的问题和不足，提出改进的意见和建议。

3. 培训与交流

(1)技术培训。主要采取四种方式进行技术培训：一是集中理论学习；二是现场技术指导；三是国内考察学习；四是出国考察培训。

(2)技术交流。主要是通过定期或不定期地开展学术论坛、学术报告会、内部交流经验、现场就某一环境监测评估问题展开有针对性的讨论与交流等形式，从而达到相互交流、相互促进、相互提高的目的。

4. 联系报告制度

各级监测部门每次监测任务完成之后，应于每年的6月20日前和12月20日前向省项目办提交监测数据和监测报告，省项目办负责分析与处理数据，形成项目监测报告，并存入信息数据库中，各专业专家论证组，进行监测结果评价。定期向欧洲投资银行和各级有关行政管理部门提交项目监测与评价报告，并及时向基层监测单位和项目实施单位反馈信息，提出建议。

各级项目办在遇到突发情况(如重大的疫情、火灾、中毒事故)时，必须及时上报上一级项目办。

5. 经费预算

为做好项目的监测工作，依据每年的工作等情况，对市、县(市、区)两级的监测费进行安排。根据本项目的环境监测内容和监测任务量，经测算总费用为280万元，其中，130万元利用欧投行贷款，其余150万元利用市、县(市、区)级提供的配套资金。项目各年度安排为2015年、2016年、2017年、2018年分别为100万元、56万元、56万元和68万元。各项监测内容经费安排见表17-7。

表17-7　监测经费构成表

监测内容	经费安排	
	金额(万元)	应用比例(%)
生物多样性调查	40	14.0
土壤理化性状和盐分测定	75	27.0
水源涵养和土壤侵蚀强度监测	55	20.0
防护林防风效果监测	55	20.0
有害生物监测	30	10.0
农药安全使用监测	25	9.0
合计	280	100.0

第二节　环境监测规章制度的建立

根据国际金融组织贷款林业项目的要求，为协调经济开发和生态保护的矛盾，维护项目区的生物多样性，指导跨流域项目区的造林实体开展项目造林和营林活动，确保在项目的施工过程中增强生态保护意识，将项目施工可能产生对自然环境的负面影响降低至最小或消除，以确保全面实现项目预期的生态环境目标。鉴于此，世界银行、欧洲投资银行等国际金融组织在山东先后实施的生态造林项目中，均制定了一系列的环境监测规章制度，限定并规范项目建设过程中的一些有可能造成环境减退甚至是破坏的行为。例如，欧洲投资银行贷款“山东沿海防护林工程项目”(SCSF)制定下发了《SCSF 环境保护规程》《SCSF 环境保护计划》《SCSF 防护林病虫害管理计划》《SCSF 环境监测与评估实施计划》等一系列的规程、办法和规定，从而确保既实施了项目，又保护了生态环境的目的。

一、有害生物管理规定

所谓项目林生物危害是指危害项目林分的草害、鼠害、病害、虫害、畜害等相关生物的危害。关于有害生物的管控方面，在已实施世界银行、欧洲投资银行贷款项目制定的《防护林病虫害管理计划》中，都有详细而具体的规定和要求。因此，这部分将以世界银行贷款山东造林项目和欧洲投资银行贷款“山东沿海防护林工程项目”为案例，重点介绍林木病虫害的管理、森林检疫对象的管控、有潜在入侵风险植物的管制、禁牧育林规定 4 个方面的内容。

1. 林木病虫害的管理

根据欧洲投资银行贷款“山东沿海防护林工程项目”防护林病虫害综合管理计划的要求，对项目林要进行病虫害综合管理，以确保其健康生长及发育。

在人工防护林病虫害的综合管理计划中，特别强调要做好病虫害的预测预报工作，并强烈推荐采用综合治理(IPM)的方法防治病虫害。以植物检疫技术、预测预报技术、生物防治技术、物理防治技术、营林调控技术来主导林木病虫害的管理，只有当某一病虫害在一处或几处项目林内爆发成灾后，方可考虑使用化学防治技术。使用化学杀虫剂必须符合世界卫生组织划定的 3 类以上要求的杀虫剂，并且必须遵守有关规定，防止环境污染，确保人畜安全，尽量减少杀伤有益生物，最大限度地降低病、虫危害所造成的损失。

2. 森林检疫对象的管控

植物检疫是依据国家法规，对植物及其产品实行检验和处理，以防止人为传播蔓延危险性病虫的一种措施。检疫性有害生物一旦传入新的地区，因失去了原产地的天敌及其他环境因子的综合控制，其猖獗程度较之原产地往往要大得多。例如，美国白蛾、松材线虫病传入山东后给农林生态系统造成极其严重的危害。

检疫对象可分为国家级和省级两类。全国林业检疫性有害生物有松材线虫(*Bursaphelenchus xylophilus*)、美国白蛾、杨干象(*Cryptorrhynchus lapathi*)等14种；省级林业检疫性有害生物有松褐天牛(*Monochamus alternatus*)、日本松干蚧(*Matsucoccus matsumura*)、根结线虫病(*Meloidogyne marioni*)等11种。根据国内和国际金融组织对林业款项目的要求，被列入检疫对象的有害生物，严格执行检疫条例，阻止危险性病虫的入侵、扩展和蔓延，尤其要做好产地检疫工作。

3. 有潜在入侵风险植物的管制

随着我国改革开发的不断推进，“生物入侵”的现象正在全国蔓延，一些“生物移民”翻山越岭、远涉重洋地通过人为活动被带到异国他乡，由于失去了原有天敌的制衡获得了新的生存空间，迅速生长扩散，占据了湖泊、陆地，生物入侵已严重威胁到人类的生存，是当今世界最为棘手的三大环境难题之一。如今，外来有害生物，也不断入侵我国，破坏生态平衡，如薇甘菊、大米草、加拿大一枝黄花、葎草等已被列入入侵物种。在准备欧洲投资银行贷款“山东沿海防护林工程项目”非技术性摘要时，欧洲投资银行就把“生物入侵”作为影响环境评价的重要内容，提出减缓或避免“生物入侵”的对策或措施；世界银行贷款“山东生态造林项目”甚至把火炬树(*Rhus typhina*)也列入有入侵倾向的树种，严禁在项目造林中使用。

4. 禁牧育林规定

禁牧是确保项目林正常生长的重要措施，也是抚育管理的一项重要手段。世界银行、欧洲投资银行等国际金融组织贷款项目均明确要求，必须认真处理好放牧者与项目林经营者的关系，在保证放牧群体利益的前提下，禁止有可能毁坏林木的一切放牧活动，以确保项目正常经营活动的进行。

二、农药安全使用的管理规定

农药安全使用问题，是世界银行、亚洲开发银行等国际金融组织备受关注的问题。借贷双方在制定的《项目环境保护规程》(简称《规程》)和《项目防护林病虫害综合管理计划》(简称《计划》)中均做了具体的规定，主要集中在以下方面，确保严格遵守。

1. 病虫害诊断

项目林一旦发生有害生物危害，《规程》或《计划》规定，县野生动植物保护站和乡林业站技术人员将对病虫害进行诊断，并为造林实体(或林农)提供采用规定的农药进行病虫害防治的建议。根据需要，技术人员将依次与有关省级专家或机构进行磋商。这些机构和专家应包括省野生动植物保护站、相关农林类高校的植保学院及其专家。

2. 用药操作规范

《规程》或《计划》建议遵循以下农药使用操作步骤和规范：

第一，建议造林实体(或林农)根据每块造林地的树种或品种配置、县林业局项目办或野生动植物保护站的病虫害监测报告等信息，在用药前有针对性地开展科学用药培训。

第二，为了有效地防治病虫害，根据不同种类病虫害的生物学特性、项目林损失面积和程度采用不同的喷洒方法。县野生动植物保护站的人员，针对发生病虫害的树种或品种提出正确使用农药的种类和喷洒路线。

第三，市林业局项目办将保证与有关专家磋商，以形成适合当地情况的具体建议。专家将包括省森野生动植物保护站、农林类高校植保学院、省经济林站、省林业科学研究院森保所的有关人员。

第四，要考虑农药的正常周期，以减轻病害虫的抗药性，降低农药对植物的损害。市林业局项目办确保与有关专家进行磋商，制定合适的建议。这些建议将被纳入培训计划、各点的技术建议和农药采购规程。

第五，各项目点的造林实体（或林农或农民）将参加该项目执行过程中有关安全使用农药和农药使用方法的培训。

第六，培训班将重点强调使用农药时穿防护衣的重要性，包括合适的工作服、防护帽、面罩、手套和鞋等。

第七，培训班需要强调严格遵守农药使用规程，严禁将剩余后的农药随意处理，以避免污染居民区、水源和牧场。

第八，县林业局项目办和乡（镇、场）的技术人员将强调农药管理和使用程序的重要性。

3. 采购规范

各级项目办公室及项目造林实体严格遵守《规程》或《计划》的规定和要求，按照以下规范做好农药的采购管理：

第一，省项目办制定农药检验政策并批准项目采购。市林业局项目办根据项目政策委托县林业局项目办采购农药。

第二，省项目办制定项目农药采购审批政策，以确保项目资金仅采购规定农药清单上的农药。

第三，采购的农药应该遵循《项目物资和设备采购办法》，并使用配套资金进行采购。如果一个乡镇的采购量小，造林实体可按批准的农药采购名录到乡镇农药供销点采购；如果一个乡镇的采购量比较大，则由县林业局项目办负责组织采购。

第四，每个造林实体要根据病虫害的预测预报以及将所需农药的名称、数量、剂量，向县林业局项目办汇报。县项目办向市项目办汇报，由市和省项目办汇总，根据项目的规程安排是否需要批量采购。

第五，每个造林实体应根据病虫害的预测预报，拟定需要的农药的名称、剂量等，向县林业局、项目办汇报。县林业局项目办再向市项目办汇报，然后市林业局项目办与省项目办一起，根据项目规程来安排批量采购。

第六，造林实体或林农如需要较大量的农药，可以直接从县林业局项目办获得；少量的农药可以直接从乡镇农药店购买，该农药店提供的农药必须是县林业局项目办批准的农药。

4. 运输规范

在农药运输方面，《规程》或《计划》也有规定和要求，具体为县林业局项目办应委派技术人员押送农药，以保证农药及时安全地运送到目的地。一旦盛装农药的容器损坏，必须采取有效的补救方法，以防止污染环境。县林业局项目办将保留运输和交货的原始记录。

5. 保管存放规范

根据《计划》的规定，县林业局应用其设施储存项目农药；为造林实体提供服务的单位和零售商店应维护其储存设施；每个造林实体剩余的农药应退回到指定的农药储存仓库或安全处理。

6. 包装处理规范

根据国内有关法律和《计划》的规定，空的农药容器需要退回到指定的仓库以便重复使用或处理(深埋)。

三、水土保持的管控

项目建设期间，要进行林地的作业，如果没有采用适当的方式方法，则可能造成林地的水土流失。为此，项目经营者必须严格遵守《规程》中的相关规定和要求。

1. 林地清理

第一，严禁采用炼山方式进行林地的清理。

第二，在林地坡度大于15°的地块，可采用块状或带状清除妨碍造林活动的杂草和灌丛。

第三，已清除的杂草和灌丛应堆积在带间或种植穴间，让其自然腐烂分解，严禁焚烧。

第四，在进行林地清理时，应保留好山顶、山腰、山脚的原生植被。

第五，在开展林地清理工作时，应视溪流两侧的溪流大小、流量、横断面、河道的稳定性等情况，划出一定范围作为保护区。

2. 整地挖穴

第一，应根据造林地的坡度大小选择整地方式，且破土面积要控制在25%以下。整地方式的选择与林地坡度的关系：当坡度<15°时，用全垦整地；坡度在16°~25°，用穴垦、沿等高线的带垦或梯级整地；坡度>25°，则用鱼鳞坑整地，且“品”字形排列，并沿等高线设置截水沟。

第二，造林地块边缘与农田之间要保留10m宽的植被保护带，长坡面上若采用全垦整地，每隔100m保留一条2m宽的原生植被作为保护带。

第三，在15°以上的坡地上营建生态型经济树种时要采用梯级整地(反角梯田)。应能将地表径流水输送到稳定的地面上或使之流入可接收多余水量的溪流中。

第四，在滨海盐碱地区，可采用筑台田的方法进行整地，条宽一般在30~70m，台面四周高，中间低，便于拦截天然降水，并且有排水设施，尽可能降低土壤含盐量。

3. 林地灌溉

要尽量采用蓄水池截留降水、地膜覆盖植树穴、高分子保水剂等节水灌溉措施，尽量采取喷灌、微灌、滴灌等科学方式的灌溉，严禁大水漫灌，节约水资源。在滨海盐碱地区要多利用地表水进行灌溉，提倡浅水块轮，均匀灌水；平整土地，防止地表局部不平整造成积水，输水渠道要防渗，避免灌溉水下渗，导致地下水升高，充分利用灌溉措施控制土壤盐渍化。

4. 林地施肥及防止面源污染

为了恢复和提高林地土壤肥力，在项目林施肥时，要尽量选用有机肥，严格按照肥效标准进行施肥，不得随意施用；要根据适宜的科研成果或适当的土壤和植物测试结果来确定施肥方案；一定要采用穴施或条施，严禁撒施，要将肥料施于穴的上坡向，且以土壤覆盖防止养分流失和地表水污染。

5. 林地的抚育管理

第一，林下间作。在滨海盐碱地区，为减少地面蒸发，消除杂草竞争，提倡林下间作农作物，达到以耕代抚的目的，但树的两侧要保留 50cm 的保护行。在坡地上进行林间混种应按水平方向进行，大于 25°的坡地上不允许进行间种作业。介于 15°~25°的坡地上，穴垦整地不得进行间作；只有在沿等高线进行的宽带状整地或梯级整地时，才可间作，间作时，最好种植对土壤有改良作用的豆科植物。

第二，尽量不使用除草剂。幼林抚育要尽可能采用局部抚育法，围绕幼树进行扩穴、松土、除草，尽量保留幼林地的天然植被。除草后所剩的植被剩余物应留在地里作为覆盖物。禁止樵采林下枯枝落叶，以提高林地水源涵养的能力和保持土壤肥力。

四、生物多样性的维护

生物多样性的维护和提高，是国际金融组织贷款生态造林项目检验实施成败的重要指标性因子，是项目各方共同关注的问题。鉴于此，种质材料的选择、造林地的选择、小班配置与布局、生态位的预留以及树种的搭配混交等方面，世界银行和欧洲投资银行对其均有详细的规定和要求。

1. 种质材料的选择

第一，为了加强生物多样性的保护，应优先选择乡土树种。选用优良乡土树种的优良种源、家系或无性系造林，增强抵抗病虫害的能力，降低林木受病虫害威胁的风险。只有在外来树种的生长和抗性优于乡土树种时，才可选择外来树种。如果未来的科研能够发现一些新的乡土树种能够适应造林地条件，这些树种也要作为备选树种。

第二，在进行造林和整地时，要尽量保留和利用原有的乡土乔灌植物，以促进天然植物群落的恢复和更新。

2. 造林地的选择

世界银行贷款“山东生态造林项目”对造林地的选择，有如下的限定和要求：

第一，项目造林用地，不能选择基本农田、天然林或郁闭度大于 0.2 的现有林作为项目用地。

第二，项目造林用地，不能选择拥有价值的人类历史文化遗产，珍稀植物、野生动物栖息地和各种保护区，以及在自然或文化遗产保护区的缓冲区外围 2000m 范围内、国家级公益林外围 100m 范围内的土地作为项目用地。

第三，项目选择的林地类型应是因未适地适树造成的低效林地或残次林地及其采伐迹地，并且应该位于能经受项目治理措施考验和没有土地纠纷的区域。

第四，用于项目的林地优先选择的顺序是宜林荒山、荒地、火烧迹地、盐碱荒地、退耕还林地、裸露地面并长有外来草种的退化林地、灌丛地和疏林地（郁闭度小于0.2），以及因未适地适树造成的低效林地或残次林地及其采伐迹地。

3. 小班配置与布局

为增加项目林的生物多样性，世界银行贷款山东造林项目对小班配置与布局也做了详细的规定。

第一，退化山地恢复区每个造林小班面积不大于20hm^2；山区中用来划分单一树种的隔离带至少要有3行或者10m宽。

第二，滨海盐碱地改良区每个造林小班面积不大于35hm^2，混交地块中带状混交至少占75%，每个栽植块或条带至少包含3个树种；盐碱地林带宽不大于70m，带间距离是树高的10~20倍。

4. 生态位的预留

项目实践证明，生态位预留（初植密度和整地方式控制）得当，是提高项目多样性的必然选择。培育用材林造林项目，营养空间的多少，是决定培养径级材大小的主要因素；营造生态防护林项目，在保证成林的前提下，造林初植密度越小，穴状整地的破土面越小，保留原生植被越多，就越有利于林下植被的恢复和更新；造林初植密度的合理控制，有时比混交造林更重要。低密度造林，有利于后期天然更新，林下植被丰富，造林树种与天然更新树种形成混交林，生物多样性丰富，林分稳定，蓄水、保土效益强。

5. 马赛克状的森林景观

项目采用多树种混交搭配造林，是世界银行和欧洲投资银行贷款林业生态项目所大力倡导的，其目的是通过混交造林和严格控制单一树种造林小班面积，最终形成马赛克状的森林景观。其规定和要求如下：

第一，在退化山地植被恢复区造林小班的造林中，单一树种的造林面积不能大于（或等于）2hm^2。

第二，在退化山地植被恢复区的造林小班混交中，优势树种数量的上限不能超过总株数的70%。

第三，尽可能多的选择适生树种或品种用于项目混交造林，单一树种或品种造林不再提倡。应根据不同立地条件组合搭配尽可能多的树种和栽培技术，形成不同的造林模型，每一种模型适宜不同的立地条件。例如，世界银行贷款山东造林项目共采用52种乔灌藤草和20多种栽培技术，组合搭配成13种混交造林模型，适用于13种立地条件造林。

五、森林火灾管控规定

森林火灾是极其严重的灾害，在危害森林的诸多因素中最为严重，破坏力和影响力也最大，具有很强的突发性和破坏性，是当今世界上所面临危害性大和扑救困难的自然灾害之一。因此，国际金融组织贷款项目对森林火灾管控有严格的规定。

1. 建立火灾管控体系

项目林的防火工作必须纳入各级地方的森林火灾管理体系中，建立火灾管理机构，制定防火、公众教育、巡逻、执法和火灾应急管控计划。

2. 制定护林防火计划及时汇报火情

每个造林单位及造林实体都必须编制护林防火计划，制定乡规民约，划定防火责任区，并按时向县林业局项目办和护林防火组织汇报情况。

3. 配足配齐防火人员和设施

要强化护林防火人员的培训，配备必要的交通工具和通信设施，配齐护林防火器具，在项目林区内设置瞭望台，建设护林房。应根据项目林面积的大小配备护林防火人员，并实行责任制和奖惩制度。

4. 项目林区域严禁用火

在防火期间，要严禁控制火源，禁止野外用火，禁止在项目林内、项目林地周边烧荒及燃烧枯枝落叶。

5. 建设防火隔离带

在项目造林施工作业设计时，要同步进行护林防火规划设计，凡是连片面积超过 $100hm^2$ 的项目林地都必须建立防火带，用防火带把林地分割成几个小班，防火带的宽度应为 10~20m。在进行护林防火规划设计时，要尽可能考虑利用河道、山脊和乡土天然防火植被作为放火隔离带。

第三节　环境监测评估的组织与实施

《项目环境监测评估实施计划》的编制及项目环境监测评估保障规章制度的建立的目的，就是项目实施单位或造林实体必须按照预定编制好的计划任务，循规蹈矩地严格组织与实施。项目环境监测评估的组织与实施的关系是，组织是实施的保障，实施是落实前提，实施的结果是为了应用，而应用的目标是为项目决策者和项目参与者提供服务。因此，本节将从监测评估组织的建设与运行、监测评估网点的建设与运行、监测评估的数据汇总与结果运用三个方面进行论述。

一、监测评估组织的建设与运行

根据与国际金融组织达成的协议规定，项目环境监测与评估的组织建设工作是项目环境监测评估的重要内容之一，是监测评估工作推进不可缺少的重要一环。鉴于其重要性，我们在此将深入讨论项目组织管理体系的建设、环保工作小组的组建、队伍的建设、监测评估人员的培养等问题。

1. 环境监测与评估组织的建设

项目环境监测与评估的组织主要由 3 个层次组成，即省级、市（地）级和县（市、区）级。其人员组成、职责分工和运行方式如下：

省级组织管理体系是在省项目办建立项目监测评估支持小组，由项目办技术人员、科研院所和高等院校的林业专家组成。其主要职责是负责监测评估计划的制定、监测评估体系的建立、监测评估任务总体安排、监测评估技术规程的落实，并向贷款方定期提报项目监测评估报告；项目的专业监测评估工作委托专业科研单位完成，科研单位成立专家论证组，对监测内容进行指导和培训。

市、县级组织管理体系是在每个市、县级项目办建立监测支持小组，由项目办和相关部门的技术人员组成，其职责一是在省级监测支持小组的指导下编写县级项目监测评估计划，在辖区的市级和县级组织开展监测评估计划的实施；二是在省级监测支持小组的指导下，组织林场和乡镇技术人员进行项目监测评估培训，并按监测评估计划组织开展工作；三是负责监测数据的定期收集、处理，定期完成监测评估进展工作报告并上报省项目监测评估支持小组。

2. 环境监测与评估工作小组的组建

为确保项目环境监测与评估工作有人负责，拟定的实施计划能得到落实，根据借贷双方达成的协议，省级项目办要组建项目环保工作小组，成员不少于 3 人，同时还要聘请高等院校、科研部门从事森林经营、森林生态、森林保护、水土保持以及土壤等研究的专家参加；市级林业局项目办、县（市、区）级林业局项目办以及林场都要固定 1~2 人负责项目的环境监测与评估工作。其职责是负责组织技术培训，指导造林实体开展项目病虫害监测、农药安全使用，协调监测评估点的布设、调查、取样、数据采集等工作。

3. 环境监测与评估队伍的建设

为严格执行项目环境保护规程的相关规定，做好项目环境保护规章制度的全面贯彻落实，在项目启动实施期间，各级项目办狠抓“四支”环境监测与评估队伍建设，即一支病虫害预测预报队伍的建设，一支病虫害防治队伍的建设，一支环保监理队伍的建设，一支环保作业施工队伍的建设。通过“四支队伍”的建设，确保了项目环保措施和监测评估计划的落实和实施。

4. 环境监测与评估人员的培训

项目环境保护工作千头万绪，涉及的地域广，牵扯的专业多，技术要求严，既要懂水土保持、森林生态、森林经营、森林土壤方面的知识，还要掌握病虫分类、农药分类和使用、预测预报等方面的知识，因此必须做好环保人员的技术培训，以提高环保管理人员和操作人员的素质，确保项目的环境保护措施落到实处。

二、监测评估网点的建设与运行

根据项目贷款协议的规定，在项目启动建设期间，项目主管单位必须在项目区域内对林木有害生物、造林地的水土流失和土壤改良效果、项目林的生物多样性、项目林及其周边的农田防护效果以及造林实体农药化肥采购、安全使用等方面进行定点、定时的跟踪监测与评估。要做好上述 6 个方面的工作，就要狠抓“六点”布设，使其形成一个覆盖整个项目区、遍布全部造林实体的监测观察网点，并保持其运行状态，跟踪其消长变化情况。

1. 有害生物监测点

项目有害生物监测主要包括虫害监测、病害监测、畜害监测、鼠害监测、入侵生物监测等。其中，因山东林区鼠害并不严重，畜害和入侵生物又有单独的管理办法或规定，所以就不作为重点监测对象。虫害、病害两种监测对象是项目监测评估的重点，必须按照项目贷款协议规定布设监测评估点。有害生物监测点，主要包括两种：第一种是固定监测点；第二种是临时监测点也称一次性监测点。监测点的布设原则是根据造林树种、林相情况、地形地貌、立地条件、气候条件，以及有害生物危害分布特点等相关信息分别在不同的项目区和有代表性的造林小班设置监测点。对固定监测点，要根据有害生物的发生、发展情况，进行定点、定时地观测和记载。

2. 水土流失监测点

设置项目水土流失监测点的目的，主要是监测项目造林前后林地的保水保土能力。根据项目贷款协议要求，凡是在山区或丘陵区营造项目林的，都必须对不同的林地清理方式、整地挖穴方式、树种配置方式、松土除草方式，以及修枝间伐方式进行水土流失监测影响。因此，水土流失监测点的设置原则是，依据项目造林和抚育管理方式、地形地貌、坡度坡向、林相情况等选择有代表性的造林小班作为水土流失监测小班，然后在其中再选择标准样地面积为20m×20m作为固定监测点，开展相关数据的采集和调查研究。

3. 防护效果监测点

防护效果监测是贷款项目生态效益监测的另一个重点，其目的就是监测评估项目林营建前后对周边村庄、农田、作物等防风、固沙的作用，特别是抑制干热风危害，提高农作物产量的效益。根据项目贷款协议的要求，项目防护效果监测评估的重点地区是受风暴潮、干热风影响严重的沿海项目区，应将其作为项目监测评估的主要内容。项目防护效果监测点的选择原则是，根据项目区域内的项目监测目标任务，选择有代表性的项目县的不同项目林类型，作为项目监测点。例如，世界银行贷款“山东生态造林项目”，根据北方茶树栽培需要防冻防寒的要求，为测其项目林对茶树防护效果，项目监测评估小组在乳山茶树项目林设置了固定监测点，固定专人连续观测记载项目林的防风保温效果。

4. 土壤改良效果监测点

世界银行贷款“山东生态造林项目”和欧洲投资银行贷款“沿海防护林工程项目”均布局于山东黄河三角洲地区，其土壤盐碱含量高、盐渍化严重，是典型的困难立地。项目监测评估的重点是土壤改良效果问题。根据项目评估文件规定，在项目造林前，要对每个造林小班进行土壤含盐量监测，造林后选择有代表性的造林地块进行多点、连年取样监测。通过造林前后土壤变化，评估项目造林对土壤改良效果。鉴于此，土壤改良效果监测评估点的布设原则是，造林前，选择一次性且有代表性的造林小班，按照对角线布点的方式，选取5个样点取土壤化验；造林后，选择有代表性的固定造林小班，按照同样的方法取土壤化验，连续进行至项目竣工验收为止。

5. 生物多样性监测点

生物多样性监测是林业贷款项目监测评估的重中之重，又是借贷双方共同关注的问题，也是评价生态造林项目成败的关键指标。因此，生物多样性监测点选择的原则是，根据项目建设的目标和要求，选择有代表性的项目县的不同的地形地貌、不同类型的造林小班、不同立地类型、不同造林模型、不同林分类型作为项目监测点或对照点。例如，世界银行贷款“山东生态造林项目”，在9个市28个县(市、区)选择退化山地植被恢复区的新泰、蒙阴、莒县、乳山、泗水、雪野6个县(市、区)级项目单位和滨海盐碱地改良区的沾化、河口2个县(区)级项目单位，开展生物多样性监测与评估。在野外系统踏勘的基础上，共选择了7个砂石山监测点，4个石灰岩山地监测点和8个滨海盐碱地监测点的造林模型作为生物多样性评估监测点。同时，还在其他项目县(市、区)设置一次性样地监测点，随机开展野生动物、有益昆虫的调查，丰富了调查内容，为全面评估生物多样性奠定了坚实基础。

6. 农药安全使用监测点

世界银行、欧洲投资银行等国际金融组织贷款项目特别关注农药的安全使用，强调凡是利用世界银行、欧洲投资银行贷款的林业项目，必须严格按照世界卫生组织和欧盟的规定进行农药的采购、运输、使用和储存，并要求把农药的安全使用纳入项目环境监测与评估中。为确保随时跟踪和监测项目农药的安全使用，其监测评估点的布设原则是，于春、夏、秋三季，在所有项目县(市、区)中，选择代表性的不同乡(镇、场)、不同社区、不同造林实体、不同居民群体，以及农药供应点30个，作为一次性农药安全使用监测点。

三、监测评估数据的采集整理与结果运用

根据项目实施目标和布局，在营造的项目防护林分中共布设了“六类监测评估网点”，隶属于省级、市级、县级3个层次。其中，省级监测样点每个市每类至少布设1处；市级监测样点每个市每类不少于2处；县级监测样点每个县每类不少于3处。通过3个层次监测样点的布设，确保随时获得有害生物发生数据、生物多样性变化数据、水土流失实时数据等，同时，追踪监测培训、农药采购、农药安全使用等方面信息，监测评估工作按部就班的有序开展。

1. 监测评估数据的采集与整理

项目3个层级、6类监测评估网点设置好后，下一步的工作就是认真做好监测点的调查与观测，采集相关数据，并通过整理分析，进一步综合判别数据信息。

有害生物监测、水土流失监测、防护效果监测、生物多样性监测、土壤改良效果监测的数据采集，主要是通过野外监测样地的观测、调查的基础上获得，其相关监测的信息数据，见表17-1至表17-5；农药安全使用监测数据的采集，主要通过访谈的形式获得，即选择有代表性的社区、造林实体、农药供应点，随机抽查记录其农药的采购、运输、使用和储存情况，并于县(市、区)级林业局项目办的相关信息进行比对，

统计分析该县的农药安全使用情况，具体监测内容见表 17-6。

有害生物管理监测是项目《病虫害管理计划》中的内容之一，其监测的指标包括有害生物危害程度、农药安全使用培训、农药安全使用等方面，具体监测内容见表 17-8。其数据的采集，由县级项目办在项目实施过程中进行监测和填报。

表 17-8　病虫害管理监测指标

危害程度(hm^2)						农药安全使用培训			农药安全使用		
Ⅰ级	Ⅱ级	Ⅲ级	Ⅳ级	Ⅴ级	合计	发放材料（份）	乡镇级人员（人次）	造林实体（人次）	使用推荐农药占比（%）	施药数量（kg）	防治措施中 IPM 占比(%)

注：依据危害程度分级按Ⅰ～Ⅱ级为轻，Ⅲ级为中，Ⅳ～Ⅴ级为重；其中，Ⅳ～Ⅴ级需要防治。

省、市、县和乡镇(包括林场)级有害生物监测点的病虫害发生情况，统一由县林业局项目办和县野生动植物保护站进行观察或调查，其数据由县林业局项目办汇总上报至所辖区市林业局项目办和省项目办。

野外采集的土样、动植物标本(照片)可带回室内，首先对土壤样品进行预处理，然后再进行物理化学性质的测试；动植物标本(照片)的种类鉴定工作，可请相关分类专家进行鉴定。将上述获得的数据信息按照监测评估要求进行分类汇总、整理，形成各监测评估指标报告表，建立监测数据库，上报监测数据。

2. 项目生态环境影响监测评估报告的编写

项目生态环境监测数据的采集与整理的目的就是为项目环境影响监测评估报告的编写做准备。根据项目贷款协议的要求，项目单位要依据实施进度，定期向贷款方提交项目环境监测评估报告，以满足贷款方了解和掌握项目的实施对环境的正负影响，并据此提出改进建议。国际金融组织贷款项目对项目生态环境影响监测评估报告没有明确的编写要求，但为了能全面反映林业项目实施对环境的作用，下面给出一个编写提纲，供同行体会和感受。

(1)前言部分。前言部分主要对项目做一个简要介绍，同时阐述生态环境影响监测评估的目的意义等内容。

(2)监测点基本情况部分。第二部分详细介绍监测点的情况，主要包括监测点的位置(坐标：纬度、经度)、监测点名称、植被情况、主要树种、混交方式及比例、地形地貌、年均降水量、极端温度、年均温度等。

(3)监测与调查方法部分。第三部分为监测与调查方法，主要阐述的内容包括监测点的选择与确定(标准地的设置、踏查路线)、调查观测时间、取样的方法、观测的方法、样本的处理等内容，同时还要阐述相关信息数据的收集方法。

(4)监测的主要内容部分。这部分内容，要根据《项目环境监测与评估实施计划》规定的内容进行详细的阐述。例如有害生物、水土流失、防护效果、土壤改良效果、生物多样性、农药化肥使用这 6 个方面，半年度和每年度计划任务都不一样，应详细分别阐述。

(5)监测的组织实施部分。监测的组织实施部分，主要从年度(半年度)计划编制、调查的组织、技术培训、协调配合4个方面进行阐述。

(6)监测结果与分析部分。监测结果与分析部分是项目环境监测评估报告中最关键的部分，要从以下6个方面进行详细的论述。

①有害生物：在病虫害发生方面，要分别汇总各个监测点主要病害、主要食叶害虫、主要蛀干害虫的实际发生情况，填写有关表格，同时还要记述偶发病虫害的发生危害情况。在防治情况方面，针对灾情，采取了哪些防治措施，并分别详述化学防治的面积、农药的品种、使用数量，人工防治的具体方法和面积，生物防治的具体方法和面积。在调查成灾原因分析方面，应详细分析病虫害发生的原因，特别是成灾的原因，同时还要说明造成偶发性害虫大发生的直接或间接原因，最后要阐述对病虫害发生的成因有什么启发。

②生物多样性：主要是阐述植物多样性，包括乔木、灌木、藤本、草本，而动物类和有益昆虫类只作为辅助性说明即可。分析和讨论时，要全面综述植物多样性在不同项目治理区、不同造林模型、不同经营方式下项目区与非项目区的物种丰富度差异，可借助于图、表、公式进行表述。

③土壤改良效果：主要阐述项目区与非项目区在不同项目治理区、不同造林模型、不同经营方式下的土壤理化性质变化，具体包括土壤孔隙度变化、土壤改良效果、蓄水功能变化等，可借助图、表进行对比分析。

④防护效果：主要分析有项目林与无项目林对降低风速、保湿增温、减少干热风危害、防风固沙的效果。

⑤水土流失：可通过柱状图、折线图的形式，对比分析在不同项目治理区、不同造林模型、不同经营方式下项目区与非项目区水土流失情况。

⑥农药化肥使用：主要阐述农药种类或品种是否符合贷款方的规定、农药清单是否符合要求，以及农药采购、运输、储存、剩余农药处理是否全程监管和符合要求，在使用农药前是否按要求进行培训，推荐的IPM方法的使用情况等。

(7)监测与评估成果的应用部分。这部分内容，主要分析论述监测与评估成果的结论在项目实施过程中如何指导造林实体进行有害生物的防治、农田作物的防护；借贷双方接受，诸如造林模型、树种选择、造林密度、抚育管理等方面的改进意见或建议等。

(8)经验与教训部分。第八部分主要阐述项目的实施过程中，有哪些经验和教训可以在今后项目中予以借鉴。

(9)问题与建议部分。这部分内容，主要是通过项目的启动实施，遇到了哪些问题以及改进的建议，包括资金、方法、机制、人员等方面。

3. 环境监测评估报告的应用

项目的实践再一次证明，不论是世界银行贷款林业项目，还是欧洲投资银行贷款林业项目，一个最为显著的特点是，非常重视项目监测与评估结果的使用。一般情况下，国际金融组织林业贷款项目在项目监测与评估结果的使用方面，主要体现在病虫害用药及防治、造林密度调控、抚育管理改进、造林树种增减、造林模型改进、防护林营建标准改进等方面，如图 17-1 所示。

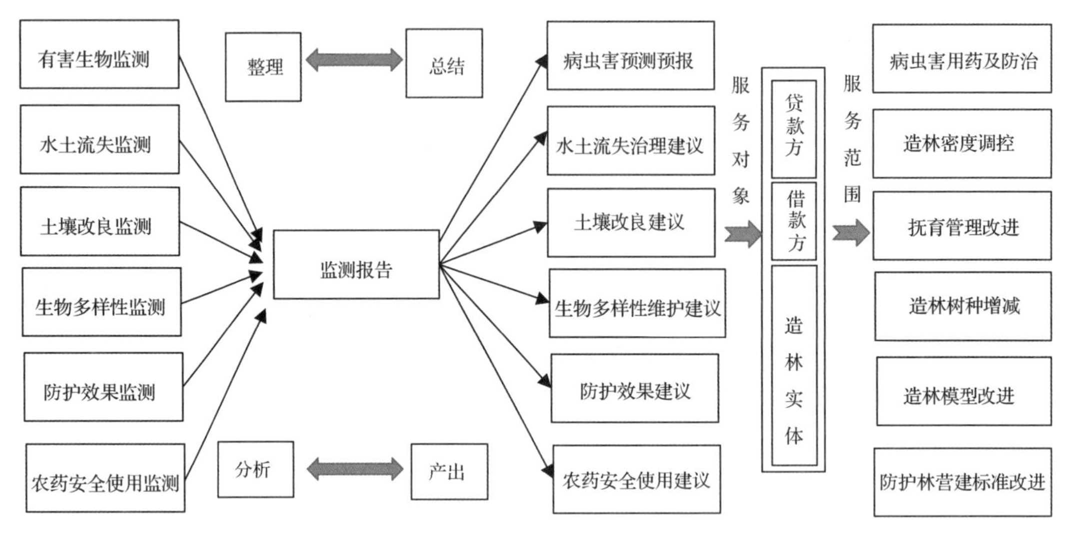

图 17-1　项目环境监测评估报告的应用

(1)病虫害用药及防治。根据省级、市级、县级项目监测点的观测数据，汇总形成半年度和年度病虫害及农药安全使用监测评估报告，其主要用于发布省、市、县辖区内项目林的近期和中期病虫害发生、危害及消长趋势预报，确定农药采购的种类和数量，指导造林实体或农户选择适合的防治方法，并在确保农药使用安全的前提下，开展项目林病虫害的防治。同时还要把监测结果汇总提交给贷款方，以指导项目建设工作的开展。

(2)抚育管理改进。通过世界银行贷款山东造林项目监测发现，在后期的抚育管理过程中，对于山区丘陵造林地的抚育，除草应在穴内进行，以减少杂草对幼苗生长的影响，同时，保护周边植被，避免水土流失发生。对于盐碱地造林地，在幼树期间，除草应限于树穴内，尽量减少行间大面积除草，以免造成幼林下植物多样性下降和植被覆盖减少，加大土壤蒸发，影响改良盐碱的效果。这一监测发现，很快被造林实体接受。

(3)造林树种增减。造林树种的增减是监测评估发现的另一个应用案例。通过在不同治理区、不同立地条件下的监测过程中发现，一些项目区内存在生长旺盛的散生树种，如散生的臭椿、五角枫、黄连木、柿树、苦楝、白榆、皂荚、黄栌、连翘、君迁子、山槐、杜梨等，说明这些树种适应项目区的立地条件。世界银行采纳了建议，在项目实施的后期，进行推广和应用。

(4)造林模型改进。造林模型的改进，是项目监测评估的又一发现。世界银行贷款山东造林项目共设计了 13 个造林模型，其中，石灰岩山地造林模型 S1 和 S2 均处于坡度大于 25°、海拔高度大于 400m 的石灰岩山坡上部，土层厚度 5～25cm，主栽树种均为侧柏，从其林木生长量、土壤理化性状、土壤侵蚀量等生态效益指标测定结果来看无明显差异，且均考虑到了近自然经营及与自然状态下乔灌木的混交，经建议在后期的项目建设中，把山坡上部的 S1 和 S2 模型进行优化合并为 S1，栽植树种主要为侧柏，促进项目区林下乔灌草的自然修复，形成侧柏与自然乔灌草的混交模式。

(5)防护林营建标准改进。在防护林营建标准改进方面，有一个很好的应用案例是世界银行贷款山东造林项目。项目监测发现，在目前的气候条件下，对于砂石山地的茶叶经济林混交模型，只要合理配置以黑松、蜀桧等常绿树种为主的小网格防护林，即可获得良好的防风效应、温度效应及水分效应，能使茶园小气候向着更有利于茶树生长的方向发展，降低茶树冻害程度、降低茶园温度差、缓解茶园干旱情况，促进茶叶高产稳产。

第十八章　项目技术培训

技术培训与项目的顺利执行是不可分割的。培训的方式主要采取：一是走出去，请进来；二是集中培训；三是以会代训；四是现场施教。通过培训使造林实体和林农及时掌握最新林业科技成果和成功的项目管理经验，并把外资项目的参与式磋商规划、营造林技术、合同制管理、报账提款、监测评估、审计监督以及数字化管理等经验应用于项目生产管理的全过程，从而提高项目建设的整体技术水平，为高标准完成项目建设任务，创造良好的条件。

在本章节中，将以世界银行贷款“山东生态造林项目”为案例，详细分析项目术培训计划的编制、技术培训的组织与管理以及技术培训计划的实施与取得的成效评价，可供同行体会和感悟。

第一节　培训计划的编制

世界银行贷款“山东生态造林项目”（SEAP）培训计划是该项目的重要组成内容和支持保障手段，是在充分吸取“国家造林项目”（NAP）、“森林资源发展和保护项目”（FRDPP）以及“林业持续发展项目”（SFDP）培训经验和教训的基础上提出的。其目标和任务就是要通过建立技术培训组织体系开展各项培训活动，提高项目实施的科技含量和水平，确保项目总目标的实现。具体地说，就是要围绕退化山地植被恢复区和滨海盐碱地改良区防护林的营造，大力推广实用的科技成果与先进的管理方法，提高基层管理人员和技术人员，特别是广大农民的生产、经营水平，使项目造林达到高标准、高质量的目标要求。

为全面而有效地实施培训计划的各项内容，将通过 4 个方面运作，全方位地向基层造林单位和施工人员培训，运用各项科研成果和先进技术，并采取各种有效措施促进项目对新技术、新成果的吸收和转化。

一、技术培训计划的编制

项目技术培训计划主要是对于造林关键技术和项目管理知识方面成果的培训，其形式主要是采取层层举办培训班的方式分别对各类技术人员和管理人员进行强化培训，以提高他们的科学素质和技术水平。培训班主要由省级、市级和县级3个层次逐级进行培训。

1. 省级培训

省级培训主要对市级项目管理人员和技术人员进行培训，让他们掌握如何组织培训县[(市、区)、乡(镇、林场)]级项目管理人员和技术人员。主要包括4个方面：①项目管理培训班主要培训内容有项目实施管理和质量控制、项目环保规程、项目管理办法、项目物资设备采购规定、资金与财务管理办法、报账提款暂行规定、项目监测和评价办法等；②造林治理模型培训班主要，培训内容有造林技术标准、乔灌藤草的选择与构建技术、经营管理技术、造林规程以及作业设计等方面；③种质材料开发技术培训班主要培训内容有苗圃管理技术、苗木标准、苗圃改进技术规程等；④有害生物培训班主要培训内容有病虫害预测预报、病虫害防治、农药安全使用和管理等(表18-1、表18-2)。

表18-1　世界银行贷款“山东生态造林项目”培训计划表代码说明

主办单位	培训对象	培训方式	培训教材
M：省级项目办与省级技术推广组 P：市项目办与市级技术推广组 C：县级项目办与县级技术推广组	Pm：市地级项目管理人员 Pt：市地级技术人员 Pf：市地级项目财务人员 Pp：市地级项目采购人员 Pi：市地级项目信息管理人员 Cm：县级项目管理人员 Ct：县级技术人员 Cf：县级财务人员 Tt：乡级技术人员 Ft：乡镇、林场或农民联合体技术人员 Fm：农户	Tc：培训班 Ts：现场指导 Tx：科技下乡	Dm：项目管理手册或指南 Dt：项目林栽培技术丛书 Df：发放技术明白纸

表18-2　世界银行贷款“山东生态造林项目”省级培训计划

培训内容	主办单位	培训对象	培训方式	培训教材	培训次数	培训人数	培训人次	时间安排(年)
1　项目管理								
1.1项目实施管理与质量控制：要使项目管理人员能够按照有关项目管理的规章和条例的要求组织项目实施、检查验收和质量评价								

（续）

培训内容	主办单位	培训对象	培训方式	培训教材	培训次数	培训人数	培训人次	时间安排（年）
(1)质量控制的规章和条例、项目管理办法、监测与评价、监测方案、环保规程、世界银行管理软件、检查验收办法和质量评价指标培训班	M	Pm、Pt、Pi	Tc	Dm	2	30	60	2009—2010
(2)项目竣工验收准备工作(包括质量、财务、环境保护、科研等)培训班	M	Pf、Pt	Tc	Dm	1	21	21	2014
(3)世界银行社会保障政策(OP4.12)、社会评估培训手册与操作指南	M	Pm、Pt	Tc		3	20	60	2009—2011
1.2 项目资金与财务管理：要使项目的各级财务管理人员能够遵照项目资金管理与会计条例进行操作，使投入资金和还贷金及时到位								
(1)项目财务启动培训班	M	Pf、Pm	Tc	Dm	1	21	21	2009
(2)世界银行资金与财务核算培训班	M	pf	Tc	Dm	4	21	126	2009—2015
1.3 项目物资采购：要使省级项目采购人员能够运用项目采购指南自行开展部分项目物资采购，并且及时通过交流解决采购中出现的问题								
(1)办公设备使用、维护培训班	M	Pp	Tc	Dm	2	21	42	2009—2010
1.4 病虫害防治与农药安全使用：要使有关技术人员能够监测生态人工防护林病虫害发生情况，并且能够根据危害状况进行防治	M	Pt、Pm	Tc	Dm	2	37	74	2009—2010
1.5 环境保护规程：要使项目管理人员和技术人员理解和掌握项目环境保护规程中的各项内容，并且按照有关的要求实施项目	M	Pt、Pm	Tc	Dm	2	21	42	2009—2010
2　技术培训								
2.1 设计技术或标准：生态造林设计标准、混交林复层林设计规范、县级造林总体设计、年度造林营林作业设计等培训班	M	Pt、Pm	Tc	Dm	2	21	42	2009—2010
2.2 苗圃改进与种质材料开发技术：苗圃土建工程的设计与施工、项目种质材料选择与培育规程、育苗技术及苗圃管理等培训班	M	Pt、Pm	Tc	Dm	2	21	42	2009—2010
2.3 造林与抚育管理技术：项目造林施工、经营管理技术、修枝整形技术等培训班	M	Pt、Pm	Tc	Dm	1	21	21	2011
3　交叉检查验收	M	Pt、Ct	Ts	Dm	5	90	482	2009—2013
合计					27	345	1033	

2. 市级培训

市级培训主要是对县(市、区)级项目管理和技术人员进行培训，让他们掌握如何组织培训乡镇管理人员、林场管理人员和基层技术人员。主要集中在以下4个方面：①项目管理培训主要包括项目造林检查验收办法、项目环境管理计划、项目管理办法、项目物资设备采购指南、项目社评操作指南、财务管理办法、报账提款办法、项目监测实施方案等；②项目规划设计知识培训主要包括防护林营造规划设计标准、县级造林总体设计、项目造林施工设计工作方法等；③项目造营林关键技术培训主要包括造林规程、造林治理模型、抚育管理、病虫害防治、农药安全使用和农药管理等；④苗圃改进与种质材料开发培训主要包括优良乡土种质材料的培育、苗圃管理技术和方法、种苗技术标准等(表18-3)。

3. 县级培训

县级培训主要是对乡镇级项目管理人员、林场项目管理人员和造林实体技术人员进行培训，让他们掌握如何组织培训或指导施工管理人员和作业人员。其培训的内容主要有以下4个方面：①项目管理培训主要包括项目造林和抚育管理环节的质量监管、项目造林地筛选是否符合环保规定、项目管理与监理、报账提款规定、项目合同签订等；②造林治理模型培训包括造林技术、树种构建技术、抚育管理技术、造林规程和作业设计等；③种质材料开发技术培训主要包括乔灌藤草乡土种质材料的培育、苗圃管理、种苗技术标准等；④有害生物防治培训主要有病虫害防治、推荐农药种类、农药安全使用、农药管理等(表18-4、表18-5)。

表18-3　世界银行贷款“山东生态造林项目”市级培训计划

培训目标与内容	主办单位	培训对象	培训方式	培训教材	培训次数	培训人数	培训人次	时间安排(年)
1　项目管理								
1.1 项目实施管理与质量控制：管理人员按照项目管理的规章要求组织实施、检查和质量评价								
(1)质量控制的规章和条例、项目管理办法、监测与评价、世界银行管理软件、档案管理、检查验收办法和质量评价指标培训班	P	Cm、Ct	Tc	Dm	15	80	1356	2009—2010
(2)社会评价参与式规划手册与操作指南、二手资料收集的方法	P	Cm、Ct	Tc	Dm	3	82	244	2009—2011
(3)项目竣工验收准备工作(包括质量、财务、环境保护、科研等)培训班	P	Cm、Ct	Tc	Dm	9	80	80	2014
1.2 项目资金与财务管理：使项目的各级财务人员能够遵照项目资金管理与会计条例进行操作，使投入资金和还贷金及时到位								
(1)项目财务启动培训班	P	Cf、Cm	Tc	Dm	9	80	80	2009
(2)世界银行资金与财务核算培训班	P	Cf	Tc	Dm	54	80	432	2009—2014
1.3 项目物资采购：使县级项目采购人员能运用项目采购指南自行开展部分项目物资采购和维护								

（续）

培训目标与内容	主办单位	培训对象	培训方式	培训教材	培训次数	培训人数	培训人次	时间安排（年）
(1)办公设备使用、维护培训班	P	Cf、Cm	Tc	Dm	18	80	160	2009—2010
1.4 病虫害防治与农药安全使用：要使有关技术人员能够监测生态人工防护林病虫害发生情况，能够准确识别常见病虫害，并根据危害状况进行防治，同时，使有关技术人员具备农药安全使用知识	P	Ct、Cm	Tc	Dm	18	80	160	2009—2010
1.5 环境保护规程：要使项目管理人员和技术人员理解和掌握项目环境保护规程中的各项内容，并且按照有关的要求实施项目	P	Ct、Cm	Tc	Dm	18	80	160	2009—2010
2　项目规划设计								
2.1 设计理念、设计标准：生态造林设计标准、混交林复层林设计规范培训班	P	Cm、Ct	Tc	Dm	9	80	80	2009
2.1 设计技术：县级造林总体设计、年度造林营林作业设计培训班	P	Cm、Ct	Tc	Dm	9	80	80	2009
3　苗圃改进与种质材料开发技术								
3.1 项目种质材料选择与培育规程：使有关的管理和技术人员能按照项目种质材料开发计划及苗木标准的要求，进行项目造林用种子(包括无性系材料)及苗木的计划、选择、供应和质量控制	P	Cm、Ct	Tc	Dm	36	80	320	2009—2012
3.2 育苗技术及苗圃管理：使项目技术人员和苗圃管理人员掌握先进的乔木、灌木等乡土树种的苗木培育技术及苗圃经营管理方法	P	Ct	Tc	Dt	45	36	180	2010—2013
4　造林与经营技术								
4.1 项目造林设计、施工与经营技术规程：使有关的管理和技术人员能够按照项目统一的造林营林技术标准或规程进行作业设计、造林施工和经营管理	P	Cm、Ct	Tc	Dm	27	80	240	2009—2011
合计					270	1030	2100	

表 18-4　世界银行贷款“山东生态造林项目”县(市、区)、乡(镇、林场)级技术培训计划

培训目标与内容	主办单位	培训对象	培训方式	培训教材	培训次数	培训人数	培训人次	时间安排（年）
1　项目管理								
1.1 病虫害防治与农药安全使用：要使有关技术人员能够监测生态人工防护林病虫害发生情况，并且能够根据危害状况进行防治								
(1)病虫害综合治理技术：生物防治、化学扑救防治、农药安全使用、主要病虫害识别与监测	C	Tt，Ft	Tc	Dm	180	700	4200	2009—2014
1.2 社会评价培训：使社会评价人员按照参与式规划手册与操作指南进行项目社会评估与调查								

（续）

培训目标与内容	主办单位	培训对象	培训方式	培训教材	培训次数	培训人数	培训人次	时间安排（年）
(1)小组磋商方法、农户访谈方法、现场踏查方法	C	Tt，Ft	Tc	Dm	3	690	2070	2009—2011
2　苗圃改进与种质材料开发技术								
2.1项目种质材料选择与培育规程：要使项目管理、技术人员能够掌握项目种质材料开发计划及苗木标准要求，了解项目造林用种子(包括无性系材料)及苗木的计划、选择、供应和质量控制								
(1)开发与利用：乡土优质种质材料入选标准、种质材料选择、种质材料利用和质量控制等	C	Tt，Ft	Ts	Dt	120	800	3200	2009—2012
2.2育苗技术及苗圃管理：要使项目育苗技术人员和苗圃管理人员掌握先进的乔木、灌木乡土人工防护林树种苗木培育技术及苗圃经营管理方法								
(1)育苗技术：苗圃选地与整地、容器育苗、扦插育苗、工厂化育苗、大田切根育苗、菌根化育苗、嫁接育苗等	C	Tt，Ft	Ts	Dt	120	600	2400	2009—2012
(2)苗圃管理：①化学除草；②中耕除草；③施肥灌溉；④地膜覆盖；⑤生长剂应用等	C	Fm	Ts	Dt	120	500	2000	2009—2012
3　造林与经营技术								
3.1造林施工技术：使管理、技术人员能够按照项目造林施工技术规程营造防护林								
(1)退化山地与滨海盐碱地：整地、栽植、抚育和项目施工中的环保措施等技术	C	Tt，Ft	Tc	Dt	90	560	1680	2009—2011
3.2项目林经营管理技术：使项目管理、技术人员都能掌握先进的防护林经营管理技术								
(1)退化山地防护林培育技术：①吸水剂使用；②化学除草；③护林放火；④地膜覆盖等	C	Tt，Ft	Ts	Dt	177	720	2258	2009—2014
(2)滨海盐碱地防护林培育技术：①林(草、药)粮间作技术；②化学除草技术；③施肥灌溉技术；④修枝技术；⑤护林放火技术；⑥中耕除草技术等	C	Tt，Ft	Ts	Dt	120	560	2240	2009—2012
(3)经济生态兼用型防护林栽培技术：①修枝整形技术；②施肥技术；③土壤管理技术；④地表覆盖技术；⑤生长调节剂应用技术；⑥菌根菌剂应用技术；⑦收获与保鲜贮藏技术等	C	Tt，Ft	Ts	Dt	60	600	1200	2011—2012
合计					990	5170	21240	

表 18-5　世界银行贷款“山东生态造林项目”造林实体培训计划

培训目标与内容	主办单位	培训对象	培训方式	培训教材	培训次数	培训人数（万）	培训人次（万）	时间安排（年）
1　项目管理								
1.1 病虫害防治与农药安全使用：要使有关技术人员能够监测用材林和经济林病虫害发生情况，并且能够根据危害状况进行防治								
(1)病虫害综合治理技术：生物防治、化学扑救防治、农药安全使用、主要病虫害识别与监测；推荐农药种类，安全使用农药	C	Fm	Tx	Dm	180	6	7.00	2009—2014
2　苗圃改进与种质材料开发技术								
2.1 项目种质材料选择与培育规程：要使项目管理、技术人员或林农能够掌握项目种质材料开发计划及苗木标准要求，了解项目造林用种子(包括无性系材料)及苗木的计划、选择、供应和质量控制								
(1)开发与利用：乡土优质种质材料入选标准、种质材料选择、种质材料利用和质量控制等	C	Fm	Ts	Dt	500	7	12.00	2009—2012
2.2 育苗技术及苗圃管理：要使项目育苗技术人员和苗圃管理人员掌握先进的防护林树种和经济生态兼用型防护林树种苗木培育技术及苗圃经营管理方法								
(1)育苗技术：苗圃选地与整地、容器育苗、扦插育苗、工厂化育苗、大田切根育苗、菌根化育苗、嫁接育苗等	C	Fm	Ts	Dt	600	4	5.95	2009—2012
(2)苗圃管理：①化学除草；②中耕除草；③施肥灌溉；④地膜覆盖；⑤生长剂应用等	C	Fm	Ts	Dt	600	7	14.00	2009—2012
3　造林与经营技术								
3.1 造林施工技术：使管理、技术人员能够按照项目造林施工技术规程营造防护(经济兼用)林								
(1)退化山地与滨海盐碱地：整地、栽植、抚育和环保措施等技术	C	Fm	Ts	Dt	120	10	15.00	2009—2011
3.2 项目林经营管理技术：使项目管理、技术人员或林农都能掌握先进的防护林经营管理技术								
(1)退化山地防护林培育技术包括：①吸水剂使用；②化学除草；③护林放火；④地膜覆盖等	C	Fm	Ts	Dt	560	6	8.00	2009—2014
(2)滨海盐碱地防护林培育技术：①林(草、药)粮间作技术；②化学除草技术；③施肥灌溉技术；④修枝技术；⑤护林放火技术；⑥中耕除草技术等	C	Fm	Ts	Dt	300	8	15.5	2009—2012
(3)经济生态兼用型防护林栽培技术：①修枝整形技术；②施肥技术；③土壤管理技术；④地表覆盖技术；⑤生长调节剂应用技术；⑥菌根菌剂应用技术；⑦收获与保鲜贮藏技术等	C	Fm	Ts	Dt	120	5	7.00	2011—2012
合计					2980	53	84.45	

二、技术指导计划的编制

项目技术指导培训是指为了满足项目区基层群体对生态林营造和抚育管理技术的需求，专家深入乡村或现场，面对面或手把手地指导造林实体、专业合作社、个体农民等面授技术的培训。主要采取以下两种方式进行培训。

1. 科技下乡

利用农闲季节，组织专家到项目区举办科技大集活动，使实用的科学技术能够在成千上万的农户中得到普及，达到培训的目的。具体计划详见表18-6。

2. 现场指导

组织专家不定期地深入基层林场或造林实体或农户进行现场考查，了解生产中存在的技术问题和薄弱环节，以便及时进行指导和解决。对于造林过程中普遍存在的共性问题，采取现场指导的方式进行技术培训和演示；对于个别地点存在的技术问题，采取具体指导的方式；对较难立刻解决的重大技术问题或技术关键，则组织专家会诊，提出切实可行的解决方案，其计划任务可从表18-5相关栏目中分解到表18-6。

表18-6 市县(市、区)技术指导培训计划

乡镇名称	科技下乡				现场指导			
	次数	人次	解决的问题	备注	次数	人次	解决的问题	备注
合计								

三、技术咨询与考察计划的编制

项目技术咨询与考察培训是指为了解决项目实施过程中某一技术问题或吸收借鉴国内外先进技术和管理经验，聘请专家指导或实地调研体验的培训。其形式主要有以下两种方式。

1. 技术咨询

①聘请国外专家。为解决在项目造林的干扰下新物种的自然再生能力和生态修复能力等问题，初步设计需聘请韩国和澳大利亚林业生态咨询专家各1人。

②聘请国内专家。为解决项目实施中一些技术难题，初步设计需聘请国内林业有关咨询专家7人，其中，经济林栽培技术专家1名、病虫害防治专家1名、盐碱地造林专家1名、退化山地造林专家1名、森林生态专家1名、水土保持专家1名、森林经营专家1名。

2. 技术考察

①国外考察培训。为借鉴国外先进的防护林栽培技术和管理经验，初步安排出国

(境)考察30人次，培训10人次。

②国内考察与培训。为借鉴兄弟省先进的项目管理经验，拟安排国内考察培训90人次。

四、技术读物计划的编制

项目技术读物包括技术手册和技术明白纸。前者是为专业技术人员提供有关的新技术新成果方面的知识读本，后者是根据农时为造林实体或个体农户定期或不定期提供生产中急需的技术问题，文字简短、一目了然、适于大众。

1. 技术手册

在以往实施世界银行贷款林业项目中已经编写的各类技术丛书和操作指南的基础上，再补充编写各类技术丛书或技术读物，计划见表18-7。

2. 技术明白纸

各项目市和县在以往实施世界银行贷款林业项目中已经编写的操作指南和技术明白纸的基础上，可根据项目需要，再补充编写并印发技术明白纸，以指导项目工作的开展。其计划见表18-7。

表18-7　技术读物计划

技术手册				明白纸			
序号	名称	册数	受众群体	序号	名称	份数	受众群体
1	育苗技术手册	100	技术人员	1	病虫害防治	2000	造林实体
2	关键栽培技术手册	100	技术人员	2	苗木田间管理	1000	造林实体
3	最新技术成果应用指南	100	技术人员	3	果树修剪技术	1000	造林实体
4	项目环境保护管理实用指南	500	技术人员	4	果树拉枝技术	1000	造林实体
5	山东森林植物资源分类解析	300	技术人员	5	树木修剪技术	1000	造林实体
6	山东退化山地立地分类体系构建及造林模型研究与应用	300	技术人员	6	施肥技术	1000	造林实体
7	白树栽培技术	300	技术人员	7	品种选择	2000	造林实体

五、培训经费概算

经测算，“山东生态造林项目”培训经费931.84万元，主要是举办技术培训班以及技术咨询与考察培训两个方面的支出，见表18-8。

1. 举办技术培训

举办技术培训班费用共计600万元，主要包括以下3个方面：

(1)省级培训。省级培训班，共培训1033人次，按人均费用900元计，共需经费(包括差旅费、会议室费、讲课费、教材编写等费用)92.97万元。

(2)地市级培训。地市级培训班，共培训2100人次，按人均费用500元计，共需经费(包括差旅费、会议室费、讲课费、教材编写等费用)105.00万元。

(3)县级培训。县级(市、区)培训班，共培训86.574万人次，总计需经费402.03

万元，其中，①乡(镇、场)级，培训 21240 人次，按人均费用 70 元计，共需经费(包括差旅费、会议室费、讲课费、教材编写等费用)148.68 万元，②造林实体或农户，培训 84.45 万人次，按人均费用 3 元计，共需经费(包括技术咨询、邮寄、材料等费用)253.35 万元。

2. 技术咨询与考察培训

国内外技术咨询与考察费用 284.24 万元，主要包括：

(1)国外技术咨询。聘用国外咨询专家费用：126000 元/(人·月)×6 人/月=75.6 万元。

(2)国外考察培训。其中，考察费 30 人次×45000 元/人次=135 万元；培训费 10 人次×37000 元/人次=37 万元，计 172 万元。

(3)国内技术咨询。聘请国内专家费用 42 人次/年×500 元/人次×6 年=12.6 万元。

(4)国内考察。考察费 80 人次×7350 元/人次=58.8 万元；培训费 10 人次×12840 元/人次=12.84 万元；计 71.64 万元。

表 18-8　世界银行贷款“山东生态造林项目”培训经费预算

支出项目	金额(万元)		
	总投资	世界银行资金	
		金额	占比(%)
1　举办技术培训	600.00	197.97	44.4
1.1 省级培训(含交叉检查)	92.97	92.97	20.9
1.2 地市级培训	105.00	105.00	23.6
1.3 县级培训	402.03		
2　技术咨询、考察	331.84	247.6	55.6
2.1 国外技术咨询	75.60	75.60	17.0
2.2 国外考察培训	172.00	172.00	38.5
2.3 国内技术咨询	12.60		
2.4 国内考察	71.64		
合计	931.84	445.57	100.0

第二节　培训的组织与管理

组织与管理是相互依赖、相互依存、互为补充，缺一不可的整体。没有一个好的组织，就很难有一个好的管理。因此，组织与管理是项目技术培训的前提和保障，是确保项目技术培训计划得以顺利执行的必要手段，只要有一个善于组织、会管理的培训团队，才能有序推进项目技术培训工作。本节中，将以世界银行贷款“山东生态造林项目”为案例，阐述分析项目培训的方式方法与评价体系、培训主要内容与把控、培训的组织形式、培训的管理方式等内容，供参考。

一、培训的模式与评价体系

世界银行贷款“山东生态造林项目”的技术培训模式，是在借鉴世界银行贷款“国家造林项目”“森林资源发展和保护项目”以及“林业持续发展项目”技术培训模式的基础上总结归纳举办培训班、技术专家手把手传授和演示、开展观摩学习活动、技术咨询与考察、编印技术明白纸5种培训模式。与以往实施的世界银行贷款项目培训模式基本一致，但其培训效果评价体系有其独到之处。

1. 举办培训班

培训班主要分省级、市级和县级3个层次，分别对各类技术和管理人员进行强化培训，对造林关键技术和项目管理知识方面的成果进行推广，以提高他们的科学素质和技术水平。培训采用“走出去、请进来、一级培训一级”的方式进行，“走出去”是请有实践经验的生产一线乡土专家到省级或市级主办的培训班传授实践经验；“请进来”是聘请国内外知名专家到项目区针对造林抚育中的某一技术难题传授解决问题；“一级培训一级”是省级培训市级，市级培训县级，县级培训乡镇，乡(镇)级培训造林实体。这种培训方式，理论与实践相结合，保证培训质量。

2. 手把手传授和演示

技术专家手把手传授和演示的培训，主要是在农忙季节和农闲季节进行。在农忙季节，组织专家定期或不定期地深入项目区的造林现场与造林实体面对面进行座谈、讨论、答疑和解惑，现场指导他们开展项目造林、营林活动，对于造林过程中普遍存在的共性问题，开展培训和演示；对存在的个别技术问题，进行手把手的传授；对较难立刻解决的重大技术问题或技术关键，则组织专家会诊，提出切实可行的解决方案。利用农闲季节，组织专家到项目区举办科技大集活动，现场办公、答疑，使实用的新技术和操作技能在成千上万的农户中得到普及，达到培训的目的。手把手传授和演示培训方式，有效性强，能解决问题，保证了培训效果。

3. 开展观摩学习活动

项目启动实施后，省、市、县(市、区)、乡(镇、林场)都相继营建了各自的试验林和科技样板示范林。这些不同层级的试验林和科技样板示范林是采用了最新的林业科技成果、科技集成度最高、配套集成了现有林业推出的最新技术，代表了退化山地植被恢复区和滨海盐碱地改良区13个造林模型的最高水平，具有最为典型、广泛的代表性和示范性。因此，各项目单位把试验林和科技样板示范林作为观摩学习的最佳选择对象，让造林实体比着做、照着学，比学赶帮超在造林实体间得以展开。这种项目技术培训方式，观摩者身临其境，示范性强，培训效果极佳，适于在造林实体或林农群体中推广。

4. 技术咨询与考察

在项目启动实施过程中，会遇到许多一时很难解决的复杂问题。这些问题的解决，可以依靠现代化的通信工具来解决。例如，专家可以网上利用微信群、QQ 等方式回答项目造林实体提出的问题；还可以就某一问题聘请国内或国外的专家讲授解决问题的思路或方法；另外，还可以针对项目实施过程中某一问题，选派技术人员到国内或国外某地进行实地考察学习。这种网上随时问随时答及带着问题学的项目培训方式，具有较强的针对性和灵活性，显著提高了培训效果。

5. 编印技术明白纸

农忙时节，是项目造林和抚育管理的黄金时期，项目造林实体会就项目实施中遇到的问题向当地技术人员请教。当地政府部门，将根据项目不同阶段实施的实际需求，组织林业技术人员编印苗圃地的选地技术、圃地做苗床技术、圃地土壤消毒方法、品种选择、果园覆草、经济林田间管理、病虫害防治等方面文字简短、能解决技术问题、农民一看就懂的技术明白纸。这种培训方式简单易行、时效性强，且易于推广应用，是造林实体喜闻乐见的。

6. 构建培训评价体系

为了及时了解项目培训效果，掌握项目管理人员和技术人员对项目培训的需求，省项目办与技术支撑办构建了项目培训评价体系。这个评价体系指标的构建原则：一是参评人员要有广泛的代表性；二是评价要客观、公正；三是设计的指标简单，易于填写。鉴于此，我们不对培训内容、培训方法、培训方式、培训地点等方面进行详细量化评价，而只是对参加培训人员作培训的满意程度调查，具体调查的内容和方法详见表 18-9。通过每一次对项目管理人员、技术人员以及专业合作社、集体林场等造林实体调查结果的分析和评判，得出他们对项目培训的需求。以此为依据，结合项目实施进度，对项目培训有针对性的进行调整，提升项目实施效果。

表 18-9　技术培训效果评价

主办单位和授课地点：　　　　　授课方式：　　　　授课内容：　　　　授课时间：

参评人员		授课方式			授课内容			主讲人			意见建议
		满意	基本满意	不满意	满意	基本满意	不满意	满意	基本满意	不满意	
市级	技术人员										
	管理人员										
县级	技术人员										
	管理人员										
乡镇场级	技术人员										
	管理人员										
造林实体	集体林场										
	造林公司										
	专业合作社										
	个体农户										

注：在“满意”“基本满意”“不满意”栏中划“√”。

二、培训内容的管控

根据世界银行贷款“山东生态造林项目”的特点，在确定该项目培训内容时，要按照项目实施目标以及退化山地植被恢复区和滨海盐碱地改良区的两大区域立地条件，严格把控项目技术培训的内容，做到既要考虑项目实施的要求，又要满足造林实体参与项目的愿望，同时还要重点考虑项目实施的技术标准和操作规程以及先进实用的技术。鉴于此，特规定该项目技术培训的主要内容包括以下四大类。

1. 项目管理知识培训

重点是项目实施管理和质量控制、项目监测评价、项目管理办法、项目环保规程、项目社评操作指南、资金与财务管理办法、报账提款暂行规定、世界银行项目管理软件、检查验收办法等。

2. 项目规划设计知识培训

紧紧围绕世界银行贷款“山东生态造林项目”可行性研究报告治理模型规划设计的标准有所侧重地进行培训，其内容包括防护林营造规划设计标准、乔灌藤草种植资源选择与构建技术、县级造林总体设计、年度造林作业设计、年度抚育管理作业设计等。

3. 苗圃改进与种质材料开发技术培训

围绕世界银行贷款“山东生态造林项目”苗圃改进与种质材料开发计划的技术标准和规程进行，主要是苗圃改进技术、项目营建优良种质材料的选择(种源和品种)、项目造林乡土树种的培育和苗圃管理技术等。

4. 造营林关键技术培训

在造林与抚育管理方面主要是一些对项目林的营建质量起关键作用的造林技术和营林技术，包括世界银行贷款“国家造林项目”“森林资源发展和保护项目”以及“林业持续发展项目”中取得的科技成果、国家林业和草原局推荐的新技术新成果和山东省已公布推广的先进实用技术。重点是各造林树种的立地选择、造林密度的优化、整地和栽植方式、幼林抚育、林地施肥与土壤管理、修枝整形等技术。

在病虫害防治与农药使用中要特别注意项目防护林病虫害防治技术的培训。培训将采取省、市和县三级培训方法，即上一级项目管理部门负责组织对下一级技术人员的培训，重点是对乡镇林业技术人员和农民培训，特别是对项目实施的主体—农民的培训尤为重要。培训内容包括让农民了解和掌握有可能发生哪些病虫害；使其了解和掌握病虫害发生的特征与规律；使其学会采用哪些防治方法可有效防治病虫害和如何使用农药防治病虫害；了解与掌握所使用农药的毒性、药效期的长短和如何保证施药人员的安全，以及了解农药的安全运输、仓储的方法等。

三、培训的组织形式

由于在已经实施的世界银行贷款“国家造林项目”“森林资源发展和保护项目”“林业持续发展项目”的过程中，大部分市已在县级建立了完善的培训组织体系，这种组织体系已经被实践证明是实用和有效的。所以，在“山东生态造林项目”中将采用省、市、县(市、区、林场)三级培训体系。其构成和职责如下：

1. 省级培训的组织

在省林业厅(现林业局)项目办下设世界银行贷款“山东生态造林项目”省级科研推广与培训支持组，主要由山东农业大学、山东省林业科学研究院、山东省经济林站等单位的有关专家和省林业厅项目办的管理人员组成，其职责：

(1)制定项目的培训实施计划，并组织实施省级的技术培训任务，包括举办培训班、编写培训技术读物或教材等材料。

(2)建立技术咨询专家库，组织专家对项目实施中的各类技术问题进行技术指导和咨询。

(3)指导、检查和监测各项目市技术培训计划的制定、实施进展成果，收集、汇总整个项目的培训活动信息，向省林业厅项目办和世界银行提交项目的培训工作进展和总结报告。

2. 市级培训的组织

在市林业局项目办下设市级培训与推广支持组，由本市林科所、市林业站、市林业推广站等单位的有关专家和市林业局项目办的管理人员组成，其职责是：

(1)在整个项目培训计划的总体框架下，编制本市的培训实施计划并组织实施，包括举办市级培训班、编写部分培训材料。

(2)组织专家指导和解决本市项目实施中出现的技术问题，指导、检查和监测各项目县培训计划的实施。

3. 县级培训的组织

在县林业局项目办下设县级培训与推广支持组，由本县(市、区)有关单位的技术人员和县(市、区)林业局项目办的管理人员组成，其职责：

(1)按照省和市项目培训实施计划，制定本县(市、区)的培训实施计划并组织实施。

(2)在省级或市级培训与推广支持组的指导下，组织培训乡(镇、林场)技术员、施工员、造林实体和农户。

(3)指导和解决造林实体，在项目造林和营林中出现的各种技术问题。

凡正在实施世界银行贷款林业项目的市和县(市、区)，应依照本项目的特点，对培训和推广支持组中专业人员不足的予以补充。新参加项目的市、县(市、区)要建立相应的培训和推广支持组，聘请合格的专家参加。

四、培训的管理方式

根据项目贷款协议和项目评估文件的规定，世界银行贷款“山东生态造林项目”的技术培训将采取省级、市级和县(市、区)级3个层次的培训管理方式，即上一级项目管理部门负责组织对下一级项目管理部门的技术人员和管理人员的培训。下面将从这3个方面分别阐述项目技术培训的管理运作方式，仅供同行感受和体会。

1. 省级培训的管理

省级培训的内容主要集中在两个方面，一是对项目制定的办法、规程、细则、计划等方面理论知识的解读；二是实施过程中出现的难以解决问题的指导、咨询、考察等。鉴于此内容，省级培训的管理：一是对参加培训人员资格的管理。严格控制参训人员资格，保证参加培训的人员是从事项目的管理人员和专业技术人员，各项目市县在上报的参训人员名单时要严格把控，不能滥竽充数，积极配合，保证参训人员的质量。二是对培训主讲人的管理。事先不仅要确保主讲人在行业内的影响力，还要规定主讲的题目、内容、时间，特别是与学员互动的时间等，同时还要审定主讲人的讲稿和 PPT 演示文稿。三是对培训质量的管理。省级培训主要是集中培训，讲理论多、结合实际的少、枯燥无味，很难吸引参训学员的注意力。因此，在严格把控主讲人的讲授技巧时，还要通过提问题、留作业、出考题、填写培训效果评价表等形式，进一步确保培训质量。

2. 市级培训的管理

根据省、市项目转贷协议和项目的相关规定，世界银行贷款“山东生态造林项目”市级技术培训的管理主要集中在以下两个方面：

一是积极配合和协调省级培训的管理工作。依据项目培训计划，为了提升项目培训效果，筛选项目造林典型培训现场，使理论与实际有机结合，是提高项目培训最为有效的方法。因此，配合省项目办筛选培训地点，接待参训人员、做好后勤保障等工作，也是市级培训管理的一项内容；另一方面，整个项目培训实施计划中，涉及其所辖项目区的培训任务是市级培训的又一重要配合工作，必须真抓实干，认真落实。

二是确保市级项目培训实施计划的贯彻落实。根据整体制定的项目培训实施计划，各项目依据市所辖区域内项目实施的目标任务，也制定了适合本辖区的、有所侧重的项目培训实施计划，包括培训的重点内容、培训的方法、培训的方式等，这也是市级项目培训的重点工作。

市级培训应紧紧围绕这两个中心任务，调动方方面面的力量，努力做好辖区内的项目培训工作。

3. 县级培训的管理

县级项目培训的管理任务最为繁重，除了协助和配合省、市两级项目培训计划的实施外，还要制定辖区内项目培训实施计划，做好项目培训各项管理工作的具体到位落实，及时为乡镇政府部门以及国有林场、集体林场、造林公司、专业合作社、造林农户等造林实体提供各种技术咨询、技术指导、技术明白纸的编印等方面的服务工作。

县级项目培训的管理工作的重点，一是遴选和管理有培养潜力的项目乡土专家或技术能手，并将其作为项目培训的人才进行储备和分类管理；二是发现造林施工典型案例，对其进行分类管理，并为项目培训观摩地点资源做好储备和使用；三是调研并收集造林实体对项目培训的需求，做好造林实体技术问题的归类整理和分类管理工作，为在线咨询服务和现场技术指导做准备；四是在项目造林和抚育的关键节点上，定期或不定期的及时编印和发放技术明白纸的管理工作；五是为基层培训和上一级对接培训的管理做好服务工作。

县（市、区）级项目培训的工作，应紧紧围绕这 5 项项目培训管理工作重点，真抓实干，扎实工作，努力推进项目培训实施计划的贯彻落实。

第三节　培训计划的实施与评价

项目准备阶段制定并下发的《项目培训实施计划》，是项目贷款协议框架下带有法律性文件的承诺，各级项目单位在项目启动实施过程中必须严格执行，遵守承诺。世界银行贷款“山东生态造林项目”实施期为2010—2016年。各级项目实施单位，相继编制和印发了项目培训实施计划，并组织现有人力、物力和财力资源推进项目培训计划的实施，并取得了预期的培训成效。下面将从技术培训计划的执行、其他技术培训计划的执行、培训计划的执行效果以及几点启示四个方面进行阐述。

一、技术培训计划的执行

根据项目实施要求，省、市、县各级培训体系均按照年度培训计划和实际情况，采取举办培训班、在线交流咨询、现场指导、专家授课等形式，针对工程管理、科研支撑以及现场实践等方面进行培训，培训内容包括项目管理、技术培训、苗圃改进等，提高了项目管理、财务和技术人员项目实施水平，保障了项目顺利实施，取得显著效果。

1. 省级培训

省级培训主要由省项目办、省级项目科研推广与培训支持组、山东省林业科学研究院和山东农业大学等有关单位共同主办。截至2016年，项目共举办培训班44次，其中，国内考察与培训5次，国际研讨班3次，工程和财务管理等培训班36次；培训项目技术人员和管理人员共计2046人次，是计划数的198.07%。省级培训执行情况见表18-10和表18-11。

表18-10　省级培训完成一览

培训类别	培训内容	计划	完成	完成比例（%）
国内考察与培训	学习广西世界银行项目实施的先进经验、优质种质资源引入、森林抚育考察等	90人次	105人次	116.67
	项目验收培训			
国际研讨班	滨海盐碱地改良、退化山地植被恢复	聘请国外专家2人	聘请国外专家6人	300
工程、财务等培训	项目管理、培训、交叉验收	27次	36次	133.33

表 18-11　省级培训主要内容和效果

时间	地点	人次	内容	解决的问题
2009 年 5 月	济南	20	“山东生态造林项目”的目标、造林模型及推广培训等	制定了项目详细的技术方案
2009 年 11 月	济南	200	工程管理、财务管理、环保措施等	让相关工作人员了解世界银行贷款项目的一般管理程序，掌握项目建设的基本要领
2010 年 7 月	济南	100	技术推广、环境管理、监测评估、苗圃改进、财务管理等	项目管理和技术人员熟悉项目工作流程，掌握项目工作要点
2011 年 2 月	济南	100	项目造林技术标准、项目苗圃询价采购程序、项目环保管理规程、项目培训与技术推广、项目管理、项目监测方案、年度造林施工作业设计方法、项目病虫害管理计划及项目资金与财务管理等	进一步规范项目实施操作过程
2011 年 7 月	莱芜	57	“山东生态造林项目”会计核算、财务报告的编制、提款报账材料的填制以及下一步工作重点	进一步规范项目财务管理
2011 年 8 月	乳山	100	退化山地植被恢复区树种选择与造林模型、世界银行贷款“山东生态造林项目”现有林分的抚育改培技术、试验数据采集、整理与分析	规范造林中的模型应用及相关树种的应用，掌握林分抚育技术
2011 年 8 月	乳山	100	参观乳山市项目混交林造林地点	推广先进项目经验
2012 年 3 月	诸城	70	项目工作汇报，下步工作重点	集中解决项目中遇到的技术及管理问题
2012 年 3 月	诸城	20	苗圃建设、苗圃管理	苗圃升级中遇到的管理及技术问题
2012 年 1 月	济南	47	“山东生态造林项目”会计核算、提款报账材料的填制	进一步规范项目财务管理
2012 年 3 月	诸城	20	GPS 定位、面积测定、数据导出、数据分析、数据校对等	GPS 使用中的技术问题
2012 年 4 月	济南	30	苗圃升级改造程序规范、程序要求、注意事项、报告编写等	苗圃改造升级中存在的问题
2013 年 4 月	沂水	120	世界银行现有林地密度及混交调整和造林成本分析	项目林密度调整
2013 年 4 月	沂水	70	考察沂水县南峪生态造林项目，观摩盆山世界银行项目造林现场	提升项目林建设、管理、防火和抗灾能力建设
2013 年 4 月	沂水	50	“山东生态造林项目”会计核算、财务报告的编制、提款报账材料的填写	进一步规范项目财务制度
2013 年 8 月	济南	100	林下经济相关技术等	如何发展林下经济
2014 年 3 月	济南	40	“山东生态造林项目”的目标、造林模型及推广培训、财务管理等	项目工作重点、关键技术问题讨论
2015 年 11 月	北京	40	项目进展汇报，项目竣工培训	重点培训 SEAP 竣工材料的准备

（续）

时间	地点	人次	内容	解决的问题
2016 年 1 月	济南	100	对 9 个项目市、28 个项目县开展如何撰写项目竣工相关材料的培训	重点培训 SEAP 竣工材料的准备
2016 年 1 月	泰安	12	项目竣工报告编写	项目竣工报告编写的细节
2016 年 3 月	莱芜	14	各分报告撰写	各分报告编写的主要内容
2009—2016 年	现场培训	12	项目实施关键技术	解决项目实施的瓶颈，促进项目顺利实施

同时，省项目办组织 3 个课题组及相关人员在济南、泰安开展技术交流 15 次，合计 320 人次。

2. 市级培训

2009—2016 年，各市根据项目培训实施计划确定的任务安排，结合自身的实际，有序组织和推进所辖县(市、区)项目的技术培训，确保项目培训计划的实现。据统计，项目共举办各类市级培训班 307 次，共有 2328 人次参加了培训，分别是计划的 113. 7%和 110. 86%，具体培训执行情况见表 18-12。

表 18-12　市级培训完成一览

培训内容	计划(次)	完成(次)	完成比例(%)
项目管理	144	168	116. 67
项目规划设计	18	18	100. 00
苗圃改进与种质材料开发技术	81	84	103. 70
造林与经营技术	27	37	137. 04
合计	270	307	113. 7

3. 县级培训

在项目启动实施期间，各县(市、区)林业局项目办按照预定的技术培训方案，组织对乡(镇、场)级的项目管理人员、技术人员以及造林实体的施工作业人员进行了培训，培养了一批乡土技术专家和技术能手，为项目的顺利实施奠定了基础。据统计，2009—2016 年，共举办各类培训班 1034 次，占计划的 104. 44%；组织造林实体观摩学习、现场指导以及在线咨询答疑培训共 3158 期次，占计划的 105. 97%；共培训各类从事项目建设的人员达 94. 88 多万人次，占计划的 109. 12%。具体培训执行情况见表 18-13。

表 18-13　县级培训完成一览

培训内容	计划(次)	完成(次)	完成比例(%)
项目管理	183	214	116. 94
苗圃改进与种质材料开发技术	360	370	102. 78
造林与经营技术	447	450	100. 67
合计	990	1034	104. 44

二、其他技术培训计划的执行

1. 技术读物

据统计，项目启动实施期间，组织林业相关领域的技术专家，编印或出版发行了《山东森林植物资源分类解析》《山东退化山地立地分类体系构建及造林模型研究与应用》《林业工程项目环境保护管理实务》等专著3300多册；组织基层的乡土技术专家编印技术明白纸3272期，共计26.6万余份，超额完成了预定的目标。

2. 技术咨询

2009—2016年，项目通过举办国际研讨班、技术咨询等方式，开展国际和国内技术咨询共计28人次，其中，开展国际咨询5人次、国内咨询23人次，超额完成了计划任务。具体情况见表18-14。

表18-14　技术咨询一览

时间(年)	地点	咨询类别及人次		咨询内容及解决的问题
		国外	国内	
2012	垦利	2	7	盐碱地造林技术、困难立地类型划分技术、菌根技术对树种耐盐碱能力影响等
2014	垦利	1	11	盐碱地治理、优良树种应用技术、白榆组培关键技术、SEAP造林及效果等
2015	新泰	1	5	山东干旱瘠薄山地造林树种选择相关技术、干旱瘠薄山地混交林营造成本分析、荒山生态林营造技术等
2016	北京	1		项目竣工报告编写
合计		5	23	

3. 技术考察

项目自启动实施以来，组织国外考察和培训8次，共计62人次，完成了计划任务。具体执行情况，见表18-15。

表18-15　国外考察和培训一览

时间	地点	人次	内容
2011年8月	俄罗斯	6	森林资源分布和管理的相关政策、法规以及在森林生态效益管理方面的经验等
2011年11月	澳大利亚、新西兰	6	资源分布、林业管理等
2012年6月	美国、加拿大	6	森林经营途径、方式方法、生态造林经验等
2012年8月	巴西	18	林业管理技术
2012年12月	巴西、智利	6	热带雨林资源管理与生态环境保护、人工林造林技术及管理经验等
2013年9月	瑞典、芬兰	5	种苗生产与管理
2014年7月	加拿大	5	引进耐盐碱树种，建立国际盐碱地科技交流平台，共同开发研究盐碱地生态治理技术和抗逆植物材料选育技术
2014年9月	英国	10	考察森林资源现状，系统学习不同森林资源类型分布间的关系

三、培训计划的执行效果

自2008年世界银行贷款“山东生态造林项目”立项评估以来，全省9个市的28个县(市、区)遴选了综合素质高的人员从事项目的培训管理工作，严格按照项目培训实施计划，逐级分解任务，层层落实责任，严密组织实施，取得了明显的成效。其最为显著的特点是“培养一支高素质队伍、一批乡土专家能手、一批当地领军人物以及一批复合型人才，带动了农民走上脱贫致富路、相关产业的发展以及行业整体水平的提高，从而推动了项目建设质量及影响力的显著提升”。

1. 培养了一支高素质队伍，提高了项目建设质量及影响力

项目实施过程中，各级项目单位成立了项目培训支持组织，上下密切配合，通力协作，真抓实干，狠抓落实，培养了一支懂技术、会管理的高素质队伍。根据项目培训的需要，建样板、树典型、促示范，充分发挥项目在林业建设中的试验、示范、引领、支撑和辐射带动作用，先后设置3个科研课题、2个监测课题，取得了显著的成效。在项目实施过程中，科研监测课题组根据各自不同研究与监测内容的进展情况，及时进行整理、总结、归纳和提炼，已完成课题鉴定2项，共发表论文20余篇，出版专著3部，培养研究生7人，并将取得的新技术、新成果经培训、转化、推广直接应用于项目造林、营林建设过程中，显著提升了项目的实施质量。

根据项目培训的需要，项目团队在28个县(市、区)规划设计并营建了科技示范样板林380片，面积2700多hm^2，从马赛克状混交格局、树种或品种搭配方式、乔灌藤草配置模式等方面全方位地展现项目密集型的科技投入的集成水平，其具有直观、鲜明的观摩效果。据统计，项目建设期间累计接待省内或省外的考察人员1000余人次，辐射带动周边省区造林工作的开展，先后有河北、广西、新疆、辽宁、内蒙古等省(自治区)、50个市县共计70多人次，来山东省实地考察了乳山、新泰、无棣、沾化、河口、垦利等项目县(市、区)，就项目实施做法、成熟经验等进行交流和探讨，扩大了项目的影响范围，显著提升了项目在全国的知名度和影响力。

2. 培养了一批乡土专家能手，带动农民走上脱贫致富路

项目实施中，不仅开展项目相关的造林、抚育及管理等方面的培训，还根据项目区当地居民的需求开展相关内容的培训，包括种苗培育、林地抚育、经济林管理、病虫害防治、林下经营等。通过举办培训班、现场指导培训、发放明白纸等多种形式，解决当地居民关心和急需的问题，促进了项目区域苗木培育、经济林生产及林下经营的发展。通过开展相关培训，项目区居民熟练掌握了种苗培育等相关知识，并产生了显著的经济效益。

泗水县泉林镇北贺庄村承包大户王润清借助2009年世界银行贷款“山东生态造林项目”实施的机会，联合其他农户积极申请实施项目。自从2009年参加实施项目以来，王润清刻苦钻研，虚心向县林业局的专家学习项目造林和营林方面的技术，成为当地小有名气的专家能手，承包土地13.3hm^2，立足青龙山的立地条件，在石灰岩山地营造核桃与侧柏混交林，山体上部栽植侧柏，山体下部发展核桃。目前，山上生态林生长良好，树木郁郁葱葱，山下发展的核桃，现已进入初产期，平均产干果达1800kg/hm^2，每年创收99.1万元。截至目前，他带领全村发展核桃面积超100hm^2，提高了村民绿化荒山和发展核桃的积极性，为青龙山的旅游开发打造了良好的生态环境，带领全村走上了脱贫致富路。

3. 培养了一批当地领军人物，带动相关产业发展

通过项目的实施，吸收引进参与式磋商、产出报账制等国际先进的理念；通过国内外考察、观摩学习，开阔了视野；通过参加项目管理培训学习，掌握了项目经营管理技能，培养了一批在当地懂技术、会管理、有胆识、有经营头脑的领军人物。他们配合当地政府，并积极参与造林市场、苗木市场、用工市场的培育和发展。据统计，9个市28个项目县(市、区)，形成具有一定规模的造林专业队680多个，每年从事社区造林面积达7600多hm^2，社区农民参与造林12600人次；按山东规定，每6公顷配备1名护林员，项目每年需用工264万人。同时还涌现出昌邑北方苗木交易专业市场、惠民苗木交易转运市场，据估算仅这两处苗木市场，苗木经销商(经纪人或实体)就达1200多家，年经营苗木6.5亿多株。

东营市垦利区位于黄河三角洲盐碱涝洼地区，是滨海盐碱地改良区的项目县之一。当地政府抓住实施世界银行贷款“山东生态造林项目”的机遇，引进上海一家组培公司和当地项目能人联合成立一家年生产1000万株白榆组织培养苗木，除供当地项目使用外，还销往山东、内蒙古、新疆、青海、河北、河南、安徽、江苏、山西、陕西、上海等省(自治区、直辖市)，仅在垦利就营造白榆用材林超1560hm^2，白榆育苗面积超980hm^{2}把垦利打造成榆树之乡，推动了白榆苗木产业的快速发展。

4. 培养了一批复合型人才，带动当地林业行业整体水平的提升

项目通过省、市、县各级培训体系开展的不同形式的培训，吸收引进了国内外林业新技术、新成果、新理念。各级项目单位放眼国际视野，结合项目实际，强化外向型、业务型、管理型等复合型人才的培养，将引进的新技术、新方法转化为生产力用于项目的建设。在推进项目实施进程的同时，锻炼了各级林业管理人员与技术人员，为山东林业的可持续发展奠定了人才基础。据统计，项目实施期间，40余人评为高级职称，90余人评为中级职称。借助项目实施的机遇，10多人获得提拔，走上县级领导岗位。莱芜市雪野开发区林业站的张德业同志，在进入项目队伍前是一名小学教师，进入项目队伍时，已经50多岁了。通过项目的实施，他熟练掌握了项目设计、计算机制图、参与式磋商、财务管理、造林抚育等方面的相关知识，成为业务技术行家、管理经营行家、社区工作行家等多面手，世界银行专家称呼他为“项目的行家能手”，在每次全市林业考评中稳居第一，不仅保障了项目的顺利实施，还带动了雪野开发区林业整体水平的提升。

四、启　示

在国际金融组织贷款项目立项、认定、评估、可研、规划、实施的过程中，因项目不同其实施的途径也不相同，项目的每一阶段都是新的起点，都有新的内容，都需要去学习和掌握解决问题的新方法。项目实践证明，培训是贯穿项目全过程中的一项重要而不可或缺的工作。通过多期世界银行、欧洲投资银行、亚洲开发银行贷款项目的实施，从项目的培训经历，得到以下 3 点启示：

1. 乡土专家和技术能手是基层项目建设的中坚力量

生态造林贷款项目的最大特点是，分布区域广，跨流域治理，造林小班遍布山谷、丘陵、平原、河滩的荒地或盐碱地，村镇多，经营类型涉及国有林场、集体林场、专业合作社、造林公司以及千家万户。也就是说，项目建设的重点和难点在基层社区。项目实施进展是否顺利，实施质量是否符合要求，与对社区宣讲、发动、示范及培训有直接的关系。乡土专家及技术能手出自基层社区项目参与群体，是项目实施经营中的佼佼者，倍受当地群体的尊重，他们的言传身教对当地项目的实施和推进有显著的作用。由于这些乡土专家和技术能人带头参加项目建设，并且又来自于当地社区，能将切身感受，用当地朴实的语言绘声绘色地传授给参加培训的学员；另外，这些乡土专家和技术能人所经营的项目林，也是当地县乡树立样板林的典型；通过开展观摩、示范和学习以及现身说法，进一步推动了项目建设的进度，确保了项目建设的质量。因此，乡土专家和技术能手是基层项目建设的中坚力量。

2. 培训效果评价体系是确保项目培训质量的关键

项目的技术培训，是项目新技术、新成果推广应用的一项重要手段，是确保项目实施质量的重要举措。因此，世界银行贷款“山东生态造林项目”特别强化要跟踪项目技术培训效果，设计了一套项目培训方式、培训内容、培训方法的评价指标收集参数，构建了项目培训效果跟踪评价体系，对各个层级的每次培训进行效果评价，提出需要改进的意见和建议。培训效果评价体系的建立，不仅能随时掌握主讲人员的授课内容、授课风格，是否适合不同层次学员的要求，而且也督促培训主办方和主讲专家进一步按照学员的要求，改进培训的组织方式和授课方式。因此说，项目培训效果评价体系是确保项目培训质量的关键所在。

3. 灵活多样的培训方式是确保项目培训顺利推进的基础

项目在培训过程中，各级项目单位根据主讲人的授课风格、培训的形式、培训对象以及培训内容的变化而采取层层举办培训班、在线答疑、观摩学习、现场技术指导、技术咨询考察、发放技术明白纸、乡土专家登讲台、技术能人传帮带等灵活多样的方式进行培训，既强化对项目管理、项目规划、造营林技术等理论知识的培训，也注重对修枝整形、病虫害种类识别、苗圃整地做畦等实际操作的培训，同时又注重国际先进理念的引进、吸收和消化，提高了项目实施效果，培训了一大批专业技术人才。

例如，为了全面促进项目的顺利实施，及时回答项目生产中急需解决的问题，世界银行贷款“山东生态造林项目”打造了全省项目交流平台，建立项目微信群、QQ 群，实行了在线答疑，有力地推进了项目培训工作的开展，收到了预期的效果；再如，退化山地植被恢复区的乳山市和滨海盐碱改良区的东营市河口区是世界银行贷款“山东生态造林项目”两大项目区混交林营造的典型，项目主管单位分别在两地召开了现场观摩学习先进经验交流会议，依托典型和样板，让参会学员看着学、比着做、照着干，示范引领了项目建设，不仅保障了项目的顺利实施，同时，也为其他相关工作奠定了人才基础和技术基础。因此，灵活多样的培训方式是确保项目培训顺利推进的基础。

第三部分

项目竣工验收

根据项目评估文件规定，项目完成建设后，贷款方将按预定期限关闭账户，停止报账，项目进入竣工验收(或称终期评价)阶段。借款方依据国内外相关要求，准备项目竣工验收。项目终期评价的目的意义主要有以下方面：一是确定项目预期目标是否达到，主要效益指标是否实现；二是对项目的结果和执行情况进行完整和系统的评价，总结出经验教训，查找项目成败原因，及时有效反馈信息，提高未来新项目的管理水平；三是为项目投入运营中出现的问题提出改进意见和建议，达到提高投资效益的目的；四是评价项目活动成绩和失误的主客观原因；五是确定项目决策者、管理者和建设者的工作业绩和存在的问题，从而进一步提高他们的责任心和工作水平；六是向社会推广项目设计和实施期间的经验。

项目竣工验收有一系列的工作要做，主要步骤和程序包括竣工验收准备、申请竣工验收、编写竣工验收计划、编写竣工报告、组织现场验收、进行竣工结算、移交竣工验收资料、办理竣工手续。

这部分内容将重点介绍外业调查及材料的整理、竣工报告编写的一般格式与内容以及项目案例分析，其他内容不做介绍。

第十九章　外业调查及材料整理

外业调查是获取项目所需第一手数据资料的前提，是验证项目实施成效的关键环节。资料数据的调查与信息资料的整理，是相辅相成的，两者相互依赖、相互依存，构成一个统一体。

野外调查人员通过特定的调查方法，收集大量原始的文字材料和数据材料，只有经过“去伪存真、去粗取精、由此及彼、由表及里”的整理分析，才能使其系统化、条理化，从而揭示项目与子项目以及各项建设内容的内在联系和本质，为项目竣工报告的编写提供依据。

第一节　外业调查

项目外业调查是指按照林业林木资源调绘有关规范要求，在现地或现场进行抽样调查(包括入户调查、档案查阅)的工作。因此，本节主要阐述分析外业调查的准备、外业调查的依据、外业调查的原则及方法等方面的内容。

一、外业调查的准备

根据项目竣工验收的目的和要求，外业调查的准备工作主要有人员的组织、工具的准备、材料的收集、调查表格的准备、调查人员的培训、调查经费的预算、工作的保障等方面。

1. 人员的组织

项目竣工验收报告的编写工作不仅涉及野外调查，还涉及项目资金的投向、使用效率、一手和二手材料搜集等方面，在动手编写项目竣工报告时，有大量的前期工作要做。因此，项目竣工验收报告编写人员的组成不仅决定项目竣工报告的顺利完成，更决定其完成的质量。鉴于此，在组建项目竣工验收报告编写人员时，必须由野外调查、森林生态、森林培育、环境保护、森林保护、林业经济、森林经理、水土保持、土壤化学、文字撰写、财务会计等方方面面的人员组成，同时还要吸纳省、市、县(市、区)熟悉项目的领导和管理人员参加，尤其要选派既熟练掌握项目实施情况，又有专业知识的同志参加；要抽调项目乡(镇、场)林业技术骨干人员全程陪同，并参与野外调查、资料搜集和整理工作。通过组建精干的项目竣工验收报告编写队伍，互相配合，真抓实干，确保项目竣工验收工作按照预定目标顺利有序地推进。

2. 工具的准备

调查工具和设备，是获取项目野外第一手原始数据的前提，对项目野外调查数据信息的采集至关重要。因此，必须按照项目野外调查的目的和要求，提前备足、备好所需要的仪器及工具。项目竣工验收的野外调查仪器和工具主要有罗盘仪、定位仪、BDS(北斗)或GPS、大比例尺地形图、望远镜、笔记本电脑、平板电脑、无人机、测高仪、绘图仪、卡尺、照相机、测绳、皮尺、植物标本夹、枝剪、小刀、记录本、标签、方格绘图板、取土器、土壤理化取样工具等。

3. 资料的收集

根据借贷双方对项目竣工验收的目的要求、范围以及深度，尽可能地收集项目区的相关资料，如气候、地质、土壤、地形、地貌、水文、植被、经济社会、人口劳动力资料等；同时要特别注意收集项目评估文件、项目可行性研究报告、总体或作业设计文件、中期调整资料、幼林摸底调查资料、项目进展报告、监测评价报告、科研课题总结材料、科研推广进展材料等。

4. 表格的准备

鉴于调查的目的不同，所获取的野外调查数据也不尽相同。因此，野外调查所要获得的数据信息与调查目的紧密相关，其野外调查表格准备的格式也不相同。国际金融组织贷款生态造林项目的竣工验收，需要调查造营林面积、林分的生长达标率、林木保存率、乔灌藤草混交比例及方式、小班树种或品种组成、林下植被及种类、土壤理化性质等情况。要根据调查目的，有针对性的设计相应的备用表格，表19-1至表19-4可供在野外调查时使用。

表19-1 世界银行贷款“山东生态造林项目”造林小班林分生长情况野外调查

野外调查编号：

调查地点：　小班编号：　造林模型：　造林面积(hm^2)：
混交方式和比例：　造林树种：　成活率或保存率(%)：　调查人：

调查株号	主栽树种生长量							是否成活	备注
	树高(m)	胸径(cm)	抽梢长度(cm)			平均冠幅(cm)			
			顶层枝	中层枝	底层枝	东西	南北		
1									
2									
3									
4									
…									

表 19-2　世界银行贷款“山东生态造林项目”土壤样品野外采集

样地编号	样点编号	项目区/非项目区		采集时间	采集人	土壤剖面编号			照片编号	备注
		地点	小班号			0～20cm	20～40cm	40～60cm		
	1									
	2									
	3									
	4									
	5									
	1									
	2									
	3									
	4									
	5									
…	…									

表 19-3　世界银行贷款“山东生态造林项目”野外植物标本采集

标本编号	照片编号	采集地点	采集人	采集时间	小班编号	郁闭度或盖度	备注

表 19-4　世界银行贷款“山东生态造林项目”植物多样性野外调查表

项目区/非项目区		样地号	样方面积（m^2）	调查时间	植物种类及数量（个）						郁闭度或盖度
地点	小班号				乔木		灌木		草本		
					名称	数量	名称	数量	名称	数量	

5. 人员的培训

自20世纪80年代中期开始，我国先后利用世界银行、亚洲开发银行、欧洲投资银行等国际金融组织贷款实施了用材林、经济林、生态林等不同经营目标的项目。由于贷款项目实施目标不同，国际金融组织对其竣工验收的关注点或侧重点也不一样。因此，在进行项目竣工验收的野外调查时，首先要明确项目的实施目标、各子项目的实施重点，然后再掌握借贷双方对项目竣工验收的侧重点，最后有的放矢地制定野外调查培训计划，并有针对性地提出参加培训的教案。

为顺利推进项目竣工验收野外调查数据采集工作的顺利开展，根据以往山东实施世界银行、欧洲投资银行贷款造林项目的经验，项目涉及的区域多、地域广，因此在开展野外调查专业技术培训时，要根据已拟定的项目竣工验收工作计划、技术标准、调查内容、调查表格，选择有项目竣工验收培训经验的专家或有实践经验的技术人员授课，重点培训野外调查工具的使用、样地的设置方法、项目实地调查的技巧、野外调查数据获取的方法、样本（品）的预处理、样本的拍照要求、调查精度要求、表格的填写、图表的绘制等方面的内容。通过野外调查专项技术培训，使参加项目竣工验收野外调查人员，熟练掌握如何获得第一手资料和第二手资料，为项目竣工验收报告的编制奠定基础。

6. 经费的预算

项目竣工验收是一项复杂而艰巨的任务，其项目竣工报告的编写需要做大量的调查研究和材料搜集整理工作，需要组建专门的外业调查、材料收集、财务决算报表审查、项目效益评价等小组。因此，为确保项目竣工验收工作的顺利开展，必须有足够的活动经费作保障。

经初步估算，利用国际金融组织贷款项目主要需要经费包括人员培训费用、野外调查费用、差旅费用、化验费用（包括鉴定费用）、项目竣工报告编写费用等，见表19-5。

表 19-5　世界银行贷款“山东生态造林项目”竣工验收费用估算

费用类别	费用估算(元)	备注
1. 培训费用	1.1 材料费	
	1.2 专家费	
	1.3 会议室费	
	1.4 住宿费	
	1.5 餐费	
	1.6 其他杂费	
2. 野外调查费用	2.1 工具费	
	2.2 人工费	
	2.3 交通或租车费	
	2.4 野外补助费	
3. 化验费用(包括鉴定费用)		
4. 出差费用	4.1 食宿费	
	4.2 交通费	
	4.3 出差补助费	
5. 报告编写费用	5.1 打印费	
	5.2 校对出版费	
合计		

7. 工作的保障

要确保项目竣工验收工作顺利开展，并按时提交一个国际金融组织贷款方和国内相关部门都满意的项目竣工验收报告，需要有一个强有力的保障体系作支撑。除了必需的项目竣工验收活动经费外，还必须做好组织保障和后勤保障，这两项保障工作缺一不可，同等重要。其中，后勤保障需要在三个方面开展工作：一是保障有足够的用于项目野外调查的车辆；二是选派熟悉项目造林情况的人员，全程配合野外调查工作，并随时为野外调查人员服务；三是筹足用于调查的设备和物资，确保野外调查工作的顺利开展。组织保障要成立由省项目办和县项目办以及项目乡(镇)政府部门共同组成的领导协调组织。该组织负责协调上下左右方方面面的关系，为项目竣工验收报告的野外调查提供良好的工作环境，确保项目竣工验收工作及时顺利完成。

二、外业调查依据

在开展项目竣工验收外业调查时，首先要明确林业贷款项目的造林规模、投资额度、区域布局、治理目标等内容，其次要全面掌握项目的可行性研究、规划设计、造林小班施工作业设计，特别是中期调整报告、历次幼林摸底调查报告以及国内外项目检查验收报告(或备忘录)。归纳起来项目竣工验收的外业调查依据主要有以下几个方面：

1. 项目评估文件

项目评估文件是在项目立项评估之后，由贷款方通过多次项目实地考察论证，并经借款方确认而形成的具有法律性的文件。文件中确定了项目建设内容、项目布局、投资规模，以及项目建设目标等方面的内容。例如，在世界银行贷款“山东生态造林项目”评估文件中，规定了项目布局于退化山地植被恢复区和滨海盐碱地改良区，涉及9个市的28个县(市、区)，新造林6.6万hm^2，总投资7.63亿元，其中，世界银行贷款6000万美元，主要建设目标是生态流域治理。因此，项目评估文件是竣工验收最为重要的依据。

2. 项目可研报告

项目可研报告是依据项目评估文件而编制的，并且同时要满足借贷双方的要求。项目可研报告是项目评估文件的细化和可行性论证的提升，从经济、社会、环境、生态、技术的角度充分论证项目实施的可行性、有效性、可靠性及可操作性，分析项目实施的潜在风险，提出缓解这些潜在风险的措施或方法。因此，可行性研究报告也是项目竣工验收的重要依据。

3. 项目造林总体设计

项目造林总体设计是以县(市、区)级为单位进行项目造林设计规划的文本报告，是把造林小班、造林模型根据立地条件落实到山头地块，并详细规划设计了项目的年度造林、抚育进度安排，是项目评估文件和项目可行性研究报告在县级项目区的进一步落实，是项目竣工验收的重要依据之一。

4. 小班施工作业设计

项目造林小班施工设计是以乡(镇、场)为单位进行的项目年度施工作业设计说明的文本，通过图、文、表并茂的形式，展现项目造林小班的整地、栽植、密度、配置、树种(或品种)、混交、配比、用苗、用工、抚育、投资等内容，是项目评估文件、项目可行性研究报告，以及项目造林总体设计的落实和具体细化的集中体现，是项目竣工验收的最基本依据。

5. 项目中期调整文件

国际金融组织贷款造林项目从列入国家三年滚动计划到项目的启动实施，都需要经过几年的时间。由于准备时间周期长，项目产品市场价格、国际外汇汇率、劳动工日价格、造林实体意愿都发生了很大的变化。为适应诸多的变化，项目中期调整成为国际金融组织贷款项目必不可少的程序，调整后的项目实施计划任务，以文件的形式加以确认。由此可以看出，项目中期调整文件也是项目竣工验收的依据。

6. 幼林摸底调查报告

一般情况，林业贷款造林项目从启动实施到项目竣工验收都要经过6年的时间。为摸清项目幼林的抚育管理质量，掌握项目林分生长达标率，期间一般要进行两次幼林摸底调查，一次是在项目实施的中期，一次是在项目竣工验收的前几个月。由此可见，幼林摸底调查对准确掌握项目实施质量至关重要，是项目竣工验收报告编写不可或缺的重要依据。

7. 国内外检查验收报告或备忘录

在项目启动实施的6年间，国内借贷方每半年要逐级上报项目进展报告，每年都要进行 1 次大规模的省、市、县(市、区)、造林实体的层层检查验收并形成报告，提出改进意见和建议；国际金融组织贷款方，每年也要派出检查团进行 1~2 次的现场考察，并形成考察备忘录，提出整改意见或建议，这些都是项目竣工验收和编写竣工报告的最为有利的依据。

三、外业调查

项目竣工验收报告编写的内容、数据、素材以及案例等，都需要通过外业调查来获取，也就是说，外业调查在竣工验收环节中尤为关键和重要。因此，这部分将以世界银行贷款"山东生态造林项目"为案例，重点讨论分析项目野外调查的基本原则、调查的主要内容、调查的主要方法，以及数据信息的获取等内容。

1. 野外调查的基本原则

根据世界银行贷款"山东生态造林项目"的实施目标和竣工验收的相关要求，野外调查的基本原则可概括归纳以下 4 点：

(1) 以幼林质量摸底调查结果为主体，野外调查为校正的原则。在项目建设的中期和终期，省项目办组织市项目办和县(市、区)项目办的专业技术人员对已营造的项目林开展两次系统而全面的幼林质量摸底调查，分别对林分生长达标、林分保存率、林分抚育质量等评价指标情况进行详细分类，并制定确保"一类林"、促进"二类林"转化、抢救"三类林"的措施。因此，幼林质量摸底调查的结果可为项目竣工报告的编写提供比较充足的数据，但市、县项目办的幼林质量摸底调查的精度如何，另外有项目区与无项目区的生物多样性、水土流失、土壤改良、防护效益，以及造林实体的变化等方面的数据是通过监测点获得的，因此这些方面的数据，仍需要通过野外调查数据进行校正。

(2) 以典型调查为主体，其他调查为补充的原则。根据项目课题组研究的需要，在项目进行规划时，就按照 13 个造林模型、有项目与无项目设计方法，分别布设了有代表性的省级、市级、县(市、区)级调查点，作为项目林生长量指标、生物多样性指标、造林成本变化指标、防护效益指标、有害生物监控指标的典型调查点，诸如此类调查是项目第一手数据资料获得的主体。在项目竣工验收野外调查时，布设其他点，并对其展开的调查只作为第一手数据资料的补充。

(3) 以林分生长达标调查为主体，生态效益调查为侧重的原则。项目林分生长达标率最能说明项目的实施质量，生长达标率(一类林占比)越高，表明项目造林抚育质量越高，项目实施得就越成功。另外，世界银行贷款"山东生态造林项目"是一个跨区域生态治理项目，其生物多样性指标、水土流失指标、土壤改良指标、防护效益指标、造林模型稳定性指标等也是项目竣工验收外业调查的侧重点。因此，在开展项目野外调查时，必须区分主次，做到轻重缓急，把握好原则。

(4) 以入户访谈为重点，材料搜集查阅为辅助的原则。在编写项目竣工验收报告时，需要逐年的造林成本、劳动力成本、资金到位情况、造林合同签订、营林合同签订、土地租赁合同签订、项目从业人员情况、项目从业人员收入、项目受益群体情况等方面的数据。这些第一手数据资料的获得途径有两种：一是通过对典型受益农户调查访谈获得；二是通过搜集或查阅资料或采用发放表格的形式获得。

2. 调查的主要内容

项目竣工验收外业调查的主要任务：一是查清已规划设计的采伐迹地、荒山、荒滩的造林小班是否造林；二是分析评价项目已规划设计的跨流域生态区的治理效果；三是掌握已规划设计的13个造林模型在有项目区与无项目区的推广应用效果及需要改进或补充的内容。其调查的主要内容有以下5个方面：

(1)缺失材料的补充调查。根据国际金融组织对贷款项目竣工验收的规定，借款方必须在规定的时间内提供一个符合要求的项目竣工报告。也就是说，项目竣工报告需要的所有的数据和案例都要按时收集齐全，供编写使用。如果在某些方面的信息数据或案例缺失，则需要进行及时的补充调查，以获取相关的数据信息资料。

(2)造林面积实测。根据县(市、区)级项目办提供的两次幼林质量摸底调查结果和更新后的小班电子地图，现地实测造林小班的实际面积。原则上使用罗盘仪实测小班面积，或使用精度较高的BDS(北斗)或GPS测定，或使用1∶10000(1∶25000)比例尺的地形图勾绘小班，精度不低于95%。求算出的造林小班面积，进行对比分析，该造林小班面积与县级幼林质量摸底调查结果的差异，是否在允许误差之内。

(3)林分质量核实。根据县(市、区)级项目办提供的两次幼林质量摸底调查报告，现地核实项目造林的种源和苗木质量、栽植质量、混交方式及比例、造林成活率(或保存率)、生长量(含树高、胸径或地径、冠幅、新梢长度)达标率，并对比与县级幼林质量摸底结果的相符程度；对造林树种、造林密度、混交比例、混交方式、树种搭配等是否符合规划设计的《项目造林模型》的要求，与县级幼林质量摸底结果的差异；割灌、松土、除草、整形、修枝、施肥、灌溉、间伐、护林、防火、有害生物防治等抚育管理情况，与规划设计的《项目造林模型》的要求是否符合。

(4)植物多样性核实。根据项目评估文件的规定，通过在项目区的荒山、荒滩营造乔、灌、藤、草混交林，使有项目区与无项目区的植被得到有效恢复，植物多样性得到显著增加，水土流失得到控制，防护效果得到显著提高。因此，植物多样性是其主要的实施目标之一。通过随机在有项目区与无项目区的取样调查，比对并核实监测点的数据可靠性，为项目竣工验收报告的编写提供依据。

(5)土壤理化性质实测。世界银行贷款“山东生态造林项目”布局于退化山地植被恢复区和滨海盐碱地改良区。其中，滨海盐碱地改良区最为重要的目标是通过项目的实施，降低土壤盐碱含量，提高土壤理化性质，即土壤达到有效改良的效果。鉴于此，通过在滨海盐碱地改良区内的有项目与无项目的随机取样调查，与历年监测评估的结果对比分析变化情况。

3. 调查的方法

在世界银行贷款“山东生态造林项目”建设期间，通过水土流失监测、有害生物监测、植物多样性监测、防护效果监测、环境监测、土壤改良监测以及历年项目检查验收等获得了大量有效的信息资料，特别是两次全面而系统的幼林质量摸底调查为竣工验收提供了可靠的数据信息。因此，我们必须充分利用好现有的数据资料，采用调查区(或样方)的遴选法、入户访谈法、典型调查法、现场对比法4种方式，在较短的时间内，完成野外调查。

(1)调查区(或样方)的遴选方法。野外调查采用分层抽样的方法遴选调查区和调查样方。即将世界银行贷款“山东生态造林项目”涉及的市、县、乡、场分为4个层级，每个层级按照退化山地植被恢复区和滨海盐碱改良区的分布特点，再分别依据13个造林模型各遴选有代表性的造林小班，最后在造林小班中沿对角线采用五点法选取样方。

(2)入户访谈法。为获得项目受益人第一手资料，掌握造林实体资金筹措、到位、使用情况，获得项目受益人群体合同签订、造林抚育情况、贫困户参与项目情况、造林农户从项目中获得的收入情况，以及项目提供就业机会情况等相关案例或信息数据，采用入户(或村或林场或造林实体)访谈的形式，获取有关数据。访谈时，要选择各种类型的经营实施主体。村级访谈要有贫困户代表、妇女代表、村干部参加，广泛听取他们的意见，做好相应记录。

(3)典型调查法。世界银行贷款“山东生态造林项目”有9个市28个县(市、区)，项目区域广、涉及的村镇多，造林小班多分布在偏远的荒山或荒滩上，范围广、面积大。如果采用普查法，占用的人力、物力和时间多，造成重复劳动、工作量大，难以在时限内完成世界银行对项目竣工验收的要求。鉴于此，项目野外调查采用典型调查的方法进行。在有代表性的造林小班采用典型调查的方法现场以直接获得第一手的资料和数据，以验证或弥补幼林质量摸底调查或其他资料的不足。

(4)现场对比法。在世界银行贷款“山东生态造林项目”启动实施期间，已获取大量有价值且可靠的数据信息资料，为节省野外调查时间和活动经费，可采用现场对比法进行野外调查。即利用现有数据资料(更新后的造林小班电子地图或数据库或1：10000地形图)，与遴选的造林小班或样方展开实测，进行数据对比分析，把现场野外调查数据与其校正，确定最终用于项目竣工验收的信息数据。

第二节　调查材料的整理与汇总

调查材料的整理与汇总是指经外业调查收集到的原始的信息材料，进行审核、检验、判断、分析、整理及归类，以确保调查资料的系统性、完整性、准确性的过程，其目的是为后续采用项目信息数据提供可靠的支撑。项目竣工验收所获得的调查材料一般分为文字材料和数据材料。前者是有结构的，多通过收集上报资料和查阅文献资料得来的，以文本文件为主；后者多为无结构的观测、调查、访谈的材料，以通常说的数据材料为主。对这两类材料的整理过程基本相同，但其整理方法各异。

本节将从调查材料的整理归类原则、文件材料的整理与归类、数据材料的整理与表格填写、调查材料整理注意事项四个方面进行阐述。

一、调查材料的整理归类原则

调查材料整理是根据调查研究的目的，运用科学有效的方法，对调查所获得的材料进行审查、检验、归类和整理汇总，使其条理化和系统化，并以系统、集中、简明的方式反映调查对象总体情况的过程。调查材料整理是材料研究的基础与前提，是提高调查材料质量和使用价值的关键步骤，是材料保存的必要要求。调查材料整理应遵循“真实且准确，系统且完整，条理且清晰，科学且规范”的原则。

1. 真实且准确的原则

“真实”是指调查数据材料符合客观现实，不能主观杜撰和弄虚作假。对收集到的第二手数据材料要辨别其真伪，要符合人们的认知，看其是否真实可靠地反映了调查对象的客观现实。一旦发现有疑问，就要再次根据事实进行核实，排除其中的虚假成分，保证调查数据材料的真实性。假如整理出来的调查数据材料不真实，可能比没有调查数据材料还要危险。因为没有调查数据材料，最多做不出想要的结论，而依据不真实的调查材料，就会做出与事实不符的错误结论。因此，真实是调查材料整理时应遵循的首要标准。

“准确”是指调查数据材料必须正确无误，不能含糊不清或模棱两可，更不能自相矛盾。特别是在调查数据的填写时，要注意前后数据(包括单位量纲)的一致性，不能相互矛盾，不合乎逻辑；对例证调查材料也应认真审核处理，不能违反常理。同时，对搜集来的诸如各种统计图表要反复审核、重新计算。对引用他人的资料更要注意审查文献的准确性和可靠性。

2. 统一且完整的原则

“统一”是指调查数据材料必须保持前后的指标解释、计算公式、计量单位的一致性。在调查材料归类整理时，一定要检查各项调查材料是否按预定要求获取，并判断其是否能够说明问题，对所探讨的问题是否起到预期的作用。在较大规模的野外调查中，对那些需要相互比较的材料必须审查其所涉及的事实是否具有可比性。如果野外调查数据材料标准不统一，就无法进行比较分析和利用。

“完整”是指调查数据材料必须齐全完整，没有遗失遗漏，不能残缺不全，更不能以偏概全。因此，必须严格筛查调查材料是否按照拟定的野外调查提纲或调查表格的要求，认真收集或填报，应查询的资料和案例是否都已经查询，无一遗漏。假如野外调查的数据材料残缺不全，就会降低甚至失去利用的价值。

3. 条理且清晰的原则

“条理”指调查数据资料必须脉络或层次有秩序，不能庞杂无序。经过整理汇总所得的调查数据材料，要尽可能简单而明确，具有系统化和条理化，以集中的方式反映调查对象总的情况。假如整理汇总后的调查数据材料仍然臃肿杂乱，难以使人形成一个完整的概念，则会给以后的研究和引用工作增加许多不便。

“清晰”指调查数据材料必须清楚明白。经过归类整理的调查数据材料，要尽可能的容易让人了解、辨认，具有明晰化和一目了然的特点。如果整理后的调查数据材料仍然让人难以了解透彻，则会给项目竣工报告的编写工作带来许多麻烦。

4. 科学且规范的原则

“科学”指调查数据资料应尽可能有技术含量，要按照科学的方法、科学的规律整理汇总调查材料。在进行野外调查数据整理材料时，要尽可能从科学的角度来整体审视调查数据材料、组装调查数据信息，尽量摆脱陈旧框框的束缚，采用科学有效的方法汇总整理项目野外调查数据材料。只有从调查数据资料的重新组装中发现新情况、破解出现的问题、找出规律性的东西，才能为创造性的编写项目竣工报告打下良好基础。

“规范”是指调查数据材料必须按照通用标准、规范的要求进行操作。也就是说，野外调查数据材料在归类整理时必须达到或超越规定或设定的标准。例如，调查数据资料在归类汇总到表格中时，引用单位要符合国际通用规范的单位，不能用地方或沿用古人不被认可的单位；调查精度要符合规范要求等。

二、文件材料的整理与归类

在项目竣工验收中，我们把项目贷款协议、项目评估报告、项目可研报告以及实施过程中编报的计划、进展报告、总结报告、检查报告或备忘录等称之为文字材料。一般情况下对文字材料可采用审查、分类和汇编 3 个基本步骤进行归类整理。关于文字材料的审查，主要是解决其真实性、准确性和适用性问题；关于文字材料分类，则是将材料分门别类，使得繁杂材料条理化和系统化，为找出规律性的联系提供依据；关于文字材料的汇编，则是根据项目竣工验收的要求，对分类之后的材料进行汇总、使之成为能系统而完整地反映调查对象客观情况的材料。就目前已实施的国际金融组织贷款项目而言，其文字材料主要集中在以下 4 个方面：

1. 项目规划论证材料

主要包括：项目贷款协议(或转贷协议)、项目评估文件、项目可行性研究报告、项目造林总体设计、项目社会影响评价报告、项目环境影响评价报告(或评价表)、项目资金申请报告、项目管理办法、项目财务管理办法、项目报账提款办法、项目物资设备采购管理办法、项目环境保护规程、项目年度造林施工作业设计管理办法、项目监测评估方案、项目检查验收管理办法、项目参与式规划等。

2. 项目计划材料

主要包括：项目实施计划、项目林病虫害管理计划、苗圃改进与种质材料开发计划、项目物资设备采购管理计划、项目造林与抚育计划、项目资金使用计划、项目提款报账计划、项目实施进度安排计划、项目培训计划、项目科研推广计划等。

3. 项目进展材料

主要包括：年度(或半年度)项目实施进展情况报告、项目培训进展情况报告、项目科研课题进展报告、项目技术推广实施情况报告、项目森林认证进展报告、项目机构能力建设情况报告、项目年度检查验收报告、项目监测评估报告、项目检查备忘录、项目历次汇报材料、项目合同(土地租赁、造林合同、营林合同)签订及执行情况报告、项目参与式磋商总结报告、造林实体访谈报告、项目造林小班施工作业说明书、项目造林小班卡片、项目造林地选地流程表、项目资金到位证明等。

4. 项目音像资料

主要包括：项目造林小班电子地图、项目造林小班分布图（1∶10000 或 1∶25000 的地形图）、项目造林小班典型设计图、历次国内外相关检查验收的照片，以及相关录像等材料。

对于上述与项目有关的文字材料，要根据项目竣工验收的用途、存档及其报告编写的要求，按照以下三个步骤进行整理归类。一是对资料的真实性和可靠性进行检查与核对，如观测记录是否带有个人偏见、访谈者是否如实反映客观情况，项目案例是否可靠等，这一步也称为"去伪存真"。二是从原始的材料中摘取与探讨目的有直接相关的内容，对材料进行条理化和简明化，这一步也称为"去粗取精"。三是按主题、人物或时间对材料进行归类整理，建立资料档案。其作用是便于查找或做进一步的类型比较分析或时间序列分析。也可以将文字材料的内容转换为数据的形式，展开量化分析。材料整理是从调查阶段过渡到研究阶段、由感性认识上升到理性认识的重要环节；也是提高调查研究的可信度与有效性的重要步骤，直接关系到资料分析和研究结论的可信性与准确性。因此，科学且合理地整理材料对于项目竣工验收工作是至关重要的。

三、数据材料的整理与表格填写

调查数据材料是项目竣工验收报告编写中进行定量分析的重要依据。为便于得出正确的调查结论，在调查数据材料的整理中，需要对调查数据材料进行检验、分组、汇总，以及统计等处理。检验，即对数字材料的完整性和正确性进行检验，以确保其能够得出预想的研究结果；分组，即把调查的数据按照一定的标志归为不同的类别；汇总，即根据调查研究目的把分组后的数据汇集到有关表格中，并进行计算，以系统集中地反映调查对象总体的数量特征。经过归类汇总，调查数字材料，一般要通过表格或图形表现出来。

表 19-6 至表 19-26，是世界银行贷款"山东生态造林项目"竣工验收时，采集和填写上报的表格资料，包括调查数据、统计数据、汇总资料 3 个方面，供同行体会和感受。

表 19-6　县（市、区）"山东生态造林项目"（SEAP）继承和发展方面汇总

<table>
<tr><th colspan="2">类别</th><th>与老世界银行林业项目比较的要点内容</th><th>备注</th></tr>
<tr><td rowspan="4">1　继承最为突出或成熟的做法</td><td>1.1　环境社会</td><td></td><td></td></tr>
<tr><td>1.2　工程管理</td><td></td><td></td></tr>
<tr><td>1.3　财务管理</td><td></td><td></td></tr>
<tr><td>…</td><td></td><td></td></tr>
<tr><td rowspan="4">2　SEAP 进步、改进或创新的方面</td><td>2.1　财务管理</td><td></td><td></td></tr>
<tr><td>2.2　技术培训</td><td></td><td></td></tr>
<tr><td>2.3　规划设计</td><td></td><td></td></tr>
<tr><td>…</td><td></td><td></td></tr>
</table>

（续）

类别		与老世界银行林业项目比较的要点内容	备注
3　SEAP 存在的不足之处和教训	3.1　资金到位		
	3.2　作业设计		
	…		

表 19-7　县（市、区）“山东生态造林项目”（SEAP）技术和管理规范统计

编号	名称	类型	实施时间	编发数量（册、份）
1	财务报账管理制度	项目管理		
2	退化山地植被恢复区治理模型表	技术规定		
3	滨海盐碱地改良区治理模型表	技术规定		
4	荒山直播造林技术规程	技术规定		
5	环境保护规程	技术规定		
6	无公害广谱性杀虫、杀菌剂防治技术	技术规定		
7	N、P、K 配方施肥技术	技术规定		
8	SEAP 项目县防护林树种主要的病虫害及所使用的农药	技术规定		
9	SEAP 项目推荐使用的农药清单	技术规定		
10	SEAP 项目参与式磋商与规划手册	项目管理		
11	SEAP 项目货物采购与工程招标管理办法	项目管理		
12	SEAP 项目人工防护林病虫害防治管理计划	技术规定		
…				

表 19-8　县（市、区）“山东生态造林项目”（SEAP）各类别计划及实际费用

类别	计划投资（万元）		实际投资（万元）		占计划的比例（%）
	世界银行	配套	世界银行	配套	
1　新造林					
1.1　退化山地植被恢复区					
1.2　滨海盐碱地改良区					
2　技术支持与项目管理					
2.1　苗圃升级和种质材料开发					
2.2　科研、推广和示范					
2.3　培训					
2.4　项目管理、监测和评价					
2.5　项目物资设备采购					
3　总投资					

表 19-9　县(市、区)"山东生态造林项目"(SEAP)筹资来源

资金来源	计划投资（万元）	实际/最新投资（万元）	占计划百分比(%)
1　受益人(造林实体)			
2　政府(省、市、县三级)			
2.1　省财政筹集			
2.2　市财政筹集			
2.3　县财政筹集			
2.4　县通过其他方式筹集(请在下方注明筹资方式)			
3　国际复兴开发银行(世界银行)			
4　总计			

注：其他筹资方式是指企业或国内银行贷款等形式，请注明。

表 19-10　县(市、区)"山东生态造林项目"(SEAP)成本及产出价格

类别	投入/产出项目	单位	计划（元）	2010 年价格	2011 年价格	2012 年价格	2013 年价格	2014 年价格	2015 年价格
产出	松树	m^3							
	侧柏	m^3							
	柽柳	m^3							
	刺槐	m^3							
	榆树	m^3							
	白蜡	m^3							
	柳树	m^3							
	臭椿	m^3							
	杨树-薪材	m^3							
	杨树-小径材	m^3							
	杨树-大径材	m^3							
	板栗，核桃	kg							
	水果	kg							
	鲜茶	kg							
	山杏	kg							
	…								
	固碳量(CO_2)	t							
投入	管理成本	hm^2							
	化肥	kg							
	农家肥	kg							
	农药	kg							

（续）

类别	投入/产出项目	单位	计划（元）	2010 年价格	2011 年价格	2012 年价格	2013 年价格	2014 年价格	2015 年价格
投入	灌溉	次							
	松树苗	株							
	刺槐苗	株							
	榆树苗	株							
	白蜡苗	株							
	柽柳苗	株							
	柳树苗	株							
	侧柏苗	株							
	杨木苗	株							
	鲜果树苗	株							
	核桃苗	株							
	茶树种子	kg							
	黄栌	株							
	板栗	株							
	…								
	技术设计	hm^2							
	非熟练劳动力	日							

表 19-11　县(市、区)“山东生态造林项目”(SEAP)不同树种造林面积汇总

hm^2

树种	合计	2010 年(含追溯)	2011 年	2012 年	2013 年	2014 年
合计						
板栗						
侧柏						
白榆						
核桃						
黑松						
杨树						
梨						
马褂木						
苹果						
山楂						
山桃						
紫薇						
…						

注：各县自行填写树种，请填写完整。

表 19-12　县(市、区)“山东生态造林项目”(SEAP)不同模型造林面积

hm²

模型	合计		2010年(含追溯)		2011年		2012年		2013年		2014年	
	计划	完成	计划	完成	计划	完成	计划	完成	计划	完成	计划	完成
退化山地植被恢复区												
S1												
S2												
S3												
S4												
S5												
S6												
S7												
S8												
滨海盐碱地改良区												
Y1												
Y2												
Y3												
Y4												
Y5												

表 19-13　县(市、区)“山东生态造林项目”(SEAP)造林种苗使用情况

树种	苗木使用数量(万株)				Ⅰ级苗数量(万株)				种子用量(kg)		
	累计	裸根苗	容器苗	轻基质	累计	裸根苗	容器苗	轻基质	累计	种子园	优良种源区
合计											
侧柏											
黑松											
核桃											
山桃											
苹果											
杨树											
…											

表 19-14　县(市、区)“山东生态造林项目”(SEAP)幼林质量摸底调查

造林模型	造林面积(hm^2)						
	合计	一类林		二类林		三类林	
		面积	占比(%)	面积	占比(%)	面积	占比(%)
合计							
S1							
S2							
S3							
S4							
S5							
S6							
S7							
S8							
Y1							
Y2							
Y3							
Y4							
Y5							

表 19-15　县(市、区)“山东生态造林项目”(SEAP)苗圃建设完成情况汇总

苗圃名称	总投资(万元)			育苗规模(万株)		新增树种		新增效益(万元)
	世界银行	国内配套	自筹	原有	新增	种类(个)	数量(万株)	
合计								

注：新增树种中，特别要注明社会育苗少，项目急需的树种或品种。

表 19-16 县(市、区)“山东生态造林项目”(SEAP)县、乡、农户数和参加造林实体统计

项目县(市、区)名称	时间(年)	项目乡个数		项目村个数		项目农户数			项目林场数			项目公司数	
		个数	占比(%)	个数	占比(%)	总户数(个)	贫困户数	少数民族户数	小计(个)	集体林场	国有林场	独资	股份制
	合计												
	2010												
	2011												
	2012												
	2013												
	2014												
	2015												

表 19-17 县(市、区)“山东生态造林项目”(SEAP)县级培训统计

年份	主要培训内容	培训次数			培训人次			农民人次	备注
		计划	完成	占比(%)	计划	完成	占比(%)		
2010	1. 社会评价培训(磋商、访谈等)								
	2. 项目种质材料选择与培育规程								
	3. 育苗技术与苗圃管理								
	4. 造营林施工技术								
	5. 项目管理技术								
	6. 病虫害综合治理技术								
	7. 环境保护规程								
	8. 现场观摩								
	…								
2011	1. 社会评价培训(磋商、访谈等)								
	2. 项目种质材料选择与培育规程								
	3. 育苗技术与苗圃管理								
	4. 造林施工技术								
	5. 项目林经营管理技术								
	6. 病虫害综合治理技术								
	7. 环境保护规程								
	8. 现场观摩								
	…								

（续）

年份	主要培训内容	培训次数			培训人次			农民人次	备注
		计划	完成	占比(%)	计划	完成	占比(%)		
2012	1. 社会评价培训(磋商、访谈等)								
	2. 项目种质材料选择与培育规程								
	3. 育苗技术与苗圃管理								
	4. 造林施工技术								
	5. 项目林经营管理技术								
	6. 病虫害综合治理技术								
	7. 环境保护规程								
	8. 现场观摩								
	…								
2013	1. 项目种质材料选择与培育规程								
	2. 造林施工技术								
	3. 项目林经营管理技术								
	4. 病虫害综合治理技术								
	5. 环境保护规程								
	6. 现场观摩								
	…								
2014	1. 项目林经营管理技术								
	2. 病虫害综合治理技术								
	3. 果树管理								
	4. 美丽乡村苗木选择								
	5. 林木良种和乡土树种繁育								
	6. 现场观摩								
	…								
2015	1. 项目林经营管理技术								
	2. 病虫害综合治理技术								
	3. 果树管理								
	4. 现场观摩								
	…								
小计									

表 19-18　县(市、区)"山东生态造林项目"(SEAP)出版的技术读物及音像制品

类别	名称	刊物或出版社名称	时间	数量(册、份)
专著				
发表论文				
音像制品				
技术明白纸				
其他				
合计	种：	发行数量：		

表 19-19　县(市、区)"山东生态造林项目"(SEAP)县级培训推广投入经费统计

万元

年份	技术培训	编印技术资料	推广优良新品种	其他	合计
2010					
2011					
2012					
2013					
2014					
2015					
合计					

表 19-20　县(市、区)“山东生态造林项目”(SEAP)实施产生效果统计

年份	产生效果
2010	①生态效益：造林(hm^2)、年固碳(t)、释放氧气(t)、蓄水(万 t)、减少水土流失(万 t)； ②经济效益：年产生碳汇(万元)； ③社会效益：为项目区群众提供了万个用工，增加农民收入(万元)
2011	①生态效益：造林(hm^2)、年固碳(t)、释放氧气(t)、蓄水(万 t)、减少水土流失(万元)； ②经济效益：年产生碳汇(万元)； ③社会效益：为项目区群众提供了万个用工，增加农民收入(万元)
2012	①生态效益：造林(hm^2)、年固碳(t)、释放氧气(t)、蓄水(万 t)、减少水土流失(万 t)； ②经济效益：年产生碳汇(万元)； ③社会效益：为项目区群众提供了万个用工，增加农民收入(万元)
2013	①生态效益：造林(hm^2)、年固碳(t)、释放氧气(t)、蓄水(万 t)、减少水土流失(万 t)； ②经济效益：年产生碳汇(万元)； ③社会效益：为项目区群众提供了万个用工，增加农民收入(万元)
2014	①生态效益：造林(hm^2)、年固碳(t)、释放氧气(t)、蓄水(万 t)、减少水土流失(万 t)； ②经济效益：年产生碳汇(万元)； ③社会效益：为项目区群众提供了万个用工，增加农民收入(万元)
2015	①生态效益：造林(hm^2)、年固碳(t)、释放氧气(t)、蓄水(万 t)、减少水土流失(万 t)； ②经济效益：年产生碳汇(万元)； ③社会效益：为项目区群众提供了万个用工，增加农民收入(万元)

注：包括生态效益、经济效益、社会效益，以及科研、监测所产生的带动促进效果等。各县可根据自己实际情况，广泛涉及。

表 19-21　县(市、区)“山东生态造林项目”(SEAP)造林营林模型推广情况

年份	推广面积(hm^2)		推广技术或效果
2010	项目区内	项目区外	
2011			
2012			
2013			
2014			
2015			
合计			

表 19-22　县(市、区)“山东生态造林项目”(SEAP)样板林建设情况统计

年份	样板林建设面积(hm^2)				样板林建设接待参观考察(批/人次)			辐射带动社会造林面积(hm^2)
	省级	市级	县级	乡镇级	外省	外县	本县	
2010								
2011								

（续）

年份	样板林建设面积（hm²）				样板林建设接待参观考察（批/人次）			辐射带动社会造林面积（hm²）
	省级	市级	县级	乡镇级	外省	外县	本县	
2012								
2013								
2014								
2015								
合计								

表 19-23　县（市、区）“山东生态造林项目”（SEAP）实施期间宣传情况统计

年份	宣传方式	数量（次数/影响人次）
2010	宣传车、明白纸、科技下乡	
	张贴标语、明白纸、科技下乡	
	制作宣传牌、明白纸、科技下乡	
2011	宣传车、明白纸、科技下乡	
	张贴标语、明白纸、科技下乡	
	制作宣传牌、明白纸、科技下乡	
2012	宣传车、明白纸、科技下乡	
	张贴标语、明白纸、科技下乡	
	制作宣传牌、明白纸、科技下乡	
2013	宣传车、明白纸、科技下乡	
	张贴标语、明白纸、科技下乡	
	制作宣传牌、明白纸、科技下乡	
2014	宣传车、明白纸、科技下乡	
	张贴标语、明白纸、科技下乡	
	制作宣传牌、明白纸、科技下乡	
2015	宣传车、明白纸、科技下乡	
	张贴标语、明白纸、科技下乡	
	制作宣传牌、明白纸、科技下乡	

表 19-24　县（市、区）“山东生态造林项目“（SEAP）发展目标监测评估指标汇总

内容	项目区（项目县）			非项目区（类似地区）		
	基准数据（2010 年年底）	中期数据（2012 年年底）	项目结束数据（2015 年年底）	基准数（2010 年年底）	中期数据（2012 年年底）	项目结束数据（2015 年年底）
1　森林覆被率（%）						
2　混交林面积（hm²）						
2.1　退化山地植被恢复区						

（续）

内容	项目区（项目县）			非项目区（类似地区）		
	基准数据（2010年年底）	中期数据（2012年年底）	项目结束数据（2015年年底）	基准数（2010年年底）	中期数据（2012年年底）	项目结束数据（2015年年底）
模型1（S1）面积（hm^2）						
模型2（S2）面积（hm^2）						
模型3（S3）面积（hm^2）						
模型4（S4）面积（hm^2）						
模型5（S5）面积（hm^2）						
模型6（S6）面积（hm^2）						
模型7（S7）面积（hm^2）						
模型8（S8）面积（hm^2）						
2.2 滨海盐碱地改良区						
模型1（Y1）面积（hm^2）						
模型2（Y2）面积（hm^2）						
模型3（Y3）面积（hm^2）						
模型4（Y4）面积（hm^2）						
模型5（Y5）面积（hm^2）						

表 19-25　县（市、区）"山东生态造林项目"（SEAP）病虫害监测指标

内容	2010年	2011年	2012年	2013年	2014年	2015年
1. 虫害						
杨小舟蛾						
虫株率（%）						
桃蚜虫						
虫株率（%）						
…						
2. 病害						
核桃枝枯病						
病株率（%）						
感病指数（%）						
（病害2）						
病株率（%）						
感病指数（%）						
…						
3. 农药使用						
阿维菌素						

（续）

内容	2010年	2011年	2012年	2013年	2014年	2015年
使用数量(kg)						
灭幼脲						
使用数量(kg)						
…						

表19-26　县(市、区)"山东生态造林项目"(SEAP)林对辖区内水库的影响

水库名称	水库蓄水量(万 m^3)	周边项目林防护		项目林对水库的影响	
		距离(m)	面积(hm^2)	保持水土(t)	减少淤积(t)
合计					

四、调查材料整理注意事项

本节的第二部分和第三部分，分别介绍了调查或收集的文字材料和数据材料的归类整理方法。这里要特别强调的是，文字材料和数据材料的归类整理并不是一蹴而就的事，需要把"调查收集"与"归类整理"有机结合起来，才能达到事半功倍。否则，将会顾此失彼，很难达到预期的效果。为做好项目竣工验收调查材料的归类整理工作，下面将从3个方面详细阐述项目竣工验收调查材料的分类整理、综合研判以及补充调查应注意的事项，以推动项目竣工验收工作的顺利开展，并为竣工报告的编写打下坚实的基础。

1. 边调查与边整理

野外调查材料的整理可按其工作性质和工作周期分为当日或数日观测材料的整理以及一条路线或一项专门调查内容资料的整理方式进行。

文字和图片材料的整理包括观测点位的校对，检查记录是否系统连续，记录是否做到详略得当、系统全面，各种地调物、林调物及各种参数是否完全并且有代表性，土壤、植物等各种必需的样品(或标本)是否采集完全，并标注在文字记录相应的位置，检查编号有无错漏以及各种素描、剖面图或照片或录像，是否都已在文字记录相应位置进行编号说明。如果有时间，还应对野外记录簿中所有获取的相关参数、各类数字编号、素描图，以及工作手图及时着墨，并及时做好当天调查路线的小结。

实物材料的归类整理，主要指各种实物标本和各类分析测试鉴定样品进行分类包装、清点数量，并与野外记录簿上标号逐一进行核对，同时还要进行填表登记造册。一条路线或一项专门调查内容材料的归类整理，也要在野外及时进行。其内容除前日、数日整理的有关内容外，主要是对一条路线或一项专门调查内容所获得的材料，进行一次比较全面系统地归类整理，并对工作质量做一次全面检查验收。

边调查与边整理的目的在于，通过当日或数日的调查材料归类整理，其重点是突出调查的新进展、新发现，提出新思路，探索新问题。

2. 边整理与边研判

由于利用国际金融组织贷款林业项目要经过立项、评估、规划、设计、实施、竣工等阶段，其周期长、材料多，是其他国内类似项目不可比的。因此，在项目竣工验收期间，需要调查收集的文字材料和数字材料非常多。为了提高调查材料归类整理的质量，保证归类整理的文字材料和数字材料能够为研究或探讨问题得出预期的结论，就必须采取“边整理与边研判”的方法，去整理所调查的材料。这种研判主要体现在：一是对调查的材料的真实性、准确性的研判上。如果在归类整理中发现，调查采集的数据或收集到的材料信息有误或不准确，就必须对其逐一标注，或加批注，稍做点评，这是“去伪存真”一步。二是对调查的材料的系统性，全面性进行研判。如果在归类整理中发现，野外调查的数据和室内收集到的材料信息缺项或漏掉一些关键的内容，也要对其详细的注明，并进行记录备案。三是对调查的材料的统一性、标准性的研判上。假如我们在调查材料的分类整理中发现，两组或几组野外调查人员，采用的调查标准或工具设备不一致，或保留的小数位数不统一，或采用的单位不一样，对于类似问题，也要一一标注，并作点评记录在案。

边整理与边研判的目的在于，通过当日或数日的调查材料归类整理，其重点是找出调查材料的缺漏、问题、错误，探索解决的新突破，提出解决的新途径。

3. 边研判与边补充

在项目竣工验收调查材料整理中，我们提出的“边调查，边收集，边整理，边研判”的注意事项，其最终目的是“缺什么，就补什么”，实现调查收集的材料完整齐全、系统性强、准确性高、标准统一。鉴于此，每个村镇或林场的野外调查或室内收集工作结束后，项目负责人应检查原始资料是否齐全，编录是否合乎要求，工作精度和质量能否达到标准，整理研判中发现的问题是否得到解决，应加以总结交流，对资料不够齐全、依据尚不充足的地方立即采取措施，及时进行补充调查，以弥补出现的问题，不能把已发现的问题带到下一个调查点上。假如发现有重大遗留问题应及时组织力量进行复查，对遗留问题进行复查后，记录中应及时进行小结，阐明问题解决的程度和引起的原因，并应将复查结果加注到原路线记录中的相应位置。如果时间较紧或工作条件困难的地区，当日材料整理工作无法进行时，也可改为2~3天集中进行一次。

第二十章　竣工报告编写的一般格式与内容

项目竣工验收不仅仅只是项目周期中的一个环节，更重要的是落实项目借贷双方的共同规定，为今后其他项目的实施提供经验和教训。

不同的国际金融组织，对其在项目竣工验收所扮演的角色，是不完全一致的。世界银行规定了项目竣工验收相关利益方的职责：一是借款方的职责。准备并向世界银行提交自己的竣工报告，向世界银行提供项目实施的经济、财务、社会、机构和环境方面的数据资料。该报告必须满足项目在经济、财务、社会、机构和环境方面取得的成果；评价项目的目标、设计、实施和运营经验；根据项目目标，评价项目的成效；评价借款方自己在项目准备和实施期间的表现，特别注意对将来有借鉴意义的经验教训的总结；评价世界银行在项目准备和实施过程中的表现，特别强调取得的经验教训；描述项目未来活动的安排。帮助世界银行准备竣工报告；对世界银行人员准备的竣工报告草稿提出意见和建议。如果是强化学习型竣工报告，还要与世界银行一起组织受益者研讨会，讨论经验教训，以及项目后续经营管理。二是世界银行的职责。保障竣工报告过程的总体质量以及完整性和透明度；保障竣工报告融合在世界银行的成果库里；了解借款方、项目实施单位、共同筹资者、利益分享者及其他合伙方对项目实施过程和结果的反馈意见，并反映在竣工报告中；保障项目的经验教训反映在国家援助战略中及应用于新贷款项目的设计里；通过竣工报告，鼓励和帮助借款方提高独立评价(包括效益评价)的能力；如是强化项目挑选的项目要合适；借款人共同组织对受益人的调查；借款方共同组织利益共享者研讨会。三是共同融资方及其他合伙方。其主要职责是回答世界银行关于对竣工报告初稿提供意见的要求；参加利益相关者研讨会。

鉴于上述要求，项目竣工报告要分别满足国内和国际金融组织两方面的需要，也就是要有两个报告，分别由不同的人员从不同的角度编写。现以世界银行贷款和欧洲投资银行贷款项目为案例，给出国内竣工报告的一般编写格式，其框架结构主要包括：摘要、项目概况、项目的执行情况、项目实施成效、项目实施取得经验和问题、项目后续运营管理、对合作方表现的评价、附件附图附表，共 8 个方面。下面只对第 2～6 项进行讨论，供同行在进行相关项目竣工报告的编写时体会或感悟。

第一节　项目概况

本节只是描述性内容，包括事实性陈述、参照其他文件，如世界银行的国别援助战略、相关分析和咨询活动报告、项目评估文件或发展目标(PAD/PD)，以及法律文本，描述项目的设计活动、准备过程，或者在实际过程中进行的类似目标、内容以及题目的调整等。

一、项目背景

项目背景部分是竣工验收报告的开篇部分，主要是陈述项目立项时的政策氛围、发展需求、市场走势等情况。如何写，以及怎样写，才能使读者感兴趣，是我们需要做的功课。因此，建议从以下方面入手：

1. 主要参照依据

项目竣工验收报告“项目背景”部分的编写依据主要有项目贷款协议(借贷双方签订的)、项目评估文件(贷款方编制的)、项目可行性研究报告(借贷方编制的)等。例如，世界银行贷款“山东生态造林项目”评估文件(PAD)第一部分的“战略背景和理论基础”的第1~2页的内容，欧洲投资银行贷款“山东沿海防护林工程项目”可行性研究报告(山东林业监测规划院编制的)中第二部分的“项目背景及建设的必要性”的第8~14页的内容，作为“项目背景”部分的主要参考依据。

2. 理清编写思路

在着手编写“项目背景”部分时，首先要理清编写的思路，应有个腹稿，哪些需要写，哪些不需要写，哪些着笔重些，哪些可以一带而过。下面给出“项目背景”部分的编写思路框图(图20-1)，供参考。

3. 主要描述的事实

确定了编写依据，理顺了编写思路，项目背景部分事实内容的描述可按照时间的顺序来写。例如，世界银行贷款“山东生态造林项目”的“项目背景”部分是这样描述的：首先从山东森林资源的短缺，生态环境的脆弱，经济社会的发展需求入手；然后再从山东先后实施的世界银行林业贷款项目取得的成效，进一步说明利用世界银行贷款的必要性；其次是综述了山东省委省政府提出林业整体规划的目标以及需要实现这一目标的艰巨性；再次阐述了山东申请实施世界银行贷款项目的理由以及何时被正式列入国家利用世界银行贷款3年滚动计划。最后描述了世界银行考察项目区及确定项目实施要解决的问题，在这里还特别强调了项目名称的前后变化，以及将“山东林业资源可持续发展项目”更名为“山东生态造林(SEAP)”的理由。

二、项目准备

项目准备过程的描述，是纪实性的，更通俗地讲，就是记述项目准备过程中的大

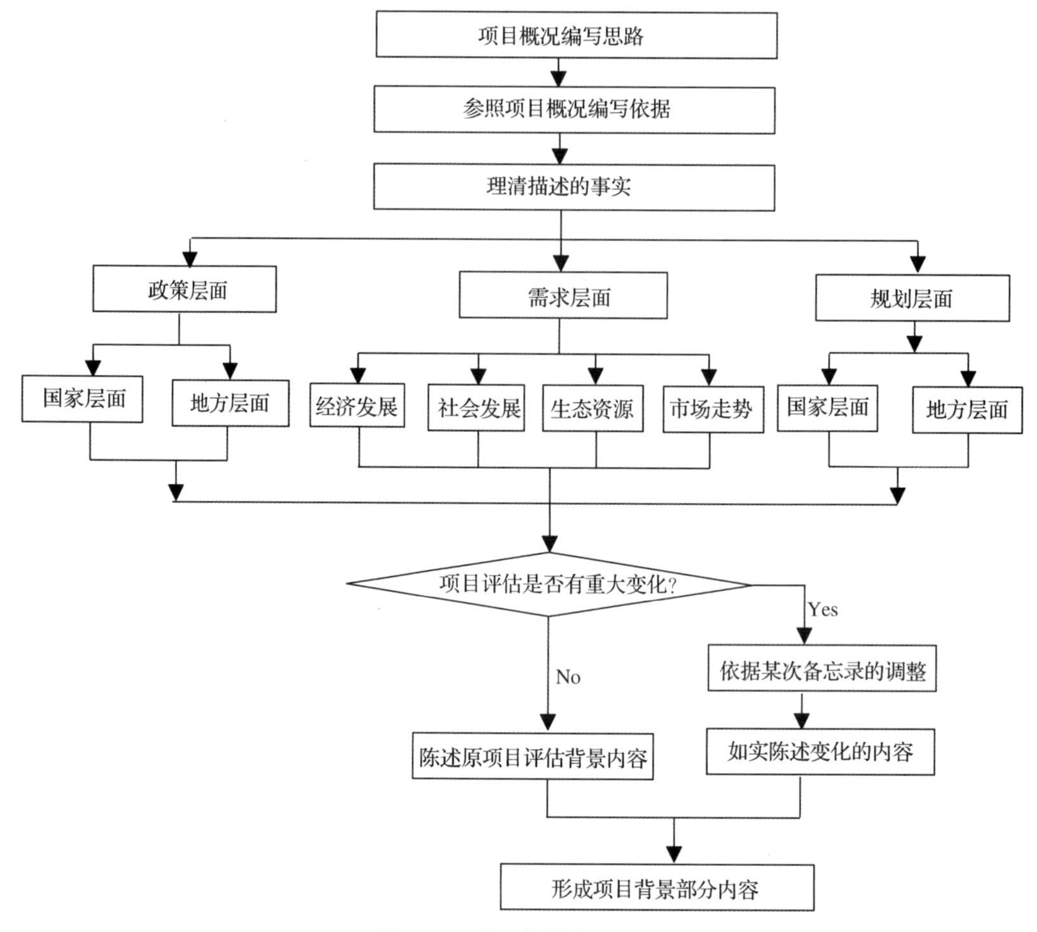

图 20-1　项目背景编写思路

事记。因此，该部分的编写，首先要在查阅与项目准备过程中有关资料的基础上，梳理编写思路，然后按时间顺序记述项目准备过程中的历史事件。

1. 主要查阅参考资料

项目竣工报告“项目准备”部分编写查阅的资料主要有林业部门提报给省级财政部门、发改部门的项目建议书，省级林业部门、财政部门、发改部门分别向国家财政部门、发改部门、林业部门提报的项目建议书或项目预可研报告，列入国家国际金融组织贷款项目三年滚动计划文件、国内项目准备的文件和会议资料以及国际金融组织历次项目认定、预评估、评估等考察备忘录等材料。

2. 梳理编写思路

在查阅和参考了相关资料后，就必须按照时间序列，梳理项目准备过程的头绪，分别对国内项目准备和国外项目准备进行详细描述(图 20-2)。国外即国际金融组织层面，分别描述项目认定、项目评估(包括项目预评估)、项目谈判及双方达成协议、银行执行董事会批准贷款，以及项目贷款协议生效等阶段的时间节点；国内层面，分别描述申请列入国家备选规划项目、列入国家三年滚动计划项目、项目可行性研究报告、项目环境评价报告、项目社会影响报告、项目评审论证、项目资金申请报告、财政部和借贷方地方政府分别与国际金融组织签订项目贷款协议(或协定)等阶段的时间节点。

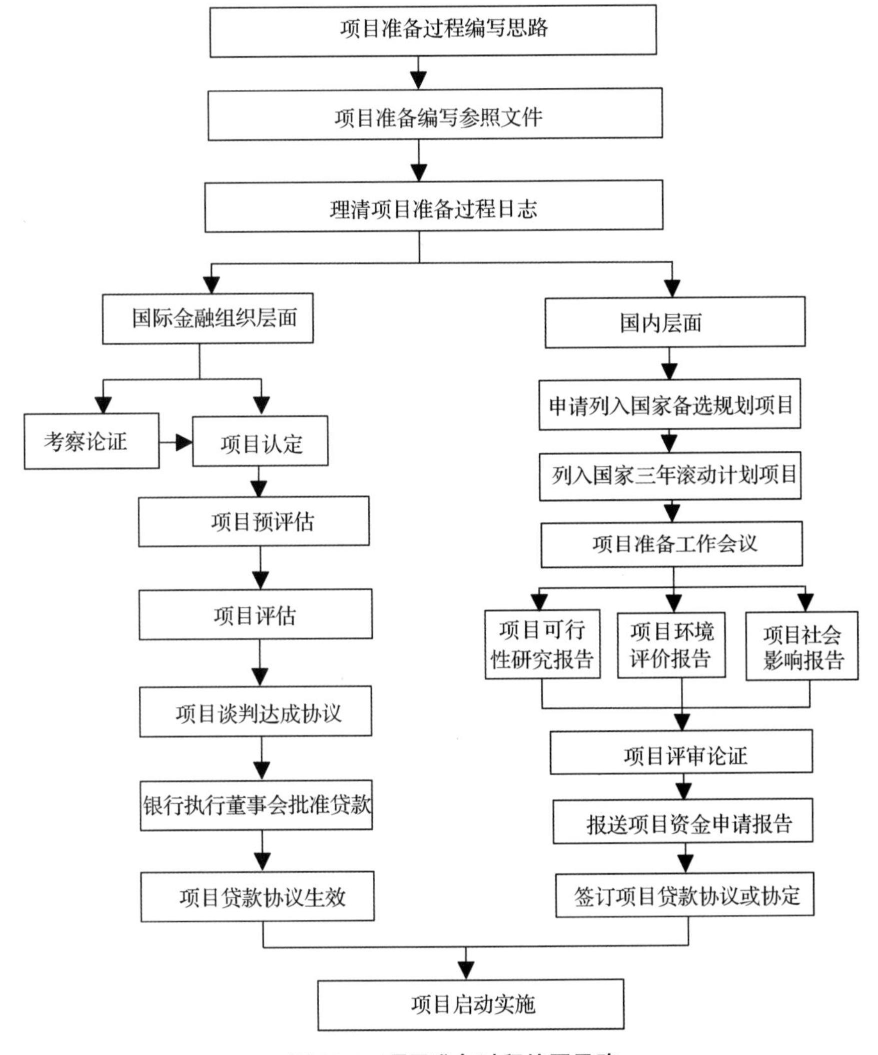

图 20-2 项目准备过程编写思路

三、项目目标和建设内容

项目的建设目标和建设内容，是在项目认定、评估、可研阶段被确定下来的，一旦被双方确定并写在项目评估文件中，就必须严格遵守不得随意更改。但是世界银行林业贷款造林项目，有一个特例，项目建设内容可以在项目实施中期，有一次中期调整的机会。因此，该部分也是以记述的方式，把项目的建设目标和建设内容，按照调整前和调整后分别进行描述。

1. 收集编写依据

项目竣工报告“项目准备”部分编写的依据文件材料主要有项目贷款协议(或协

定)、国际金融组织的项目评估文件、国际金融组织的项目实施方案、国内借款方编制的项目可行性研究报告、借贷双方确认的项目中期调整文件等。例如，世界银行贷款“山东生态造林项目”评估文件(PAD)第二部分的“项目概要—B. 项目发展目标和关键指标、C. 项目内容”的第3页的内容；再如欧洲投资银行贷款“山东沿海防护林工程项目”可行性研究报告中第四部分的“项目建设目标”的第21~22页的内容，作为“项目建设目标和建设内容”部分的主要参考依据。

2. 梳理编写思路

根据“项目建设目标和建设内容”部分的主要参考依据，参照世界银行贷款“山东生态造林项目”竣工报告中相关内容，经整理，确定了该部分的编写思路，如图20-3。

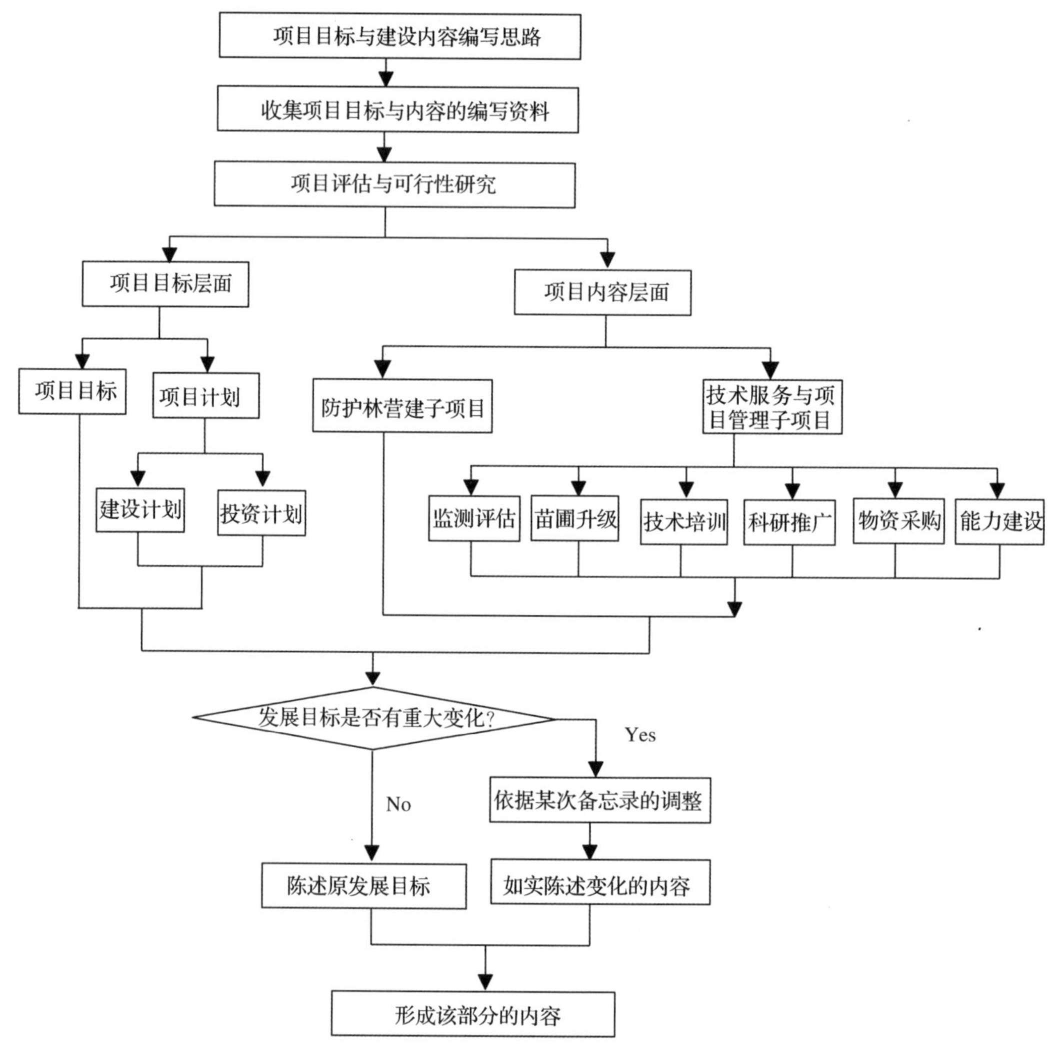

图20-3　项目建设目标与建设内容编写思路

3. 主要描述的事实

“项目建设目标和建设内容”部分，要按照项目原定的项目发展目标进行记述。如果项目发展目标、建设内容、关键指标有修订的，还要说明修订的原因；假如跟设计时有所不同，在此必须加以解释；如果子项目进行了修订，应标明子项目活动的调整或资金的哪个部分调整或子项目之间有所调整，同时，还要标明是哪次备忘录确定的；其他重大改变，如中期调整项目内容、资金、任务的变化，均要详细叙述说明。

四、项目布局和受益群体

项目布局和受益群体，虽然在项目认定、评估、可研阶段有一个大致的确定，但随着项目的启动实施，受各种不可抗拒因素的影响，造林小班的调整、受益群体的变化都是不可避免的。因此，该部分要对此类情况采用对比的方式进行详细描述。

1. 主要编写依据

项目竣工验收报告“项目布局和受益群体”部分需要查阅的资料和编写的依据主要有项目评估文件、项目可行性研究报告、项目参与式磋商报告、项目县调整报告、考察备忘录等。例如，世界银行贷款“山东生态造林项目”评估文件(PAD)第二部分的“项目概要—C. 项目内容、D. 从项目设计中学习和体现的经验、E. 可供选择的考虑因素和拒接理由”的第3~4页的内容，PAD第四部分的“项目评估—B. 技术方面”的第9~10页的内容，PAD第四部分的“项目评估—D. 社会因素”的第11页的内容，作为“项目布局和受益群体”部分的主要参考依据。

2. 梳理编写思路

根据该部分的主要编制依据，参照世界银行贷款“山东生态造林项目”的相关内容，经梳理，确定的编写思路如图20-4。

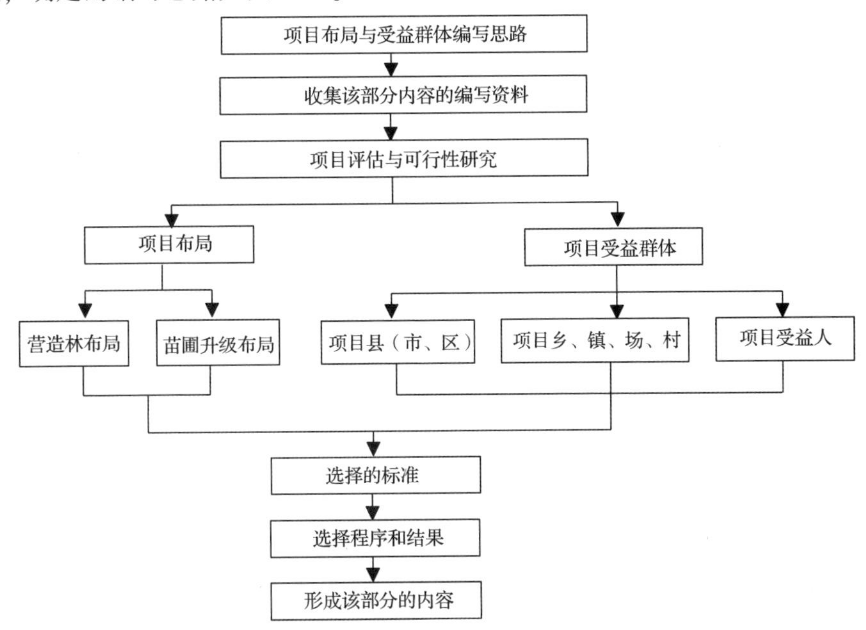

图20-4 项目布局与受益群体编写思路

3. 主要描述的事实

该部分的编写内容，要按照PAD中规定的项目布局与受益群体进行记述。例如，PAD中描述为什么从退化山地植被恢复区、滨海盐碱地改良区、黄河故道风沙源治理区保留了两个区(世界银行拒绝黄河故道风沙源治理区的考虑因素)的原因，这些均应进行描述；项目县(市、区)的调整也要注明，并且还要说明依据的哪一次考察备忘录。项目中期调整涉及的项目受益群体的变化，也要详细叙述说明。

第二节　项目执行情况

本节通过总结项目建设期间的执行情况，来展示项目建设期间的目标、计划、任务等方面的贯彻落实程度。项目的执行情况，主要包括项目投资与资金使用、项目造林与营林活动进展、项目种质材料开发与苗圃升级改造、项目科研与推广进展、项目物资设备采购、项目技术培训、项目能力建设、环境保护和病虫害防治管理、项目监测与评估等方面的情况。针对上述方面的执行情况，可采用事实性陈述的方法进行解析。

一、项目投资与使用

投资与资金的使用情况，是项目竣工验收最为重要的考核性指标之一。因此，该部分内容主要阐述项目的计划总投资、各类别计划投资，以及实际完成到位项目总投资、各类别计划投资完成情况等。

1. 查阅参考资料

“项目投资与使用”部分需要查阅参考的资料及编写的依据主要有项目贷款协定、项目转贷协议、项目可行性研究报告、项目管理办法、项目财务管理办法、项目报账提款办法、项目财务决算报表、项目审计报告等。例如，欧洲投资银行贷款“山东沿海防护林工程项目”可行性研究报告第六部分的“项目组织管理—6.2财务和资金管理”的第82~86页的内容以及第十一部分的“项目投资估算与资金来源”的第109页和第116页的内容，均可作为“项目投资与使用”部分的主要参考依据。

2. 编写思路

根据该部分的主要编制依据，参照世界银行贷款“山东生态造林项目”和欧洲投资银行贷款“山东沿海防护林工程项目”的相关内容，经梳理，确定从项目投资及投向、贷款资金及投向、配套资金及投向，以及中期资金调整等4个层面编写该部分的内容，其编写思路如图20-5。

3. 编写方法

“项目投资与使用”部分可采用图(表)文并茂的编写方法，尽量完美地展示项目执行的程度。假如项目实际投资远高于计划投资(世界银行贷款“山东生态造林项目”正是于此)，就要分析其原因，尽可能地利用各年度汇率变化、物价上涨、劳动力成本上

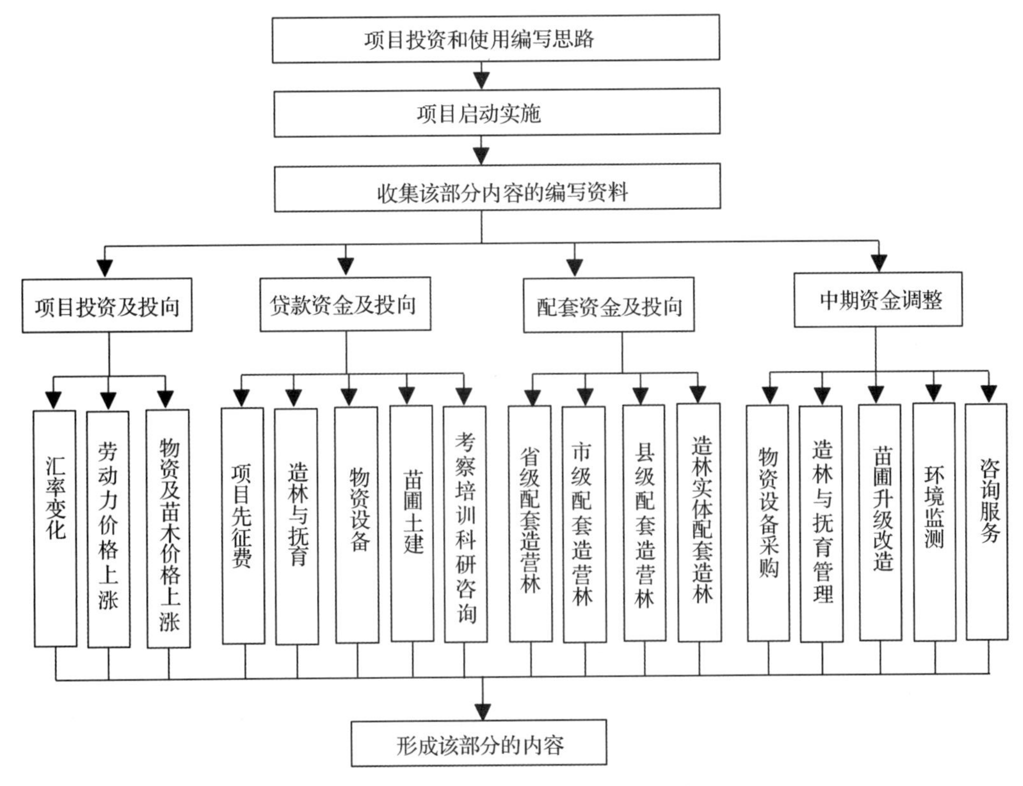

图 20-5　项目投资及使用编写思路

涨、土地租赁成本等因素绘制饼状图、折线图或柱状图的表现形式，阐述这些变化对项目中期调整、项目投资、项目资金筹措、项目资金到位、使用情况等方面的影响。这样能让读者一目了然。因此，理顺编写思路与写作技巧同等重要。

二、造林与营林

造林与营林计划任务是项目建设中最为重要的标志性指标，是项目执行过程中借贷双方共同关注的问题。项目的造林和抚育执行情况，决定项目幼林建设质量，因此一定要认真而全面地总结。

1. 查阅参考资料

"项目造林和营林"部分需要查阅参考的资料及编写的依据主要有项目评估文件、项目可行性研究报告、项目管理办法、项目造林检查验收办法、项目年度实施计划、项目进展报告、国际金融组织考察备忘录、项目造林总体设计、项目造林施工作业设计、项目造林小班数据库等，均可作为该部分的主要参考依据。

2. 编写思路和方法

根据该部分的主要编制依据和参考资料，参照欧洲投资银行贷款"山东沿海防护林工程项目"的相关内容，经梳理，确定的编写思路如图 20-6。

该部分要按照项目新造林、幼林抚育管理、项目幼林质量 3 个层次进行分别论述。项目新造林要分年度、分造林模型统计分析计划造林面积和完成情况，造林成活率与进度的吻合度，造林进度与规划设计的吻合度等；幼林抚育要统计分析当年抚育、第一年抚育以及第二年抚育的进度与完成情况；项目幼林质量要从造林小班面积合格率、林分生长达标率、造林小班混交合格率、植物多样性指标合格率以及造林小班保存率等方面进行分析。

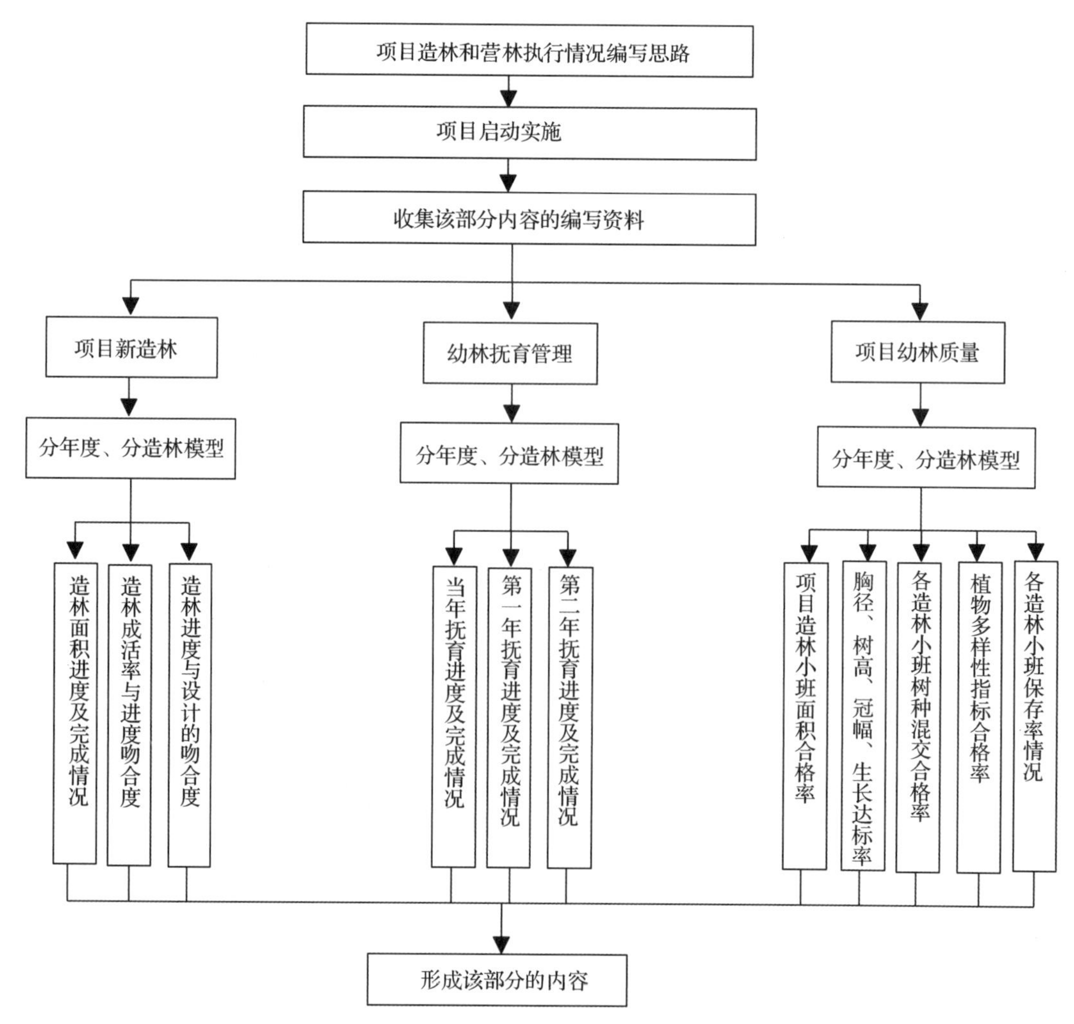

图 20-6　项目造林及营林编写思路

三、种质材料开发与苗圃升级改造

“种质材料开发与苗圃升级改造”部分，其一般归为技术服务与项目管理子项目中，在国际金融组织贷款造林项目中起到支撑和保障作用。在竣工验收报告中，一般把该项内容进行单独总结。

1. 主要查阅参考资料

“种质材料开发与苗圃升级改造”部分，需要参考查阅的资料及编写的依据主要有项目评估文件、项目可行性研究报告、项目种质材料开发与苗圃升级改造计划、项目种质材料开发与苗圃升级改造进展报告、苗圃升级改造物资设备采购计划等。例如，欧洲投资银行贷款“山东沿海防护林工程项目”可行性研究报告第五部分的“项目建设方案—5. 13 苗圃升级改造”的第 74~75 页的内容，可作为该部分的主要参考依据。

2. 编写思路

根据“种质材料开发与苗圃升级改造”部分的主要编制依据和参考资料，参照世界银行贷款“山东生态造林项目”的相关内容，经整理确定该部分的编写思路如图 20-7。

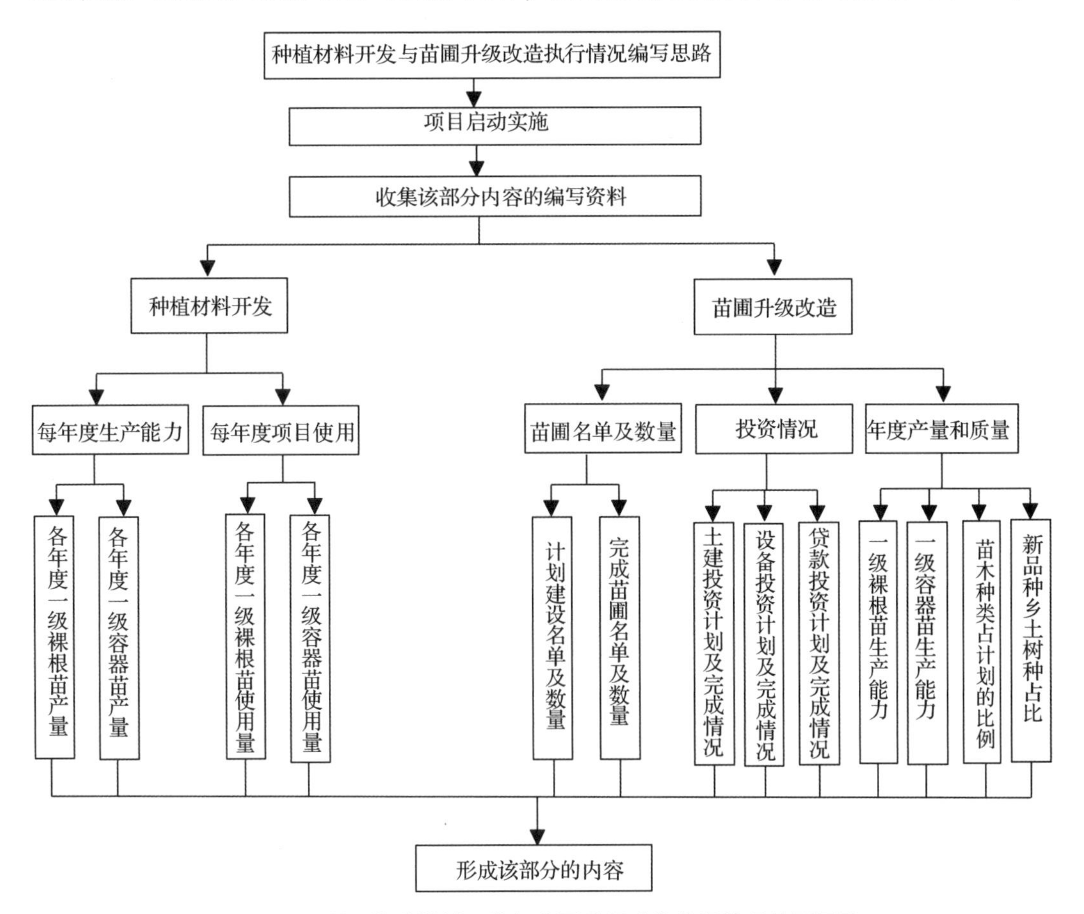

图 20-7 项目种质材料开发与苗圃升级改造执行情况编写思路

3. 编写方法

该部分从种质材料开发利用和苗圃升级改造两个层面进行阐述。种质材料开发利用要分别分析论述分年度项目生产容器苗、裸根苗、组培苗的数量和质量；苗圃升级改造要从苗圃名单及数量、投资情况、年度产量和质量 3 个方面分别分析计划、进度及完成情况，可采用图文并茂的方式进行描述。

四、科研与推广

项目的科研与推广，是利用国际金融组织贷款造林项目建设内容的重要组成部分，是项目不可或缺的技术支撑和保障，在项目建设中占有重要位置，必须单独总结。

1. 主要查阅参考资料

“项目科研与推广”部分需要查阅的资料和编写的依据主要有以下方面：项目科研与推广计划、项目评估文件、项目可行性研究报告、项目科研课题实施方案、项目新技术新成果实施方案、项目科研课题总结、项目技术推广总结、项目检查备忘录等。例如，世界银行贷款“山东生态造林项目”评估文件（PAD）第二部分的“项目概要—C. 项目内容”的第3~4页的内容，可作为该部分的主要参考依据。

2. 编写思路

根据“项目科研与推广”部分的主要编制依据和参考资料，参照世界银行和欧洲投资银行贷款造林项目的相关内容，经整理确定该部分的编写思路，如图20-8。

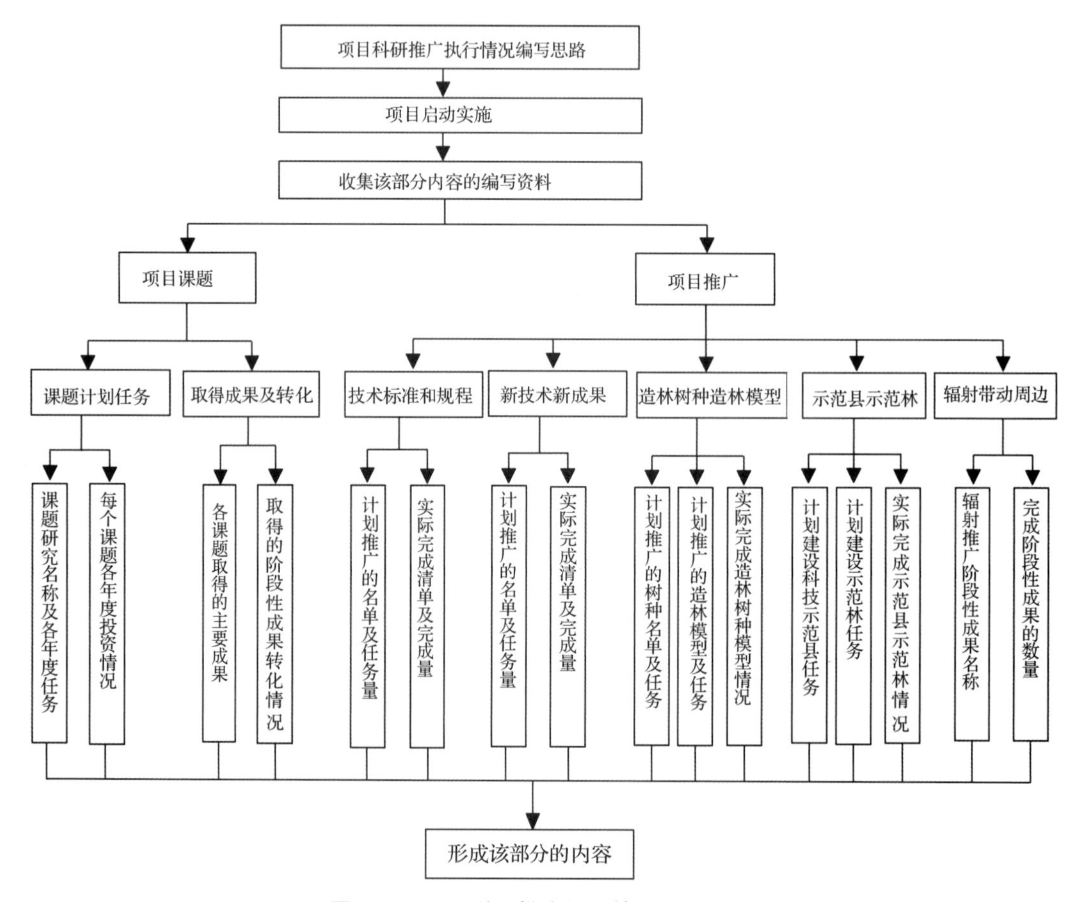

图 20-8　项目科研推广执行情况编写思路

3. 编写方法

“项目科研与推广”部分，可按照项目科研课题和项目推广两个层面进行分析。项目科研课题要对项目拟定的研究课题总计划任务、年度计划安排、年度完成情况、研究结论、取得的阶段性成果以及阶段性成果在项目中的转化情况进行分析阐述；项目推广要从相关的技术标准和技术规程、新技术新成果、造林树种及造林模型、科技示范县和科技示范林建设、辐射带动周边地区推广项目阶段性成果情况等方面进行分析和阐述。

五、培训与技术援助

技术培训与技术援助，是世界银行、亚洲开发银行等国际金融组织贷款造林项目不可缺少的项目建设内容之一，它的执行对项目至关重要，必须认真加以总结。

1. 主要查阅参考资料

“项目培训与技术援助”部分需要参照和编写的依据主要有项目技术培训计划、项目评估文件、项目可行性研究报告、项目技术培训与技术援助实施方案、年度项目技术培训进展报告、项目检查备忘录等。

2. 编写思路

根据“项目培训与技术援助”部分的编制参考资料，经整理和归纳，确定该部分的编写思路如图 20-9。

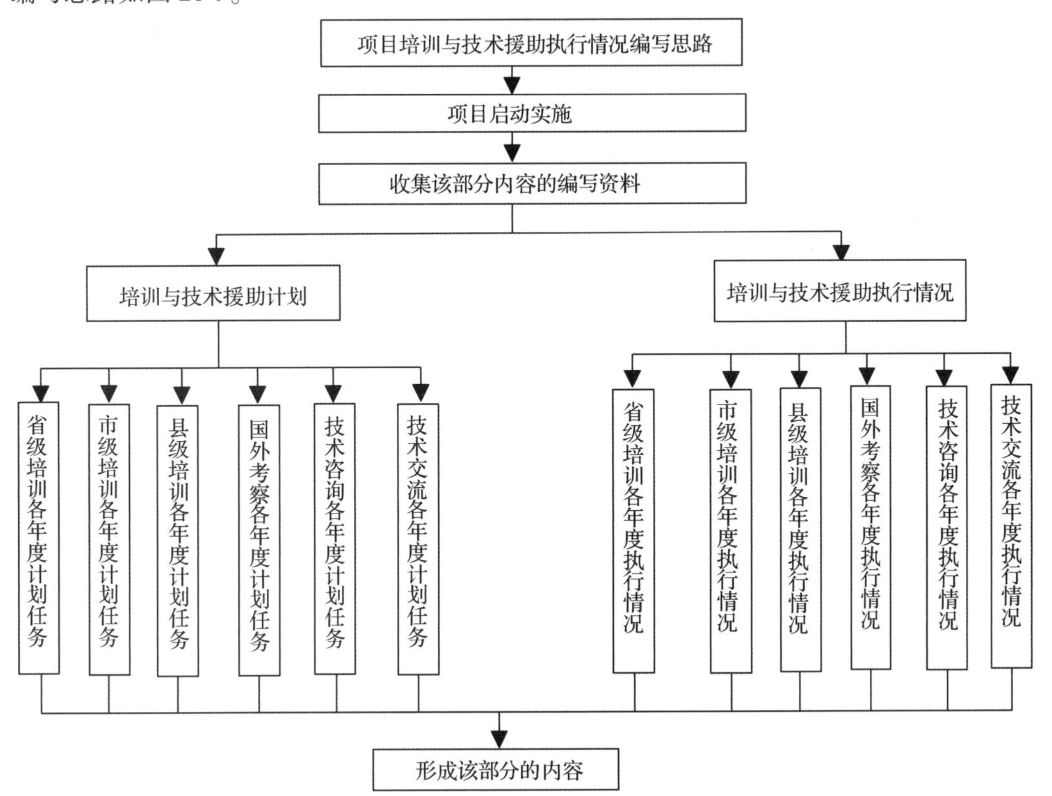

图 20-9　项目培训与技术援助执行情况编写思路

3. 编写方法

“项目培训与技术援助”部分，可按照项目培训与技术援助计划，以及培训与技术援助执行情况两个方面分别阐述省级培训、市级培训、县级培训、国外考察培训、技术咨询、技术交流的分年度计划任务安排及其各年度执行完成情况。可采用折线图、柱状图或饼状图的方式进行对比分析。

六、物资设备采购

物资设备的采购种类和数量，在国际金融组织贷款造林项目中往往占比很小。从以往山东参与实施的世界银行、欧洲投资银行、亚洲开发银行等国际金融组织贷款造林项目可以看出，物资设备采购(不包括种苗)一般占总投资的1%左右，主要以化肥、农药、办公设备、生产用车、苗圃设施等为主。虽然物资设备采购占比较少，但在利用国际金融组织贷款进行采购时，有其严格的规定和必须遵循的采购原则。因此，在项目执行部分要对其认真总结，以体现项目执行效果。

1. 主要查阅参考资料

“项目物资设备采购”部分的内容，我们需要参照和编写的依据主要有项目评估文件、项目可行性研究报告、项目物资管理办法、项目财务管理办法、项目前24个月物资采购计划、项目年度计划、项目物资采购进展报告、项目审计报告、项目检查备忘录等。例如，世界银行贷款“山东生态造林项目”评估文件(PAD)附件7“财务管理及支付安排—12”的第43页的内容；再如，欧洲投资银行贷款“山东沿海防护林工程项目”可行性研究报告第五部分的“项目建设方案—5. 12 设备采购”的第69~74页的内容，均可作为该部分的主要参考依据。

2. 编写思路和方法

根据以往实施世界银行、欧洲投资银行等国际金融组织贷款类似项目的“项目物资设备采购”内容，依据该部分编制的主要参考依据，结合项目竣工验收报告的编写要求，经整理和梳理，提出“项目物资设备采购”部分的编写思路框架结构，如图20-10。

“项目物资设备采购”部分，可按照项目物资设备采购计划、采购计划的执行、项目采购方式方法3个层次进行分别论述。物资设备采购计划主要阐述在项目准备阶段国际金融组织评估文件和项目可行性研究报告，尤其是项目前24个月的物资设备采购计划中所列的物资设备清单名称及采购数量、采购资金及来源等内容；采购计划的执行主要阐述已完成采购的清单及数量、使用资金及来源等内容；项目采购方式方法主要阐述设备采购中是否按照国际金融组织规定的采购方式进行采购，是否在限定的资金额度内，采用规定的方式采购。例如，欧洲投资银行规定单个合同低于20万欧元(不含增值税)货物采购和咨询采购，采用国际招标方式进行；单个合同低于5万欧元(不含增值税)咨询采购，采用询价方式进行采购；农药、种苗等货物采购，由于符合欧洲投资银行规定“工程较小且非常分散，或者位于偏远地区”的情况，可由造林实体直接采购等。虽然有些物资采用直接采购，但也要对其采购的质量和数量进行说明和分析。

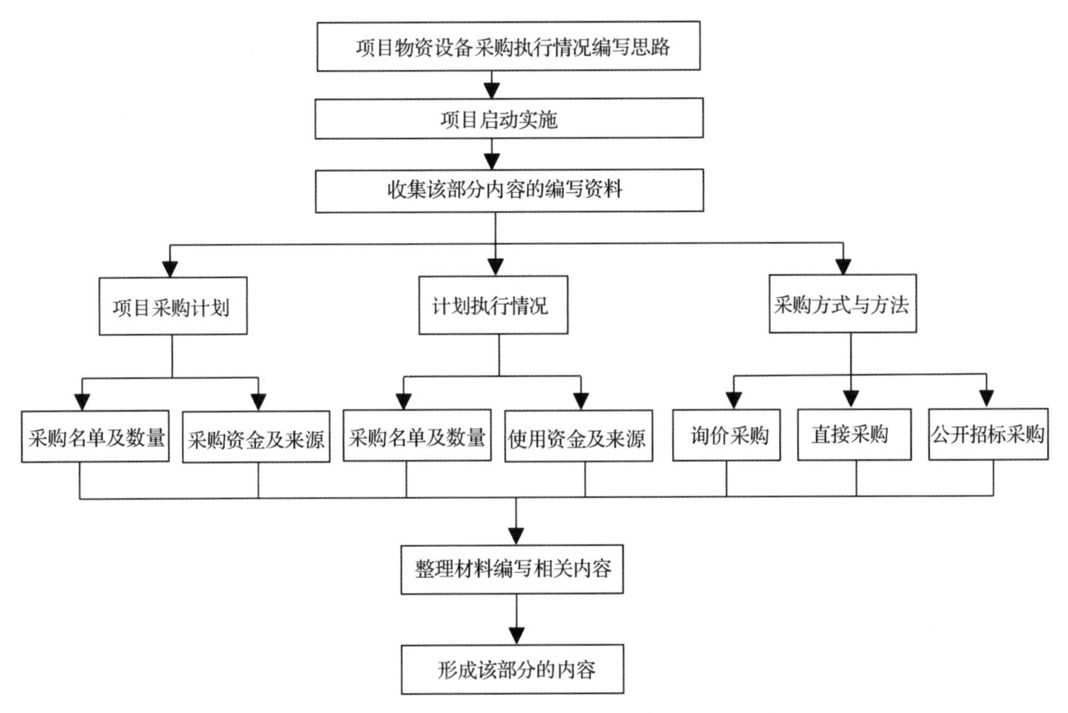

图 20-10 项目物资设备采购执行情况编写思路

七、环境保护和有害生物管理

项目的环境保护和有害生物管理，在项目政策框架中占有相当重要的位置，很多办法、规程以及管理计划中都对其有详细的要求和规定。因此，该部分的内容，要按照项目的相关规定进行较详细地阐述。

1. 主要查阅参考资料

“项目的环境保护和有害生物管理”部分的内容，需要参照材料和编写的依据主要有项目评估文件、项目可行性研究报告、项目造林总体设计、项目施工作业设计、项目造林模型、项目环境保护规程、项目环境保护实施方案、项目林分病虫害防治管理计划、项目培训计划、项目年度病虫害监测计划、项目病虫害监测进展报告、项目检查备忘录等。例如，世界银行贷款“山东生态造林项目”评估文件(PAD)第四部分“评估概要—E. 环境”的第 12~14 页的内容；再如，欧洲投资银行贷款“山东沿海防护林工程项目”可行性研究报告第五部分的“项目建设方案—5. 14 项目监测体系”的第 76 页的内容，均可作为该部分的主要参考依据。

2. 编写思路

根据该部分编制主要依据和参考资料，结合世界银行和欧洲投资银行贷款项目竣工验收报告的编写要求，经整理分析，提出“项目的环境保护和有害生物管理”部分的编写思路框架结构，如图 20-11。

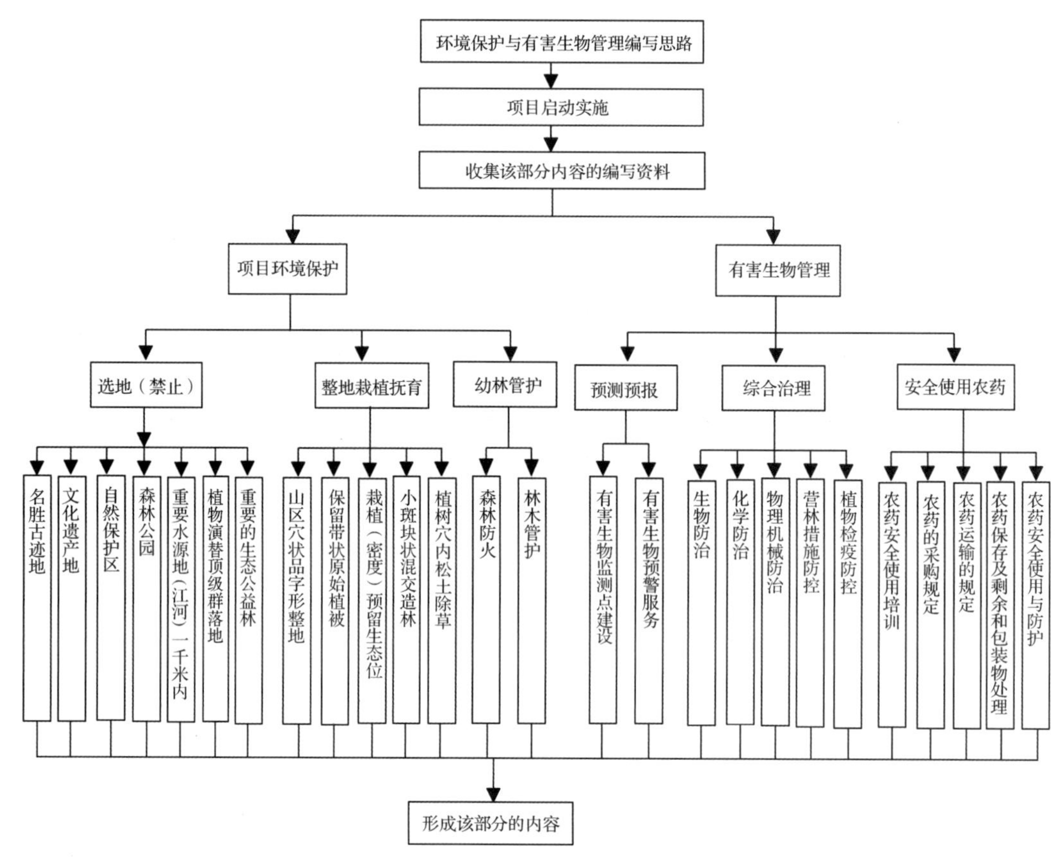

图 20-11　项目环境保护与有害生物管理执行情况编写思路

3. 编写方法

这部分内容比较多，包括项目环境保护与有害生物管理两个方面，要分别进行阐述。项目环境保护方面，主要分析造林地的选择要注意的事项，不能选择名胜古迹、文化遗产、自然保护区、森林公园、国家公益林、植物演替顶级群落、重要水源以及大江大河沿岸 1000m 内禁止用于项目造林；整地栽植抚育方面注意山区整地采用品字形、整地要隔一定距离保留原始植被带、造林要进行密度控制预留生态位、山区造林小班不宜过大应小于 2hm^2、进行小块混交造林形成马赛克状森林景观等规定。有害生物管理要分别阐述有害生物的预测预报、综合治理、农药安全管理使用等方面的措施落实执行情况。对上述方面的措施规定，可采用图或表的方式进行对比分析。

八、项目监测与评估

在国际金融组织贷款造林项目中，一般将“项目监测与评估”的内容纳入技术服务与项目管理能力建设子项目中，被称之为项目的“耳目”，备受借贷双方的高度重视，每一期造林项目均安排足够的贷款资金用于项目的监测与评估工作的开展。

1. 主要查阅参考资料

“项目监测与评估”部分的内容，参照的资料和编写的依据主要有项目评估文件、项目可行性研究报告、项目监测与评估实施方案、项目环境保护规程、项目病虫害防治管理计划、项目监测评估进展专题报告、项目年度病虫害监测进展报告、项目检查备忘录等。例如，世界银行贷款“山东生态造林项目”评估文件(PAD)第二部分“项目概要—C. 项目内容”的第3~4页的内容，第三部分“项目实施—B. 项目实施效果的监测与评估”的第5~6页的内容；PAD附件3的“结构框架与监测—山东生态造林项目结构框架”的第19~20页的内容。再如，欧洲投资银行贷款“山东沿海防护林工程项目”可行性研究报告第五部分的“项目建设方案—5. 10 项目监测与评估”的第64页的内容，均可作为该部分的主要参考依据。

2. 编写思路

根据该部分编制参考资料，结合以往贷款造林项目竣工验收报告的编写要求，提出“项目监测与评估”部分的编写思路框架结构，如图20-12。

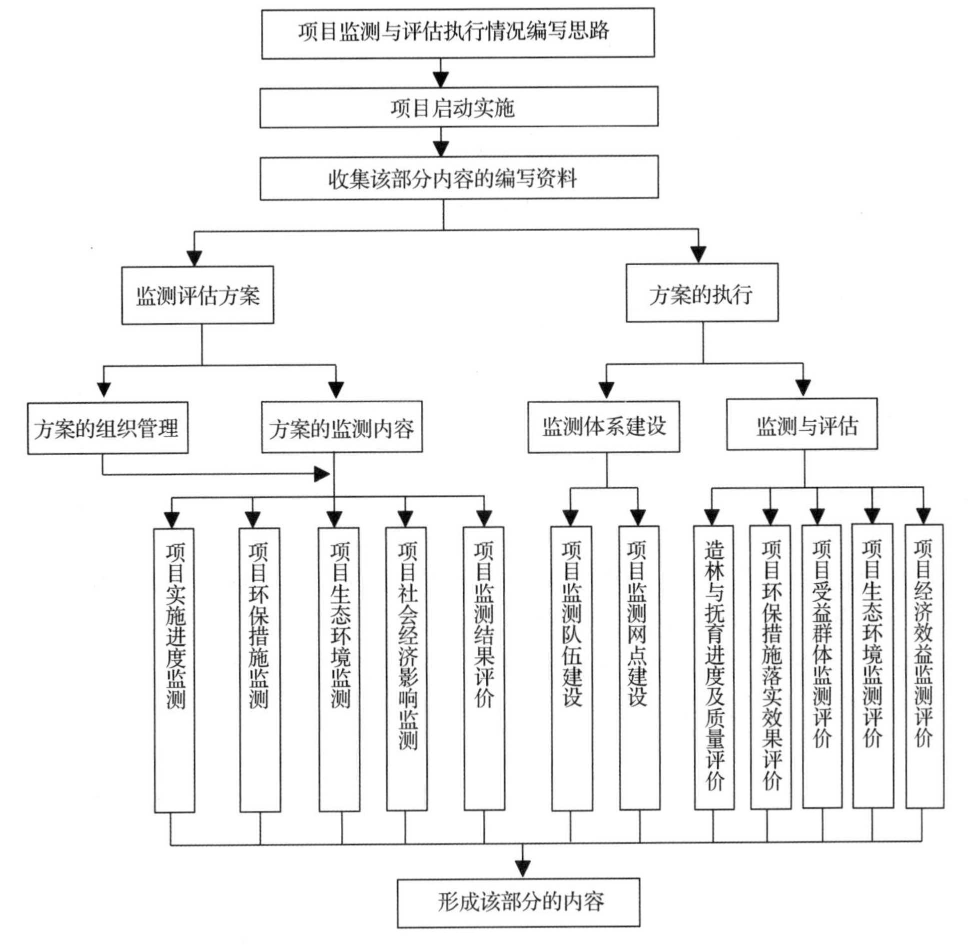

图 20-12 项目监测与评估执行情况编写思路

3. 编写方法

该部分从项目监测评估方案与方案的执行两个方面进行阐述。项目监测评估方案实质就是监测与评估计划，其规定了项目监测与评估的组织管理方式以及内容。项目监测评估方案把项目进度监测与评估作为其首要任务，其目的就是随时掌握项目的建设进度，为决策者服务；其次在环保措施监测、项目生态环境监测、项目经济社会监测方面同等重要，各有侧重，但往往在项目生态环境监测中成立课题组进行详细研究方案的制定。在项目监测评估方案的执行方面，要立足于方案计划的落实效果和完成的情况方面的阐述。针对项目监测评估方案预定的监测评价内容，其执行的情况可采用折线图或表格的方式进行比较分析，可能编写出效果和影响更佳的竣工报告。

第三节　项目实施成效

项目的实施成效，不仅是反映项目建设质量和项目建设目标能否实现的重要指示性指标，而且还是展现项目执行成败的关键性指标。鉴于此，本节将采用“理顺关系、规范思路、构建框架、运用技巧”的方法，从项目林分总体水平、项目经济效益、项目生态效益以及项目社会效益四个方面进行详细分析论述项目的实施成效，期望能达到竣工验收报告所规定的编写效果。

一、林分总体水平

利用国际金融组织造林项目，造营林是项目建设的主要任务，占总投资的 85%以上。因此，项目林分经营管理水平及其衍生出的经济、生态和社会效益，决定着项目实施的成效。但从目前查阅的资料显示，在总结该方面内容时，多数只就造林面积、生长量进行评价，往往忽视了其质量方面更深层次的评价。

1. 主要查阅参考资料

“项目林分总体水平”部分的内容，主要查阅和参考的资料有项目造林检查验收管理办法、项目可行性研究报告、项目实施中期幼林质量摸底调查报告、项目实施终期幼林质量摸底调查报告、项目历次造林检查验收报告、项目实施进展总结报告、项目造林小班数据库、项目监测与评估进展专题报告—造营林面积进展部分、项目检查备忘录等。例如，欧洲投资银行贷款“山东沿海防护林工程项目”可行性研究报告附件 2 的“造林检查验收办法”的第 1～14 页的内容，均可作为该部分的主要参考依据。

2. 编写框架结构

根据“项目林分总体水平”部分的编制查阅和参考资料，参照以往实施国际金融组织贷款造林项目竣工验收报告的经验，总结提出该部分的编写思路框架结构，如图 20-13 所示，可供在编写中参考。

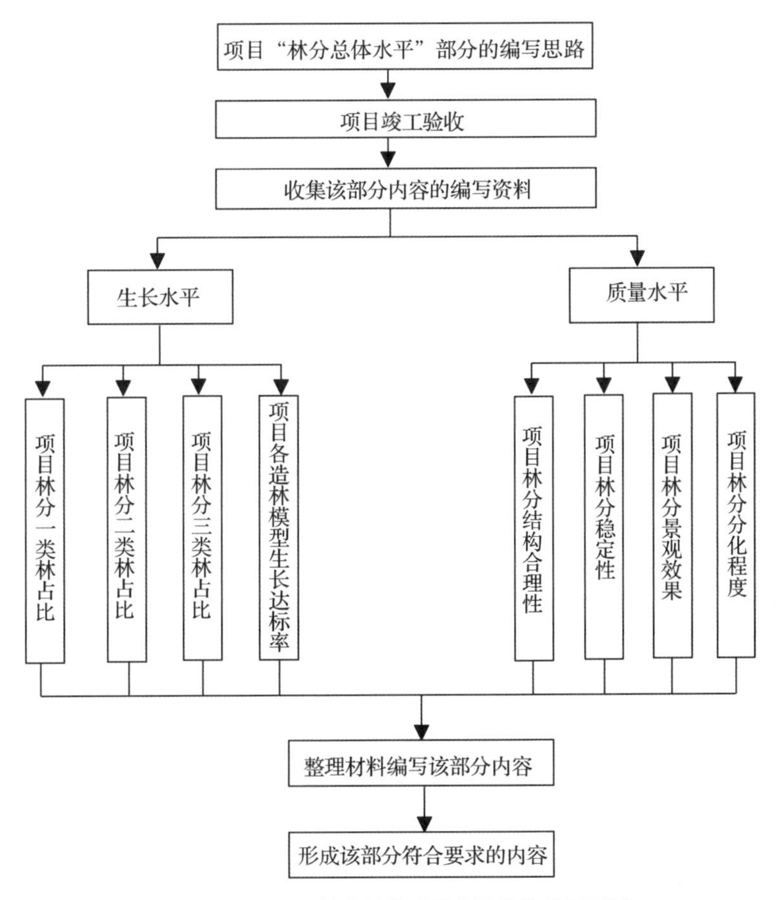

图 20-13　项目“林分总体水平”部分的编写思路

3. 编写方法

“项目林分总体水平”部分主要从项目林分生长水平和质量水平两个层面进行阐述。在“项目林分生长水平”方面，通过分别阐述项目一类林、二类林、三类林各占总体面积的比例，可以显示出项目林分的经营抚育管理水平的高低；通过阐述项目各造林模型生长达标率，不仅能够显示各造林模型是否适合相应的立地类型，而且还能显示其造林质量的优劣。在“项目林分质量水平”方面，要充分利用项目监测数据、野外调查数据，分别阐述项目林分结构的合理性、林分的稳定性、林分的景观效果、林分分化程度，以说明项目的实施成效。

二、经济效益

项目的经济效益，在不同的国际金融组织贷款林业项目中所扮演角色是不一样的。以商品林为经营目标的贷款项目，则经济效益为关注的重点；以生态修复或重建为目标的贷款项目，则经济效益为次要的，生态效益成为关注的重点。因此，在讨论该部分内容时，我们按照常规的方法进行分析与讨论。

1. 主要查阅参考资料

“项目经济效益”部分的内容，主要查阅和参考的资料有项目可行性研究报告、项目造林检查验收办法、项目实施进展总结报告、项目监测与评估进展专题报告—经济效益监测部分、项目检查备忘录、项目审计报告等。例如，欧洲投资银行贷款“山东沿海防护林工程项目”可行性研究报告第十二部分的“综合评价—12. 3 经济效益”的第 121 页的内容，均可作为该部分的主要参考依据。

2. 编写思路

根据该部分的编制依据和参考资料，结合已实施的世界银行贷款“山东生态造林项目”竣工验收报告的编写经验，总结出“项目经济效益”部分的编写思路框架结构，如图 20-14 所示，供参考。

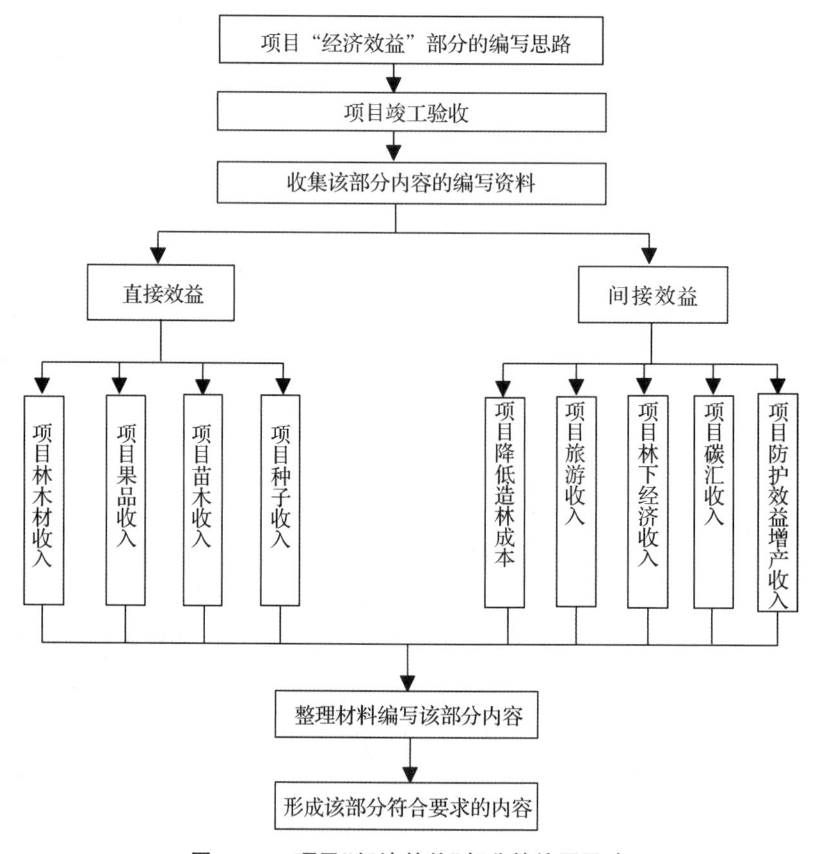

图 20-14 项目“经济效益”部分的编写思路

3. 编写方法

“项目经济效益”部分主要从项目直接效益和间接效益两个层面进行讨论。在“项目直接效益”方面，通过对项目木材产量和收入、果品产量和收入、项目苗圃升级改造后的苗木产量和产值、林分种子产量和产值等方面的阐述分析，可以说明项目直接经济效益的高低，显示项目执行的成效。在“项目间接效益”方面，通过对项目采用新技术降低造林成本、实行林下间作的收入、打造森林景观增加旅游收入、防护林降低干热风或保温作用增加农作物产量的收入，以及碳汇收入等方面的阐述与分析，充分说明项目执行的成效。

三、生态效益

在利用国际金融组织贷款生态重建或修复项目中，生态效益是项目执行成效总结的重点，是项目实施成败的最为标志性指标。鉴于此，本部分内容以世界银行贷款“山东生态造林项目”和欧洲投资银行贷款“山东沿海防护林工程项目”为案例，对其生态方面取得的成效进行归纳和分析。

1. 主要查阅参考资料

“项目生态效益”部分的内容，主要查阅和参考的资料有项目可行性研究报告、项目环境影响评价报告、项目监测与评估进展专题报告—生态效益监测部分、国际金融组织历次项目检查备忘录等。例如，欧洲投资银行贷款“山东沿海防护林工程项目”可行性研究报告第十二部分的“综合评价—12.1 生态效益”的第 121 页的内容，均可作为该部分的主要参考依据。

2. 编写思路

根据“项目生态效益”部分的编制依据和参考资料，结合山东省已实施国际金融组织贷款项目竣工验收报告的编写体会，提出该部分的编写框架结构，如图 20-15 所示，仅供参考。

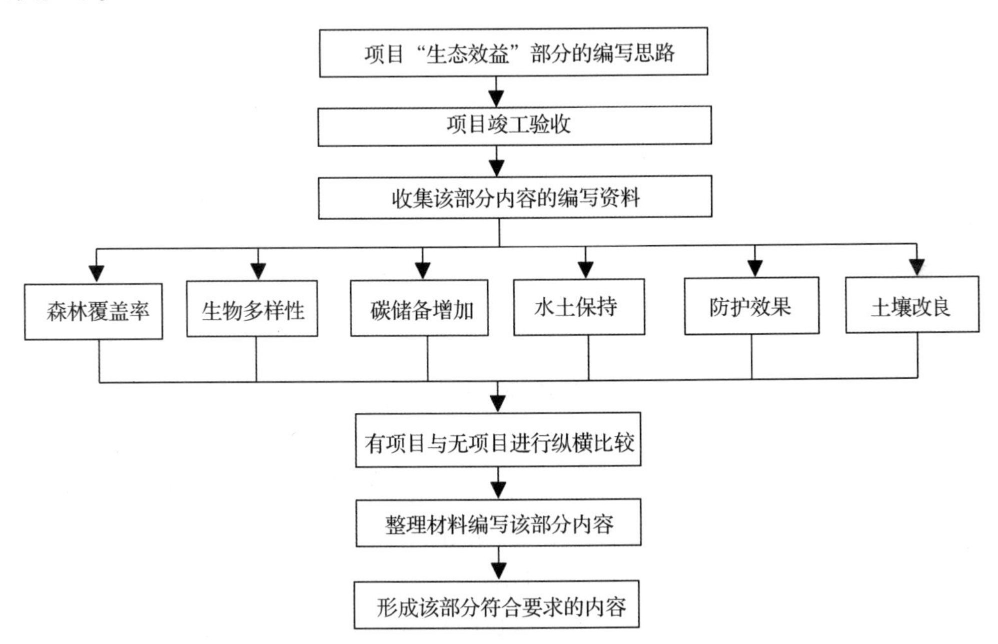

图 20-15　项目“生态效益”部分的编写思路

3. 编写方法

“项目生态效益”部分主要从项目森林覆盖率、生物多样性、碳储备增加、水土保持、防护效果、土壤改良 6 个层面进行讨论分析。“项目生态效益”部分的监测数据和调查材料丰富，可采用对比分析的方法，将有项目与无项目的标准样地获得的调查数据进行纵横对比分析，以充分展现项目执行的成效。

四、社会效益

社会影响历来是世界银行贷款项目执行成效的关注点，项目准备阶段要制定一套移民计划、少数民族政策、参与式磋商手册，所有项目社区都要进行参与式磋商，征求受益者意愿。因此，借助于世界银行贷款“山东生态造林项目”和欧洲投资银行贷款“山东沿海防护林工程项目”两个案例，分析阐述该部分的编写方法。

1. 主要查阅参考资料

“项目社会效益”部分的内容，主要查阅和参考的资料有项目可行性研究报告、项目社会影响评价报告、项目社区参与式磋商报告、项目监测与评估进展专题报告—社会效益监测部分、历次项目考察备忘录等。例如，欧洲投资银行贷款“山东沿海防护林工程项目”可行性研究报告第十二部分的“综合评价—12. 2 社会效益”的第 121 页的内容，均可作为该部分的主要参考依据。

2. 编写思路

根据“项目社会效益”部分参阅的资料，结合山东历次已实施的国际金融组织贷款项目竣工验收报告的编写经验，构思了该部分的编写框架结构，如图 20-16 所示，供同行体会和感受。

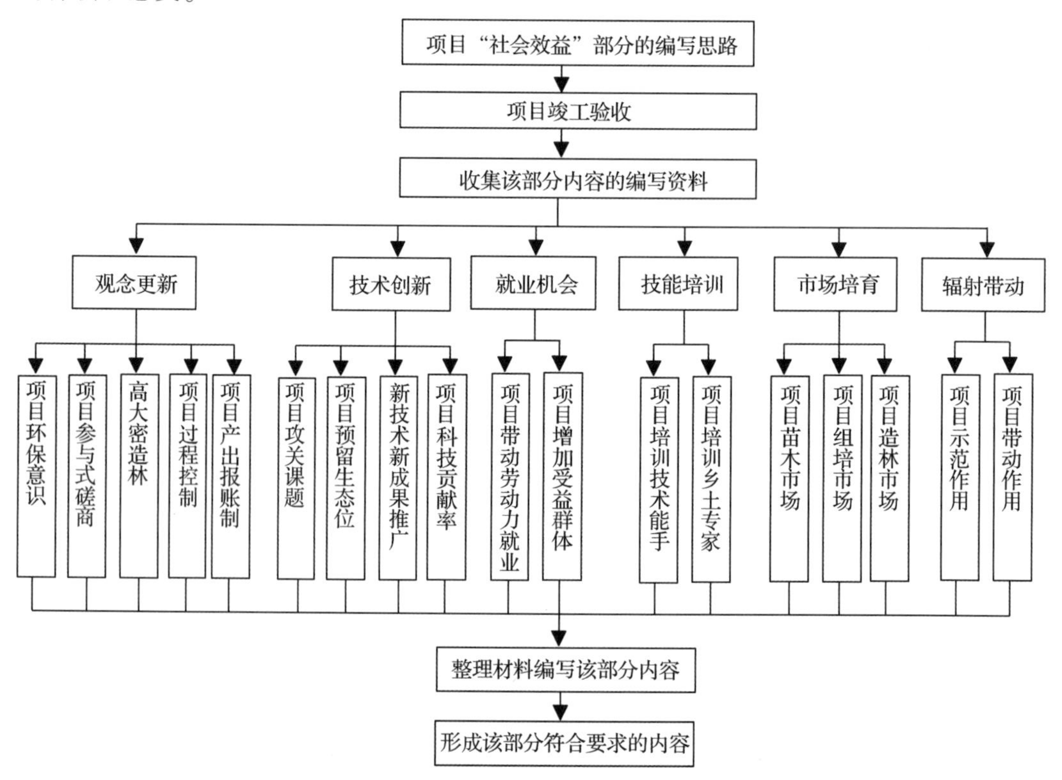

图 20-16　项目“社会效益”部分的编写思路

3. 编写方法

“项目社会效益”部分主要从项目观念更新、技术创新、就业机会、技能培训、市场培育、辐射带动6个层面进行讨论。在“项目观念更新”方面，通过对项目环保意识提高、参与式磋商形成共识、改变了“高大密”传统栽植方法、项目质量过程控制法已深入人心、项目产出报账制受到欢迎等方面的阐述，显示项目执行的成果；在“项目科技创新”方面，通过对项目课题组攻关研究、项目生态位预留、项目新技术新成果推广、项目林分科技贡献率提高等方面的阐述，进一步说明项目执行的效果。该部分，可以采用案例、图表、公式计算等方法，分析论证项目在社会效益方面取得的成效。

第四节　项目实施取得经验教训

根据借贷双方的规定和要求，竣工验收总结报告中项目实施取得的经验与教训部分的主要内容包括项目准备或实施过程中取得的主要经验、有哪些教训可以借鉴、哪些有价值的问题可以向国际金融组织贷款方和国内项目组织方、协调方或实施方提出有建设性的建议。

世界银行强调，其项目开展竣工验收的目的是为国际增加发展效率努力的组成部分，是对项目的结果和执行情况进行完整和系统的评价，总结和推广项目设计和实施期间的经验；在单个项目层次，是对世界银行和借款方的责任和透明度进行审视，并为世界银行及借款方对各自的职责的执行情况进行自我评价提供机会。对此，我们不难理解他们对项目实施取得经验及教训方面的重视。

一、主要经验

在项目竣工验收报告的编写过程中，如果没有深刻领会国际金融组织对“项目主要经验”部分的编写规定和要求，往往容易写成格式化或套路化。为此，我们查阅并参考了我国自20世纪80年代以来所有的利用国际金融组织贷款林业项目的竣工总结报告，领悟了该部分项目竣工验收报告的编写要领，也从中得到了一些启示。

1. 主要参考或查阅的资料

“项目主要经验”部分的主要参考和查阅资料有世界银行贷款“山东生态造林项目”竣工报告培训内容的第六节经验教训总结（World Bank IMPLEMENTATION COMPLETION AND RESULTS REPORT. 2015. 11，PPT）、世界银行贷款“林业持续发展项目”人工林营造部分竣工总结报告的第四部分“创新发展和经验教训—4. 1继承与发展、4. 2实施的经验”的第24页的内容，可作为该部分的主要参考资料或依据。

2. 编写思路

根据“项目主要经验”部分参考的资料，结合世界银行贷款国家造林项目、森林资源发展和保护项目以及世界银行贷款“山东生态造林项目”实施体会及其项目竣工验收总结报告的编写感受，归纳总结该部分的编写框架结构，如图20-17。

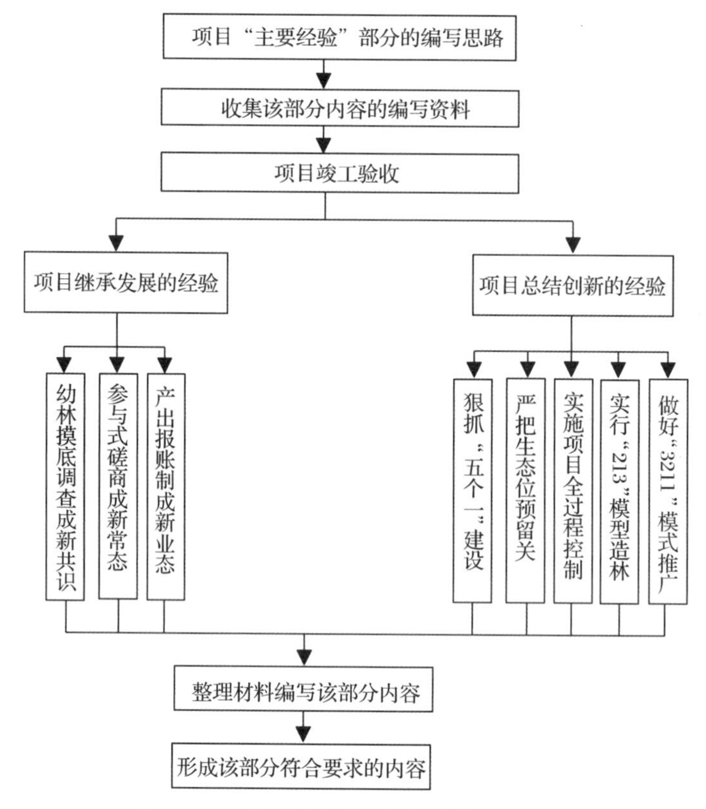

图 20-17　项目“主要经验”部分的编写思路

3. 编写方法

“项目主要经验”部分应该从项目继承发展的经验、项目总结创新的经验两个层面进行阐述。在“项目继承发展的经验”方面，可以从幼林质量摸底调查、参与式磋商、产出报账制的角度进行阐述；在“项目总结创新的经验”方面，可以分别从狠抓“五个一”(即一支科技及施工队伍、一套培训组织体系、一个监测网点、一套管理办法、一片样板林)建设、严把生态位预留关，实施项目全过程管理、严格实行“213”模型造林(即全力实施创建的适合退化山地植被恢复区的石灰岩和花岗岩山地及滨海盐碱地改良区的黄河三角洲盐碱地的13个立地条件的造林模型)、做好“3211”模式推广(即将产、学、研三方联合攻关研究已推出或陆续推出的新技术新成果进行组装，并通过一个共享信息交流平台，将其迅速转化为生产力)等层面进行阐述。

二、主要教训

为编写该部分内容，我们查阅了相关资料，在最初的项目竣工报告中，该部分内容阐述的比较详尽，但在最近的项目竣工报告中多数回避此内容，或着墨比较少。为此，我们特意参考了世界银行贷款“山东生态造林项目”竣工报告，进行了整理、归纳和总结。

1. 主要参考或查阅的资料

该部分的参考资料主要有世界银行贷款“山东生态造林项目”竣工报告的第四部分

"经验与教训—4. 3 主要教训"的第 40 页的内容，世界银行贷款"山东生态造林项目"竣工报告培训内容的第六节经验教训总结(World Bank IMPLEMENTATION COMPLETION AND RESULTS REPORT. 2015. 11，PPT)，山东省利用世界银行贷款国家造林项目报告的第 8 部分"项目结论—8. 2 主要教训"的第 31 页的内容可作为"项目主要教训"部分的主要参考资料。

2. 编写思路

根据"项目主要教训"部分的参考资料，参照世界银行贷款"山东生态造林项目"竣工验收总结报告相关内容的编写思路，概括归纳了该部分的编写框架结构，如图 20-18。

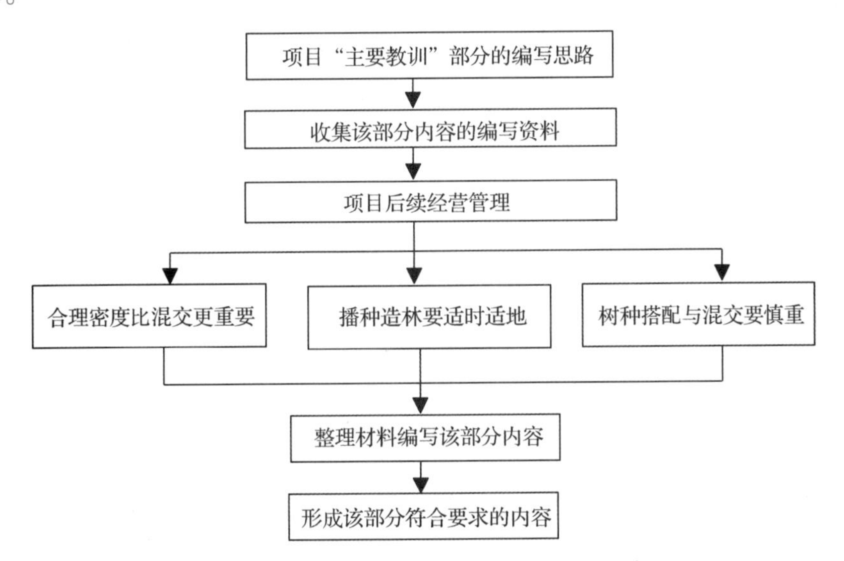

图 20-18　项目"主要教训"部分的编写思路

3. 编写方法

"项目主要教训"部分，可以借助于世界银行贷款"山东生态造林项目"案例，从 3 个方面分别进行阐述：

一是在适宜的造林密度更有利于林分的天然更新和形成混交林，如社会普通造林初值密度大于 5000 株/hm^2 的林分，林下灌木草本很少，而采用项目 S1 模型(退化山地植被恢复区的石灰岩山地的山体上部)造林密度在 1800～2000 株/hm^2，林内自然恢复 5～7 个树种，天然更新效果更佳，由此得出"合理密度比混交更重要"。

二是在退化山地造林难度大、成活率低的区域采取在深秋、土层大于 20cm 的大粒种子播种造林，如雪野的麻栎，邹城的山杏、山桃，成苗率达到 62%，更新出现了较好的效果，形成了混交复层异龄林，由此得出"播种造林要适时适地"效果佳。

三是在树种混交一定要按照树种生物学特性进行合理配置。如莒县 2011 年营造的黑松+麻栎混交林，2016 年调查发现麻栎生长快、黑松生长慢，处于被压状态，因此"树种搭配与混交要慎重"。

三、主要问题与建议

在查阅相关资料的基础上，该部分内容以世界银行贷款“山东生态造林项目”为案例，总结归纳形成“项目主要问题与建议”的内容。

1. 主要参考或查阅的资料

“项目主要问题与建议”部分的参考资料主要有世界银行贷款“山东生态造林项目”竣工报告的第四部分“经验与教训—4. 2 主要问题、4. 3 建议”的第 40 页的内容、世界银行贷款“山东生态造林项目”竣工报告培训内容的第六节经验教训总结(World Bank IMPLEMENTATION COMPLETION AND RESULTS REPORT. 2015. 11，PPT)、山东省利用世界银行贷款国家造林项目竣工报告的第 8 部分“项目结论—8. 3 建议”的第 31 页的内容、世界银行贷款林业持续发展项目人工林营造部分竣工总结报告的第四部分“创新发展和经验教训—4. 3 问题与建议”的第 25 页的内容，均可作为该部分的主要参考资料。

2. 编写思路

根据世界银行关于贷款项目竣工报告“项目主要问题与建议”部分内容的编写要求，并结合世界银行贷款“山东生态造林项目”竣工报告该部分的编写思路，概括归纳如图 20-19 所示的编写框架结构。

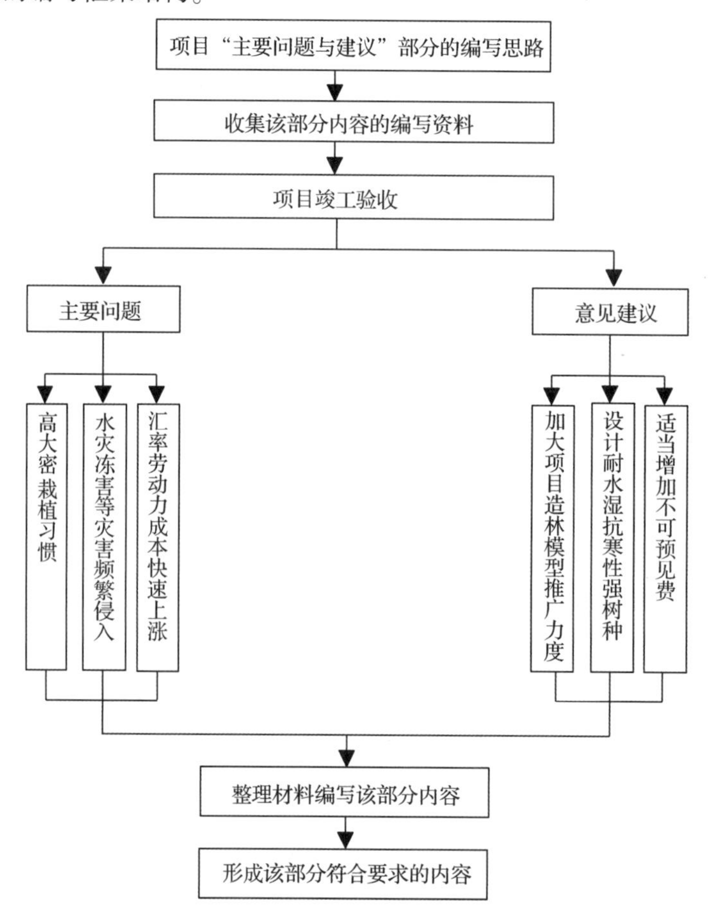

图 20-19　项目“主要问题与建议”部分的编写思路

3. 编写方法

“项目主要问题与建议”部分可以从项目主要问题、项目意见建议两个方面进行阐述。在“项目主要问题”方面，一是要从经营者采用多年生大苗、高密度传统栽植习惯的角度进行阐述既增加造林成本又降低成活率的问题；二是因受涝灾、冻害等自然灾害影响，部分造林小班项目林被毁的问题；三是从人民币汇率和劳动力成本上涨，使项目投资成本增加，影响项目实施进度的问题。在“项目意见建议”方面，要分别从加大项目造林模型推广力度、设计耐水湿抗冻害树种、适当增加不可预见费等 3 个层面分别进行阐述其建议。

第五节　项目后续运营管理

国际金融组织贷款造林项目的前期准备阶段、项目启动实施阶段，借贷双方都投入大量的人力、物力和财力，精心组织和指导项目的前期准备和项目实施工作，确保了项目按照预定的目标推进。然而，项目竣工验收后，借贷双方的关注点已转移到项目的后续运营管理方面。项目竣工后，已没有专项资金投入项目的运营，如何确保项目建设完工后，项目林分稳定持续的生长，并发挥其应有的森林生态系统的多种功能，这是项目建设者共同关注的问题。为此，在国际金融组织贷款造林项目的竣工验收报告中，有专门章节讨论该问题。

一、目标与任务

目前，山东已利用世界银行、亚洲开发银行、欧洲投资银行等国际金融组织贷款成功实施了五期造林项目，有的贷款项目是以商品林(用材林和经济林)为经营实施目标的，还有的贷款是以生态防护林为经营实施目标的。由于其项目建设目标不一样，则项目后续经营管理的目标和任务也不完全一样，前者为了获得高收入、高回报，往往要求采取高度集约经营的方式，后者则要求采取一般的经营方式。下面按照国际金融组织贷款项目竣工报告该部分通用的编写格式和编写要求进行阐述，供参考。

1. 主要参考或查阅的资料

“项目目标与任务”部分的内容，查阅或参考的主要依据和资料有项目评估文件(PAD)、世界银行贷款“山东生态造林项目”竣工报告的第六部分“项目后续经营计划—6. 1 目标与任务”的第 43 页的内容、世界银行贷款林业持续发展项目人工林营造部分竣工总结报告的第六部分“项目后续经营计划—6. 1 目标与任务”的第 28 页的内容，可作为该部分的主要参考依据。

2. 编写思路

根据该部分参阅的资料，结合已实施的世界银行和欧洲投资银行贷款项目竣工验收总结报告的编写经验和体会，提出了“项目目标与任务”部分的编写框架结构，如图 20-20 所示，供参考。

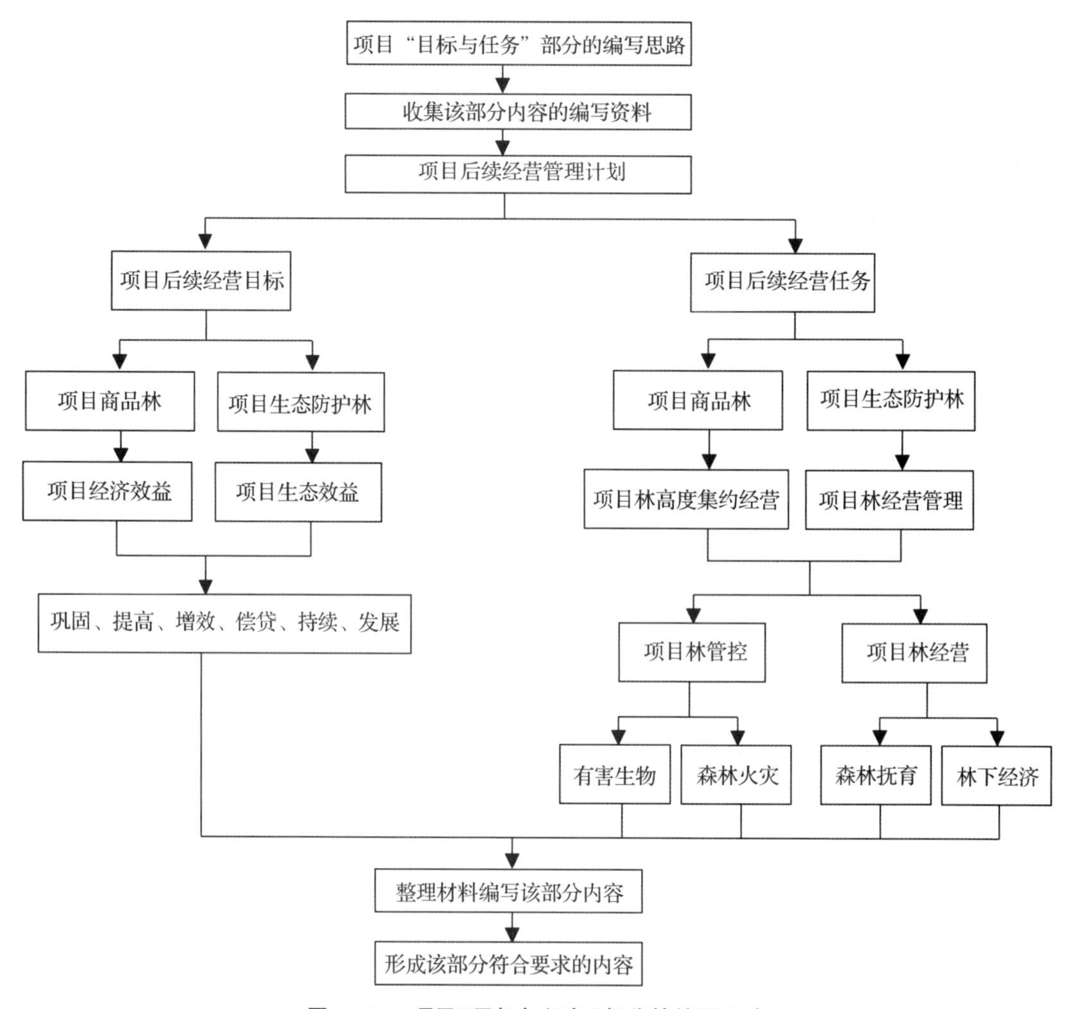

图 20-20　项目“目标与任务”部分的编写思路

3. 编写方法

“项目目标与任务”部分主要从项目后续经营目标、项目后续经营任务两个方面进行讨论。在“项目后续经营目标”方面，要根据项目的实施目标(以商品林或生态林为经营目标)，有的放矢地进行阐述，但总的原则是“巩固项目成果，提高项目质量，挖掘增效潜力，按时回收偿贷，持续高效经营，项目良性发展”；在“项目后续经营任务”方面，要按照商品林和生态防护林分别阐述其计划任务，但总的任务是有害生物、森林火灾的管控和森林抚育、林下经济的经营管理。

二、问题与难点

项目后续运营期间将会遇到的“问题与难点”，是借贷双方都急需了解和掌握的信息，其主要目的是为今后类似项目的后续运营管理提供决策服务。因此，该部分的内容也是国际金融组织贷款项目竣工报告要求编写的内容，但在有的项目竣工报告中没有特别关注此内容，有的一带而过，甚至有的把此内容省略。

1. 主要参考或查阅的资料

“项目问题与难点”部分查阅参考的依据和资料主要有项目评估文件(PAD)、世界银行贷款“山东生态造林项目”竣工报告的第六部分“项目后续经营计划—6.2 实现目标与任务面临的问题”的第 43 页的内容、山东省利用世界银行贷款国家造林项目竣工报告的第七部分“项目后续运营管理—7.2 问题与难点”的第 29 页的内容，可作为该部分的主要参考依据。

2. 编写思路

根据该部分参阅的资料，结合已成功实施的国际金融组织贷款项目竣工验收总结报告的编写经验，概括归纳了“项目问题与难点”部分的编写框架结构，如图 20-21。

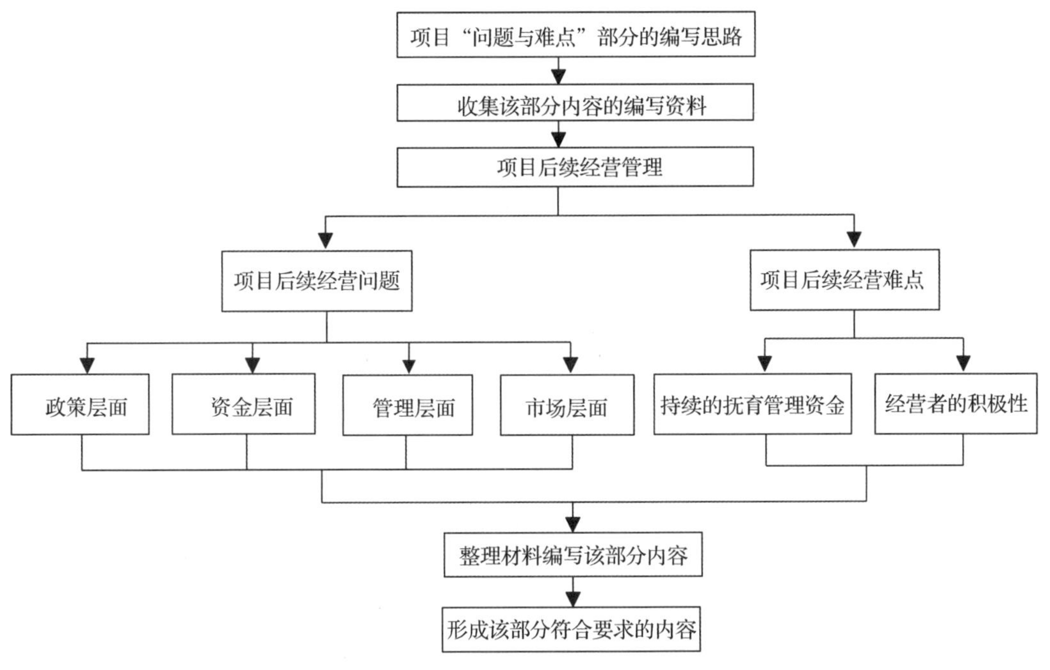

图 20-21　项目“问题与难点”部分的编写思路

3. 编写方法

“项目问题与难点”部分主要从项目后续经营问题、项目后续经营难点两个方面进行阐述。在“项目后续经营的问题”方面，要从政策层面、资金层面、管理层面、市场层面进行分别阐述；在“项目后续经营难点”方面，要协调持续的抚育管理资金和调动经营者的积极性两个层面分别进行阐述。

三、对策与措施

项目后续经营管理需要采取的对策与措施，是本节阐述内容的重点，应根据项目建设的目标和项目后续经营管理的需要，有针对性地制定适合该项目后续管理的方法、对策或措施。

1. 主要参考或查阅的资料

可作为“项目对策与措施”部分，查阅参考的资料主要有项目评估文件(PAD)、世界银行贷款林业持续发展项目人工林营造部分竣工总结报告的第六部分“项目后续经营计划—6.2 需要采取的对策措施”的第 28 页的内容、山东省利用世界银行贷款国家造林项目竣工报告的第七部分“项目后续运营管理—7.3 方法与措施”的第 29 页的内容，均可作为该部分查阅和参考的依据。

2. 编写思路

根据“项目对策与措施”部分参考的资料，按照国际金融组织贷款项目竣工验收总结报告的编写要求，概括归纳了该部分的编写框架结构，如图 20-22。

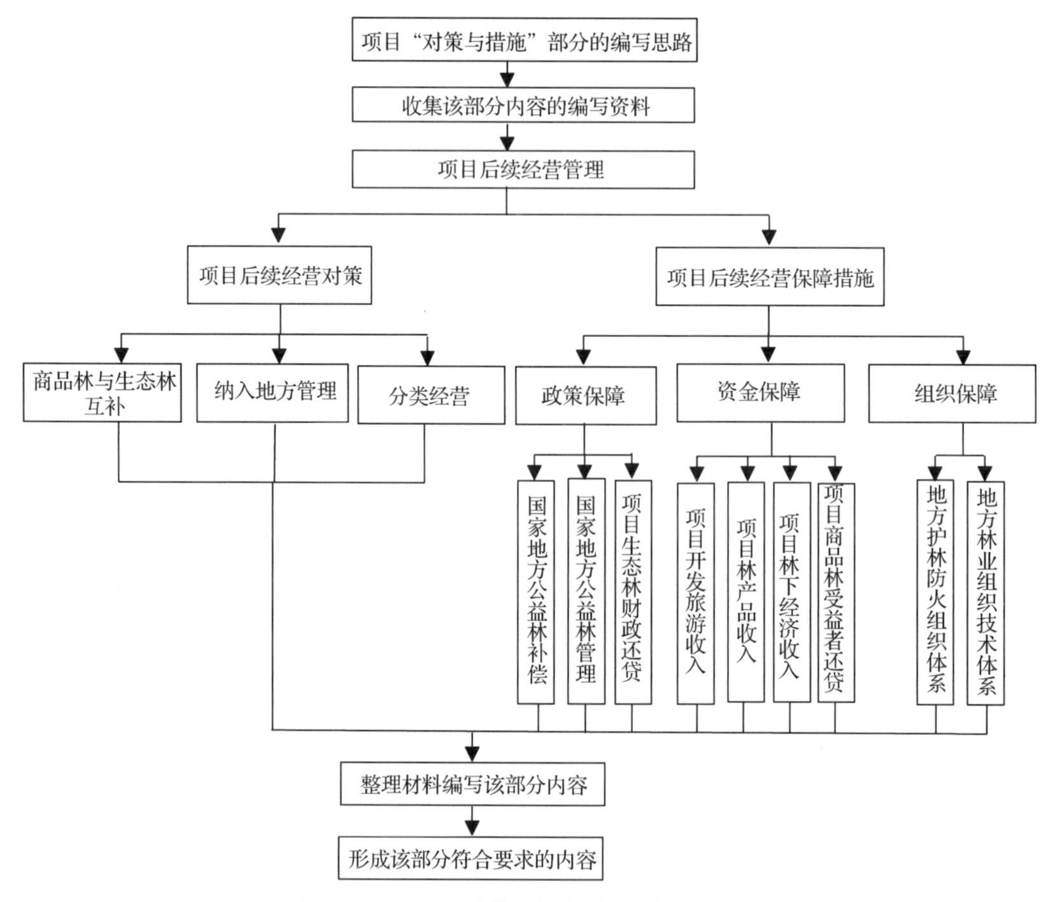

图 20-22　项目“对策与措施”部分的编写思路

3. 编写方法

“项目对策与措施”部分应该从项目后续经营对策、项目后续经营保障措施两个方面进行阐述。在“项目后续经营对策”方面，一是要从经营者在承包生态林的同时又承包商品林以求相互补偿调动其经营积极性的角度进行阐述；二是从竣工验收后的项目林纳入地方政府统一管理的角度阐述；三是从分类经营角度，阐述幼林摸底调查的三种类型的林分转化对策，即“保一、转二、抢三”的应对策略。在“项目后续经营保障措施”方面，要分别从政策保障、资金保障、组织保障 3 个层面分别进行阐述。

第二十一章　项目案例分析

前文我们介绍了项目竣工验收报告(主体部分)编写的一般格式，其实，一个完整的项目竣工验收报告是由主体(主件)部分和附件部分共同组成。竣工报告附件部分的内容涉及多方面，主要包括：①项目投资和财务经济分析报告；②幼林质量摸底调查报告；③项目培训与推广报告；④苗圃升级改造总结报告；⑤受益人和参与式磋商报告；⑥环境管理实施与效果总结报告；⑦项目监测与评估报告；⑧项目课题研究报告；⑨项目案例(例证材料)分析；⑩项目附图附表等。上述这 10 个方面，除例证材料(项目案例分析)少见于竣工报告外，其他方面在相关的竣工报告均可查阅到。鉴于此，本章节将从项目经济效益、生态效益、社会效益，以及环境保护方面给出 5 个项目的例证材料，以便于对案例进行解析，仅供参考。

第一节　世界银行贷款“山东生态造林项目”投资效益评估

世界银行贷款“山东生态造林项目”(SEAP)，于 2010 年 7 月启动实施，2016 年 7 月竣工验收。SEAP 布局于山东省的退化山地植被恢复区和滨海盐碱地改良区，涉及 9 个市 28 个县(市、区)，共完成投资 102067.5 万元人民币，其中，利用世界银行贷款 6000 万美元，累计造林 66915.3hm^2，超额完成项目既定目标，世界银行竣工验收专家组给出了为数很少的“非常满意”的评价结论。

随着 SEAP 项目林后续经营管理的深入展开，项目的投资效益越来越为人们所关注。尽管在 SEAP 可行性研究报告中对其投资效益进行了预测，但由于受当时的技术条件、经营管理、林业政策、物价波动、劳动成本等多种因素的综合影响，从而使可行性方案中的投资效益预测数据很难与实际完全相符。因此，必须通过样地监测与详查，建立起多立地条件、多树种、多造林模型等综合评价指标体系对其投资效益进行评估，确定更符合实际的后续经营方案。

一、研究方法

1. 试验区概况

(1)退化山地植被恢复区。退化山地植被恢复区又分为石灰岩山区和砂石山区，其中，石灰岩山区有4个造林模型(S1~S4)，主要造林树种有侧柏、山杏、刺槐、花椒、柿子等；砂石山区有4个造林模型(S5~S8)，主要造林树种有黑松、板栗、桃、茶等；退化山地植被恢复区共8个造林模型，造林密度在330~2500株/hm^2，共造林36835.2hm^2。该区涉及潍城、安丘、青州、诸城、曲阜、邹城、泗水、嘉祥、新泰、东平、乳山、东港、岚山、莒县、五莲、雪野、沂水、蒙阴。年降水量在500~800mm；2016年8月，林分郁闭度在0.4~0.7。

(2)滨海盐碱地改良区。滨海盐碱地改良区涉及滨城、无棣、惠民、沾化、昌邑、寒亭、高密、河口、垦利、利津，共有5个造林模型(Y1~Y5)，主要树种有白蜡、白榆、柽柳、枣、黑杨、刺槐、竹柳等；造林密度在330~1100株/hm^2，共造林30080.1hm^2。年降水量在500~700mm；2016年8月，林分郁闭度在0.5~0.8。

2. 试验方法

(1)劳动力价格调查。于2010年、2013年、2015年分别调查5个项目县(市、区)，其中，在退化山地植被恢复区选择有代表性的3个单位、在滨海盐碱地改良区选择有代表性的2个单位，在造林季节，采取随机采集的方法调查当地劳动力价格升降情况。

(2)苗木价格调查。在项目建设期间，于每年的春季和秋季实地调查造林苗木市场价的变动情况，记录用于项目主要造林树种苗木价格。

(3)经营成本确定。建设期成本。由每年的财务决算报表与随机抽样调查相结合的办法，获得有关数据，经整理分析后，确定建设期单位投资成本。

后续经营期成本。项目后续经营期的经营成本(即各树种第7~27年)包括护林防火、病虫害防治、水肥管理、松土除草、整形修枝、间伐、主伐、采摘、运输等组成。其经营费用采用连年(2008—2016年)定点监测与随机抽样调查相结合的办法，求算出单位投资成本，并确定为未来后续经营期的投资成本。

(4)产量测算。在退化山地植被恢复区和滨海盐碱地改良区分别选择与项目造林模型、立地条件、经营方式相似的有代表性的非项目林样地12块(其中，石灰岩山地和花岗岩山地各6块)进行调查，其立木蓄积量和果品产量分别代表其每个造林模型的产量。

(5)投资基准参数。根据2018年中国环境出版集团出版的《世界银行贷款"山东生态造林项目"竣工报告与案例分析》，SEAP投资基本参数如下：

①贷款条件。贷款期为27年，其中，宽限期为8年，先征费0.25%，贷款年利率直接用伦敦同业银行拆借利率，每半年浮动一次。

②税费。税费按照项目林产品销售收入的0.8%计算。

③立木蓄积量、果品和碳汇价格。各造林模型、主栽树种的立木蓄积量、果品产量、碳汇量及其价格由28个项目单位采用样地调查所得，见表21-1。

④财务基准贴现率按8%计算。

(6)数据处理。使用SigmaPlot图形软件作图；SPSS 21.0数据分析软件对SEAP进行分析以确定各造林模型相关程度，从而对退化山地植被恢复区和滨海盐碱地改良区的13个造林模型的投入与产出数据进行综合分析并做出客观评价。

项目净现值计算用下列公式：

$$NPV = \sum_{t=0}^{n} (C_1 - C_0)_t \times (1 + i_c)^{-t} \tag{21-1}$$

式中：NPV为净现值；C_1为现金流入；C_0为现金流出；$(C_i - C_0)_t$为第t年的净现金流量；n为计算期；i_c为基准折现率。

二、结果与分析

1. 项目投资

(1)建设期投资成本。项目建设期实际完成投资102067.5万元，完成协议投资76275.2万元的134%。其中，防护林营建子项目完成投资99043.6万元、技术服务与项目管理子项目完成投资3023.9万元。项目建设期实际完成投资情况见表21-1。

表21-1　项目实际完成投资情况

万元

项目建设内容	合计	2010年	2011年	2012年	2013年	2014年	2015年	2016年
1 营造防护林	99043.55	25751.32	22780.02	17827.84	19808.71	6933.05	2476.09	3466.52
1.1 退化山地	60416.55	15708.30	13895.81	10874.98	12083.31	4229.16	1510.41	2114.58
1.2 滨海盐碱	38627.0	10043.02	8884.21	6952.86	7725.4	2703.89	965.68	1351.94
2 技术服务与项目管理	3023.90	442.5	625.92	874.50	486.19	194.29	182.08	218.42
2.1 科研与推广	400.00	153.92			169.12			76.96
2.2 考察、培训与咨询	965.70	178.58	163.18	159.68	162.07	124.29	115.08	62.82
2.3 项目监测与评价	200.64		120.00		60.00			20.64
2.4 管理与机构能力建设	837.74	110.00	342.74	95.00	95.00	70.00	67.00	58.00
2.5 苗圃改进	619.82			619.82				
合计	102067.45	26193.82	23405.94	18702.34	20294.9	7127.34	2658.17	3684.94
3 建设期利息	美元：1548521.29，折合人民币9895423.99							
各年度折算汇率						6.1159	6.1281	6.5292

①贷款资金。项目实际使用世界银行贷款 6000. 0 万美元(折合人民币 39018. 6 万元)，其中，造营林使用世界银行贷款 5759. 2 万美元，苗圃土建 28. 0 万美元，物资设备采购 62. 7 万美元，科研、咨询服务和考察培训 135. 1 万美元，先征费 15. 0 万美元。

②配套资金。项目累计完成配套资金 63048. 85 万元，其中，省级完成配套资金 3600 万元、市县 33472 万元、造林实体 25976. 85 万元。

(2)后续经营期成本。依据世界银行山东生态造林项目的贷款协议规定，项目建设期为 6 年，后续经营期为 21 年，项目经营周期为 27 年。

根据 SEAP 可行性研究报告和年度森林经营费用，按照 2016 年物价和劳动力价格，经测算，后续经营期成本 313. 77 亿元。

综上所述，项目总投资 323. 98 亿元，其中，项目建设期成本 10. 21 亿元，后续经营期成本 313. 77 亿元，分别占项目营造林总成本的 3. 15%和 96. 85%。

(3)项目投资影响因子。项目建设期间，由于受汇率变化、当地劳动力价格上升、物价上涨(主要是苗木)等因素的影响，项目建设总投资大幅度增加。

①美元汇率波动。项目执行期间，美元兑换人民币汇率大幅度波动，从 2010 年贷款签约时(参照 2009 年中期的汇率)的 6. 800 下降到 2013 年的 6. 0969，之后汇率逐步反弹到 2016 年 5 月底的 6. 5013，与 2010 年相比，汇率呈现较大的波动。项目执行期间各年度汇率变化情况如图 21-1。

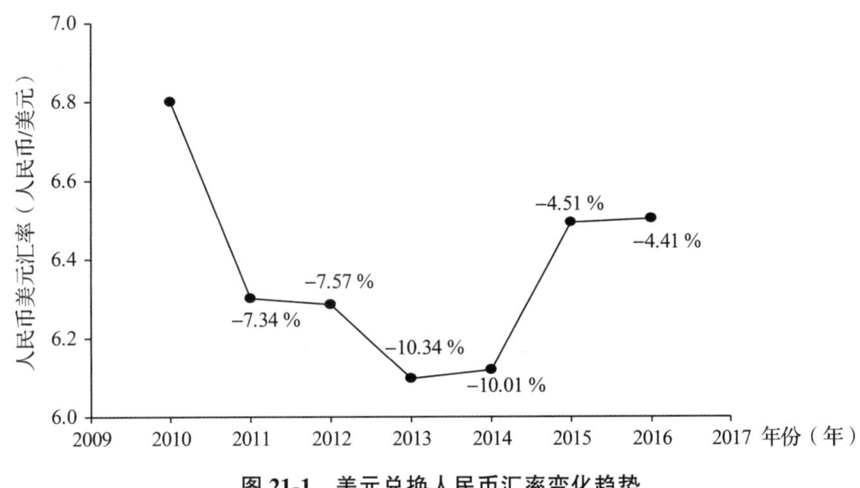

图 21-1　美元兑换人民币汇率变化趋势

由于美元汇率下降，导致项目竣工时实际使用世界银行贷款资金(加权平均汇率 1 : 6. 3063)的人民币数比计划世界银行贷款资金的人民币数减少 2962. 2 万元，比计划(40800. 0 万元)减少了 7. 26%。为了保证项目质量，项目实际比计划配套资金(35475. 2 万元)增加投入 1739. 7 万元，比计划增加了 4. 9%。

②劳动成本增加。2010—2016 年，项目区劳动力价格出现先稳定后逐年攀升的趋势，其变动趋势如图 21-2。

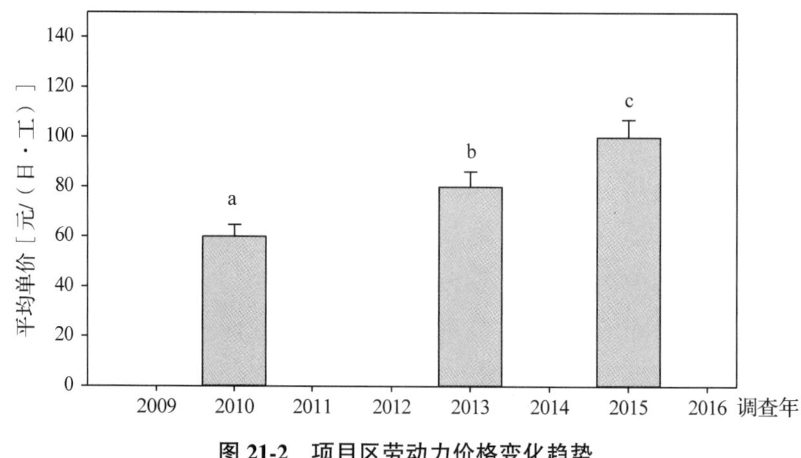

图 21-2　项目区劳动力价格变化趋势

由图 21-2 可以看出，项目建设期间，当地劳动力价格持续上涨，导致项目建设期劳务费成本大幅度增加。为了保证项目质量，按项目 984.6 万个总工日，劳动力价格综合平均上涨 24 元/天计算，项目实际比计划增加配套资金投入 23630.4 万元，比计划增加了 66.61%。

③苗木上涨。项目执行期间，项目用苗价格前两年基本保持不变，从第 3 年苗木价格开始上涨，其主要造林树种苗木价格变化情况如图 21-3。

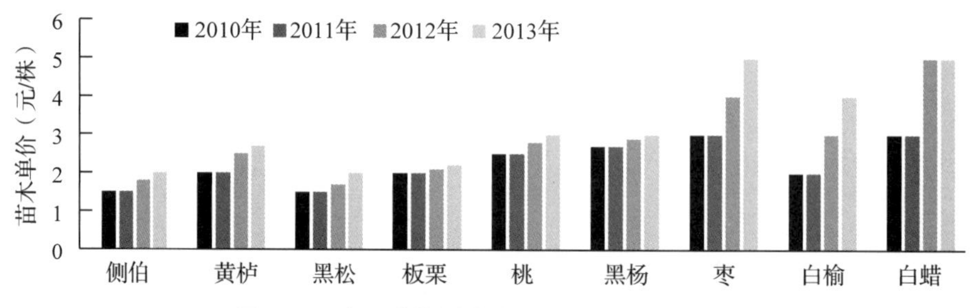

图 21-3　主要造林树种苗木单价历年变化趋势

由图 21-3 可知，项目建设期间苗木材料费成本大幅度增加。为了保证项目质量，按项目用苗量 8518 万株，苗木价格综合平均涨幅 1.2 元/株计算，项目实际比计划增加配套资金投入 10248.29 万元，比计划增加了 28.89%。

（4）项目产出测算。

①防护林林木蓄积量。根据项目的不同造林模型、不同主栽树种面积、林分生长量以及世界银行提供的经济分析应用软件，考虑项目经营期限等因素，按 30 年项目经营期，对项目林产生的立木蓄积量进行测算。经测算，项目营造的 66915.3hm^2 防护林，其林分总蓄积量达 658.39 万 m^3。

②经济林果品产量。项目林果品收入主要包括山杏、花椒、柿子、板栗、桃、茶叶和枣等经济林果品的产量。通过测算，项目营造的 36411.2hm^2 经济林，其果品总产量达 47.45 亿 kg。

③项目碳汇价值。项目创造的碳汇价值，是按照不同造林模型的防护林林木蓄积量进行测算的。按 2015 年世界银行最新计算标准：碳汇价值(元)= 活立木蓄积量(m^3)×1. 83×(1000kg/m^3)×190(元/1000kg)，经测算，30 年碳汇产出为 120 亿 kg，其碳汇价值 22. 89 亿元。项目各模型、树种林木蓄积量、果品产量及碳汇价值见表 21-2。

表 21-2　各模型各树种蓄积量、果品产量及碳汇价值一览表

模型	主栽树种	面积(hm^2)	总蓄积量(m^3)、总产量(kg)	单价(元)	直接经济效益(元)	碳汇价值(元)	总收益(元)
S1	侧柏	9918. 0	714067	650	464143550. 0	248281095. 9	712424645. 9
S2	侧柏	2129. 0	127740	650	83031000. 0	44415198. 0	127446198. 0
	山杏	2129. 0	10778063	20	215561250. 0	—	215561250. 0
S3	侧柏	2165. 0	124710	650	81061500. 0	43361667. 0	124423167. 0
	刺槐	2165. 0	163586	650	106331217. 0	56878852. 2	163210069. 2
S4	刺槐	5129. 0	132927	650	86402851. 0	46218717. 9	132621568. 9
	花椒	5129	46370692	21	973784532. 0	—	973784532. 0
	柿子	5129. 0	441448988	2. 6	1147767368. 8	—	1147767368. 8
S5	黑松	6424. 6	539666	650	350782900. 0	187641868. 2	538424768. 2
S6	黑松	4024. 3	211475	650	137458750. 0	73529857. 5	210988607. 5
	刺槐	4024. 3	254929	650	165703630	88638813. 3	254342443. 3
S7	黑松	6517. 7	126679	650	82341350. 0	44046288. 3	126387638. 3
	板栗	6517. 7	175977900	5	879889500. 0	_	879889500. 0
	桃	6517. 7	791900550	3	2217321540. 0	—	2217321540. 0
S8	茶叶	589. 4	43762950	42	1838043，900. 0	—	1838043900. 0
	黑松	589. 4	12134	650	7887100. 0	4218991. 8	12106091. 8
Y1	竹柳	6362. 1	714498	360	257219280. 0	248430954. 6	505650234. 6
	黑杨	6362. 1	714498	600	428698800. 0	248430954. 6	677129754. 6
Y2	黑杨	11854. 1	517731	600	310638600. 0	180015068. 7	490653668. 7
	枣	11854. 1	3185842500	7. 2	22938066000. 0	—	22938066000. 0
Y3	白榆	1558. 5	180070	740	133251800. 0	62610339. 0	195862139. 0
	白蜡	1558. 5	44887	740	33216380. 0	15607209. 9	48823589. 9
Y4	白蜡	3986. 1	400467	740	296345580. 0	139242375. 9	435587955. 9
	柽柳	3986. 1	266978	160	42716480. 0	92828250. 6	135544730. 6
Y5	刺槐	6450. 8	362206	650	235434012. 0	125939026. 2	361373038. 2
	黑杨	6450. 8	860617	600	516370200. 0	299236530. 9	815606730. 9

(5)项目财务效益。根据项目建设期内各年度实际发生的投资额、项目林后期预计发生的管护费、化肥费用、劳务费等成本以及 2015 年省内活立木蓄积量单价、果品价格和碳汇价值，对项目林活立木蓄积量、果品产量和碳汇总量进行预测，按项目林产

品税费率0.8%和财务基准贴现率8%计算，整个项目税费后财务内部收益率为15.8%，（略高于评估时的12.2%），项目税后财务净现值9.66亿元。退化山地植被恢复区、滨海盐碱地改良区以及整个项目税后财务内部收益率和税后净现值见表21-3。

表21-3　项目财务分析效益汇总

类别	2009年项目评估时估算		2016年项目竣工时估算	
	FIRR（%）	NPV(百万)	FIRR（%）	NPV(百万)
退化山地植被恢复区	14.2	124.78	14.9	447.66
滨海盐碱地改良区	12.9	248.64	17.3	527.94
总计	12.2	373.42	15.8	965.73

（6）项目经济效益。在财务分析的基础上，计算出退化山地植被恢复区、滨海盐碱地改良区以及整个项目的经济内部收益率和经济净现值，见表21-4。整个项目经济内部收益率为21%，比评估时的15.8%，上升了5.2个百分点，整个项目经济净现值17亿元，说明项目建设经济效益明显。如把项目的释放氧气、涵养水源、减少水土流失、防风固沙等生态效益计算在内则经济效益将会更加显著。

表21-4　项目经济分析效益汇总

类别	2009年项目评估时估算		2016年项目竣工时估算	
	EIRR（%）	NPV(百万元)	EIRR（%）	NPV(百万元)
退化山地植被恢复区	14.9	164.61	18.9	748.06
滨海盐碱地改良区	16.7	162.51	23.8	968.59
总计	15.8	240.47	21.0	1，706.78

（7）项目经济敏感性。在对各个造林模型进行经济敏感性分析时，考虑了以下因素：①活立木蓄积量、果品及碳汇测算价值降低10%；②没有碳汇价值收益。测算结果表明：如果10%产品价格的降低就会降低经济内部收益率到13.6%。见表21-5。

表21-5　项目经济敏感性分析效益汇总

类别	2016年项目竣工时估算		林产品价格降低10%	
	EIRR（%）	NPV(百万元)	EIRR（%）	NPV(百万元)
退化山地植被恢复区	17.5	617.13	14.6	410.06
滨海盐碱地改良区	27.2	1，179.04	12.1	191.72
总计	21.5	1，766.14	13.6	601.78

三、结论与讨论

（1）项目建设经济效益显著。整个项目税后财务内部收益率为15.8%（略高于评估时的12.2%），项目税后财务净现值9.66亿元；整个项目经济内部收益率为21%，比评估时的15.8%，上升了5.2个百分点，整个项目经济净现值17亿元，说明项目建设经济效益明显。

(2)影响项目效益的因子较多。汇率变化、劳动力增加、苗木价格上涨是影响项目建设总费用增加的主导因子。美元兑人民币从评估时的1∶6.80到2013年的1∶6.09，建设期平均人民币升值了7.26%，汇率变化是内资项目不具备的；劳动力上涨最多，比评估时增加了66.61%；项目苗木实际投资比评估增加投入10248.29万元，比评估时增加了28.89%。

(3)多因素敏感性分析表明，活立木蓄积量、果品产量及碳汇量、单位经营成本、投资是对项目效益影响的关键因素。如果活立木蓄积量、果品及碳汇测算价值降低10%或没有碳汇价值收益，就会降低经济内部收益率到13.6%。各因素对项目效益的敏感度大小为单位立木蓄积量价格>单位果品价格>单位碳汇价格>单位经营成本>投资。

(4)不同造林区域，经济效益不同。退化山地植被恢复区的经济内部收益率和经济净现值分别是18.9%和7.4806亿，滨海盐碱地改良区的经济内部收益率和经济净现值分别是23.8%和9.6859亿。

(5)投资实效性分析方法不失为生态造林投资项目效益评价的一种方法。采用现金流量分析方法，能较准确测算出工业、农业、水电、房地产、旅游等行业基本建设项目投资回报率，是目前常用的项目经济效益分析方法。但对于生态造林投资项目，单纯采用现金流量分析方法测算项目投资效益是很难准确反映项目投资的有效性和可行性的。SEAP共设计了13个造林模型，其效益除直接经济效益外，还包括防风、固沙、除尘、涵养水源、防治水土流失、吸碳排氧等方面。采用现金流量分析方法，SEAP中很多模型的IRR和NPV都是负值，不能准确测算出SEAP的实际投资效益。因此，建议在以后的生态造林项目中，采用项目投资实效性分析方法，弥补现金流量分析方法的不足。

第二节　世界银行贷款“山东生态造林项目”植物配置模式及生态景观效果评价

随着人类城市化进程的发展，加之对土地资源的不合理开发与利用，导致森林覆盖率下降、土壤条件改变，造成水土流失、土壤荒漠化、盐碱化等严重后果。据统计，我国森林资源面积只占世界水平的61%，且主要分布于我国东北地区、中部地区。山东森林资源相对匮乏，以阔叶纯林、针叶纯林为主的乔木林占全省林木资源总面积71%以上，树种单一，景观效果欠佳，且荒山、盐碱地植被覆盖率低，多以灌木、草本植物为主，缺乏乔木树种。为此，2010年，山东省启动实施了世界银行贷款“山东生态造林项目”(SEAP)。项目布局于退化山地植被恢复区和滨海盐碱地改良区，在立足生态效益的同时，注重树种搭配与选择，提高景观效果。

在对退化山地、滨海盐碱地、荒地植被恢复的研究工作中，国内外学者做了大量研究，目前最常见的途径有封山育林、人工干预促进更新以及人工树种的选择与造林、工程排盐碱、耐盐碱植物选育等方面。20世纪初期，欧洲学者对水土保持、森林复垦中的生态学理论和方法进行了详细研究，掀起了恢复生态学的研究热潮。中国早在20世纪50年代开始从事废弃矿山的生态恢复工作；20世纪70年代开始实施三北防护林建设；从20世纪80年代开始，利用世界银行、亚洲开发银行、欧洲投资银行等国际金融组织贷款资金，先后在23个省份，相继实施了20多个林业项目，共利用外资达19.4亿美元，累计营造人工林面积达793.3万多 hm^2。浙江省世界银行贷款造林项目、辽宁欧洲投资银行贷款生态造林项目、世界银行贷款湖南森林恢复和发展等项目的成功实施，有效地增加了森林资源，显著提高了我国森林覆盖率。然而，在以往的森林植被恢复过程中，往往注重造林成活率与保存率，利用较为单一的树种或者造林模式进行造林与生态修复，在退化林地生态恢复与再建过程中忽略了景观效果的构建。因此，在造林过程中，如何选择造林树种，构建适宜的乔、灌、藤、草搭配模式，对退化山地与滨海盐碱地的生态、景观恢复具有重要意义。

2010年启动实施的SEAP项目，涉及9个市28个县(市、区)，共完成投资10.2亿元，其中利用世界银行贷款0.6亿美元，累计造林约6.7万 hm^2，项目既定目标超额完成。2016年，世界银行竣工验收专家组给出了为数不多的“非常满意”的最高评价结论，被世界银行誉为“生态防护林营造的典范”，其在项目植物配置模式方面有独到之处，对退化山地、滨海盐碱地植物配置模式及其景观效果研究具有重要参考价值。

一、研究方法

1. 研究区概况

(1)退化山地植被恢复区。研究区地处东经116°02′~121°51′、北纬35°09′~37°08′，包括潍坊、济宁、泰安、威海、日照、莱芜、临沂7个市19个县级项目单位。该区属暖温带大陆性半湿润季风气候。年平均气温12~14℃，极端最高气温42.5℃，极端最低气温-25℃，全年大于10℃的积温4000~4500℃，年平均降水量600~900mm，降水量主要集中在6~8月，占全年降水量的50%~60%，春季干旱，降水量占全年降水量的13%~14%。全年日照时数2000~2650小时，无霜期190~200天。

该区山峦起伏，中山、低山、丘陵、台地、盆地与山间平原交错分布，河流众多。大部分地区海拔在400m以上，坡度一般为20°~25°。宜林荒山荒地中土壤类别主要有棕壤、褐土、潮土等，棕壤与褐土交错并存，呈复区分布，棕壤面积约占土地总面积的40%，质地以砂质土、黏质土为主，土层厚度多在15~30cm，表层土石砾含量较高，一般为20%~30%。由于自然因素和人为活动的综合影响，植被稀疏，主要有酸枣(*Ziziphus jujuba* var. *spinosa*)、黄荆(*Vitex negundo*)、胡枝子(*Lespedeza chinensis*)、扁担木(*Grewia biloba*)、杂草等。

(2)滨海盐碱地改良区。研究区位于山东省黄河三角洲地区(北纬36°25′~38°16′、东经117°29′~119°37′)，包括东营、滨州、潍坊3市9个县级项目单位。属暖温带大陆性季风气候，气候温和，四季分明。多年平均气温12~18℃，极端最低气温为-26~18℃，极端最高气温为40~42℃，年平均降水量550~600mm，日照时数2700~2800小时，10℃以上积温4300℃左右，全年无霜期200天左右。项目造林地土壤类型以潮土、轻度盐化潮土为主，土壤母质以黄泛冲积母质为主，土体深厚、结构良好，土壤质地以壤土为主；地下水埋深一般在3.0m左右；地下水矿化度多在3.0g/L以下；土壤含盐量2‰~5‰；pH值7.1~8.5；土壤有机质含量大都在0.5%~1.0%，矿质养分钾含量较丰富，氮、磷贫乏。造林地为盐碱荒地，植被稀少，主要有芦苇(*Phragmites communis*)、碱蓬(*Suaeda glauca*)、柽柳(*Tamarix austromongolica*)等。

二、研究方法

1. 样地布设与数据采集

(1)样地布设。根据SEAP植物配置方式和两大区域立地条件，退化山地植被恢复区固定观测样地分别布设在乳山、莒县、高密、新泰、雪野、蒙阴、泗水7个县级项目单位，代表M_1~M_8植物配置模式(即S_1~S_8造林模型)；滨海盐碱地改良区固定观测样地分别布设在河口、沾化2个县级项目单位，代表M_9~M_{13}植物配置模式(即Y_1~Y_5造林模型)。2009年，样地开始布设，每个县级项目单位的监测样点，包含了当地所有的SEAP植物配置模式。

(2)数据采集。2010年，开展本底调查；2011—2015年，每年10月分别对9个县级项目样地的所有样点进行跟踪监测调查，测量记录每个植物配置模式的林分生长量、植物多样性、搭配混交方式、优势种与伴生种保存等相关信息。2015年12月，在28个县级项目单位开展幼林摸底质量调查，采集相关数据。

2. SEAP植物配置模式生态景观效果量化

(1)林分生长适应性量化评分方法。依据SEAP造林检查验收办法规定的各树种生长量指标和2015年12月幼林摸底调查分类结果，规定幼林摸底调查分类结果Ⅰ类林占比≥95.0%，得10分；幼林摸底调查分类结果90.0%≤Ⅰ类林占比<95.0%，得8分；幼林摸底调查分类结果Ⅰ类林占比<90.0%，得6分。

(2)植物多样性量化评分方法。根据专业技术人员意见和乔灌草在项目建设中的重要程度，结合项目终期(2015年)验收时植物增加实测值，确定实测每增加1种乔木，得5分；每增加1种灌藤的，得2分；每增加1种草本，得1分。

(3)搭配方式量化评分方法。依据SEAP植物配置模式综合分析，规定凡是造林小班采用3种或以上搭配方式的，得10分；造林小班采用2种搭配方式的，得8分；造林小班仅采用1种搭配方式的，得6分；植物配置模式标注有优势种间混交搭配的(M_{10}、M_{11}、M_{13})，减1分。

(4)优势种与伴生种量化评分方法。依据13个植物配置模式，将每一种植物配置模式中的优势种与伴生种两者累计，规定每有1种植物得1分，种类越多，得分越高。

(5)彩叶植物占比量化评分方法。依据人们的普遍观感，规定在植物配置模式中，彩叶植物占优势种和伴生种总数量的比值乘以10为其得分。

(6)观花(果)植物占比量化评分方法。依据人们对植物花果的偏好，规定在植物配置模式中，观花(果)植物占优势种和伴生种总数量的比值乘以10为其得分。

(7)常绿(或半常绿)植物占比量化评分方法。依据北方人对常绿植物的喜好，确定凡是配置模式中没有常绿(或半常绿)植物的，得0分；每增加1种常绿(或半常绿)植物的，增加1分。

3. SEAP植物配置模式景观效果数据处理

采用模糊聚类分析方法(SPSS 21.0软件)对SEAP植物配置模式的生态景观效果量化数据进行聚类分析。

三、结果与分析

1. SEAP植物配置模式中选择的乔灌藤草

根据SEAP退化山地植被恢复区和滨海盐碱地改良区的立地条件，按照“适地适树适品种”的原则，选择乔木、灌木、藤本和草本植物共52种，均用于项目混交搭配栽植，见表21-6。由表21-6可知，在SEAP植物配置模式中，以乔木型植物为主，其数量为31种，占项目植物配置模式中总数量的59.62%；灌木数量为19种，占项目植物配置模式中总数量的36.54%；藤本数量为1种，占项目植物配置模式中总数量的1.92%；草本数量为1种，占项目植物配置模式中总数量的1.92%。SEAP植物配置模式中植物种类的选择是经过世界银行和国内专家反复论证确定的，汇总收集的植物种或品种具备适应性强、生长稳定性好、抗病虫、耐水湿、抗干旱、耐盐碱等特点，同时具有喜光、中性和耐阴性植物的合理配比等条件，便于植物间的搭配混交栽植。由于栽植植物种和品种多，同时将花灌木和彩叶植物搭配栽植，有效阻隔了病虫害的侵袭、发生、传播、发展或蔓延危害，确保了生态防护林的健康生长，增加了林分的景观效果。

表21-6 SEAP乔灌草植物种类及其类型

序号	植物名称	类型	序号	植物名称	类型
1	侧柏 *Platycladus orientalis*	常绿乔木	14	山桃 *Prunus davidiana*	落叶乔木
2	黑松 *Pinus thunbergii*	常绿乔木	15	石榴 *Punica granatum*	落叶灌木
3	银杏 *Ginkgo biloba*	落叶乔木	16	皂角 *Gleditsia sinensis*	落叶乔木
4	麻栎 *Quercus acutissima*	落叶乔木	17	黄花菜 *Hemerocallis fulv*	落叶草本
5	黄栌 *Cotinus coggygria*	落叶灌木	18	扁担木 *Grewia biloba*	落叶灌木
6	楸树 *Catalpa bungei*	落叶乔木	19	连翘 *Forsythia suspensa*	落叶灌木
7	茶树 *Camellia sinensis*	常绿灌木	20	郁李 *Cerasus japonica*	落叶灌木
8	板栗 *Castanea mollissima*	落叶乔木	21	黄荆 *Vitex negundo*	落叶灌木
9	核桃 *Juglans regia*	落叶乔木	22	胡枝子 *Lespedeza chinensis*	落叶灌木
10	柿子 *Diospyros kaki*	落叶乔木	23	酸枣 *Ziziphus jujube var. spinosa*	落叶灌木
11	君迁子 *Diospyros lotus*	落叶乔木	24	白刺 *Nitraria tangutorum*	落叶灌木
12	花椒 *Zanthoxylum bungeanum*	落叶灌木	25	沙柳 *Salix cheilophila*	落叶灌木
13	山杏 *Prunus armeniaca*	落叶乔木	26	杞柳 *Salix linearistipularis*	落叶灌木

（续）

序号	植物名称	类型	序号	植物名称	类型
27	沙枣 *Elaeagnu angustifolia*	落叶灌木	40	梨 *Pyrus bretschneideri*	落叶乔木
28	木槿 *Hibiscus syriacus*	落叶灌木	41	香椿 *Toona sinensis*	落叶乔木
29	柽柳 *Tamarix chinensis*	落叶灌木	42	金银花 *Lonicera japonica*	半常绿藤本
30	国槐 *Sophora japonica*	落叶乔木	43	臭椿 *Ailanthus altissima*	落叶乔木
31	紫穗槐 *Amorpha fruticosa*	落叶灌木	44	苦楝 *Melia azedarach*	落叶乔木
32	白榆 *Ulmus pumila*	落叶乔木	45	五角枫 *Acer mono*	落叶乔木
33	白蜡 *Fraxinus chinensis*	落叶乔木	46	黄连木 *Pistacia chinensis*	落叶乔木
34	旱柳 *Salix matsudana*	落叶乔木	47	女贞 *Ligustrum compactum*	常绿乔木
35	刺槐 *Robinia pseudoacacia*	落叶乔木	48	垂柳 *Salix babylonica*	落叶乔木
36	黑杨 *Populus nigra*	落叶乔木	49	桑树 *Morus alba*	落叶乔木
37	枣 *Ziziphus jujube*	落叶乔木	50	合欢 *Albizia julibrissin*	落叶乔木
38	杏 *Prunus armeniaca*	落叶乔木	51	构树 *Broussonetia papyrifera*	落叶乔木
39	桃 *Prunus persica*	落叶乔木	52	扶芳藤 *Euonymus fortunei*	常绿灌木

2. SEAP 植物配置模式

为构建适合 SEAP 植物配置模式，项目实施前，项目主管单位广泛采纳了世界银行、省内(或省外)知名专家以及基层林业乡土专家的意见，编制了一套适合山东退化山地植被恢复区和滨海盐碱地改良区立地条件的植物配置模式，并经项目实施期的造营林检验，再次进行修改和完善，构建了最终版本的 SEAP 植物配置模式，见表 21-7 至表 21-9。

由表 21-7 至表 21-9 可知，植物配置模式中设计了优势种与伴生种共 52 个，既有常绿的，又有落叶的，其中，观叶的 10 种，占优势种与伴生种总数量的 19. 2%；观花的 17 种，占优势种与伴生种总数量的 32. 7%；观果的 18 种，占优势种与伴生种总数量的 34. 6%。

构建植物配置模式的主要治理目标是保持水土、涵养水源、改良土壤、防风固沙、改善生态环境，其主要林种有生态型防护林、经济型防护林、用材型防护林、茶园型防护林 4 种。植物配置模式的构建，不仅考虑了两大区的地形、地貌、坡向、坡位等因子，而且还兼顾了土壤类型、盐碱度、土层厚度以及地下水位等因子。植物配置模式，把优势种、伴生种、栽植密度、搭配方式、小班布局、优势种占比、单一植物连片栽植面积、划分单一植物的隔离带等全部考虑到，把适地适树原则，做到极致，其目的就是有利于项目林分的生长，把林分配置成色彩斑斓的马赛克状的森林景观。

表 21-7 SEAP 石灰岩山地植被恢复区植物配置模式

模式名称	区域部位	优势种	伴生种	搭配方式	栽植密度（株/hm^2）	栽植小班面积（hm^2）	单一植物连片栽植面积（hm^2）	划分单一植物的隔离带	优势种占比（%）
M_1	山体上部	侧柏和黄栌	木槿、花椒、连翘等，保护原有灌木藤本和草本	乔灌草	2000~2800	小于 20	无要求	无要求	无要求
M_2	山体中部	侧柏和黄栌	山杏、山桃、花椒、连翘、金银花，保护原有黄荆、酸枣、胡枝子等灌木藤本及草本	行间、株间、块状	1800~2600	小于 20	小于 2	≥3 行或宽 10m	< 70
M_3		侧柏、黄栌、刺槐	苦楝、皂角、臭椿、连翘、扶芳藤，保护原有黄荆、酸枣、胡枝子等灌木、藤本及草本	带状、块状	900~2000	小于 20	小于 2	无要求	< 70
M_4	山体下部	黑杨、柿子、核桃、石榴、桃、梨、杏、枣	臭椿、侧柏、香椿、苦楝、皂角、花椒、连翘、金银花，保护原有黄荆、酸枣、胡枝子等灌木、藤本及草本	带状、块状	333~1500	小于 20	小于 2	≥3 行或宽 10m	< 70

表 21-8 SEAP 砂石山地植被恢复区植物配置模式

模式名称	区域部位	优势种	伴生种	搭配方式	栽植密度（株/hm^2）	栽植小班面积（hm^2）	单一植物连片栽植面积（hm^2）	划分单一植物的隔离带	优势种占比（%）
M_5	山体上部	黑松、麻栎	木槿、山杏、扶芳藤、连翘等，保护原有灌木、藤本和草本	乔灌草	1200~2000	小于 20	无要求	无要求	无要求
M_6	山体中部	黑松、麻栎、刺槐	楸树、黄栌、苦楝、臭椿、君迁子，保护原有酸枣、扁担木、郁李、胡枝子、连翘等灌木、藤本及草本	带状、行状、块状	900~1500	小于 20	小于 2	≥3 行或宽 10m	< 70
M_7	山体下部	板栗、核桃、柿子、桃、梨、杏、枣、石榴	黑松、楸树、五角枫、金银花、香椿、君迁子、连翘，黄花菜，保护原有酸枣、黄荆、胡枝子等灌木、藤本及草本	带状、行状、块状	333~1500	小于 20	小于 2	≥3 行或宽 10m	< 70
M_8		茶树	黑松和银杏	行状、带状、块状	300~50000	小于 20	小于 2	无要求	< 70

表 21-9 SEAP 滨海盐碱地改良区植物配置模式

模式名称	区域条件	优势种	伴生种	搭配方式	栽植密度（株/hm^2）	栽植小班面积（hm^2）	带状搭配比例（%）	栽植带宽度（m）	栽植带搭配植物数量（个）
M_9	含盐量小于 2‰的区域	白蜡、白榆、刺槐、黑杨、垂柳、旱柳、臭椿	郁李、女贞、桑树、构树，保护原有灌木藤本和草本	优势种间的块状、带状	600~900	< 30	≥75	≤70	≥3
M_{10}		桃、梨、杏、枣、香椿	黑杨、桑树、白榆、刺槐、白蜡、构树、臭椿，保护原有植被	块状、带状、（也可优势种间）	333~900	< 30	≥75	≤70	≥3
M_{11}	含盐量 2‰~3‰的区域	白榆、白蜡、臭椿、苦楝、垂柳、旱柳	沙枣、杞柳、紫穗槐、金银花，保护原有的灌木藤本草本	块状、带状（也可优势种间）	600~900	< 30	≥75	≤70	≥3
M_{12}	含盐量大于 3‰的区域	白榆、柽柳、白蜡	沙柳、白刺，保护原有的植被	块状、带状（乔灌草）	600~2000	< 30	无要求	无要求	无要求
M_{13}	沟渠路	黑杨、旱柳、垂柳、刺槐、白榆、臭椿、白蜡、苦楝、国槐、合欢	木槿、紫穗槐、柽柳、沙柳，保护原有的植被	乔灌、带状或行状（也可优势种间）	600~1500	< 30	无要求	无要求	无要求

3. SEAP 不同植物配置模式的景观效果

(1)不同植物配置模式生态景观综合效果量化分析。由各项量化得分标准，求算出 13 种植物配置模式生态景观主要综合因子量化表，见表 21-10。由表 21-10 可知，植物配置模式 M_1 得分均值为 4.8，其中常绿(半常绿)植物数量为 1 最低，观花(果)植物占比值为 10 最高，总分为 24.0；M_2 得分在 1~10，总分为 31；M_3 得分在 1.8~11，总分为 30.1；M_4 得分最高是优势种与伴生种数量为 20，最低是彩叶植物占比为 0.5，总分为 39.4；M_5 得分在 2.0~6.7，总分为 24.0；M_6 得分为 34.7；M_7 得分在 1~19，总分为 40.4；M_8 得分在 2~10，总分为 21.6；M_9 得分在 0~11，总分为 29.3；M_{10} 得分在 0~12，总分为 27.3；M_{11} 得分在 0~10，总分为 24.0；M_{12} 得分在 0~10，总分为 23.0；M_{13} 得分在 0~14，总分为 27.2。

综上所述，通过对生态景观主要综合因子量化得分分析可知，13 种植物配置模式的排列顺序为 $M_7>M_4>M_6>M_2>M_3>M_9>M_{10}>M_{13}>M_{11}>M_5>M_1>M_{12}>M_8$。

(2)不同植物配置模式生态景观综合效果聚类分析。通过对 SEAP 不同植物配置模式的生态景观综合效果的搭配方式、优势种与伴生种数量、彩叶植物占比、观花(果)植物占比、常绿(半常绿)植物数量五大类指标的得分数值进行聚类分析，由图 21-4 可

表 21-10　13 个植物配置模式生态景观主要综合因子量化

植物配置模式	生态景观综合因子量化得分					总分	排序
	搭配方式	优势种与伴生种数量	彩叶植物占比(%)	观花(果)植物占比(%)	常绿(半常绿)植物数量		
M_1	6	5	2.0	10.0	1	24.0	11
M_2	10	10	1.0	8.0	2	31.0	4
M_3	8	11	1.8	7.3	2	30.1	5
M_4	8	20	0.5	8.9	2	39.4	2
M_5	6	6	3.3	6.7	2	24.0	10
M_6	10	13	1.5	9.2	1	34.7	3
M_7	10	19	1.0	8.4	2	40.4	1
M_8	10	3	3.3	3.3	2	21.6	13
M_9	10	11	0	7.3	1	29.3	6
M_{10}	7	12	0	8.3	0	27.3	7
M_{11}	7	10	0	6.0	1	24.0	9
M_{12}	10	5	0	8.0	0	23.0	12
M_{13}	9	14	0	4.2	0	27.2	8

以看出，聚类分析将 SEAP 的 13 种植物配置模式分为 3 类，A 类包括 M_2、M_3、M_6、M_9、M_{10}、M_{11}、M_{13} 共 7 个植物配置模式；B 类包括 M_4、M_7 共 2 个植物配置模式；C 类包括 M_1、M_5、M_8、M_{12} 共 4 个植物配置模式。

表 21-11 是 A 类、B 类、C 类不同指标的平均值。由表 21-11 可知，3 类不同植物配置模式的搭配方式、彩叶植物占比等 5 类指标的类平均值的各项数值在 0.6~14.5，符合预期结果。

①A 类。SEAP 植物配置模式中的 M_2、M_3、M_6、M_9、M_{10}、M_{11}、M_{13} 被划分同一组，为 A 类组，其立地条件相对较好，适宜搭配的优势种和伴生种植物种类较多，景观效果较佳。

②B 类。SEAP 植物配置模式中的 M_4、M_7 被划分同一组，为 B 类组，其景观效果最佳。两大区内立地条件最好的是 M_4、M_8、M_9、M_{10}，其次为 M_3、M_7、M_{13}。M_4 和 M_7 模式被划为景观效果最佳组，是因为项目植物配置模式中为其搭配的优势种与伴生种数量、彩叶植物占比、观花(果)植物占比以及常绿植物数量均比其他 11 种配置模式搭配要多的原因。

③C 类。SEAP 植物配置模式中的 M_1、M_5、M_8、M_{12} 被划分同一组，为 C 类组，其景观效果最差。主要原因是 M_1、M_5、M_{12} 在项目区所处的立地条件最差，适宜的优势种与伴生种数量最少；虽然 M_8 在项目区所处的立地条件最好，但是由于配置模式中优势种与伴生种数量只有 3 种，因此景观效果最差，与实际情况相吻合。

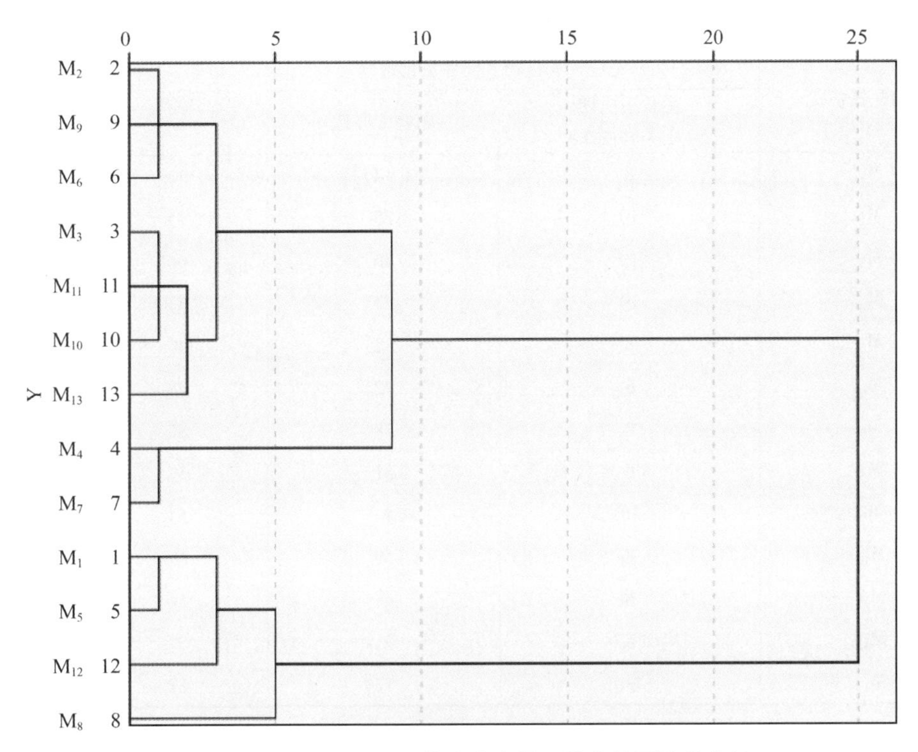

图 21-4　13 种植物配置模式生态景观综合效果聚类分析

表 21-11　13 种植物配置模式不同指标的平均值

类别	植物配置模式	搭配方式	优势种与伴生种数量	彩叶植物占比(%)	观花(果)植物占比(%)	常绿植物数量
A 类	M_2、M_3、M_6、M_9、M_{10}、M_{11}、M_{13}	8.7	11.6	0.6	7.2	1.1
B 类	M_4、M_7	9.0	14.5	0.8	8.7	2.0
C 类	M_1、M_5、M_8、M_{12}	8.0	4.8	2.2	7.0	1.3

(3)不同植物配置模式生态景观综合效果验证。根据项目区幼林摸底质量调查和样点监测数据，将生长适应性(Ⅰ类林占比)和植物多样性相关指标值的得分整理于表 21-12 中，以验证仅依据项目设计的 13 种植物配置模式评价生态景观综合效果的符合程度。

由表 21-12 可知，植物配置模式 M_1 ~ M_{13}，其排列顺序为 $M_7>M_4>M_{13}>M_6>M_{10}>M_3>M_9>M_{11}>M_5>M_8>M_{12}>M_2>M_1$，参考模糊聚类分析结果，也可将其分为 3 组，A 类组包括 M_3、M_6、M_9、M_{10}、M_{11}、M_{13}，其生态景观效果较佳；B 类组包括 M_7、M_4，按照得分多少，排在第 1 位和第 2 位，其生态景观效果最佳；C 类组包括 M_1、M_2、M_5、M_8、M_{12}，排在最后 5 位，其生态景观效果较差。

综上所述，设计的 13 种植物配置模式景观评价结果与实地监测调查的景观评价结果，基本相符。

表 21-12　13 种植物配置模式生长适应性和植物多样性量化

植物配置模式	生长适应性和植物多样性量化得分		总分	排序
	生长适应性（Ⅰ类林占比）	植物多样性		
M_1	8	14	22	13
M_2	10	25	35	12
M_3	10	56	66	6
M_4	10	73	83	2
M_5	8	32	40	9
M_6	6	72	78	4
M_7	8	78	86	1
M_8	6	31	37	10
M_9	10	44	54	7
M_{10}	10	59	69	5
M_{11}	6	48	54	8
M_{12}	6	31	37	11
M_{13}	10	72	82	3

四、结　论

（1）项目植物配置模式中共选择了 52 种植物。根据项目退化山地植被恢复区和盐碱地改良区的立地条件，采取“适地适树适品种”的原则，选择植物种类包括乔木、灌木、藤本和草本，其中，乔木最多为 31 种，灌木次之为 19 种，藤本和草本各 1 种。

（2）项目设计了植物配置模式共 13 种。每 1 种植物配置模式，不仅代表 1 种立地类型，而且还规定了优势种、伴生种、搭配方式、栽植密度、栽植小班面积、单一植物连片栽植面积、划分单一植物的隔离带、优势种占比等必选条件；也就是说，13 种植物配置模式，适宜 13 种立地条件和必选的其他条件。

（3）通过模糊聚类分析，将 13 种植物配置模式生态景观效果分为 3 类。A 类包括 M_2、M_3、M_6、M_9、M_{10}、M_{11}、M_{13} 模式，其景观效果较佳；B 类包括 M_4、M_7 模式，其景观效果最佳，C 类包括 M_1、M_5、M_8、M_{12} 模式，其景观效果较差。

（4）项目设计的植物配置模式景观效果评价结果与实地监测调查验证结果虽然存在一定差异，但基本吻合。实地监测调查验证结果与模糊聚类分析结果分组不同的是 M_2 模式，由 A 类组（较佳）变成 C 类组（较差），这主要是因其所处的立地条件相对差，植物生物多样性增加相对少，得分相对低，又因其在植物配置模式中设计的彩叶、常绿、观花（果）植物相对多，排序就靠前。

第三节　世界银行贷款"森林资源发展和保护项目"农林牧可持续经营模式分析

鲁西平原区位于山东西部，黄河从其间穿行而过，区域内有数条老黄河古道，又称黄泛平原区，包括德州、聊城、菏泽、济宁及枣庄5个地级市，有农业人口2433.8多万人，可耕地面积达261.64万hm^2，人均可耕地面积为0.107hm^2，是山东省的粮食主产区，同时又是山东省的欠发达地区。

改革开放以来，特别是农村实行了家庭联产承包责任制以来，粮食产量逐年提高，出现了一大批吨粮村、吨粮乡或吨粮县，农民彻底解决了温饱问题，但是农民的经济收入却并不高，离小康水平还有相当一段距离。这里的人们开始沉思、开始思索、开始寻找新的致富之路。

杨树是鲁西平原区的乡土树种，在集约经营条件下，5年生杨树(造林品种为中林46，造林密度为3m×4m)，平均每年每亩蓄积生长量能达到2.5m^3，具有速生、丰产的优良特性，是目前山东省开发潜力最大、比较效益高、轮伐期最短的用材林树种。因此，营造杨树速生丰产用材林就成为广大农民群众和各级党政领导调整农业产业结构的重中之重。造纸企业、板材加工企业与农民签订了包销合同，并承诺给农民最低保护价收购木材，农民群众的造林热情空前高涨。仅2003年春一个造林季，营造杨树速生丰产用材林超过3.3万hm^2(50万亩)的就有4个市。大密度营造杨树速生丰产用材林，也带来一些不容忽视的问题：一是农民的长、短效益如何结合；二是农林、农牧争地问题；三是地力减退问题。归根结底这些问题就是农、林、牧业如何协调发展的问题。因此，1996年山东借助于世界银行贷款"森林资源发展和保护项目"的实施，开展了农、林、牧业持续经营模式的研究，为解决长短效益，缓解农民在农林牧争地的社会矛盾问题，进行了有益的探索。

一、材料与方法

1. 试验区概况

试验点设在山东单县大沙河林场，位于北纬35°10′、东经116°06′，是黄河决口形成的黄泛区沙地。土壤贫瘠，有机质含量为0.28%，含氮量1.8ppm，速效钾含量为26.0ppm。土壤类型为潮土，质地为沙土。属暖温带季风区大陆性气候，光照充足，年平均气温13.9℃，年平均降水量739.9mm，年日照时数2328.1小时，≥10℃的积温4597℃，全年无霜期213天，地下水位6m，地下水矿化度为1g/L。

2. 试验材料

参试的材料主要有：①杨树品种是山东省在20世纪90年代较广泛应用的黑杨派速生品种中林46杨；②间作物种类为小麦、花生、饲草；③参试的其他材料有青山羊等。

3. 试验内容

根据山东省杨树速生丰产用材林集中分布区的经营习惯和该课题的研究方向，综合考虑各试验点的现有条件。本研究主要包括以下3个方面的内容：

①“上杨下粮”经营模式试验，包括不同造林密度对经营的影响以及杨树与农作物（包括小麦、花生、饲草等）的相互搭配后，对投入和产出的影响；

②“上杨下羊”经营模式试验，包括“上杨下羊”模式对经营的影响；

③农、林、牧业持续经营模式的组建试验，包括农、林、牧业持续经营模式的构建方法及其效益等。

4. 试验方法

（1）调查与测定方法。对各种试验林，采用定位观测的方法进行。林木测定按照试验设计设定固定标准地，胸径使用围尺测量，树高采用人工直接测量；间作物产量测定采用固定样地内典型均匀布点的方法调查，样地面积3m×3m，测定出样地内的间作物产量，然后求出几个测定点平均值，最后折算成单位面积产量；投入、产出等方面调查采用典型户记录的方法进行，价格以当年现行价格为准。

（2）密度搭配方式对经营影响的研究方法。在单县大沙河林场试验点共设有试验地2块，第1块面积4hm^2，供试杨树品种为中林46，造林密度4m×6m、5m×10m、4m×10m、6m×7m、6m×10m共5种；第2块面积2hm^2，供试杨树品种为中林46，造林密度为4m×(5+15)m，共设10个小区，各处理重复3次。造林前全面整地，然后按1m×1m×1m规格挖穴栽植后，间种农作物，结合农作物生长节律施肥浇水，间作停止后，每年每公顷追施化肥450kg。调查因子有造林成活率、生长量、间作收入、林地总收入。

（3）“上杨下羊”模式对经营影响的研究方法。“上杨下羊”经营模式试验点设在单县大沙河林场。在试验区设3m×5m、3m×6m、6m×10m、4m×(5+15)m的4种密度，供试杨树品种为中林46，6年生林分内共设4块各666.7m^{2}有代表性的样方进行跟踪调查，每个样方喂养青山羊数分别为6、8、10、12只。调查的主要内容包括羊的品种、出栏只数、平均每只单价、产值、各种投入等。以林场试验点周围1000m范围对进行“上杨下羊”复合经营模式的农户作随机抽样调查，调查抽样比掌握在5%～10%范围内，其随机调查的结果，作为样方调查数据的修正依据。经汇总、统计、整理、分析和校正后得出有关数据。

（4）农、林、牧业持续经营模式的组建方法。将造林密度和单位面积青山羊放养试验筛选出的最佳林粮间作模式与林畜经营模式两者进行重新组合，得出农林牧持续经营模式。

二、结果分析

1.“上杨下粮”经营模式试验

单县大沙河林场试验点，于1996年造林，品种为中林46，株行距为4m×6m、5m×10m、4m×10m、6m×7m、6m×10m、4m×(5+15)m，6种不同密度试验林，随机区组试验设计。在造林的当年和第 2 年采用小麦+花生方式间作，第 3 年起只间种花生。凡郁闭的试验林，则停止间作。间作停止后，每年每公顷追施化肥 450kg。经过 6 年的连续观测，试验结果见表 21-13 至表 21-15。

(1)对生长量的影响。由表 21-13、图 21-5 和图 21-6 可以看出，4m×6m 的林分 3 年后由于过早郁闭，停止间作，单位株数最多，但生长量最低，每公顷蓄积量也最低，该密度只宜培育中小径材；5m×10m、6m×10m 密度林分，单株生长量虽然最大，但林分密度较小，单位面积蓄积量低；4m×10m，4m×(5+15)m 密度林分，林木生长量较大，造林密度合理，单位面积蓄积量最大，分别为 4m×6m 林分的 131.6%和 126.4%。不同密度 6 年生‘中林 46’试验林单位面积蓄积量以 4m×10m 和 4m×(5+15)m 最高，其次为 5m×10m、6m×7m、6m×10m、4m×6m。

表 21-13　不同密度对杨树生长量的影响

株行距(m)	密度(株/hm^2)	平均胸径(cm)	平均树高(m)	蓄积量(m^3/hm^2)
4×6	417	19.4	17.0	98.6224
6×7	238	25.0	21.3	113.5715
4×10	250	25.5	25.1	128.2036
5×10	200	27.5	20.9	113.5794
6×10	167	29.3	21.3	109.4622
4×(5+15)	250	25.2	21.8	123.7083

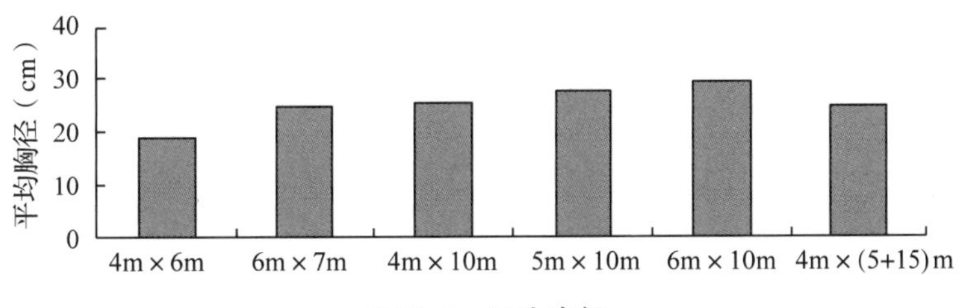

图 21-5　平均胸径

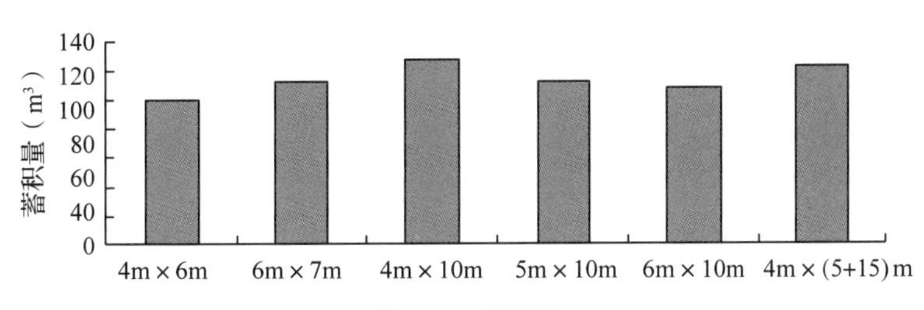

图 21-6　蓄积量

(2)对间作物的影响。试验林采用以耕代抚模式，造林结束后，间种农作物。由表 21-14 和图 21-7 可以看出：由于 4m×6m 的林分单位面积株数过多，过早郁闭只能间作 3 年；6m×7m 的林分可间作 4 年；其余密度的林分间作 5 年；6m×10m、4m×(5+15) m 也可间作 6 年。7 年生中林 46 不同密度间作物的经济效益，4m×6m 的林分郁闭早，间作时间只有 3 年，间作收入最低，4m×10m、5m×10m、6m×10m、4m×(5+15)m 的林分，间作 5 年，间作收入无明显差别。

表 21-14　不同密度林分间作收入

元/hm²

株行距(m)	平均年收入	小计	第 1 年	第 2 年	第 3 年	第 4 年	第 5 年
4×6	4234	21170	11220	6750	3200		
6×7	5064	25320	11220	7600	3900	2600	
4×10	6668	33340	11240	9400	6250	3650	2800
5×10	6684	33420	11240	9450	6280	3650	2820
6×10	6720	33600	11280	9500	6300	3700	2820
4×(5+15)	6792	33960	11260	9500	6500	3800	2900

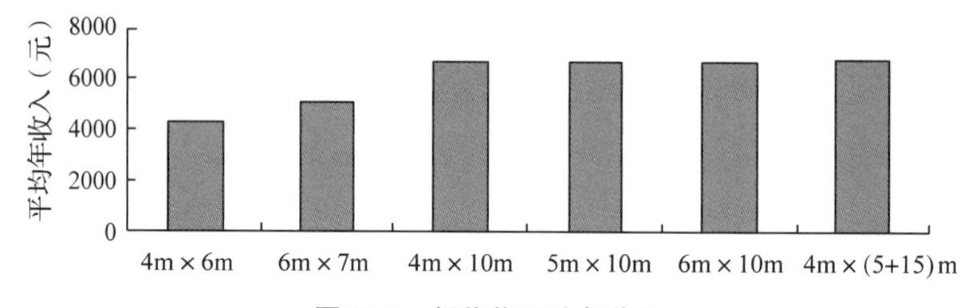

图 21-7　间作物平均年收入

（3）对经济收入的影响。由表 21-15 和图 21-7 可以看出：4m×6m、6m×7m、4m×10m、5m×10m、6m×10m、4m×(5+15)m 造林密度到 6 年，其间作和木材总的经济收入顺序依次为 4m×10m>4m×(5+15)m>5m×10m>6m×10m>6m×7m>4m×6m。4m×10m 经济收入最高，(5+15)m>5m 次之，4m×6m 最低。

综合林木及间作总效益以 4m×10m 和 4m×(5+15)m 两种模式最高，每公顷总收入达到 97442 元和 95814 元，分别为 4m×6m 林分的 138.3%和 135.9%。从利于间作物生长和抚育管理方便的角度出发，应以 4m×(5+15)m 为最好，能同时兼顾林木和粮食的丰产和增收。

表 21-15　不同密度林分经济效益收入表

元/hm²

株行距(m)	总收入	林木收入							
		小计	第 1 年	第 2 年	第 3 年	第 4 年	第 5 年	第 6 年	第 7 年
4×6	70481	21170	11220	6750	3200	0	0	0	49311
6×7	82106	25320	11220	7600	3900	2600		0	56786
4×10	97442	33340	11240	9400	6250	3650	2800	0	64102
5×10	90210	33420	11240	9450	6280	3650	2820	0	56790
6×10	88331	33600	11280	9500	6300	3700	2820	0	54731
4×(5+15)	95814	33960	11260	9500	6500	3800	2900	0	61854

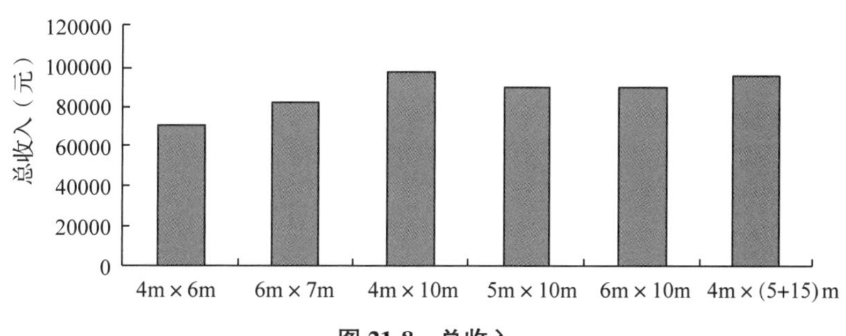

图 21-8　总收入

2. “上杨下羊”模式试验

为了摸清“上杨下羊”这种复合经营模式的效果，我们分别于 2002 年 5 月、9 月和 11 月，在单县大沙河林场试验基地周围对农民经营“上杨下羊”模式的效果进行随机抽样调查。样地为 6 年生中林 46 杨速生丰产用材林，株行距为 3m×5m、3m×6m、4m×(5+15)m 的 3 种密度，1 亩*为一个样方，共抽查了 3 块有代表性的农户(样方)，结果见表 21-16。为了减少出栏天数，除在野外杨树速生丰产用材林内放养外，农民还适当给青山羊增加一些玉米、瓜干等精饲料。

表 21-16　“上杨下羊”模式每亩的投入产出情况

样方号	品种	喂养只数	出栏天数	平均每只单价(元)	投入(元)			产出(元)
					小羊	人工费	增加饲料	
1	青山羊	6	270	220	150	60	400	710
2	青山羊	8	270	220	200	80	520	960
3	青山羊	10	270	220	250	95	800	1055
4	青山羊	12	270	210	300	100	1080	1040

从表 21-16 和调查资料可以看出：每亩 3 种密度杨树林分，饲养最适宜的只数为 8 只，低于 8 头由于单位面积的杨树叶、草量过多，浪费资源；高于每亩 8 只，由于单位面积的杨树叶和草量不足以喂饱青山羊，饲养者不仅需要过多增加精饲料量，而且还需要过多的精力投入，虽然收入增加了，但同时也增加了投入成本，弥补不了精力的过多投入。因此，综合投入、产出、用时、资源利用和饲养者意愿等因素，可以看出每亩最适宜、最经济、最受饲养者青睐的喂养只数为 8 只。

3. 农、林、牧持续经营模式的组建

2m×3m、3m×3m、3m×4m、2m×4m 或 1. 5m×2m 大密度小株行距配置是一种单一经营模式，这种经营模式只考虑了杨树生物产量，没有兼顾农民的长短效益和粮食生产。为了充分利用土地资源和有效地利用有限空间，必须对现有的或将要营造的杨树造林密度进行调整。其思路与方法：一是采用 4m×(5+15)m 大小行配置。将近 1~2 年

* 1 亩 = 666. 7m^2。

在大田大密度造林改为 4m×(5+15)m 配置；对新造林则直接采用 4m×(5+15)m 大小行配置。二是实行农林牧复合经营。即第 1～2 年大、小行全部实行“上杨下粮”经营模式；第 3 年以后小行实行“上杨下畜”经营模式；第 3～6 年大行仍进行“上杨下粮”经营模式；第 7～8 年大行进行“上杨下畜”经营模式；到第 8 年年底杨树进行采伐(其经营运作模式，图 21-9)。

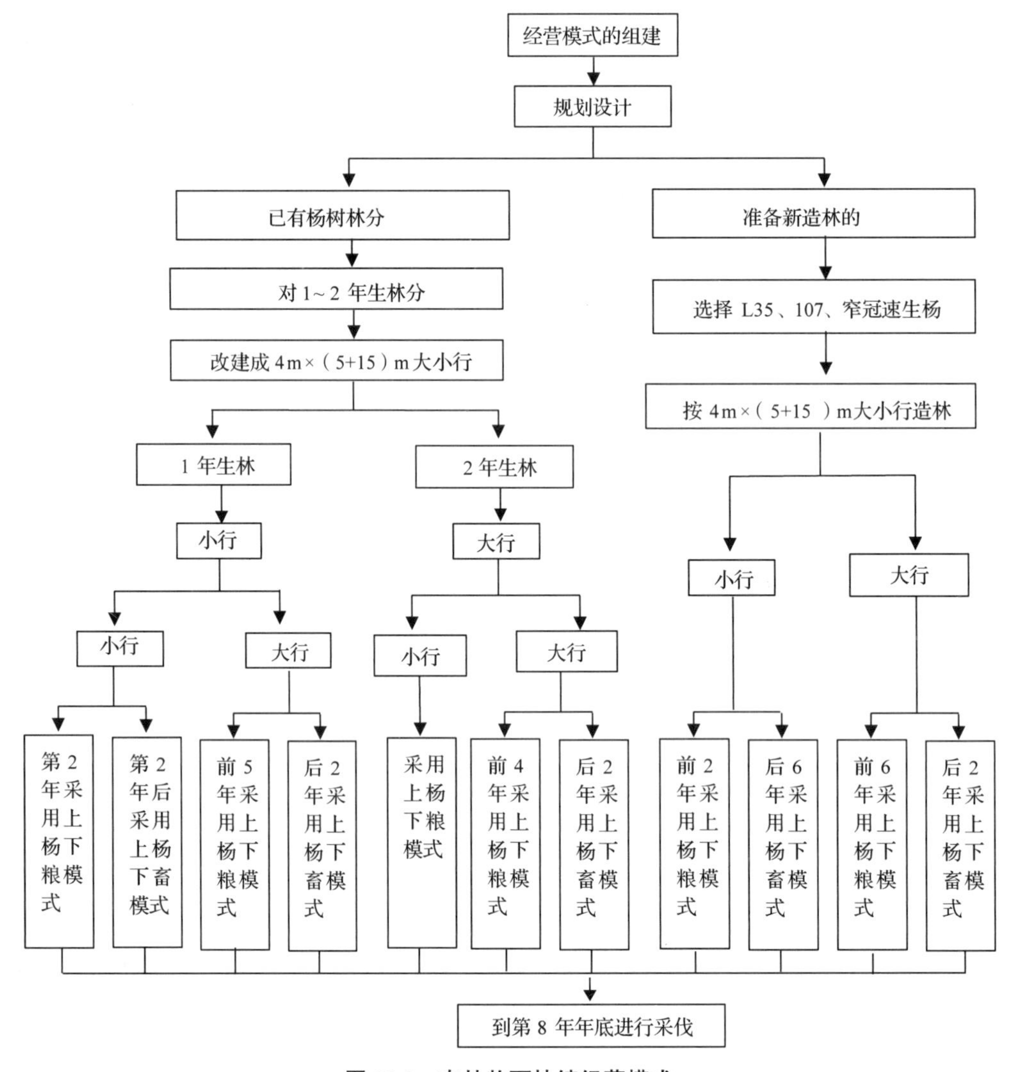

图 21-9　农林牧可持续经营模式

这种经营运作模式既考虑到杨树生产、农民的长远收入，同时又兼顾了粮食生产、畜牧业生产及农民的近期收入。通过间种作物的精耕细作和“上杨下畜”杨树叶牧草饲用，粪肥得到了还田，确保了林地的肥料投入，维护了地力，使农、林、牧业有机地结合在一起，并得到了协调发展。

4m×(5+15)m 大小行配置，杨木、畜牧及农作物平均每年每公顷给农民带来的收入达到 24628.3 元(其中，林木收入 8836.3 元/hm^2，畜牧收入 9000.0 元/hm^2，农作物收入 6792.0 元/hm^2。)，远远高于种粮食收入。加之大小行配置，进行精细间作，前 5~6 年林下作物生长受影响很小，而菜粮的精耕细作，反而起到了以耕代抚、代水、代肥的作用，极大地促进了树木的生长，同时林木后期生长基本不需再投入，从而使农民种植业结构长短效益实行了有机地结合，解决了农林、农畜、林畜争地和地力减退问题，实现了农、林、牧业的协调发展。

三、结　论

(1)"上杨下羊"模式每亩林分适宜放养 8 只青山羊。经研究，杨树成林郁闭后，可在林分内进行"上杨下羊"模式的经营，在 4m×(5+15)m 或 6m×10m 造林密度下，1 亩林分最适宜放养青山羊的数量在 8 只，每年每公顷的经济效益可达 9000 元。

(2)"上杨下粮+畜"持续经营模式克服杨树人工纯林生态系统结构简单的缺点。在平原农区实行"上杨下粮+畜"持续经营的栽培模式，可以克服杨树人工纯林生态系统结构简单的缺点。山东省平原农区杨树林地土壤瘠薄，加上不少林地上杨树已连茬 2~3 次以上，林地地力衰退，林分生产力下降。通过杨树叶饲用，粪肥、水分等环节的还林，使种植业和畜牧业结合，可进一步提高杨树人工林生态系统的生产力。这种栽培模式体现了高度的集约经营、多种经营和生物量的多层次重复利用。

(3)4m×(5+15)m 大小行农林复合经营模式既兼顾杨树生产、农民长远收入，又考虑了粮食和畜牧业生产及农民近期收入。经试验研究得出，实行 4m×(5+15)m 大小行农林复合经营运作模式既考虑到杨树生产、农民的长远收入，同时又兼顾了粮食生产、畜牧业生产及农民的近期收入。4m×(5+15)m 大小行配置，杨木、畜牧及农作物平均每年每公顷给农民带来的收入达 24628.3 元，远远高于种粮食收入。加之大小行配置，实行精细间作，前 5~6 年林下作物生长受影响较小，而菜粮的精耕细作，反而起到了以耕代抚、代水、代肥的作用，极大地促进了树木的生长，同时林木后期生长基本不需再投入，从而使农民种植业结构长短效益实行了有机地结合。通过间作物的精耕细作和"上杨下粮+畜"杨树叶牧草饲用，粪肥得到了还田，确保了林地的肥料投入，维护了地力，使农、林、牧业有机地结合在一起，并得到了协调发展。

(4)4m×(5+15)m 大小行栽培模式是农、林、牧可持续经营模式。实行 4×(5+15)m 大小行农、林、牧可持续经营模式，是以农民长短效益和粮食生产为切入点，解决了农林争地、农牧争地和地力减退问题，同时也是农林种植业结构调整和替代传统单一粮食生产的重要产业，解决农、林、牧业协调发展的重要途径。因此，可以进行大面积推广。

(5)"上杨下粮+畜"模式是在时空上全过程有效利用的模式。"上杨下粮+畜"可持续经营的栽培模式，是杨树速生丰产林较为理想的持续经营模式。这种理想模式是指一个轮伐期内杨树林地在时空上全过程的有效利用，即杨树成林郁闭前实行"上杨下粮"经营模式，杨树成林郁闭后则实行"上杨下畜"经营模式。由于研究经费和时间所限，这种模式的动态评价，有待进一步研究。

第四节　世界银行贷款“山东生态造林项目”林分病虫害综合管控策略

山东是一个缺林少材的省份，森林覆盖率、人均森林面积和蓄积量大大低于全国平均水平。为加快林业建设步伐，扩大森林面积，增加森林资源，推进国土绿化进程，应对气候变化，山东省政府从20世纪90年代初开始，利用世界银行、欧洲投资银行等国际金融组织贷款资金，先后在14个市60多个县(市、区)，相继实施了5个林业项目，共利用外资达1.3亿美元，累计营造人工林面积达26.3万多hm^2。项目的成功实施，借鉴并吸收了国外先进的技术和管理理念，有效地增加了森林资源，显著提高了山东省森林覆盖率。

2010年，山东启动实施了世界银行贷款“山东生态造林项目”，涉及9个市28个县(市、区)，布局于退化山地植被恢复区和滨海盐碱地改良区，共完成投资10.2亿元人民币，其中利用世界银行贷款0.6亿美元，累计造林6.7万hm^2，项目既定目标超额完成。2016年，世界银行竣工验收专家组给出了为数不多的“非常满意”的最高评价结论，被世界银行誉为“生态防护林营造的典范”，其在病虫害的综合管控策略方面也有独到之处。

一、管理机制的建立

1. 编制了项目管理计划

2009年，在借鉴世界银行贷款林业项目造林以往的管理经验基础上，组织省内外有害生物方面的专家，编写了《世界银行贷款“山东生态造林项目”人工生态防护林病虫害防治管理计划》(简称《管理计划》)，其内容包括以往的经验、营造林技术措施、病虫害防治、病虫害监测、农药采购、农药安全使用、强烈推荐的IPM方法等方面的规定和要求。2010年，根据项目实施要求，将《管理计划》印发到9个市28个县级项目实施单位，并存放到当地图书馆，方便查阅。据统计，项目实施期间，了解或掌握《管理计划》内容的相关人员达3600多人，其中，管理人员约占3%、技术人员约占6%、宣讲人员约占8%、操作人员约占83%。

2. 制定了《安全使用农药规定》

在项目安全使用农药中，不仅规定了农药采购的政策、程序、名录、数量、剂量等，还特别强调了农药安全使用必须遵循的10个步骤，即科学用药培训、农药购买、农药储存、喷洒方法、喷洒路线、专家建议、使用周期、用药防护、剩余农药安全保存以及农药容器处理等方面，缺一不可。

农药采购时，规定中强调每个造林实体不准采购WHO规定的Ⅰ级和Ⅱ级农药，要根据病虫害的预测以及将所需农药的名称、数量、剂量，向县级项目办汇报。县级项目办向市级项目办汇报，由市级和省级项目办汇总，根据项目的规程安排是否需要批量采购。

农药储运时，规定中特别要求委派技术人员押送农药，以保证农药及时安全地运送到目的地。一旦装盛农药的容器损坏，必须采取有效的补救方法，以防止污染环境。县级项目办将保留运输和交货的原始记录。根据规定，项目县林业局应用其设施储存项目农药，为造林实体提供服务的单位和零售商店应维护其储存设施。

3. 制定了《监测方案》

为贯彻落实“预防为主，科学防控，依法治理，促进健康”的林业有害生物防治的方针，指导“山东生态造林项目”生态防护林病虫害的综合治理，确保在项目的实施中进一步增强生态环境效益，将可能产生的对自然环境造成的负面影响减至最小或消除，以确保全面实现项目预期的各项生态环境效益目标，项目组织相关领域的专家，编制了《项目病虫害监测方案》(简称《方案》)。

在《方案》中，特别强调监测要求注重：①为 IPM 和农药安全使用编制培训教材和计划；②项目工作人员及项目区农民，在 IPM 方法和农药安全使用方法方面的成效；③有效监测和预报项目造林树种的主要病虫害发生期和危害程度；④为项目区筛选、购买、分配和使用被批准的最合适的农药；⑤监测“生态防护林病虫害防治管理计划”的执行效果等。

《方案》中，编列了项目生态林病虫害共计 198 种，其中，病害 36 种，占总病虫害种类的 18.2%；虫害 162 种，占总病虫害种类的 81.8%。这些病虫害，可归纳为主要病害虫、次要病害虫以及偶发性病害虫，共 3 类，并对其编制了详细的数据采集和观测方法，明确了定期的监测联系报告制度，为项目生态林的病虫害防控提供了保障。

二、管理体系的建立

1. 培训体系

组建培训体系是该项目生态防护林病虫害防控的一大特色。按省、市、县、乡(或镇、场)4 级培训模式组建项目培训体系，省级培训对象为项目市或项目县的管理人员、技术人员，市级培训对象为项目县的农药采购人员、农药储运人员，县级培训对象为造林单位的项目工组长、现场施工人员，乡(镇、场)级培训对象为造林单位的农民操作手。培训的主要内容为法律和法规的培训、技术知识培训、实地操作等。培训形式主要有技术讲座、观摩学习、印发技术材料、放录像、办图片展览等。采取的方式是“走出去，请进来，现场施教，跟踪检查”。据统计，项目实施 6 年，共举办培训班 1131 期，培训人员 67868 人次，其中，管理人员 2036 人次、技术人员 5429 人次、农药采购储运人员 1936 人次、现场施工和农民操作手 58467 人次。

2. 监测体系

组建监测体系是该项目生态防护林病虫害防控的另一特色。根据项目布局，在营造的生态防护林中设立省级、市级、县级 3 级监测网点。省级监测点每个市至少布设

1处；市级监测点每个市不少于2处；县级监测点每个县不少于3处。通过3级监测网点的布设以及固定监测样点与临时监测样点的有机结合，形成完整的项目生态防护林病虫害预测预报监测体系，随时收集病虫害消长情况，追踪监测农药的培训、采购、使用、防护等方面信息，确保及时获得病虫害发生数据，并汇总预报病虫害的发生发展动态，提出农药安全使用方面的改进意见和建议。据统计，项目共设立病虫害监测样点105处，其中，省级监测点9处、市级监测点18处、县级监测点78处。

3. 防控体系

山东生态造林项目生态防护林病虫害防控体系有其独到之处，是由农药采购储运监督、农药安全使用指导、现场操作综合治理3个子体系共同组成。农药采购储运监督子体系，由采购人员、押运人员、保管人员、回收人员、记录人员、督导人员组成，全程监测监督农药的采购、运输、储存、回收、破损包装的安全处理等；农药安全使用指导子体系，主要由世界银行、省内涉农高校、省林科院、省项目办、市项目办、县项目办的专家或技术或管理人员组成，在病虫害发生期培训指导造林单位进行农药的品种选择、安全使用、管理处置等方面的技术问题；现场操作综合治理子体系，主要由乡(镇、场)、村两级的技术专家能手组成，重点抓好“三个一”建设，即“一支治虫防病队伍的建设、一套防治技术手册的制定、一片综合防治观摩样板林的营造”。3个子体系其功能既各有侧重、互为独立，又相互联系、互相制约，共同构成一个完整的防控体系。据统计，项目农药采购储运监督子体系共有28人员组成；农药安全使用指导子体系共有56人员组成；现场操作综合治理子体系共有798人员组成，其中建立治虫防病队伍有56个、人员达798人，制定下发了防治技术手册3套、印发3680余份，建设综合防治观摩样板林68片，面积达476hm^2。

三、管控方法的优选

1. 种质材料种(或品种)选择

根据山东退化山地植被恢复区和滨海盐碱地改良区的立地条件，项目按照“适地适植物”的原则，共选择推荐乔木、灌木、藤本、草本造林用植物种质材料种类52个、品种(或无性系)162个，其中，生态型防护植物种质材料种类25个、品种31个，分别占项目总造林用植物种质材料种类和品种的48.1%和19.1%，经济型防护植物种质材料种类19个、品种92个，分别占项目总造林用植物种质材料种类和品种的36.5%和56.8%，用材型防护植物种质材料种类和品种分别为8个和39个，分别占项目总造林用植物种质材料种类和品种的15.4%和24.1%。造林用植物种质材料的选择是经过世界银行和国内专家反复论证确定的，汇总收集的植物种或品种不仅要具有适应性强、生长稳定性好、抗病虫、耐水湿、抗干旱、耐盐碱等特点，还要具有喜光树种、中性树种和耐阴性树种的合理配比等要求，便于树中间的搭配混交。由于造林树种和品种多，有效阻隔了病虫害的侵袭、发生、传播、发展或蔓延危害，有效保护了生态防护林的健康生长。

2. 造林模型构建

为构建适合该项目的造林模型，在项目实施前期，采纳了世界银行、省内外知名专家以及基层林业乡土专家的意见，制定了一套山东退化山地植被恢复区和滨海盐碱地改良区立地条件的造林模型，并经项目实施期的造营林实践，再进行不断修改完善，构建了该项目造林模型。

模型中采用了52种主栽树种与伴生树种(或植物)。这些造林种质材料，是经过国内外专家反复论证，并经实践证明，适合项目区立地条件。

造林模型的构建，不仅考虑了两大区的地貌、地形、坡向、坡位因子，而且还考虑了土壤类型、盐碱梯度、土层厚度以及地下水位等因子。同时，把主栽树种、伴生树种(或植物)、造林密度、抚育管理方式、树种搭配、混交比例、小班布局等全部考虑到，把适地适树(或植物)原则，做到极致，有利于林分生长，增加了林分的抗病虫能力。

3. 混交造林营造

不同树种或品种对不同的病虫害有不同的抗性。当在同一林分中有不同的树种或品种时，就会有不同的病虫害存在，也就会产生不同的天敌种群，害虫与天敌之间形成一个稳定的生态链，林分中有害生物与有益生物此消彼长，相互制约，种群间始终维持平衡状态。因此，营造混交林是维持人工防护林稳定的保证。

研究表明，该项目遴选的52种乔木、灌木、藤本及草本植物的生物学特性适合项目区的不同立地条件，这些树种(或植物)既有喜光性，又有耐阴性；树冠有大冠形和窄冠形之分；植物根有深根性和浅根性之分。这些树种(或植物)，可采用针阔混交、阔阔混交、块状混交、行间混交等合理的搭配方式，相互之间留有空间，不同树种(或植物)之间和平相处。因此，该项目由于树种(或植物)的合理搭配和混交维持了生态防护林的稳定，阻断了病虫害的发生和发展。据统计，山东生态造林项目共营造6.7万 hm^2，其中混交林面积占造林总面积的91.2%。

4. 综合防治技术

综合防治(IPM)是山东生态造林项目首推的病虫害治理方法。IPM是根据病虫害的生物学特性，首先考虑采用检疫、物理、机械、生物、营林等方法防治病虫害。只有在上述方法不能成功地防治病虫害的情况下，才可采用高效低毒、低残留的化学农药开展防治。

项目实施以来，通过饲养赤眼蜂(*Trichogramma* spp.)、花绒寄甲(*Dastarcus helophoroides*)等有益生物，然后成功地放飞以防治害虫；利用肿腿蜂(*Scleroderma guani*)防治森林中的光肩星天牛、桑天牛(*Apriona germar*)等蛀干性害虫；利用周氏啮小蜂(*Chouioia cunea*)防治美国白蛾等害虫；利用白僵菌(*Beauveria bassiana*)防治森林中的杨雪毒蛾(*Leucoma salicis*)、黄刺蛾(*Cnidocampa flavescens*)等食叶害虫；利用人工摘除虫苞的方法防治杨扇舟蛾、杨小舟蛾等害虫；利用舞毒蛾(*Lymantria dispar*)上下树的习性，人工在树干上束草把的方法防治害虫。特别是，通过定期或不定期的虫(病)情调查，及时发现虫(或病)源地，采取彻底的扑救措施，消灭虫(病)源，确保项目林不受病虫危害。IPM 方法，已在项目生态防护林的病虫害治理中被广泛使用。实践证明，IPM 方法是成功和有效的，项目林分病虫害的管控效果显著。

四、管控成效

1. 生物措施在病虫害治理中显示出很好的效果

项目实施中，病虫害的防治重点采用 IPM 综合防治措施，其中首推的是生物防治方法。2012 年 5 月 25 日和 2013 年 6 月 2 日，在新泰、蒙阴和莒县项目区周边的杨树林分别释放了花绒寄甲卵卡 42000 个和 20000 个；2015 年 8 月 6 日，调查得出投放前后树体上的天牛虫口数量，其结果见表 21-17。

表 21-17　不同年份、不同项目区花绒寄甲的投放数量和防治效果

投放时间	投放地点	投放花绒寄甲数量(个)	投放	2013 年		2014 年		2015 年	
			前虫口(头)	虫口(头)	防效(%)	虫口(头)	防效(%)	虫口(头)	防效(%)
2012 年	新泰	12000	233	45	81	0	100	0	100
	蒙阴	12000	290	48	83	3	99.9	0	100
	莒县	18000	27	8	70	2	92.5	0	100
2013 年	新泰	8000	118	22	81.3	0	100	0	100
	蒙阴	5000	55	30	45.5	3	99.9	0	100
	莒县	7000	96	22	77	2	92.5	0	100

由表 21-17 可知，两年连续释放花绒寄甲后，2015 年调查显示，项目林分及项目区周边林分未发现天牛危害，并且 2012—2014 年出现的天牛蛀干虫道口已经完全愈合，树体生长健壮，防治效果达 100%。

2. 林分病虫害发生维持在较低水平

图 21-10 和图 21-11 是山东生态造林项目 105 个病虫害监测点 2010—2015 年汇总数据，由此可以得知：截至目前，项目区周边林病虫发生较轻，种群维持在较低水平，不对项目林构成危害，达到有虫不成灾，并且近几年也不会爆发成灾。其主要原因：一是项目采用多树种、多层次混交造林；二是在项目区内、外林间定期释放天敌，如放养周氏啮小蜂防治美国白蛾(*Hyphantria cunea*)，形成了自然种群，防效持久；三是在项目区周边进行了木霉菌(*Trichoderma harzianum*)涂抹防治杨树溃疡病(*Dothiorella grearia*)，用白僵菌、多角体病毒(NPV)防治食叶害虫，项目林内有益病菌增多，抑制了病虫害种群的增值；四是随着项目林树龄的增大，林分物种多样性增加，稳定性增强，抵御病虫侵害的能力增加。

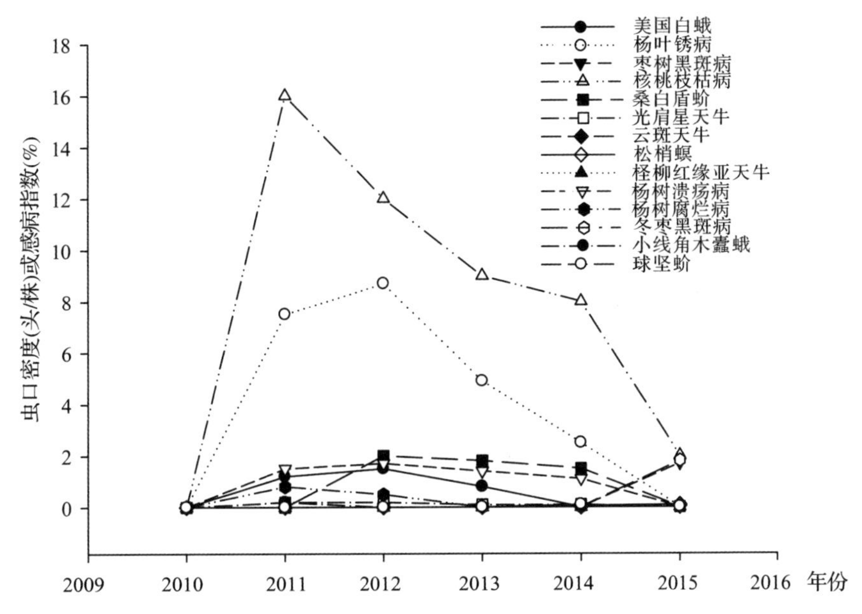

图 21-10 2010—2015 年各监测点主要病虫害虫口密度或感病指数变化趋势

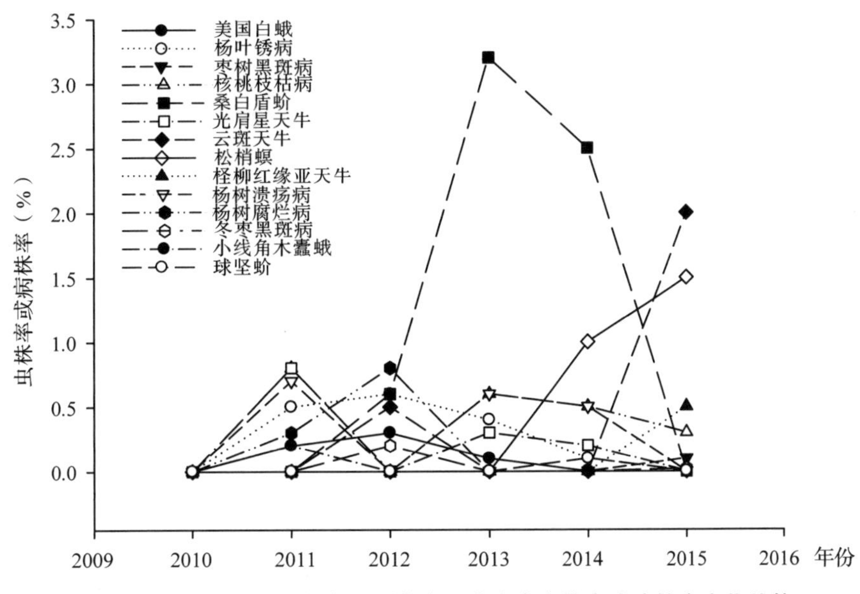

图 21-11 2010—2015 年各监测点主要病虫害虫株率或病株率变化趋势

3. 林分生物多样性得到了很好的保护和显著增加

项目在选择造林地时，注重保护自然或文化遗产、珍稀植物、公益林、自然保护区、重要动物栖息地，在整地时注重保护造林地原有灌藤草植被；在造林时注重造林模型的应用，选用多树种和乡土树种造林，有效地保护和提高项目区的植物多样性。项目不同造林模型植物多样性变化见表 21-18。

表 21-18　SEAP 不同造林模型植物多样性

种

造林模型	期初评估(2010年)				期终评估(2015年)				增加物种数量			
	乔木数量	灌藤数量	草本数量	物种数量	乔木数量	灌藤数量	草本数量	物种数量	乔木数量	灌藤数量	草本数量	物种数量
S1	0	2	8	10	1	4	13	18	1	2	5	8
S2	0	3	10	13	2	8	15	25	2	5	5	12
S3	0	4	13	17	9	7	16	32	9	3	3	15
S4	0	4	13	17	13	7	15	35	13	3	2	18
S5	0	3	10	16	3	8	17	28	3	5	7	15
S6	0	5	14	19	12	9	18	39	12	4	4	20
S7	0	5	14	19	14	8	16	38	14	3	2	19
S8	0	5	14	19	5	7	16	28	5	2	2	9
Y1	0	2	4	6	6	6	10	22	6	4	6	16
Y2	0	2	5	7	9	6	11	26	9	4	6	19
Y3	0	2	4	6	6	8	10	24	6	6	6	18
Y4	0	2	5	7	3	8	9	20	3	6	4	13
Y5	0	2	4	6	10	9	12	31	10	7	8	25

由表 21-18 可知，石灰岩退化山地植被恢复项目区 2015 年的物种丰富度为 30~50 种，非项目区的物种丰富度为 17~21 种，项目区较非项目区多 13~31 种；与 2010 年本底相比，项目区 2015 年物种丰富度平均增加 30 种，而非项目区的丰富度仅增加 10 种。2015 年项目区植被盖度为 86%~91%，平均为 88.0%；非项目区的植被盖度为 48%~51%，平均为 49.0%。2015 年项目区盖度为非项目区的 1.8 倍。滨海盐碱地改良项目区 2015 年监测项目区物种总丰富度为 12~18 种，非项目区为 9~11 种，项目区较非项目区增加 3~7 种。与 2010 年本底相比，2015 年项目区的丰富度增加了 8~12 种，非项目区的丰富度增加了 3~5 种。2015 年项目区植被盖度为 65%~68%，平均为 66.2%；非项目区的植被盖度为 43%~45%，平均为 44.5%；2015 年项目区盖度为非项目区的 1.48 倍。退化山地植被恢复区植被盖度由 2010 年的 10%~16%提高到 86%~91%；滨海盐碱地改良区植被盖度由 2010 年的 2%~10%增加到现在的 65%~68%。

五、结　论

(1)生态防护林的病虫害综合管控策略和方法是有效的。通过 105 个监测网点连续 6 年的观察记录和汇总分析可知，林分的虫株率(或病株率)、虫口密度(或感病指数)均在 2 以下，维持在较低水平，达到了有虫不成灾的目的，说明该项目生态防护林的病虫害综合管控策略和方法是行而有效的。

(2)构建适合不同立地条件的造林模型是确保林分稳定生长，维护物种多样性，增强抗病虫能力的基础和前提。通过实践检验证明，由于 13 个造林模型中树种(植物或品种)混交搭配合理，主栽树种间互为促进、协调生长，林分稳定，生物多样性得到持续增加，害虫天敌种群不断扩大，林分病虫害种群数量得到有效控制。因此，项目构建的 13 个造林模型是成功而有效的。

(3)项目生态防护林病虫害防控体系的构建，拓展了病虫害管控领域。综合分析表明，该项目构建的生态防护林病虫害防控体系，拓展了病虫害管控领域，有其独到之处。农药采购储运监督、农药安全使用指导、现场操作综合治理，是共同构建项目林病虫害防控体系的 3 个子体系，摒弃了以往只考虑现场操作防治环节，将农药的全过程管控均纳入体系，拓展了病虫害管控领域，有其创新性。

(4)统筹优化和灵活运用综合防治技术使其达到最佳。实践证明，IPM 不失为病虫害综合管控的有效方法，但其中每种技术的综合与灵活运用的“度”很难把握。因此，建议在以后的生态造林项目中，可进一步研究统筹优化和灵活运用综合防治技术，使其达到最佳效果。

第五节　世界银行贷款“森林资源发展和保护项目”科技进步贡献率

科技贡献率是说明项目整体推广应用新技术、新成果情况的重要技术指标。结合山东省利用世界银行贷款“森林资源发展和保护项目”的实施案例，进行项目科技贡献率的测算。准确测算科技进步对“森林资源发展和保护项目”经济增长的贡献份额，有助于全面了解“森林资源发展和保护项目”科技进步水平和开发潜力，对推动山东在建项目上水平、上档次具有重要的现实意义。

一、研究方法

项目科技进步贡献率的分析测算方法有很多种，如指标体系法、投入产出法、索洛余值法、数据包络分析法等，但其原理是一致的。本文采用增长速度方程的方法，研究了世界银行贷款“森林资源发展和保护项目”的科技进步贡献率。

增长速度测算模型一般函数形式如下：

$$Y=f(X, K, L; t) \tag{21-2}$$

式中：Y 表示总产值；X，K，L 分别表示土地、劳力和物质费用；t 指时间。

上式只是一般形式，没有实用意义。为了实际的计算和分析，还需要选择一个特定的函数形式。为此，假定所选择的各个生产因素都有固定的生产系数(即生产弹性)，且具有独立性，而对产出的综合影响等于它们各自对产出单独作用之和。据此，生产函数选择如下数学模型：

$$Y=\mathrm{a}\cdot \mathrm{e}^{r\cdot t}\cdot X^{\alpha}\cdot K^{\beta}\cdot L^{\delta} \tag{21-3}$$

式中：a 是常数；α、β、δ 分别是土地、劳力和物质费用的生产系数；$\mathrm{e}^{r\cdot t}$ 是反映技术进步对 t 年度产出量的影响系数；e 是自然对数的底；r 表示在一定时间内林业技术进步的年平均变动率。由于技术进步总是促进经济增收，所以 r 又称为林业技术的年平均进步率。

上式两边对时间 t 求一阶导数，平均除以总产值 Y，得：

$$Y'/Y=r+\alpha(X'/X)+\beta(K'/K)+\delta(L'/L) \tag{21-4}$$

式中：Y'/Y 表示产值的年增长率；X'/X、K'/K、L'/L 分别表示土地、劳力和物质费用投入量的年增长率。故该式就是生产增长速度方程。

由该方程可计算科技进步率：

$$r=Y'/Y-\alpha(X'/X)-\beta(K'/K)-\delta(L'/L) \tag{21-5}$$

则科技进步贡献率方程如下：

$$Ea=r(Y'/Y) \tag{21-6}$$

二、研究案例

为阐述增长速度方程在林业上的应用，我们将1996—2000年已实施的山东利用世界银行贷款“森林资源发展和保护项目”(SDFRDPP)作为研究实例，验证增长速度方程在测算林业项目科技进步贡献率的效果。

依据项目的特点，本次测算的土地、劳力和物质费用采用1996—2000年的平均价格，对生产系数(生产弹性值)采用我国农林业上较为普遍采用的值，即：林地生产弹性 $\alpha=0.25$；劳力生产弹性 $\beta=0.20$；物质费用生产弹性 $\delta=0.55$。

1. 测算单元的确定

科技进步贡献率的测算单元应该是一个独立的生产经营体系。否则，生产中土地、劳力和物质费用的投入量很难划分，测算的结果也不可靠。

根据山东利用世界银行贷款“森林资源发展和保护项目”的生产经营活动，不同树种可划分为较独立的生产经营单元，整个“森林资源发展和保护项目”本身就是一个独立的生产经营单元。所以本次测算把欧美杨类、毛白杨、刺槐及整个“森林资源发展和保护项目”划为4个测算单元。

2. 资料的收集

林业生产周期长，是一个特殊的产业。在营林生产中，投入与产出没有逐年的函数关系，而只有不同生产周期(轮伐期)，才有投入与产出的函数关系。据此，可假定一个与“森林资源发展和保护项目”各树种造林面积相等，林地立地质量大致相同的一般林分作“基年”进行比较，测算“森林资源发展和保护项目”科技进步的贡献率。据此，可进行有关资料的收集。

(1)产量资料。由于山东利用世界银行贷款“森林资源发展和保护项目”的各树种林龄最大为5年，远远不足一个生长周期。用各树种到主伐年的产量预估值，既反映各树种的生产潜力，又代表了山东利用世界银行贷款“森林资源发展和保护项目”各树种的整体平均生产水平。用作对照比较的“基年”产量均用相对应的丰产标准中的产量。

(2)物质费用和劳力费用。山东利用世界银行贷款“森林资源发展和保护项目”的物质费用、劳力费用的投入量直接从经济分析中引用，价格按1996—2000年的平均价格计算，“基年”对照林的物质费用和劳力费用按全省平均的物质和劳力的实际投入量计量，其费用也按1996—2000年价格计算。其中，物质费用主要有种苗、化肥、农药、生产设备、科技推广、信息系统、培训、考察、咨询、上交管理费等，劳力投入主要包括整地、栽植、抚育、施肥、管护、间伐及主伐的采运等费用。

3. 测算结果

根据上述的数据收集方法，把山东利用世界银行贷款“森林资源发展和保护项目”林分与一般林分投入、产出对照列于表21-19中。

表21-19 SDFRDPP林分与一般丰产林分投入、产出对照

项目	产值(万元)			物质费用(万元)			劳力费用(万元)		
	项目林	一般林	比值	项目林	一般林	比值	项目林	一般林	比值
欧美杨	298612.2	228800.4	1.3051	4091.5	3446.6	1.1871	109221.9	81716.2	1.3366
毛白杨	11580.0	9629.1	1.2026	241.6	205.9	1.1734	3874.2	2950.2	1.3132
刺槐	27258.0	23405.5	1.1648	513.7	432.5	1.1875	9262.6	7744.0	1.1961
整个项目	337450.2	261838.7	1.2888	4846.8	4085.0	1.1865	122358.7	92410.4	1.3241

表21-19中已计算出项目林分与一般林分的产值、物质和劳力费用之比。由于已确定林地面积没有变动，则林地面积之比等于1。根据(21-5)式可以得知两个不同生产周期的产值、物质和劳动费用的增长速度可由下式求得：

$$Y=\sqrt{\frac{Y_{项}}{Y_{一般}}}-1;\quad K=\sqrt{\frac{K_{项}}{K_{一般}}}-1;\quad L=\sqrt{\frac{L_{项}}{L_{一般}}}-1 \tag{21-7}$$

由公式(21-5、21-6、21-7)，将表21-19中相关数据代入公式中，得到各项目产值增长率、物质费用增长率、劳动费用增长率、林业科技进步率以及林业科技进步贡献率。其结果列于表21-20。

表21-20 SDFRDPP林业科技进步贡献率

项目	产值增长率(%)	物质费用增长率(%)	劳动费用增长率(%)	林业科技进步率(%)	林业科技进步贡献率(%)
欧美杨	14.24	8.95	15.61	6.20	43.54
毛白杨	9.66	8.32	14.59	2.17	22.46
刺槐	7.93	8.97	9.37	1.12	14.12
整个项目	13.53	8.93	15.07	5.60	41.39

三、结论与讨论

第一，山东利用世界银行贷款“森林资源发展和保护项目”林业科技进步贡献达41.39%，比山东同期林业科技进步贡献率30.0%高11.39%。说明组装配套的新技术的普遍推广应用已产生较高的经济效益。

第二，从测算单元看，以欧美杨类最高为43.54%，毛白杨次之为22.46%，刺槐最低为 14. 12%。

第三，欧美杨类栽培无论是从优良种质材料，还是从育苗、造林到营林来讲，都有非常成熟的技术成果，所以产值明显提高，科技进步对经济增长的份额自然也大。而刺槐栽培从技术成熟角度而论，远不如欧美杨类和毛白杨，科技进步贡献率无疑也低。因此，用增长速度方程测算“森林资源发展和保护项目”的科技进步贡献率与实际相符，效果较佳。

第四，运用该方程测算林业科技进步贡献率关键要选准项目林的立地条件与一般林的立地条件要尽可能一样，否则就要产生误差。

参考文献

陈志彪．花岗岩侵蚀山地生态重建及其生态环境效应[D]．福州：福建师范大学，2005.

狄昂照．科技进步规范化算法[J]．系统工程理论与实践，1993，7(4)：9-14.

房用，慕宗昭，等．杨树工业用材林生物量的研究[J]．水土地保持研究，2014，(11)3：322-325.

甘丽，史明昌，黎昭咏．造林规划设计系统研究与设计[J]．安徽农业科学，2010，38(21)：11634-11636.

国家林业局世界银行贷款项目管理中心．世界银行贷款林业持续发展项目人工林营造部分竣工总结报告[M]．北京：中国质检出版社，2011.

韩占德．森林资源管理与病虫害防治技术的应用研究[J]．中国农业文摘-农业工程，2020，32(4)：18-19.

何光磊．遗址公园规划设计理论和方法研究[D]．西安：西安建筑科技大学，2010.

姜微，刘俊昌，胡皓．我国林业生态效率时空演变及环境规制门槛效应研究[J]．中南林业科技大学学报，2020，40(6)：166-174.

李典谟．论计算机化的病虫害管理系统的原理[J]．生态学报，1983，3(3)：252-261.

李宏伟．分析营林生产中造林规划设计与造林技术[J]．农民致富之友，2016(11)：266.

李怒云．林业投资项目社会评价[M]．北京：中国林业出版社，2004.

李文杰．杨树天牛综合管理[M]．北京：中国林业出版社，1993.

李亚杰．中国杨树害虫[M]．沈阳：辽宁科学技术出版社，1983.

李增金．论鲁西北地区欧美杨的定向培育[J]．山东林业科技，1990(杨树专辑)：51-55.

连坡，邹年根．陕西“八五”期间林业科技贡献份额的测算[J]．西北林业学院院报，1999，14(3)：113-116.

刘亚楠，陈绍志，宋超，等．我国林业新兴产业发展现状、问题及建议[J]．中国林业经济，2020，(1)：77-80.

刘永功．世界银行贷款山东生态造林项目社会评价的步骤和方法培训手册和操作指南[R]．山东省林业引用外资项目办公室，2008.

慕德宇，董智，李周岐．优良组培白榆无性系对盐分响应的差异性[J]．林业科学，2016，52(3)：36-46.

慕德宇，吉文丽．济南木质藤本植物种类分析与评价研究[J]．山东师范大学学报，2011，26(1)：110-114.

慕德宇，孙举永，谢经霞，等．山东生态造林项目植物配置与景观效果评价[J]．山东建筑大学学报，2021，36(2)：61-68.

慕德宇，王强，吉文丽．21 个白榆无性系差异性分析与评价[J]．山东大学学报(理学版)，2011，46(11)：8-11+16.

慕德宇．白榆无性系耐盐性评价及耐盐机理研究[D]．杨凌：西北农林科技大学，2016.

慕德宇．离体培养条件下 12 个白榆优良无性系氯化钠盐分抗性筛选的研究[J]．山东大学学报(理学版)，2013，48(3)：19-23.

慕宗昭，房用，等．杨粮间作效益的研究[J]．水土保持研究，2004，(3)：310-311.
慕宗昭，房用．试用增长速度方程测算林业技术进步贡献率[J]．山东林业科技，2008(1)：30-31.
慕宗昭，孙玉刚．山东省利用世界银行贷款森林资源发展和保护项目管理手册[M]．济南：济南市新闻出版局，1998.
慕宗昭，杨吉华，房用，等．世界银行贷款山东生态造林项目竣工报告与案例法分析[M]．北京：中国环境出版集团，2018.
慕宗昭，杨吉华，房用，董智，等．林业工程项目环境保护管理实务[M]．北京：中国环境出版集团，2018.
慕宗昭．微机在林业害虫随机过程预报中的应用[J]．新浪潮，1988(2)：21-23.
倪冲．浅谈信息技术在水利工程管理中的应用[J]．科技信息，2012(3)：159.
祁诚进，慕宗昭，李继佩．杨树害虫综合治理专家咨询系统的研制[M]．北京：中国农业出版社.
全永煜．世界银行贷款林业项目的还贷研究——以昭平县为例[J]．农业与技术，2018，38(7)：79-81.
桑和会．安徽利用世行贷款 NAP FRDPP 造林项目投资分析与评价[J]．华东森林经理，1997，11(2)：58-63+41.
山东林木昆虫志编委会．山东林木昆虫志[M]．北京：中国林业出版社，1993.
苏丹，殷小琳，董智，慕德宇，等．白榆无性系生长特性及离子分布对 NaCl 胁迫的响应[J]．北京林业大学学报，2017，39(5)：48-57.
孙祥贵．浅谈信息技术在水利工程管理中的应用[J]．电子测试，2013(9)：142-143.
孙玉刚，慕宗昭，祁诚进，等．杨树丰产林病虫害综合治理技术的理论与实践[M]．北京：中国国际广播出版社，2006.
孙泽辉．浅谈环境影响评价工作在建设项目中的重要作用[J]．现代经济信息，2009(7)：216.
谭子幼，陈吉岩，糜和友．世行贷款湖南森林恢复和发展项目成效及对策探讨——以湖南省泸溪县为例[J]．华东森林经理，2017，31(4)：16-19.
唐增银．惠民地区南部欧美杨造林的主要技术措施[J]．山东林业科技，1990(杨树专辑)：62-65.
田宗富，王家东，等．营造杨树速生丰产林的主要技术措施[J]．山东林业科技，1990(杨树专辑)：44-50.
万杰．关于速生丰产用材林基地建设的几点思考[J]．林业经济，2002(4)：21-23.
万杰．中国林业对外开放的实践典范——林业国际金融组织贷款项目系列报道[N]．中国绿色时报，2017-01-10.
王葵．浙江省世行贷款造林项目经济与社会生态影响分析[D]．杭州：浙江农林大学，2014.
王淑芬，张真，陈亮．马尾松毛虫防治决策专家系统[J]．林业科学，1992，28(1)：31-38.
王喜军，王孟均，陈辉华．BOT 项目运作与管理实务[M]．北京：中国建筑工业出版社，2008.
王志高，胡柏炯，等．速生丰产林在农村产业结构调整中大有作为[J]．林业经济，2002(5)：18-20.
吴庆林．信息技术在水利工程建设管理中的应用[J]．水利规划与设计，2014(7)：8-10.
吴卓伟．义县世界银行贷款林业综合发展项目实施及总体评价[J]．种子科技，2020，38(6)：15-16.
徐帮学．林业项目可行性研究与经济评价手册[M]．长春：吉林摄影出版社，2002.
许志燕，车飞飞，王燕．世界银行贷款山东生态造林项目投资效益评估[J]．山东林业科技，2019，49(6)：33-37+44.

杨秋林，沈镇宇．农业项目的管理—着重世界银行的经验[M]．北京：农业出版社，1991.

杨士辉．技术进步评价比较研究[J]．系统工程理论与实践，1993，9(5)：59-65.

于国安，张相阳，徐德斌，等．政府外债管理教程[M]．北京：经济科学出版社，2006.

恽文荣，卞英春，周筱杰．现代测绘技术在水利工程管理中的运用[J]．黑龙江水利科技，2013(12)：41-44.

张芬，杨传强，赵青，等．山东省森林资源现状及动态变化分析[J]．山东林业科技，2019，49(6)：78-80+101.

张晓晓，慕德宇，李红丽，等．NaCl 胁迫对不同无性系白榆生理生化特性的影响[J]．干旱区资源与环境，2016，30(8)：188-192.

张亚欣，崔雪松．我国世行贷款项目采购问题探讨[J]．改革与战略，2006(12)：91-93.

张永涛，杨吉华，慕宗昭．山东退化山地立地分类体系构建及造林模型研究与应用[M]．北京：电子工业出版社，2016.

张仲辉．浅谈信息技术在水利工程管理中的应用[J]．城市建设理论研究(电子版)，2015(11)：4323.

赵芝俊，张社梅．农业技术进步源泉及其定量测定分析[J]．农业经济问题，2005(S1)：70-75.

郑克贤．林业外资项目管理基础[M]．兰州：甘肃科学技术出版社，2005.

郑天渭，徐兰全，等．鲁西黄河故道栽培欧美杨丰产林的探讨[J]．山东林业科技，1990(杨树专辑)：66-69.

周嘉熹，于新文，邵崇斌，等．杨树天牛综合管理专家系统[J]．西北林学院学报，1995，10(2)：51-56.

周景玉．欧洲投资银行贷款建平县生态造林示范项目实施的可行性及环境保护对策[J]．防护林科技，2014(3)：50-51.

Aber，John D.，W. R. Jordan. Restoration Ecology：An Environmental Middle Ground[J]. Bioence，1985，35(7)：399-399.

Bo-sin Tang，Siu-wai Wong，Milton Chi-hong Lau. Social impact assessment and public participation in China：A case study of land requisition in Guangzhou[J]. Environmental Impact Assessment Review，2008，28(1)：57-72.

China and Mongolia Sustainable Development Sector Unit Sustainable Development Department East Asia and the Pacific Region. Project Appraisal Document on a Proposed Loan in the Amount of US $60 Million to the People's Republic of China for a Shandong Ecological Afforestation Project [R]. Report No：48800-CN，2010.

Environment and Natural Resources Global Practice East Asia and Pacific Region. Implementation Completion and Results Report on a Loan in the Amount of US $60 Million to the People's Republic of China for a Shandong Ecological Afforestation Project [R]. Report No：ICR00003941. 2017.

Finsterbusch K，J. Ingersoll，L G Llewellyn (eds). Methods for social analysis in developing countries[M]. Boulder：Westview，1990.

Inter organizational Committee on Guidelines and Principles for Social Impact Assessment. Guidelines and principles for social impact assessment[J]. Environmental Impact Assessment Review，1995，1(5).

Kenneth Broad. The international handbook of social impact assessment[J]. Agricultural Systems，2005，83(1)：104-105.

Mu deyu, Zwiazek J J, Li Z Q, Zhang W Q. Genotypic variation in salt tolerance of Ulmus pumila plants obtained by shoot micropropagation[J]. Acta Physiologiae Plantarum, 2016, 38: 1-16.

Rabel J Burdge, Robert A Robertson. Social impact assessment and the public involvement process[J]. Environmental Impact Assessment Review, 1990, 10(1-2): 81-90.